대기측기 및 관측

대표저자 **소선섭**

청문각

大氣測器 & 觀測

Atmospheric Instrument and Observation

蘇鮮燮 代表著者

淸文閣

이제는 대한민국의 측기(測器, instrument)와 관측(觀測, observation)의 이론도 성숙기에 진입하고 있다는 생각이 든다. 과거 30여년 전부터 시작되어, 대학교에서 대학생들과 강의와 더불어 정규적으로 하루에 4차례씩 관측을 하면서 이들을 생활화해 왔고, 그동안의 저서도 '기상관측법 → 대기관측법 → 대기측기 및 관측실험 – 대기측기 및 관측'으로 변화하면서 또 여러 차례의 수정과 개정을 거치면서 학문적·기술적인 면에서도 갈고 닦아서 나름대로의 발전을 해 왔다. 그리고 그 결과 현 저서에 이르게 되었다.

현 『대기측기 및 관측, Atmospheric Instrument and Observation』의 제목을 간단히 **대측관 (大測觀, Atmos-Ins-Obn = atmosinsobn)**으로 요약해서 사용하면 간단해서 부르기에 편리하지 않을까 라는 생각이 든다.

지난 과거에는 '대기측기와 관측'에 대해서 기상인(氣象人)들의 관심이 거의 없었다. 현재에도 많은 관심이 있다고는 할 수 없지만, 전보다는 나아졌다. 그러나 아직도 이 분야의 중요성에 비해서는 관심도의 비중이 작다. 그래서 중요한 대기과학의 시험이 필수가 되지 못하고 선택으로 남아 있음은 안타까운 일이다. 측기와 관측이 없이는 어떤 연구도 어떤 대기과학도 성립할 수 없음에도 불구하고 아직도 기상학계(氣象學界)에서 낮은 관심을 받고 있는 현실에 처해 있다.

'대기측기와 관측'은 대기과학을 나무로 비유하면 뿌리에 해당하고, 이 뿌리에서 빨아들인 영양분이 입문대기과학, 수리대기과학, 역학대기과학, 유체역학 등의 줄기를 타고 가지와 잎, 꽃으로 연결되는 것이다. 예를 들어, 이 꽃에 해당하는 것을 예보(豫報, 수치예보)라고 하면, 예보의 기초는 측기에 의한 대기관측에서부터 출발을 하는 것이다. 즉 예보를 잘하려면 측기·관측부터 시작을 해야 된다는 뜻이다.

대기과학분야의 취직선호도를 보면, 기상청으로 안전한 공무원의 길을 택하는 것이 일반적인 이야기이다. 그러나 이것은 과도기적인 형태이다. 정상적인 궤도에 오르면, 민간기업인 기상회사가 대부분의 취직자리(약 80 % 정도)가 되고, 기상청의 공무원(약 20 % 정도)은 이들 민간기상회사를 뒷받침해 주는 역할을 하는 기관이어야 한다. 즉 대기과학계(大氣科學界)의 대부분의 일자리는 기상회사가 되어야 한다는 뜻이다. 또 이 기상회사가 굳건한 반석 위에서 장수하려면, 신뢰성 있는 측기와 정확한 관측에 기반을 둔 예보 등에 의해서 국민들에게 믿음을 얻어야 한다.

이러한 기상회사의 가장 근본적인 사업은 제일 먼저 좋은 측기(測器)의 제작이다. 그리고 이 측기를 가지고 관측해서 그 자료를 활용해서 국민들에게 여러 봉사를 하는 것이다. 그러기 위해서 크게는 전국적인 기상을 보는 광역(廣域)의 회사들과 각 지방에 세밀한 지역기상을 다루는 협역(狹域)의 지방기상회사들이 생겨야 한다. 그렇게 되면 전국적인 국립의 기상청과 광역의 기상회사들, 또 지방기상회사들이 조화를 이루어 대한민국은 세계 속에서 일등의 기상국이 될 것이다. 즉 세계의 모범인 나라가 되어 기상관광의 나라가 될 수 있을 것이다.

그러나 현재 우리의 상황은 어떠한가! 가장 기본적인 측기의 대명사격인 온도계(溫度計) 하나도 제대로 만들지 못하고 사양산업(斜陽産業)이 되고 있다. 공중누각(空中樓閣)이 아닐 수 없다. 모래성을 쌓고 있는 것이다. 이것이 무너지는 것은 시간문제이다. 거액의 연구비를 받을 때는 거창하게 시작을 해서, 연구 후의 청사진도 나온다. 그런데 연구비가 다 된 후 세월이 가면 아무런 흔적조차 없다. 연구비의 계획과 사용이 잘못된 것이다. 이것은 미래를 보는 안목이 없어서 일어나는 참극인 것이다. 대기과학의 현재상황과 미래예측이 잘못된 것에서 일어난 일이다.

이것을 제대로 바로잡기 위해서는 어떠해야 하는가? 먼 미래까지를 보아서 우리 후손들의 장래를 걱정하는 마음이 있어야 한다. 대기과학계가 갈 길은 다음과 같다.

국립의 기상청은 반드시 필요하다. 기상은 전쟁과 같은 국가의 운명을 좌우하는 중요한 것이기 때문이다. 또 기상청은 전국의 기상회사를 보살피고, 국가적인 기상시책 등을 다루어야 하기 때문이다. 즉 기상청의 역할이 분명히 있다는 것이다. 또 현재는 민간기상회사의 역할까지도 기상청이 하고 있는 셈이 된다. 이 부분을 바로 기상회사로 돌려야 할 것이다.

기상회사는 기상청과 역할분담을 해서 기상회사가 해야 할 소임을 다 하는 것이다. 민간기상회사가 해야 할 일은 많다. 그중에서도 광역(廣域)과 협역(狹域)으로 나누어 전국적인 것과 지역적인 것으로 나누어서 전문성을 길러야 할 것이다. 기상회사에서 가장 중요한 것은 측기(測器, insturment)의 개발이다. 이것이 기상회사의 핵심이고 생명이다. 이 새로운 측기의 신제품을 만들지 않고는 회사가 장수할 수 없고, 대대손손으로 이어질 수 없다. 그래서 이 신제품 개발 아이디어의 원천이 되고자 이 책을 세상에 내보내는 것이다. 대기과학의 후학들의 많은 애용과 성과가 있기를 기원하는 바이다.

이렇게 탄생한 신제품의 좋은 측기로 관측을 해서 정확도를 높이고, 이 관측자료를 기반으로 각종 대민봉사를 하는 것이다. 예를 들면, 이런 좋은 자료를 이용해서 역학대기과학, 유체역학, 수리대기과학 등의 이론을 배경으로 전국단위 또는 각 지역단위의 예보를 해서 국민들의 편의를 도모하는 것이다. 어떤 지역에 공사장이 있다면 그 지역의 정확하고도 신속한 시간예보를 해 주어서 공사가 차질없이 잘 끝날 수 있게 해 주는 것 등이다. 이것에 큰 역할을 하는 것 중의 하나가 역시 수치예보가 될 것이다.

그림, 표, 사진, 도해, 도표 등을 본문에서 지정할 때는 옛날에는 '참조'라는 단어를 사용했으나, 지금부터는 예전의 '참조'와 '보기'라는 단어로 구별했다. 그것은 단순히 독자의 선택에 따라 보아도 되고 안 보아도 되는 말 그대로 참고사항인 경우는 전과 같이 '참조'를 사용했다. 그러나 누구든 꼭 보기를 바랄 때는 '보기'로 구분해서 표기를 했으니, 이 점을 고려해 주기 바란다.

끝으로, 원고의 정리 및 교정 등을 해 준 공주대학교 대기과학과 대학원생들과, 어려운 여건에도 불구하고 출판해 주신 청문각 류제동 사장님, 이 모든 분들께 심심한 감사의 말씀을 드린다.

2015년 1월
대표저자 소선섭(蘇鮮燮) 씀

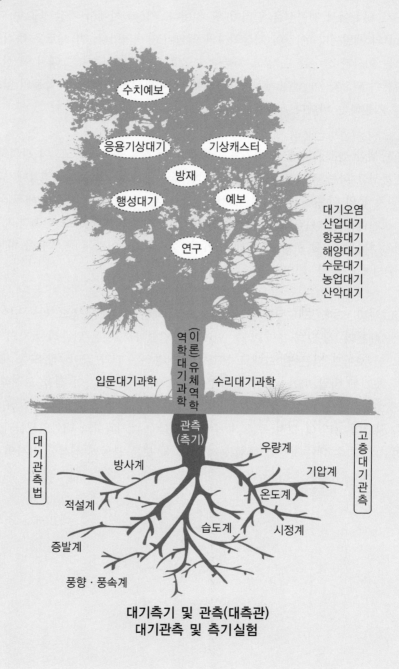

대기과학 나무

Atmospheric Instrument and Observation

수치예보

응용기상대기　　기상캐스터

방재

행성대기　　예보

연구

대기오염
산업대기
항공대기
해양대기
수문대기
농업대기
산악대기

(이론)유체역학

역학대기과학

입문대기과학　　수리대기과학

관측
(측기)

대기관측법

고층대기관측

방사계　　　우량계

기압계

온도계

적설계

습도계　　시정계

증발계

풍향·풍속계

대기측기 및 관측(대측관)
대기관측 및 측기실험

1. 대기과학의 용어는 한글(한자, 영어)의 순서로 나열했다.

　우리말은 한글(순우리말인 고유어)과 한자와 외래어로 이루어져 있다. 따라서 용어나 중요한 단어는 한글(한자, 영어)의 순으로 나열되어 있다. 우리글의 약 70% 정도는 한자어에서 유래된 것이라고 한다. 대기과학의 용어를 한글로만 만들면, 용어를 설명하는 형태가 되고 또 아시아의 공통용어도 되지 못해서 50점짜리가 된다고 사려된다. 그러니 한글과 한자가 있는 용어로 만드는 것이 100점짜리로, 현재 우리의 상황에서는 적합하다고 생각한다.

　한자나 영어의 용어를 익히기 위해서 반복학습을 하고, 강조할 때는 굵은 글씨(고딕)로 되어 있다.

2. 새롭게 만들이진 용어에는 실선으로 밑줄(＿＿＿)을 그어 표기했다. 앞으로 검토해서 새 용어로 정착시키자는 뜻이다.

3. ＊ 참고 : 설명이 더 필요할 때는 참고가 되는 부분을 따로 그 내용이 끝나는 바로 다음에 자세히 설명했다.

4. 응용 : 대기과학이 우리의 일상생활이나 타 분야로 응용이 되면, 그 부분을 실었다. 앞으로 이것을 더욱 발전시켜 나갈 계획이다.

5. 중요한 단어는 눈에 잘 띌 수 있도록 굵은 글씨로 표현하였다.

2 Part 측기와 관측

4 Part 부록

Atmospheric instrumental observations

Part **1**

대기관측총설

Chapter 01 대기관측의 의의와 분류

1.1 | 대기관측의 의의

대기의 아래에 살고 있는 우리들은 대기와 지표와의 상호작용에 의해 만들어지는 여러 가지 기상현상의 영향을 끊임없이 받고 있다. 어떤 때에는 측정할 수 없을 정도의 이익을 얻고, 또 어떤 때에는 막대한 손해를 입는다. 따라서 이와 같은 기상 현상을 측정하고 현상의 실체를 분명하게 한다면 그것을 이용해서 이익을 높이고, 손해를 줄이는 방책을 생각해 낼 수가 있다.

1.2 | 대기관측의 분류

대기관측(大氣觀測)은 대기 중에서 일어나고 있는 기상현상의 실체를 과학적인 방법에 의해 포착하기 위해서 측정이나 관측을 행하는 것이다.

1.2.1 대기관측의 대상에 의한 분류

기상요소가 일반적인가 특수한가에 따른 구분이다.

- 일반대기관측 : 우량, 기온, 습도 등과 같은 일반 기상요소
- 특수대기관측 : 대기 중의 오존이나 전위경도(電位傾度) 등과 같은 특수한 대상

1.2.2 관측장소에 따른 분류

(1) 지상대기관측

지면부근의 기상요소를 대상으로 하는 것이지만, 그중에서도 지상에서 직접 관측할 수 있는 구름이나 일사 등의 관측을 포함하는 것이 보통이다.

현재 우리나라의 지상기상관측은 약 100여 개의 유인관측소와 대략 500여 개의 무인기상관측망을 가지고 있으며, 약 13 km 간격으로 운용하고 있다. 이 무인기상관측망의 측기는 무인자동기상관측장비(無人自動氣象觀測裝備, Automatic Weather System, AWS)에 의해 관측되고 있다. 이 AWS 에는 기온, 습도, 바람, 강수, 기압 등의 기상요소를 1분에 1회 자동으로 관측하여 유선으로 기상청으로 보내지고 있고, 이 자료는 기상청을 비롯하여 각 방향으로 사용되고 있다. 사람이 없는 무인이고 자동이라는 점 등의 장점으로 앞으로도 전국에 더 많이 설치될 예정으로 장래성이 좋다.

우리나라의 AWS와 유사한 것으로 일본에는 아메다스(Automated Meteorological Data Acquisition System, AMeDAS)가 있다. 약칭으로 지역기상관측 시스템이 된다. 이 아메다스는 집중호우와 폭풍우설(暴風雨雪) 등에 의한 기상재해를 방지·경감하기 위해서 국지적인 기상상황의 감시를 목적으로 1972년에 착수해서 1974년부터 운용이 개시된 세계 최초의 기상관측 시스템이다.

이 책에서 다루는 것은 이들 중에서 일반적인 기상요소를 대상으로 하는 지상대기관측이다. 지상대기관측의 관측요소 중에는 기압·기온·습도·우량·풍속·적설의 깊이 등 실용상 중요한 것이 많고 대단히 긴 역사를 갖고 있어서 대기관측이라고 하면 보통 지상대기관측을 뜻한다.

■ 지상대기관측의 이용목적에 따른 분류
- 통보관측(通報觀測) : 관측결과를 전보 등으로 모아서 일기도(日氣圖, 천기도)를 만든다.
- 항공대기관측(航空大氣觀測) : 공항 등에서 항공기의 안전한 이착륙과 운항효율을 위한 관측이다.
- 농업대기관측(農業大氣觀測) : 농작물의 생산과 관리 등을 위한 관측이다.
- 수문대기관측(水文大氣觀測) : 공기 중에 들어 있는 물을 관측한다. 수문(水文)은 수리(水理)라고도 한다.
- 기후관측 : 어느 기간의 관측 결과를 통계적으로 정리해서 기후자료를 얻기 위한 관측이다.
- 교육관측 : 학습과정으로의 이용을 목적으로 하는 관측이다.

기후자료는 농업기상이나 수문기상(水文氣象) 등에도 이용할 수 있으므로, 위의 분류는 꼭 서로 독립 대등한 것은 아니다. 화재대책을 위한 습도나 풍속의 관측 등 특수한 목적을 가진 즉각적인 이용이라도 관측기술에서 보면 기후관측에 넣을 수 있다. 일반적으로 산업·일상생활·재해대책 등 실제 이용을 위해서 행하여지는 관측은 기후관측의 범주에 넣어서 생각해도 좋다. 이 책에서는 지상대기관측 중 주로 기후관측에 중점을 두고 전개한다.

(2) 고층대기관측(高層大氣觀測)

고층의 대기상태를 알기 위한 관측으로 고층대기관측(upper-air observation)의 높이를 어떤 범위까지 하느냐의 한계는 없지만, 정기적으로 관측되어지는 것은 생활에 관계가 깊은 대기현상이 일어나고 있는 지상 약 60 km까지이다. 약 30 km까지는 기구(氣球), 그 이상은 기상 로켓에 의한 방법이 이용되고 있다.

지상기상관측은 2차원의 지표면에 한정된 관측인 반면, 고층관측은 3차원의 공간의 관측으로 수치예보 등 모든 분야에서 이 관측자료를 이용하게 되므로 앞으로는 거의 공간의 고층관측자료를 이용하게 될 것이다. 이런 미래의 전망을 예견해서 '고층대기관측'의 저서(소선섭 등, 교문사; 2008년도 대한민국학술원 기초학문육성 '우수학술도서'로 선정)를 출판하게 되었다. 많은 도움이 되었으면 한다.

(3) 해상대기관측(海上大氣觀測)

해상에 있어서 시정(視程), 구름, 기온, 바람, 기압 등의 기상요소 및 파랑(波浪), 해면수온, 해빙 등의 해면상태에 관한 것이 해상대기관측(marine weather observation)이다. 종래에는 기상청의 관측선, 지정된 선박 등에 의해 실시되었으나, 최근에는 기상위성에 의한 해면수온관측, 표류(漂流) 부이, 고정 부이에 의한 자동대기관측도 행하여지고 있다. 관측자료 수집에는 기상위성이 큰 역할을 하고 있다.

1.2.3 관측방법에 의한 분류

(1) 측기관측(測器觀測)

측정기계, 즉 측기를 이용하는 관측, 예를 들면 온도계로 기온을 측정하는 것을 측기[測器, 기계(器械), instrument, apparatus, equipment]관측이라 한다[동력장치를 갖고 있지 않은 점에서 기계(機械, machine)와 구분된다]. 정량적이고 일반적인 관측의 형태이다.

① 지시형관측(指示型觀測) : 수은기압계나 유리제품의 온도계 등의 지시형의 측기에 의해 관측 시마다 읽는 방법이다.
② 자기기(自記器) : 원통의 시계로 돌려 대기(기상)의 기록을 시간에 따라 연속적으로 기록해 가는 방법이다.
③ 격측방법(隔測方法) : 측기의 감부(感部)에서 멀리 떨어진 관측실까지 전기적인 방법에 의해 현상의 변화를 전송하는 방법이다.
④ 무선로봇방식 : 초단파 등을 이용해서 수 10 km 떨어진 무인(無人) 지점의 우량이나 바람 등을 관측하는 방식이다.
⑤ 원격탐사(遠隔探査, remote sensing) : 기상레이더(radar), 라이더(lidar), 측풍(測風)라이더, 음파레이더, 기상위성 등의 기술을 사용한 관측장치들이 넓은 범위의 대기를 연속해서 관측할 수 있게 해 주고 있다.

(2) 목시관측(目視觀測)

구름을 관측해서 그 형태를 판별하는 등 측기를 사용하지 않고 눈으로 관측하는 것을 말한다. 정성적인 경우가 많으나 목적에 따라서는 정성적인 관측으로도 충분한 것이 있고, 또 운형이나 일기[날씨, 천기(天氣)] 등과 같이 중요한 기상요소라도 측기관측으로 할 수 없는 것이 있으므로 목시관측은 중요한 역할을 하고 있다.

1.2.4 관측주체에 따른 분류

(1) 실측(實測)

사람이 관측자가 되어 직접 측기를 읽거나 구름 등을 관측하는 것이다.

(2) 자기관측(自記觀測)

자기기(自記器)에 기록으로 남겨서 나중에 읽는 것을 뜻한다. 자기기에 사용되는 시계의 제작 기술의 발달로 말미암아 수개월 정도 지탱할 수 있는 태엽동력의 장기태엽자기기, 정확한 시간을 측정하게 해주는 수정식(水晶式)시계도 만들어졌다.

(3) 자동대기관측(自動大氣觀測)

주어진 시간간격으로 자동적으로 대기관측을 해서 유·무선통신에 의해 원거리까지 통보하고 계산기로 처리되어 대량의 자료처리까지 행해지고 있다.

이와 같이 격측(隔測)·로봇·장기태엽 등 대기(기상)관측에도 근대화의 물결이 들어오고 있지만, 이와 같은 기계화에는 많은 경비가 소요되므로 현황에서는 지상대기관측의 주체는 역시 직접관측자에 의한 관측에 있다고 생각된다.

Chapter 02 대기관측의 일반적인 주의

2.1 | 관측자의 마음 준비

대기관측은 자연현상을 대상으로 하는 것이다. 자연현상은 시간과 함께 변화하고 두 번 다시 반복할 수 없는 것이므로, 관측에 실패하면 나중에는 어떠한 일을 해도 알 수가 없다. 이것이 보통의 지구과학 등 다른 과학에서의 실험을 하는 부분과 근본적으로 다른 점이다.

대기관측은 하나의 기술이므로, 도움이 될 수 있는 정확한 관측치를 얻기 위해서 기술의 향상을 꾀하는 것은 물론이고, 동시에 이와 같은 대기관측의 특성에 관련해서 관측자는 다음에 기술하는 마음의 준비가 필요하다.

① 시간을 지키는 일 : 어떤 사정으로 미리 정해진 관측시각을 앞당기거나 늦추거나 하는 일은 삼가야 한다.

② 결측을 하지 말 것 : 악천후라든가 그 외의 형편 등으로 예정된 관측을 게을리하거나, 관측을 잊어버리는 일이 없도록 각별히 주의해야 한다.

③ 관측치를 마음대로 고치지 말 것 : 관측자가 가장 경계하지 않으면 안 될 것은 거짓으로 관측치를 만드는 일이다. 관측시각에 늦거나 결측을 하는 것이 좋지 않은 것은 말할 것도 없지만, 마음대로 관측치를 조작하는 일은 관측자로서 절대 용납할 수 없는 일이다. 거짓 관측치는 자연현상의 진정한 모습을 포착할 수 없을 뿐더러, 전체 관측자의 신용을 잃게 한다. 결측했을 때에는 그대로 결측으로 해놓고, 늦어진 시각에 관측하거나 다른 방법으로 추정했을 때에는 그 취지를 있는 그대로 정직하게 명기해 둔다. 이것이 관측자의 양심이다.

2.2 | 관측순서

관측종목이 단 하나일 때는 문제가 없지만, 어떤 시각에 2개 이상의 관측종목이 있을 때에는 어떻게 하면 좋을까? 물론, 관측자는 한 사람일 경우이다. 이러한 경우의 합리적인 원칙은 변화가 빨라, 대표시간이 짧은 기상요소의 관측을 정시(正時 : 00분)에 가깝게 행하는 것이다. 기상관서 등에서는 관측종목의 수가 많아, 이 원칙을 기초로 해서 각각의 종목을 관측하는 데 요하는 시간을 고려해서, 관측시각의 대략 10분 전부터 시작해서, 거의 다음의 순서에 따라 관측해서, 대체로 정시에 끝나도록 하고 있다(19.1절 야장 참조).

대기현상, 시정, 적설, 구름(운형, 운량), 강수량, 증발량, 건구기온, 습구기온, 상대습도, 최고기온, 최저기온, 풍속, 풍향, 일사, 일조, 기압(수은, 공합), 지중온도(5, 10, 20, 30 cm, 0.5, 1, 2, 3, 4, 5 m)

전 종목의 관측이 10분이 걸린다고 한다면, 정시의 5 분 전에 시작해서 5 분 후에 끝나도록 하는 것이 보다 합리적이지만, 기상전보 작성의 형편 등도 있으므로 전국적으로 이 순서로 결정되어 있다. 더욱이 시설의 형편 등에 의해 이 순서가 무리일 경우에는 다소 변경하는 일도 있다.

특히 주의해야 하는 것은, 원하는 관측치는 정시의 값이므로 관측하고 나서 정시까지 사이에 요소의 값이 뚜렷하게 변했을 때에는 원칙적으로 정시의 값을 취하는 것이다. 예를 들면, 위의 순서에 의하면 구름이나 일기의 관측을 10분 전 정도, 강수량이나 기온은 대략 3 분 전인데, 관측 중에 전선이 통과하거나 하면 10분 전이나 3분 전은 정시의 값과는 확실히 다른 값이 될 것이다. 이럴 때에는 기압의 관측이 끝나고 나서 다시 한 번 구름이나 날씨를 관측하거나, 기온 등 자기기록을 참조로 해서 정시의 값을 취하기로 되어 있다.

관측종목이 적어서, 예를 들면 강수량·기온·최고·최저기온·일기(천기) 등을 관측할 때에는 정시 몇 분 전에 시작해서 일기·강수량·기온(정시)·최고·최저기온의 순으로 관측하는 것이 적당할 것이다.

여기에 바람의 관측을 추가하는 경우에는 우선 10분 전에 풍속계를 읽고, 그리고 나서 위의 순서로 관측하고, 최고 최저의 값을 읽은 후, 꼭 정시에 풍속계를 다시 읽는 것이 좋다. 풍속은 보통 정시 10분 전의 평균을 취하는 것으로 되어 있고, 국제적으로도 이와 같이 약속되어 있기 때문이다. 그러나 이용목적에 따라서는 정시를 낀 10분간으로도 좋다.

2.3 | 측기의 읽기와 보정

온도계·수은기압계·우량계 등을 읽을 때에 특히 주의해야 하는 것은 눈의 위치에 따라 관측치가 달라진다는 것이다. 이 오차를 시차(視差, parallax)라고 한다. 이 시차를 막기 위해서 시선이 눈금판에 직각이 되도록 한다.

온도계의 시차에 대해서는 '7.2.2 항 기온의 관측방법'에서 상세하게 언급한다. 백엽상 속에 있는 온도계는 연직으로 설치되거나 수평으로 놓여 있으므로 눈의 위치는 비교적 결정하기 쉽지만, 지중온도계나 수온계 등 봉상온도계를 손에 들고 읽을 때에는 특히 주의한다. 이와 같을 때에는 일반적으로 온도계를 기울이면 바른 위치에 눈을 놓기가 어려우므로 되도록 온도계를 연직으로 하는 것이 좋다. 연직으로 할 수 없을 때에는 수평으로 한다.

처음에 관측할 때에 눈의 위치가 바른가를 살펴 주의해서 습관화한다면, 익숙해짐에 따라 별로 의식하지 않아도 바르게 읽을 수가 있게 된다.

측기의 눈금을 읽을 때 또 하나 주의해야 할 일은 눈금의 끝수를 읽는 방법이다. 예를 들면, C 눈금의 온도계에는 1 눈금과 1/2 눈금과 1/5 눈금이 있다. 따라서 0.1까지의 값을 구하는 데에는 끝수를 눈금의 비율로 읽게 된다. 이때 끝수로서 끊어짐이 좋은 눈금선 상의 수, 예를 들면, 0이든가 5를 읽는 경향의 사람과, 눈금선 상의 중간값을 읽기 쉬운 사람이 있다. 끝수는 어느 것이 나타내기 쉽다고 하는 일은 없을 것이므로, 간단한 모형의 연습용 눈금척을 만들어서 바르게 읽는지 어떤지를 조사해 보는 것이 좋다.

제2부의 각 항에서 자세하게 기술하겠지만, 유리제품의 온도계나 수은기압계 등에는 **기차**(器差, instrument error)가 있으므로, 읽은 값이 그대로 바른 관측치가 되지는 않는다. 기차 보정치는 검정증에 실려 있으므로, 이것을 이용해서 보정할 필요가 있다. 그러나 1 C의 최소자릿 수로 기온을 측정할 때에는 **기차보정**(器差補正, correction for instrument error)을 실시하지 않아도 오차(誤差)가 생기는 일은 적다.

온도·습도·기압 등의 자기기록은 옳은 값을 나타내는 것이 아니고, 상대적인 변화를 나타내는 것으로 생각해야 될 것이다. 따라서, 자기지에서 참값을 구하는 데에는 종종 실측치와의 차를 구해 이것을 내삽 또는 외삽[보법(補法), 보간법(補間法), Interpolation]으로 보정할 필요가 있다. 우량·풍향·풍속 등은 읽은 값이 그대로 참값을 나타내는 것으로 해도 좋다. 그러나 어느 쪽의 경우도 자기 시계의 지속(遲速, 늦고 빠름)을 보정해야 한다. 이들의 보정법의 구체적인 것도 제2부에서 기술한다.

2.4 | 오관측을 막는 방법

관측결과를 그 자리에서 기록하기 위해서는 보통 소형 노트를 사용한다. 이것을 관측야장[觀測野帳, field(log) book, pocket register, 간단히 야장(野帳), 19.1절 참조]이라고 부르고 있다. 노장에서 읽은 강수량이나 기온의 값을 기억해 두었다가 실내로 돌아와서 기입하는 사람이 있는데, 어떤 순간에 틀린 값을 기입할 가능성이 있으므로, 귀찮지만 그 자리에서 하나하나 야장에 기입하도록 한다.

온도계의 눈금을 5 C만 잘못 읽어도 16.3 C로 읽어야 할 것을 11.3 C라든가 21.3 C로 해버리는 일이 있다. 이와 같은 **오관측**(誤觀測)을 없애기 위해서는 한 번 야장에 기입한 후에, 또 한 번 눈금을 다시 읽어 전에 읽은 값을 점검하는 버릇을 들이는 것이 좋다. 관측한 결과를 바로 그래프에 기입하는 것도 좋다. 이렇게 하면, 큰 잘못을 바로 발견할 수 있다.

상식적으로 기대할 수 없는 값, 또는 전의 관측치와 비교해서 현저하게 크던가, 작은 값이 관측되는 일이 있다. 이러한 이상한 값이 나왔을 때에는 확인하는 뜻에서 한 번 더 관측을 하든가, 자기(自記)가 있을 경우 비교해서 점검한다. 그래서 이상한 값이 실수가 아닌 것이 확인되었을 때에는 기입값의 오른쪽에 #(sharp 기호)를 붙여 둔다. 이것은 후에 혼란을 막기 위함이다. 전에 말한 관측치의 기입 그래프가 있으면, 이상값을 발견하는 데에도 도움이 된다.

2.5 | 측기의 손질과 수리

올바른 관측치를 얻기 위해서, 또 관측을 중단하지 않기 위해서는 측기나 시설이 그 성능을 유지하도록 평상시의 손질이 중요하다. 또 고장 난 측기의 간단한 수리는 자기가 할 수 있는 것이 바람직하다. 각각의 측기에 대해서는 제2부의 각 항에서 설명하고 있으므로, 여기서는 여러 곳의 관측소를 돌아보고 특히 염두에 두어야 할 것을 기술한다.

① 백엽상은 하얗게 칠해져 있으므로 특히 더러움이 눈에 띈다. 도회지나 공장지대에서는 지붕이나 개판(蓋版)문이 새까맣게 된 것이 있다. 종종 페인트를 칠해야 하지만, 솔을 사용해서 물로 씻는 것만으로도 상당히 깨끗해지리라 생각한다.

② 백엽상 속의 습구를 싼 헝겊이 더러워져 있는 것이 자주 보이기도 하며, 심할 때에는 물병에 물이 없는 경우도 있다. 헝겊의 교환은 해보면 그다지 힘이 드는 것도 아니므로 귀찮아하지 말고 실행했으면 한다. 헝겊을 두껍게 해서 무겁게 하는 일이 있는데, 이것은 습구의 성능을 충분히 발휘할 수 없게 한다. 물병의 물은 당연히 없어서는 안 된다.

③ 온도계의 수은이 도중에서 끊어져 있는 것이 있다. 강하게 흔들어 내리면 접촉되는 일도 있지만, 일반적으로 수은온도계의 수리는 아마추어로서는 조금 어렵다. 최저온도계의 복온[復溫, 복도(復度)]이 최고온도계의 복도에 비해, 기차보정을 해도 0.5 C 이상 낮은 값을 나타내고 있을 때는, 액이 증발해서 관의 상부에 부착해 있는 일이 많다. 이때는 관의 상부를 뜨거운 증기로 덥게 하고 하부를 냉각하면 내려오는 일이 있다.

④ 자기(自記) 기계의 잉크가 떨어지거나 찌꺼기로 막혀 모처럼의 기록이 되지 않는 일이 있다. 삼각펜을 청소할 때에는 주의해서 펜 끝을 빼서 끝의 갈라진 부분에 얇은 종이를 통과시킨다. 찌꺼기가 심할 때에는 알코올 속에 넣어 씻으면 된다. 결과가 좋지 않은 펜 끝은 새것이라도 좋지 않은 것이 있으므로 과감히 교체한다. 가는 유리관의 사이펀(siphon)펜은 빼서 따뜻한 물속에 넣어 스포이드로 눌렀다 놓았다 한다.

⑤ 자기잉크는 보라와 빨강이 많이 사용되는데, 어느 쪽도 자기용의 것을 사용한다. 보통의 잉크는 증발이 너무 빨라 바로 없어진다. 전용 잉크로도 사이펀펜의 잉크병 등이 긴 시간에는 증발해서 짙어지므로 적당히 물로 희석한다. 일반적으로, 빨강 잉크 쪽이 찌꺼기가 적게 모이지만 기록지가 물에 젖었을 때에는 얼룩이 지기 쉽다.

⑥ 자기기록이 이중으로 되어 있는 일도 종종 있다. 이것은 주로 펜 끝이 자기지를 너무 강하게 누르기 때문에 일어나는 것이므로, 리샤르형 온도계나 습도계는 자기기를 앞으로 10° 정도 기울였을 때 펜이 자기지에서 떨어질 정도로 하면 좋다. 펜축의 밑 부분에 조절나사가 있는 것은 이것을 움직여서 조절한다.

⑦ 요즘에는 카트리지펜을 사용한다. 펜 속에 잉크가 들어 있어 그대로 교환할 수 있으므로 간단하고, 1년 이상 사용할 수 있어 편리하다. 언제 잉크가 떨어질지 알 수 없으므로 기록이 희미해지면 교환할 시기로 생각한다.

⑧ 자기기(自記器)의 시계에는 원통형으로 1주일에 1회 태엽을 감도록 되어 있는 것이 많다. 그러나 예를 들면, 1에 닿는 날과 6에 닿는 날과 같이, 5일만에 감도록 하는 쪽이 확실하다. 시계가 늦는 것이 하루에 몇 분 정도, 커도 5분 이내가 되도록 완급침(緩急針)으로 조절한다. 밖에서 완급침을 움직일 수 없는 것은 원통의 바깥측에 붙어 있는 정지나사를 풀어서 행한다. 수정(水晶)시계의 경우는 정확하고 건전지를 교환할 때까지는 사용할 수 있어 편리하다. 건전지의 교체시기를 램프의 불로 알려주므로 기록지를 교환할 때마다 램프를 살피면 된다.

⑨ 백엽상 등에 넣어 둔 자기시계는 습기 등 때문에 고장이 나는 일이 적지 않다. 이 때문에, 같은 형의 원통시계를 준비해 두는 것이 바람직하다. 고장이 났을 때는 분해청소를 해서 기름을 칠하면 고쳐지는 일도 있지만, 경험이 부족하여 도리어 부수는 결과가 되므로, 자신이 없을 때에는 시계방에 부탁한다.

⑩ 풍속계와 같이 가동(可動) 부분을 가진 측기는 회전 부분이 닳아서 마찰의 원인이 되어, 수 m/s의 바람이 있는 데도 거의 움직이지 않는 심한 경우를 보이는 일까지 있다. 풍속이 약한 곳에서도 적어도 1년에 1회는 분해청소를 해서 주유한다. 또 전기접점(電氣接点)이 약해서 전접계수기(電接計數器)가 움직이지 않거나, 1회의 접촉으로 계수기가 2회분 움직이는 일도 있으므로 특히 주의한다.

⑪ 풍향계의 파이프가 철관에 접촉해 있거나, 화살 끝의 방향과 풍향시침(示針)의 방위가 어긋나 있는 일이 있다. 강풍 후에는 점검하도록 한다.

여기서 언급한 측기에 대해서의 주의나 보수 손질은 어느 쪽도 관측자 자신이 해야 할 일이지만, 수리에 대해서도 이 정도의 것은 할 수 있도록 하는 것이 좋다. 그러나 측기의 구조·성능·동작 또는 분해법 등을 잘 모르고 손대는 일은 위험하므로, 자신이 없을 때에는 전문가에게 맡겨야 한다.

2.6 | 폭풍우와 악천후의 주의사항

대기관측에서는 태풍이나 특별한 대기현상 등의 경우에는 특히 정확한 관측치를 얻을 필요가 많다. 그러기 위해서 폭풍우의 내습이 미리 알려졌을 때는 사전에 여러 가지 처리를 해 둔다.

첫 번째는, 측기류를 단단하게 고정하는 것이다. 풍향계·풍속계·백엽상 등은 바람에 날려 넘어지지 않도록 받침대 등을 붙여서 특별한 보강을 하고, 야외의 배선은 완고하게 고정하며, 백엽상 내의 온도계나 자기기 등은 단단한 끈이나 철사로 상자 속의 창살이나 마룻바닥에 묶고 문도 바람에 나부끼지 않도록 한다. 최고·최저온도계는 진동으로 정확한 값을 나타내지 않는 일이 있으므로 자기온도계가 있을 때에는 떼어서 매어 두어도 좋다. 로비치일사계도 굵은 철사로 대에 고정하거나 경우에 따라서는 떼어 둔다.

이것과 병행해서 관측자의 안전을 지키기 위한 처리도 필요하다. 관측실의 창이 바람에 날려 떨어지지 않도록 하는 대책은 말할 것도 없지만, 일반적으로 풍속이 20 m/s를 넘으면 기와의 일부가 벗겨지거나 굴뚝이 넘어지기도 하므로, 날아오는 파편에 상처를 입지 않도록 건축공사장 등에서 사용하는 안전모를 준비한다. 여름철과 같이 셔츠 차림으로는 위험하므로 비가 내리지 않을 때에도 방수용의 비옷 등을 입는 것이 좋다. 또 관측실과 노장 사이나 백엽상, 우량계 등에는 구명줄을 쳐 놓으면 좋다.

관측기술상에도 여러 가지 주의가 있다. 호우일 때에는 우량계의 저수 그릇의 물이 넘칠 염려가 있으므로, 적당한 때 중간의 관측을 하면 좋다. 저수 그릇은 예비의 것을 준비하고, 교환했으면 실내로 가져와서 측정한다.

바람이 강해지면 풍속계의 전접(電接)이 빈번하게 된다. 풍정(風程) 100 m마다 전접하는 풍속계는 풍속 50 m/s가 되면 2초에 1회씩 전접하여 보통의 자기전접 계수기에서는 기록선이 밀접하여 시각선과의 교점을 읽는 것이 어려워 오차가 커진다. 이와 같은 때에는 정시 10분 전과 정시에 자기지 상의 펜의 위치를 기록해 두면, 나중에 자기지로부터 매시의 풍속을 구하는 데 도움이 된다. 에어로베인을 사용하고 있는 곳에서는 강풍용의 배선으로 바꾸든가, 분류기(分流器)의 저항을 넣는다.

바람이 강해지면 기압이 진동해서 관측하기가 어렵다. 진동의 주기는 수초 정도이므로, 기압계의 시도의 변화를 잠시 주시해서 몇 회의 변동의 평균을 눈대중으로 구해서 읽는다. 원래 자기기압계가 있을 때에는 진동 때문에 폭이 넓어진 기록의 중앙을 읽고, 진동이 적을 때에는 구한 보정치를 가감(加減)하는 쪽이 좋은 경우가 많다.

2.7 | 기술상의 기준과 신고

대기관측의 결과를 인쇄해서 배포하거나 게시할 때, 또는 재해대책 등의 자료로 이용하는 경우에는 사회적인 영향이 있으므로, 특히 정확한 관측치를 필요로 한다. 또, 관측결과를 서로 비교할 수 있도록 통일된 방법으로 관측을 하는 것이 바람직하다.

이와 같은 취지에서 기상업무법에서는 대기관측을 행하는 데에는 어떤 기술상의 기준에 따를 것을 요청하고 있다. 현재 결정되어 있는 것은, 측정의 수단(측기나 계급표 등)과 최소자릿수인

데, 이 책에서 기술하는 방법을 이용하면 물론 기술상의 기준을 벗어날 염려도 없을 뿐더러 법적으로 결정하는 것이 어려운 점에 대해서도 기술적인 완전함을 기대할 수가 있다.

예외로서, 학교에서 교육을 위해서 행하는 관측이나 연구자가 연구하기 위해서 행하는 관측으로, 일반적으로 공표하거나 실제로 이용하거나 하지 않는 경우에는 위에서 말한 기술상의 기준에 따를 필요가 없고, 또 신고의 의무도 없다. 그러나 어느 쪽으로 해도 바른 대기관측을 행하기 위해서는 이 책에서 언급하는 관측기술을 충분히 습득할 필요가 있다.

참조로 기상청·기상대·관측소·항공기상관측소 등의 일람표를 부록 9에 실었다.

Chapter 03 | 대기관측계획

어떤 일을 할 때, 처음에 그 목적을 확실히 해 두어야 하는데 이것은 대기관측에도 적용된다. 목적이 희미해서는 합리적인 계획이 될 수 없을 뿐만 아니라, 얻어진 결과를 효과적으로 이용할 수도 없다. 대기관측의 계획을 세우는 데에는 우선 목적에 알맞은 관측종목을 선택해서 관측장소·관측시각·관측치의 자릿수·측기와 시설 등을 결정한다.

3.1 | 관측종목

특정한 이용목적이 있을 때에는 이것에 맞는 관측종목을 선택하는 일은 어렵지 않다. 예를 들면, 저수지에 모이는 수량을 측정하는 데에는 그 집수역(集水域) 내의 몇 개소에 대한 일강수량이나 시간강수량이 필요하게 되고, 화재의 위험도를 알기 위해서는 시가지 등의 풍향·풍속이나 습도를 관측종목으로 선택하게 된다. 또, 농작물의 관리를 하기 위해서는 일강수량이나 일평균기온 외에 일조시간·지중온도·증발량 등 여러 가지의 관측종목이 필요하다.

한편, 산업의 입지조건을 조사하거나 학습이나 연구 등을 위해서는 되도록 상세한 기후의 상태를 알 수 있도록 관측종목을 선택할 필요가 있다. 이와 같을 때에는 그 장소의 기후학적 조건을 생각해서 가능한 한 이용범위가 넓은 관측종목을 선택해야 하지만, 경비나 관측자의 형편, 기술의 난이도 등에도 맞추어서 생각해야 한다. 예를 들면, 매일의 강수량·최고기온·최저기온·일기(천기) 등은 측기도 간단하고 관측방법도 비교적 용이해서 관측치의 이용범위가 넓다.

이 예에서, 기온 대신에 최고기온과 최저기온을 선택하는 것은 1일 1회의 관측에서 일평균기온에 가까운 값이 얻어지는 것과, 관측의 시각을 그다지 복잡하게 제한할 필요가 없기 때문이다. 한랭다설지(寒冷多雪地)에서는 강수량의 좋은 관측치를 얻는 일이 어려우므로, 겨울에는 그 대신에 매일의 적설의 깊이를 측정해도 좋다. 일기는 목시관측으로 정확도를 갖는 것이 어려우므로, 더욱 객관성을 높이기 위해서는 일조시간으로 돌린다. 또, 여유가 있다면 관측종목에 풍향풍속을 추가한다. 습도의 관측은 기술적으로 어려운 점은 있지만, 불쾌지수의 계산 등 실용상의 이용도가 크므로 가능하다면 추가하는 것이 좋다.

3.2 | 관측장소

기존의 시설이나 관측자의 형편 등으로, 처음부터 관측장소가 결정되어 있는 일이 적지 않지만, 일반적으로 관측계획의 일환으로 관측장소의 선정은 충분히 주의할 필요가 있다.

기술적으로 말해서, 장소의 선정에 있어서 먼저 해야 할 것은 관측치의 대표범위이다. 대표범위는 어떤 관측치가 적용되는 지역의 넓이이다. 예를 들면, 라디오 등에서 충청지방의 정오의 기온이 25 C라고 하는 것은 기상관서가 있는 노장의 기온이고, 기상대에서 수 km 떨어진 곳에서는 24 C 또는 26 C인 곳도 있을지도 모른다.

대표범위는 기상요소의 종류나 지형의 복잡함 등에 의해 다를 뿐만 아니라, 그때의 기상상태에 의해서도 다르다. 예를 들면, 기압이나 일조시간은 우량이나 기온보다도 대표성이 크고, 같은 기온이라도 최저기온보다 최고기온 쪽이 대표범위가 넓다. 또 산지나 건물가의 중심에 비해서 평탄한 평지 등은 대표성이 좋고, 고기압으로 덮여 있을 때에는 저기압 속이나 전선 가까이에 있는 경우보다도 큰 대표성을 갖는다.

어떤 관측치에 필요로 하는 대표범위의 넓이는 관측치의 이용목적에 따라 결정하는 것이므로 관측장소를 선택할 때에는 이 일을 잘 생각해야 한다. 예를 들면, 같은 풍속을 측정하는 데에도 시가지의 화재대책을 위해서는 그 거리의 거의 중앙에 가깝고, 되도록 장해물에 의한 기류의 난류가 없는 장소가 좋지만, 열차운행을 위한 철교 상의 풍속을 알기 위해서는 하천을 따라서 부는 강한 바람이 잘 표시될 수 있는 장소를 선택해야 한다. 그러나 보통의 대기관측에서는 대표범위가 가능한 한 넓어질 수 있도록 관측장소를 선정한다. 이렇게 하면 관측결과의 이용범위도 넓어지는 것이다.

일반적으로 말해서 건물이 빽빽이 들어선 시가지, 분지, 언덕, 산의 사면이나 바로 밑, 절벽 주변, 산림 속 등은 대표성이 좋지 않으므로 관측장소로는 적당하지 않다. 호수나 하천의 바로 가까이도 피하는 것이 좋다. 대지 위가 좋지만, 너무 높으면 주위의 시가지 등의 기상을 대표할 수가 없다. 기상요소에 의한 대표성의 차이나, 그것에 근거를 둔 관측상의 주의에 대해서는 제2부에서 상세히 언급한다.

3.3 | 관측시각

매일의 관측횟수와 그 시각은 이용목적과 관측요소의 변화방식에 따라 결정된다. 그러나 실제로는 일손의 형편이나 학교 등에서는 수업시간에 따르는 제약도 고려해 넣어야 한다.

기상현상은 시시각각으로 변화하므로 그 변화의 양상이나 일평균치를 알려면, 적당한 시간간격으로 1일에 몇 회의 관측치를 얻지 않으면 안 된다. 그러기 위해서는 매시의 관측치가 있다면 이상적이다. 자기기계는 어떤 관측요소에 대해서 매시의 값을 얻는 것은 비교적 쉽지만 목측을 필요로 하는 구름이나 일기 등의 매시관측은 실제로는 불가능에 가깝다.

관측횟수에는 8회 관측(0시, 3시, 6시, 9시, 12시, 15시, 18시, 21시)이나 4회 관측(3시, 9시, 15시, 21시)이 있다. 일기도(천기도) 작성이나 기후자료를 만드는 편의 등을 위해서, 세계적으로 통일되어 있으므로 많은 기상관서(기상청, 기상대, 관측소 등 기상관계의 모든 기관 등을 포함해서 말하기로 한다) 등의 정시관측의 시각으로 되어 있다. 8회 관측에 의해 얻어진 일평균치는 대체로 매시의 평균과 대등하게 취급할 수가 있다. 정해진 시각의 정시(定時)관측을 할 때는 주로 정시인 00분으로 하는 경우가 보편적이다.

하루 중의 상황에 중점을 둘 경우에는 4회관측에서 3시를 제외한 3회관측(9시, 15시, 21시)이나 2회 관측(9시, 15시)으로 하고, 일손의 형편으로 가능하지 않을 때에는 최소한 1회 관측(9시)의 방법도 있다.

기상관서가 외부에 위탁하고 있는 기후관측은 1회 관측으로, 매일 9시에 강수량·최고기온·최저기온 등 간단한 종목을 관측하는 것으로 되어 있다. 그런데 기온의 최고가 나타나는 때는 오후 2시경, 최저는 일출직전의 경우가 많으므로, 최고온도계와 최저온도계의 읽는 시각이 다소 다르더라도 관측치에는 거의 영향을 주지 않는다. 또 강수량에 대해서도 순합계나 월합계를 구하기 위한 것이므로 관측시각의 차이는 그다지 중요시하지 않아도 좋다.

일반 사람들이 이들의 관측을 시작하려고 할 때에는 여기서 말한 것들을 참조로 해서 관측시각을 결정할 것이지만, 특수한 사정이 없는 한 기상관서 등의 관측시간에 맞춘다면 관측자료를 비교할 때 등 여러 모로 편리할 것으로 생각한다.

이 외에 특수한 이용목적을 위해서 때에 따라서 관측이 필요한 것도 있다. 예를 들면, 풍속이 어떤 값보다 커지면 공중 케이블의 운전을 중지한다든가, 강수량이 미리 정해 놓은 값을 넘었을 때에는 홍수대책을 위해서 전보로 보고하는 것 등이다. 이와 같은 관측을 위해서 항상 측기를 감시하는 것은 비능률적이므로, 자동경보장치를 부착해서 측기의 시도가 어떤 값이 되면 벨을 울리게 하거나 빨간 램프를 점멸시키면 편리하다.

한편, 어떤 시각에 관측을 행할 때에는 얼마만큼의 시간의 오차가 허용될 것인가? 기상현상은 시간과 함께 변화하는 것이지만, 어떤 비교적 짧은 시간 내에서는 변화하지 않는 것으로 간주된다. 이 시간의 길이가 관측치의 대표시간이어서 관측시각에 허용되는 오차는 대표시간 이내라고 생각된다. 그런데 대표시간은 앞에서 말한 관측치의 대표범위와 마찬가지로 기상요소의 종류나 관측 시의 기상상태에 의해 다르지만, 대표범위가 넓은 요소는 대표시간이 긴 것이 많다.

이상의 이유에 의해 허용되는 시간오차는 일률적으로 결정할 수는 없는 것이므로, 어떠한 기상요소나 일기(천기)상태일 때에도 지장이 없도록 가능한 한 바른 시각에 관측을 하도록 한다.

그러나 실제로는 시계의 초침을 보면서 관측할 수는 없으므로 변화가 빠르고 대표시간이 짧은 기상요소에 대해서 ±1분 정도의 정확도를 유지하도록 하면 된다.

같은 시각에 여러 가지의 기상요소를 관측하는 경우는 2.2절에서 상세하게 언급했다.

3.4 | 관측치의 자릿수

우량은 0.1 mm의 자릿수까지 관측할 필요가 있을까? 1 mm의 자릿수도 좋을까? 최소의 자릿수를 어디까지로 할 것인가는 측기의 선정이나 관측의 기술, 관측자의 노력에 크게 좌우되므로 중요한 일이다.

자릿수를 결정하는 데는 우선 관측자료의 용도를 생각하지 않으면 안 된다. 예를 들면, 다우지역(多雨地域)에서는 강수량의 1 mm는 문제가 되지 않지만, 건조지대에서는 물의 이용 때문에 0.1 mm의 우량도 무시할 수 없다.

다음으로는 관측치에 포함되는 측정오차의 문제이다. 모든 기상측기에는 여러 가지의 오차가 있어 충분히 보정할 수 없는 것이 적지 않기 때문에 관측치가 꼭 진값은 아니다. 또 목시관측에서도 오차가 생긴다. 예를 들면, 보통의 우량계는 제본스 효과(11.4절 참조)에 의해, 바람이 강할 때에는 10 % 이상의 차이가 나므로 mm의 소수자리는 가끔 의미가 없다. 더욱이 관측치의 대표범위나 대표시간의 항에서도 말했듯이, 기상현상은 공간적으로나 시간적으로도 변화하기 때문에 일부러 세부적인 곳까지 측정해도 유효하게 이용할 수 있다고는 말할 수 없다.

관측치의 최소자릿수는 관측자료의 이용목적에 따라서 결정되지만, 한편 이용할 수 있는 측기의 성능이나 현상의 변동성에 따라서 자릿수가 결정된다. 그러나 관측치를 넓게 여러 가지의 목적에 이용하고 싶을 때에는 역으로 측기의 성능과 현상의 변동성이 허용되는 최소한의 자릿수를 취할 수도 있다.

이상의 관측종목에 대한 여러 가지 목적을 거의 만족하는 최소자릿수를 구해서 이것을 표 3.1에 나타낸다. 강수량이나 기압 등은 대개 일반목적을 위해서는 1 mm 또는 1 hPa의 자릿수로 충분하지만, 특별한 경우에는 0.1 mm나 0.1 hPa까지 필요하게 되므로, 이것을 비고란에 표시했다.

표 3.1에서는 참조로 기상관서가 현재 사용하고 있는 자릿수도 병행해서 표시해 놓았다. 이 외에 세계기상기구가 결정한 것이 있지만, 대체로 기상관서의 것과 같다. 더욱이 최근의 경향으로 보면, 장래는 지금의 자릿수보다 다소 거친 것이 사용될 것 같다.

표 3.1에서 알 수 있듯이, 여기에서 적당하다고 간주하는 자릿수는 기상관서의 자릿수보다 거친 것이 많다. 그 이유의 하나는 기상관서에서 최소자릿수를 결정할 때는 사용하고 있는 측기로 읽을 수 있는 최소자릿수까지 읽는다. 이것이 현재까지 타성적으로 계속되어지는 것으로 생각된다.

표 3.1 관측치의 자릿수

관측종목	단 위	자릿수	기상관서의 자릿수	비 고
강수량	mm	1	0.1	0.1로 하는 경우도 있다.
기 온	C	1	0.1	0.1로 하는 경우도 있다.
습 도	%	1	1	
건구온도	C	0.1	0.1	습도를 산출하기 위한 관측
습구온도	C	0.1	0.1	습도를 산출하기 위한 관측
풍 향	방위	8 방위	16 방위	16 방위로 하는 경우도 있다.
풍 속	m/s	1	0.1	
기 압	hPa(mb)	1	0.1	0.1로 하는 경우도 있다.
수평면일사량	cal/cm^{2}day	1	0.1	
일조시간	시간	0.1	0.1	
적설의 깊이	cm	1	0.1	깊을 때에는 m로 나타내도 좋다.
시 정	m, km	1	1	유효숫자로 1 자리 정도
운 량	(10분법)	1	1	
증발량	mm	1	0.1	우량에 대응해서 0.1로 하는 경우도 있다.
지중온도	C	1	0.1	0.1로 하는 경우도 있다.

3.5 | 측 기

관측에 사용하는 측정기계, 즉 측기(測器, instrument)를 선정하는 데에는 견고성, 내구성, 취급의 간편성 등을 고려하는 일은 말할 것도 없지만, 측기의 기본적인 성능인 정밀도·감도·늦어짐 등에 대해서 잘 이해할 필요가 있으므로, 우선 이것에 대해서 설명한다.

3.5.1 정밀도

정밀도(精密度, accuracy)라고 하는 것은 정확도로, 측기에 의한 관측치와 참값(眞値)과의 차, 즉 오차로 나타난다. 예를 들면, ±1 C라든가, ±5 % 등으로 나타낸다. 사용하는 측기는 관측의 최소자릿수가 정확하게 구해질 수 있는 정밀도의 것을 선택한다. 정밀도가 좋은 기계일수록 일반적으로 값이 비싸고 취급하기가 어려우므로 무작정 정밀도가 좋은 것을 사용해도 효과는 오르지 않는다. 예를 들면, 백금선을 사용한 열선풍속계는 ±1 cm/s의 정확도로 풍속을 측정할 수 있지만, 1 m/s의 자릿수로 관측하는 데에는 ±0.5 m/s의 정확도를 갖는 3배풍속계가 좋다. 어느 것으로 해도 정확한 검정(檢定)을 받은 측기를 선택해야 하는 것은 말할 것도 없다.

3.5.2 감도

감도(感度, sensitivity)는 민감도로, 예를 들면, 온도 1 C의 변화에 대해서 유리제온도계의 수은사(水銀絲)가 몇 mm 움직일까 하는 것으로 나타낸다. 일반적으로 큰 감도를 갖은 측기일수록 눈금의 범위가 좁고 비싸며 취급이 어렵다. 감도가 정밀도와 평형을 이루고 있어, 최소의 자릿수를 확실하게 읽을 수 있고, 전 눈금의 범위가 관측치의 범위를 충분히 만족할 수 있는 것을 선택한다. 예를 들면, 열전대(熱電對)와 거울이 붙은 검류계를 이용한다면, 1 C의 온도변화를 수 cm로도 확대할 수 있으나, 기온을 1 C의 자릿수로 관측하는 데에는 1 C에 대해서 수은사의 움직임이 수 mm 정도의 보통의 수은온도계로 충분하다.

3.5.3 시상수

시상수(時常數, time constant) 또는 늦어짐(relaxation time)은 진값이 변화했을 때, 측기의 시도가 그것을 쫓아가기 위해서 필요한 시간으로 응답의 속도(應答의 速度, 응답속도), 동특성과 시상수(動特性과 時常數)라고도 한다. 그림 3.1에서 온도계의 늦어짐에 대해서 설명한다.

기온이 ABCD로 변화했을 때, 온도계의 시도는 늦어짐 때문에 ABC′D가 된다. 온도계의 시도가 온도변화 BC의 63 %만 쫓아가는 시간 t에 의해 늦어짐의 정도를 나타내고, 이것을 늦어짐의 계수 또는 시상수로 부른다. 일반적으로 늦어짐은 작은 쪽이 좋지만, 기상요소 중에는 짧은 시간 내에 빠르게 값이 변동하는 것이 있고, 이것에 대해서 어느 정도의 늦어짐을 갖은 측기 쪽이 시간적인 대표성이 큰 관측치가 얻어지므로 오히려 좋다.

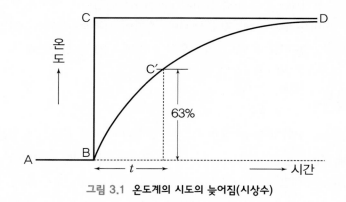

그림 3.1 **온도계의 시도의 늦어짐(시상수)**

예를 들면, 기온이 몇 초 사이에 1 C 정도의 주기적인 변화를 하는 일이 있으므로 시간적인 대표성을 갖는 관측치를 구하는 데에는 어느 시각의 전후에 몇 번이고 측정해서 그 평균을 취할 필요가 있는데, 늦어짐이 큰 온도계를 이용한다면 변동이 평균화되므로, 단 1회의 값 읽기로 된다. 원래 늦어짐이 너무 크면, 기온의 비교적 느린 변화까지 감추어져 버리고 만다. 이 때문에 보통의 대기관측용으로는 늦어짐의 계수가 30~60초 정도의 온도계가 적당하다고 생각된다(부록 1 참조).

기상측기 중에는 장기간에 걸친 풍우(風雨)나 한서(寒暑) 때문에 바래기도 하고, 해안 등에서는 염풍(鹽風)을 받는 것이 많다. 또 충분한 예비 측기를 준비해 두어야 하지만, 경비의 형편으로 그렇게 이상적으로 되지 않는 일이 많고 더욱이 고장이 생겨도 가까운 수리공장이 없는 경우도 있다. 이런 것들을 고려하면, 다른 측정기계에 비교해서 특히 **견고성과 내구성**을 필요로 한다.

모든 관측자에게는 측기의 전문기술을 기대하는 것은 실제로는 불가능하고, 또 대기관측은 강한 바람·비·눈 등 환경적인 악조건 하에서 행해야 하는 것이므로, 취급의 편리함은 측기를 선택할 때 무시할 수 없다.

관측기술의 입장에서는 두 가지의 뜻이 있지만, 실제로 측기의 가격은 싼 것이 좋은 것은 물론이고, 장기간에 걸쳐서 연속적으로 사용할 때에는 동시에 유지비가 싼 것도 고려해야 할 조건이다.

표 3.2 **표준대기측기**

관측종목	지시형의 측기	자기측기
기 압	수은기압계[6.3] 아네로이드기압계[6.4]	정전용량식 기압계[6.7] 자기기압계[6.8]
기 온	유리제온도계(봉상온도계)[7.3]	자기온도계[7.8]
최고온도	루더포드최고온도계[7.6]	
최저온도	루더포드최저온도계[7.6]	
습 도	건습구습도계(건습계)[8.2] 통풍건습계[8.3]	모발자기습도계[8.6.2]
풍 속	풍차형 풍속계[9.1.3]	
풍 향	화살형 풍향계[9.2.2]	
강수량	표준형 우량계[11.2.1] 설량계[11.5.1]	자기우량계[11.3] 자기설량계[11.5.2] 장기자기우량계[11.6.2]
적 설	설척[12.1.1]	적설계[12.2]
증발량	대형증발계[13.1.2] 소형증발계[13.1.3]	자기증발계[13.1.4]
방사(복사)	방사계[15.3] 방사수지계[15.4]	
일사량	에플리일사계[16.2.3]	로비치자기일사계[16.2.2]
일조시간		캄벨·스토크스일조계[17.2.1] 조르단 일조계[17.2.2]
지중온도	곡관지중온도계[18.2.1] 철관지중온도계[18.2.2]	

한편, 관측을 시작하는 데 있어서는 구체적으로 어떠한 측기를 선택할 것인가의 문제에 당면하게 된다. 제2부에서는 각각의 관측요소에 대해서 여러 가지 측기를 설명하고 있다. 어느 것도 실용적으로 지장이 없는 것으로 목적에 응해서 적당한 것을 선택할 것이지만, 그중에서 일반적으로 시판되고 있는 특히 위의 조건에도 합치하는 표준적이라고 생각되는 측기를 표 3.2에 게재한다. 표 3.2는 지시형의 측기, 결국 관측 시에 직접 시도를 읽는 것과, 연속적으로 자기(自記)기록하는 측기로 나누어져 있다. 자기기(自記器)를 이용하면, 일손이 들지 않고 많은 관측자료가 기록으로 남고, 관측치의 신뢰성이 증가되므로 경비가 허용되는 한 자기기를 권하고 싶다. 본래 기온·습도·기압은 자기기의 기록을 지시형의 관측치로 보정할 필요가 있으므로, 양자를 맞추어서 갖추지 않으면 안 된다.

시판되고 있는 측기를 구입할 때에는 정규에 합격한 것을 구입해야 하는데, 비록 검정에 합격한 것이라도 견고성과 내구성에 문제가 있어, 장기적으로 안정하게 작동하지 않는 것이 발견되기 때문에 충분한 주의를 하지 않으면 안 된다. 그러므로 구입할 때에는 기상관서 등에 상담하는 것이 좋다.

3.6 | 노 장

백엽상과 우량계 등을 갖추어서 관측준비가 된 장소를 노장(露場, observation field)이라 한다. 또 측풍용의 기둥을 세우는 일도 있다. 측기를 노출해서 놓아 두는 장소라고 하는 의미의 용어일 것이다. 3.2절에서 말한 조건을 고려해서 관측장소를 결정한다면, 그늘이 지지 않고 배수가 좋은 평탄지를 선택해서 노장을 만든다. 가까이에 건물이 있을 때에는 그 남쪽이 좋다. 넓이는 측기의 종류나 수에 의하지만, 대개 50 m² 정도는 필요하다. 도회지의 건물이 밀접해 있는 곳에서는, 어쩔 수 없이 옥상에 노장을 만드는 일도 있다. 그러나 콘크리트의 반사나, 실내에서 올라오는 따뜻한 공기 때문에 기온에 오차가 생기기 쉽고, 또 건물 때문에 생기는 상승 기류에 의해 빗방울이 우량계에 들어오기 어려우므로, 같은 옥상이라도 가능한 한 그런 영향을 적게 받는 장소를 선택한다.

학교와 같이 건물이 줄지어 서 있는 곳에서는 건물들 바로 옆에 노장을 만드는 것은 적당하지 않다. 건물의 높이를 가령 10 m라고 하면 높이의 10배는 떨어져야 이상적이지만, 가능하면 4배인 40 m 정도는 떨어지는 것이 좋다. 또, 운동장의 울타리 그림자가 지는 곳에 노장을 만드는 것은 우량이나 바람의 관측상 좋지 않다.

노장에 설치하는 측기는 서로 방해가 된다든가 측정값에 영향을 주지 않도록 배치한다. 그러기 위해서 일반적으로 노장의 형태는 정사각형에 가까운 직사각형, 또는 원형이 좋다. 노장 내의 측기배치의 한 예를 그림 3.2에 나타냈다. 우량계는 특히 주위의 측기나 시설 등의 영향을 받기 쉬우므로 중앙 부근에 놓도록 한다.

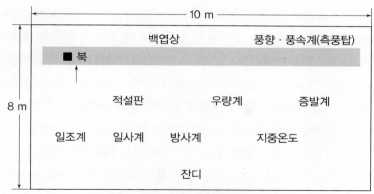

그림 3.2 노장 내의 측기배치의 한 예

동물이나 외부인이 들어오지 않도록 노장의 주위에는 울타리를 친다. 그물눈이 큰 철망을 친다면 통풍도 잘된다. 노장 내에는 가능하면 잔디를 심는다. 때때로 잔디를 깎아, 잡초가 무성하게 자라지 않도록 손질을 한다. 특히 우량계 주위에는 풀이 지나치게 자라지 않도록 주의한다. 그 외에 야간에 관측을 하는 경우에는 옥외등 등의 조명시설을 하면 편리하다(그림 3.3 참조).

그림 3.3 노장의 한 예(대전지방기상청)

3.7 | 백엽상

3.7.1 백엽상의 원리

온도계를 이용해서 기온을 측정할 때는 일광(日光, 햇빛)의 직사(直射)와 지면이나 주위의 지물(地物) 등에서 오는 강한 열방사를 막는 한편, 온도계의 감부(感部, sensor)에 주위의 공기를 충분히 접촉시키지 않으면 올바른 관측치를 얻을 수가 없다.

그 때문에 2 가지의 방법이 있다. 그 하나는, 다음에서 기술하는 **백엽상**(百葉箱, instrument shelter)을 사용하는 것이고, 또 하나는 반사율이 좋은 금속판 등으로 만든 덮개를 온도계에 부착하는 것이다. 후자의 대표적인 것으로는 아스만 통풍건습계가 있다(8.3. 통풍건습계 참조). 백엽상이나 금속제의 덮개는 동시에 온도계에 직접 비나 눈이 닿는 것을 막는 역할도 한다.

백엽상은 되도록 방해물이 없는 개방된 장소에 설치하고, 주위에는 잔디 등을 심는 것이 좋다. 이렇게 하면 일사의 지면에 의한 반사의 영향을 어느 정도 완화할 수 있다.

건물의 그림자가 있는 곳이나 아스팔트 도로 부근 등에서는 대표적인 관측치가 얻어질 수 없는 일이 많다. 기상관서에서는 보통 노장의 중앙 또는 북쪽 부근에 백엽상을 설치하게 되어 있다.

백엽상은 문이 있는 쪽을 북쪽으로 해서 세운다. 이것은 문을 열고 온도계를 읽을 때, 온도계에 햇빛이 직사하지 않도록 하기 위해서이다. 따라서 나침반이나 지도 등을 이용해서 정확히 방향을 맞추어 둔다면, 구름의 방향 등을 관측할 때의 방위를 판단하는 데 편리하다. 방향을 알아내는 데에는 천문현상을 이용하는 해시계의 그림자(가장 짧은 방향이 북쪽)를 이용하는 쪽이 의외로 정확도가 좋다. 해시계의 원리도 알겸 실험을 권장하고 싶다.

백엽상의 다리는 강풍에도 견딜 수 있도록 깊숙하게 땅속에 묻는다. 깊이는 토질에 따라 다르지만, 보통 1 m 정도로 한다. 다리와 상자의 부분을 따로따로 해서 볼트로 붙여도 좋다. 높이는 상자의 밑이 지면에서 약 1 m 가 되도록 한다면, 온도계의 감부를 1.2~1.5 m 정도의 높이로 고정시킬 수가 있다.

다설지(多雪地)에서는 온도계의 감부의 높이가 설면상(雪面上) 1.2 m 이상이 되도록 미리 다리의 높이는 조절해 놓는 것이 좋다. 원래 눈이 대단히 많이 쌓이는 지방에서는 보통의 백엽상 위에 적설기간용의 다리가 높은 백엽상을 설치해 놓지 않으면 무리이다. 보통의 백엽상에서 높은 다리의 백엽상으로 바꿀 때에는 온도계의 여분이 있다면, 며칠간 비교관측을 해서 그 차가 어느 정도인가를 확인해 두도록 한다.

햇빛이나 주위에서의 열방사를 차단하기 위해서, 상자의 네 벽은 개판(蓋板, 공기는 통하지만 일사는 차단하는 덮개의 판자, 뒤에 설명)으로 한다. 또 바닥은 판자를 어긋나게 해서 그 간격으로 공기가 유통할 수 있도록 하는 것이 좋다. 사용하는 나무는 내구성과 강도로 보아 노송나무가 좋지만, 형편에 따라 플라스틱 등을 이용할 수도 있다.

백엽상은 일사를 반사시키기 위해서 흰 페인트를 칠한다. 페인트칠이 벗겨지거나 하면, 백엽상으로서의 성능이 나빠질 뿐만 아니라 외관상이나 내구성으로 보아도 좋지 않으므로 깨끗하게 닦고 새로 페인트칠을 해야 한다.

3.7.2 소형백엽상

백엽상의 크기에는 크고 작은 여러 가지 것이 있지만, 일반적으로 가장 많이 이용되고 있는 것은 그림 3.4의 것과 같은 것으로, 기상관서 등에서 이용하고 있는 것에 비교해서 전체가 작기

그림 3.4 소형백엽상

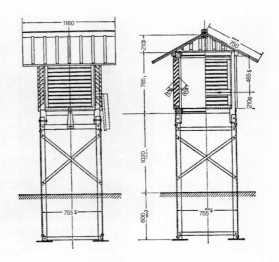

그림 3.5 소형백엽상의 설계도(단위 mm)

때문에 소형백엽상(小型百葉箱, small instrument shelter)으로 불리고 있다(그림 3.5 참조). 그림 3.5는 이 백엽상의 설계도상의 치수를 나타낸 것이다.

온도계 등을 부착시킬 때에 주의해야 할 일은 백엽상의 벽과 온도계를 충분히 떼어놓는 일인데, 여러 가지 측기를 상자 속에 꽉 차게 집어넣어 두는 것은 좋지 않다. 이 형태의 백엽상으로는 유리제품의 온도계류나 소형의 자기온도계는 넣을 수가 있지만, 대형의 자기온도계 등은 무리이다. 그림 3.6은 부착방법의 한 예를 나타내고 있다.

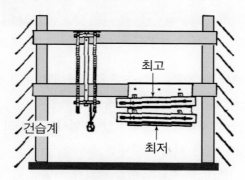

그림 3.6 소형백엽상 내의 측기 배치의 예

3.7.3 대형백엽상

기상관서에서 사용하고 있는 대형백엽상(大型百葉箱, large instrument shelter, 그림 3.7 참조)은 정면의 길이와 깊이가 1 m 정도이고, 개판(蓋板)도 이중으로 되어 있다. 이 속에는 보통의 유리제품의 온도계 외에도 대형의 자기온도계와 자기습도계를 넣어 둘 수 있다(그림 3.8 참조).

그림 3.7 기상관서 등에서 사용되는 대형백엽상

그림 3.8 대형백엽상 내의 측기배치의 예

소형백엽상은 대형에 비해서 주간에는 보다 고온을 나타내고, 야간에는 보다 저온을 나타내는 경향이 있다. 그러나 더 소형이라 해도 상자를 이중으로 하면 대형과 거의 같은 효과가 있다고 보고 있다. 한편, 대형의 백엽상 자체에도 문제가 있어, 일사가 강하고 바람이 약한 경우에는 상자 밖의 기온보다 0.5 C 정도 높은 값을 나타내는 경우가 있다.

공기는 통하지만 일사는 차단하는 역할을 하는 개판과 천장을 만드는 방법에는 여러 가지가 있다. 한 겹의 개판은 공기의 유통이 좋지만, 역 V 자형(∧)에 이중으로 한 것에 비해서 눈·비가 들어가기 쉽다. 또 비스듬히 내리치는 비나 눈보라를 막는 데에는 V 자형으로 만드는 것이 효과가 있다고 말하고 있다. 천장은 이중으로 해서, 그 사이를 공기가 자유로이 유통할 수 있도록 하는 것이 좋다.

그림 3.9는 여러 가지 백엽상의 설계도이다. 1호부터 6호까지 다양한 크기의 것들이 갖추어져서 설계도의 치수와 함께 표시해 두었으니, 사용할 때 관측의 목적, 측기의 종류나 개수 등에 적합하게 선택해서 사용하기 바란다.

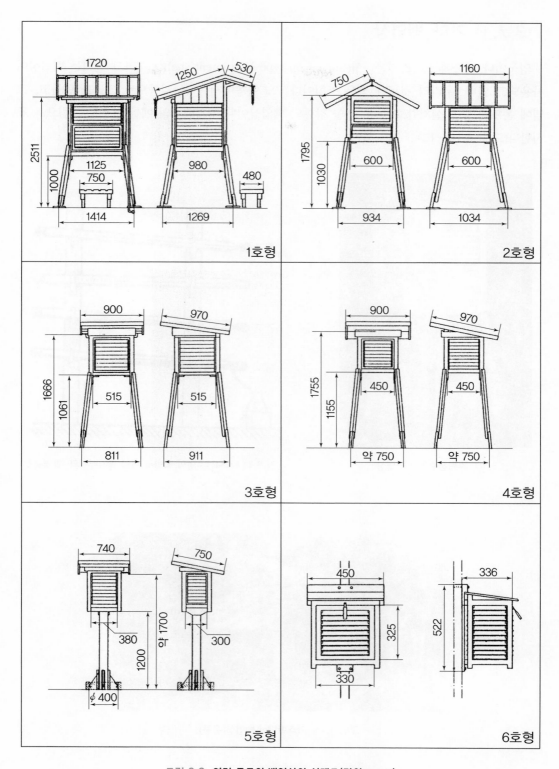

그림 3.9 여러 종류의 백엽상의 설계도(단위 : mm)

3.7.4 기타 백엽상

영국이나 미국에서는 스티븐슨형(Stevenson type instrument shelter)이라고 불리는 백엽상이 사용되고 있다. 우리의 것보다 작은 소형이다. 또, 홍콩에서는 큰 지붕으로 그늘을 만들고, 그 밑에 온도계 등을 설치하고 있다. 이들 각종의 백엽상이나 측기배치의 예를 참조로 그림으로 표시한다(그림 3.10~12).

그림 3.10 스티븐슨형의 백엽상

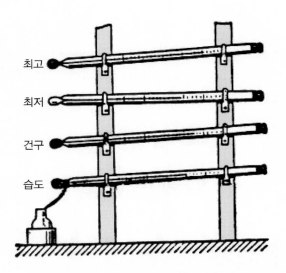

최고
최저
건구
습도

그림 3.11 스티븐슨형의 백엽상 내의 측기배치의 예(영국식)

그림 3.12 아즈마야식 백엽상(홍콩)

3.8 | 풍측탑·일조계대·관측실

풍향·풍속을 관측하기 위해서는 측기를 부착해야 할 높은 **풍측탑**[風測塔, 측풍탑(測風塔), anemometer(pilot) tower] 등이 필요하다. 국제적으로 결정된 내용은 근처에 수목이나 건물이 없는 평탄한 곳의 지상 10 m 높이의 풍속이 표준으로 되어 있다. 따라서 이 조건에 맞도록 설치하는 것이 바람직하지만, 실용상에서는 지상 6 m 정도도 지장은 없다. 그러나 주위에 건물 등의 장해물이 있을 때에는 그 영향이 미치지 않는 높이로 하지 않으면 대표범위가 큰 관측치를 얻을 수가 없다.

형태가 큰 망대(望臺)나 탑은 그 자체가 기류를 흐트러뜨리므로 한 개의 나무기둥이나 철판파이프를 세우는 것이 필요하지만, 에어로벤(aerovane, 프로펠러식 풍향풍속계 : 미국의 벤데쿠스 사제의 풍차형 풍향풍속계, 현재 사용하고 있는 풍차형 자기풍향풍속계는 이것을 원형으로 해서, 각종으로 개량한 것이다. wind vane)이라면 전선으로 실내까지 연결할 수 있으므로 작은 집은 필요 없다. 기존의 건물 옥상을 이용할 수도 있지만(그림 3.13), 역시 파이프나 간단한 망대나 건물에 의한 기류의 난류가 미치지 않는 높이로 세우지 않으면 안 된다(그림 3.14).

그림 3.13 **건물 위의 측풍탑 : 측풍탑의 한 예(광주 지방기상청)**

그림 3.14 **철파이프에 부착시킨 풍속계와 풍향계(공주대학교)**

일조대(日照臺)를 설치할 때에는 지상 1.2~1.5 m 정도의 높이가 자기지를 교환하는 데 편리하다. 콘크리트로 만드는 것이 이상적이지만 나무기둥 위에 두꺼운 판자를 대도 좋다. 노장의 주위에 태양을 차단하는 장해물이 있을 때에는 건물의 옥상을 이용할 수도 있다.

관측실은 창으로부터 밖이 잘 보이고 노장의 출입이 편리하도록 그 북쪽에 만들면 더할 나위 없다. 이상적으로 되지 않을 때에는 가능한 한 이것에 가까운 조건의 장소를 선택한다. 에어로벤의 지시부나 기록부, 풍속계나 전도형 자기우량계의 자기전접계수기(自記電接計數器) 등이 있을 때에는 실내에 설치하는 외에도 계산이나 자기치를 읽는 책상·자기지·예비측기·여러 기구 관측자료 등을 넣어두는 선반 등도 필요하다.

3.9 | 기타 기계·기구

3.9.1 시계

3.3절에서도 기술했듯이, 대기관측을 할 때에는 일반적으로 1분 정도의 시각의 정확도를 필요로 한다. 그렇기 때문에 초침이 있는 벽시계나 회중시계, 또는 대형 손목시계를 준비해서 적어도 하루에 1회는 라디오나 텔레비전의 시보를 듣고, 30초 이상의 차가 생기지 않도록 맞추어 둔다. 또 초시계가 있으면 편리하다.

3.9.2 사진기(카메라)

구름이나 대기현상 등에서 진귀하거나 이상한 대기현상이 나타났을 때에는 사진의 기록으로 남겨 두면 여러 가지로 참조가 된다. 예를 들면, 환일(幻日)·광주(光柱)·용권(龍卷)·오로라 등 극히 드문 현상의 사진 등이다. 이와 같은 현상은 순간적인 것이므로 알아차린 순간 바로 촬영할 수 있도록 미리 촬영준비를 해 두는 것이 바람직하다.

3.9.3 수리공구류

측기의 부착이나 간단한 수학적 정리 등을 하는 데에는 도구나 시험용 기구가 필요하다. 그러므로 최소한 드라이버·조(組)드라이버·펜치·조스패너·소형 해머·기름주전자·땜납인두·테스터 등을 준비한다. 이 외에 핀셋·소형 만력[萬力, 바이스(vise, vice)]·파이프렌치·드릴·너트 돌림기·조줄·니퍼·기름숫돌·루페 등이 있으면 편리하다. 또 이들의 도구를 넣는 상자나 수리공작대 등이 필요하다. 큰 쇠망치·작은 양날칼·송곳 등 간단한 목공도구와 땅을 파기 위한 꽃삽 등이 필요한 때도 있다.

소모품으로는 벤젠·알코올·시계기름·풀·땜납·샌드페이퍼·거즈 등이 필요하다.

3.9.4 도서류

측기에서 읽은 값으로 습도나 풍속 등을 구하기 위한 표나 도표는 관측상 없어서는 안 될 것이지만, 대략 필요한 것들은 이 책의 부록에 실어 놓았다. 또한 도서류로서는 최소한 '대기관측법', '고층대기관측', '대기측기 및 관측실험', '대기측기 및 관측' 도서 등 정도는 갖추어 놓는 것이 필요하다.

도서라고는 말하기 어렵지만, 측기에 자세한 취급설명서가 붙어 있는 것으로 보존해 두면 여러 가지로 참조가 된다.

3.9.5 기타 기구류

요사이는 대형컴퓨터까지 사용되어 많은 대기자료들이 자동적으로 편리하게 처리되지만, 간단한 검증이나 확인을 위해서는 주판에 익숙한 사람은 주판 또는 간단한 곱셈·나눗셈을 하기 위해 탁상용 계산기가 있으면 좋다.

온도계나 기압계 등은 검정증에 기차표(器差表)가 붙어 있다. 이것은 읽은 값의 기차보정을 위해 빈번히 사용하므로 파손되지 않도록 셀룰로이드 케이스 등이 필요하다.

야간에 관측할 때에는 손전등을 준비한다. 또, 우천(雨天)이나 폭풍우 때의 관측을 위해서 우산·비옷이나 안전용 헬멧 등의 장비를 준비한다.

Chapter 04 대기현상

대기관측(大氣觀測)에서는 대기 중이나 지물 위에 나타나는 현상 또는 상태가 눈·귀에 의해 관측되는 것을 일괄해서 대기현상(大氣現象, atmospheric phenomenon)이라고 한다. 관습상, 구름은 대기현상에 포함시키지 않는다.

비나 눈 등의 강수나 안개·서리 등과 같이 대기 중의 수증기가 변해서 생기는 것을 대기수상(大氣水象, hydrometeors), 연무나 풍진과 같이 건조한 미립의 먼지 등에 의해 생기는 것을 대기진상(大氣塵象, lithometeors), 무리나 무지개 등의 광학적 현상을 대기광상(大氣光象, photometeors), 천둥이나 번개의 벼락 등과 같은 현상을 대기전상[大氣電象, electrometeors, 대기전기상(大氣電氣象)]이라고 부른다.

4.1 | 대기현상의 분류와 설명

4.1.1 대기수상

대기수상(大氣水象, hydrometeors)은 비나 눈과 같이 하늘에서 계속 내리고 있는 현상과, 안개와 같이 대기 중을 부유하고 있는 현상, 그리고 서리 등과 같이 지물 위에 침착(沈着)한 현상으로 크게 구별된다.

① 비(雨, rain) : 수적의 크기가 대부분 직경 0.5 mm보다 큰 강수를 뜻한다.

② 착빙성의 비(freezing rain) : 지물이나 지면에 충돌했을 때 결빙(結氷)하는 성질을 갖는 비, 보통, 우적(雨滴)은 0 C 이하에서 과냉각하고 있다.

③ 안개비(霧雨, drizzle) : 직경이 0.5 mm 미만의 작은 물입자의 다수가 하늘에 내리는 현상이다. 수적이 작으므로 내리는 것보다는 떠 있는 것처럼 보이는 경우도 있다. 층운에서 내리고, 강수량은 1 시간에 1 mm 이상이 되는 일은 거의 없다. 이 안개비가 지물이나 지면 등에 달라붙어 어는 성질 즉, 착빙성을 가지면, 착빙성의 안개비가 된다.

④ 눈[설(雪), snow] : 얼음의 결정으로 된 강수로, 결정에는 침상(針狀)·각주상(角柱狀)·판상(板狀), 또는 이들의 조합이나 불규칙한 형을 한 것 등이 있다. 또, 수적이 부착해서 동결한 것이나, 일부분이 녹아서 수분을 포함한 것도 있다. 몇 개의 눈의 결정이 낙하 도중에 서로 붙어서 설편(雪片, 눈송이, snowflakes)을 이루고 있는 것도 적지 않다. 눈과 비가 동시에 내릴 때의 강수를 진눈깨비[霙, rain and snow mixed, sleet]라고 부르기도 한다. 이것은 눈이 녹아서 비가 되는 중간단계로, 상공의 눈이 0 C 이상의 대기층으로 낙하해 와서 다 녹지 않은 상태 하에서 보인다. 지상기온이 0~5 C에서 일어나는 경우가 많다.

⑤ 가루눈[霧雪, snow(ice) grains] : 백색이고 불투명한 극히 작은 얼음 입자의 강수로, 입자는 다음에 언급하는 싸락눈과 비슷하지만, 그것보다도 평편한 모양이나 가늘고 긴 형태를 하고 있다. 직경은 일반적으로 1 mm보다 작다. 침상이나 판상의 눈의 결정이 과냉각한 층운이나 안개 속을 낙하할 때에 생긴다.

⑥ 싸락눈(雪霰, snow pellets) : 백색이고 불투명한 얼음 입자의 강수로, 구상(球狀)이나 원추상(圓錐狀)을 하고 있다. 직경은 대략 2~5 mm이다. 입자가 단단한 지면에 떨어지면 튕겨서 갈라지는 경우가 많다. 내리는 형태는 소나기성으로 지상의 기온이 0 C 전후일 때, 설편이나 우적과 함께 내리는 경우가 많다.

⑦ 싸락우박[빙산(氷霰), small hail, ice pellets] : 싸락눈이 중심이 되고, 주위에 수적이 충돌해서 빙결(氷結)하기고 하고, 이 싸락눈이 부분적으로 녹은 후 상승기류로 상공으로 올려져, 다시 동결해서 낙하하는 투명 또는 반투명의 직경은 5 mm 이하의 얼음입자, 또는 이들이 낙하하는 현상이다. 일반적으로, 적란운에 수반되어 기온이 0 C 이상일 때 내리므로, 일부의 표면이 녹아서 다시 빙결한 것도 있다.

내리는 방식의 강약을 나타내는 양적은 기준은 없지만, 소나기성이다. 단단한 지면에 떨어지면 소리를 내며 튕긴다. 싸락우박은 보통 지상의 기온이 0 C보다 높을 때에 내리므로 부분적으로는 녹아 있는 경우가 있다.

⑧ 동우(凍雨, ice pellets, 영문 술어는 싸락우박과 같음, grains of ice, 얼음비) : 우적이 낙하 중에 동결한 투명 또는 반투명의 얼음입자, 또는 이들이 내리는 현상이다. 얼음입자의 직경은 수 mm 이하로, 구형 또는 부정형(不定形)의 것이 많지만, 동결할 때 속의 수분이 튀어나온 후의 돌기(突起, spicule 랑 spilke)가 있는 것도 있다. 눈의 결정이나 설편의 대부분이 용해한 후 내려오는 도중에 다시 0 C 이하의 층을 통과해서 재동결(再凍結)한 것이 많다. 최근, 극지(極地)에서 눈의 결정에 부착해서 동결한 우적도 많이 보고되고 있다. 외관은 싸락우박과 아주 비슷하지만, 내리는 방법은 소나기성은 아니다.

싸락[산(霰), snow pellets and ice pellets]은 눈에서 낙하하는 백색 불투명·반투명 또는 투명한 직경 약 2~5 mm의 얼음입자, 또는 그들로부터 낙하하는 현상, 설산(雪霰)·빙산(氷霰) 및 동우(凍雨)의 총칭이다.

⑨ 우박[박(雹), hail] : 대류성의 구름에서 내리는 얼음입자 또는 덩어리의 강수로, 직경은 5 mm 이상이다. 구상(球狀) 또는 괴상(塊狀)의 빙립(氷粒, hail stone), 또는 그것이 내리는 현상이다. 얼음은 투명한 것도 있지만, 투명한 층과 반투명한 층이 교호해서 겹쳐 있는 경우도 있다. 일반적으로 강한 뇌전(雷電, 벼락)를 동반해서 내린다.

적란운과 같이 강한 상승기류가 어떤 구름 속에서는 과냉각 운립이 풍부하게 존재해서, 이것을 빙정이나 동결미수적(凍結微水滴)이 다량으로 포착해서 커지면 우박이 된다. 싸락은 우박의 자녀로, 우박을 윤절(輪切 : 원통형의 물건을 가로도 둥글게 자르는 일)하면 중심부근에 싸락이 발견되는 일이 있다.

우박은 야구공 크기 이상으로 되는 일도 있다. 이때, 낙하속도도 야구의 투구속도(약 140 km/hr)에도 도달한다. 낙하하는 우박의 충격에 의해, 사람이나 가축, 농작물, 가옥 등에 피해가 나오는 일도 있다.

⑩ 가는얼음[세빙(細氷), ice prisms] : 극히 작은 얼음의 결정이 천천히 강하하는 현상이나, 강하라기보다도 오히려 공기 중에 떠 있는 것처럼 보인다. 결정에는 침상(針狀)·각주상(角柱狀)·판상(板狀) 등이 있고, 구름에서 내리는 일이 있는가 하면, 구름이 없는 하늘에 떠 있는 경우도 있다. 구름이 없을 때 등 태양이 비치면 반짝반짝 비치어 보인다. 수평시정은 1 km 이상이다. 만일 수평시정이 1 km에 달하지 못할 때는 얼음안개로 한다.

⑪ 안개[무(霧), fog] : 아주 작은 다수의 물방울이 대기 중에 떠 있는 현상으로, 수평시정이 1 km에 달하지 못한 것을 말한다. 수평시정이 1 km 이상이 될 때는 박무로 한다. 안개 속의 상대습도는 100 %에 가깝다. 공장지대 등에서 안개와 연기가 섞인 것을 스모그(smog)라 한다. 두께가 얇아서 하늘이 투시될 수는 있는 안개를 낮은안개[저무(低霧), shallow fog]라 하고, 눈높이보다도 밑에 있는 안개를 땅안개[지무(地霧), ground fog]라고 한다. 땅안개를 전에는 낮은안개 라고도 해 왔다.

⑫ 얼음안개[빙무(氷霧), ice fog] : 다수의 극히 작은 얼음결정이 대기 중에 떠 있는 현상으로, 수평시정이 1 km에 달하지 못한 것을 말한다. 수평시정이 1 km 이상일 때는 가는얼으므로 한다. 얼음안개에는 광주(光柱)나 무리가 생기는 일이 있다.

⑬ 박무[薄霧, mist, 애(靄, 아지랑이), 엷은안개] : 극히 작은 수적이나, 습한 흡습성의 입자가 떠 있는 현상으로, 수평시정이 1 km 이상인 경우를 말한다. 박무 속에는 상대습도가 안개 속보다도 작아, 100 %가 되는 일이 없다. 일반적으로 다소 회색을 띤다.

⑭ 땅눈보라[지취설(地吹雪), drifting snow & blowing snow] : 지상기상관측법에서는, 설립(雪粒)이 불려 올라가거나 설면 부근에서 특히 수평시정에 영향을 주지 않는 경우로, 일단 내려서 쌓인 눈이 바람 때문에 지면에서 날려 올라가는 현상으로, 눈높이 이하의 것을 낮은땅눈보라[저지취설(低地吹雪), drifting snow], 수평시정에 영향을 주는 높이의 경우로 눈높이보다 높게 날려 올라가는 것을 높은땅눈보라[고지취설(高地吹雪), blowing snow]라고 한다. 그러나

일반적으로는 그다지 익숙한 단어가 아니므로 아직은 전문인에게 해당되는 용어이다.

⑮ 눈보라[취설(吹雪), snow storm] : 높은땅눈보라와 강설이 동시에 일어나고 있는 경우를 뜻한다. 일반적으로는, 강한 바람을 동반하는 강설(降雪), 즉 풍설(風雪, snow storm)을 의미하는 경우가 많다. 그러나 지표에 쌓인 눈이 강한 바람으로 불려 올라가, 시정을 나쁘게 할 때도 취설, 눈보라라 한다.

⑯ 이슬[로(露), dew] : 대기 중의 수증기가 응결해서 수적(水滴)이 되어 지물에 부착한 현상이다.

⑰ 흰이슬[동로(凍露), white dew] : 일단 생긴 이슬의 수적이 결빙(結氷)한 얼음알갱이다.

⑱ 서리[상(霜), hoar(白)-frost, frost] : 대기 중의 수증기가 주로 승화에 의하여 얼음의 결정으로 되어 지물에 부착된 현상으로, 결정에는 비늘모양[인상(鱗狀)]·바늘 모양[침상(針狀)]·깃털 모양[우모상(羽毛狀)]·부채모양[선자상(扇子狀)] 등의 것이 있다.

⑲ 서릿발[상주(霜柱), frost columns(pillars)] : 지 중의 수분이 기둥모양의 얼음결정으로 지중이나 지면에 생긴 현상이다.

⑳ 무빙(霧氷, 상고대, rime) : 나무나 풀에 내린 눈처럼 된 서리이다. 추운 지방이나 겨울 산에서 주로 안개생성 시에 수목이나 노출된 지물에 백색 또는 반투명의 얼음층이 부착하는 현상으로, 다음의 3종류로 세분된다.

• 수상(樹霜, air hoar) : 주로 수증기의 승화에 의해 생긴 얼음의 결정으로, 바늘모양[침상(針狀)]·판자모양[판상(板狀)]·컵모양[배상(杯狀)] 등의 결정이 인정되는 경우가 많다. 결정 위에 안개의 입자가 얼어붙는 일도 있다.

• 수빙(樹氷, 연한 상고대, rime 또는 soft rime) : 주로 과냉각한 안개의 입자가 지물에 붙어서 생긴 백색 불투명한 연한 얼으므로, 물고기의 꼬리와 지느러미 모양의 얼음덩어리가 모여서 생긴 것이다. 측면에는 승화에 의해 생긴 얼음결정이 붙어 있는 경우도 있다.

• 조빙(粗氷, 단단한 상고대, rime 또는 hard rime) : 연한 안개얼음과 같은 방법으로 생기지만, 반투명이나 투명에 가까운 얼음덩어리이다. 안개입자보다 크고, 기온이 0 C에 가까울 때 생긴다.

㉑ 우빙(雨氷, glaze 또는 clear ice) : 균질하고 투명한 얼음층이 지물에 부착하는 현상으로, 과냉각(過冷却)한 비(착빙성의 비)가 0 C 이하 또는 0 C보다 약간 높은 온도의 지물에 닿아서 결빙한 것이다.

※ ⑳ 무빙과 ㉑ 우빙을 합해서 착빙(着氷, icing, ice accretion) 이라고도 한다.

㉒ 적설(積雪, snow cover) : 관측지점 주위(관측소 구내 등)의 지면의 반 이상이 눈·싸락눈·싸락우박으로 덮여 있는 상태를 말한다(제12장 참조).

㉓ 결빙(結氷, freezing) : 옥외에 있는 물이 어는 현상으로, 방화용 수조나 저수지 등을 미리 정해 놓고 그 동결을 관측한다.

㉔ 용권(龍卷, spout) : 격렬한 회전풍을 동반한 기둥모양이나 깔때기모양의 구름이 적란운의 운

정(雲頂)에서 밑으로 늘어져, 이것이 해면에서 회오리쳐 올라온 수적 또는 지면에서 회전하여 올라온 먼지 등을 동반하고 있는 현상이다. 깔때기의 선단은 밑에서 감겨 올라간 수적이나 먼지의 덩어리 속으로 들어가 있다. 용권 속의 공기는 저기압성(위에서 보아서 반시계방향)으로 회전하는 일이 많다.

용권을 "용오름"이라 번역하는 것은 그 의미가 잘못된 것이다. 용권(龍卷)의 용(龍 : 가상적인 새)은 오름의 상직적인 의미하고, 실제로는 권(卷)에 그 대기과학적 뜻이 있어 소용돌이의 회전풍을 의미한다. 용권의 생명력은 이 권(卷)에 있으므로, 이것의 참뜻을 왜곡해서 "용오름"이라 하는 것을 피상적인 생각으로 이 용어로 적합하지 않아서, 앞으로는 "용권(龍卷)"이라 부르기를 권장한다.

용권이 육지에서 생기는 것을 **육상용권**(陸上龍卷, land spout), 물위나 바다에서 생기는 것을 **수상용권**(水上龍卷, water spout), 공중에서 생기는 것을 **상공용권**(上空龍卷, funnel-aloft spout)이라고 한다. 미국의 중남부 지방에서 생기는 거대한 육상용권을 **토네이도**(tornado)라고 부르고 있다. 우리의 용권은 통상 이 모두를 포함해서 지칭하는 이름이다.

4.1.2 대기진상

대기진상(大氣塵象, lithometeors)은 액체상 또는 고체상의 물을 거의 포함하지 않은 연기·모래·먼지 등의 고체상 입자 또는 연무입자(煙霧粒子)와 같은 것이 대기 중에 부유하고 있는 것, 또는 지상에 있던 것이 바람에 의해 불려 올라가 있는 현상이다.

① **연무**(煙霧, haze) : 극히 작은 다수의 건조한 입자가 대기 중에 떠 있는 현상으로, 공기는 다소 유백색으로 탁해 보인다. 연무가 있으면, 검은 배경은 청자색이 진하게 보이고, 구름 등의 밝은 배경은 황갈색으로 보인다.

연무가 발생했을 때의 상대습도는 75 % 미만일 경우가 많은 것으로 되어 있다. 그러나 그 이상일 때는 시정의 크고 작음에 따라, 대기수상 중 박무 또는 안개로 관측된다. 안개나 연기가 섞인 것을 스모그(smog)라고 하는 일이 있지만, 기상관측의 종류로는 규정되어 있지 않다.

② **먼지연무**[진연무(塵煙霧), dust haze] : 바람으로 불려 올라간 먼지나 작은 모래가 풍진(風塵)이 멈춘 후, 또는 풍진이 발생한 곳에서 멀리 떨어진 장소의 대기 중에 떠 있는 현상이다. 풍진에 의한 것이 확실한 경우에 한해서 먼지연무로 하고, 확실하게 알 수 없는 때는 연무로 한다.

③ **황사**(黃砂, yellow sand) : 주로 대륙의 황토지대에서 바람에 의해 불려 올라간 다량의 사진(砂塵 : 모래먼지)이 하늘 높이 날려서 바람에 운반되어 온 것으로, 하늘 한 면을 덮어 서서히 강하한다. 먼지연무의 일종이다.

④ 연기[무(煙), smoke] : 연소에 의해 생긴 작은 입자가 대기 중에 떠 있는 현상을 말한다. 발생원을 확실하게 알고 있는 경우에 한해서 연기로 하고, 발생원을 잘 모르는 것은 연무(煙霧)라고 한다.

⑤ 강회(降灰, ash fall) : 화산의 폭발에 의해 화산재가 공기 중으로 날려 올라가 그것이 천천히 강하하는 현상이다.

⑥ 풍진[風塵, drifting dust, drifting sand, blowing dust, blowing sand = drifting(blowing) dust(sand)] : 지면에서 먼지나 모래가 바람 때문에 날려 올라간 현상으로, 눈높이보다 낮은 것을 저풍진(低風塵, 낮은 풍진, drifting dust 또는 drifting sand), 눈높이보다도 높은 곳까지 날려 올라간 경우를 고풍진(高風塵, 높은 풍진, blowing dust 또는 blowing sand)이라고 한다. 또 강한 바람 때문에 대단히 높게 불려 올라가, 마치 높고 폭이 넓은 모래의 벽이 다가오는 것 같이 보이는 것을 사진폭풍(砂塵暴風, dust storm 또는 sand storm, 모래먼지폭풍)이라고 부른다.

⑦ 진선풍(塵旋風 dust whirl, sand whirl, dust devil) : 지면에서 감겨 올라간 먼지나 모래 등이 기둥과 같은 형태가 되어 선회(旋回)하고 있는 현상, 또는 선풍[旋風, 회오리바람, whirl wind]으로 사진이 불려 올라가는 현상이다. 그 축은 대체로 연직이고 직경은 작다. 이것은 지면이 일사로 강하게 가열되어, 지면 부근의 기온이 상공에 비교해서 현저하게 높아져서, 대기가 대단히 불안정하면 발생하기 쉽다. 따라서 바람이 약하고 맑은 날 정오 넘어서 모래나 거친 땅에서 발생하는 일이 많다.

4.1.3 대기광상

대기광상(大氣光象, photometeors)은 무지개·무리·채운·광환 등, 태양 또는 달의 빛의 반사·굴절·회절·간섭 등에 의해 생기는 빛의 현상, 즉 광학현상이다.

① 무리[훈(暈), halo] : 대기 중에 떠 있는 빙정에 의해, 빛이 굴절 또는 반사해서 생기는 빛의 환(環)으로, 호(弧)가 되는 일도 있다. 또 기둥의 모양인 태양주(太陽柱, sun piller)가 되기도 하고 점이 되는 경우도 있다. 태양 주위에 생기는 것을 일훈(日暈, 해무리, solar halo), 달 주위에 생기는 것을 월훈[月暈, 달무리, luna(r) halo]이라고 한다. 또한 굴절에 의해 생기는 허깨비와 같은 환(幻)에 의해 해에 생기는 환일[幻日, parhelion(parhelia), sundog, mock suns)과, 달에 생기는 환월(幻月, paraselene, mock moon), 빛의 기둥인 광주(光柱, luminous pillar) 등이 있다. 가장 잘 나타나는 것은 시반경(視半徑) 22°의 진한 백색의 환으로, 이것을 내훈(內暈, 안무리, small halo)이라고 하고, 그 내측의 가장자리는 진한 적색이다. 반경 46°의 무리를 외훈(外暈, 바깥무리, large halo)이라고 한다. 그 외에 천정호(天頂弧), 상단접호(上端接弧), 환일환(幻日環) 등이 있다(그림 4.1 참조).

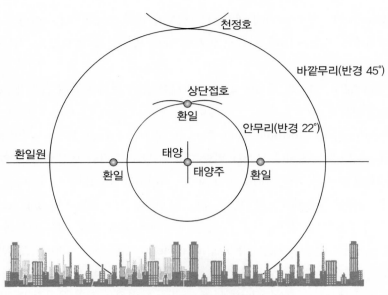

그림 4.1 **무리의 여러 모양**

좌우의 환일(幻日)은 태양의 고도 약 30° 이하일 때는 안무리 위에 나타나지만, 그보다 높아지면 안무리 외방으로 나간다. 태양이 약 60°보다 높아지면 나타나지 않는다.

무리는 권층운과 같은 빙정으로 이루어진 구름을 통해서 태양을 보면, 그 주변에 색이 붙거나, 또는 흰 색 빛의 고리나 호 또는 기둥이 보이는 일이 있다. 구름과 관련해 나타나는 빛의 현상 중, 그 생성 원인이 빙정에 의한 빛의 굴절과 반사에 의한 것을 일괄해서 무리라고 한다. 굴절에 의한 것은 굴절률이 빛의 파장에 의해 다르기 때문에 색칠해 보이지만, 반사에 의한 것은 백색으로 보인다.

② **광환(光環, corona)** : 태양이나 달을 중심으로 한, 직경이 비교적 작고 색이 있는 빛의 고리이다. 고리의 안쪽은 짙은 보랏빛 또는 청색, 바깥쪽은 빨간색이다. 이중 이상의 환이 생기는 경우도 있다.

태양의 주위에 생기는 것을 **일광환**[(日光環), solar corona], 달의 주위에 생기는 것을 **월광환**[(月光環), luna(r) corona]이라고 한다. 광환은 태양과 달빛이 안개나 구름의 수적에 의해 회절되기 때문에 생기는 것으로, 환의 반경은 수적의 크기에 반비례하는데, 5°보다 작은 것이 많다.

③ **채운(彩雲, iridescent cloud)** : 구름이 녹색이나 연분홍색을 띠는 현상으로, 구름의 연변(緣邊)에 거의 평행한 대상(帶狀)으로 되어 나타나는 일이 많다. 태양에서 약 10°의 범위 내에서는 광환과 같이 회절이 주된 원인이지만, 10° 이상에서는 간섭이 탁월하다. 태양에서 40° 나 떨어진 곳에서도 나타나는 경우가 있다.

④ **무지개[홍(虹), rainbow]** : 대기 중의 무수한 수적에 의해, 태양빛이 굴절·반사·간섭으로 생긴다. 보라에서 빨강까지의 스펙트럼의 색을 한 동심의 호로, 달빛에 의한 경우는 색채가 훨씬 약하다.

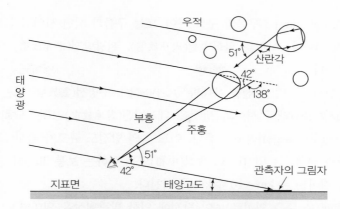

그림 4.2 주무지개 및 부무지개가 나타내는 각도와 관계하는 광선의 도근(道筋)

반경이 40~42°의 호를 **주무지개**[주홍(主虹), primary rainbow]라 하고, 안쪽은 보라, 바깥쪽은 빨강이다. 때로는 반경 51~54°의 **부무지개**[부홍(副虹), secondary rainbow]가 생기는 경우도 있다. 부무지개는 주무지개보다도 빛남이 약하고, 폭은 주무지개의 2배이고, 안쪽은 빨강, 바깥쪽은 보라이다. 주무지개의 안쪽이나 부무지개의 바깥쪽에 **과잉무지개**[과잉홍(過剩虹), supernumerary rainbows(bows)]가 생기는 경우도 있다(그림 4.2).

4.1.4 대기전상

대기전상[大氣電象, electrometeors, 대기전기상(大氣電氣象)]은 대기 중의 전기현상의 총칭이고, 또 대기 중의 전기현상을 취급하는 학문분야가 **대기전기**(大氣電氣, atmospheric electricity)이다. 대기현상의 근본인 공간전하 그 자체를 가리키는 일도 있다. 뇌전(雷電), 전광(電光), 뇌명(雷鳴), 세인트 엘모의 불, 오로라(극광) 등 눈이나 귀로 관측되는 대기전기현상을 의미한다.

① **천둥번개**[뇌전(雷電), 벼락, 벽력(霹靂), thunder storm] : 번개가 보이고 천둥소리가 들려오는 방전현상으로, 비를 동반하는 경우가 많다. 일반적으로는 발달한 적란운 등의 심한 풍우(바람과 비) 속에서 발생하므로, 이와 같은 기상현상을 포함해서 뇌전이라고 말하는 일도 있다. 구름 등 외에, 화산분화에 수반되는 **벽력**이 발생하는 일도 있다.

대기 중에서 무엇인가의 작용에 의해 다량의 정부전하(正負電荷)가 발생해, 분리·축적되어, 대기 중의 전위경도(電位傾度)가 대단히 커졌을 때 공기분자의 전리파괴(電離破壞)가 일어나, 방전현상이 발생한다. 이때 큰 전류가 흘러, 전광(電光)·뇌명(雷鳴)·전파(電波)가 발생해서, 전위경도가 해소된다. 이 현상을 **벼락**이라고 한다.

이 천둥번개의 구조는 아직 잘 모르는 부분이 있어, 전하의 발생·분리·방전(放電, lightning discharge)의 기구를 분명하게 하기 위한 연구가 지금도 진행되고 있다.

② 번개[전광(電光), lightning] : 구름과 구름 사이, 또는 구름과 지면 사이의 급격한 방전에 의한 발광현상(發光現象)이다. 이것을 화화방전(火花放電), 전광방전(電光放電) 또는 뇌방전(雷放電)이라고도 부른다.

구름 속에서 전하 사이의 방전을 운내방전(雲內放電), 운방전(雲放電) 또는 운간방전(雲間放電), 구름과 대지(大地)와의 사이의 방전을 대지방전(對地放電) 또는 낙뢰[落雷, cloud-to-ground lightning(discharge)]라고 부른다. 어느 쪽의 방전도 규모가 극히 크고, 방전 직전의 양전하 중심 간의 전위차는 약 10^8 V, 중화(中和)되는 전하는 보통 20~30 쿨롬(C)[1]이고, 방전로(放電路)의 길이는 수 km~10 수 km에 미친다.

전광(電光, 번개)은 좁은 의미로는 이 방전에 의한 발광현상을 의미하고, 도처(稻妻) 또는 도광(稻光)으로도 불리었다.

③ 천둥[뇌명(雷鳴), thunder, 뇌성(雷聲, 雷聲)] : 번개를 동반하는 날카로운 소리로, '우르르' 하는 소리이다. 뇌방전에 의해 발생되는 가청음이다. 공기가 전류에 의해 강렬하게 열을 받아서 팽창함으로써 생긴다.

번개는 순간적이므로 일격(一擊)은 짧고 강한 뇌명을 발생시킬 뿐이지만, 방전로의 각 부분은 관측자로부터는 상이한 거리에 있기 때문에, 뇌명은 끌러 연장되어 우르르 우르르 하는 소리로 울린다. 방전과의 최단거리는 섬광(閃光)을 보고 나서 뇌명을 들을 때까지의 시간으로 추정한다. 3초가 대략 1 km에 상당한다(보다 정확하게는 초로 잰 시간간격에 해면고도에서의 음속의 근사치 330 m/s를 곱한다).

통상은 20 km를 넘으면 뇌명은 들리지 않지만, 예외적인 상황에서는 60 km 이상 떨어져서 기록된 예도 있다. 뇌명이 들리지 않고 뇌광만 관측되는 경우, 통속적으로 히트 라이트닝[heat lightning, 무음전광(無音電光)] 등으로 불린다. 이것은 아주 멀리 떨어져 있어서 뇌명이 들리지 않는 경우의 전광에 대한 일반적인 말이다. 중간에 대기에 의해, 빨강 이외의 파장의 빛이 산란과 흡수를 받기 때문에, 전광은 붉게 보이다. 종종, 단순히 대기의 온도가 높기 때문에 전광이 생긴다고 생각하기도 한다.

4.2 | 대기현상의 관측방법

앞 절에서 언급한 대기현상의 모두를 상세하게 항상 관측하는 일은 꽤 힘이드는 작업이다. 그러나 비·눈·진눈깨비·우박·싸락(싸락우박과 싸락눈)·안개·서리·서릿발·결빙·연무·뇌전 등은 실제로 잘 일어나고, 또 일상생활과도 관계가 깊어, 다음 절에서 언급하는 날씨(천기, 일기)를 관측하기 위해서도 필요하므로 빠뜨리지 않고 관측해야 한다.

---

1) 쿨롬(Charles Augustin de Coulomb, 1736~1806)) : 쿨롬은 프랑스의 물리학자로 「쿨롬의 법칙」을 발견했다. 그의 이름을 따서 전기량의 단위로 「쿨롬, C」을 사용하고 있다. 1 C은 1 A의 전류가 1 초간 흘렀을 때에 운반되는 전기량이다. 국제단위계의 방사선의 조사선량(照射線量)의 단위로도 사용되고 있어, 이 경우에는 C/kg으로 나타낸다.

대기현상을 관측하기 위해서는 되도록 멀리까지 잘 보이는 장소가 필요하다. 주변의 전망이 좋은 곳이라면 실내에서도 지장은 없지만, 건물 등의 장해물이 많을 경우에는 옥상 등으로 나가야 한다. 또 서리나 이슬 등 지면에 생기는 현상을 관측하기 위해서는 옥외에 나가서 관찰해야 한다.

관측한 결과는 기호를 이용해서 야장(野帳) 등에 기입한다. 표 4.1은 기호의 일람표이다.

특히 강수에 대해서는 그것이 땅비와 같이 균일하게 내리는 것인지, 소나기성인지를 나누어서 관측한다. 소나기성의 강수는 비나 눈 등이 급히 내리기 시작하기도 하고, 급하게 중지하는 경우 또는 강도가 급히 크게 변하는 경우 등도 판별한다. 균일한 강수는 주로 난층운에서 내리고, 소나기성 강수는 적란운(積亂雲)에서 내리는 것이 보통이다. 소나기성인 것을 나타내기 위해서는 현상기호의 밑에 ∇을 쓰고, $\dot{\nabla}$, $\ddot{\nabla}$, $\dot{\ddot{\nabla}}$, $\dddot{\nabla}$ 등으로 한다.

관측할 때에는 현상의 명칭과 동시에 그 강도를 관측한다. 강도는 보통 $0 \cdot 1 \cdot 2$의 3계급으로 나누어 기호의 오른쪽 어깨에 위첨자로 예를 들면 $\bullet^{\circ}$, $\equiv^2$ 등과 같이 기록한다. 주된 대기현상의 강도결정방법을 표 4.2에 나타내었다.

강도 외에 발생·소멸의 시각이나 강도가 변화한 시각 등을 기록한다. 예를 들면, 약한 비가 8시 20분에 내리기 시작해서 9시 25분에 강도 1이 되고, 10시 37분에 강도 0이 되어 10시 52분에 그쳤을 때는 이것을 다음과 같이 기록한다.

$$\bullet^{\circ} 8^h 20^m - \bullet^1 9^h 25^m - \bullet^{\circ} 10^h 37^m - 10^h 52^m$$

이 예에서는 시간을 나타내는 데 h를, 분을 나타내는 데 m을 숫자의 오른쪽 어깨에 위첨자로 썼지만, 시 분을 4자리 숫자로, 예를 들면 9시 25분을 0925로 나타내도 좋다. $-$은 현상이 연속되었던 것을 나타내고, 단속되고 있을 때는 $\cdots\cdots$를 이용한다. 자기우량계의 기록이 있을 때에는 이것을 보면 강수의 강도변화를 알 수 있으므로, 일일이 이와 같이 목시관측에 의한 기록을 할 필요가 없는 경우도 있다.

경우에 따라서는 단순히 현상이 오전에 있었는지 오후에 있었는지 또는 가장 강했을 때의 강도를 관측하는 정도로 표시하는 경우도 있다. 이때는 예를 들면 전의 예에서는 강도 1의 비가 오전 중에 있었으므로 $\bullet^1 a$로 기록한다. a는 오전(a.m.)의 약자이고, 오후(p.m.)는 p로 쓴다.

4.1 대기현상의 기호

명 칭	기 호	명 칭	기 호	명 칭	기 호
대기수상		높은땅눈보라	↑	연기	∿
비	●	눈보라	✳↑	강회	∿↓
착빙성의 비	∿	이슬	⌓	풍진	$
안개비	❜	흰이슬(동로)	⌓	저풍진	$↓
■착빙성의 안개비	❜∿	서리	⌴	고풍진	$↕
눈	✳	서릿발	⊢	사진폭풍	S→
진눈깨비	✳	무빙	⊐	진선풍	⟉
가루눈	✳	수상	⊔	대기광상	
싸락눈	△	수빙	∨	해무리	⊕
싸락우박	△	조빙	♥	달무리	⊽
동우	△	우빙	∿	일광환	⊘
우박	▲	적설	⊞	월광환	∪
세빙(가는얼음)	↔	결빙	⊟	채운	◍
안개	≡	용권	)(	무지개	⌒
얼음안개	⇄	대기진상		대기전기상	
박무	=	연무	∞	뇌전	⌐
땅눈보라	+	먼지연무	S	번개	⦦
낮은땅눈보라	+	황사	Ⓢ	천둥	⊤

표 4.2 대기현상의 강도 계급

현상 \ 강도	0	1	2
비	약함	보통 내리는 방법	강하게 내리는 방법
	지붕 위에 내리는 빗소리를 겨우 듣는다.	지붕 위에 내리는 빗소리가 꽤 크게 들린다.	지붕을 때리는 빗소리가 시끄럽다.
	우산 없이도 걸을 수 있다.	우산 없이는 걸을 수 없다.	
	순간강도 0~3 mm/h	순간강도 3~15 m/h	순간강도 15 mm/h 이상
눈	몇 분간 밖에 나가 있으면 모자에 설편이 대충 묻을 정도	몇 분간 밖에 나가 있으면 모자에 설편이 얇게 묻을 정도	몇 분간 밖에 나가 있으면 모자에 설편이 쌓인다.
	순간강도 0~1 mm/h	순간강도 1~3 mm/h	순간강도 3 mm/h 이상
싸락 우박	약한 소리를 내며 조금 내리고 거의 쌓이지 않는다.	강한 소리를 내며 상당히 내리고 얼마간 쌓인다.	심한 소리를 내며 다량 내리고 보는 사이에 쌓인다.
안개	시정 0.5~1 km	시정 0.2~0.5 km	시정 0.2 km 미만
연무	시정 4~20 km	시정 2~4 km	시정 2 km 미만
뇌전 (벼락)	번개가 보이고 천둥은 가냘프게 들린다.	번개가 보이고 소리가 상당히 크다.	번개가 보이고 소리가 귀를 먹게 할 정도로 크다.
서리	곳곳에 생긴다.	얇게 생기지만, 그다지 두껍지 않다.	두껍게 만든다.
결빙	손가락으로 누르면 쪼개진다.	손으로 두드려도 쪼개지지 않는다.	대단히 두껍다.

(주) 이 표에 표시한 것 외에 대기현상의 강도기준은 기상관서에서도 정해져 있지만, 관측장소별로 강도기준을 결정해도 좋다.

4.3 | 특수한 대기현상

대기현상 중에서는 특별한 장소에서만 나타나는 것이 있다. 앞에서 언급한 대기현상 중에서도 이런 종류의 것이 상당히 있지만, 여기서는 더욱 특수한 두세 가지의 대기현상에 대해서 설명한다.

4.3.1 대기광상에 속하는 것

(1) 비숍의 환(Bishop's ring)

태양 또는 달을 중심으로 한 백색빛의 환(環, 고리)으로 안쪽은 엷은 청색, 바깥쪽은 빨간색이다. 비숍의 환은 1883년 크라카토아 화산이 분출한 후에 세계 각국에서 관측되었는데, 빛의 환은 반경이 약 22°였다. 분화에 의해 상공(성층권)에 날려 올라간 극히 작은 재에 의하여 태양 또는 달의 빛이 회절되어 생긴 것으로, 광환(光環)의 큰 것에 상당한다. 이 환이 나타나는 것은 상공에 미세한 재의 입자가 떠 있는 것을 의미하고, 그 때문에 일사가 약해져서 기후의 이변을 발생시키는 일도 있으므로 특히 관심을 가지고 있다.

(2) 신기루

멀리 있는 물체가 흔들려 움직여 보이기도 하고, 거꾸로 서 있는 것처럼 보이기도 하고, 연직으로 뻗어 있기도 하고, 축소되어 있기도 하여 보이는 현상이다. 또, 평소에는 지평선 밑에 있어 보이지 않던 것이 보이기도 하고, 반대로 평상시에는 보이던 물체가 보이지 않는 때도 있다.

신기루(蜃氣樓, mirage)는 지표면의 온도가 그 위의 공기온도와 특히 현저하게 다를 때에 나타난다. 예를 들면, 태양에 강하게 가열된 지면·해변가·도로상에서는 빛이 오목형으로 굽으므로, 마치 지면에 물의 웅덩이가 있는 것처럼 보인다. 이것은 '도망물[도수(逃水), rord(inferior) mirage : 사막 등에서 멀리서 보면 물의 흐름이 보이고, 가까이 가면 또 떨어짐]'이라고도 한다. 한편, 차가운 해면 상에 따뜻한 공기가 흘러들어오면 빛은 볼록형으로 굽어, 물체는 실체보다도 높은 곳에서 보인다.

(3) 어광

안개나 구름이 있고 배후에서 햇빛이 비칠 때, 그것에 생기는 자기의 그림자 주위에 보이는 색이 있는 환(環, 고리)이다. 이 현상은 빛의 회절에 의해 생기는 것으로, 색의 배열은 광환과 같다. 구름에 비친 비행기의 그림자에 생기는 일도 있다. 구름이나 안개가 가까이에 있기 때문에 자기의 그림자가 대단히 크게 보이는 일이 있어, '브로켄의 괴물(Broken spectre)'이라고 불린다. 이때는 어광(御光, glory)이 생기는 일도 생기지 않는 일도 있다.

4.3.2 대기전상에 속하는 것

(1) 극광

호·대·커튼과 같은 형태를 하고 있다. 상공에 나타나는 발광현상이다. 태양 면에 폭발이 있을 때, 그로부터 방사된 대전입자가 고층의 대기에 작용해서 생기는 것으로, 대전입자는 지구의 자장에 의해 구부러지므로, 극광은 지구의 자극(磁極)의 가까이에서 가장 잘 나타난다. 하한의 높이는 약 100 km, 상한은 400 km 정도의 것이 보통이다.

극광(極光, 오로라, polar aurora)의 빛남은 만월(滿月)에 비친 구름과 같은 정도의 것이 많다. 어두운 빨간색이나 백색으로, 부분적으로는 녹색이나 황록색을 나타낸다. 근년 극동에서 관측된 예로는 1957년 3월 2일, 9월 13일, 1958년 2월 11일 등이 있다. 이중 2월 11일의 것은 시각이 18시에서 23시에 걸쳐 대체로 북쪽으로, 폭이 50~100°, 고도가 대략 20°보다도 아래 방향이었다. 수평선상에 큰 원판의 일부가 얼굴을 내민 모양으로, 색은 대체로 암적색, 밝기는 달빛의 권운이나 은하 정도였다.

(2) 세인트 엘모의 불

뇌우의 경우 등과 배의 돛대나 산꼭대기의 건물의 첨단부 등 지면에서 돌출해 있는 곳에서 발생하는 빛의 연속적인 방전을 세인트 엘모의 불(Saint Elmo's fire)이라고 한다. 물체의 표면 부근의 전장(電場)이 강해졌을 때 나타난다. 민들레의 관모(冠毛)와 같은 형태인데, 자색이나 녹색을 띠고, 밤이 되면 확실하게 보인다.

Chapter 05 날씨(천기)

일반적으로는 기상상태를 막연하게 나타내기 때문에 일기라는 말을 사용하지만, 대기관측에서는 보통 구름의 양이나 모양, 대기현상 등에 착안한 대기의 총괄적인 상태를 일기[日氣, weather, 천기(天氣)]라고 한다. 바람의 강도를 첨가하는 일도 있다.

일기라는 용어는 원래의 천기를 고쳐 놓은 것이다. 천기는 하늘의 공기라는 뜻이므로, 올바르게 대기현상의 우리의 날씨를 말해 주고 있는 것이다. 그러나 일기는 '날의 공기' 또는 '태양의 공기'가 되어 원래의 날씨라고 하는 의미가 아니다. 또한 '천기' 만의 천(天)자를 일(日)자로 바꾸어 놓았지, 그 외의 천자가 들어가는 많은 용어는 그대로 두었다. 예를 들면 악천(惡天), 전천(全天), 전천후(全天候), 청천(晴天), 청천(青天), 천고마비(天高馬肥) 등 많다. 따라서 원래대로 천기로 되돌려서 사용할 것을 권장한다.

천기[天氣, 날씨, 일기(日氣)]를 나타내는 방법에는 각각의 이용목적에 따라 몇 개의 분류방법이 있다. 예를 들면, 기입용 천기도[天氣圖, 일기도(日氣圖)] 등을 위해서는 '현재일기(천기)'라고 불리는 100종으로 세분된 것이 국제적으로 결정되어 있다. 또, 일반생활 등에 이용하기 위해서는 다음과 같은 간단한 다른 분류법 등이 있다.

5.1 | 날씨의 분류와 관측방법

국내에서 잘 이용되고 있는 날씨분류를 표 5.1과 표 5.2에 나타내었다. 이것은 기상관서의 날씨종류표와 실질적으로 같은 것이고, 그 기호는 국제식 천기기호라 불린다.

이 분류에서 일기를 나타낼 때에는 우선 그 관측시각의 날씨가 표 5.1의 어느 것에 해당하는가를 결정하고, 여기에 해당하는 현상이 없을 때에는 운량과 운형에 의해 표 5.2 중에서 선택한다.

표 5.1 날씨의 분류(1) 기호

분류명	기 호	분류명	기 호	분류명	기 호
비	●, ▽	싸락우박	△	연무	∞
안개비	❟	우박	▲	먼지연무	S
눈	✳, ▽̽	세빙	↔	황사	Ⓢ
진눈깨비	✳̇, ▽̽̇	안개	☰, ☷	연기	⌇
가루눈	✳	얼음안개	⇄	높은풍진	$
싸락눈	⟁	높은날린눈	✛	사진폭풍	⟋S
동우	⟁̇	눈보라	✳✛	뇌전	⟋↘

분류에 있어서는 다음 사항에 주의한다.

■ 날씨의 분류(1)을 이용할 때

① 비·눈 등은 소나기성인 것과 그렇지 않은 것을 구별한다. 예를 들면, 소나기성의 눈은 ▽̽으로 한다.

② 해당하는 현상이 동시에 몇 개가 나타나고 있을 때에는 그들의 분류명을 함께 표기한다. 예를 들면, 소나기성의 비와 우박이 동시에 내리고 있을 때에는 '소나기성의 비, 우박(▽, ▲)으로 한다.

③ 안개는 낮은 안개(☷)와 그렇지 않은 안개(☰)를 구별한다.

④ 세빙·높은날린눈·먼지연무·황사·높은풍진·사진폭풍은 그들의 현상의 강도가 1이나 2의 경우만으로 한다. 강도 0일 때에 겨우 인정되는 정도의 세빙, 시정이 1 km 이상의 높은날린눈, 시정이 4 km 이상의 먼지연무, 하늘이 희미하게 탁한 정도의 황사, 시정이 1 km 이상의 높은 풍진이나 사진폭풍은 일기에 넣지 않는다.

⑤ 연무와 연기는 강도 2의 경우, 결국 어느 쪽도 시정이 2 km 미만일 때만 일기에 넣는다.

⑥ 뇌전은 관측시간 전 10분 이내에 천둥번개가 있었을 때 또는 강도 1이나 2의 천둥이 들렸을 때로 하고, 천둥의 0이나 번개만일 때는 취하지 않는다.

표 5.2 날씨의 분류(2) 기호

분류명	기 호	분류명	기 호	분류명	기 호
맑음	○	얇은흐림	⦶	본흐림	◎
개임	⦶	높은흐림	⊗		

■ 날씨의 분류(2)를 이용할 때

⑦ 관측 시의 전운량이 2 이하의 경우는 맑으므로 한다.

⑧ 관측 시의 전운량이 3∼7일 때는 개임으로 한다.

⑨ 관측 시의 전운량이 8 이상의 경우는 흐림으로 하고, 이것을 세분해서 ⓐ 제일 많은 운형이 권운·권적운·권층운 또는 이들 조합의 어느 것일 때는 얇은 흐림으로 하고, ⓑ 제일 많은 운형이 고적운·고층운 또는 이들 조합의 어느 것일 때는 높은흐림으로 하고, ⓒ 제일 많은 운형이 난층운·층운·층적운·적운·적란운 또는 이들 조합의 어느 것일 때는 본흐림으로 한다.

⑩ 얇은흐림·높은흐림·본흐림으로, 하늘 전체가 구름으로 덮여 있어서 전혀 틈이 없는 것을 나타낼 필요가 있을 때에는 기호 위에 가로선을 그어, ⑪, ⊗, ◎으로 한다.

이와 같이 해서 결정한 날씨를 야장 등에 기록할 때에는 기호를 이용한다.

5.2 | 간단한 날씨의 분류와 관측방법

이용목적에 따라 앞의 항에서 언급한 것과 같은 상세한 분류가 필요 없을 때에는 다음과 같이 더욱 간단한 분류를 이용해도 좋다. 이 분류는 기상관서가 아마추어에게 의뢰하여 행하고 있는 관측소에서 이용되고 있다. 우선, 구름의 유무에 관계없이 표 5.3의 분류명에 나타낸 현상이 관측되었을 때는 그것을 일기로 한다.

표 5.3 **간단한 날씨의 분류(1) 기호**

분류명	기 호	분류명	기 호	분류명	기 호
비	●	싸락	△	짙은연무	∞
눈	✳	우박	▲	뇌전	⌐
진눈깨비	✻	안개	≡		

상세한 분류의 경우와 같이, 관측 시의 현상이 2개 이상 나타났을 때에는 그것을 병기한다. 예를 들면, 안개가 있고 비가 내리고 있을 때의 일기는 '비와 안개'(●≡)로 한다. 연무는 강도가 2(시정이 2 km 미만)의 짙은연무의 경우만을 천기(날씨, 일기)로 취한다.

이와 같은 현상이 없을 때에는 표 5.4에 의한 운량으로 날씨를 결정한다.

표 5.4 **간단한 날씨의 분류(2) 기호**

운 량	분류명	기 호	운 량	분류명	기 호	운 량	분류명	기 호
0∼2	맑음	○	3∼7	개임	◑	8∼10	흐림	◎

5.3 | 현재날씨(천기)

현재날씨, 현재천기[現在天氣, present(current) weather]는 기상관측자료의 국제적인 교류를 위해서, 세계기상기관에서 규정한 부호형식으로 표현된 관측지점의 천기이다. 100종류로 분류된 관측 시 및 관측 전 1시간 내의 대기의 상태를 2숫자로 나타내고, 각 지점의 천기는 도식표시법(간단히 도표)에 의한 천기기호(天氣記號)로 천기도 등에 기입되어 천기해석에 이용된다(그림 5.1).

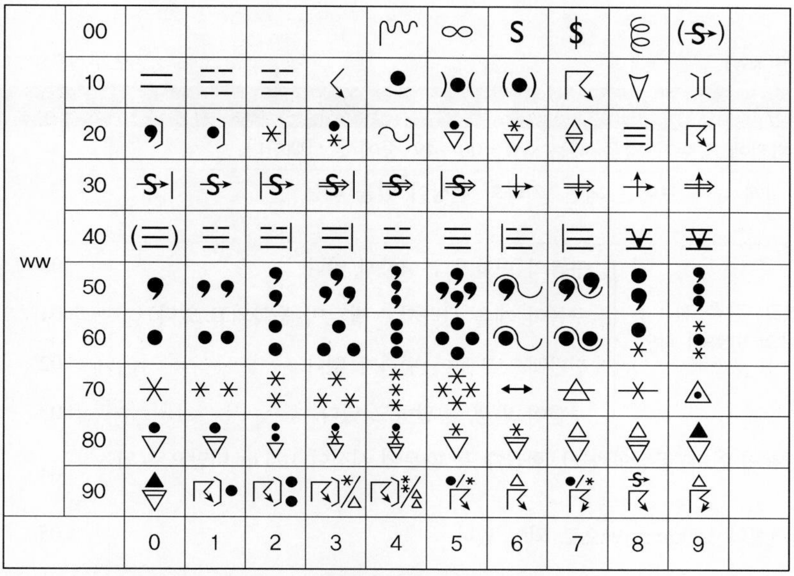

ww	0	1	2	3	4	5	6	7	8	9
00						∿	∞	S	\$	⌇	(S→)
10										
20										
30										
40										
50										
60										
70										
80										
90										

그림 5.1 **현재천기(WW)의 부호**

천기도(일기도) 등에서 이용되고 있는 '현재날씨, 현재천기(現在天氣)'는 보통의 대기관측에 있어서 여러 모로 도움이 되는 일이 많다. 이것은 관측 시 또는 그 전 1시간 내에 관측지점이나 시계 내에서 일어난 현상을 관찰하여 00에서 99까지의 100개의 숫자부호로 표현되는 분류의 어느 것인가에 의해 천기를 나타낸다. 언제든지 2개의 숫자를 이용하기 때문에 이것을 일반적으로 ww로 표시한다. 다음에 현재천기의 분류방법과, 그것에 대응하는 ww의 숫자를 표 5.5에 게재한다.

위 그림에 의해 현재천기의 부호를 결정할 때의 주의해야 할 일은,

① 동시에 몇 개의 부호가 해당할 때는 숫자가 큰 쪽의 부호를 취한다. 예를 들면, 관측 전 1시간 내에 안개비가 있었지만, 관측 시에 중지간격이 있는 약한 비가 내리고 있을 때, ww=20이 아니고, ww=60으로 한다. 예외로서 ww=17은 ww=20~29 보다도 숫자가 작지만 우선으로 한다.

② 안개비나 비로 중지간격이 없다고 하는 것은 관측 전 1시간 이상에 걸쳐 계속 내리고 있는 경우이다.

③ 천둥이 들리기 시작한 시각에서부터 그 지점에 천둥번개가 있는 것으로 간주하고, 천둥이 10분간 들리지 않았을 때는 천둥번개는 끝난 것으로 한다. 천둥번개가 끝난 시각은 최후의 천둥을 들은 시각으로 한다.

현재천기(날씨, 일기)의 관측결과를 기록할 때에는 숫자부호를 그대로 이용하는 것이 간단하고 편리하지만, 정리해서 표나 그림에 표시할 때에는 기호를 이용하는 편이 알기 쉬운 때가 많다.

표 5.5 현재날씨(ww)

분류방법			숫자부호	기호
관측 시 관측지점에 강수가 없을 때는 ww=00~49 중에서 선택한다.				
구름의 변화, 시계 내에 보이는 뇌전, 기타의 현상이 있을 때는 ww=00~19				
대기수상이 없고, 관측 전 : 1시간 내의 운량의 변화에 착안해서	구름의 변화가 분명하지 않다.		00	◯
	구름이 계속 사라지고 발달이 둔화되고 있다.		01	♀
	전반적으로 보아 변화가 없다		02	-◯-
	구름이 발생, 발달하고 있다.		03	♂
연기, 들불·산불의 연기·공장의 연기·화산재 등 때문에 시정이 10 km 미만으로 되어 있다.			04	∿
연무에 의해 시정이 10 km 미만으로 되어 있다.			05	∞
먼지연무(황사일 때도)			06	S
풍진이 있지만, 강한 진선풍이나 사진폭풍은 없다.			07	$
사진폭풍은 없지만, 관측 시 또는 그 1시간 이내에 관측지점이나 그 부근에 강한 진선풍이 나타났다.			08	⦚
사진폭풍이 보인다. 또는 관측 전 1시간 내에 사진폭풍이 있었다.			09	(S⟶)
박무가 있고, 시정이 4 km 미만으로 되어 있다.			10	═
땅안개나 눈높이보다도 낮은 얼음안개가 있다.	산재(散在)해 있다.		11	≡≡
	연속되어 있다.		12	≡≡
번개는 보이지만, 천둥은 들리지 않는다.			13	⟨
시계 내에 강수가 보인다.	지면이나 해면에 도달되어 있지 않다.		14	•
	지면이나 해면에 도달되어 있다.	5 km 이상 떨어져 있다.	15	)•(
		5 km보다 가깝다.	16	(•)

(계속)

분류방법	숫자부호	기 호
뇌전, 관측지점에서는 강수가 없다.	17	$\Gamma_{\!\!\iota}$
관측 시 또는 그 전 1시간 내에 스콜(Squall)이 있었거나 보였다.	18	∇
관측 시 또는 그 전 1시간 내에 용권이 있었거나 보였다.	19	$)($
■ 관측 전 1시간 내에 안개·얼음안개·비·뇌전이 있었고 관측 시에 없을 때에는 ww=20~29		
안개비나 가루눈이 있었다.	20	$\mathbf{9})$
비가 있었다.	21	$\bullet)$
눈이 있었다.	22	$*)$
진눈깨비나 동우가 있었다.	23	$\overset{*}{\bullet})$
착빙성의 비나 안개비가 있었다.	24	$\sim$
소나기가 있었다.	25	$\overset{\bullet}{\nabla})$
소나기성의 눈이나 진눈깨비가 있었다.	26	$\overset{*}{\nabla})$
싸락우박이나 우박이 있었다.	27	$\overset{\triangle}{\nabla})$
안개나 얼음안개가 있었다.	28	$\equiv)$
뇌전이 있었다.	29	$\mathbf{\Gamma}\!\!)$
사진폭풍이나 땅날린눈이 있을 때 ww=30~39 : 시정이 500 m 미만이 되었던 것을 강한사진폭풍이나 땅날린눈으로 한다.		
약한사진폭풍	관측 전 1시간 내에 약해졌다.	30	$\overset{\hookrightarrow}{\rightarrow}$|
	관측 전 1시간 내에 그다지 변화하고 있지 않다.	31	$\overset{\hookrightarrow}{\rightarrow}$
	관측 전 1시간 내에 시작했거나 강해졌다.	32	|$\overset{\hookrightarrow}{\rightarrow}$
강한사진폭풍	관측 전 1시간 내에 약해졌다.	33	$\overset{\hookrightarrow}{\Rightarrow}$|
	관측 전 1시간 내에 그다지 변화하지 않는다.	34	$\overset{\hookrightarrow}{\Rightarrow}$
	관측 전 1시간 내에 시작했거나 강해졌다.	35	|$\overset{\hookrightarrow}{\Rightarrow}$
땅날린눈	약하다.	36	$\twoheadrightarrow$
	강하다.	37	$\twoheadrightarrow$
높은날린눈	약하다.	38	$\rightarrowtail$
	강하다.	39	$\rightarrowtail$
안개나 얼음안개가 있을 때, ww=40~49		
멀리 보이는 안개나 얼음안개로, 높은 곳까지 퍼져 있는 것, 관측 전 1 시간 내에 관측점에 안개나 얼음안개는 없었다.	40	$\equiv)$

(계속)

분류방법				숫자부호	기 호
안개나 얼음안개	산재해 있다.			41	⚏
	관측 전 1시간 내에 엷어졌다.	하늘이 비쳐 보인다.		42	☲
		하늘이 보이지 않는다.		43	☳
	관측 전 1시간 내에 그다지 변화하지 않는다.	하늘이 비쳐 보인다.		44	☱
		하늘이 보이지 않는다.		45	☰
	관측 전 1시간 내에 발생했다. 또는 짙어졌다.	하늘이 비쳐 보인다.		46	☵
		하늘이 보이지 않는다.		47	☶
얼음안개가 발생하고 있다.	하늘이 보인다.			48	⩛
	하늘이 보이지 않는다.			49	⩛
관측 시에 강수가 있을 때는 ww = 50∼99 중에서 선택한다.					
안개비가 내리고 있을 때는 ww = 50∼59					
안개비	약하다 (강도 0)	중지간격이 있었다.		50	❟
		중지간격이 없었다.		51	❟❟
	보통이다 (강도 1)	중지간격이 있었다.		52	❟
		중지간격이 없었다.		53	❟❟
	강하다 (강도 2)	중지간격이 있었다.		54	❟
		중지간격이 없었다.		55	❟❟❟
착빙성의 안개비	약하다.			56	❟∼
	보통이거나 강하다.			57	❟❟∼
안개비와 비	약하다.			58	❟•
	보통이거나 강하다.			59	❟•
비가 내리고 있을 때 ww = 60 ∼ 69					
비	약하다 (강도 0)	중지간격이 있었다.		60	•
		중지간격이 없었다.		61	••
	보통이다 (강도 1)	중지간격이 있었다.		62	••
		중지간격이 없었다.		63	••
	강하다 (강도 2)	중지간격이 있었다.		64	••
		중지간격이 없었다.		65	•••
착빙성의 비	약하다.			66	•∼
	보통이거나 강하다.			67	••∼
진눈깨비	약하다.			68	•✱
	보통이거나 강하다.			69	•✱•

(계속)

분류방법					숫자부호	기 호
소나기성이 아닌 고체강수일 때 ww=70~79						
눈	약하다 (강도 0)		중지간격이 있었다.		70	✳
			중지간격이 없었다.		71	✳ ✳
	보통이다 (강도 1)		중지간격이 있었다.		72	✳ ✳
			중지간격이 없었다.		73	✳ ✳
	강하다 (강도 2)		중지간격이 있었다.		74	✳ ✳ ✳
			중지간격이 없었다.		75	✳✳✳
세 빙					76	↔
가루눈					77	△
단독 결빙의 눈					78	✳
동 우					79	⬘
소나기성 강수나 뇌전을 동반하는 강수일 때 ww = 80 ~ 99						
소나기비		약하다.			80	▽•
		보통이거나 강하다.			81	▽⦂
		격렬하다.			82	▽⦂
소나기성의 진눈깨비		약하다.			83	▽⚹
		보통이거나 강하다.			84	▽⚹
소나기눈		약하다.			85	▽*
		보통이거나 강하다.			86	▽*
싸락		약하다.			87	⬦
		보통이거나 강하다.			88	⬦
우박		약하다.			89	▲
		보통이거나 강하다.			90	⬥
관측 전 1시간 이내에 뇌전이 있었지만, 관측 시에는 없었다.		비가 내리고 있다.		약하다.	91	⚡•
				보통이거나 강하다.	92	⚡⦂
		눈이나 진눈깨비나 싸락 이나 우박이 내리고 있다.		약하다.	93	⚡⚹
				보통이거나 강하다.	94	⚡⚹
관측 시에 뇌전이 있다.		비·눈·진눈깨비가 내리고 있다.		약하다.	95	⚡*
		싸락이 내리고 있다.		강하다.	96	⚡
		약한 비·눈·진눈깨비가 내리고 있다.			97	⚡*
		사진폭풍이 일어나고 있다.			98	⚡
		강한 싸락이나 우박이 내리고 있다.			99	⚡

5.4 | 뷰포트의 날씨(천기)

이것은 외국에서 비교적 잘 이용되고 있는 분류인데, 운량·바람·강수·뇌전·안개나 박무 등의 상태를 영문자의 부호로 나타내고, 이것을 조합해서 일기를 표현하는 것이다. 그 분류법과 부호는 표 5.6에 나타내었다.

이 분류법에서 날씨를 나타낼 때에는 우선 관측된 현상에 의하여 표 5.6에서 부호를 선택해 낸다. 예를 들면, 비가 내리고 있을 때에는 r이라 하고, 안개가 끼어 있을 때에는 f로 한다. 만일 강수나 시정장해[2] 등의 현상이 없을 때에는 운량으로 한다. 예를 들면, 운량 5이면 bc로 하고, 운량 8이면 c로 한다.

더욱 상세하게 표현할 필요가 있을 때에는 표 5.6에 나타낸 것과 같이 하면 된다.

① 동시에 2개 이상의 현상이 일어나고 있을 때에는 그들의 부호로 함께 표시해서 나타낸다. 예를 들면 소나기성의 진눈깨비는 prs로 하고, 바람이 강하고 먼 곳에 번개가 보일 때에는 ql로 한다.

② 현상이 강한 것을 나타낼 때에는 부호를 대문자로 하고, 약한 것을 나타낼 때에는 부호의 오른쪽 아래에 하첨자로 0을 붙인다. 예를 들면, 강한 비는 R로 하고, 약한 안개는 f_0로 한다.

표 5.6 뷰포트의 날씨분류와 부호

분류		부호
운 량	0 ~ 2	b
	3 ~ 7	bc
	8 ~ 10(틈 있음)	c
	10(틈 없음)	o
바 람	바람이 강하다(풍력계급에서 8 이상).	q
강 수	비	r
	소나기성 강수	p
	안개비	d
	눈	s
	우 박	h
뇌 전	원방의 번개	l
	천 둥	t
	뇌 전	tl
시정장해 현상	안 개	f
	박 무	m
	연 무	z

---

2) 장애(障碍)와 장해(障害) : 장애(障碍, 障礙)는 어떤 사물의 진행을 가로막아 거치적거리게 하거나 충분한 기능을 하지 못하게 하는 것이고, 장해(障害)는 하고자 하는 일을 막아서 방해하는 것이라고 사전은 말하고 있다. 이것을 부연해서 알기 쉽게 예를 들어 설명하면, 시정의 장애라고 하면 자기 자신의 신체적인 결함인 눈의 시력이 안 좋아서 잘 못 보는 것이고, 시정의 장해라고 하면 안개나 건물 등에 타의 물건 등에 가려서 안 보이는 다름이라고 해석을 하자.

③ 현상이 연속해서 일어나고 있는 것을 나타낼 때에는 해당하는 부호를 연속으로 기록하고, 단속하고 있는 것은 부호의 앞에 i를 붙인다. 예를 들면, 눈이 계속 오고 있을 때에는 ss로 하고, 단속해서 오고 있는 비는 ir로 한다.

이와 같이 필요에 따라서 일기를 간단하고도 상세하게 나타낼 수 있는 것이 뷰포트(Beaufort) 일기부호의 특징이다.

이 부호표는 주로 영국 등에서 사용되고 있는데, 국제적으로 결정되어 있는 것이다. 우리나라에서도 전에는 선박의 항해일지나 천기도(일기도) 등에 이용하고 있었다. 이와 같은 생각을 연장해서 우리도 일반국민이나 대중이 사용하기에 편리한 분류표와 기호를 만들어 보면 어떨까?

5.5 | 예보용어

5.5.1 예보용어의 개요

기상관측·통계에서 사용 중인 예보용어(豫報用語, forecast terminology), 용어 및 기준은 WMO(World Meteorological Organization, 세계기상기관) 지침에 의거, 통일성 있게 사용 중이며, 주로 기상실무자와 기상전문인이 사용한다.

예보에서 사용 중인 용어 및 기준설정이 완벽하게 정립되지 않아 예보이용자의 이해력에 다소 어려움을 주고 있다. 즉 예보이용자인 일반국민과의 인식 불일치로 예보의 신뢰감이 저하되고, 예보생산자 주관에 따른 표현과 기준으로 예보평가 자동화 업무 등 객관화에 미흡했다. 이를 개선하기 위해 다음과 같이 확실하게 해 준다.

5.5.2 하늘의 상태표현

(1) 기본용어

용어	운량	비고
맑 음 (○) 구름조금 (◐) 구름많음 (◑) 흐 림 (◎)	0~2 할 또는 상층운 0~4 할 3~5 할 또는 상층운 5~7 할 6~8 할 또는 상층운 8~10 할 9~10 할	대체로 맑음(大 ○) 대체로 흐림(大 ◎)

※ 하늘의 상태표현의 기상개황에는 정성적인 표현인 대체로 맑음, 대체로 흐림 등을 사용할 수 있음.

(2) 변화용어

용어	운량
맑은 후 구름 많아짐 (○ → ◐)	0~2 할에서 6~8 할로 변화
맑은 후 흐려짐 (○ → ◎)	0~2 할에서 9~10 할로 변화
차차 흐려짐 (→ ◎)	3~8 할에서 9~10 할로 변화
차차 맑아짐 (→ ○)	3~8 할에서 0~2 할로 변화
흐린 후 맑아짐 (◎ → ○)	9~10 할에서 0~2 할로 변화
흐린 후 갬 (◎ →)	9~10 할에서 3~8 할로 변화

※ 상층운 변화에 의한 표현은 기본용어 운량구분에 따름.

5.5.3 바람(풍속)의 강도표현

용어	풍속(최대 순간) m/s	비 고
바람이 매우 약하게 불다	1 이하(2 이하)	『매우』를 생략할 수 있음
바람이 약하게 불다	2~4(3~7)	
바람이 다소 불다	5~8(8~12)	
바람이 다소 강하게 불다	9~12(13~18)	
바람이 강하게 불다	13~17(19~25)	폭풍주의보(暴風注意報) 기준
바람이 매우 강하게 불다	18 이상(26 이상)	폭풍경보(暴風警報) 기준

※ 바람이 일시 강함 : 예보기간 내 일시 폭풍주의보 기준에 달할 때.
※ gust[최대순간풍속, maximum instantaneous wind speed, peak gust]는 돌풍(突風)으로 표현하고 기상정보나 개황 등에 사용함.

5.5.4 파고(파랑)표현

용어	파고(m)	비 고
물결이 매우 낮게 일다	0.5 이하	『잔잔하다』 겸용
물결이 낮게 일다	0.5~1.0	
물결이 다소 일다	1.0~2.0	
물결이 다소 높게 일다	2.0~3.0	
물결이 높게 일다	3.0~6.0	파랑주의보 기준
물결이 매우 높게 일다	6.0 이상	파랑경보 기준

※ 파고(波高)의 예보값이 해당범위에 들지 않을 때에는 가까운 파고범위의 용어를 사용하고 예상 파고 값이 양쪽범위에 해당될 때에는 앞으로 예상되는 해상상태에 따라 선별 사용한다.
※ 파고는 유의파고(H 1/3파)로 표현, 통계적으로 최대파고(H_{max})는 유의파고의 약 1.6배에 달한다. 유의파고(有意波高, significant wave height)란 계속해서 밀려오는 100개의 파 중 높은 쪽에서 1/3을 취해서 이들을 평균한 파고이다.
※ 파고(波高, wave height)는 파의 진폭(振幅, amplitude)의 2배이다. 바람의 에너지를 직접 받아서 일어나는 파를 풍파[風波, wind wave, 풍랑(風浪)]이라 하고, 이 에너지가 없어도 파의 관성으로 고유의 성질에 따라 전파되는 것을 파도(波濤, swell) 라고 한다. 풍랑은 파도에 비해서 불규칙해서 그 형태도 시시각각으로 변화한다. 풍파(풍랑)와 파도를 총칭해서 파랑[波浪, sea(ocean) wave]이라고 한다. 수입자(水粒子)가 반복운동을 하는 성분 중, 그 위상이 전반(傳搬)하는 것을 일반적으로 파랑 이라 부르고, 특히 큰 파랑을 파도(波濤)라고 부르는 일도 있다. 너울은 바다의 크고 사나운 물결을 의미한다.

5.5.5 시제(時制)표현

용어	시제(時制)	비 고
이른 새벽	자정부터 일출 3시간 전까지	
새 벽	일출 3시간 전부터 일출까지	
아 침	일출 1시간 전부터 일출 후 2시간까지	
오 전	일출부터 정오까지	
낮	아침 이후부터 오후 늦게 전까지	
오 후	정오부터 일몰까지	
오후 늦게	일몰 2시간 전부터 일몰 후 1시간까지	
밤	일몰 1시간 이후 자정까지	
밤 늦게	밤 10시부터 자정까지	

※ 시각표시에 의한 시제(時制) 분류(그림 5.2 참조)

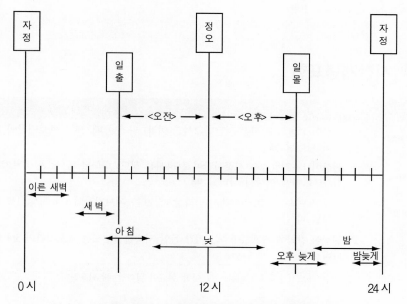

그림 5.2 날씨(천기)예보 1 일간의 시제 구분(예보기간 OO~24시 기준)

5.5.6 강수량표현

용어	강수량	비 고
비 매우 조금	1 mm 미만	『매우』 생략 가능
비 조금	5 mm 미만	
비 다소	5~20 mm 미만	
비 다소 많음	20~80 mm 미만	
비 많음	80 mm 이상	주의보기준
비 매우 많음	150 mm 이상	경보기준

※ 약한 비 : 시간당 강우량이 0.2 mm 미만의 비   ※ 강한 비 : 시간당 강우량이 20 mm 이상의 비

5.5.7 신적설량표현

용 어	신적설량	비 고
눈 매우 조금 눈 조금 눈 다소 눈 다소 많음	0.2 cm 미만 1 cm 미만 1~5 cm 미만 5~10 cm 미만	『매우』를 생략할 수 있음 주의보기준(대도시) 주의보기준(일반지역)
눈 많음 눈 매우 많음	10~30 cm 미만 30 cm 이상	경보기준(대도시) 경보기준(일반지역)

※ 약한눈 : 시간당 강설량이 0.1 cm 미만의 눈
　강한눈 : 시간당 강설량이 3 cm 이상의 눈
　소낙눈 : 예보에는 한때 눈으로 표현
　진눈깨비 : 예보에는 비 또는 눈, 눈 또는 비로 표현
　싸락눈 : 예보에는 눈 조금으로 표현

5.5.8 시간개념표현

용 어	운 량
한차례(한때)	현상이 1번(강수 시종 시간이 2시간 이하) 나타날 때, 또는 예보기간의 1/5 미만 현상이 나타날 때
한두 차례	현상이 1~2번(강수 시종시간이 2~4시간 정도) 나타날 때, 또는 예보기간의 1/5 이상, 1/4 미만 현상이 나타날 때
가끔(때때로)	현상이 단속적으로 반복해서 나타날 때, 또는 예보기간의 1/4 이상, 1/2 미만 현상이 나타날 때
계 속	현상이 강약에 관계없이 예보기간 동안 지속될 때, 또는 예보기간의 3/4 이상 현상이 나타날 때

※ 시간개념을 표시하지 않을 때는 예보기간의 1/2 이상, 3/4 미만 현상이 나타날 때 사용한다.

5.5.9 장소개념표현

용 어	운 량
해안(지방)	육지와 바다가 닿는 곳, 바닷가
내륙(지방)	바다에서 멀리 떨어진 지역, 해안을 제외한 육지
산간(지방)	산과 산 사이, 골짜기가 많은 산으로 된 땅
산악(지방)	높고 험한 산, 지구표면이 현저히 융기한 부분
고산(지대)	높은 산
곳에(따라)	예보구역 중 불특정 구역의 50 % 미만의 지역에 비·눈이 산발적으로 조금 올 때, 또는 소낙성 강수현상일 때 사용, 통상 30 % 이하의 경우

5.5.10 기온비교표현

용 어	비교값(C)				발생확률(%)
	일(日)	반순(半旬)	순(旬)	월(月)	
높 다	+3.2 이상	+2.6 이상	+2.1 이상	+1.6 이상	10
조금높다	+1.3~+3.1	+1.1~+2.5	+0.9~+2.0	0.6~+1.5	20
비 슷	−1.2~+1.2	−1.0~+1.0	−0.8~+0.8	−0.5~+0.5	40
조금낮다	−3.1~−1.3	−1.1~−2.5	−2.0~−0.9	−1.5~−0.6	20
낮 다	−3.2 이하	−2.6 이하	−2.1 이하	−1.6 이하	10

※ 일일, 주간, 월간 예보에 사용

5.5.11 강수량비교표현

용 어	비교값(mm)			발생확률(%)
	반순(半旬)	순(旬)	월(月)	
많 다	250 이상	210 이상	170 이상	10
조금 많다	160~250 미만	140~210 미만	120~170 미만	20
비 슷	40~160 미만	60~140 미만	80~120 미만	40
조금 적다	10~40 미만	30~60 미만	50~80 미만	20
적 다	10 미만	30 미만	50 미만	10

※ 중·장기예보(中·長期豫報)에 사용

5.5.12 예보(단기예보)발표와 예보기간

용 어	범 위	비 고
오늘예보	오늘 발표시각부터 24시까지	
내일예보	내일 ○○시부터 24시까지	
모레예보	모레 ○○시부터 24시까지	

5.5.13 날씨(천기)예보발표와 단기예보기간의 기준

예보시간	D 일	D+1일	D+2일
발표시간			
05 : 30(새벽예보)	오 늘 ←——————→	내 일 ←——→	모 레 ←——→
09 : 00(아침예보)	오 늘 ←————→	내 일 ←——→	모 레 ←——→
11 : 30(낮예보)	오 늘 ←———→	내 일 ←——→	모 레 ←——→
17 : 30(저녁예보)	오 늘 ←——→	내 일 ←——→	모 레 ←——→
23 : 00(밤예보)	오 늘 ←→	내 일 ←——→	모 레 ←——→

5.5.14 주의보와 경보의 기준

종류	주의보	경보
강 풍	육상에서 풍속 14 m/s 이상 또는 순간풍속 20 m/s 이상이 예상될 때, 다만 산지는 풍속 17 m/s 이상 또는 순간풍속 25 m/s 이상이 예상될 때	육상에서 풍속 21 m/s 이상 또는 순간풍속 26 m/s 이상이 예상될 때, 다만 산지는 풍속 24 m/s 이상 또는 순간풍속 30 m/s 이상이 예상될 때
풍 랑	해상에서 풍속 14 m/s 이상이 3시간 이상 지속되거나 유의파고가 3 m 이상이 예상될 때	해상에서 풍속 21 m/s 이상이 2시간 이상 지속되거나 유의파고가 5 m 이상이 예상될 때
호 우	6시간 강우량이 70 mm 이상 예상되거나 12시간 강우량이 110 mm 이상 예상될 때	6시간 강우량이 110 mm 이상 예상되거나 12시간 강우량이 180 mm 이상 예상될 때
대 설	24시간 신적설이 5 cm 이상 예상될 때	24시간 신적설이 20 cm 이상 예상될 때, 다만 산지는 24시간 신적설이 30 cm 이상 예상될 때
건 조	실효습도 35% 이하가 2일 이상 계속될 것이 예상될 때	실효습도 25% 이하가 2일 이상 계속될 것이 예상될 때
폭풍해일	천문조, 폭풍, 저기압 등의 복합적인 영향으로 해수면이 상승하여 발효기준값 이상이 예상될 때, 다만 발효기준값은 지역별로 별도지정	천문조, 폭풍, 저기압 등의 복합적인 영향으로 해수면이 상승하여 발효기준값 이상이 예상될 때, 다만 발효기준값은 지역별로 별도지정
지진해일	한반도 주변해역(21N~45N, 110E~145E) 등에서 규모 7.0 이상의 해저지진이 발생하여 우리나라 해안가에 해일파고 0.5~1.0 m 미만의 지진해일 내습이 예상될 때	한반도 주변해역(21N~45N, 110E~145E) 등에서 규모 7.0 이상의 해저지진이 발생하여 우리나라 해안가에 해일파고 1.0 m 이상의 지진해일 내습이 예상될 때
한 파	10월~4월에 다음 중 하나에 해당하는 경우 • 아침 최저기온이 전날보다 10 C 이상 하강하여 3 C 이하이고 평년값보다 3 C가 낮을 것으로 예상될 때 • 아침 최저기온이 −12 C 이하가 2일 이상 지속될 것이 예상될 때 • 급격한 저온현상으로 중대한 피해가 예상될 때	10월~4월에 다음 중 하나에 해당하는 경우 • 아침 최저기온이 전날보다 10 C 이상 하강하여 3 C 이하이고 평년값보다 3 C가 낮을 것으로 예상될 때 • 아침 최저기온이 −15 C 이하가 2일 이상 지속될 것이 예상될 때 • 급격한 저온현상으로 광범위한 지역에서 중대한 피해가 예상될 때
태 풍	태풍으로 인하여 강풍, 풍랑, 호우, 폭풍해일 현상 등이 주의보 기준에 도달할 것으로 예상될 때	태풍으로 인하여 다음 중 어느 하나에 해당하는 경우 • 강풍(또는 풍랑)경보기준에 도달할 것으로 예상될 때 • 총 강우량이 200 mm 이상 예상될 때 • 폭풍해일 경보기준에 도달할 것으로 예상될 때
황 사	황사로 인해 1시간 평균 미세먼지(PM10) 농도 400 $\mu g/m^2$ 이상이 2시간 이상 지속될 것으로 예상될 때	황사로 인해 1시간 평균미세먼지(PM10) 농도 800 $\mu g/m^2$ 이상이 2시간 이상 지속될 것으로 예상될 때
폭 염	6월~9월 일최고기온이 33 C 이상인 상태가 2일 이상 지속될 것으로 예상될 때	6월~9월 일최고기온 25 C 이상인 상태가 2일 이상 지속될 것으로 예상될 때

※ 기상청 제공

•

Atmospheric
Instrumental
Observations

•

Atmospheric instrumental observations

Part 2

측기와 관측

측기(測器)의 영어에는 다음과 같은 유사한 단어들이 있다. 어떠한 단어가 우리의 '측기'와 가장 가까울 것인가 독자들과 같이 생각해 보고자 한다.

- instrument : 기계(器械, 동력장치 없음), 도구, 기구
- apparatus : 장치(裝置), 기구
- equipment : 기기(器機), 장비, 용품, 설치, 설비, 기구, 비품
- machine : 기계(機械, 동력장치 있음), 기구, 장치

  이중에서 본서는 "instrument"를 택해서 쓰기로 한다.

- 관측(觀測) : observation

Chapter 06 기 압

기압[氣壓, air(atmospheric) pressure, 대기압(大氣壓)]은 강수량이나 기온과는 달라서 직접 눈으로 보거나 느낄 수는 없지만, 일기도 등을 이용해서 대규모의 공기의 움직임을 조사하기 위해서 없어서는 안 될 중요한 기상요소이다. 어떤 장소의 대기압력은 공기가 정지해 있을 때에 나타나는 정압(靜壓)과 공기가 움직이고 있기 때문에 생기는 동압(動壓)이 겹쳐진 것이지만, 보통의 기상요소로는 정압의 관측치가 필요하게 된다.

6.1 | 기압의 단위

대기과학에서는 1 g의 질량이 작용해서 1 cm/s^{2}의 가속도를 생기게 하는 힘을 1 dyne(g·cm/s^2)이라 하며, 압력(힘/단위면적)의 단위에서는 dyne/cm^{2}를 사용한다. 그런데 이것으로 기압을 나타내기에는 너무 작으므로, 그의 1,000배인 밀리바[millibar(mb), 1,000 mb = 1 bar(b)]를 단위로 한다.

그러나 국제단위계(國際單位系, SI)에서는 파스칼(Pa : Pascal)의 단위를 사용한다. 이 환산으로는

$$1 \text{ mb} = 100 \text{ Pa} \tag{6.1}$$

따라서 1,000 mb 크기를 Pa로 고치면, 100,000 Pa이 되므로, 1 hPa(헥토파스칼, heto Pascal) = 100 Pa을 사용한다. 그러면

$$1 \text{ mb} = 1 \text{ hPa} \tag{6.2}$$

이 된다.

표준중력(標準重力, 980.665 cm/s^2)이 작용하는 장소에 밀도가 13.5951 g/cm^{3}이고 높이가 1 mm인 수은주를 놓았을 때, 그 저면(底面)의 기압은

$$980.665 \times 13.5951 \times 0.1 \times \frac{1}{1,000} = 1.333224 \ (\text{hPa}) \tag{6.3}$$

으로 된다. 13.5951은 0 C에 있어서의 수은 밀도의 표준치이다. 따라서 표준상태의 수은주의 높이로 기압을 나타낼 수 있다. 수은주의 높이를 mm(mmHg 로 쓰는 일도 있다)로 나타낸 기압을 hPa로 환산하는 데는

$$1 \ \text{mm} = 1.333224 \ \text{hPa} \tag{6.4}$$

로 하고, 역으로 hPa를 mm로 고치는 데는

$$1 \ \text{hPa} = 0.750062 \ \text{mm} \tag{6.5}$$

로 하면 되지만, 특별히 정확한 값을 필요로 하지 않는 경우라면

$$1 \ \text{mm} \fallingdotseq \frac{4}{3} \ \text{hPa} \ , \ 1 \ \text{hPa} \fallingdotseq \frac{3}{4} \ \text{mm} \tag{6.6}$$

로 환산해서 사용해도 지장은 없다(부록 2 참조).

6.2 | 기압측정의 원리

기압은 토리첼리의 실험원리를 응용해서 수은주의 높이로 측정하든가, 아니면 공합(空盒)이라고 불리는 용수철을 넣은 속이 빈 금속용기의 신축(伸縮)에 의해서 측정하는 것이 보통이다. 전자는 수은기압계(水銀氣壓計), 후자는 공합(空盒, 아네로이드, aneroid) 기압계이다. 수은기압계는 신속성이 좋지만 측정 및 취급이 간편하다고는 할 수 없다. 이것에 비해서 아네로이드 기압계는 수은기압계보다 정밀도가 높지는 않지만 측정과 취급이 한층 더 간편하다.

기압은 다른 기상요소보다 더 정밀도가 높은 관측치가 필요하다. 예를 들면, 강수량은 몇 % 정도의 오차가 있어도 이용에 지장이 없지만, 상세한 천기도(일기도)를 만들기 위한 기압의 오차는 0.2~0.3 hPa 이하로 해야 한다. 평지에서 측정하는 기압의 값은 1,000 hPa 정도이므로 이 오차를 백분율로 나타낸다면 0.02~0.03 %가 되고, 강수량에 허용되는 오차에 비교해서 2자리 적다. 기압의 변화는 어느 정도 완만한 일이 많지만 악천후 시에는 급격히 변화하는 일도 적지 않다. 따라서 일기도(천기도) 등을 만들어서 기압분포를 조사하기 위해서는 기압이 급격히 변화하고 있을 때에는 특히 정확한 시각에 관측한 값이 필요하게 되고, 관측자는 신속 정확하게 기압계의 값읽기를 해야 한다. 이러한 이유에서 기상관서에서 행하고 있는 기압관측에서는 가급적 정시에 가까운 시각에 기압계의 값읽기를 하도록 되어 있다.

정확한 기압을 측정하기 위해서는, 특히 기압계의 설치장소에 유의해야 한다. 첫째로 주의해야 하는 것은 설치장소의 온도변화이다. 온도변화가 있으면 기압계의 온도가 불균일하게 되어

오차가 생긴다. 온도변화의 영향은 수은기압계에 대해서 특히 크고 공합기압계에서는 그 정도로 크지는 않다. 다음에 주의해야 할 일은 바람이 강할 때에 발생하는 풍식(風息) 때문에 실내의 기압이 격렬하게 진동해서 정확한 기압이 측정될 수 없게 되는 것이다. 이런 종류의 기압진동 (氣壓振動)은 산지와 곶[岬, cape(반도 모양으로 바다 또는 호수 안으로 내민 땅)] 등에서 일어나기 쉽고, 또 같은 건물 속에서도 풍향 및 방의 위치에 따라 달라지기도 한다. 완전하게 바람의 영향을 막을 방법은 없지만 가급적이면 기압의 진동이 적은 방에 기압계를 설치해야 한다.

풍식(風息, gustiness, gust)은 바람이 비교적 단시간 사이에 강해지기도 하고 약해지기도 해서 불규칙하게 반복 변화하는 현상을 말하는데, 일정시간 내에(통상 10분간) 있어서 변동하는 풍속(순간풍속)의 평균치에서의 통상 2분 이내의 변화를 풍식이라 하고, 그중 강하게 부는 바람을 돌풍(突風)이라고 하는 경우도 있다. 위의 변동하는 풍속의 최대치와 최소치의 차를 풍식의 크기라고 한다. 풍식의 크기와 그 시간 내의 평균풍속과의 비를 돌풍률(突風率, gustiness factor)이라고 해서 바람의 특성을 나타내는 표준으로 하고 있다(그림 6.1).

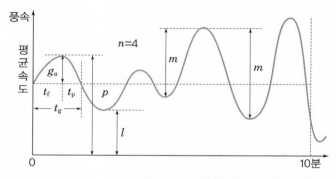

- p(peak speed) : 피크값
- g_a(amplitude) : 진폭
- t_g(duration) : 지속시간
- l(lull speed) : 정지값
- m(magnitude) : 크기
- t_f(formation time) : 형성시간
- n(frequency) : 횟수
- t_p(decay time) : 감쇠시간

그림 6.1 풍식(風息)을 나타내는 각종 요소

대기 중에서 바람은 강하게 불기도 하고 약해지기도 하면서 끊임없이 변화하고 있다. 이 모양이 마치 바람이 숨을 쉬는 것 같다고 해서 풍식(風息, gustiness)이라는 이름이 붙었다. 이러한 풍식 중에서 일시적으로 강하게 부는 바람을 돌풍(突風, gust)이라고 한다. 그래서 이들은 서로 통하고 있기 때문에 영어의 용어에서는 거의 같이 쓰고 있다(gust, gustiness).

6.3 | 포르틴형 수은기압계

수은기압계(水銀氣壓計, mercury barometer)에는 포르틴형, 사이판형, 스테이션형, 마틴형 등이 있으나, 포르틴(Fortin)형 수은기압계(그림 6.2)가 가장 많이 사용되고 있는 형이다. 이것은 1800년경 프랑스의 기계사[機械師, 기계기사(機械技師)] 포르틴(Hicolas Fortin, 1750~1831)이 기상측기로 개량해서 그의 이름이 붙여졌다[우리도 측기사(測器師)의 대우를 해주자].

원리는 1643년이 토리첼리의 실험(Torricelli's experiment)을 응용한 것으로 대기와 평형을 이루는 압력을 수은주에 의해 만들어내서 그 높이를 측정함으로써 수은주의 압력, 즉 대기압(大氣壓, 기압)을 측정하는 것이다.

이 기압계(氣壓計, barometer)는 수은용기 속의 상단이 막힌 관이 서 있고, 관의 상부는 진공으로 되어 있다. 관의 외측에는 mmHg의 눈금이 있고 이것을 읽으면 관 내의 수은주의 높이를 알 수 있다. mmHg 눈금의 반대쪽에는 오래된 것에는 inch 눈금이, 새로 만들어진 것에는 hPa의 눈금이 붙어 있다.

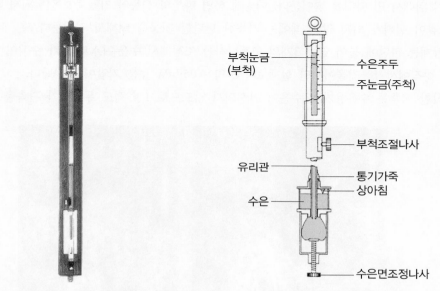

그림 6.2 포르틴형 수은기압계　　　　그림 6.3 포르틴형 수은기압계의 수은용기의 구조

수은의 총량은 일정하므로 기압이 승강(昇降)해서 수은주의 높이가 변하면, 수은용기의 수은면도 승강한다. 이때 하단의 나사를 돌려서 수은용기의 체적을 변화시켜 수은면을 눈금의 원점에 맞추게 한 것이 일반적인 것이어서 포르틴형 수은기압계(Fortin mercury barometer)로 불리고 있다(그림 6.3).

유리관의 내경(內徑)은 7~15 mm 정도이지만, 15 mm의 내경의 유리관을 사용한 것을 **정밀형 수은기압계**라 부르고, 기준기(基準器) 등의 정밀측정을 필요로 하는 경우에 사용한다. 이것은 수은주두(水銀柱頭)의 메커니즘의 오차가 아주 작기 때문이다. 일반적으로는 10 mm 내경의 유리관의 것을 많이 사용하고 있다.

기압계의 수은과, 눈금판의 온도는 유리관의 중앙 부근에 붙인 부착 온도계에 의해 표시된다. 다음은 포르틴 기압계를 부착시키고 값읽기를 할 때의 주의점이다.

① 온도의 급격한 변화가 없는 장소에 설치한다. 방에는 창이 없는 것이 이상적이지만, 만일 있을 때에는 커튼 따위를 쳐서 햇빛이 직접 들어오지 않도록 한다. 입구와 창은 가능하면 이중

으로 하는 것이 좋다. 냉난방이 있는 방은 실내온도가 갑자기 변한다든가 같은 실내에서도 위가 따뜻하고 밑이 차가운 것과 같은 상태가 되는 것은 바람직하지 못하다.

　　최근 방열효과가 있는 기압계 케이스를 이용할 수 있게 되었는데, 이것이 있다면 보통의 실내에서도 이것을 놓을 수 있다.

② 기압계는 콘크리트벽이라면 그대로 걸어도 좋지만, 목조일 때에는 마루에 구멍을 뚫어서 지중에 충분히 깊게 묻은 기둥을 세워 그것에 거는 것이 좋은 방법이다. 기둥은 25 cm 폭 정도의 나무기둥이든지 철근콘크리트로 하고 기둥과 마루 사이에는 다소의 틈을 두고 공기의 출입을 막기 위해서 면 따위를 넣어둔다. 이렇게 하면 마루의 진동이 기압계에 전달되지 않는다. 이와 같이 설비가 되지 않을 때에는 가능한 단단한 기둥을 택해서 걸어둔다.

③ 기압계는 하단에 붙어 있는 3개의 고정나사를 조정해서 수은주(水銀柱)가 수직이 되도록 건다. 수직에서 1° 기울어지면 실제보다도 약 0.05 hPa 높은 기압이 나타난다.

④ 부착한 직후는 수은용기의 수은이 안정되지 않으므로 1일 정도 두었다가 관측을 시작한다.

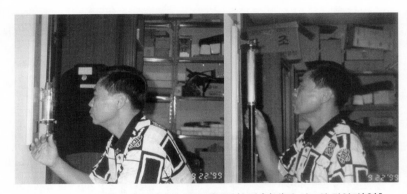

그림 6.4 　포르틴형 수은기압계의 값읽기[상아침 맞춤(좌)과 시도의 값읽기(우)]

⑤ 값읽기의 순서는 다음과 같이 하는 것이 좋다(그림 6.4).
- 부착된 온도계의 눈금을 읽는다.
- 하단의 나사를 돌려서 수은면을 눈금의 원점에 해당하는 상아(象牙)의 지침(指針)의 선단에 대략 맞춘다.
- 수은주의 상단부를 손가락으로 가볍게 두드려서 수은면의 형태를 정리한다.
- 다시 하단의 나사를 조심스럽게 돌려서 지침의 선단과 수은면 사이에 빛이 희미하게 보일까 말까 할 정도로 한다.
- 눈을 수은주의 상면과 같은 높이로 놓고 부척(副尺)의 하단과 수은면의 둥근 부분의 제일 높은 곳과의 사이로 빛이 희미하게 보일까 말까 할 정도로 한다.
- mm 또는 hPa의 1의 자리까지는 주척(主尺)에서 읽고, 소수점 이하의 자리(0.1)는 부척(副尺)에서 읽는다.

- 값읽기가 끝나면 하단의 나사를 돌려 수은면을 내려 원위치로 놓는다. 수은면과 상아지침이 접촉된 채로 놓아두면 수은이 흐려지기 쉽기 때문이다.

⑥ 포르틴을 운반할 때에는 수은이 동요하거나 관 속에 공기가 들어가지 않도록 하단의 나사를 돌려 수은을 관 속에 채워서 조심스럽게 운반한다. 수은이 관 속에 모두 채워졌는지는 나사를 돌리면 '기-'하고 금속소리가 나며 나사가 빡빡해지는 것으로써 알 수 있다. 그러나 진공도가 좋지 않을 때에는 소리가 잘 나지 않는다. 기압계를 거꾸로 세웠으면 나사를 조금 풀어서 온도가 올라가 수은이 신장해도 안전하도록 한다. 운반이 끝나면 정립(正立)하기 전에 다시 나사를 죈다.

태풍 등으로 바람이 강할 때 수은면이 동요해서 정확한 값을 읽기 곤란한 경우가 있다. 이것은 주로 바람의 변동에 의해 생기는 것으로 이와 같은 경우에는 자기기압계의 기록에 의해서 평균 기압을 구하는 것이 훨씬 더 정확한 값을 얻을 수 있다.

수은기압계의 측정범위는 865~1,060 hPa 정도이지만, 산악용은 533 hPa 에서부터 측정할 수 있도록 되어 있다. 관측할 수 있는 최소치는 일반용 수은기압계는 0.05 hPa, 정밀형은 0.01 hPa 이다.

4.3.1 보정

수은기압계에 의해 기압을 관측하는 경우 기차보정(器差補正, correction for instrument error), 온도보정(溫度補正, temperature correction), 중력보정(重力補正, gravity correction)이 필요하다.

(1) 기차보정

기차보정은 기압계 각각이 갖는 고유의 오차를 읽은 값에 대해서 보정(補正, correction)을 하는 것이다. 여기서 오차라고 하는 것은 진실의 양에 대한 기상측기가 나타내는 양의 초과량 또는 부족량을 말하고, 기상측기가 나타내는 양을 진실의 양에 보정하는 것을 기차보정(器差補正, correction for instrument error)이라 한다. 또 이 보정하는 양을 보정치(補正値)라고 한다.

(2) 온도보정

만일 수은과 온도의 척도가 0 C이고 관측장소의 중력이 표준중력과 일치하면 기압의 관측치에 기차보정을 해서 그 값을 그대로 hPa 또는 mm로 나타내면 된다. 그러나 실제로 그러한 상태로는 잘 되지 않으므로 보정이 필요하게 된다. 부착온도계의 시도(示度, 눈금)가 t C일 때, 이를 0 C로 고치기 위한 보정을 온도보정(溫度補正, temperature correction)이라 하고, 그 때의 온도 보정치 C_t는 다음 식에 의해서 구해진다(부록 2.2.1 참조).

$$C_t = - B_1 \times 0.000163\, t \tag{6.7}$$

B_1은 기차보정을 한 기압의 값으로 mm로 주어지면 온도보정을 한 기압보정값은 C_t mm이고 hPa로 주어지면 C_t hPa이다. 온도가 0 C 이하일 때는 C_t의 값은 양(+)이 된다. 부착온도계의 시도 t의 오차가 1 C일 때, 보정치의 오차는 0.1~0.2 hPa 정도이다.

(3) 중력보정

관측한 장소의 중력이 표준중력과 일치하지 않을 때에 하는 보정을 **중력보정**(重力補正, gravity correction)이라 하며, 중력보정치 C_g는 다음 식에 의해서 계산한다.

$$C_g = B_2 \times \frac{g - 980.665}{980.665} \tag{6.8}$$

$B_2 = B_1 + C_t$는 온도보정을 한 기압의 값이고, g는 그 장소의 중력이다(부록 2.3의 기상관서의 좌표와 중력표 참조). 예를 들면, B_2 가 1,005.8 hPa이고, g 가 979.78 cm/s^{2}일 때, 중력보정치는

$$C_g = 1,005.8 \times \frac{979.78 - 980.665}{980.665} = - 0.9 \ (\text{hPa}) \tag{6.9}$$

가 된다. 따라서 중력보정을 한 기압의 값은

$$1005.8 - 0.9 = 1004.9 \ (\text{hPa}) \tag{6.10}$$

이 된다.

기차보정, 온도보정 및 중력보정을 행한 기압의 값을 **보정기압**(補正氣壓, actual pressure)이라고 한다. 또 **현지기압**(現地氣壓, station pressure)이라고 부르는 일도 있다. 실제로는 온도보정과 중력보정을 하는 데에는 미리 보정치표를 만들어 주고 이것을 사용한다(부록 2 참조).

포르틴형 수은기압계로 기압을 측정하는 경우, 앞에서 말한 대로 기차보정, 온도보정, 중력보정을 해서 관측치의 기압을 산출한다. 온도는 부착온도계에 의하지만 이것도 기차보정을 필요로 한다.

더 높은 정밀도의 기압을 측정하기 위해서는 다음과 같은 오차를 포함하지 않도록 주의해야 한다.

① 읽어들임에 의한 오차
② 온도의 불균일에 의한 오차
③ 기상조건에 의한 오차
④ 수은면의 더러움에 의한 오차
⑤ 토리첼리 진공의 불완전에 의한 오차

⑥ 모세관 현상에 의한 오차

①~③은 관측자에 의해 제거할 수 있는 오차이다. 읽어들임에 의한 오차는 수은면과 상아침의 접촉의 조절정도, 수은주두의 부척의 맞춤방법, 눈금의 읽어들임 방법에 의한 것이고, 온도의 불균일에 의한 오차는 기압계실의 온도가 일정하지 않거나 주위에 열원이 있는 등의 설치환경과 읽어들일 때의 조명에 의한 것 등이다. 또 자연조건에 의한 오차는 강풍 때의 정압변동(靜壓變動), 기압의 급변에 의한 것이다. 이와 같이 어느 것도 관측자가 평상시에 읽기에 익숙하고, 기압계 주위의 환경을 정비하고, 또는 관측조건이 좋지 않을 때는 관측을 대기시키는 등에 의해 상당히 없앨 수 있는 오차이다.

이들에 대해 ④~⑥은 기압계의 열악함 또는 고장에 의한 것이다. 그러나 이들도 수은이 산화하지 않도록 기압의 도입구에 건조제를 넣고, 수은주두를 유리관의 상부에 가볍게 대 금속소리가 나는 것으로 토리첼리의 진공부의 진공도를 확인한다. 또 강한 지진 뒤에는 다른 기압계와 비교해서 틀어짐이 없는가 검사하는 등으로 어느 정도 제거할 수 있는 것이다.

잘 보존된 포르틴형 수은기압계에서 평상시에 능숙하게 취급할 수 있는 관측자에 의해 관측된 기압치의 오차는 ±0.05 hPa 이내이다.

6.3.2 기타 수은기압계

스테이션(station)형 수은기압계는 관측할 때 수은면을 일일이 눈금의 원점에 맞추지 않고도 수은주의 상면을 읽는 것만으로 족하다. 그러기 위해서 수은용기의 단면적이 A cm², 수은주의 단면적이 a cm²일 때, $\{1 - a/(A-a)\}$ mm를 1 mm로 눈금을 새겨서 수은면의 오르고 내림의 영향을 없애도록 하고 있다(그림 4.5).

스테이션형은 대개 포르틴과 같은 사용방법이지만, 운반할 때에는 그대로 조심스럽게 도입하면 된다. 온도보정은 부착온도계의 시도가 10 C 이하일 때는 포르틴식을 그대로 이용해도 오차는 작지만, 비교적 온도가 높을 때에는 포르틴식의 B_1 대신에 B_1보다도 40~50 mm 정도 높은 값을 취하지 않으면 안된다. 이렇게 해서 정확한 온도보정치를 얻기 위해서는 기압계에 들어 있는 수은의 총량과 수은용기의 단면적을 알 필요가 있다. 중력보정은 포르틴식과 완전히 같다.

그림 6.5 **스테이션형 수은기압계**

마린형이라고 불리는 수은기압계는 스테이션형과 거의 같은 구조를 하고 있는데, 해상에 있어서의 관측에 적합하도록 수은용기 속에 동요방지판이 들어 있다. 값읽기 및 보정 등은 스테이션형과 같게 한다.

6.4 | 아네로이드형 기압계

수은기압계에 대해서 옛날부터 사용되어 왔던 것이 아네로이드(aneroid)형 기압계이다. 이것은 이탈리아 비디(Vidi, L., 1804~1866)가 1843년에 고안해서 1844년에 특허를 낸 기압계이다. aneroid란 그리스어로 '액체를 이용하지 않다'라는 의미이다.

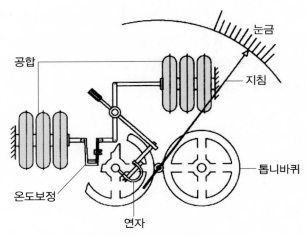

그림 6.6 아네로이드형 기압계의 개관 및 구조

이 아네로이드형 감압체(感壓体)에는 공합이나 베로스(bellous)를 이용하고 있다. 자기형 기압계의 감압체로는 베로스를 많이 사용하고 있다. 공합의 감부는 인청동(燐靑銅) 및 양은(洋銀)의 얇은 판으로 만든 속이 빈 원통인데, 그 속에는 공기가 없기 때문에 찌그러지지 않도록 용수철로 지탱하고 있다. 이 원통의 반경은 수 cm, 두께는 5~10 cm 정도로, 표면에는 동심원상의 주름이 있다. 이것을 공합이라고 한다. 기압이 변화하면 공합의 두께가 변해, 그것이 연자[梃子 : 고정점을 통하는 축의 주위를 자유로이 회전할 수 있는 막대기, 지레, 공간(槓杆)]와 톱니바퀴 등에 의해서 눈금판에 붙어 있는 시침(示針)에 전해진다(그림 6.6). 아네로이드 기압계는 우리말로 **공합기압계(空盒氣壓計)**라고 부르는 것이 좋다.

진동 및 충격 때문에 나사 및 중심부가 느슨해지기도 하고 재질이 탄성적으로 약해지기도 해서 시도가 어긋나기도 하고, 공합을 내부에서 지탱하고 있는 용수철의 탄성이 온도에 의해 변화하고, 이것이 시도에 영향을 미치는 것이 아네로이드 기압계의 결점이다.

그림 6.7 공합(아네로이드) 기압계(왼쪽), 산악용 고도계(오른쪽)

그러나 이들 결점은 점차 개량되고 있다. 정밀 아네로이드 기압계로 불리고 있는 것은, 보통의 아네로이드 기압계보다 훨씬 비싸지만, 각종의 오차를 가능한 한 없애도록 한 구조로 되어 있으므로 진동이 많은 선박 등에 사용해도 어긋남은 적다. 정역학방정식을 이용해서 기압의 변화를 고도로 환산할 수 있다. 이 원리로 만들어진 것이 **고도계**(高度計, altimeter)이다(그림 6.7).

설치하는 장소는 스토브의 바로 가까운 곳이 아니라면, 보통 사무실에서도 충분하다.

일반적으로 아네로이드는 벽에 거는 것과 수평으로 놓는 것과는 시도가 다르므로, 어느 쪽이든지 일정하게 해둔다. 선박에서는 해도실(海圖室) 등에 놓고, 고무나 펠트(felt) 같은 것을 완충재로 넣어서 진동을 막도록 한다.

값읽기 전에는 시도를 안정시키기 위해서 눈금판의 유리판을 가볍게 손끝으로 두드린다. 다음에 값읽기의 시차(視差, parallax : 눈의 위치에 따라 읽은 값이 다른 것)를 없애기 위해서는 눈과 시침(示針)을 연결하는 선이 눈금판에 수직이 되도록 한다. 거울이 붙어 있는 것은 한쪽 눈을 감고 시침과 그 상이 완전히 겹쳐 보이는 곳에 눈을 둔다. 시도는 0.1 hPa 또는 0.1 mm까지 읽는다. 검정증에 기재되어 있는 기차보정을 읽은 값에 더하면 보정기압이 얻어진다. 중력보정은 할 필요가 없다. 검정증에 있는 시도별의 기차보정치는 기압이 1,010 hPa일 때, 그 기압계가 옳은 기압을 나타내도록 조절한 경우의 보정치이다.

그러나 사용하고 있는 사이에 점차 처음에 조절한 점이 어긋나므로 정확한 기압을 알기 위해서는 때때로 표준이 되는 수은기압계의 값(기차·온도·중력의 보정을 한 것)이나 다른 정상인 공합(아네로이드)에 의한 값과 비교하지 않으면 안 된다.

예를 들면, 포르틴에 의한 보정기압이 1,002.7 hPa이고, 아네로이드의 읽은 값이 999.8 hPa, 검정증에 있는 1,000 hPa에 대한 기차보정치가 +0.3 hPa일 때에는 읽은 값에 기차를 보정한 값, 즉 999.8 + 0.3 = 1,000.1 hPa 과 포르틴 값을 비교해서, 1,002.7 − 1,000.1 = 2.6 hPa만큼 아네로이드가 낮은 값을 나타내고 있는 것을 알 수 있다. 이 차는 다른 공합(아네로이드)의 시도, 예를 들면, 960 hPa에도 근사적으로 적용해 보아도 좋다. 따라서, 이 공합(아네로이드)에서 읽은 값에는 우선 2.6 hPa을 더해서, 다음에 그 시도에 대응하는 기차보정을 한다. 표준이 되는 기압계와의 비교는 매월 1회 이상, 연 2회 이상은 하도록 한다.

눈금판을 돌려서 시도를 맞추게 되어 있는 기압계는 어긋난 만큼 눈금판을 이동시켜서 수정해도 좋지만, 뒤쪽의 나사를 돌려서 바늘의 시도를 바꿀 수 있도록 되어 있는 것은, 손을 대지 않고 틀린 만큼의 보정치를, 전에 말한 것과 같이 일일이 더하거나 빼도록 한다. 그리고 어긋남이 클 때에는 전문가에게 부탁해서 조절해 놓는다.

그다지 정확한 관측치를 필요로 하지 않을 때에는 가까운 기상관서에서 기압관측을 할 시각에, 공합의 시도를 읽어서 전화 등으로 조회해서 그 차를 구해 보정치로 사용해도 된다. 이 비교는 가능하면 바람이 약하고, 기압의 변화가 적은 날에 하는 것이 좋다. 또 양쪽의 기압계의 해면 상의 높이차이가 작은 것이 좋다. 해면 상의 높이차이가 1 m라면 기압은 약 0.1 hPa이 달라진다.

6.5 | 원통진동식 기압계

압력을 측정할 때 탄성체의 고유진동수가 축력(軸力), 압력, 온도, 기체밀도 등에 의해 변화하는 것을 이용하는 방법이 있는데, 이와 같은 측정방법을 취하는 기압계를 일반적으로 **진동식 기압계**(振動式 氣壓計)라고 한다. 예를 들면 기압을 관이나 가로막(diaphragm)으로 받아 이것을 진동자에 가해 고유진동수의 변화를 이끌어내는 것으로 측정하는 기압계이다.

이 측정방법에는 종래부터 2가지 방법이 있는데, 그 하나는 압력을 베로스(bellows) 등의 수압소자(受壓素子)로 받아서 힘으로 변환해서 그 힘을 공진양(共振梁) 등에 부여해서 그 공진주파수의 변화량에서 압력을 측정하는 간접적인 측정방법이고, 또 하나는 공진하고 있는 다이아프램 또는 박육원통(薄肉圓筒)셀 등의 수압소자에 압력을 가해 그 공진주파수의 변화량에서 압력을 측정하는 직접적인 측정방법이다.

이와 같이 탄성체의 진동현상을 이용한 기압계는 분해능, 안정성, 감도, 재현성 등에 우수한 특성을 갖고 또 신호가 주파수이기 때문에 디지털 신호처리가 용이한 것으로부터 최근에는 널리 보급되어 이용되고 있다. 그러나 간접적인 측정방법은 수압소자 및 수압소자와 역변환기(力變換器)와의 과정에서 오차를 발생시키기 쉽고, 직접적인 측정방법은 기체밀도에 의해 공진주파수가 변화하는 문제가 있다. 또 양자 모두 공진자의 탄성계수의 온도에 의한 변화 및 경시변화(經時變化)도 오차의 한 원인이 되어 있다.

원통진동식 기압계(圓筒振動式 氣壓計)는 수압소자에 박육원통진동자(薄肉圓筒振動子)를 이용한 것으로 직접적으로 압력을 측정하는 형의 것이다.

그림 6.8은 원통공진자(共振子, resonator)의 형상을 나타낸다. 이 구조는 원통의 중심축에 평행한 단면에 소리굽쇠 모양을 하고 있어, 진동에너지가 외부로 달아나기 어려워, 높은 공진이 얻어지는 특징을 가지고 있다.

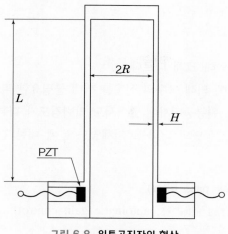

그림 6.8 원통공진자의 형상

이 원통에 내압을 가하면 원통면의 장력(張力)이 변화해서 원통의 공진주파수가 변화한다. 길이 L, 반경 R, 두께 H, 원통진동차수 n의 원환의 고유진동수 f_{FREE}는 Timoshenko에 의해 다음 식으로 주어진다.

$$f_{FREE} = \frac{1}{2\pi} \left\{ \frac{E\,I\,n^2}{\rho_0 A R^4} \cdot \frac{(1-n^2)^2}{1+n^2} \right\}^{\frac{1}{2}} \tag{6.11}$$

$$I = \frac{LH^3}{12} \tag{6.12}$$

$$A = LH \tag{6.13}$$

E : 종탄성계수(縱彈性係數), ρ_0 : 재료의 밀도이다.

한편 위의 원통의 한쪽 끝에 충분히 두꺼운 디스크를 형성하고, 다른 끝에서도 충분히 두꺼운 테두리를 형성하면 그림 6.8이 된다. 이 형태의 원통의 진동수 f_{FIXED}는 Arnold 등에 의해 다음 식으로 주어진다.

$$f_{FIXED} = \frac{1}{2\pi R} \left\{ \frac{E\,\Delta}{\rho_0 (1-\sigma)^2} \right\}^{\frac{1}{2}} \tag{6.14}$$

단, σ는 재료의 포아송비, Δ는 다음 식의 양(+)의 실근이다.

$$\Delta^3 + K_2 \Delta^2 + K_1 \Delta + K_0 = 0 \tag{6.15}$$

$K_2 \sim K_0$는 원통의 형상[H/R, 유효장/R)], 진동모드 차수[원환(圓環)모드 차수 n, 축방향모드 차수 m] 및 포아송비의 함수이다. 또 압력감도 S는 다음 식으로 나타낸다.

$$S= \frac{1}{2} \frac{(1-n^2)^2}{1+n^2} \cdot \frac{R}{H} \cdot \frac{1-\sigma^2}{E\Delta} \tag{6.16}$$

압력감도 S는 진동모드에 의해 크게 다르다.

일반적으로 1개의 검출기에 의해 복수의 신호를 꺼내 불필요한 파라미터에 대한 감도를 억압하는 수법이 자주 이용된다. 원통공진자에 있어서도 압력감도가 다른 2개의 모드의 고유진동수를 측정하는 것으로 온도, 진동면의 더러움, 기체밀도 등에 대한 감도를 효과적으로 억제하는 수법이 적용될 수 있다.

- LPF : 저역통과필터(low pass filter)
- AGC : 자동이득조정(自動利得調整, automatic gain control)

그림 6.9는 이중모드의 발진회로의 구성을 나타낸다. 이와 같이 구성을 하면 원통진동자는 원환(圓環) 4차, 축방향 1차 및 원통 2차, 축방향 1차의 모드로 각각 독립비동기(獨立非同期)에 자려발진(自勵發振)한다.

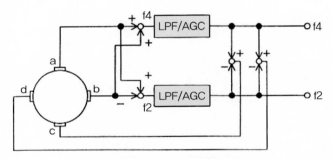

그림 6.9 이중모드의 발진회로 구성

실제의 원통진동식 기압계의 원통공진자(共振子, nesonator)는 그림 6.10과 같이 이중구조로 되어 있다. 측정압력은 원통의 내측에 인가되고 원통의 외측은 용접된 케이스와의 사이에서 기준진공실을 구성하고 있다. 따라서 원통에는 절대압력이 인가되고 있다. 공진자의 마디 부분에는 압전소자(壓電素子, P. Z. T.)가 4편 붙어 있어, 2편은 구동용, 다른 2편은 검출용으로 이용되어 공진주파수의 검출을 한다. 경시변화 등에 대한 정밀도 유지를 위한 복합모드(2차모드와 4차모드, 그림 6.11)를 사용하고 있다. 이 공진자는 기계가공에 의해 제작되고 있다.

이상과 같은 다중모드 발진방식을 채용한 원통진동식 기압계는 다음과 같은 특징을 가지고 있다.

① 단순한 구성이므로 고유진동수, 압력감도, 온도계수, 유체밀도감도 등이 좋은 정밀도로 계산된다.

② 다중모드 발진방식에 의해 온도, 진동면의 더러움, 기체밀도 등 불필요한 파라미터에 대한 감도를 대폭 저감할 수 있다.

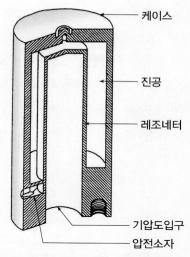

그림 6.10 원통진동식 기압계의 원통공진자

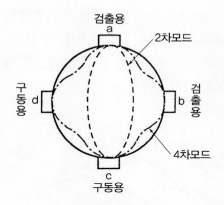

그림 6.11 2차모드와 4차모드

③ 주파수출력이기 때문에 디지털신호 처리가 용이하고 컴퓨터와의 결합성이 좋아 복잡한 연산 처리를 쉽게 할 수 있다.

④ 수압기능과 변환기능을 겸용한 원통공진압력센서, 이중모드 발진회로 및 컴퓨터의 조합에 의해 고정밀도의 압력측정이 가능하다.

원통진동식 기압계의 주된 사양은 다음과 같다.

- 측정범위 : 800~1,060 hPa, 5~1,300 hPa(광범위형)
- 정밀도 : ±0.2 hPa
- 비직선성 : ±0.2 hPa 이내[이력현상(履歷現象, hysteresis) 포함]
- 온도안정도 : ±0.1 hPa 이내(23 C±10 C)
- 사용환경 : 온도 0~50 C, 습도 90 % RH 이하

6.6 | 실리콘진동식 기압계

실리콘[silicone : 규소에 탄소·수소 등을 결합시켜 만든 유기규소화합물의 중합체(重合體)의 총칭]진동식 기압계도 압력에 의해 탄성체의 고유진동수가 변화하는 것을 이용해서 직접 압력을 측정하는 것이지만, 사용하는 진동자가 절삭(切削)·연석(硏削) 등의 기계가공에 의해 제작되고 있는 것과는 달리 반도체기술을 응용한 마이크로 가공기술을 이용해서 실리콘 단결정(單結晶)의 미세로 정밀한 진동자를 사용한 것이다.

단결정의 실리콘진동자를 이용하면 우수한 탄성특성에 의해 그 안정성, 재현성이 비약적으로 향상됨과 동시에 소형화, 저비용화가 가능하게 된다.

실리콘진동식 기압계의 감지부의 구조를 그림 6.12 및 6.13에 나타내었다. 그림 6.12의 센서를 예로 들어보면 실리콘기판에 알칼리의 이방성(異方性) 에칭[etching, 동판술(銅版術)]으로 다이아프램(diaphragm)을 형성해 그 가로막 위에 셀을 설치해 진공실을 만들고, 그 속에 사단고정(四端固定)의 H형을 한 진동자를 형성하고 있다. 진동자는 길이 500 μm, 폭 20 μm, 두께 5 μm으로 극히 미세하다. 또 진공실을 형성하는 셀은 100 MPa(mega pascal : 106 Pa) 이상의 내압강도를 가지고 있다.

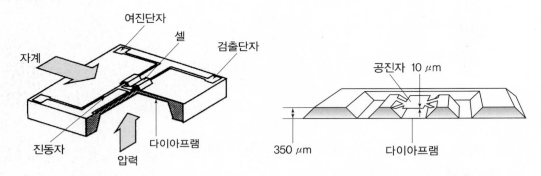

그림 6.12 **실리콘진동식 기압계의 센서 구조(1)**   그림 6.13 **실리콘진동식 기압계의 센서 구조(2)**

그림 6.14는 압력센서의 구성도이다. 다이아프램의 상부에는 영구자석이 고정되어 있고 자계(磁界) 속에서 진동자에 교류전류를 흐르게 함으로써 진동자는 다이아프램에 고정된 사단을 고정단으로 한 요진동(撓振動 : 진동이 휘어지면서 일어나는 것)을 한다. H형 진동자의 한편은 여진용 진동자(勵振用 振動子), 다른 한편은 검출용 진동자로서 작동한다.

검출측 진동자에서 발생하는 기전력(起電力)을 증폭해 정귀환(正歸還)을 걸어줌으로써 진동자는 그의 고유진동수로 자여진(自勵振)한다.

그림 6.12와 같이, 다이아프램에 압력을 가하면 다이아프램의 변형에 의해 진동자에 축력(軸力)이 가해져 고유진동수가 변화한다. 따라서 이 고유진동수를 측정함으로써 다이아프램에 인가(印加)된 압력을 구할 수 있다.

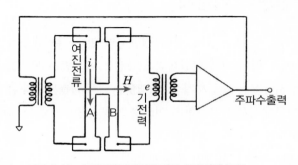

그림 6.14 **실리콘진동식 기압계의 압력센서 구성**

실리콘진동식 기압계의 압력감지부에는 다음과 같은 특징이 있다.

① 단결정(單結晶) 실리콘의 넓은 탄성한계와 우수한 탄성특성을 살려서 크리프(creep : 물체에 외력을 가했을 때 외력의 크기가 일정해도 굽음이 시간과 함께 천천히 증가하는 현상), 이력현상(履歷現象, 히스테리시스=hysteresis) 등이 없고 안정성, 재현성이 좋다.

② 반도체 마이크로 가공기술을 활용해서 기왜체(起歪体)인 다이아프램과 진동자를 모두 일체의 실리콘으로 구성했기 때문에, 양자의 접합부에 기인하는 기계적 오차가 없이 높은 진동특성이 얻어진다.

③ 다이아프램 상에 장력(張力)과 압축력(壓縮力)이 발생하는 2개소에 진동자를 배치해 주파수의 차로 측정하므로 온도의 영향이나 경시변화(經時變化)가 없다.

④ 진동자를 단결정 실리콘으로 만든 진공실 속에서 형성함으로써 측정유체의 밀도 등의 영향을 받지 않아 고분해능으로 신호검출이 가능하다.

⑤ 실리콘 반도체 기판[wafer : 두께 수백 μm의 판상(板狀)에 가공한 것] 상에서 동시에 다수의 가공이 가능하므로 대량생산, 저비용이 시도된다. 또 정밀가공이 용이해서 특성의 흩어짐이 적다.

실리콘진동식 기압계의 주된 사양은 다음과 같다.

- 측정범위 : 500~1,300 hPa
- 정밀도 정격 : ±0.15 hPa(-20~+50 C)
- 사용환경 : 온도 -20~+50 C

6.7 | 정전용량식 기압계

정전용량식 기압계(靜電容量式 氣壓計)도 단결정의 실리콘을 감지부로 사용한 기압계이다. 그림 6.15에 압력감지부의 구조를 나타내었다. 크기는 겨우 7 mm 정도이다. 압력감지부는 2장의 실리콘 반도체 기판으로 구성하고 두꺼운 기판의 표면은 유전절연(誘電絶緣)을 형성하기 위해 붕규산(硼硅酸)유리로 고정되어 있다. 압력을 감지하는 다이아프램에는 얇은 쪽의 기판 위에 이방성(異方性)의 에칭을 설치하고 있다. 실리콘과 유리의 표면은 공기를 차단하기 위해 양극접합을 하고 있다. 압력센서의 내부에 레퍼런스 진공쳄버(reference vacuum chamber)가 봉입(封入)되어 있다.

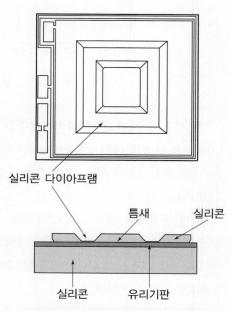

실리콘 다이아프램

틈새   실리콘

실리콘   유리기판

그림 6.15 **정전용량식 기압계의 압력센서 구조**

기압과 정전용량의 관계는 그림 6.16과 같이 압력감지부(감부, 센서)의 감도는 1,000 hPa에서 약 20 fF/hPa이고[F : 정전용량, 패럿(farad)＝C/V, C는 쿨롬(coulomb)이고 V는 볼트(volt)이다. f는 접두어로 펨토(femto, 10^{-15}이다], 50 hPa에서 5 fF/hPa 이상이다.

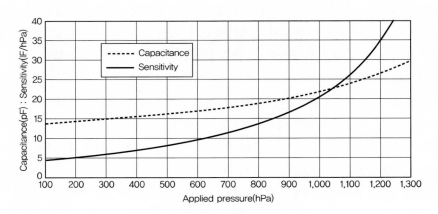

그림 6.16 **기압과 정전용량의 관계**

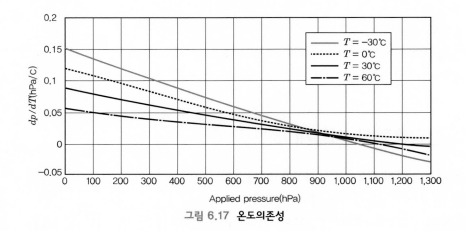

그림 6.17 **온도의존성**

직선성은 융기(隆起)한 다이아프램을 사용하는 것으로 개선되어 있다. 실질적으로는 800~ 1,060 hPa의 범위에서 ±0.1 hPa 이하의 직선성 오차에 들어가 있다. 그림 6.17은 온도의존성을 나타낸다. 1,000 hPa, 30 C에서 온도의존율이 0이 되도록 설계되어 있다. 실제적으로는 1,000 hPa, 실온에서 ±0.1 hPa/C 정도의 변동이 생긴다.

장기안전성에 있어서 드리프트[drift : 물질 내의 입자가 브라운운동을 하면서 외력의 작용을 받아 이동하는 현상]는 압력감지부 내의 레퍼런스 진공쳄버의 안정성에 영향을 미친다. 진공쳄버에서 외부로 가스의 확산이 진공도를 감소시켜 완만한 드리프트의 원인이 되지만, 이 드리프트를 최소화하도록 설계되어 있다.

그림 6.18은 정전용량식 기압계의 표준적인 드리프트이다. 실선은 드리프트의 확산이론치의

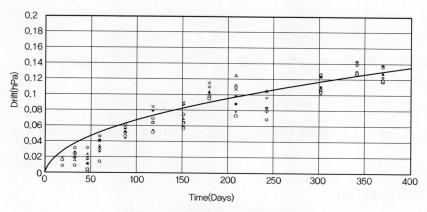

그림 6.18 정전용량식 기압계의 드리프트

곡선으로 마크는 각각 다른 압력점으로 최초의 1개월 강으로 미약한 드리프트가 보이는데 이것이 압력감지부기 장착된 프린트기판의 정전용량의 변화이다.

압력센서의 드리프트는 서서히 포화해가므로 이 성질을 이용해서 압력감지부를 에칭처리 하므로써 장기 안정성을 개선하고 있다.

그림 6.19는 2년간 및 5년간에 상당하는 에칭처리를 했을 경우의 상당하는 효과이다. 그림 6.19에서 본 아주 초기의 드리프트는 압력감지부를 적당기간 방치해 놓으므로써 개선되지만, 대부분의 경우 압력감지부에 특수한 열처리를 함으로써 2년에서 5년간의 에칭기간을 단축할 수 있다.

정전용량식 기압계의 주된 사양은 다음과 같다.

- 측정범위 : 50~1,300 hPa
- 이력현상(hysteresis) : ± 0.02 hPa

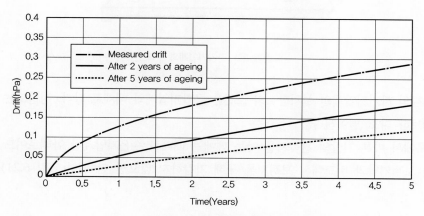

그림 6.19 에칭처리에 의한 효과

- 반복성 : ±0.02 hPa
- 온도의존성 : ± 0.1 hPa/C(최대)
- 종합정밀도 : (RRS) ± 0.2 hPa
- 장기안정성 : ±0.1 hPa/년
- 사용환경온도 : −55~+ 80 C(습도결로하지 않을 것)

정전용량식 기압계는 기상청에 있어서 차세대의 지상기상관측장치의 기압계로 사용될 것이다.

6.8 | 자기기압계

6.8.1 공합(아네로이드)자기기압계

보통의 자기기압계는 공합을 겹쳐 쌓아서 그 내부를 연결한 것[이것을 베로스(bellows)라고도 한다]을 감부로 하고 있다. 기압이 변화하면 감지부의 움직임이 레버(lever, 지렛대)에 의해 확대 되어, 시계장치로 움직이는 원통 위에 기록된다. 개략의 기압변화를 기록하기 위해서는 비교적 소형의 1주일분 두루마리(roll)가 사용되지만, 상세한 기압변화를 기록하기 위해서는 대형의 1일 1롤이 좋다. 자기지에는 mm 눈금의 것과 hPa 눈금의 것이 있다(그림 6.20).

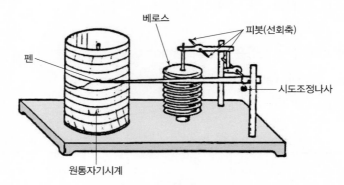

그림 6.20 자기기압계의 구조

이런 종류의 자기기압계의 설치장소의 조건은 공합기압계와 대체로 같다. 정밀도는 아네로이 드 기압계보다 다소 떨어진다.

자기기록에서 바른 기압의 관측치를 아는 데에는 때때로 수은기압계나 아네로이드 기압계에 서 측정한 보정기압과 비교해서 보정치를 구해 가감하지 않으면 안 된다(그림 6.21).

그림 6.21 **자기기압계의 외관**

다음은 사용할 때의 마음가짐이다.

① 시도(示度)는 수은기압계 등에 의해 측정한 보정기압에 대체로 맞추어 둔다.

그 차를 1 mm 또는 1 hPa보다 작게 해 놓으면, 읽은 값이 거의 진보정기압(眞補正氣壓)을 나타내게 되므로 편리하다. 더욱이, 태풍의 경우 등에서는 기압이 하강해서 펜이 자기지 밖으로 나갈 염려가 있으므로 펜의 위치를 10눈금 혹은 20눈금 높여 놓을 필요가 있다.

② 펜의 시도를 변화시키기 위해서는 자기펜의 축의 연결부분에 있는 조절나사를 돌린다. 레버의 접속위치를 변화시켜도 시도는 변하지만, 동시에 배율이 어긋나서 조절이 곤란하므로 레버는 절대로 움직이지 않는다.

③ 자기지를 똑바로 끼우지 못했다거나 절단이 나쁜 자기지를 사용하면 오차가 들어간다. 자기지를 교환했을 때, 끼운 자기지와 뗀 자기지의 펜의 시도는 0.2~0.3 hPa 이내의 차이로 일치할 것이다. 과연 그렇게 되었는지 안 되었는지를 점검한다.

④ 기온 등에 비교해서 시간의 정확함이 문제가 되는 일이다. 예를 들면, 태풍의 최저기압이 나타난 시각 등의 수분 정도의 오차를 알아야 할 경우도 있다. 이 때문에 시계의 지속은 하루에 대개 5분 이내가 되도록 하고 관측할 때 지속을 읽어서 야장에 써 둔다. 또, 자기지를 교환했을 때에도 그 시분을 자기지에 써 둔다.

⑤ 기록은 가로쓰기로 되어 있으므로 펜이 자기지에 지나치게 강한 압력을 가한다든가, 피봇부의 녹 때문에 마찰이 커지는 경우도 많다. 펜의 압력은 자기지를 10° 정도 앞으로 기울였을 때, 펜이 자기지에서 떨어지는 정도가 적당하다. 피봇은 가끔 청소해서 약간의 시계용 정밀기름을 발라 놓는다.

⑥ 삼각펜에 넣는 자기잉크는 너무 많아서 넘치지 않도록 한다. 앙금이 있으면 빼내서 알코올 등으로 씻는다.

⑦ 자기펜의 축이 휘거나 늘어지면 배율이 변하므로 정해진 길이로 교환한다.

기록의 결정에서 어떤 시각의 기압을 구하는 방법은, 대체로 자기온도계의 경우와 같이 한다. 우선 수은기압계와 공합(아네로이드) 기압계에서 구한 보정기압을 자기지상에 해당하는 시각에 기입한다. 다음에 시계의 지속을 기입하고, 이것을 가감해서 실측과 같은 시각의 자기기록 시도를 읽는다.

이것이 끝나면 양자의 차, 즉 보정치를 구해서 기입한다. 보정치는 실측의 쪽이 높으면 양(+), 낮으면 음(-)이다. 어떤 시각의 기압을 아는 데에는 전후의 보정치에서 그 시각의 보정치의 비례배분에 의해 구해서, 이것을 그 시각의 자기지의 읽은 값에 더한다. 이와 같이 해서 얻어진 값은 말할 것도 없이 보정기압이다(그림 6.22).

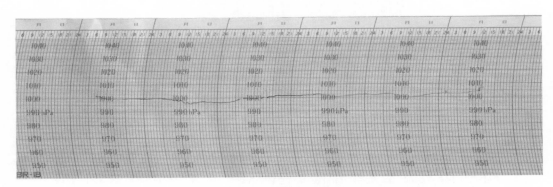

그림 6.22 **자기기압계의 기록 예**

6.8.2 기타 자기기압계

스프룽 자기기압계(sprung recording barometer)는 수은기압계의 수은의 중량을 기록하는 것으로, 대저울의 한쪽 끝에 토리첼리의 수은주를 걸고, 다른 한쪽 끝에 추를 늘어뜨린다. 이 외에 이동할 수 있는 추가 있어서, 기압이 변화하면 자동적으로 평형의 위치까지 이동하게 되는 구조로 되어 있다. 자기펜은 이동용의 추와 함께 움직여, 1 mm의 기압변화가 10 mm의 길이에 기록된다.

이 기압계는 토리첼리관의 일부를 부풀게 해서, 온도변화의 영향을 제거하도록 고안되어 있으므로 정확한 기압을 기록할 수 있다. 그러나 비싸고 조절하는 데 힘이 들어 점차로 사용하지 않게 되었다.

기압의 미소한 변화를 기록하는 장치에는 스테터스코프[stato-scope, micro-barograph, 미동기압계(微動氣壓計) : 진폭이 작은 기압변동을 기록하기 위해서 사용되는 공합 자기기압계, 항공기의 승강계(昇降計)] 가 있다. 이것은 공합을 밀폐상자 속에 설치한 것으로, 공합의 내부는 파이프에 의해서 외부 공기와 통하고 있다. 상자에는 개폐용의 콕이 있고, 콕을 닫으면 외부 기압의 변화에 의해서 공합이 신축(伸縮)해서 그것이 펜으로 기록된다.

또 하나는 쇼다인스형의 미기압계(微氣壓計)로, 스즈키 세이따로(鈴木淸太郎)가 개량한 것이다. 이것은 뚜껑이 없는 양철통을 거꾸로 해서 물속에 조금 담아, 통에 미치는 외부 압력의 변화를 통의 무게변화로 기록한다. 통 속의 공기는 파이프를 통해서 큰 탱크에 통하고 있다. 탱크는 가느다란 관으로 외부공기와 통하고 있어서 기압의 느린 변동에 의해 펜이 이탈하는 것을 막는다. 이 장치는 주기가 몇 분 정도의 미소변동의 측정에는 대단히 유효해서 핵폭발실험에 의한 미기압진동의 측정 등에도 사용되고 있다.

6.9 | 기압의 해면경정

같은 장소에서도 기압은 높은 곳일수록 낮다. 대략 지면 부근에서는 100 m 높아지면 11 hPa 낮아지고, 3,000 m의 산꼭대기에서는 700 hPa 정도의 기압이 된다. 이것에 대해서, 수평방향의 기압차는 훨씬 작다. 따라서 천기도 등에서, 수평면에 따른 기압의 분포를 조사하는 데에는 관측한 기압을 어떤 결정된 고도의 값으로 고칠 필요가 있다. 보통은 해면의 고도(평균해수면)로 고친다. 이것을 **해면경정**(海面更正, reduction to mean sea level)이라고 한다. 즉 해면경정치는 그 장소의 고도·기온·습도·중력 등에 의해서 다르고, 각국에서는 각각 조금 다른 공식을 사용해서 해면경정치(海面更正値)를 구하고 있다.

기상관서 등에서는 1950년 이래 다음 공식을 이용하고 있다(소선섭·소은미 저, 역학대기과학, 교문사).

$$\Delta B = B \left[\exp \frac{g\,h}{287.04 \left\{ 273.15 + \frac{t + (t + \Gamma h)}{2} + \varepsilon_m \right\}} - 1 \right] \tag{6.17}$$

이 식에서

ΔB : 해면경정치, 보정기압에 이것을 더하면 해면기압이 된다.

B : 보정기압, B가 mm로 주어지면 ΔB는 mm이고, hPa 로 주어지면 ΔB도 hPa이 된다.

exp : 지수함수의 기호, e

g : 그 장소의 중력, m/s^{2}로 나타낸다.

h : 기압계의 해발고도, m로 나타낸다.

287.04 : 건조공기의 기체상수로 미터·톤·초(MTS) 단위이다.

273.15 : 빙점(氷點)의 절대온도(K)

t : 기온, C로 나타낸 값

Γ : 기온감률, 고도 100 m에 대해 0.65 C의 비율로 감소하는 것으로, 0.0065 C/m로 놓는다.

ε_m : 수증기에 의한 영향의 보정치 $t_m = \dfrac{t + (t + \Gamma h)}{2}$ 로 놓고 통계적으로 구한 다음 표에 의한 값을 이용한다(표 6.1).

표 6.1 기온에 의한 수증기의 보정값

t_m (C)	−30	−20	−10	0	10	20	30	35
ε_m (C)	0.1	0.2	0.3	0.5	1.0	2.1	3.2	3.3

■ 예제

보정기압이 1,014.3 hPa로, 백엽상에서 측정한 기온이 15.6 C일 때, 해면기압은 얼마인가? 기압계의 해면 상의 높이는 28.5 m, 중력은 9.7988 m/s²으로 한다.

$$\Delta B = 1{,}014.3 \left[\exp \frac{9.7988 \times 28.5}{287.04\left\{273.15 + \dfrac{15.6 + (15.6 + 0.005 \times 28.5)}{2} + \epsilon_m \right\}} - 1 \right]$$

$$= 1{,}014.3 \left[\exp \frac{9.7988 \times 28.5}{287.04(273.15 + 15.7 + 1.5)} - 1 \right]$$

$$= 1{,}014.3 \left[\exp \frac{9.7988 \times 28.5}{287.04 \times 290.35} - 1 \right]$$

$$= 1{,}014.3(1.0034 - 1)$$

$$= 3.44 \, \text{hPa} \tag{6.18}$$

해면기압은

$$1{,}014.3 + 3.4 = 1{,}017.7 \ \ (\text{hPa}) \tag{6.19}$$

이 된다.

위 식에 의하면, 기압계의 높이 h에 1 m의 오차가 있을 때, 또는 기온 t에 1 C의 오차가 있을 때, ΔB의 오차는 어느 쪽도 0.1 hPa 정도이다.

여기서 말한 해면경정치의 산출법이 상당히 복잡하지만, 다음에는 훨씬 간단한 공식을 소개한다.

$$\Delta B = 0.03414 \frac{B\,h}{273 + t} \tag{6.20}$$

기호는 앞 식과 같이

ΔB : 해면경정치

B : 보정기압

h : m로 나타낸 기압계의 해발고도

t : C로 나타낸 기온

비교하기 위해서 앞의 예에 대해 계산해보자. 기온·기압·기압계의 높이는 각각 C, hPa, m의
정수부분까지 취하자.

$$\Delta B = 0.03414 \times \frac{1,014 \times 29}{273 + 16} \qquad\qquad (6.21)$$
$$= 3.48 \,(\mathrm{hPa})$$

앞 식과 비교해서 몇 % 정도 다른 값이 되기도 하지만, 해면상의 높이가 수십 m 이하 정도에
서는 실용상 이 식으로도 충분한 경우가 많다. 이 책의 부록에 있는 해면경정치를 구한 도표는
이 식으로 만든 것이다(부록 2.5).

실제로 해면경정을 할 때에는 그 지점에 대해서 미리 여러 가지 기온과 기압에 대한 경정치를
만들어 두는 것이 편리하다.

Chapter 07 기 온

공기의 온도를 보통 기온(氣溫, air temperature, temp.)이라 부르고 있다. 이것을 측정하는 측기를 기온계(氣溫計, air thermometer)라고 부르기로 하자. 일반적으로 물체의 온도를 재는 것을 온도계(溫度計, thermometer)라고 한다. 강수량과 함께 기온이 제일 중요한 관측종목의 하나로 되어 있는데, 그것은 공기의 상태를 결정하기 위해서 기온이 필요하다고 하는 학문적 이유 이외에도, 차갑고 따뜻한 정도는 인간생활에도 식물의 생육에도 여러 가지 산업을 계획하는 데에도 없어서는 안 될 환경요소이기 때문이다.

7.1 | 기온의 단위·역사·대표성

7.1.1 기온의 단위

기온의 단위 앞에만은 °[도(度)]가 붙어 있다. 예를 들면 ℃, °F, °K 이다. 이것은 기상요소 중에서 기온이 유일했을 때의 수치의 정도를 나타내는 뜻으로 붙어서 현대에 이르렀다고 생각한다. 그러나 지금은 여러 기상요소가 있고 이들이 각각 고유의 단위가 붙어 있으나 기온에만 유일하게 도(°)가 붙어 있다. 이제 도는 원래의 각도에만 붙이는 것으로 하고 오랜 습관이지만 지금부터라도 바르게 사용하는 시도로 보아 이 책에서부터 기온에 도(°)를 붙이지 않는 습관을 길러 나가도록 하자.

일반적으로 지상의 기온이라고 불리는 것은 지면상[地面上, 적설(積雪)이 있을 때에는 설면상(雪面上)] 1.2~1.5 m의 높이의 것이다. 이 높이의 기온은 이용상으로 보아 중요할 뿐만 아니라, 동시에 측정하기도 용이하다. 지면 부근에서는 기온이 높이에 따라 상당히 다르므로, 이 이상의 높이의 기온은 측정한 높이를 분명히 해 둘 필요가 있다.

기온을 나타내는 단위로는 C [섭씨(攝氏), Celsius, Centigrade]를 이용하는 것이 보통이지만, 나라에 따라서는 F [화씨(華氏), Fahrenheit]가 이용된다. C에 의한 값을 F로 환산하거나, 그 역의 환산을 할 때에는 다음 식을 이용한다.

$$F의\ 기온 = (C의\ 기온) \times \frac{9}{5} + 32 \tag{7.1}$$

$$C의\ 기온 = (F의\ 기온 - 32) \times \frac{5}{9} \tag{7.2}$$

또 절대온도(絶對溫度, absolute temperature) K(켈빈, Kelvin)는 1기압 하에서 물의 비점(沸點, 끓는점)과 빙점(氷點, 어는점) 사이의 온도차를 100 C로 하고, 빙점을 273.15 C로 정했다. 이 온도는 열역학적으로 정한 켈빈온도와 일치해서 K로 표시한다. 절대온도와 섭씨와는 다음의 관계에 있다.

$$C의\ 기온 = K의\ 기온 - 273.15 \tag{7.3}$$

7.1.2 온도계의 역사

실용적인 온도계(溫度計, thermometer)는 1643년 독일의 물리학자 키르허(A. Kircher)가 제작한 수은온도계가 처음이라고 알려져 있다.

온도계의 눈금에 대해서는 1681년 훅(R. Hook), 1724년 화렌하이트(D. G. Fahrenheit), 1742년에 셀시우스(A. Celsius)가 각각 제안했는데, 현재의 섭씨온도눈금(C)은 셀시우스의 제안을 린네(C. D. Linne)가 수정한 얼음의 융점(融点, 녹는점)을 0, 물의 표준기압에서의 비점을 100으로 해서 그 100분의 1을 1 C로 정한 것이다.

1825년 독일의 물리학자 아우구스트(E. F. August)가 건습구습도계[乾濕球 濕度計(건습계, 乾濕計)]를 발명했다.

현재 기온의 정밀한 원격측정에 널리 사용되고 있는 백금저항온도계는 1887년 영국의 카렌다(L. Callendar)가 고안한 것이다.

계통적으로 기상관측이 시작된 것은 1800년대 후반이고 기온, 최고·최저기온의 정시관측이 이루어졌다. 기온의 관측에 사용된 측기는 무통풍(無通風)의 건습계이고, 온도감지부에는 봉상유리제 수은온도계가 사용되었다. 1900년대에 들어서서 온도감지부는 점차 이중관식 유리제 수은온도계로 바뀌었다.

1950년대 이후부터 통풍건습계(通風乾濕計)의 건구온도계가 나왔고 항공기상관측(1960년경)을 위해 원격측정방식이 채택되고, 기온관측도 백금저항온도계로 바뀌었다. 1970년대부터 지상기상 관측관서에서도 점차 백금저항온도계가 사용되었다. 최고·최저기온의 관측도 1880년경의 봉상(棒狀)유리제 수은(최고)과 알코올(최저)온도계에서 이중관식 유리제로 변했고, 1970년에 들어서서 기온과 같이 백금저항온도계가 사용되었다.

건습계, 최고·최저온도계는 1800년대 후반까지 스티븐슨형, 그리고 현재의 백엽상에 수용되었었고, 그 후 백엽상에는 위에 배기관이 있는 것 또는 다리가 긴 것[다설지(多雪地) 용]도 고안되어 1960년경부터 실용화되었다. 파란 잔디 위에 흰 백엽상이 오랫동안 기상관서의 상징이 되어 왔으나 앞으로는 점점 사라질 것이다.

기온을 관측하는 측기를 1949년까지 '한난계(寒暖計)'라고 불렀다. 그러나 1950년 이후부터 현재의 '온도계'의 명칭으로 변경되었다.

7.1.3 기온의 대표성

기온은 높이에 따라 다를 뿐만 아니라, 장소에 따라서도 다르다. 그러나 어느 시각의 기온을 조사해 보면, 장소에 따른 온도의 차이는 비교적 작아서, 차가 큰 곳일지라도 1 km에 2 C 정도이다. 본래 큰 건물 부근이나 산림의 내외 등에서는 더욱 큰 차가 있는 일도 있다. 일반적인 대기관측에서는 되도록 넓은 지역의 한난(寒暖)의 정도를 대표하는 값이 필요하므로, 이 기온의 **대표성**(代表性, representativeness)을 높이기 위해서는 기온의 분포를 혼란하게 하는 지물(地物)이 없는 장소에서 관측하는 일이 중요하다.

그런데 비록 큰 건물 등이 없는 장소라도, 언덕·산·계곡·하천 등에서 영향을 받아 기온분포가 불규칙하게 된다. 어떤 장소에서 일최고기온이나 일최저기온을 관측했을 때, 그 값은 어느 정도의 범위까지 대표할 수 있을까?

이제까지의 기온의 관측치를 정리해 보면, 평지에서는 관측지점을 중심으로 해서 반경 10 km의 지역 내에서는, 관측지점과의 온도차는 1 C 내외의 일이 많고, 반경 30 km가 되면 1.5 C 정도가 된다. 그런데 산지 등 기복이 심한 곳에서는, 관측지점에서 10 km 떨어진 장소에서의 기온은 2 C 가까운 차가 생기는 일이 많다. 또 이와 같은 온도차는 여름보다도 겨울이 크고, 최고기온보다도 최저기온 쪽이 현저하다. 결국 여름의 최고기온은 대표범위가 넓고, 겨울의 최저기온은 대표범위가 좁다.

이상에서 말한 것은 어느 쪽도 높이에 따른 기온의 차나, 해안의 영향이 없는 곳에서, 더욱이 전선 등에 의한 불연속이 없는 경우로, 만일 높이나 해안 등의 영향이 있다면 기온의 차는 이보다 더 커지게 된다.

7.2 | 기온의 측기들과 관측방법

7.2.1 기온의 측기들

온도계를 이용해서 기온을 관측할 때 특히 주의해야 할 것은 온도계가 기온의 변화를 따라가는 데에는 시간이 걸리고, 온도계 주위의 공기의 흐름에 따라 따라가는 속도가 변하는 것이다. 온도계를 흔들거나, 선풍기를 이용해서 감지부에 바람을 쐬면 온도계는 빠르게 기온변화를 나타낸다. 이 때문에 같은 장소에서 기온을 관측해도 측기나 관측방법의 차이로 관측치가 다른 경우가 있다.

보통의 기상관측용 온도계는 처음에 몇 C의 온도차가 있어도, 다소 바람이 있다면, 몇 분 이내에 대체로 같은 시도(示度)가 된다. 정확하게 말하면, 온도계의 늦어짐의 계수(시상수, 3.5절 측기 참조)는 거의 통풍속도의 제곱근에 반비례한다. 그래서 보통의 대기관측용에서는 5 m/s의 풍속일 때 1분 정도의 늦어짐의 계수를 갖는 온도계가 좋은 것으로 되어 있다.

기온을 측정하기 위해서 이용되고 있는 온도계를 분별하면 다음과 같다.

① 유리 속에서 봉입된 액체의 온도에 의한 체적변화를 이용하는 것 : 액체로는 수은을 이용하는 것과 알코올을 이용하는 것이 있다. 최고온도계는 전자이고, 최저온도계는 후자에 속한다.

② 온도변화에 의한 형상의 변화를 이용하는 것 : 쌍금속판(雙金屬板, bimetal) 온도계가 대표적인 것이지만, 부르돈관(Bourdon tube, 타원형의 단면을 갖고 속이 빈 곡관 속에 알코올 등의 액체로 채운 것. 온도가 변화하면 내부의 액체가 팽창, 수축해서 관의 곡률이 변한다)도 일종으로 생각할 수가 있다.

③ 금속관 속에 수은을 봉입한 것 : 수은의 팽창·수축은 가는 관에 의해 부르돈관으로 유도된다. 50 m 이내의 원격측정에 이용할 수 있다.

④ 전기온도계 : 금속의 전기저항이 온도에 의해 변화하는 것을 이용하는 것과, 열전대의 기전력(起電力)을 이용하는 것이 있다. 전자에는 백금·니켈·구리 등이 있는데, 서미스터(thermistor) 온도계와 탄소선을 봉입한 온도계도 이에 속한다. 열전대에는 구리·콘스탄탄(constantan), 철·콘스탄탄, 망간·콘스탄탄 등이 있어 대단히 시상수(時常數, 늦어짐)가 작은 온도계를 만들 수가 있다.

⑤ 음속(音速)이 온도변화에 의해 변화하는 것을 이용한 것 : 초음파의 진동(pulse)으로 그 속도를 측정해 기온을 추산하는 것으로, 비행장 활주로의 평균기온 등을 위해서 시작·연구되고 있다.

⑥ 백금저항온도계(白金抵抗 溫度計, platinum resistance thermometer) : 저항온도계의 일종으로 감부는 순도가 높은 백금선(99.999 % 정도)을 이용한 것이다. 백금선을 운모판(雲母板)에 말아 열전도가 높고 부식이 잘 안 되는 금속관, 석영관 속에 밀봉한 것이 감온도(感溫度)로 사용된다.

7.2.2 기온의 관측방법

보통은 유리제의 수은온도계가 가장 잘 이용되고 있다. 이것은 가볍고 편리하며, 작고 저렴할 뿐만 아니라, 시도의 어긋남이 작아서 대기관측용으로는 우수한 온도계이다. 눈금은 0.2 C 간격의 것과, 0.5 C 간격의 것과, 1 C 간격의 것이 있다.

이런 종류의 온도계를 이용해서 관측할 때에는 여러 가지 오차가 생기므로 이에 대해서 잘 알아 둘 필요가 있다. 우선 온도계 자체의 어긋남, 결국 기차(器差)가 있다. 기차보정치(器差補正

値)는 검정증에 기재되어 있으므로 용이하게 수정할 수 있지만, 유리제의 온도계는 **경년변화**(經年變化, secular trend(variation, change)]라고 하는 것이 있어, 세월이 경과함에 따라 기차가 변하므로, 검정 후 10년 이상 경과했을 때는 기차표는 기대할 수 없다.

　다음에, 값읽기의 경우 시선이 온도계에 직각이 아닐 때의 **시차**(視差, parallax)에 의한 오차 (2.3. 측기의 읽기와 보정 참조)가 있어, 심할 때에는 0.3 C나 0.5 C에 도달하는 일이 있으므로 주의하지 않으면 안 된다. 또 다른 값읽기를 했다고 해도, 어떤 사람은 15.7 C로 읽은 것을 또 다른 사람은 이것을 15.6 C로 읽을 경우도 있다(그림 7.1).

　이 외에 관측시각의 다름에 의한 오차도 있는데, 기온의 관측에는 몇 분 정도의 시간에 의한 오차는 그리 큰 문제가 되지는 않는다.

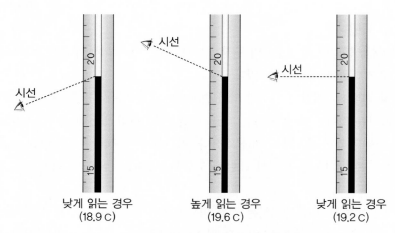

그림 7.1 온도계 값읽기의 시차(봉상온도계)

　값을 읽을 때에 얼굴을 온도계에 너무 가까이 대면, 호흡이나 체온 때문에 시도가 변하는 일이 있으므로 주의한다. 이와 같은 일이 있으므로 온도계의 눈금은 세밀한 곳에서부터 먼저 읽어 가는 습관을 들이는 것이 좋다. 예를 들면, 시도가 23.1 C 일 때는 우선 C의 1/10의 1을 읽고, 다음에 C의 1자리에 상당하는 3을 읽고, 최후에 C의 10 자릿수의 2를 읽는다. 또 익숙하지 않은 사람도 1 C, 5 C, 10 C 차이의 값읽기를 하는 일이 있으므로, 읽은 값을 기록한 후에 확인하는 의미에서 다시 읽는 습관을 갖도록 하는 것이 바람직하다.

　기온의 관측치는 C의 1자리까지 있으면 충분한 경우가 많지만, 온도계의 값읽기는 C의 소수점 첫째 자리까지 행하고, 기차보정을 한 후 반올림해서 C의 1자리까지 취하는 편이 보다 정확한 값을 얻을 수가 있다.

　수은온도계는 수은사(水銀糸)의 끝에 상당하는 곳을 읽고, 알코올온도계는 반대로 들어간 곳을 읽는 것이 올바르다. 그 이유는 수은은 응집력이 강해서 둥근 모양을 해서 중앙이 볼록하게 되고, 알코올은 부착력이 강해서 물질이나 유리벽에 달라붙어 가운데가 오목한 현상을 나타내고

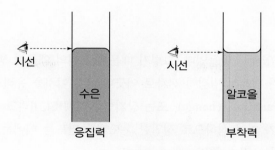

그림 7.2 수은 · 알코올온도계의 값읽기

있기 때문이다. 그래서 그림 7.2와 같이 중앙을 읽는 것이다.

7.3 | 유리제온도계

7.3.1 구조

기온관측의 역사에서 언급했듯이 주로 1960년대까지 사용했던 온도계는 유리제온도계였다. 유리제온도계는 유리의 가는 관이고, 구 또는 원통상을 한 하단의 볼록한 부분을 구부(球部)라고 부른다. 구부 전체와 가는 관 내의 일부에 액체(보통 수은 또는 알코올)가 봉입(封入)되어 있다. 가는 관의 다른 부분은 공기를 빼서 밀봉되어 있다.

유리관의 표면에 온도눈금이 직접 새겨져 있는 **봉상온도계**(棒狀溫度計, stem thermometer)와, 가는 관과는 다른 눈금판에 온도눈금이 새겨져 있어 유리관과 눈금판을 더욱 굵은 유리관으로 덮은 이중관이 있다(그림 7.3). 수은의 융점은 −38.9 C, 알코올(에틸알코올, ethyl alcohol)의 융점은 −114.5 C이므로 특히 저온을 측정하는 경우에는 수은을 사용하지 않고 알코올로 한다. 그러나 고온일 경우는 비점이 수은이 356.8 C, 알코올이 78.3 C이므로 수은온도계가 유리하다.

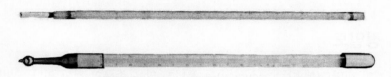

그림 7.3 유리제온도계(위 : 보통의 봉상온도계, 아래 : 이중관온도계)

7.3.2 경년변화

유리제온도계는 유리를 가열해서 만들었다. 그렇기 때문에 유리의 왜곡이 생기고 세월이 흐름에 따라서 비뚤임을 바로잡기 위해서 빙점이 점차로 어긋나간다. 이것을 유리제온도계의 **경년변화**[經年變化, secular trend(variation, change), 또는 장기변화(長期變化)]라고 한다. 뒤틀림의 되돌림은 제작 후 2, 3년 사이가 가장 심하므로 정밀한 온도계를 만드는 데에는 2, 3년 방치한 후에 빙점을 정해 눈금을 새기는 것이 좋다.

사용하는 유리는 경년변화가 작은 에나 16″라고 하는 종류 또는 그것과 동등 이상의 것으로 한다. 유리제온도계는 정기적으로 검사를 하고 변화를 감시해서 변화하고 있을 경우에는 보정치를 변경할 필요가 있다.

7.3.3 감도

온도계의 감도(感度, sensitivity, s)란 온도의 변화량에 대해 온도계가 나타내는 양의 변화를 가리킨다. 유리제온도계의 경우 1 C당 눈금의 길이로 나타낸다. 감도는 그림 7.3에서 나타낸 것과 같이 구부의 체적을 V로 하고, 수은의 단위체적의 팽창을 μ, 모세관의 단면적을 A로 하면, 1 C당 수은주의 변화는

$$As = \mu V \quad 즉, \; s = \mu \frac{V}{A} \tag{7.4}$$

가 된다.

s를 늘리는 데는 구부의 체적 V를 늘리든가 모세관의 단면적 A를 작게 하든 가이다. V를 크게 하면 응답시간(應答時間, 시상수)이 늦어짐과 동시에 구부의 중량이 증가해 약해진다. A를 작게 하면 읽기 어려워진다고 하는 문제가 있다.

구부가 구상이 아니고 원통상이라면 기압의 변화에 민감하게 된다. 구부의 유리의 두께를 늘리면 기압의 영향을 적게 할 수가 있으나 응답시간이 늦어진다(즉 시상수가 길어진다).

7.3.4 정밀도

유리제온도계의 정밀도(精密度, accuracy)는 폭넓게 많은 종류의 것이 있다. 일반적으로 봉상보다 이중관 쪽의 정밀도가 좋은 것이 만들어진다. 기상청의 검정에 사용되는 온도계의 기준기도 유리제온도계이고 정밀하게 만들어진 유리제온도계는 정밀도가 대단히 높은 것이 얻어진다.

7.3.5 흑구온도계

흑구온도계(黑球溫度計, black bulb thermometer, glove thermometer)는 태양의 직달일사량과 대기의 산란에 의한 일사량을 측정하기 위해서 영국에서 고안한 온도계이다. 구부가 둥근형의 수은온도계로 구부에 유연(油煙) 등을 발라서 일사를 완전히 흡수하도록 하고, 더욱 이것을 투명한 유리구에 밀봉한 것이다. 유리구의 내부에는 건조한 공기를 희박하게 해서 넣었다. 이 온도계는 백엽상 등의 그늘에 놓으면 대기의 온도를 나타낸다. 이것을 태양에 쬐이면 태양의 직사(直射)와 대기의 산란에 의한 방사를 흡수해서 대기의 온도보다 높은 온도를 나타낸다. 대기의 온도인 기온을 T, 흑구온도를 T'으로 하면, 흑구온도계가 단위시간에 직달 및 산란에 의한 방사를 흡수해서 얻는 열량 Q는 다음의 식으로 얻어진다.

$$Q = k(T' - T) \tag{7.5}$$

단, 여기서 k는 상수이다.

흑구온도계를 한국에서 언제 도입해서 사용했다고 하는 정확한 근거는 없고, 대학에서는 아직도 사용하고 있지 않다. 원래 처음 영국에서 고안할 때 흑구 속에 투명 유리에 건조공기를 넣어서 사용하였는데, 후에 사정에 따라 응용되어 물을 넣어서 사용하는 경우도 생겼다고 생각한다. 공기와 물 어느 쪽이 나쁘다 좋다가 아니고 성질이 다르다고 생각한다. 물은 더디 가열되나 열을 많이 저장하는 장점이 있는 반면, 공기는 빨리 가열되어 측정시간을 단축시켜 주는 장점 등이 있을 것이다. 그때의 상수값이 위 식의 k의 변화로 나타나서 서로의 특성을 나타낼 것으로 생각한다. 흑구온도계의 외관모습은 그림 7.4와 같다. 앞으로 방사의 연구에 흑구를 적극 사용하도록 노력하자.

 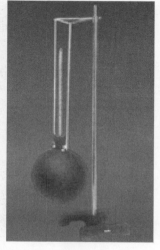

그림 7.4 흑구온도계(흑구온도와 건구온도의 차로 태양방사열의 측정에 사용)

7.4 | 백금저항온도계

7.4.1 금속저항의 온도계수

금속 중의 전도전자(傳導電子)는 온도의 상승에 따라서 격자진동(格子振動)에 의한 산란을 받는다. 이 때문에 금속의 전기저항은 일반적으로 양(+)의 온도계수를 갖고 다음 식으로 나타낼 수 있다.

$$R_t = R_0(1 + c_1 t + c_2 t^2 + \cdots + c_i t^i + \cdots)$$ (7.6)

여기서 R_t : t C의 저항치

R_0 : 0 C의 저항치

c_i : 금속의 종류에 따라 정해지는 상수

순도가 높은 금속에서는 식 (7.6)의 R_0, c_i 의 재현성이 좋다. 백금(Pt)선은 높은 순도가 얻어져 열적, 화학적으로 안정해서 신장성에도 우수하므로 가장 많이 사용된다.

7.4.2 구조

기온관측용 백금저항온도계(百金抵抗溫度計, platinum resistance thermometer)의 전체의 구조는 대략 온도계감지부[백금측온저항체(白金測溫抵抗體)라고 한다], 통풍통, 변환부, 기록부로 되어 있다. 백금측온저항체는 공업규격으로 규정되어 있다.

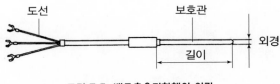

그림 7.5 백금측온저항체의 외관

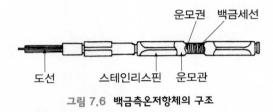

그림 7.6 백금측온저항체의 구조

(1) 감 부

순도가 높은 백금의 가는 선(직경 약 0.1 mm 정도)이 운모(雲母), 세라믹, 유리 등의 전기절연체로 된 얇은 판에 말려져 붙어 있고 스테인리스관의 보호관에 밀봉되어 있다. 가는 선의 양 끝에서부터는 도선이 2~4개 나가 있다. 외관은 그림 7.5에 나타낸 대로 백금측온저항체는 보호관의 두께, 길이, 도선의 수, 규정전류, 계급으로 구성된다. 상세한 구조는 가지각색이지만 그 한 예를 그림 7.6에 나타내었다. 스테인리스로 된 핀은 권선(卷線)을 보호관 내에 고정시키고 동시에 열의 전도를 향상시키고 있다. 스테인리스핀과 권선관의 사이는 운모로 절연되어 있다. 보호관에 수용하면 응답시간이 극히 늦어지므로 보호관 내 공간에 산화마그네슘이나 실리콘을 충전시켜서 열전도를 잘 되게 하고 있는 것이 많은 듯하다. 이 충전제가 산화마그네슘과 같이 분말상태의 것은 **측온저항체**(測溫抵抗體)라 부르고 있다.

(2) 통풍통

통풍통(通風筒, shelter)[3]은 기온을 측정하기 위해서는 없어서는 안 될 물건으로 백금측온저항체가 일사, 방사의 영향을 받지 않고, 비나 눈에 직접 닿는 것을 막고 통풍(通風, ventilation)하므

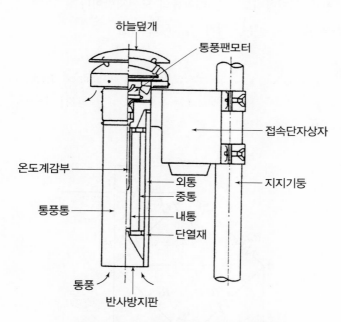

그림 7.7 **지상기상 관측장치의 온도계용 통풍통**

---

3) **통풍통** : 통풍통(通風筒)은 이제까지 사용하고 있었던 백엽상(百葉箱, instrument shelter)을 대신해서 생긴 새로운 관측상자이다. 측기가 소형화되고, 정밀화되어 거창하게 큰 백엽상이 필요 없게 되어 사라지고, 이 새로운 측기에 걸맞는 통풍통을 사용하는 추세이다. 머지않아 백엽상은 옛 추억의 역사 속으로 유물이 될 것이다. 통풍통을 차광통(遮光筒)이라고 하는 일이 있는데, 이것을 태양의 직사광선을 막는다는 의미인데, 이것은 당연한 일로, 중요한 것은 내부의 기온을 바깥공기와 같게 해 주는 역할이 중요하므로, 통풍통이라고 하는 용어가 적합하다. 따라서 앞으로는 통풍통으로 통일해서 사용하기를 권장한다.

로써 기온을 정확하게 필요한 응답시간(시상수)을 추정할 수 있게 하는 것이다.

그림 7.7은 지상기상 관측장치로 사용하고 있는 통풍통이다. 구조는 이중의 원통으로 되어 있어 외측원통을 광택이 있는 금속으로 일사, 방사를 반사하고 내측의 원통과의 사이에는 열전도를 막기 위한 단열재가 들어 있고, 더욱이 측온저항체를 수용하고 있는 안쪽 통은 열전도가 좋은 얇은 금속원통으로 되어 있다. 상부에는 축류 팬모터가 있어 아래에서 위로 통풍시키고 있다. 측온저항체 부근의 통풍속도는 약 5 m/s 로 되어 있다.

(3) 변환부

측온저항체의 저항치를 기온으로 변환하는 방법으로, 주로 2가지 방법이 취해지고 있다.

하나는 정전압 3선식에 의한 방법이다. 브리지(bridge)의 한 변에 측정하고 싶은 저항을 넣고 전위차를 측정한다. 그림 7.8이 그 설명도이다. db 사이에 정전압 E_s를 가해, f_c 사이의 전위차 E_X 는

$$E_X = I_1 R_3 - I_2 (R_4 + r) \qquad (7.7)$$

이다. R_2, R_3, R_4는 고정저항이고 r은 케이블의 도선저항이다.

점 dcb, 점 dab를 흐르는 전류를 각각 I_1, I_2로 하면

$$I_1 = \frac{E_S}{R_2 + R_3} \qquad (7.8)$$

$$I_2 = \frac{E_S}{R_t + R_4 + 2r} \qquad (7.9)$$

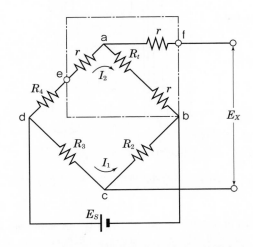

그림 7.8 정전압 3선식에 의한 측온저항체의 저항측정

이므로 식 (7.7)은

$$E_X = \left(\frac{R_3}{R_2 + R_3} - \frac{R_4 + r}{R_t + R_4 + 2r} \right) E_S \tag{7.10}$$

으로 표현된다.

E_X와 R_t와는 비직선의 관계가 있고 케이블저항의 영향이 있다는 것을 주의할 필요가 있다. 케이블저항은 1 Ω을 표준치로 하고 이 값을 넘지 않도록 케이블을 선정한다. 이 방식은 80형 지상 대기관측장치 이전의 백금저항온도계에 사용되었다.

다른 하나는 정전류 4선식에 의한 방법이다. 그림 7.9는 정밀한 저항측정 방법인 정전류 4선식의 설명도이다. ad 사이에 정전류 I를 흘린다. 전압단자 bc의 계기 쪽의 입력 임피이던스 (impedance) R_i를 $R_i \gg R_t$로 하면 도선저항 r에 의한 오차는 완전히 제거할 수 있다. R_t의 변화에 의한 비직선성도 없어진다.

단, 측온저항체의 온도-저항특성에 의한 비직선성은 존재한다. 아날로그의 전압은 더욱이 디지털신호로 변화되는 일이 많다.

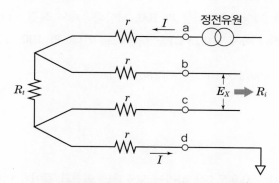

그림 7.9 정전류 4선식에 의한 측온저항체의 저항측정

(4) 기록부

기록부는 변화부의 출력(아날로그 전압신호, 디지털신호)을 받아서 기록지에 기록하기도 하고, 자기매체 등에 기온자료로 기억시키기도 한다.

정전압 3선식도 정전압 4선식도 온도와 저항치 및 전압 또는 디지털신호와는 직선적 관계는 없다. 온도와 저항치와의 관계는 다음에 말하지만 그 관계를 고려해서 기록기의 접동저항의 권선을 감기도 하고, 계산식을 CPU(central processor unit : 중앙처리장치)에 넣어서 계산시키는 방법을 취하고 있다.

7.4.3 특성

(1) 저항치와 온도와의 관계

어떤 온도에 있어서 백금측온저항체가 나타내는 저항값은 규준저항치의 비 R_{100}/R_0로 해서 결정되어 있어, 그 값은 Pt 100에서는 1.3850, JPt 100에서는 1.3916이다. R_{100}은 100 C의 저항치, R_0는 0 C의 저항치(100.00 Ω)이다.

백금저항온도계를 도입한 이래 온도와 저항과의 관계식은

$$R_t = R_0(1 + A\,t + B\,t^2) \tag{7.11}$$

여기서, R_t : 온도 t C의 저항치

$\quad R_0$: 온도 0 C의 저항치 100.00 Ω

$\quad A$: $3.976 \times 10^{-3}/C$

$\quad B$: $-5.96 \times 10^{-7}/C^2$

이라고 하는 식을 사용해 왔다.

그러나 1980년대 이후 기상관측장치는 Pt 100, 저항측온체의 직경 6 mm, 길이 120 mm, 4도선식, A 급(-50 C~$+50$ C까지 ± 0.25 C)을 채용하고 있다. Pt 100 A급에 상당하는 식은

$$R_t = R_0(1 + 3.90802 \times 10^{-3}\,t - 5.802 \times 10^{-7}\,t^2) \tag{7.12}$$

이다.

(2) 응답시간

백금측온저항체의 크기는 사용목적에 따라서 보호관의 외경과 길이가 여러 종류이다. 각각의 응답시간(應答時間)은 보호관의 두께, 백금선과 보호관 사이의 충전재 등으로 결정된다. 풍속 6 m/s의 공기 중의 시상수는 보호관 직경 10 mm로 약 2~3 분, 6 mm에서 약 1.5~2분, 3.2 mm에서 약 40초이다.

7.4.4 박막 백금측온저항체

백금선을 사용한 측온저항체는 제작공정이 다소 복잡하기 때문에 비용이 많이 들어가는 일, 일정한 크기의 저항을 얻기 위해서 저항소자만으로도 커질 뿐더러 기계적인 강도, 전기절연을 유지할 필요로부터 보호관에 수용하기 위해 한층 큰(긴) 형상으로 되어 있다. 이 일은 응답시간을 길게 한다고 하는 특성으로 나타난다.

백금의 우수한 특성을 계속 살리고, 이들을 개선하는 것으로 해서 백금박막(白金薄膜 ; 엷은 막)을 사용한 측온저항체가 개발되어 이용되어 오고 있다. 일반적으로 금속박막을 이용한 측온저항체도 금속선과 같은 성질을 갖지만 박막표면에서의 담체의 산란이 생기기 때문에 비저항은 상대적으로 커진다. 또, 온도계수는 후막(厚膜 ; 두꺼운 막), 기판재료, 기판의 표면상태에 의존한다.

박막 백금저항체의 형상을 그림 7.10 에 나타내었다. 그 구조는 세라믹(alumina) 기판상에 인쇄기법에 의한 백금의 패턴이 형성되어 그 위에서 유리 코트를 설치한 것과 세라믹의 작은 보호통에 수용되어 있는 것이 있다. 크기는 폭 3 mm×길이 10 mm×두께 1 mm 정도이다.

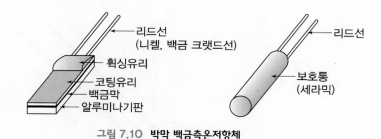

그림 7.10 **박막 백금측온저항체**

응답시간(시상수)은 공기 중 1 m/s에서 90 % 응답이

> 보호통 없음 20~50초
>
> 보호통 있음 40~75초

이고 백금선보다 상당히 짧다.

저항허용치가

> A급 ±0.06 % (0 C에서)
>
> B급 ±0.12 % (0 C에서)

이다.

후막 백금저항체에 대해서도 그 구조특성은 거의 같다. 형상이 25 mm × 25 mm로 박막보다 다소 큰 것이 다를 정도이다.

기온측정용으로 이미 휴대용 온도계 등에 사용되고 있는데, 이들의 특징을 살려서 용도가 점점 넓어질 듯하다.

7.5 | 서미스터온도계

7.5.1 서미스터

서미스터(thermister)는 NiO, CoO, MnO 등의 금속산화물을 주성분으로 해서 소결[燒結, sintering : 비금속 또는 금속의 분체(粉体)를 가압(加壓) 형성한 것을 융점 이하의 온도에서 열처리를 한 경우, 분체 사이의 결합이 생긴 형태 그대로 고정되는 현상]된 것이다. 온도변화에 대해서 전기저항이 크게 변화한다. 온도계로서는 저항의 온도계수가 음(−)의 것을 사용한다.

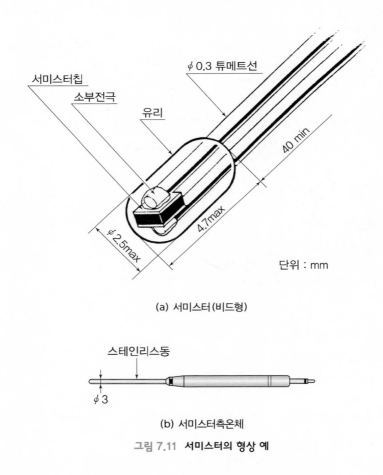

(a) 서미스터(비드형)

(b) 서미스터측온체

그림 7.11 **서미스터의 형상 예**

서미스터는 소자 그대로를 감지부(sensor)로 사용하는 경우와 서미스터, 내부도선, 절연체, 보호관으로 이루어지는 서미스터측온체로 사용되는 경우가 있다. 소자는 그림 7.11 (a)와 같은 형상을 한 비드(bead, 유리구슬)형 서미스터가 신뢰 높게 널리 사용된다. 크기는 1 mm 이하의 것도 얻어진다. 서미스터측온체 그림 7.11 (b)는 규정화되어 있는 것도 있다.

7.5.2 종류

서미스터측온체의 종류는 계급, 결합방식, 사용온도 범위, 공칭저항치[公稱抵抗値, 소자호환식 (素子互換式) 서미스터만]로 규정되어 분류된다. 계급에서는 0.3, 0.5, 1.0, 1.5 급이 있다. 이 허용차는 측정온도가 -50~+100 C의 사이에서는 각각이 ±0.3 C, ±0.5 C, ±1.0 C, ±1.5 C 이다. 결합방식에는 소자호환식(기호 THE), 합성저항식(THR), 비율식(THP)이 있다. 서미스터의 소자는 엄밀히는 하나하나의 특성이 다르기 때문에 호환성이 없고, 소자마다 독자의 측정회로를 준비해야 한다. 호환성을 갖게 하기 위한 방식이 결합방식이다.

① **소자호환식 서미스터측온체** : 호환용 저항을 부가하는 일 없이 서미스터만으로 호환성이 얻어진다(그림 7.12 (a)).

② **합성저항식 서미스터측온체** : 서미스터에 호환용 저항을 부가해서 그 합성저항에 일정의 온도특성을 부여한 것이다(그림 7.12 (b)).

③ **비율식 서미스터측온체** : 서미스터와 저항에 의해 구성된 회로로 이루어져 그 비율에 일정의 관계를 갖게 한 것이다(그림 7.12 (c)).

사용온도 범위로는, 소자호환식에서는 예를 들면 0~20 C, 10~30 C와 같이 온도범위가 좁다. 합성저항식에서는 예를 들면 -50~+ 50 C, 0~100 C 등과 같이 넓은 온도범위에서 높은 호환

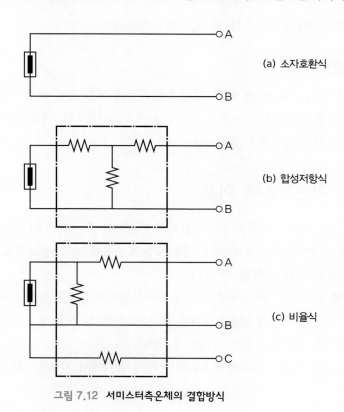

(a) 소자호환식

(b) 합성저항식

(c) 비율식

그림 7.12 **서미스터측온체의 결합방식**

정밀도가 얻어짐과 동시에 온도 – 저항특성의 직선성이 비교적 얻기 쉽다. 보호관의 외경으로는 1.0, 2, 3, 4, 5, 6, 8, 10 mm 등이 있다.

7.5.3 특성

(1) 저항 – 온도특성

서미스터측온체의 저항 – 온도특성은 다음 식으로 표현된다.

$$T = \cfrac{1}{\cfrac{1}{T_s} + \cfrac{\ln\left(\cfrac{R}{R_s}\right)}{B}} \tag{7.13}$$

여기서, T : 알고 싶은 온도(K)

T_s : 기준이 되는 온도(K)

R_s : T_s일 때의 저항(Ω)

R : 온도 T일 때의 저항(Ω)

B : 서미스터 상수(K)

서미스터측온체에는 식 (7.13)의 T_s, R_s, B가 주어져 있다.

(2) 응답시간

응답시간은 보호관의 재질, 치수, 구조에 의하는데 예를 들면 외경 4 mm, 120 mm의 스테인리스강 보호관은 공기 중 3~4 m/s의 통풍 시에 그 시상수가 24초 정도이다. 직경이 1 mm의 서미스터만의 시상수는 수초 정도이다.

7.5.4 기온관측에 이용

서미스터 또는 서미스터측온체는 저항치가 백금저항 측온체와 비교해 압도적으로 크므로 케이블 도선의 선택이 불필요하게 된다. 감도(저항의 온도계수)가 큰 소형으로 제작할 수 있으므로 응답시간이 짧은 것이 선택될 수 있다.

기온관측에 사용하는 경우, 통풍과 방사막이를 위해서 통풍통이 필요하다. 통풍통을 사용하지 않고, 일사, 방사에 쬐는 경우에는 감지부 표면은 백색도장 또는 알루미늄 증착(蒸着) 등을 해서 일사, 방사를 잘 반사하는 것이 아니면 안 된다.

서미스터 소자 그대로 사용하면 1 mm 이하의 크기에서 가능하므로 응답시간을 짧게 할 수 있다.

7.6 | 최고온도계와 최저온도계

7.6.1 분리형 최고·최저온도계

(1) 최고온도계

하루의 최고기온 등 어떤 시간 내의 최고기온을 읽을 수 있는 온도계를 최고온도계(最高溫度計, maximum thermometer)라고 한다.

가장 널리 사용되는 관에 부착시킨 유리제 또는 루더포드(rutherford)형 최고온도계는 체온계(體溫計, clinical thermometer)와 원리가 흡사하다. 온도계의 구부에 가는 유리봉이 수은의 출구를 막고 있어[유점(留点)], 기온이 올라갔을 때 구부에서 나온 수은은 기온이 내려가도 구부로 돌아가지 못한다. 그림 7.13과 같이 봉상과 이중관이 있다.

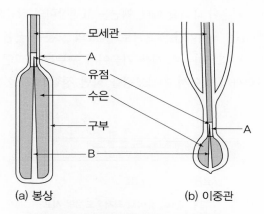

(a) 봉상   (b) 이중관

그림 7.13 유리제 최고온도계의 구부의 구조

이 온도계를 이용해서 최고기온을 관측하는 데에는 우선 온도계의 오른쪽 끝부분을 오른손으로 꽉 쥐고, 팔을 전후로 강하게 흔들어서 수은을 내린다. 이것을 복온[復溫, 복도(復度), reset]라고 한다.

복온한 온도계를 백엽상 속 등에 건다. 다음에 관측시간이 되면, 수은사의 오른쪽 끝에 나타나는 눈금을 C의 소수점 첫째 자리까지 읽고 나서 조용히 꺼내 다시 복온한다.

읽은 온도는 전의 관측시에서 그 관측시까지의 최고기온에 해당하는 것이지만, 올바른 값을 얻기 위해서는 기차보정을 해야 한다. 또 최고기온이 나타난 후, 기온이 크게 하강했을 때는 수은사가 수축하기 때문에 읽은 값은 최고기온이 나타났을 때의 시도보다도 낮아진다. 이를 위한 보정을 관(管)의 보정 또는 스템 콜렉션(stem correction)이라고 한다. 보정치는 보통 0.1 C 이하로 그다지 크지는 않지만, 정확한 값이 필요할 때에는 보정한다.

관의 보정치 Δt(C)는 다음 식에 의해 주어진다.

$$\Delta t \ = \ \beta \, (l_0 \, + \, t_m)(t_m \, - \, t) \tag{7.14}$$

이 식에서 Δt(C)는 최고온도계의 읽은 값, t(C)는 값을 읽을 때의 기온, l_0는 최고온도계에서 수은이 잘려진 곳에서부터 0 C의 눈금까지의 길이를 1 C에 상당하는 길이의 단위로 해서 나타낸 것, β는 수은의 겉보기 팽창계수로 보통 1/6,300로 하면 된다.

기상관서에서는 매일 9시에 최고온도계의 관측을 해서 그 값을 9시 일계의 일최고기온이라 부르고 있는데, 통계적으로 취급할 때에는 이것을 전날의 **최고기온**(最高氣溫, maximum temperature)으로 한다. 현재 기상관서에서는 24시 일계의 최고기온도 관측한다.

(2) 최저온도계

최저온도계(最低溫度計, minimum thermometer)는 최고온도계와 한 조로 해서 사용하는 일이 많다. 판에 부착시킨 유리제(루더포드, rutherford)의 최저온도계는 가는 유색 유리봉의 지표(指標)를 봉입한 알코올온도계로 기온이 내려갈 때에 액면은 표면장력의 작용으로 지표를 끌어내리지만, 기온이 올라갈 때에는 지표는 움직이지 않으므로, 지표의 오른쪽 끝을 읽으면 최저기온이 된다.

복온(復溫)을 하는 데에는 조용히 온도계를 기울여서 구부를 올리면, 지표가 액면까지 이동한다. C의 소수점 첫째 자리까지 읽어서 기차보정을 하면 정확한 값을 얻을 수 있다(그림 7.14).

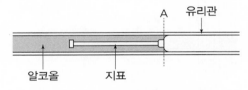

그림 7.14 **유리제 최저온도계의 지표**

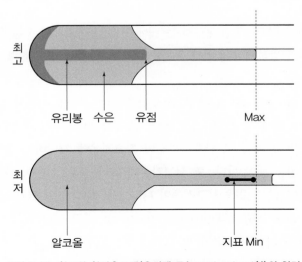

그림 7.15 **최고와 최저온도계(유리제 또는 rutherford형)의 원리**

최저온도계의 값읽기와 복온은 최고와 같은 시각에 하는 것이 보통이다. 기상관서에서는 9시 일계의 일최저기온을 관측해서 이것을 당일의 최저기온으로 한다.

(3) 최고와 최저온도계의 설치

최고와 최저온도계의 원리를 비교해 보면 그림 7.15와 같다. 위에서 언급한 대로 최고온도계는 금속인 수은의 성질을 이용했고, 최저온도계는 액체인 알코올의 표면장력의 성질을 이용했다. 또 이때의 지표의 일방통행의 원리를 이용했다.

복온시킨 최고온도계와 최저온도계의 시도는 기차보정을 하면 대개 일치할 것이므로 0.5 C 이상의 차가 있는 일은 드물다. 이 차가 클 때에는 온도계가 이상이 있을 염려가 있으므로 복온를 나타내는 눈금을 읽어 두면, 온도계의 불량을 판단하는 근거가 된다.

최고온도계와 최저온도계를 백엽상 속에 설치할 때에는 관이 대체로 수평이 되도록 하지만, 최고 쪽은 구부가 약간 낮도록 기울이고, 최저 쪽은 약간 높게 설치한다(그림 7.16). 값읽기 순서에 의하여 최고를 위에, 최저를 밑에 달아두는 것이 편리하다.

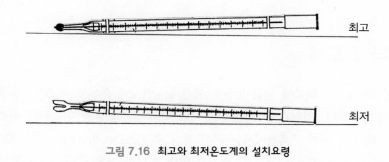

그림 7.16 최고와 최저온도계의 설치요령

7.6.2 겸용 최고·최저온도계

최고와 최저의 기온을 한 온도계 내에서 측정할 수 있게 만들어진 온도계를 겸용[(U자형), 궁형(宮型), Six형] 최고·최저온도계(最高·最低 溫度計, max. and min. thermometer)라고 한다(그림 7.17).

U 자형 모세유리관의 구부러진 부분에 수은을 넣고, 그 위에 알코올을 넣어 좌측의 구부에 알코올을 꽉 채워 수감부로 하고 삽입된 수은이 좌우 모세관의 지표를 움직인다.

오른쪽 위의 알코올 위의 진공이 수감부가 팽창할 때 알코올이 올라올 공간을 제공하고, 수축 시는 그 밑의 알코올을 밀어주는 역할을 한다. 복온은 첨부된 자석 또는 중앙의 버튼으로 하고 지표의 하부면(수은사 쪽의 지표부분)이 각각 최고·최저온도를 나타낸다.

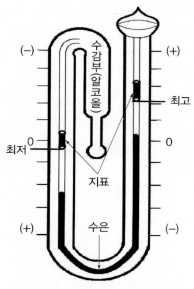

그림 7.17 겸용 최고·최저온도계

7.7 | 기타 온도계

유리제의 온도계에는 유리봉에 직접 눈금을 새긴 봉상온도계 외에도 이중관으로 된 것이 있어, 푸스(Foose)형이라 한다. 기상관서에서는 기온이나 최고·최저기온을 관측하기 위해서 푸스형을 이용하는 일이 많지만, 일반 관측용에서는 판에 붙인 **루더포드**(rutherford)형으로도 충분하다.

수은은 −39 C에서 동결(凍結)하므로, 추운 지역의 현저한 저온이 나타나는 곳에서는 알코올을 넣은 온도계를 사용한다. 에틸알코올의 응고점은 −117 C이다. 그러나 알코올온도계는 고온이 되면, 증발한 액이 관의 머리부분에 부착되기 쉬우므로 때때로 점검할 필요가 있다. 탈륨(thallium, Tl)을 넣은 수은온도계는 −60 C까지 사용할 수가 있다.

유리제온도계에 통풍장치를 붙인 것에 대해서는 통풍건습계의 항에서 기술한다(8.3 참조).

열전대온도계[熱電對 溫度計, thermo-junction thermometer, thermocouple = **열전대**(熱電對)] 는 상이한 2종류의 금속을 접속시켜서 생기는 접촉전위차를 측정해서 온도를 측정하는 것으로, 대기관측에서는 2점 간의 온도차를 측정하는 데에 사용하는 일이 많다. 소자로는 기전력이 비교적 큰 동−콘스탄탄(Cu-constantan)이 사용된다. 평균적인 기전력(起電力)은 약 $40\ \mu\text{V/C}$ 이다.

열전대(熱電對, thermocouple) 온도계는 구조가 극히 간단해서 작고 또 좁은 공간의 온도의 측정이 가능하고, 늦어짐(시상수)이 작고 더욱이 특별한 전원이 필요하지 않다고 하는 장점이 있지만 전력이 작아서 접촉불량 등에 의한 오차에는 충분히 주의할 필요가 있다. 열전대는 열에너지를 직접 전기에너지로 전환하는 온도감지요소(temperature-sensing element)이다.

7.8 | 자기온도계

7.8.1 쌍금속판 자기온도계

감지부에 쌍금속판을 이용한 리차드형 자기온도계(Richard thermographs)가 가장 널리 이용된다. 쌍금속(bimetal)은 인바(invar, 강철과 니켈의 합금)와 황동 또는 인바와 철과 같이, 팽창계수가 다른 두 종류의 금속판을 접착시킨 것으로, 온도가 변화하면 만곡(灣曲)의 정도가 변한다. 이것을 확대해서 자기기록이 되게 한 것이 **쌍금속판 자기온도계**(雙金屬板 自記溫度計, bimetal thermograph)이다.

이 자기온도계의 감도는 2종류의 금속 Ⅰ, Ⅱ로부터 만들어져 있는 바이메탈의 변위는 다음과 같이 생각할 수 있다.

두께를 h_1, h_2, 선팽창계수를 α_1, $\alpha_2(\alpha_1 > \alpha_2$로 한다), 길이를 L로 한다. 온도가 $d\theta$ 상승하면 Ⅰ, Ⅱ의 금속은 각각 $\alpha_1 L d\theta$, $\alpha_2 L d\theta$ 늘어나도록 되지만 접합면에서의 양금속편은 같은 길이만큼 늘어나야 하므로 Ⅰ은 압축되고, Ⅱ는 신장되어 탄성적 왜곡이 생겨 이것에 대응한 응력이 작용한다. 그림 7.18과 같이 한쪽 끝 A를 고정한 쌍금속판의 선단이 C에서 C′으로 변위했다고 하면 변위 ds는

$$ds = \frac{L^2 R(\psi)}{2\,\delta\psi}(\alpha_1 - \alpha_2)\,d\theta \tag{7.15}$$

단, ψ : AC와 AB의 각

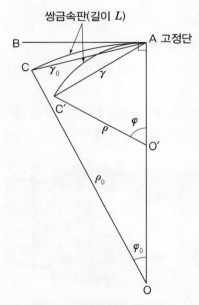

그림 7.18 쌍금속판의 변위(變位)

로 나타낸다.

$$R(\psi) = 1 + \frac{\sin^2 \psi}{\psi^2} - \frac{2 \cos \psi \sin \psi}{\psi} \tag{7.16}$$

$$\delta = h_1 + h_2 \tag{7.17}$$

$d\theta$의 온도변화에 L의 신장 dL은 무시한다.

쌍금속판의 금속으로는 옛날부터 팽창계수가 큰 쪽으로 황동, 작은 쪽으로 인바가 사용되어 왔다. 최근에는 큰 쪽에 니켈·크롬·철의 합금 또는 니켈·망간·철의 합금, 작은 쪽으로 니켈·철합금이 이용되고 있다.

수은온도계에 비해 안정성이 떨어지고, 경시변화(經時變化)가 있으므로 장시간 사용하는 경우에는 수은온도계로 교정할 필요가 있다.

측정 정밀도는 ±1 C[검정공차(檢定公差)]이다. 응답성은 5 m/s의 통풍을 주어지는 경우 시상수는 20~30초 정도이다. 자기원통시계의 동력으로는 태엽식과 건전지식이 있다. 어느 쪽도 상용전원은 불필요하다.

일반용으로는 약간 소형의 일주일용이 적당하지만, 기상관서에서는 기온의 변화를 자세하게 관측하기 위해서는 대형의 1일용을 사용하고 있다(그림 7.19).

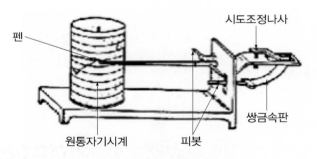

그림 7.19 쌍금속판 자기온도계의 원리

이 온도계는 백엽상 내의 바닥에 놓는 것이 일반적이지만, 감지부를 다른 온도계의 감지부의 높이와 일치시키기 위해서는 적당한 대들을 이용한다(그림 7.20).

그림 7.20 쌍금속판 자기온도계의 외관

감지부에 보호용 금속망이 붙어 있는 것은 백엽상 속에 넣어 둘 때에는 망을 떼는 것이 좋다.

자기지를 정확하게 삽입했으면, 감부 부근에 붙어 있는 조절나사를 돌려 자기펜의 시도를 수은온도계에서 읽은 기온과 맞춘다. 심하게 저온이나 고온인 곳에서 사용할 때에는 10 C 움직여, 펜이 자기지의 중앙 부근에 기록되도록 한다면, 펜이 자기지에서 벗어날 염려가 없고 값을 읽을 때에도 편리하다.

이런 종류의 자기기는 원래 단독으로 사용하는 것은 무리이고, 유리제의 온도계를 같은 백엽상 속에 넣고 때때로 비교 점검하지 않으면 좋은 관측치를 얻을 수 없다. 비교하기 위한 기온의 실측은 매일 몇 회 정도 행하는 것이 이상적이다. 이렇게 할 수 없으면 자기지를 교환했을 때, 펜이 자기지상에서 나타내는 온도와, 같은 백엽상 내에 있는 유리제의 온도계가 나타내는 값을 비교하여 그 차를 구해 둔다.

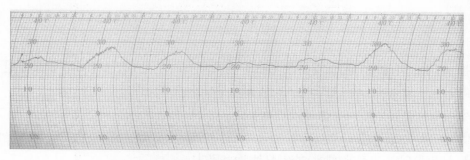

그림 7.21 **1주일용 자기온도계의 기록 예**
자기지를 교환했을 때의 실측으로부터의 보정치를 구하여 이것을 비례로 배분해서 매일의 최고기온과 최저기온을 구한다.

어떤 시각의 기온을 자기기에 의하여 구할 때에는 자기지에서 읽은 그 시각의 값에 이와 같이 해서 얻은 차를 가감하여 보정한다. 최고·최저온도계의 관측치가 있을 때에는 이것을 이용해서 보정치를 구할 수도 있다(그림 7.21).

다음 예는 12시와 18시의 실측치가 있을 경우, 15시의 기온을 비례배분법을 이용해 자기지에서 구하는 방법이다.

표 7.1 **비례배분법을 이용하여 자기지에서 기온 구하는 방법**

구 분	수은온도계의 시도(示度)에 기차보정을 한 값	자기온도계의 시도
12시	32.7 C	30.4 C
15시		28.3 C
18시	28.6 C	26.5 C

12시의 보정값은 32.7 − 30.4 = +2.3

18시의 보정값은 28.6 − 26.5 = +2.1

비례배분법에 의한 15시의 보정값은

$$2.3 + (2.1 - 2.3) \times \frac{15시 - 12시}{18시 - 12시} = +2.2$$

따라서 15시의 기온은

$$28.3 + 2.2 = 30.5 C$$

이다.

자기기록계(自記記錄計)의 시계가 틀릴 경우, 즉 지속이 있을 때는 시도의 보정과 같이 비례배분법으로 보정한다. 예를 들면, 12시에서 2분 빠르고, 18시에 4분 늦었다고 한다면, 빠른 것은 +, 늦은 것은 −로 나타낼 때, 15시에는

$$+2 + \{(-4) - (+2)\} \times \frac{15 - 12}{18 - 12} = -1$$

즉, 1분 느리다. 따라서 11시의 올바른 시도를 읽기 위해서는 이것을 보정하지 않으면 안 된다. 그러나 기온의 관측에는 이 정도의 시각오차는 무시할 수 있는 일이 많다.

시계의 빠르고 늦음을 나타낼 때에는 빠름을 −, 늦음을 +로 나타내는 방법도 있어, 그대로 보정값으로 할 수 있는 점이 편리하다. 같은 방법이 기압·습도 등 다른 기상요소에 대해서 자기기록을 실측에 의해 보정할 때에 여러 모로 응용된다.

자기온도계의 시도나 시각의 보정값은 그다지 급격하게는 변화하지 않을 것이므로, 보정값의 변화양상을 점검하면 그 자기온도계의 불량상태를 알 수 있다. 보정값이 상당히 커졌을 때는 조정나사로 자기펜을 움직여, 시도를 대체로 실측치에 맞춘다.

쌍금속판 자기온도계에는 여러 가지가 있지만, 원리와 관측방법은 대체로 같다. 어느 쪽도 감지부에 먼지가 끼기 쉬우므로 가끔 솔 따위로 가볍게 털어 준다.

7.8.2 기타 자기온도계

기온의 원격관측용으로 제공되고 있는 자기온도계로는 수은온도계의 유리관 내에 탄소선을 봉입해서 수은의 움직임에 따라서 탄소선의 저항이 변화하는 것을 기록, 전류에 의해 자기 스스로 기록하며, 정밀도도 좋아 실용적이다.

8.7절에 있는 듀셀습도계에는 보통 기온을 측정하기 위한 백금저항온도계가 붙어 있어, 그 시도를 원격식으로 기록할 수 있다. 따라서 이것을 이용해서 기온을 측정할 수 있다. 이런 종류의 측기가 최근 점차로 일반적인 기상관측용으로 이용되고 있는 것 같다.

쌍금속판 온도센서 이전에 부르돈관(Bourdon tube)이 사용되었었다. 어느 쪽도 온도변화에 의한 온도센서의 곡률변화에 의한 변위를 지렛대의 원리를 이용해서 확대·전달·회전하는 원통시

계에 붙여 돌려 기록지에 기록시키는 것이다.

부르돈관은 타원형의 단면을 가진 속이 빈 금속 속에 알코올 등의 액체를 채워 넣은 것이다. 온도가 높아지면 액체가 팽창해 체적이 커지기 때문에 관은 평면이 되는 방향, 즉 관의 곡률반경이 커지도록 변형한다. 온도가 낮아지면 액체가 수축해서 복구된다. 관의 한 끝을 고정하고 다른 끝의 변위를 자기펜에 전달해 자기원통시계 위의 기록지에 온도를 기록할 수 있다(그림 7.22).

부르돈관은 시도의 늦어짐, 경년변화, 기계적 강도, 그 외에도 성능이 좋지 않으므로 쌍금속판으로 교체되어 현재는 일반적인 대기관측용으로는 거의 사용하지 않고 있다.

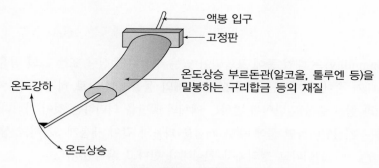

그림 7.22 **부르돈관의 구조**

Chapter 08 습 도

습도(濕度, humidity)는 대기 중에 포함되어 있는 수증기의 질량 또는 그의 함유 정도를 나타 낸다. 따라서 대기 중에 존재하는 액체 또는 고체의 물을 대상으로 하지는 않는다.

여기서 물이라 함은 통상 일반인이 말하는 액체의 물만을 의미하는 것이 아니다. 앞으로 대기 과학을 전공하는 기상인이라면 물에 대한 개념을 다음과 같이 새롭게 3가지의 상(相, phase)을 다 물[수분(水分), water]이라고 정의해서 인식해야 한다고 생각한다.

① 수증기[水蒸氣, vapo(u)r] : 기상(氣相)
② 액수(液水, liquid water) : 액상(液相), 액체의 물
③ 빙(氷, 얼음, ice) : 고상(固相), 빙정(氷晶)

8.1 | 습도의 관측

8.1.1 습도의 개념

습도(濕度)는 공기의 건조하고 습한 정도를 나타내는 것으로, 건조·보존·보건위생·화재예방 등 실용적인 문제와 안개의 예보, 더 나아가서는 강수량의 예보 등을 위해 필요한 기상요소이다. 잘 알려져 있는 것과 같이 공기 중에 포함할 수 있는 수증기의 양에는 한도가 있고, 기온이 높을 수록 많은 양의 수증기를 포함할 수 있다. 어떤 온도의 공기가 포함할 수 있는 최대의 수증기압 에 대한 실제 수증기압의 비를 **상대습도**라 하고 %로 나타낸다. 기상관측에서는 단순히 습도라고 하면 보통 상대습도를 뜻한다.

(1) 수증기압
- 기호 : e
- 단위 : hPa

대기압 중 수증기가 점유하는 분압(分壓)을 수증기압(水蒸氣壓, water vapour pressure)이라고 한다. 대기압은 건조공기압과 수증기압의 합으로 되어 있다. 수증기압은 건조공기압의 존재에 의해 영향을 받지 않는다.

(2) 포화수증기압

- 기호 : E
- 단위 : hPa

어떤 온도의 대기가 포함할 수 있는 최대의 수증기압을 포화수증기압(飽和水蒸氣壓, saturation vapor pressure)이라 하고, 그 값은 온도만의 함수가 된다.

어떤 온도에서 물 또는 얼음과 공존하는 수증기가 열역학적 평형상태에 있을 때의 수증기압을 그 온도의 포화수증기압이라고 한다.

0 C 이하의 어떤 온도에서 과냉각수의 포화수증기압을 E_w, 얼음의 포화수증기압을 F라고 하면 $E_w > F$이다.

(3) 노점온도

- 기호 : T_d
- 단위 : C

주로 일정한 압력 하에서 습윤공기를 냉각시켰을 때 포화에 도달하는 온도를 노점온도(露点溫度) 또는 이슬점온도(dewpoint temperature)라고 한다. 간단히 노점(露点, dewpoint)이라고도 한다. 0 C 이하일 때 얼음에 대해 포화에 달했을 때는 상점온도(霜点溫度, frost point temperature), 또는 간단히 상점(霜点, frost point)이라고도 한다.

습도계(濕度計, hygrometer)는 습도를 측정하는 측기로, 주로 건습계, 노점계, 상대습도계로 사용해 왔다. 그 역사는 18세기 후반에 이미 그 원형이 고안되어 사용되어 왔다.

노점계는 1751년 프랑서의 르 로아(Le Roi)가 고안하였다. 모발습도계(毛髮濕度計)는 1783년 스위스의 소슈르(H. B. Saussure)가 머리카락이 공기의 습도에 의해 신축하는 것을 발견한 것으로부터 출발하였다. 아스만식 통풍건습계는 1887년 아스만(R. Assmann)이 발명하였다. 이것을 사용해서 증기압을 구하는 식의 하나인 스푸룽의 건습계공식(乾濕計公式)은 1888년에 스푸룽(A. Sprung)이 생각해 낸 것이다.

8.1.2 습도의 종류

대기 중의 수증기량을 나타내는 방법에는 여러 가지가 있지만, 보통은 백엽상 속에 설치한 습도계로 수중기압이나 상대습도를 측정하고, 필요에 따라 노점 등 다른 요소를 산출한다.

잘 이용하고 있는 습도계는 건습계와 모발습도계로, 특수한 목적에는 노점계·정전용량 습도계·자외선 습도계 등이 이용된다. 습도의 정확한 관측치를 얻는 일은 특히 저온인 경우의 습도의 측정기술은 대기관측 중에서 비교적 어려운 쪽에 속한다. 따라서 관측자는 습도계의 성능을 잘 이해하고, 취급에 세심한 주의를 할 필요가 있다.

다음의 습도들에 관한 유도과정은 "소선섭·소은미, 2009 : 역학대기과학, 교문사, 20-27"의 저서에 자세히 실려 있으니 참조하기 바란다.

(1) 상대습도

건습계를 읽은 값으로는 우선 수증기압을 산출할 수 있다. 이것을 e(hPa)로 하고, 그때의 공기의 최대수증기압, 결국 기온에 대한 포화수증기압을 E(hPa)라 하면, 상대습도(相對濕度, relative humidity) RH는 정의에 의해

$$RH = \frac{e}{E} \times 100 \ (\%) \tag{8.1}$$

가 된다. 예를 들면, 공기가 포화되어 있을 때는 $e = E$ 이므로, 상대습도는 100 %이고, 공기 중에 수증기가 전혀 없을 때는 $e = 0$이고, 상대습도는 0 %가 된다.

포화수증기압의 값은 고프-그래치(Goff-Gratch, 1945)가 구한 것을 이용하는 것이 국제적으로 결정되어 있다. 부록 4에 있는 표는 이것을 근거로 한 것이다. 빙점 하의 기온에 대한 포화수증기압에는 과냉각수면에 대한 것과 빙면에 대한 것이 있어, 전자의 쪽이 큰 값을 취한다. 습도를 계산하기 위한 포화수증기압, 결국 전식의 E에는 언제든지 수면(水面)에 대한 값을 이용하도록 결정되어 있다.

모발습도계를 이용하면, 직접 상대습도를 읽을 수 있다. 상대습도 RH (%)를 알면, 다음 식에 의해 수증기압 e(hPa)가 산출된다.

$$e = E \times \frac{RH}{100} \tag{8.2}$$

E는 그때의 기온에 대한 포화수증기압이므로, 모발습도계로 수증기압을 구하는 데에는 동시에 기온을 측정해야 한다.

노점온도는 그때의 수증기압을 포화수증기압으로 하는 온도이므로, 건습계나 모발습도계로 수증기압의 표에서 구할 수 있다.

(2) 혼합비

습윤공기를 수증기를 전혀 포함하지 않은 건조공기와 수증기와의 혼합공기라고 생각할 때, 건조공기의 질량(m_d) 1 kg에 대응하는 수증기의 질량(m_v)의 비율을 혼합비(混合比, mixing ratio) x라고 한다(같은 체적).

$$x = \frac{m_v}{m_d} = \frac{e}{p_d} \times \frac{M_v}{M_d} \quad (\text{상태방정식 참조})$$

$$= \frac{622\,e}{p_d} = \frac{1{,}000\,\epsilon\,e}{p - e} = \frac{622\,e}{p - e} \ (\text{g/kg}) \tag{8.3}$$

여기서, p : 대기전압(大氣全壓, hPa)

$\quad\quad p_d$: 건조공기압(hPa)

$\quad\quad M_v$: 수증기의 분자량 = 18.016

$\quad\quad M_d$: 건조공기의 분자량 = 28.966

$\quad\quad \epsilon$: $\dfrac{M_v}{M_d} = 0.622 ≒ 5/8$

온도나 압력이 변해서 체적이 변화해도 수증기량의 변화가 없는 한 혼합비의 값은 달라지지 않는다.

(3) 비 습

습윤공기 1 kg 속에 포함되는 수증기의 양을 g으로 나타낸 것이다. 즉 습윤공기의 질량(m)에 대한 수증기의 질량(m_V)의 비율을 비습(比濕, specific humidity)이라 하고 s로 표현하면

$$s = \frac{m_v}{m} = \frac{m_v}{m_v + m_d} = \frac{e\,M_v}{e\,M_v + p_d\,M_d}$$

$$= 1{,}000\,\frac{\epsilon\,e}{p - 0.378\,e} = \frac{622\,e}{p - 0.378\,e} \ (\text{g/kg}) \tag{8.4}$$

(4) 비 장

식 (8.3)과 (8.4)에서 근사식으로 사용할 때 $p > e$이므로 양식의 분모에서 e항을 생략하면 모두

$$x \approx s \approx \frac{1{,}000\,\epsilon\,e}{p} = \frac{622\,e}{p} = b \tag{8.5}$$

가 된다. 이때의 b를 비장(比張, bijang, specific tension)이라 하면, 혼합비와 비습의 값이 실용상으로는 같으므로 실제로 두 개념을 같이 사용하기에 편리하다.

(5) 절대습도

습윤공기 1 m^{3}의 체적 속에 포함된 수증기의 질량(g)을 절대습도(絕對濕度, absolute humidity)라 하고 a라고 표시하면(소선섭·소은미, 2009 : 역학대기과학, 교문사 참조)

$$a = 217\,\frac{e}{T}\ (\mathrm{g/m^3}) \tag{8.6}$$

여기서, T : 절대온도(絕對溫度, absolute temperature)이다.

(6) 실효습도

상대습도와 같이 공기의 건습정도를 나타내고 있다. 목재나 섬유질 등의 함수량의 정도는 화재발생과 밀접한 관계를 가지고 있기 때문에 화재발생의 위험성의 척도로 이용되는 것이 **실효습도**(實效濕度, effective humidity) He이다. 건조도를 나타내는 시수(示數) He는

$$He = (1 - r)(H_0 + rH_1 + r^2H_2 + r^3H_3 \cdots\cdots + r^nH_n) \tag{8.7}$$

여기서, H_0 : 당일의 평균습도

H_n : n일 전의 평균습도

r : 상수(보통은 0.7, 장시간의 습도에 의존하는 임야화재에서는 0.5)

목재 등의 건조도는 그때의 공기의 건조상태만으로 결정되지 않고 수일 전부터의 건조상태의 영향을 받는다. 실효습도가 50~60 % 이하, 일최저습도 30~40 %가 화재발생 또는 확대의 위험성이 커진다. 화재경보는 실효습도, 당일의 최소상대습도, 풍속 등의 예상을 참조로 해서 발표한다. 실효습도에 대한 실제 계산의 예는 21.2절을 참조하기 바란다.

8.2 | 건습구습도계

보통의 온도계의 구부를 헝겊으로 싸서 물로 적시어 놓으면, 물의 증발에 의해 기온보다도 낮은 값을 나타낸다. 이것을 습구온도계(濕球溫度計, wet-bulb thermometer) 또는 간단히 **습구**(濕球)라 하고, 보통의 기온을 측정하는 온도계를 건구온도계(乾球 溫度計, dry-bulb thermometer)라 하며 간단히 건구(乾球)라고 한다. 2개가 1조로 되어 있고 이로부터 기온과 습구온도를 알면 수증기압을 구할 수 있다. 이와 같이 건구온도계와 습구온도계를 한 조로 한 것을 건습구습도계(乾濕球濕度計, psychrometer, dry-and wet-bulb hygrometer)라고 한다. 또는 메이슨의 습도계(Mason's hygrometer)로도 알려져 있다. 그러나 실제로는 이들은 온도계이므로 건습구온도계(乾濕球溫度計, dry-and wet-bulb thermometer)이다. 간단하게는 건습계(乾濕計, psychrometer)라고 한다. 기록형식으로는 습도의 기록(hygrogram), 습도기록계[濕度記錄計, hygrograph, 자기습도계(自記濕度計)]가 있다.

건습계에는 여러 가지 구조의 것이 있지만, 원리는 모두 같다. 제일 간단하나 널리 이용되고 있는 것은 2개의 유리제온도계를 10 cm 정도 떨어진 금속성의 틀에 수직으로 걸어, 그 한 개를

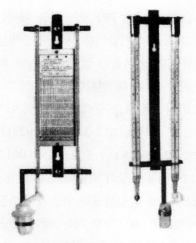

그림 8.1 건습계(왼쪽 : 오가스트형 오른쪽 : 푸스형)

거즈(가제) 등의 헝겊으로 싸 습구[4]로 한 것이다. 보통은 습구에서 실을 늘어뜨려, 틀의 하단에 부착시킨 작은 용기에서 물을 빨아올려, 거즈(gauze)가 언제든지 젖어 있도록 한다(그림 8.1). 습구가 아닌 쪽, 즉 기온을 측정하는 온도계가 건구가 된다.

봉상온도계를 이용한 건습계를 어거스트(August)형, 이중관 온도계를 이용한 것을 푸스 (Foose)형이라 불러 구별하는 일이 있다. 또, 외국제에는 2개의 온도계를 옆으로 상하로 놓아 틀에 부착시킨 것 등도 있다. 이런 종류의 건습계는 구조가 간단하고 싼 값으로 비교적 좋은 관측치를 얻을 수 있기 때문에 일반의 기상관측에 널리 이용되고 있다.

8.2.1 수증기압과 습도의 계산

(1) 건습계공식

건구의 온도를 T (C), 습구의 시도(示度)를 T_w (C)로 나타내면, 수증기압 e(hPa)는 일반적으로 다음 식으로 나타낼 수 있다.

$$e = E(T_w) - Kp(T - T_w) \text{ (hPa)} \tag{8.8}$$

이 식을 습도계방정식(濕度計方程式, psychrometer equation) 또는 건습계공식(檢濕計公式, psychrometric formula)이라 한다. 유도과정은 "소선섭·소은미, 2009 : 역학대기과학, 교문사, 130-132"의 저서에 자세히 실려 있으니 참조하기 바란다. $E(T_w) = E_w$ (hPa)는 T_w (C)에

---

4) 습구 : 맑은 여름날 해수욕장에서 습구(20 C)와 건구(34 C)의 온도차가 심하게 나 건조해서 습도가 23 % 일 때, 백사장에 있는 부모는 더워서 부채질을 하고 있는데, 해수욕을 하고 물으로 나온 어린아이는 추워서 입술이 파랗고 몸을 떨고 있는 경우가 있다. 이것은 육지에 있는 부모의 몸은 건구로 느끼는 반면, 어린아이의 몸은 물로 적시어져 마치 습구온도계의 표면의 헝겊에서 수분의 증발로 인해 체온이 내리는 현상으로, 습구와 같이 인식하기 때문이다. 이때는 마른 수건으로 아이의 몸을 닦아 주어 건구온도로 만들어 주면 된다.

대응하는 포화수증기압(부록 4 참조)으로, 습구가 얼어 있을 때에는 빙면(氷面)에 대한 포화수증기압의 값을 취한다. p(hPa)는 그 장소의 기압이다. K는 건습계상수(乾濕計常數)로 일컬어지는 것으로, 습구의 형태나 습구를 적시고 있는 물이 얼어 있는가에 따라 다르고, 특히 습구 주위를 불고 있는 바람의 속도, 즉 통풍속도에 의해 변화한다.

건습계상수는 옛날부터 여러 가지 실험으로 구해져 있지만, 아직 국제적으로 통일된 것을 사용하는 데에는 이르지 못하고 있다. 젤리네크(C. Jelinek, 1929)가 여러 가지 실험치를 정리한 결과에 의하면, 바람이 극히 약할 때(0~0.5 m/s 정도) K=0.001200, 다소의 바람이 있을 때(1~1.5 m/s 정도) K=0.000800, 2.5 m/s 이상의 바람이 있을 때 K=0.000656으로 하고, 습구가 얼었을 때에는 이들 값의 600/680(물의 증발잠열과 얼음의 승화잠열에 대한 비로, 약 0.88) 배, 결국 각각 K=0.001060, 0.000706, 0.000579로 하는 것이 적당하다고 한다. 풍속이 3 m/s를 넘으면, K는 거의 일정하게 되고, 습구의 형태에 의한 차이도 거의 없어지게 된다.

(2) 간이건습계공식

간이(簡易)건습계공식(乾濕計公式)들은 다음과 같다.

① 앙고(A. Angot, 1880)의 공식
- 습구가 결빙하지 않았을 때

$$e = 1.333224 \left[E_w \{1 - 0.00159(T - T_w)\} \right.$$
$$\left. - p(T - T_w)\{0.000776 - 0.000028(T - T_w)\} \right] \text{(hPa)} \tag{8.9}$$

- 습구가 결빙했을 때

$$e = 1.333224 \left[E_w \{1 - 0.059(T - T_w)\} \right.$$
$$\left. - p(T - T_w)\{0.000682 - 0.000028(T - T_w)\} \right] \text{(hPa)} \tag{8.10}$$

여기서, 각 문자의 의미는 앞 식과 동일하다.

② 더욱 간단한 간이 건습계공식
- 습구가 결빙하지 않았을 때

$$e = 1.333224 \{E_w - 0.0008 p(T - T_w)\} \quad \text{(hPa)} \tag{8.11}$$

- 습구가 결빙했을 때

$$e = 1.333224 \{E_w - 0.0007 p(T - T_w)\} \quad \text{(hPa)} \tag{8.12}$$

를 이용한다. 이들로부터 식 (8.1)을 이용하면 상대습도를 구할 수 있다.

이상의 일을 생각하면, 통풍장치가 없는 건습계에 의해 수증기압의 정확한 값을 구하는 데에는 백엽상 내의 풍속에 따라서 K의 값을 이용해야 한다는 것을 알 수 있다. 그러나 일반적으로 이것은 어려우므로 보통은 약간의 바람이 있을 경우의 상수(K=0.000800)를 이용하는 것으로 한다. 통풍속도가 다른 경우, 같은 건습구의 시도에 대해서 수증기압이나 상대습도가 어느 정도

표 8.1 통풍속도의 차이에 의한 수증기압과 상대습도의 계산차이

습구(C)		2			5			7			10		
		약	중	강	약	중	강	약	중	강	약	중	강
-5	수증기압(hPa)	1.7	2.7	2.9		0.1	0.9						
	습 도(%)	36	53	59		3	15						
0	수증기압(hPa)	3.7	4.5	4.8	0.0	2.1	2.8		0.5	1.5			
	습 도(%)	52	64	68	1	24	32		5	15			
10	수증기압(hPa)	9.9	10.7	10.9	6.9	8.3	8.9	3.9	6.7	7.6	0.1	4.3	5.7
	습 도(%)	70	76	78	37	48	53	20	34	40	1	18	24
20	수증기압(hPa)	20.9	21.8	22.0	17.3	19.3	20.1	14.9	17.7	18.8	11.3	15.3	16.8
	습 도(%)	79	82	83	55	61	63	42	50	53	27	36	40
30	수증기압(hPa)	40.0	40.8	41.1	36.4	37.9	39.1	34.0	36.8	37.9	30.4	37.4	35.9
	습 도(%)	84	86	86	65	68	70	54	59	60	41	47	49

(주) 통풍속도 : 약＝0 ~ 0.5 m/s, 중＝1 ~ 1.5 m/s, 강＝2.5 m/s 이상

다를까, 젤리네크가 구한 계수로 계산한 결과를 표 8.1에 나타내었다. 이 표에서 알 수 있듯이, 통풍속도를 '중'으로 해서 계산한 수증기압과 습도의 값은 바람이 대단히 약하고 습구온도가 낮을 경우에는 비교적 큰 오차가 생긴다. 이것은 관측결과를 이용하는 경우에 유의해야 할 일이다.

앞의 식에서 알 수 있듯이, 건습계에서 수증기압을 구할 때에는 그 장소의 기압이 필요하다. 그런데 기압은 절대치에 비해서 변화량이 작으므로 그다지 영향이 없다. 그러므로 특히 정확한 값을 구할 경우를 제외하고는 보통 $p = 1{,}007$ hPa(755 mm)로 해서 계산한다. 해발 약 1,000 m 이하의 곳에서는 이렇게 해도 큰 오차는 생기지 않는다.

건구와 습구의 시도차 ($T - T_w$)는 가능한 한 정확히 구할 필요가 있고, 건습계의 시도는 0.1 C까지 읽고, 기차보정을 하고 나서 건습차를 구한다. ($T - T_w$)에 0.1 C의 오차가 있으면, 기온이 높을 때는 습도의 오차는 1 % 정도이지만, 상당히 저온이 되면 10 %도 된다. 그렇기 때문에, 저온일수록 건습계의 정확도는 나빠진다. 다음에, 앞에서 기술한 공식을 이용해서 수증기압과 상대습도 등을 구하는 예를 들자.

■ 예제

기온 19.1 C, 습구온도 15.0 C일 때(어느 쪽도 기차보정을 한 값)의 수증기압, 상대습도, 혼합비, 노점온도를 구하라.

　　15.0 C에 대응하는

　　　　포화수증기압 = 17.0 hPa … (부록 4의 포화수증기압의 표에 의함)

　　　　수증기압 = 17.0 − 0.000800×1,007×(19.1 − 15.0) = 17.0 − 3.3 = 13.7 hPa

　　　　19.1 C에 대응하는 포화수증기압 = 22.1 hPa

따라서

$$상대습도 = \frac{13.7}{22.1} \times 100 = 62\,(\%)$$

$$혼합비 = \frac{0.622 \times 13.7}{1,007 - 13.7} \times 1,000 = 8.6\,\text{g/kg}$$

노점온도는 포화수증기압 13.7 hPa에 대응하는 온도이므로, 포화수증기압의 표에 의해, 그 값은 11.7 C인 것을 안다.

실제로 건습구의 읽은 값에서 습도를 구하는 데에는 여러 표나 도표가 이용되지만, 그 표의 하나와 그 사용방법을 부록 5에 나타내었다.

8.2.2 관리

(1) 습구의 헝겊과 실을 붙이는 방법

습구는 표면이 언제든지 얇고 균일한 물의 막으로 덮여 있지 않으면 안 된다. 그러기 위해서는 습구를 싸는 헝겊은 되도록 얇고 조밀하게 짠 것이 좋다. 보통은 거즈(gaze)나 무명이나 삼베를 이용하지만, 일시적인 관측일 때에는 닥나무로 얇게 만든 종이도 상관없다. 어느 쪽도 기름기가 없는 것을 이용한다.

헝겊을 붙이는 방법은 여러 가지가 있다. 감지부의 형태가 둥근 것은 완전히 씌우고, 구부 위의 들어간 곳은 실로 묶고, 여분의 헝겊은 잘라내는 것이 좋다. 가늘고 긴 감부일 때는 헝겊을 감아서 붙이듯이 말단과 조여지는 곳을 실로 묶는다. 가능한 한 이중이 되지 않고 감부에 균일하게 밀착하도록 궁리해서 붙인다.

물병에서 물을 빨아올리기 위한 실은 하얀 무명실을 10개 정도 다발로 묶은 것 등을 이용한다. 거즈의 실을 푼 것을 20~30개 묶어도 좋다. 또 감부를 싼 헝겊의 나머지를 그대로 늘어뜨리는 일도 있는데, 너무 두꺼우면, 불필요한 증발 때문에 물병의 물이 빨리 없어지므로 좋지 않다(그림 8.2).

실의 역할은 모세관 작용에 의해 물을 빨아올리는 것이므로, 강하게 비틀거나 묶거나 하지 않도록 한다. 물병에서 구부까지는 10 cm 정도가 적당하다. 실은 병의 밑바닥에 약간 여유 있게 닿는 정도가 좋다.

습구의 헝겊과 실은 먼지 등으로 더럽혀지기 전에 새로운 것으로 교환하고 해안 등에서 아침바람을 받는 곳에서는 비록 겉보기에 더러움이 없어도 가끔 바꾼다. 해수의 보라로 덮이는 곳에서는 더욱 자주 교환할 필요가 있다. 교환할 때, 감지부의 유리면에 물때가 붙어 있으면 칼끝 등으로 가볍게 떼어내든가 묽은염산으로 씻어낸다.

그림 8.2 습구의 헝겊과 실을 다는 방법

(2) 물병과 물

물병은 병으로부터 직접 증발을 적게 하기 위해, 되도록 입구가 작은 것이 좋다. 입구가 넓은 용기일 때는 적당한 크기의 구멍이 있는 뚜껑을 덮어, 구멍을 통해 실을 유도하도록 한다. 병을 습구 바로 밑이나, 최고·최저 등 다른 온도계의 감지부 가까이에 놓는 것은 좋지 않다.

물병에 넣은 물은 증류수가 가장 이상적이지만, 깨끗한 연수(軟水, soft water, 단물)라면 물때가 낄 염려가 적으므로 관계없다. 빗물, 눈을 녹인 물, 수돗물도 좋다. 기온이 높고 건조해 있을 때는 증발이 빠르므로, 병의 물이 없어지지 않도록 주의한다. 또 해안 등에서 물보라를 맞았을 때는 그대로 방치해 두면 염분 때문에 보다 높은 습구온도를 나타낼 염려가 있으므로 물을 갈아 준다.

물의 교환은 관측 직전을 피하도록 한다. 습구의 헝겊을 교환하거나 물병의 물을 갈아 넣었을 때에는 습구의 시도가 안정될 때까지, 바람이 약할 때에는 보통 10 분 이상 걸린다. 바람이 있으면 더욱 빠르지만, 그래도 3~5분 정도 걸린다. 바람이 없을 때에는 빨리 시도를 안정시키기 위하여 부채 등으로 부쳐 주면 좋다.

(3) 습구의 시도가 빙점 이하일 때의 취급방법

습구가 얼었을 때, 얼음의 층이 너무 두꺼우면 올바른 습구온도를 나타내지 못하므로 되도록 얇은 얼음의 막을 만들도록 한다. 실이나 헝겊이 얼면 물병에서의 빨아올림이 없어지고, 헝겊이 마르므로 관측하기 전에 헝겊을 물로 적신다. 물이 0 C에 가까우면 얼음막의 두께가 불규칙하게 되기 쉬우므로 미지근한 물을 듬뿍 적셔 나중에 붓 등으로 여분의 물을 빨아내도록 한다.

지난번 관측 시의 얼음이 남았을 때는 얼음의 두께를 균일하게 하기 위해서, 한번 녹여 새로운 얼음의 얇은 층을 만들도록 한다. 더욱 빈번히 관측할 때는 매회 녹일 필요는 없다.

추운 지방에서 습구가 언제나 얼어 있는 계절에는 감부의 헝겊만을 남겨 놓고 실과 물병을 떼어놓는 것이 좋다.

기온이 영하(-) 10 C 또는 그 이하일 때, 습구를 미지근한 물로 적시면, 습구는 우선 얼지 않은 채 영하로 내려간 후, 얼기 시작하면서 일단 0 C 또는 그 부근까지 되돌아온다. 완전히 얼어버리면 다시 내려가면서 안정한 시도가 된다. 시도가 안정될 때까지 바람이 전혀 없을 때는 1시간이나 걸리는 일이 있으므로, 습구를 적시는 데 충분한 시간적 여유를 줄 필요가 있다. 시도를 보다 빨리 안정시키려면, 부채 등으로 바람을 일으켜 주면 좋다.

습구가 얼어 있을 때는 부록 5의 표에 의해 습도를 구하는데, '습구가 빙결했을 때'의 표를 이용한다.

습구의 시도가 영하 C 도 정도일 때, 과냉각상태로 습구는 얼지 않는 일이 많다. 시도를 읽고 나서 얼어 있는지 아닌지를 확인한다. 얼지 않은 것을 알았을 때는 부록 5의 '습구가 빙결하지 않았을 때'의 표를 이용하여 습구를 구한다.

(4) 기타 주의사항

안개나 강우 때문에, 건구의 감지부에 물방울 등이 부착했을 때는 관측하기 전에 마른 천 등으로 닦아내도록 한다. 짙은 안개일 때는 기차보정을 해도 습구의 시도가 건구보다도 다소 높은 경우가 있는데, 이때는 편의상 건구의 시도 쪽이 옳은 것으로 해서 습구와 건구를 같은 시도로 한다.

기온이 급격히 하강했을 때 등에는 습구의 시도변화가 늦어, 습구가 건구보다도 높은 경우가 있다. 이와 같은 때는 부채 등으로 부채질을 해서 습구의 시도가 내려가도록 돕는다.

8.3 | 통풍건습계

건습계의 설명에서도 말했듯이, 보통의 건습계는 감부에 닿는 공기의 속도가 그때의 풍속의 강도에 따라 다르고, 그 때문에 건습계상수 K의 값이 변하므로, 습도의 관측치에 간혹 몇 % 정

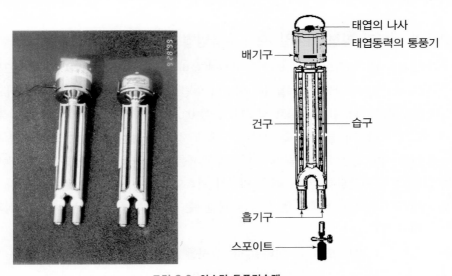

그림 8.3 아스만 통풍건습계

도, 때로는 10 %를 넘는 오차가 생긴다. 이 오차를 없애기 위해서 태엽동력이나 소형 모터에 의해 통풍장치를 움직여 통풍속도를 일정하게 유지한 건습계를 **통풍건습계**(通風乾濕計, ventilated psychrometer)라고 하며, 여러 형태의 것이 고안되어 있다.

휴대용으로 만들어진 **아스만 통풍건습계**[Assmann('s) aspiration(aspirated, ventilated) psy-chrometer, 그림 8.3 참조]는 일사(日射)를 막기 위하여 감지부에는 금속성의 덮개가 씌워 있어, 통풍속도는 2.5 m/s 정도가 되도록 한다. 이것이 있으면 백엽상이 없어도 기온이나 습도의 관측이 가능하므로, 임시적인 야외관측 등에 편리하다. 이전에는 전부 태엽동력인 것이었지만, 근년에는 전지를 사용하는 것이 시판되고 있다.

백엽상 내에서 사용하는 통풍식의 대표적인 것은 전동식과 중추식이 있고, 기상관서 등의 정식측기로 되어 있다. 통풍속도는 대개 3.5 m/s 정도이다(그림 8.4).

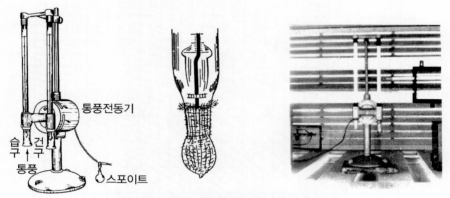

그림 8.4 **백엽상 내에 놓은 통풍건습계(전동식)**

진회통풍건습계(振廻通風乾濕計, sling psychrometer, 돌리는 건습계)는 감부의 회전속도가 3 ~4 m/s가 되도록 손으로 돌려, 시도가 안정되었을 때 읽는 것으로, 여러 가지 형태가 있다. 관측할 때에는 일광이 직사하지 않는 장소를 선택한다(그림 8.5).

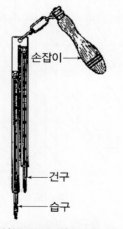

그림 8.5 **진회통풍건습계(돌리는 통풍건습계)**

이들 통풍식 건습계를 사용할 때는 대개 보통의 건습계와 같은 주의가 필요하지만 온도계의 시도는, 건구도 습구도 통풍하지 않는 것보다 빨리 안정된다. 보통 통풍을 개시하고 5분 정도 되면 관측이 가능하다. 읽은 값에서 수증기압이나 상대습도를 계산할 때에는 건습계상수를 젤리 네크가 구한 통풍속도 2.5 m/s 이상에 대한 값 K = 0.000656으로 해도 좋지만, 스프룽(A. Sprung, 1880)의 공식을 기초로 해서 K = 0.000662(습구가 얼었을 때는 0.000583)를 이용하도록 되어 있다. 이 때문에 부록 5에는 후자의 상수로 상대습도를 구하는 표를 보통의 건습계와는 달리 비통풍식을 "부록 5.2 통풍용"에 따로 게재했다.

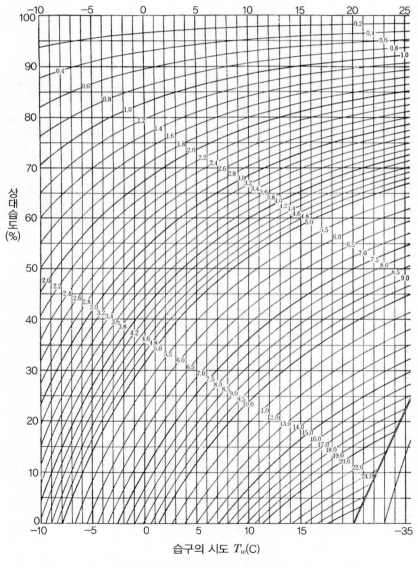

(a) 습구가 빙결하지 않았을 때

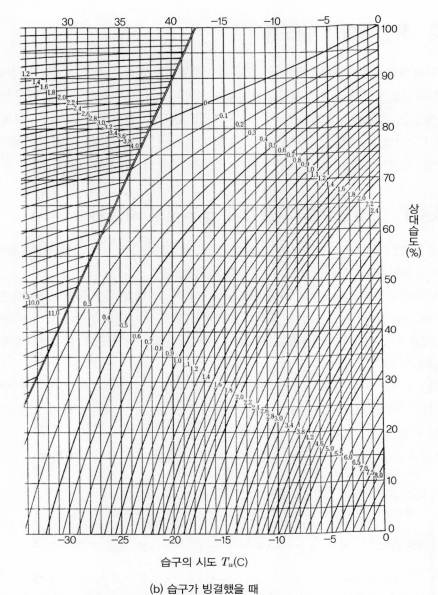

(b) 습구가 빙결했을 때

도표 8.1 통풍건습계용의 습도선도

    도표 8.1은 통풍건습계용의 습도를 구하는 선도이다. 곡선은 건구와 습구의 차 $(T - T_w)$ C 의 등치선이다. 이 선도를 사용해서, 통풍건습계의 건구와 습구의 시도에서 상대습도를 구할 수 가 있다. (a)의 선도는 습구가 얼지 않았을 때, (b)는 습구가 얼었을 때에 사용한다. 예를 들면, 습구온도(T_w)가 5 C , 건구온도(기온, T)가 7 C였다고 하면, 그 차는 $T - T_w = 2$ C가 된다. 따라서 2 C의 등치선이 5 C의 세로직선과 교차하는 점에서, 세로축에서 상대습도 78 %를 읽을 수가 있다.

8.4 | 정전용량형 습도계

1930년대에 고층대기관측에서 라디오존데가 개발되기 시작할 때쯤 미국의 둔모아(Dunmore)는 그 목적을 위해서 물질의 흡탈습(吸脫濕)에 수반되는 전기적 특성의 변화로부터 습도를 측정하는 방법을 개발했다. 그 후 개량이 진전되어 **정전용량형 고분자막 습도계**(靜電容量型 高分子膜 濕度計)가 탄생했다. 이 습도계는 핀란드의 바이사라 사(Väisälä 社)[5] 등에 의해 라디오존데용으로 개발·개량이 추진되어 현재 각국에서 고층대기관측에 사용하고 있다.

8.4.1 정전용량형 고분자막 습도계의 측정원리

정전용량형 고분자막 습도계(靜電容量型 高分子膜 濕度計) 센서는 고분자막을 유전체(誘電体)로 한 일종의 콘덴서[condenser, 축전기(蓄電器)]이다.

고분자막의 비유전율(比誘電率)이 건조상태에서 약 3인데 반해서 물의 비유전율은 온도 20 C에서 80이다. 고분자막으로의 물분자의 흡착[吸着(또는 탈습(脫濕))]량에 의해 비유전율이 변화하기 때문에 감지부의 정전용량도 변화한다. 정전용량을 전기신호로 끌어냄으로써 상대습도가 측정된다.

고체표면에 있어서 물분자(수증기)의 흡착이란 대기 중의 수증기가 고체의 표면에 붙어 없어지는 현상을 말하고, 고체의 내부까지 파고들어가는 흡수와는 다른 현상이다. 흡착량은 주위의 일정한 수증기압과 평형상태를 유지한다.

상대습도(RH, %)에서의 정전용량 $C(RH)$의 변화율 $dC(RH)/dRH$는

$$\frac{dC(RH)}{dRH} = \varepsilon_0 \frac{S}{d} \frac{d\varepsilon_s(RH)}{dRH} \tag{8.13}$$

으로 나타내진다. 여기서, ε_0는 진공유전율, ε_s는 RH%일 때의 비유전율, S는 전극면적, d는 전극간격이다.

따라서 감지부(센서, 감부)의 상대습도가 RH%일 때의 정전용량 $C(RH)$는

$$C(RH) = C_0 + \alpha \frac{dC(RH)}{dRH} \tag{8.14}$$

---

5) 바이사라의 역사 : 바이사라 사(Väisälä 社, Vaisala company)의 기원은 바이사라 사의 창시자이고, 오래 사장을 역임한 빌호·바이사라(Vilho Vaisala) 교수가 라디오존데의 작동원리를 발명한 1930년에 시작되었다. 그는 1931년 12월에 최초의 핀란드제 라디오존데를 하늘 높이 올려보냈다. 바이사라 교수는 그 후도 라디오존데의 개발과 시험을 계속해서, 1936년부터 제품으로 출시가 개시되었다.
　창업 이래, 바이사라 사는 부드럽게 발전해서, 많은 계측분야에서 세계적인 지도자가 될 수 있었다. 현재, 바이사라 사는 1,400명 이상의 직원과 제품의 97 %를 140개국 이상으로 외국에 수출하고 있다. 선진의 기술, 적극적인 연구개발, 고도의 전문화가 바이사라 사의 사업의 모두를 특징지어 주고 있다.

로 나타낸다. 여기서, C_0는 상대습도 0 %일 때의 정전용량, α는 감지부의 형상에 대응하는 상수, C_0와 α는 개개의 감지부의 고유상수이다.

8.4.2 감지부의 구조

그림 8.6은 정전용량형 고분자막 습도계의 감지부의 기본적인 구조를 나타낸다. 유리기판 위에 금속의 얇은 막의 하부전극이 있고, 그 위에 고분자의 감습막이 수 μm의 두께로 균일하게 도포되고, 거기다 도포막 위에 금속박막의 상부전극이 구성되어 있다. 상부전극은 고분자막에 물분자가 자유롭게 출입할 수 있게끔 다공질이고 더욱이 고분자막과 충분히 접착해서 화학적으로도 변화되지 않도록 하는 연구가 거듭되고 있다. 고분자 재료로는 셀룰로오스 에스테르 화합물, 폴리비닐알코올, 폴리아크릴아미드, 폴리비닐피로리돈 등이 이용되고 있다.

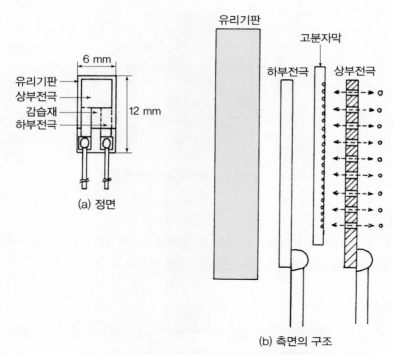

그림 8.6 정전용량형 고분자막 습도감지부의 형상과 구조

8.4.3 특성

(1) 상대습도 - 정전용량의 특성

그림 8.7 (a)는 상대습도 - 정전용량의 특성으로 온도 25 C, 각 측정점에서 30분간 방치해, 1

MHz의 주파수로 측정한 예를 나타낸 것이다. 낮은 습도에서 70 %까지는 직선이지만 그 이상에서 어긋나 있다.

(2) 주파수특성

같은 그림 (b)는 주파수 특성 예를 나타낸 것이다. 10 kHz의 영역에서는 직선성이 나빠지고 있다.

(3) 히스테리시스 특성

같은 그림 (c)는 낮은 습도에서 높은 습도, 다시 낮은 습도로의 순서로 각 습도에서 30분간 방치했을 때의 히스테리시스[hysteresis, 이력현상(履歷現象)] 특성 예를 나타낸 것이다. 히스테리시스는 고습도역에서 중습도역에 걸쳐서 커져 있고 상대습도 60~80 % 부근에서 최대가 된다.

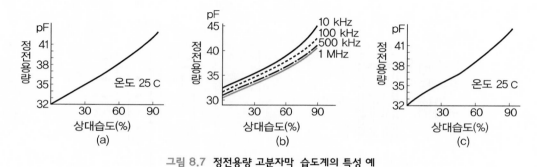

그림 8.7 정전용량 고분자막 습도계의 특성 예

(4) 응답특성

상대습도 0 %에서 90 %로 급변시켰을 때와 90 %에서 0 %로 급변시켰을 때의 응답특성의 예를 나타낸다. 90 % 응답에서 흡착과정이 약 6초, 탈습과정이 약 10초이다.

(5) 온도의존성

우수한 기종에 대해서 온도의존성의 실험결과에 의하면 5~30 C에서 0.1 % RH/C 정도이고, -30~0 C에서 ±0.2 % RH/C 정도였다.

8.5 | 자외선습도계

대기경계층에 있어서 에너지의 교환과정을 조사하기 위한 습도측정 등에는 수증기량을 정확하게 측정할 수 있고, 응답이 빠른 습도계가 필요하다. 이와 같은 목적을 위해서 1965년경 미국의 란돌(Ranndall) 등이 자외선습도계(紫外線濕度計, ultraviolet hygrometer)를 개발했다.

8.5.1 구조

자외선이 수소가스를 충전시킨 방전관에서 방출되어 자외선이 투과하는 재질(MgF_2)의 창을 갖는 전리상으로 만들어진 검지관에 입사한다. 검지관 속에 NO 가스가 이온화되어 전류가 흐른다. 이 출력전류를 증폭시켜 절대습도를 구한다.

8.5.2 측정원리

수소방전으로 발생하는 수소 스펙트럼 중에서 파장 121.6 nm의 자외선(라이만 $-\alpha$ 선)이 대기 중에서 수증기에 의해 흡수계수가 대단히 큰 것을 이용하고 있다.

입사광강도 I_0의 평행한 자외선은 광로장 x의 대기를 통과해서 대기 중의 수증기에 흡수되어서 방사강도 I로 감쇠할 때, I는 다음 식으로 나타낸다.

$$I = I_0 \exp \left\{ -k \left(\frac{\rho}{\rho_0} \right) x \right\} \tag{8.15}$$

단, k : 수증기의 흡수계수

  ρ : 수증기의 밀도

  ρ_0 : 표준상태(0 C, 1 기압)에서의 수증기의 밀도

  x : 광로장

엄밀하게는 대기 중의 흡수기체에는 O_2, O_3도 있다. 그러나 O_2의 흡수계수는 0.3/cm에 대해 수증기는 387/cm이고, O_3는 640/cm이지만 지상에서의 농도는 50 ppb 이하로 어느 쪽도 문제가 되지 않는다.

8.5.3 특징

빛이 수증기에 의해 흡수되는 성질을 이용하는 습도계에는 적외선습도계(赤外線濕度計, infrared hygrometer)도 있지만, 광로장을 20~40 cm 필요로 한다. 이것에 대해, 자외선습도계는 방전관과 검지관과의 거리를 수 cm로 짧게 할 수 있기 때문에, 소형으로 짧은 주기의 습도변동을 측정할 수 있다.

배경(背景, background)에 같은 파장의 자외선이 없으므로 입사광의 노이즈[noise, 잡음(雜音)]가 없다.

단, 광원의 방전관에는 경년변화가 생기기 때문에 절대측정을 하는 데에는 다른 절댓값의 측정이 가능한 장치에서 때때로 점검할 필요가 있다.

8.6 | 모발습도계

8.6.1 모발습도계의 원리

탈지(脫脂 ; 기름을 뺌)한 모발(毛髮 ; 머리카락)은 습도가 증가하면 늘어나고, 감소하면 줄어드는데, 이 성질을 이용한 것이 **모발습도계**(毛髮濕度計, hair hygrometer)이다. 이것은 수십 개의 모발을 다발로 해서 그 한 끝은 고정시키고, 다른 한 끝의 움직임을 시침에 전달하든가, 양 끝을 고정해서 중앙을 약한 용수철로 끌어 모발의 늘어남을 시침으로 나타내도록 한 것이다(그림 8.8). 상대습도를 직접 %로 읽을 수 있도록 눈금을 새겨 놓았다.

램브렛(Lambrecht)형의 모발습도계는 폴리미터(polymeter)라 하고, 이것은 그림 8.8의 왼쪽 그림이다. 이것은 독일 회사의 상품명이었지만, 지금은 일반적인 명칭이 되어 있다. 눈금은 상대습도와 습수(濕數 : 기온과 노점과의 차)의 2단으로 되어 있다. 시도를 읽어, 간단한 계산으로 노점과 그 온도의 수증기압이 구해진다. 지침의 끝이 3개로 나누어져 있어, 중앙의 바늘이 상대습도를 나타내도록 되어 있다. 이런 종류의 습도계는 가능한 한 구조가 간단한 것이 좋다.

습도가 변화했을 때의 모발의 추종성은 습도에 따라 크게 달라, –10 C에서의 늘어짐은 +10 C에서의 늘어짐의 3배나 된다. 그러나 황화바륨(黃化 barium, BaS)으로 처리한 후 압연(壓延, rolling)하고 더욱 황산(H_2SO_4)으로 처리한 모발은 저온이 되어도 습도의 변화를 잘 추종한다.

좋은 모발습도계의 늦어짐의 계수는 2분 정도이고, 사용방법이 옳다면, 많은 경우에 3 % 정도의 측정오차로 상대습도를 구할 수 있다. 이 때문에 때때로 건습계 등 표준이 되는 습도계와 시도의 차이를 비교해 보정치를 구해 두는 일이 필요하다. 모발은 특히 암모니아에 약하므로, 암모

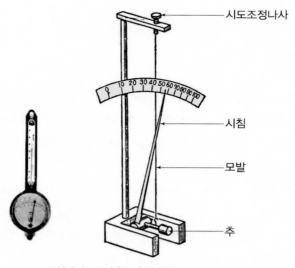

시도조정나사

시침

모발

추

그림 8.8 **모발습도계의 원리**

니아(NH₃) 가스에 노출되지 않도록 주의한다. 또 먼지나 매연 등이 부착되면 성능이 저하되어 10 % 이상의 오차가 생기는 일이 있으므로, 가끔 부드러운 솔 등으로 조심스럽게 청소하거나 물로 씻어도 좋다.

오랫동안 건조한 공기 속에 놓아 두면 모발의 감부가 둔화되지만, 포화에 가까운 습윤공기 속에 몇 시간 방치해 두면 회복된다. 매어 두었던 모발습도계는 하룻밤 목욕탕 등 습한 곳에 넣어 두었다가 사용하면 좋다.

앞에서도 말했듯이, 모발습도계로 수증기압을 구할 때에는 같은 시각에 기온을 관측하고, 그 기온에 대응하는 포화수증기압을 표에서 구하여 이것에 습도를 곱하면 된다. 온도계가 부착되어 있는 것은 이것에 이용할 수 있는 것이다. 포화수증기압은 기온이 영하일 때도 물에 대한 값을 취한다.

8.6.2 모발자기습도계

감부에 모발을 이용한 자기습도계가 가장 일반적으로 사용되고 있는 **모발자기습도계**(毛髮自記濕度計, hair hygrograph)이다. 모발의 특징이나 사용상의 주의에 대해서는 앞에서 언급한 것이 그대로 자기기에 대해서도 적용된다. 그림 8.9에 표시한 리차드형 자기습도계에는 1일용의 것과 1주일용의 것이 있는데, 보통의 관측에서는 소형의 1주일용이 흔히 이용되고 있다(그림 8.10).

진동이나 쇼크에 의해 시도가 흔들리거나, 마찰이나 모발의 더러움에 의해 감부가 점점 나빠지기도 하므로, 신뢰할 수 있는 관측치를 얻기 위해서는 때때로 건습계 등과 비교한다. 비교는 되도록 습도의 변동이 작은 실내 등에서 행하는 것이 좋지만, 백엽상 내에서 비교 관측해서 자기온도계와 같은 방법(7.8 참조)으로 보정값을 구하는 방법이 흔히 이용된다.

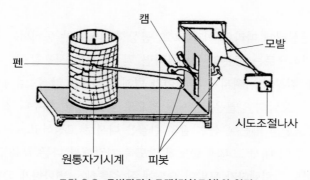

그림 8.9 **모발자기습도계(리차드형)의 원리**

그림 8.10 모발자기습도계의 외형

　이런 종류의 자기습도계는 실측치와 비교해서 다소의 차가 있어도 자주 시도를 맞출 필요가 없고, 보정값으로 수정하도록 한다. 본래 차가 10 %를 넘을 때는 조정나사를 움직여 시도를 맞추지만, 큰 차를 조정나사만으로 수정하면 배수가 변하는 일이 있으므로 주의해야 한다. 차가 갑자기 커졌을 때는 그 원인을 조사할 필요가 있다(그림 8.11).

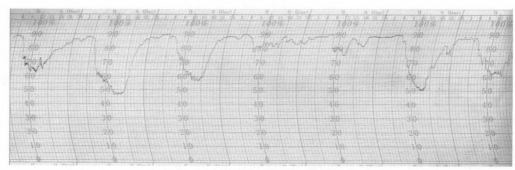

그림 8.11 1주일용 자기습도계의 기록 예
자기지를 교환했을 때의 실측에 의하여 보정치를 구하여 이것을 비례로 배분하고, 매일의 최대습도와 최소습도를 구한 것.

　모발의 수명은 사용상태에 따라 차이가 크고, 공장지대나 해안 등에서는 1년도 유지할 수 없는 일이 있지만, 일반적으로는 충분히 주의한다면 몇 년 정도 사용할 수 있다.

　모발이 끊어지거나, 감부가 나빠지거나, 길이가 변해서 배율을 알 수 없게 되었을 때는 새로운 모발로 교환해야 한다. 모발의 양끝은 가는 실 등으로 묶여 있고, 개수나 길이는 각각의 측기에 대해 결정되어 있다. 교환할 때는 우선 다발의 한끝은 나사로 고정하고, 다음에 캠(cam)에 연결하는 갈고리에 걸어, 펜이 대개 그때의 습도에 맞도록 가감해서 다른 끝을 고정한다. 이와 같이 해서 수 시간~1일 정도 방치했다가 모발이 습도에 잘 추종해서 변화하게 되면, 조정나사를 움직여 건습계 등으로 측정한 값에 시도를 맞춘다.

　수증기압이나 이슬점온도를 구하기 위해서는 자기온도계 등에 의해 같은 시각의 기온을 읽어야 한다.

8.7 | 기타 습도계

7장의 기온에서 말한 상리식(上利式)의 격측자기온도계(隔測自記溫度計, remote-reading thermograph)를 2개 사용하여, 그 한 개를 습구로 하면, 격측식의 자기건습계가 되고, 이것을 이용해서 임의의 시각의 습도를 구할 수 있다.

이 외에 염화리튬(lithium chloride, Li Cl)에 대한 포화수증기압이 온도의 함수인 것을 이용한 듀셀(Dewcel)이라고 불리는 습도계가 있다. 이것은 교류전압을 건 2개의 선을 코일 모양으로 감아서 선 사이에 염화리튬 감습체(感濕體)를 칠해 놓으면, 전류 때문에 염화리튬의 온도가 상승한다. 그러나 대기 중의 수증기량이 염화리튬의 포화수증기압에 가까워지면, 감습체의 저항이 커져서 전류는 감소한다. 따라서 감습체의 온도를 측정하면 수증기량을 알 수 있다.

듀셀(Dewcel)이라는 이름은 미국의 폭스보로사(Foxboro company)의 상품명인데, 근년 일본에서도 같은 원리의 습도계가 제작·판매되고 있다. 이것은 2개의 백금 저항온도계를 금속제의 통풍통에 넣은 다음 온도계의 주위에 단열재를 넣고, 통의 상부에 단 모터로 통풍하도록 되어 있다. 한 개의 온도계에는 직접 바람에 대고 기온을 측정하고, 다른 한 개는 바람이 직접 닿지 않도록 차폐통(遮蔽筒) 속에 넣어, 감습체로서 그 온도를 측정한다. 온도계의 시도는 어느 쪽도 전기적으로 자기기록된다.

8.8 | 염화리튬노점계

염화리튬(lithium chloride)노점계(露点計)는 1945년 미국의 폭스보로 사(Foxboro company)가 개발하였다.

8.8.1 측정원리

염화리튬(LiCl) 수용액의 포화수증기압은 용액의 온도와 농도의 함수이지만 포화수용액에 있어서는 온도만의 함수가 되어 온도의 상승과 함께 포화수증기압은 높아진다. 또 염화리튬 수용액은 흡습성이 있을 뿐더러 용액 중에서 고체염(固體鹽)이 없는 상태에서는 전기전도도가 매우 크지만, 조금이라도 결정이 생성되면 전도도가 급격히 감소한다. 염화리튬노점계는 이러한 성질을 이용해서 염화리튬 수용액을 바깥공기에 의해 따뜻하게 해서 그 포화수증기압을 외기의 수증기압과 같은 포화용액을 만들어 그 용액의 온도를 측정하는 것으로부터 노점온도를 구한다.

8.8.2 구조와 동작

염화리튬노점계 감부의 외형을 그림 8.12에, 또 염화리튬노점계의 구조 및 동작을 그림 8.13

에 나타내었다.

보호관으로 덮인 감습부는 절연도장해서 아주 가까이 금속관에 유리섬유 테이프를 감아 그 위에 평행한 1대의 가열용 전극선을 감아 염화리튬 수용액을 도포하고 있다. 전극선은 금도금 은선으로 그 양끝에 교류전압 25 V를 가해 용액을 가열한다. 용액의 농도가 포화하고 있지 않은 경우에는 큰 전류가 계속 흐르고 있지만 발열로 물이 증발해서 용액의 농도가 포화에 도달한다. 포화용액에서는 결정이 나타나서 전류가 감소하고 온도상승이 멈추어서 바깥공기의 수증기압과 평형을 이룬 포화용액 온도를 유지한다.

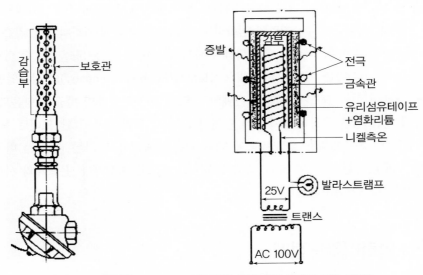

그림 8.12 염화리튬노점계 감부의 외형   그림 8.13 염화리튬노점계의 동작 설명도

바깥공기의 수증기압이 내려간 경우에는 결정이 늘어 전류가 감소해 온도가 내려간다. 반대로 바깥공기의 수증기압이 올라갈 경우에는 수분을 흡수해서 전도도를 늘리고 전류가 증가해 온도가 상승한다.

금속관 내부 니켈 측온저항체가 감습부의 평형온도를 검지한다.

발라스트램프(ballast-lamp)는 감지부를 옥외에 설치했을 때 평형상태가 될 때까지 과대전류가 흐르지 않도록 제한하고 있다.

염화리튬노점계는 노점을 지시, 기록하는 부분과 조합해서 사용한다.

8.8.3 특성과 정밀도

(1) 노점과 평형온도

국제임계표(國際臨界表, international critical table)에 의하면 염화리튬은 온도에 의해 몇 개의 전이점(轉移点, transition point)이 있다. 그렇기 때문에 포화수증기압과 온도와의 관계곡선에

는 불연속점이 있다. 평형온도가 상승하면

$$-16.5\,C\,\text{에서} \qquad LiCl \cdot 3H_2O + LiCl \cdot 2H_2O$$
$$0.0\,C\,\text{에서} \qquad LiCl \cdot 2H_2O$$
$$12.5\,C\,\text{에서} \qquad LiCl \cdot 2H_2O + LiCl \cdot 2H_2O$$
$$20\,C\,\text{에서} \qquad LiCl \cdot H_2O + LiCl$$

이 된다. 그런데 이들의 점을 연결하는 곡선과 실제의 경정(更正)결과와는 일치하지 않는다. 제조업자는 실제의 교정결과에 근거한 노점 – 수증기압 – 평형온도를 정하고 있다. 그림 8.14에 실제로 사용되는 관계곡선을 나타내었다. 0 C 이하에서는 과냉각 수면상의 수증기압을 사용하고 있다.

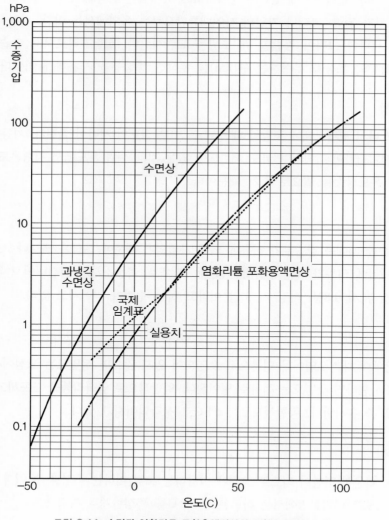

그림 8.14 **수면과 염화리튬 포화용액면상의 포화수증기압곡선**

1972년경 한랭지의 기상관서에서 노점이 $-12 \sim -15\,C$, $-22 \sim -25\,C$ 부근에서 이상적으로 변화하는 현상이 다수 관측되었다. 이것은 염화리튬의 전이점에 있어서 물이 방출되기도 하고 흡수되는 것에 의한 것으로 해석된다. 이것은 이 형의 노점계의 특성이라고 할 수 있다.

(2) 빙점 이하의 노점

기상관계에서는 과냉각수상의 수증기압표를 이용하고 있다. 공업분야에서는 빙상의 수증기압표를 이용하고 있다.

(3) 풍 속

풍속이 증대되면 평형온도가 내려가 오차를 유발한다. 0.25 m/s 이상의 바람을 감습부에 닿게 해서는 안 된다. 노점 6 C에 있어서 풍속 1 m/s 속에서는 노점의 오차 $-0.5\,C$, 4 m/s에서는 $-1.2\,C$의 오차가 된다. 그러나 가열의 자연대류만으로는 옥외에서는 야간, 감부에 이슬, 서리 등이 붙어서 새벽에 그것이 증발할 때 노점을 교란시킨다. 실험결과로부터 감습면 부근에서 0.15 m/s의 상향의 통풍을 부여하는 팬(fan)을 부착한 통풍통을 사용하게 하였다.

(4) 기동특성

기동시키고 나서 평형상태에 도할할 때까지 수 10분 정도의 시간이 걸린다. 기동 시에는 염화리튬용액의 전기저항이 작아서 전류도 제한되어 있는 것과 주위 온도에서 평형온도까지는 20~30 C 정도의 온도상승을 필요로 하기 때문이다.

(5) 응답특성

노점이 상승할 때에는 감습부가 전류에 의해 가열되기 때문에 응답은 빠르다. 노점이 하강할 때에는 자연냉각에 의하기 때문에 응답은 늦다. 그 예로, 측온소자가 열전대의 경우의 98 % 응답으로 노점상승 시 0.8분, 하강 시 3.5분이라고 하는 수치가 얻어지고 있다.

(6) 정밀도

염화리튬용액이 대기오염이나 염분으로 오염되어 있지 않으면 정밀도는 노점에서 ±0.5 C 정도이다. 길게 사용하면 정밀도는 점차로 떨어진다. 일반적으로 염화리튬을 도포하고 나서 3개월 정도는 정밀도를 유지한다. 종합적으로는 ±1 C로 생각되어지고 있다.

(7) 측정한계

평형온도는 기온이 하한이 되므로 그것에 상당하는 노점 이하는 측정할 수 없다. 하한 부근은 정밀도가 나쁘므로 대기관측에서는 하한온도 +2 C를 측정한계로 하고 있다.

Chapter 09 바 람

바람은 대기[大氣, 공기(空氣)]의 기압차에 의한 수평적인 이동을 뜻한다. 공기의 연직 상하의 운동은 기류(氣流)라고 한다. 그러나 기류는 바람에 비해 그 속도가 1/100 정도 약하므로, 거의 수평에 가까운 움직임이므로 이들 둘을 합해서도 일반적으로는 바람이라고 한다. 강수량이나 기온 등과 같이 그 관측치는 실제 이용범위가 넓고, 또 천기도[天氣圖, 일기도(日氣圖)]를 만들기 위해서도 소중한 기상요소의 하나이다.

■ 바람의 기초실험

초등학교의 운동장의 한 가운데에 풍선(風船, balloon)을 매달고 끈을 늘어뜨려, 지상에 그려진 풍속과 풍향표에 지시하도록 만들어져, 풍향과 풍속을 알게 하는 초등학교 선생님의 작품이 있었다. 쉬는 시간에 어린이들의 놀이와 함께 기상교육의 동기유발과 경험, 지식의 함양에 지대한 공으로 큰 상을 받았다. 이런 낮은 경비의 높은 효과의 사고를 본받는 것은 어떨까?

9.1 | 풍측기

풍측기(風測器, wind measuring instrument)는 풍속·풍향·풍압 등을 측정하는 측기(測器)를 통틀어 일컫는 말이다. 기상관측에서는 풍속계·풍향계·풍압계·풍력계라고 하고, 광산에서 갱내의 통기(通氣)를 측정하는 데 쓰이는 기계를 의미한다.

9.1.1 바람관측의 원리

잘 알려진 것과 같이, 모든 운동은 방향과 속도로 나타내므로 공기의 움직임, 결국 바람[풍(風), wind, breeze]은 풍향(風向, wind direction)과 풍속(風速, wind speed)에 의해 나타낼 수 있다. 그러나 자세히 조사해 보면, 공기의 움직임은 대단히 복잡하다. 예를 들면, 강한 바람이 불고 있을 때에 얼굴에 닿는 바람의 강도를 주의 깊게 관찰해 보면, 균일한 강도가 아니고, 약해지기도 하고 강해지기도 하는 변동을 알 수 있다. 또 굴뚝 연기의 흐름을 보면, 때때로 그 방향이 변하는 일이 적지 않다. 보통의 대기관측에서는 어느 정도 평균적인 풍향이나 풍속을 관측하는 일이 많지만, 목적에 따라서는 순간적인 풍향이나 풍속의 변동의 특징을 관측하는 일도 있다.

풍향은 바람이 불고 있는 방향을 진방위(眞方位)에 의해 나타내는 것이 일반적인 습관인데, 예를 들면, 바람이 북에서부터 불고 있을 때, 풍향은 북이라고 한다. 바람이 불어오는 쪽을 **풍상측**(風上側, windward, upwind, 風上)이라 하고, 불어나가는 쪽을 **풍하측**(風下側, leeward, 風下)이라고 한다. 즉 바람의 방향은 풍상측(풍상)을 의미한다. 북·북북동·북동·동북동·동 등 16방위로 나타내는 것이 보통이지만, 개략의 풍향을 나타내는 데에는 북·북동·동 등 8방위에 의하는 경우도 있다. 또 기상전보에서는 각을 10° 간격으로 나누어서 36방위를 이용하는 일이 많다.

풍속은 m/s로 나타내는 것이 보통이다. 기상전보에서는 노트(knot, 1시간당의 해리, 1해리는 약 1,852 m, 기호는 kt)가 주로 이용된다.

$$1\,\mathrm{kt} = \frac{해리}{시간} = \frac{1,852\,\mathrm{m}}{1\,\mathrm{h}} = \frac{1,852\,\mathrm{m}}{3,600\,\mathrm{s}}$$
$$= 0.514\,\mathrm{m/s} \fallingdotseq 0.5\,\mathrm{m/s}$$
$$1\,\mathrm{m/s} \fallingdotseq 2\,\mathrm{kt} \tag{9.1}$$

즉 m/s로 나타낸 값을 2배 하면, 노트에 의한 풍속의 개략값이 된다. 예를 들면, 7 m/s는 14 kt이다. 정확한 환산치로는 3 % 정도의 차가 있지만 실용상으로는 지장이 없다.

영어의 바람 중 'wind'는 강풍(强風)을 의미하고 'breeze'는 미풍(微風, 산들바람) 또는 연풍(軟風)을 뜻해 풍속 4~27 knots(kt), 4~31 mile/h(mph) 또는 시속 4~28 해리, 1.6~13.8 m/s를 뜻하고, 뷰포트 풍력계급표에서 계급 2~6의 바람이다. 다음과 같이 세분하기도 한다.

$$
\begin{array}{lll}
\text{light breeze} & : & 4\sim\ 6\,\mathrm{kt} \\
\text{gentle breeze} & : & 7\sim10\,\mathrm{kt} \\
\text{moderate breeze} & : & 11\sim16\,\mathrm{kt} \\
\text{fresh breeze} & : & 17\sim21\,\mathrm{kt} \\
\text{strong breeze} & : & 22\sim27\,\mathrm{kt}
\end{array}
\tag{9.2}
$$

풍속은 같은 장소에서도 지면에서부터의 높이에 따라 달라, 일반적으로 높은 곳일수록 바람이 강하다. 지면 부근에 수목이나 건물 등이 있으면, 이 경향은 더욱 뚜렷이 나타난다. 예를 들면, 소나무가 듬성듬성한 숲속에서 지상 4 m 높이의 풍속은 3 m/s에 지나지 않는데, 나뭇가지 끝보다 높은 30 m 높이의 풍속은 9 m/s나 되는 일도 있다.

이와 같은 영향이 있기 때문에, 대표성이 좋은 바람의 관측치를 얻기 위해서는 수목이나 건물 등 장해물이 없는 넓은 장소를 선택해서 지면에서부터 상당히 높은 곳에 풍향계와 풍속계를 설치해야 한다. 그리고 관측치를 서로 비교하기 위해서는 측기감부의 지면에서의 높이를 결정해 둘 필요가 있다. 이전에는 평탄한 지면상 6 m의 높이가 국제적인 기준이 되어 있었지만, 1947년부터는 10 m의 높이를 기준으로 하기로 개정되었다. 여기서 평탄한 지면상이라고 하는 것은 풍측기와 장해물과의 거리가 장해물의 높이의 적어도 10 배 되는 곳, 이상적으로는 20 배 이상이어야 한다.

실제로는 대개의 경우, 건물이나 수목 등의 장해물이 있으므로, 10 m 높이에서 측정해도 표준 관측치를 얻을 수 있다고만은 할 수 없다. 이와 같은 경우에는 장해물의 상면에서 적어도 수 m 정도 위에서 측정하는 것이 바람직하다. 본래 화재대책으로 거리에서 바람을 측정하기 위해서나 방풍림을 만들기 위한 자료를 얻기 위해서나, 경작지 내의 바람을 알기 위한 경우 등에는 그다지 큰 대표성이 필요 없으므로 10 m 보다 낮은 곳에서 관측하는 편이 좋을 경우도 있다.

지역개발, 도시화 등이 진행되는 곳에 설치장소를 정할 경우에 가능한 한 넓은 장소를 선택하고 싶지만, 어쩔 수 없이 건물의 옥상 등에 설치하는 경우는 주위의 건조물의 영향을 적게 받는 중앙부근의 평탄한 장소를 선정하고, 불어오름의 영향 등을 피하는 배려가 필요하다. 어쨌든 요즈음 평탄한 넓은 장소의 확보 자체가 어려운 처지이니 기술적인 검토가 필요하게 되었다.

측기의 운용면에서 보면 풍향계 및 풍차형 풍향·풍속계의 경우, 풍향계의 방위를 올바르게 설치할 필요가 있는데, 설치용 지지대 등에 의한 자기적인 영향을 받아 현장에서 좋은 정밀도의 바른 방위를 얻는다는 것이 의외로 어렵다. 일반적으로 남북방위를 구하는 데에는

① 해시계 : 태양의 위치를 이용
② 지구자장(地球磁場) : 나침반을 이용
③ 지구의(地球儀) : 지도를 이용

하는 등의 방법을 이용하고 있다.

9.1.2 목측에 의한 방법

목측[目測, 눈관측, eye measurement, 목시관측(目視觀測)]은 육안(肉眼), 눈으로 관측하는 것이다. 넓은 장소에서 균일한 바람이 불고 있을 때에는 바람이 얼굴에 닿는 느낌으로 풍향을 판단해도 상당히 정확한 관측치를 얻을 수 있다. 그러나 지면부근이나 건축물에 가까운 곳에서는 대표적인 풍향을 알 수 없으므로, 옥상 등에 나가서 굴뚝의 연기의 흐름이나, 긴 기둥에 단 깃발의 펄럭임 등을 참조해서 결정하는 쪽이 좋다. 이 경우, 겉보기의 시차(視差, parallax)가 생기기 쉬우므로 충분한 주의가 필요하다. 어느 쪽으로 해도 목측에 의해 관측한 풍향은 그다지 정확하지 않고, 단지 8방위를 이용해서 나타내는 정도이다.

풍속을 목측할 때에는 나뭇잎의 움직임이나, 해상에서의 파도가 일어나는 형태 등을 참조한다. 이것을 위해서는 뷰포트(Beaufort) 풍력계급표(부록 7 참조)를 이용한다. 바람이 물체에 주어지는 힘으로서 풍력계급의 각 계급번호로 0에서 12까지의 13계급으로 표시되어 있다. 각 계급번호

B와 그에 상당하는 풍속 V(m/s)는

$$V = 0.836 \, B^{\frac{3}{2}} \tag{9.3}$$

의 관계가 있다. 예를 들면, 나무의 작은 가지가 움직이고 사막의 먼지가 일어날 정도의 바람은 계급 4이고, 풍속으로 고치면 7 m/s 내외이다. 이 표는 주로 해상의 풍속을 파도가 일어나는 방식에 의해 추정하기 위해 만들어진 것으로, 국제적으로 이용되고 있다. 기상관서의 풍력계급표로 불리고 있는 것도 내용적으로는 같은 것이다.

해안이나 해상에서 뷰포트 풍력계급표에 의해 풍속을 추정할 때에는 두세 가지 주의해야 하는 것이 있다. 제1은, 파도가 이는 방식은 바람의 강도뿐만이 아니라, 바람이 불기 시작해서부터의 시간이나 바람이 육지에서부터 부느냐 바다에서부터 부느냐에 따라서 다르다. 갑자기 강한 바람이 불기 시작했을 때에는 같은 풍속이라도 표에 게재되어 있는 것보다 파도는 작다. 한편, 강한 바람이 급히 약해졌을 때에는 그와는 반대이다. 또 바람이 육지에서 바다를 향해서 불 때나, 좁은 만 내에서는 풍속에 비교해서 파도의 높이는 표에 나타나 있는 것보다도 작다.

어느 쪽으로 해도표에 나타나 있는 파고는 깊고 넓은 해면을 대체로 균일하게 바람이 불 경우의 상태이기 때문에, 이 조건에 일치하지 않는 경우에 상당한 차이가 있다. 이 때문에 파도의 높이에서 풍속을 추정하는 경우는 반드시 적당하지는 않다.

연속되는 기상위성 사진의 연속되는 기상위성 화상의 구름의 움직임으로부터 상공의 바람을 항공기로 산포한 추적자(tracer)나 발생한 연기의 확산 상황으로부터도 바람의 상황을 볼 수 있다.

'관측(觀測)'이라는 말은 관찰해서 측정한다라는 뜻이 되므로 "눈관측(목시관측)=목측(目測)"도 훌륭한 관측방법이라고 할 수 있다.

9.1.3 풍측기의 종류

풍속계(風速計, anemometer)의 종류는 풍차형 풍속계, 풍압형 풍속계, 초음파풍속계 등 측정방법 등 원리의 차이에 의해, 측정하는 바람의 범위에 의해서도 강풍속용(强風速用), 미풍속용(微風速用) 등 또 기구, 신호를 뽑아내는 방법에 의해 평균풍속을 측정하는 것, 파이프의 배연(排煙) 측정용 등 특수한 사용방법을 하는 것 등 많은 종류와 기종이 있다.

측정방법·원리와 각양각색의 풍측기를 그림 9.1에 나타내었고 그 개요를 다음에 언급하였다.

(1) 회전체에 작용하는 동압력을 이용

① 풍차형 풍속계

풍차형 풍속계(風車型風速計, wind mill anemometer, propeller anemometer)는 풍차의 회전

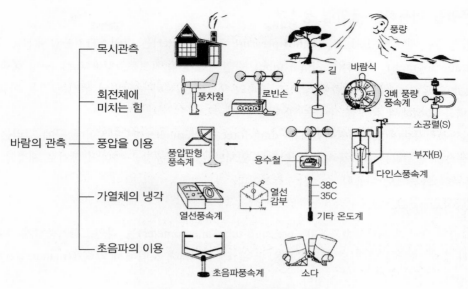

그림 9.1 관측원리와 다양한 풍속계

속도가 풍속에 비례하는 것을 이용한 풍속계이다. 비람(biram)형, 에어로벤(aerovane, 프로펠러 =propeller, 풍차)형 풍속계가 있다. 풍차형은 1750년대에 고안되었고, 비람이 고안한 비람형 풍속계는 15 m/s 정도까지의 미풍속계로 지금도 사용되고 있다.

프로펠러형(propeller type)의 대표는 미국 벤딩사제의 에어로벤으로 현재 대기관측용으로 널리 사용하고 있는 프로펠러형의 원형으로 되어 있다. 기상관서의 정식측기도 이 타입으로 풍향풍속의 신호의 발생·꺼냄 방법에도 여러 가지가 있다.

② 풍배형 풍속계

풍배형 풍속계[風盃(杯)型風速計, cup anemometer]의 대표적인 것은 로번슨(아일랜드)이 1850년에 고안하였다. 풍배형풍속계는 회전하는 연직의 축에 4개의 풍배를 붙인 풍속계로, 풍배의 오목한 면과 볼록한 면이 받는 풍압의 차이에 의해 회전력을 발생시키고 회전속도는 풍향과는 관계없이 풍속에만 비례하는 것을 이용하고 있다.

초기의 풍배형은 4배식이 있는데 후에 강풍속역까지 특성이 좋은 3배식이 사용되어 현재에는 3배식이 대부분이다. 풍배의 직경도 5 cm 이하~10 cm 이상의 것까지 있다.

풍배(風盃, wind cup)의 재질에 대해서도 초기에는 강도, 녹이 스는 문제로부터 동과 아연의 합금[경합급(輕合金), 수지(樹脂)]제의 것이 개발되어 경량화가 진전되었다.

또 풍배에 옥연(玉緣)을 붙여 풍배의 변형을 방지함과 동시에 약풍에서 강풍속까지 안정한 측정이 가능하게 하기도 하고 신호의 발생, 끌어내는 방법 등 많은 연구·개량이 이루어져 왔다.

(2) 풍압을 이용하는 풍압형 풍속계

풍압형 풍속계[風壓型風速計, (wind) pressure anemometer]는 다인스자기풍압계(自記風壓計, Dines anemograph), 피토관(管, Pitot tube), 풍압판형 풍속계(風壓板型風速計), 구형 풍속계(球型風速計)와 같이, 물체에 바람이 닿으면 풍속의 제곱에 비례하는 압력이 생기는 것을 이용하고, 이 압력을 측정해서 풍속을 구하는 풍속계이다.

풍압형풍향풍속계(風壓型風向風速計, drag-force anemometer)는 원통이나 구에 걸리는 풍압에서 풍속을 결정하는 풍향풍속계로, 단점도 있지만 풍속과 풍향은 하나의 장치로 계측할 수 있다. 혹독한 환경에서 사용할 수 있는 측기이다.

① 풍압관형 풍속계

풍압관형 풍속계(風壓管型風速計, pressure-tube anemometer)는 다인스자기풍압계, 피토(정압)관과 같이 바람에 의해 생기는 압력을 관로(管路)에 의해 도입해서 압력계(manometer)에 의해 측정해서 풍속을 구하는 것이다.

② 구형 풍속계

구형 풍속계(球型風速計, spherical anemometer)는 구체(球体)를 가는 봉(棒)의 선단에 달고, 이것을 동서, 남북방향의 용수철로 수직이 되게 한다. 이것에 바람이 닿으면, 풍속의 제곱에 비례한 압력이 바람의 방향으로 생긴다. 이 압력에 의해 용수철은 변위해 압력과 평형을 유지한다. 이 변위는 동서, 남북방향으로 분해된다. 이 변위를 이것에 비례한 전압신호로 변환해서, 벡터합성함으로써 진(眞)의 풍속과 풍향을 구할 수 있다.

이 풍속계는 기계적인 구조가 간단하기 때문에 튼튼하고, 전열기 등에 의한 가열도 용이하기 때문에, 한랭지나 산악의 관측소 등에 이용되는 방빙형 풍향풍속계(防氷型風向風速計, all-weather wind-vane and anemometer : 전열기를 부착하기도 하고, 착빙, 착설이 일어나기 어렵도록 도포)로 이용할 수 있을 것이다(그림 9.2).

그림 9.2 **구형 풍속계**

③ 다인스풍속계

다인스풍속계(風速計, Dines anemometer)는 동압(動壓)과 정압(靜壓)의 차에서 공기밀도와 풍속의 자승에 비례하는 속도압을 구하는 것이다. 동작원리는 그림 9.1에 나타낸 것 같이 화살깃에 의해 풍향으로 향하게 된 구멍 D(동압)와 원통의 주위에 등 간격으로 나열된 소공렬[小孔列, S(정압)]과는 풍속에 의해 압력의 차가 생긴다. 이 압력차를 2개의 관을 이용해서 특수한 격자를 한 부자(浮子) B의 안쪽과 바깥쪽에 전해 풍속에 의해 변화하는 부자의 상하방향의 변동을 기록하는 것이다. 다음의 그림에서 이들을 자세히 보자.

공기의 밀도를 ρ라 할 때, 풍속 V와 압력차 dp_w 사이에는

$$dp_w = 0.75\rho V^2 \qquad\qquad (9.4)$$

의 관계가 있다.

다인스풍속계는 수초 정도 이하의 풍속의 변화를 따라갈 수 있는 응답성이 빠른 것으로, 옛날부터 **최대순간풍속**(最大瞬間風速, maximum instantaneous wind speed)의 측정에 이용되었다. 단, 풍속이 증가할 때의 부자의 추종성은 좋으나, 풍속이 감소할 때 부자의 가라앉음에 늦음을 발생시키는 특성이 있다.

다인스자기풍압계(--- 自記風壓計, Dines anemograph)는 종래에는 유일한 순간풍속계로서 기상관측에 이용되어 왔다. 그러나 현재에는 풍차형 풍속계에 그 자리를 내어 주어, 현역에서 물러나 있는 상태이다. 그림 9.3에 표시한 대로 화살깃에 의해 풍향으로 향하게 한 구멍 D와, 원통

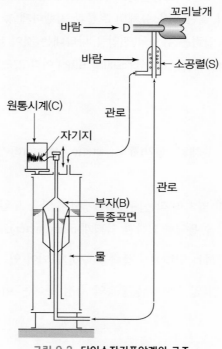

그림 9.3 다인스자기풍압계의 구조

주위에 등간격으로 나열된 소공렬 S에서는 식 (9.4)와 같은 압력차가 생긴다. 여기서 2개의 관로에 의해, 이 압력을 내부의 곡면이 특별한 종류의 형태를 한 부자(浮子) B의 내외에 도입한다. 즉, D의 압력을 부자의 안쪽으로, S의 압력은 부자의 바깥쪽으로 도입한다. 이렇게 하면 부자는 풍속에 의한 압력차에 의해 부상한다. 이 부상하는 높이가 풍속에 비례하도록 부자의 내부의 곡면을 형성해 둔다.

자기지를 부착한 등속도로 회전하는 원통시계 C 위에 풍속을 기록하도록 하고 있다. 이 풍속계는 압력도입의 관로가 길게 되어 있으므로 풍속의 변동에 대한 추종성이 나쁘고, 풍차형 풍속계나 3배풍속계에도 뒤떨어지는 것이 해명되어, 그다지 사용되고 있지 않다. 그러나 이것의 약점을 보완하는 창의력을 발휘하면 더 좋고 새로운 풍측기를 개발할 수도 있을 것이다.

④ 피토(정압)관

바람에 직면한 구멍에 작용하는 동(動)압력과 바람에 평행한 구멍에 작용하는 정(靜)압력과의 차를 구해 풍속을 산출하는 것으로

$$dp_w = \frac{1}{2\rho V^2} \tag{9.5}$$

의 관계가 있다. 피토정압관을 기준풍속계로 풍동(風洞)의 측정에 사용하고 있다. 그러나 좋은 정밀도로 측정하기 위해서는 온도상승에 의한 영향 등의 보정이 필요하다.

피토관(-- 管, Pitot tube) 또는 피토정압관(-- 靜壓管, Pitot static tube)을 좀 더 자세히 설명하면 다음과 같다. 한쪽 끝이 열린 관을 유체의 흐름과 평행하게 놓으면, 개구부(開口部)는 풍속이 0 m/s가 되므로, 관 내의 압력은 유체의 전압을 나타내는 것이 된다. 이와 같이 해서 유체의 전압을 재는 측기를 전압관(全壓管, total pressure tube) 이라고도 한다. 유체의 전압 p_{to} 는

$$p_{to} = p + \frac{1}{2}\rho V^2 = p + dp_w \tag{9.6}$$

로 표시된다. 여기서 p는 유체의 정압(靜壓, static pressure)이고, $\frac{1}{2}\rho V^2$은 동압(動壓, dynamic pressure)이다.

그림 9.4와 같이, 이중관의 옆벽의 작은 구멍(A)에서 정압을 도입하고, 개구부(B)에서 전압을 취입(取込)한다. 전압과 정압을 동일한 U자관 압력계(manometer)로 연결해서, 전압에서 정압을 뺀 동압, 즉 $\frac{1}{2}\rho V^2$에 상당하는 압력에서 풍속을 구하게 되어 있는 것이다. 일반적인 기상관측에서는 그다지 사용되고 있지 않지만, 풍동풍속의 측정 등에는 이용되고 있다.

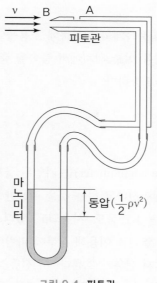

그림 9.4 **피토관**

⑤ 풍압판형 풍속계

풍압판형 풍속계(風壓板型風速計, pressure-plate anemometer)는 바람이 판 등에 닿으면 $\frac{1}{2}\rho v^2$에 비례하는 풍압이 생긴다. 지점으로 지탱되는 평평한 판으로 바람을 받아서, 평판의 경사각도에서 풍속을 알아내는 것으로, 극히 간단한 구조이다. 경사각과 풍속의 관계는 사전에 교정해서, 각도가 아니고 직접 풍속을 눈금으로 새긴다(그림 9.5).

풍압판형 풍속계는 받침점으로 지탱되는 평판이 바람을 받아서 기울어진 각도로부터 풍속을 측정하는 것으로 **교육용**으로 이용되고 있다. 미리 풍동이나 미리 정해서 준비해 놓은 측기로 교정해 두면 야외실험에서의 보조풍속계 등으로 사용할 수 있다.

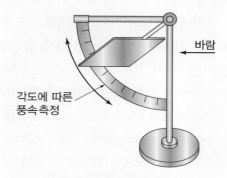

그림 9.5 **풍압판형 풍속계의 원리**

⑥ 정지풍배형

　정지풍배형(靜止風杯型)은 풍배형풍속계의 회전축에 소용돌이 형태의 용수철을 직결해 풍배가 받는 회전력과 용수철의 힘이 평형을 이룬 위치에서 풍속을 측정한다. 이 경우도 미리 풍동이나 미리 준비한 측기에 의한 교정이 필요하다.

(3) 가열체의 냉각에 의한 것

① 열선풍속계

　열선풍속계(熱線風速計, hot wire anemometer)는 가열된 물체가 공기 중에서 잃어버리는 열량이 물체에 닿는 공기량이 커지면 많아진다고 하는 것을 이용한 것으로, 가열물체로는 주로 백금선이 사용되고 미(微)풍속 측정에는 요즈음도 사용되고 있다. 일반적으로 전기회로로 브리지(bridge)를 짜서 브리지의 한 변에 열선을 이용해 감부에 바람이 닿으면 온도가 내려가 전기저항이 변화해서 브리지의 평형이 무너져 전류가 흐른다. 이 전류의 크기와 풍속의 관계를 미리 구해 풍속으로 환산한다. 거의 동시에 수 cm/s의 미풍속을 측정할 수 있다. 감부는 약 0.075 mm의 백금선을 이용하면 수 cm/s~수 m/s, 서미스터를 이용하면 0~30 m/s 정도의 측정범위를 갖는다.

(4) 초음파를 이용하는 것

① 초음파풍속계

　초음파풍속계[超音波風速計, ultra(super)sonic anemometer]는 음파가 공기 중에 있어서 전반속도(傳搬速度)가 풍속에 좌우된다고 하는 것을 이용한 것으로, 송수파기를 일정한 거리에 놓고 마주보게 2조 설치하면 설치축방향의 풍속의 영향으로 2 조의 송수파기 사이의 초음파의 도달시간에 차가 생긴다. 이 시간차에서 풍속을 구하는 것이다.

　음파[音波, sound(acoustic) wave]로는 외계(外界)의 잡음과 구별하기 위해서 100 kHz 정도의 초음파[超音波, ultra(super)sonic wave]가 사용된다. 가동부분이 없어서, 1~2 cm/s 의 분해능으로 매초 10~20 회의 측정이 가능하므로 미풍이나 난류의 측정에 적당하다.

　동서 및 남북방향으로 각각 대향해서 20 cm 전후의 간격을 두고 송수파기를 배치한다. 한쪽에서부터 초음파를 송신하고, 또 다른 한쪽에서 이것을 수신해서, 송신에서 수신까지의 전반시간(傳搬時間)을 측정한다. 전반시간은 송수파기 간의 길이를 음속과 풍속의 합(또는 차)로 나눗 값과 같으므로, 이것으로부터 풍속의 동서 및 남북성분을 계산하고 양 성분을 합성해서 풍향·풍속을 구한다. 이런 의미에서 이 풍측기를 **초음파풍향풍속계**[超音波風向風速計, ultra(super)sonic wave wind-vane(anemoscope) and anemometer, ultrasonic wave anemoscopemeter]라고도 한다. 각 성분의 부호는, 송수파의 방향을 서로 바꿈으로써 판별할 수 있다. 또, 이것에 의해 기온에 의한 음속의 차이는 서로 상쇄된다.

　연직방향으로 서로 대향해서 송수파기를 놓고, 바람의 연직성분도 측정해서, 3차원의 풍향·풍속도 측정하는 측기도 있다.

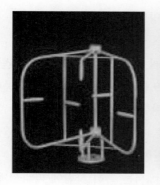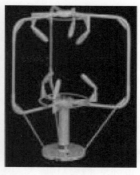

그림 9.6 **초음파풍속계의 탐침**

왼쪽 ; 전풍향용 탐침(TR-61B), 오른쪽 ; 3차원 탐침(TR-61A)

감지부에 가동부분이 없으므로 미풍의 측정이 용이한 일, 검정이 필요하지 않은 일, 특성이 풍속에 의존하지 않는 일, 성분의 측정이 가능하므로, 풍속의 연직성분의 측정이 쉬운 점 등의 이점이 있다(그림 9.6).

또, 음파의 전반속도는 온도에 의존하는 성질, 즉 음속이 기온의 영향을 받아 응답도가 빠른 온도변동의 측정이 가능하므로 온도계로 사용할 수 있다. 풍속과 온도의 측정이 가능한 일로부터 **초음파풍속온도계**(超音波風速溫度計, sonic anemometer-thermometer, SAT)라고도 불리고 있다.

9.2 | 풍향의 관측방법

9.2.1 풍향관측의 원리

풍향계(風向計, wind-vane, anemoscope)는 화살이나 방향타(方向舵) 등 그 감지부가 장해물에 의한 바람의 난류에 영향을 받지 않은 위치에 설치한다. 이것은 앞에서도 말했듯이 바람의 관측에 있어서 대단히 중요한 일로, 가늘고 긴 기둥 끝 등에 감지부를 설치하는 것이 이상적이다. 풍향계의 종류와 설치장소가 제약되어 이상적으로 되지 않은 경우에도 좋은 관측치를 얻기 위해서는 이것에 가까운 조건이 되도록 한다.

풍향(風向, wind direction)은 수초 정도의 간격으로 끊임없이 변동하고 있는 일이 많고, 대기가 불안정한 때 등에는 수초간의 변화가 30°를 넘는 일도 있다. 그래서 어떤 시각의 풍향으로는 1분에서 10분간 정도의 평균을 구하는 것이 적당하다고 생각된다. 국제적으로는 일기도용 등에는 10분간의 평균적인 풍향이 좋은 것으로 되어 있지만, 기상관서 등에서는 보통 1분간 정도의 평균풍향을 구하는 것으로 되어 있다.

평균풍향[平均風向, mean(average) wind direction]은 그 시간 내에 풍향계의 감지부가 그 방향을 표시하는 횟수가 가장 많은 것을 뜻한다. 바람은 평균풍향을 중심으로 해서 불규칙적으로 변동하는 일이 많으므로, 연속적인 기록에서는 잉크가 제일 짙게 묻어 있는 곳이 대체로 평균풍향에 상당한다.

연속적인 자기기록이 있으면, 평균풍향을 구하는 일은 비교적 쉽지만, 바람이 극히 약할 때나, 대기가 불안정해서 풍향의 변화가 격렬할 때, 또는 전선 등이 통과해서 풍향이 급격히 변했을 때 등에는 평균적인 방향을 결정하는 것이 곤란한 경우가 있다.

지시형의 풍향계를 이용해서 평균풍속을 읽을 때는 화살깃이나 시침의 움직임을 잠시 주시해서, 그 사이에 가장 도수가 많았던 방위를 판단한다.

기록에서 값을 읽을 때에도 그렇지만, 지시형에서는 특히 사람에 따라서 편향(偏向)된 방위를 읽는 경향이 있으므로 주의한다. 경험이 적은 관측자는 북북동이나 동북동 등을 북·북동·동 등으로 읽는 경향이 있다고 알려져 있다.

풍향을 기록하는 데에는 영자부호가 편리하므로 널리 이용되고 있다. 표 9.1에 16방위를 기준으로 했을 때의 36방위와 8방위의 대응표를 게재하였다. 16방위와 8방위의 대응은 관측치를 정리할 때 등에 편리하게 이용되고 있는 것이다.

표 9.1 방향대응표

16 방위의 명칭	16 방위의 영자부호	16 방위의 중심 (°)	36 방위, 전보용의 숫자부호	8 방위의 영자부호
북북동	NNE	22.5	02	NE
북 동	NE	45	05	NE
동북동	ENE	67.5	07	E
동	E	90	09	E
동남동	ESE	112.5	11	SE
남 동	SE	135	14	SE
남남동	SSE	157.5	16	S
남	S	180	18	S
남남서	SSW	202.5	20	SW
남 서	SW	225	23	SW
서남서	WSW	247.5	25	W
서	W	270	27	W
서북서	WNW	292.5	29	NW
북 서	NW	315	32	NW
북북서	NNW	337.5	34	N
북	W	360	36	N
정 온	—	—	00	—

그림 9.7은 두 풍향의 중간을 읽을 때 풍향깃이 큰 것부터 순서로 정해서 읽을 수 있도록 고안한 풍향도이다. 바람이 약해서 풍향을 확실하게 결정할 수 없는 경우를 정온(靜穩) 또는 무풍(無風, calm)이라 하고, 이것을 기록하는 데에는 한 개의 가로선을 이용하는 것이 보통이다.

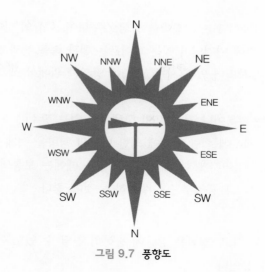

그림 9.7 풍향도

9.2.2 화살형 풍향계

가장 보편적으로 이용하고 있는 화살형(wind vane) 풍향계는 그림 9.8과 같은 종류가 있다. 대표적인 것으로는 그림과 같이 3종류가 있다. ①은 한 장의 판으로 만든 가장 간단한 것이지만, 감도가 나쁘고 진동의 감쇠도 좋지 않다. ②는 2개의 판을 어떤 각도로 기울인 것으로, 널리 사용되고 있다. ①보다 감도, 감쇠가 좋다. ③은 날개형을 사용한 것으로, 화살깃으로는 가장 우수한 것이다.

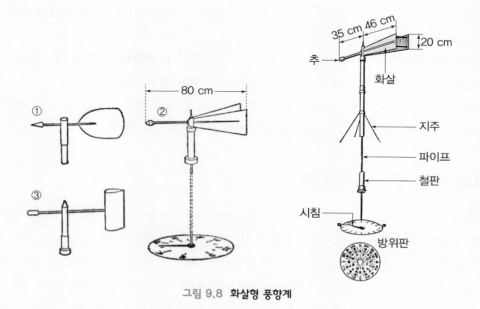

그림 9.8 화살형 풍향계

또 이 그림 9.8의 풍향계의 구조는 회전축을 중심으로 하여, 화살의 반대쪽에는 평형을 취하기 위해 추가 붙어 있다. 회전축에 연결되어 있는 파이프는 철관 속을 통과해서 실내의 천장 등으로 유도되어, 파이프에 직접 부착되어 있는 시침(示針)이 방위판 위에서 화살이 향하고 있는 방위를 나타낸다.

풍향계를 부착할 때에는 수목이나 건물 등의 장해물이 없는 장소에 독립된 망대나 탑을 세우는 것이 이상적이다. 탑의 경우에는 탑 자체에 의한 난류의 영향을 적게 하기 위해, 그의 위에서 화살까지 적어도 2 m 정도 떨어지게 한다. 어쩔 수 없을 때에는 보통의 지붕이나 건물의 옥상 등에 설치하지만, 가능한 한 그 중앙부근에 설치하는 것이 좋다.

■ 설치할 때의 주의사항

① 축은 연직을 유지하도록 하고, 철관은 강풍에 충분히 견딜 수 있도록 완전하게 고정한다. 경우에 따라서는 지주를 붙인다.

② 화살의 방향과 방위판 상의 시침의 위치를 정확하게 맞추어서 고정한다. 예를 들면, 적당한 목표물을 정하여 그 목표물에 대한 풍향계에서의 방위를 나침반으로 측정해서 편차를 수정하고, 그 진방위가 동남동일 때는 풍향계의 화살이 목표를 향했을 경우, 시침이 방위판의 동남동을 가리키도록 고정한다.

③ 회전 파이프와 철관이 접촉하지 않도록 한다. 또 지붕을 뚫어서 철관을 실내로 유도할 때에는 누수를 막기 위하여 지붕과 철관 사이에 채우는 물건을 넣거나 한다.

이 풍향계에 의해 풍향을 관측할 때에는 관측시각이 되면, 방위판상의 시침의 움직임을 잠시 주시해서 풍향을 결정한다. 주시하는 시간은 적어도 1분 정도로, 그 이상이 되면 오히려 판단하기 어려워진다. 순간적으로 시침의 방향을 보고 그것으로 풍향을 결정하면, 큰 잘못을 하는 일이 있으므로, 그와 같은 일은 하지 않는다.

원리나 구조가 간단하기 때문에 관측치의 신뢰성은 좋지만, 관측할 때 방위반을 장치하고 있는 장소까지 가서 보지 않으면 안 되는 일이 이 풍향계의 결점이다.

보수에 있어서는 회전접촉부에 기름을 칠하거나 철관의 도장 등이 필요한데, 강한 바람이 분 후 등에는 시침의 고정위치가 어긋나 있지 않은가를 확인하도록 한다.

9.2.3 방향타형 풍향계

방향타(方向舵 : rudder, 방향키)형의 에어로벤[aerovane, wind vane : 미국의 벤데쿠스사제의 풍차형 풍향속계로 풍차형 자기풍향풍속계의 원형이고, 현재는 다양한 개량(改良)이 이루어짐]은 원격측정이 가능한 풍향계로, 그림 9.9에 표시한 것과 같이 프로펠러형(풍차형)의 풍속계와 한 조가 되어 있다. 방향판의 스탠드 속과 관측실에 있는 지시기 속에는 모두 셀신 모터, 또는 위치 모터용의 슬라이드 저항이 들어 있어서, 방향키의 움직임이 지시기에 전달된다. 전원은 100 V의

그림 9.9 방향타형의 감부

그림 9.10 방향타형의 지시부

교류를 이용하는 것이 많다. 코신벤(Koshin-Vane)은 이 형의 풍향계의 일종이다. 코신벤의 감지부를 설치할 때는 방향타의 스탠드 하부에 있는 남북을 가리키는 마크를 정확하게 남북선으로 맞추고, 방향타의 회전축이 수직이 되도록 주의해서 고정한다.

풍향과 풍속을 동일 기록기를 이용해서 자기시키는 측기가 **자기풍향풍속계**(自記風向風速計, recording wind vane and anemograph)가 되고, 대표적인 것이 에어로벤과 코신벤 등이 있다. 일반적인 대기관측은 대부분 이런 종류의 측기가 사용되고 있다(그림 9.10).

9.2.4 기타 풍향계

원격측정이 가능한 풍향계에는 이 외에도 여러 가지로 고안된 것이 있다. 방위를 분해한 접점링을 이용한 풍향의 지시기는 원리적으로는 간단하다. 또 화살이 축에 부착된 레버가 저항 위를 슬라이드해서, 풍향의 변화를 전류의 변화로 바꾸어 실내에 있는 전류계에 지시시키는 방식의 풍향계도 시판되고 있다.

그림 9.11 바람자루

이 외에도 그림 9.11과 같은 바람자루가 있다. 이 이름은 아직 정착이 되지 않았다. 취류(吹流), 풍견(風見), 바람받이통, 바람주머니, 바람통(wind sleeve, wind sock, wind cone) 등의 이름들을 생각할 수 있으나, 대기과학과 학생들의 투표로 우선 바람자루로 명명하기로 결정했다. 또한 가늘고 긴 깃발, 또는 봉의 끝에 테이프나 끈을 달아서 풍향을 측정할 수도 있다. 가볍게 만든다면, 화살식의 풍향계 등에서 느끼지 못하는 정도의 약한 바람까지도 측정할 수 있다. 바람자루는 직경 30~50 cm, 길이 1~2 m로 무명천(muslin, 머즐린) 등 얇은 양모(羊毛)의 직물이 적당하다. 시차(視差, 2.3절 참조)가 생기기 쉬우므로 바람자루의 바로 밑에 서서 풍향을 관측하는 것이 중요하다.

9.2.5 보통의 자기풍향계

화살식 풍향계의 회전 파이프에 원통을 붙여, 풍향과 함께 자유로이 회전할 수 있도록 해서 고정시킨 자기펜이 원통의 축에 평행하게 시계장치로 위에서 밑으로 이동하게 한 **자기풍향계**(自記風向計, recording wind vane)가 흔히 이용된다(그림 9.12).

이 형의 자기풍향계를 갖추어 설치할 때에는 화살형 풍향계와 같은 점에 주의해야 하지만, 그 외에도, 화살의 회전 파이프와 자기원통의 회전축의 조인트에 유의해야 한다. 이 부분에는 약간의 여유가 있는 정도는 무관하지만, 굽으면 회전이 원활하지 않게 된다. 자기기가 파이프에 매달리게 되면 안 되는 것은 말할 것도 없다.

관측 중에는 기록용 펜 끝이 자기지의 맞춤 부분에 걸리는 일이 있으므로, 용지는 조심스럽게 꼭 맞추어야 한다. 회전펜을 이용하면 걸릴 염려는 없지만, 둥근펜 쪽이 깨끗한 기록을 얻을 수 있다. 모필(毛筆)이나 유리펜을 이용해도 좋다. 풍향의 변동이 격렬할 때에는 자기잉크가 몇 시간에 없어지는 일이 있으므로, 때때로 보충할 필요가 있다.

그림 9.12 **자기풍향계**

자기지는 매일 1회, 거의 정해진 시각에 교환한다. 기상관서 등에서는 9시경에 교환하는 것이 원칙으로 되어 있지만, 풍향이 급변하고 있을 때를 피하여 안정된 후에 하는 것이 좋다. 빼낸 시각을 자기지에 기입하고, 값읽기를 할 때에는 시각의 보정을 하는데, 그 차가 몇 분 정도일 때는 보정을 생략해도 오차는 크지 않은 경우가 많다. 그림 9.13에 값읽기의 예를 실었다.

기상전보를 발신할 때 등 즉각의 풍향을 알고 싶을 때에는 부착되어 있는 자기지에서 직접 읽는 것이지만, 지시형풍향계의 값읽기와 같은 주의가 필요하다.

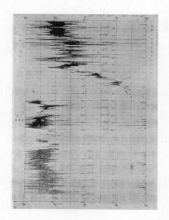

그림 9.13 자기풍향계의 기록 예(매시의 풍향의 값을 읽은 것)

9.2.6 기타 자기풍향계

에어로벤형의 풍향풍속계에는 자기부를 부착할 수 있다. 코신벤(9.2.3항)의 자기지의 방위는 (N)-(E)-(S)-(W)-(N)과 S-W-N-E-S의 2종이 중복하여 인쇄되어 있고, 전자를 S 눈금, 후자를 N 눈금이라 부른다. 자기펜이 S 눈금의 북에 접근하면, 펜을 지지하고 있는 캠축에 붙어 있는 롤러가 산형(山型)캠의 옆의 오목한 곳에 떨어져 펜이 N 눈금의 북에 가까운 위치로 이동한다. 또 하나의 펜이 있어서, 이것이 자기지의 한쪽 구석에 S 눈금과 N 눈금의 구별을 기록하므로, 어느 쪽의 눈금에 의해 풍향을 읽어야 좋을지 바로 알 수 있다. 자기지는 두루마리(roll)로 되어 있어, 1주의 길이는 15 m이고, 1시간에 15 mm의 속도로 내어 보낸다. 정리상 필요할 때는 적당한 곳에서 절단한다.

자기풍향계에는 이 외에 화살에 셀신(selsyn : 원격지에 회전을 전기적으로 전달하는 장치로, 원격측정과 신호의 전달 등에 이용)을 붙인 것이나, 화살의 축에 부착한 방위분할접점에 의해 8방위나 16방위에 상당하는 전기회로가 접속되어, 콘덴서를 충전해서 이것을 타점식(打点式)으로 기록하는 방식 등이 있다.

9.3 | 풍속의 관측방법

9.3.1 풍속관측의 원리

바람의 관측에서 관측장소의 선정이 중요한 것은 앞에서도 말했지만, **풍속**(風速, wind speed : 공기의 이동거리와, 그에 소요한 시간의 비)에 대해서도 풍향과 마찬가지로 장소에 의한 영향이 크므로 같은 주의가 필요하다. 예를 들면, 같은 탑 위에 있어도 동쪽에 설치한 풍속계(風速計, anemometer)와 서쪽에 설치한 풍속계는 다른 값을 나타내는 경우가 있다. 따라서 풍향계와 같이 풍속계는 가늘고 긴 기둥의 끝에 설치하는 것이 이상적이다. 탑의 경우에는 불필요한 요철(凹凸)을 붙이지 않은 구조로 한다.

끊임없이 변동하고 있는 풍속을 나타내기 위해서, 어느 시각의 풍속으로는 순간적인 값보다는 1분에서 10분간 정도의 평균 쪽이 시간적인 대표성이 크고, 여러 가지로 편리하다. 그러므로 단순히 풍속이라고 하면, 이 정도의 평균치를 가리키는 것으로 되어 있고, 국제적으로도 그렇게 결정되어 있다.

기상관서 등의 보통의 관측에서는 어떤 시각의 10분 전에서부터 그 시각까지의 평균풍속을 그 시각의 풍속이라고 부르고 있다. 또 이 외에, 일평균풍속이나 10분간 평균풍속의 일최대치, 또는 순간풍속의 일최대치 등도 관측하고 있다.

평균풍속을 관측할 때에는 컵이나 공기와 같은 형태를 하고 있는 풍배의 회전수, 또는 프로펠러의 회전수를 세어 이것에서 바람이 불어 흘러간 거리, 결국 **풍정**(風程, run of wind)을 구하여 이것을 초수로 나누어서 m/s를 산출하는 방법이 확실하다. 또 풍속의 작은 변화를 기록하거나, 순간적인 풍속을 측정할 때에는 풍배나 프로펠러의 회전축에 소형의 발전기를 달아, 이것에 발생하는 **기전력**(起電力)을 기록하는 방식이 편리하다.

이런 종류의 풍속계의 기록에서 풍속의 변동도(變動度, G) 결국 바람의 숨[풍식(風息), gustiness]을 구할 때에는 몇 개의 기준이 있는데, 비교적 간단한 것은 어떤 시간(예를 들면 10분간) 내의 순간적인 최대풍속을 V_{max}, 최소풍속을 V_{min}, 평균풍속을 $\overline{V}$ 로 나타냈을 때, $G = (V_{max} - V_{min})/\overline{V}$ 에 의해 산출하는 값이다.

9.3.2 3배풍속계와 전접계수기

3개의 풍배(風杯, 風盃, wind cup)를 120°의 각도로 방사상으로 장치한 3배풍속계는 가장 일반적으로 이용하고 있는 풍속계이고, 풍배가 54회전할 때마다 전기접점이 닫히고, 이것이 풍정 100 m에 상당한다. 따라서 이 형의 풍속계를 사용할 때는 풍배부만이 아니고 전접횟수를 세기 위해서의 카운트, 결국 전접계수기(電接計數器)가 아무래도 필요하다.

이전에는 로빈슨 풍속계라고 불리는 4배형의 풍속계를 흔히 사용하고 있었다. 3배풍속계는 로

그림 9.14 **3배풍속계와 자기전접계수기(리샤르형)**

빈슨에 비해서 돌기 시작하는 회전력이 비교적 크지만 일정하다. 또 풍배에는 가장자리가 붙어 있기 때문에 회전속도가 풍속에 잘 비례해서 이것이 3배의 최대의 장점으로 되어 있다. 풍배의 형태는 반구형보다도 원추형 쪽이 풍속의 변화에 잘 추종하는 것으로 알려져 있다(그림 9.14).

이 풍속계는 철판이나 두꺼운 나무로 만든 튼튼한 대 위에 볼트와 너트를 이용해서 확실하게 장치한다. 배선은 전등용의 2심비닐선도 좋지만, 클로로프렌(chloroprene) 피복의 케이블이라면 더할 나위 없다. 접속에 충분히 주의해야 할 것은 말할 나위도 없다. 탑 위에 설치할 때에는 기둥이나 철제의 망대 등에 의해 상면에서 적어도 2 m 이상 떨어지고, 옆에 풍향계나 그 외의 풍속계가 있을 때에는 가능한 한 높이를 달리해서 간격은 서로 1 m 이상이 되도록 한다. 풍속계의 지상에서부터의 높이는 풍배의 중심을 기준으로 해서 나타낸다.

전접계수기는 자기방식의 것이 좋고, 리샤르형을 이용하는 경우가 많다. 자기풍향계와 같이 매일 1회 자기지를 교환하고, 10분간 평균풍속이나 일평균풍속을 구한다. 어떤 시각의 10분간 평균풍속을 구할 때에는 그 시각 전 10분간의 풍정을 m로 구해, 10분간의 초수 600으로 나누면 된다. 예를 들면, 14시 50분에서 15시 00분까지의 10분간의 전접횟수(電接回數)가 32회라면 풍정은 3,200 m이고, 15시 00분의 평균풍속은 3,200 m/600초＝5.3 m/s가 된다(그림 9.15).

그림 9.15 **3배풍속계의 기록 예**
10 분마다 시간 마크가 들어가는 자기전접계수기를 이용한 것으로, 매시의 풍속을 읽고 있다.

풍속이 20 m/s를 넘으면, 자기지의 시각선과 기록선의 교점을 확실하게 결정하는 일은 어렵고, 관측오차가 들어간다. 이 오차를 제거하기 위해서, 10분마다 타임 마크가 들어가도록 되어 있는 것도 있다.

이런 종류의 풍속계를 분해 청소할 때에는 우선 풍배의 팔을 축에 붙이고 있는 이중나사를 풀고, 다소 힘을 주어 풍배부를 축에서 빼낸다. 전용의 제거기가 부속되어 있을 때에는 이것을 이용한다. 다음에 멈춤나사를 빼고 회전축을 끌어낸다. 회전축의 하부에 있는 접점부의 구조는 여러 가지가 있지만, 보통은 멈춤나사를 빼면 쉽게 떨어진다. 축받이의 볼베어링 등 가동부에는 시계기름 등을 주유하지만, 테플론(Teflon : 상표명)제의 톱니바퀴는 주유하지 않아도 좋다. 전지접점부는 벤진(benzine) 등으로 청소한다.

바람이 약한 장소와 강한 장소, 또 해안가 등에 따라 다르지만, 이와 같은 분해청소는 적어도 1년에 몇 회 정도 해 줄 필요가 있다. 손질이 충분하지 않으면 마찰력이 커지게 되고, 특히 바람이 약할 때에는 오차가 생긴다.

9.3.3 기타 풍속계

로빈슨 풍속계는 구조나 관측방법은 3배풍속계와 아주 흡사하지만, 풍속과 회전속도의 비가 풍속에 따라 다르기 때문에, 겉보기의 풍속(풍정을 시간으로 나눈 값) V'에 아래의 표에 나타낸 계수 C를 곱해야 한다.

V' (m/s)	5	10	15	20	25	30	40	50	60
C	1.22	1.15	1.10	1.06	0.02	0.99	0.95	0.91	0.89

단, 이 계수는 바람의 난류가 대단히 작은 경우의 것으로, 자연의 바람에 이대로의 계수를 이용하면 3배풍속계 등에 의한 관측치와의 사이에 계통적인 차이가 나온다. 그러므로 관측치를 비교할 때 등에는 세심한 주의를 해야 한다.

에어로벤형의 풍향풍속계에 장치해 있는 프로펠러형의 회전수는 3배풍속계와 같이 전접계수기를 이용하여 카운트해서 풍속을 구할 수도 있다. 이 경우, 풍속과 회전수의 비는 풍속에 거의 영향을 주지 않으므로 3배풍속계와 같이 풍정을 초수로 나누면 그대로 m/s로 나타낸 풍속이 된다.

3배풍속계나 프로펠러에 장치한 발전기의 기전력을 전류계에 의해 지시되는 풍속계에서 평균풍속을 구할 때에는 시침을 잠시 주시해서 평균적인 풍속을 구한다. 그러나 눈으로 보는 것만으로는 여러 가지 불확실한 요소가 들어가므로, 좋은 관측치를 구별할 수 없는 일도 있다.

9.3.4 순간풍속계로서의 에어로벤

에어로벤형의 프로펠러 풍속계의 회전축에 직류 또는 교류의 소형발전기를 장치해서, 그 기전력을 기록하도록 한 것이 순간풍속계(瞬間風速計, instantaneous anemometer)로 이용되고 있다. 코신벤의 풍속자기부가 그 대표적인 것이다.

코신벤의 감지부는 4날개의 프로펠러이다. 방향타의 몸체에 발전기가 들어 있어서, 슬리프링과 브러시를 이용해서 기전력을 끌어낸다. 도선은 분전(分電)상자를 통과해서 자기부로 유도되어, 풍향자기부의 옆에 붙어 있는 풍속자기부로 들어간다. 기록지의 풍속범위는 저풍속용(30 m/s까지)과 고풍속용(60 m/s까지)의 두 종류가 있고 수동으로 바꾸도록 되어 있다. 넓은 폭의 자기지를 이용하는 풍향과 공용하는 것과, 풍향풍속이 따로따로 되어 있는 것이 있다.

■ 사용상 주의해야 할 점
① 프로펠러의 회전부분에 주유할 필요가 없지만, 몇 개월~1년마다 프로펠러를 떼어서 슬립링
   [slip ring : 전동기나 발동기의 회전자(回轉子)에 외부로부터 전류를 흐르게 하기 위하여 회
   전자축에 부착하는 접촉자(接觸子)]의 점검과 청소를 한다. 브러시의 마모에 특히 유의한다.
② 자기용의 유리펜 끝 등이 막혔을 때는 떼어서 따뜻한 물에 넣어 두어, 스포이트로 빨아들였다
   가 내놓았다 한다.
③ 잉크가 너무 진하면 잘 써지지 않으므로 짙어지면 물로 희석한다.
④ 분전상자의 스위치를 꺼도 펜이 0선에 돌아오지 않을 때에는 레버를 돌려서 맞춘다.
⑤ 취급설명서를 자세히 읽을 필요가 있지만, 전기회로나 기계에 대해서의 지식이 충분하지 않은
   사람은 손대지 않는 것이 좋다.

순간풍속(瞬間風速, instantaneous wind speed)의 최대치를 구하는 데는 풍속의 눈금범위가 저속용(低速用)인지 고속용(高速用)인지를 확인한 후 기록되어 있는 정점(頂点, peak)의 최고의 것을 읽으면 되지만, 최대풍속을 나타낸 정확한 시각을 구할 때에는 시계의 지속을 보정할 필요가 있다. 풍식(風息) 등을 자세하게 관측하기 위해서는 자기지의 이동속도를 적당히 증가시키는 쪽이 값읽기에 용이하다.

이런 종류의 그림 9.16 풍속계의 기록으로부터 눈대중으로 평균풍속을 구할 수도 있지만, 풍정(風程)을 전접시키는 방법에 비해서 부정확하다. 일반적으로, 어떤 시간 내의 최대풍속(最大風速, maximum wind speed)과 최소풍속(最小風速, minimum wind speed)의 산술평균은 평균풍속[平均風速, mean(average) wind speed]보다도 더 큰 값이 되는 경향이 있다.

보통의 에어로벤형의 풍속눈금은 60 m/s까지 밖에는 없으므로, 그 이상의 풍속이 나타날 것 같은 때에는 지시기·자기기에 분류기저항을 넣어서 전류를 내린다. 지시기와 자기기는 풍속계 발전기에 대해서 평행하게 접속되어 있으므로 그림 9.16의 a, b 끝에서 발전기 쪽을 본 저항을 R_{ab}로 하고, 분류기 저항을 R_s로 한다면, 배율, 즉 읽은 값에 곱해야 할 계수 K는

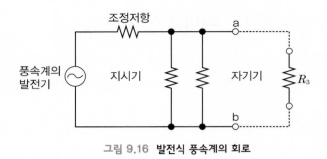

그림 9.16 발전식 풍속계의 회로

$$K = \frac{R_{ab} + R_s}{R_s} \qquad (9.7)$$

로 나타낸다. R_{ab}는 조정저항과 지시기·자기기의 저항을 안다면 산출할 수 있다. 예를 들면, R_{ab}가 150 Ω일 때, 500 Ω의 분류기를 넣어 47 m/s로 읽었을 때는

$$K = \frac{50 + 500}{500} = 1.3 \qquad (9.8)$$

이므로 풍속을 47 × 1.3 = 61 m/s이다.

9.3.5 기타 순간풍속계

3배풍속계에 발전기를 장치한 것은 에어로벤형과 대체로 같이 취급할 수 있다. 3배는 에어로벤 보다 풍속을 추종하는 성능이 좀 떨어지지만, 풍향의 변동이 풍속에 영향을 거의 미치지 못하는 것이 특징이다. 발전기에서 발생하는 풍배의 회전속도에 비례하는 수의 임펄스(impulse, 衝擊電流)를 증폭시켜 콘덴서를 충전하는 전류를 기록하는 방식인데, 풍배기동 시의 회전력이 작으므로, 풍속이 작을 때의 특성이 좋고, 전류가 회전속도에 완전히 비례하는 것이 장점이다.

옛날부터 이용되고 있는 다인스풍속계는 화살의 선단에 장치한 흡입구에서의 풍압과 화살의 수직축에 있는 구멍으로부터 내보내는 압력차를 이용해서 물탱크 내의 부표의 상하를 풍속에 비례하도록 한 것이다. 풍속추종의 성능이 3배풍속계나 프로펠러보다 다소 떨어지고, 한편 보수나 취급상의 결점도 적지 않으므로, 근년에는 점차로 발전식 쪽을 많이 이용하고 있다.

9.4 | 풍차형 풍향풍속계

풍차형 풍향풍속계[風車型 風向風速計, wind mill(propeller) anemoscope(wind-vane) and anemometer, windmill(propeller) anemoscopemeter]는 회전체에 미치는 풍압을 이용한 것으로, 용도나 신호의 형식에 따라 여러 기종이 있다. 용도별로 보면 일반대기관측용, 선박용[진풍향

풍속(眞風向風速)], 공업용, 한랭지, 터널 내의 측정용 등이 있다. 또, 측정대상범위, 기능적으로는 미풍속용, 강풍용, 풍정식 풍향풍속계가 있다. 현재는 소형경량화가 진행되어 미풍속(微風速)~70 m/s까지 측정할 수 있는 기종도 많이 사용하고 있다.

한편 풍속신호의 발생원인으로 보면, 발전식과 펄스(pulse)식으로 대별할 수 있다.

발전식은 프로펠러축과 교류발전기의 축을 직결해서 바람에 의한 프로펠러의 회전에 의해 발전기를 돌려 교류전압을 발생시킨다. 발생하는 전압과 주파수가 프로펠러의 회전에 비례하는 것을 이용해서 풍속을 측정한다. 발전식에는 후술의 풍정식(風程式)을 병용한 것도 있다.

발전식의 풍향측정은 셀신모터에 의해 동체의 회전각을 검출하는 방법이 태반을 차지하고 있지만, 전위차계(電位差計, potentiometer : 전기회로에서 전위차를 재는 데 쓰는 계기)를 이용한 저항식의 것도 있다.

펄스식은 프로펠러축의 회전을 이용해 접점을 개폐(開閉)해서 펄스신호를 발생하는 것, 축에 얇은 원반을 붙여서 연속광을 투과 또는 반사시켜서 빛을 단속(斷續)해 펄스를 발생시키는 것, 회전축에 자석을 달아서 자극수(磁極數)에 따른 자기펄스를 발생시키는 것 등이 있다.

펄스식에는 풍정식이라고 해서 프로펠러축의 회전에 의해 스위치를 개폐해 접점(接点)의 개폐의 수를 세어서 단위시간 내의 풍정에서 풍속을 구하는 기구를 갖은 것이다. 소위 평균치적 펄스식 풍향풍속계라고 할 수 있다.

펄스식의 풍향측정에는 셀신모터 및 엔코터[encorder, 부호기(符号器)]의 것을 많이 이용하고 있다. 현재에는 풍향풍속과 함께 접촉저항이 작고, 미풍속에서 강풍속까지 측정가능하고 소형계량화에 적합한 빛펄스식을 많이 이용하고 있다.

9.4.1 발전식 풍차형 풍향풍속계의 개요

발전식(풍차형) 풍향풍속계는 그림 9.17 (a)에 나타낸 것과 같이 바람의 영향이 적은 유선형의 동체, 풍압을 받아서 풍속에 비례하는 신호를 만드는 프로펠러와 교류발전기, 풍향신호를 만드는 꼬리날개과 셀신모터, 스탠드와 동체를 연결하는 다리부분, 단자판과 신호케이블을 이끌어내기 위한 금속 손잡이가 붙은 스탠드 등으로 구성되어 있다. 다리부분은 동체에 직결되어 풍향에 의해 회전하는 부분인 회전축과 설치폴에 고정된 부분인 고정축으로 나누어져 있다.

바람이 불면 수직꼬리날개에 닿는 풍압이 최소가 되는 방향으로 동체가 향해 바람의 방향과 일치한다. 이때 프로펠러가 바람의 방향과 정면으로 대해 좋은 효율로 회전해 참의 풍속이 얻어진다. 또 동체에 붙인 셀신모터의 고정자와 다리부분의 고정축에 붙인 회전자와의 사이에 변각이 생겨 풍향에 비례하는 신호가 얻어진다.

풍속신호는 슬립링과 브러시에 의해 스탠드 내에 설치된 단자판에 접속된다.

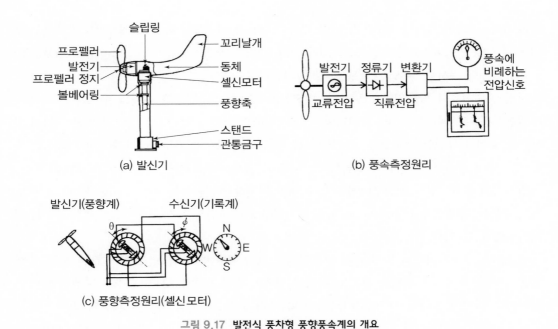

(a) 발신기

(b) 풍속측정원리

(c) 풍향측정원리(셀신모터)

그림 9.17 발전식 풍차형 풍향풍속계의 개요

(1) 풍속의 측정원리

풍속의 측정은 꼬리날개에 의해 바람과 프로펠러를 항상 정면으로 불어오는 방향의 바람을 정확하게 포착하도록 되어 있다.

이때 프로펠러축에 직결된 교류발전기로 0~수 10 V의 풍속에 비례하는 교류기전력이 얻어진다. 교류전압신호는 그림 9.17 (b)에 표시했듯이 정류되어 직류전압으로 변환된 후 풍속에 비례하는 아날로그 전압신호로 출력된다. 아날로그 전압신호는 가동선륜형 전압계(可動線輪型 電壓計) 등을 이용한 풍속지시기 또는 기록기에 접속함으로써 풍속을 측정할 수 있다.

풍정에 의한 풍속의 측정은 10분간에 이동한 공기의 거리에서 평균풍속을 구하는 것이다. 예를 들면 60 m 풍정접점붙임 풍속계의 경우, 공기가 60 m 이동한 분만큼 프로펠러가 회전하면 1펄스의 접점신호를 발생한다. 이 펄스가 10분간에 10펄스 있었다고 하면

$$10(펄스) \times 60(m) / 600(초)$$

로 해서 평균풍속 1 m/s가 얻어진다.

풍정식은 바람이 약하고 프로펠러의 회전이 단속적이라도 10분간의 펄스수를 세는 것으로 그 사이의 평균풍속이 얻어지는 이점이 있다.

(2) 풍향의 측정원리

셀신모터에 의한 신호발생과 풍향의 측정원리를 그림 9.17 (c)에 나타내었다. 셀신모터는 고정

자에 감은 1차권선과 회전자에 감은 2차권선 사이의 결합이 회전자의 각도의 변화에 의해 변하는 것을 이용한 것으로 발신기, 수신기 모두 고정자가 공간적으로 서로 120°씩 다른 위치에 배치된 3개의 권선과 단상(單相)의 권선을 갖은 회전자로 구성된다.

그림과 같이 접속하면 양쪽의 회전자의 위치가 일치해 있지 않은 경우는 고정자에 유도되어서 흐르는 전류에 의해 수신기의 고정자자계와 회전자의 상호작용에 의해 각도가 일치하도록 힘이 작용한다. 따라서, 풍향의 관측에는 2개의 같은 구조를 갖는 셀신모터의 한쪽을 풍향계에, 다른 쪽을 기록계 및 지시기 등에 접속함으로써 풍향계의 변위각에 대응한 토크(torque)를 기록계, 지시기에 전송할 수 있어 풍향을 측정할 수 있다.

9.4.2 펄스식 풍차형 풍향풍속계의 개요

펄스식에는 광전식, 광섬유(光纖維, optical fiber)식, 자석식 등이 있다. 광전식은 프로펠러축에 직결된 구멍이 뚫린 원판과 포토커플러(photocoupler)에 의해 펄스전압을 발생시키는 방법이다. 광섬유방식은 신호의 전송에 광섬유를 사용하고 연속되는 빛을 앞에서 말한 구멍 뚫린 원판또는 반사판의 톱니모양의 원판에 대어 원판의 회전에 의해 생기는 연속되는 빛펄스를 광섬유로 직접변환기, 기록기나 자료처리기에 운송하는 방식이다. 자석식은 프로펠러의 회전축에 붙인 영구자석의 극수에 따른 자기펄스를 검출하는 방법이다. 어떤 것은 극단으로 소형화한 삼배 풍속계의 축에 영구자석을 붙여 소형 리드 스위치를 개폐해서 접점펄스를 발생하는 기구의 것도 있다.

펄스식은 프로펠러에 이어지는 기계적인 부하(負荷)가 적고 소형경량화가 가능해서 풍속변화에 대한 응답도가 발전식에 비해 빠르다. 풍향감부에 후술의 광펄스엔코더를 사용함으로써 더욱 소형경량화가 이루어져 응답도가 빠른 풍향풍속계가 형성될 수 있다. 또 출력신호가 디지털신호로 얻어지므로 기록 및 자료의 가공 등 요즈음의 컴퓨터 처리에 적합한 장점이 있다.

(1) 광전식

광전식 풍속계(光電式 風速計)는 프로펠러, 공기저항이 작은 유선형을 한 동체(胴体)와 꼬리날개, 풍향으로 향하기 위한 회전기구나 동체와 스탠드를 연결하는 다리부분, 바람과 비의 영향이 적은 기구 등 발전식 풍향풍속계의 감부와 기본적으로 같은 구조이다.

풍속의 검출부는 그림 9.18 (a)에 표시했듯이 구멍이 뚫린 원판과 포토커플러(photocoupler)로 구성되어 있다. 원판은 그림과 같이 한대의 발광소자와 수광소자로 구성되는 포토커플러의 광축을 차단하는 모양으로 설치되어 있다. 원판의 주변에는 48개의 구멍이 뚫려 있고, 회전함으로써 포토커플러의 발광소자에서의 빛을 단속한다. 단속하는 빛을 수광소자의 포토다이오드(photodiode)로 받아 전압 펄스를 발생한다. 발생되는 펄스의 수는 구멍의 수(1회전으로 24, 48, 64개 등이 일반적으로 있다)로 결정되고 거의 풍속에 비례하는 펄스신호를 출력한다.

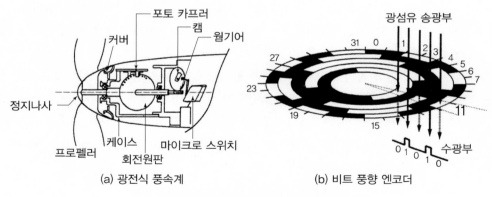

(a) 광전식 풍속계   (b) 비트 풍향 엔코더

그림 9.18 펄스식 풍속·풍향신호 발생원리

이 전압펄스신호를 감지부에서 떨어진 장소 또는 감부 내에 설치된 변환기로 정형(整形)해, 직류 아날로그신호로 변환(F/V변환)해서 지시기나 기록기 및 자료처리기 등에 접속해서 풍속을 측정한다.

풍향의 검출에는 발전식과 같은 셀신모터를 채용하고 있는 것도 있으나, 광엔코더와 조합시킨 것이 많다.

(2) 광엔코더에 의한 풍향계

풍향계로 사용되고 있는 엔코더는 5 또는 8비트의 것이 널리 사용되고 있다. 이것은 전방위 360°를 2진법의 5비트 또는 8비트로 나타낼 수 있고 각각 분해능은 약 11.2° 및 1.4°가 된다.

엔코더는 그림 7.18 (b)에 나타내었듯이 특수한 모양의 구멍을 뚫은 원판과 비트수에 대응하는 송수광부로 구성된다. 송광부로부터의 빛이 원판을 통과해서 수광부에 도달한 경우를 1, 원판에서 반사된 경우를 0으로 해서 2진법으로 나타낸다. 5비트 엔코더에 의한 풍향측정의 원리를 그림에 나타내었다.

원판상부에서 그림과 같이 송광한 경우 구멍이 뚫린 부분은 빛이 통과하고 수신부에 나타내듯이 바깥쪽으로부터 1의 자리, 2의 자리, …, 5의 자리의 01010의 펄스신호가 얻어진다. 이것으로부터 그림의 11번째의 구분, 123.75~135.00°의 사이의 각도인 것을 측정할 수가 있다.

(3) 광섬유식

광섬유(光纖維, optical fiber)식은 회전축에 붙이는 원판의 형태에 의해 투과광식과 반사광식이 있다.

풍차형 풍향풍속계를 예로 들면 그림 9.19와 같이 풍향풍속계의 스탠드부에 있는 발광소자인 적외 LED 다이오드(diode)에서 연속광을 광섬유에 의해 프로펠러축에 붙인 구멍이 뚫린 원판까

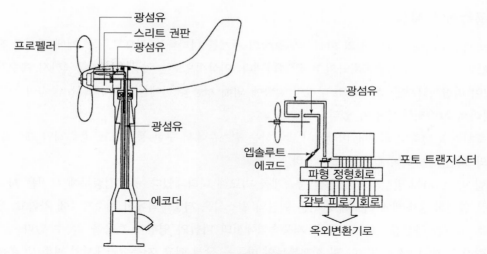

그림 9.19 **풍차형 풍향풍속계**

지 유인해 원판이 회전해 구멍의 부분으로 투과한다. 투과광을 수신용의 광섬유로 같은 스탠드부에 있는 수광소자(受光素子, photo-transistor)까지 이끌어서 수광소자에서 단속한 전압펄스를 발생한다. 전압펄스는 파형 정형회로를 통해 1회전 48개의 풍속펄스를 발생시킨다.

풍차형 풍향풍속계의 풍향측정은 전술의 8비트 광엔코더를 채용하고 있다. 또, 풍속풍향 모두 그림 9.18의 오른쪽 블록의 그림에 표시했듯이 감지부 내의 신호전달에 빛을 사용하고 외부출력은 전압 펄스신호이다. 광섬유식에서는 이와 같이 광섬유를 감부 내의 신호전달에 이용하는 외에, 발광소자 및 수광소자를 감부에서 떼어 수신기측의 변환기(지시기 및 기록기가 있는 관측실에 설치)에 놓고 감부와 변환기를 광섬유에 의해 접속해서 감부에서의 외부출력을 광학적으로 행하는 방식이 있다.

이 방식은 직접 전압신호를 전송하는 발전식, 송수광소자나 변화부 등의 전기회로가 감부에 내장되어 있는 광전식에 비해 천둥번개의 영향이 적은 특징이 있다.

9.4.3 풍차형 풍향풍속계의 특성

풍향풍속계의 특성 및 성능을 나타내는 경우에는 측정범위 및 정밀도와는 별도로 풍속계의 계수나 거리상수를 이용한다. 세계기상기관의 측기관측위원회 및 기상청에서도 이들의 수치를 이용해서 기본적인 측기의 사양을 정하고 있다.

풍향풍속계의 기본성능을 파악하기 위해서는 풍동을 이용해서 한 몇 개의 성능시험결과를 소개한다.

(1) 풍속계의 계수

풍속계의 계수는 프로펠러의 회전수와 풍속의 관계를 나타내는 것으로, 풍속계에 주어진 진의 풍속값과 그 풍속계의 관측치와의 비로 나타낸다. 이상적으로는 약풍에서 강풍역까지 계수가 1인 것이 바람직하지만, 회전축의 마찰의 영향에 의해 저풍속 시에는 1보다 크고, 풍속이 강해짐에 따라서 작아지는 경향이 있다.

관측치는 회전축의 회전에 비례해서 발생하는 펄스수에서 구한 풍속이고, 풍속계의 계수와 풍속계의 회전수는 역비례의 관계가 있다.

그림 9.20 (a)에 발전식과 펄스식 풍속계를 비교해 나타내었다. 풍속검출부에 무거운 자석을 부착한 발전식 풍속계에 비교해 가벼운 원판의 펄스식은 저풍속역에서 계수가 1에 가깝고, 전체적으로 평편한 곡선을 그리고 있다. 저풍속역에서의 마찰의 영향이 적음을 알 수 있다.

그림 9.20 (b)는 소형경량화 및 회전부분의 마찰을 작게 했고, 저풍속역에서의 관측 및 추수성(追隨性)을 좋게 할 목적으로 제작한 3대의 소형 풍향풍속계 및 일본기상청에서 사용하고 있는 JMA – 80형 지상 기상관측 장치의 풍속계와의 비교이다. 이때의 각 기기의 규격을 표 9.2에 나타내었다.

프로펠러가 가벼운 소형풍속계는 JMA-80형에 비교하면 분명히 저풍속 시에 계수가 작고 소형풍속계 중에서는 표준기동풍속의 값이 작은 순으로 저풍속역까지 직선성이 있는 것을 알 수 있다.

소형경량화를 시도한 시료는 JMA-80형에 비교해 10 m/s 이하의 저풍속역에서 직선성이 좋고, 또한 계수도 개선되어 있다.

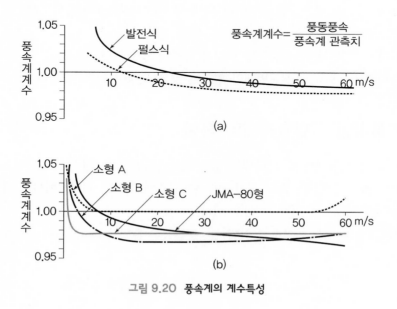

그림 9.20 **풍속계의 계수특성**

표 9.2 시료 풍향풍속계의 규격

항목	소형 풍차형 풍향풍속계 A	소형 풍차형 풍향풍속계 B	소형 풍차형 풍향풍속계 C	80형 (일본기상청형 풍향풍속계)
프로펠러의 직경 (mm)	250	250	250	350
프로펠러의 재질	폴리카보네이드	폴리카보네이드	폴리카보네이드	알루미다이케스트
풍속검출	광펄스식 64 P/회	광펄스식 24 P/회	광펄스식 24 P/회	광펄스식 48 P/회
풍향검출	광엔코더 방식	광엔코더 방식	광엔코더 방식	AC 신크로 방식
기동풍속	0.6 m/s 이하	0.5 m/s 이하	0.4 m/s 이하	2.0 m/s 이하
측정범위	1~60 m/s	0.5~60 m/s	0.5~60 m/s	2~60 m/s
내(耐)풍속	90 m/s 이상	90 m/s 이상	75 m/s 이상	110 m/s 이상

(2) 풍속계의 응답특성

풍속계의 응답특성은 풍속의 증가 시와 감소 시에서 달라, 풍속이 증가할 때의 응답시간은 작고 풍속이 감소해 갈 때는 커진다. 그림 9.21에 풍속계의 응답특성을 나타내었다.

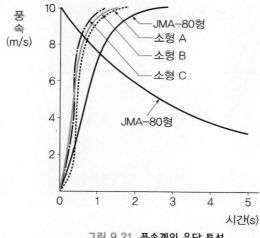

그림 9.21 **풍속계의 응답 특성**

그림에서 오른쪽으로 올라가는 굵은실선은 일정풍속 하에서 프로펠러의 회전은 멈추고 풍속이 0에서 최대풍속에 도달할 때까지의 풍속증가 시의 특성을 오른쪽으로 내려가는 굵은실선은 일정풍속에서부터 0으로 해서 프로펠러의 회전이 정지할 때까지의 풍속감속 시의 특성을 나타내고 있다.

또 가는선은 소형풍속계의 풍속증가 시의 응답특성을 나타내고 있다. 이 응답성의 빠르기는 주위의 속도변화에 어떻게 추수(追隨)하고 있을까를 나타내는 것이다. 따라서 응답시간이 긴 측기일수록 풍속의 변동이 격렬한 자연풍의 관측에서는 관측오차가 커진다.

(3) 변동풍에 의한 풍속계의 특성

자연풍에서의 늦어짐 및 오차의 정도를 조사하기 위해서 풍동풍속을 주기적으로 변화시켜 풍속계의 측정치를 조사한다.

풍동풍속의 변동주기를 10초, 진폭을 5 m/s, 기준풍속을 약 16 m/s로 했을 경우의 풍속 특성을 그림 9.22에 나타내었다. 풍동의 변동풍은 시상수가 작은 열선풍속계(熱線風速計, hot wire anemometer)로 측정했다.

그림에서 실선은 풍동 변동풍의 기록, 점선은 풍차형 풍향풍속계의 기록을 나타낸다. 풍속계의 측정치는 약 0.9초 변동풍보다 늦어져 있음을 알 수 있다. 또 최대풍속의 지시값는 변동풍의 최대치보다 약 0.5 m/s 정도 작고, 최소풍속의 지시치는 변동풍의 최소치보다 약 1 m/s 정도 크게 나와 있다.

이것은 앞에서 말한 풍속증가 시와 감소 시의 시상수의 차이에 의한 것으로 소위 프로펠러의 회전부족과 과회전의 현상에 의한 것이다. 이 최대, 최소풍속의 차이는 변동주기가 작을수록 커져간다. 이때 평균풍속은 변동풍의 평균보다 커진다.

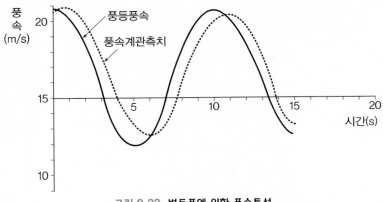

그림 9.22 변동풍에 의한 풍속특성

(4) 풍향계의 진동 특성

풍차형 풍향풍속계는 풍향의 변화에 대해 충실히 추종하는 것이 바람직하지만, 단주기의 풍향변화 및 급격한 변동에 대해서는 추종할 수가 없다. 이 풍향변화에 대한 추종성은 풍속의 관측오차에 큰 영향을 부여한다.

풍동풍속 5, 10 m/s에 대한 진동특성을 그림 9.23에 나타내었다. 풍속이 클수록 프로펠러가 풍향에 직면하는 시간이 빨라지지만, 실제의 풍향변화가 프로펠러가 직면하는 시간보다 빠르면 늦어짐이 생겨 풍향풍속 모두 정확한 지시가 얻어질 수 없게 된다. 이 감쇠진동의 바람직한 특성은 진폭이 차례를 따른 때마다 감쇠하는 정도가 크고 또한 주기가 짧을수록 좋다고 할 수 있다.

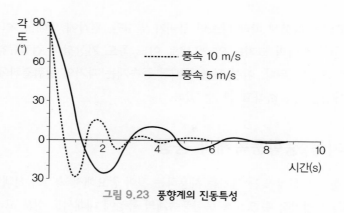

그림 9.23 풍향계의 진동특성

    풍향계의 감쇠진동의 좋고 나쁨을 판단하기 위한 기준을 '풍속 10 m/s에서 풍향이 90° 변했을 때에 프로펠러가 5초 이내로 바뀐 풍향에 직면하고 풍향계의 진동은 정지하지 않으면 안 된다' 라고 하고 있다.

    그 외에 풍향계의 검사로서 기동풍속(起動風速) 2 m/s에서 위의 방법으로 프로펠러가 풍향에 직면하는지를 검사하고 있다. 이것은 회전축의 마찰이 크면 풍향에 직면하지 않고 정지하는 일도 있어 낮은 풍속에서 오차의 원인이 되는 염려가 있기 때문이다.

(5) 풍속계의 편각 특성

    풍차형 풍향풍속계에서 올바른 측정치를 얻기 위해서는 풍향에 대해서 항상 프로펠러가 정면으로 마주봐야 한다는 전제가 있지만, 풍향변화에 대해서 약간의 늦어짐이 생긴다. 이 때문에 풍속계의 프로펠러축과 풍향과의 각도에 의해 풍속계의 측정치가 변하는 오차를 발생시킨다. 풍속계의 프로펠러축과 풍향과의 각도의 어긋남의 크기를 가로축에 편각 0°에 있어서 풍속계의 측정치를 1로 하고, 편각에 대응한 측정치와의 비를 세로축에 나타낸 것이 그림 9.24의 풍속계의 편각특성(偏角特性)이다.

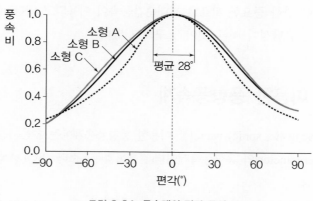

그림 9.24 풍속계의 편각 특성

그림에서 프로펠러의 형상에 따라 다소의 차이가 있지만, 편각에 의해 풍속의 측정치에 오차가 생기는 것을 안다. 오차의 크기는 약 ±15°로 어느 쪽도 기상청의 검정규칙에 의한 오차의 허용범위의 한계치 정도가 된다. 이런 점이 풍배형 풍속계는 과거의 실험결과에서 수평, 수직방향과 함께 편향 특성은 우수하다고 할 수 있다.

9.4.4 풍차형 풍향풍속계의 동향

대기관측을 할 경우 목적에 맞는 측기를 사용하는 것이 중요해서 측기의 선택에 있어서 이용목적에 어울리는 성과가 얻어질 수 있도록 풍향풍속계의 특성에 대해서도 십분 고려할 필요가 있다. 근년 종관[綜觀, 총관(總觀)] 및 기후이용을 위해서, 또 분석수법의 진보와 계산처리기능의 충실로 보다 세밀한 바람의 변화, 약한 바람의 변화를 정확하게 측정할 수 있는 측기가 요망된다.

세계기상기관 측기관측법위원회에서 종관 및 기후이용을 위해 바람 자료의 질의 향상성 필요로부터 새로운 바람관측측기의 사양을 권고하는 등 세계적으로도 새로운 측기의 개발이 요망되고 있다.

이와 같은 배경 하에서 새로운 풍향풍속계의 검토를 실시해야 한다. 구체적으로는 순간풍속의 정밀도 향상을 겨냥해서 기동풍속의 저속화, 응답 특성의 향상, 풍향 급변 시의 대향성(對向性)의 향상 등을 주제로 수지성(樹脂性) 프로펠러를 이용한 소형 풍향풍속계의 개발을 해야 한다.

새로운 측기는 소형경량이며 내구성, 내충격성이 뛰어나고, 기구적(機構的)으로는 풍속검출기에 광펄스 방식을, 풍향검출기에 광엔코더 방식을 채용하고, 회전부의 마찰의 영향을 경감해서 동특성의 향상을 기도했다. 소형 풍향풍속계의 동특성시험, 이어서 내후성시험, 야외시험을 실시해서 기상관서 내지는 대기관측의 측기로 채용되어야 할 것이다.

풍속계는 천기(날씨, 일기)예보에서 사용한다는 고정관념의 기상업무 외에 매우 짧은 시간의 기상상황을 파악하기 위해서 이용되는 경우도 많다. 예를 들면 고속전철의 운항제어 등 철도의 방재(防災) 면에서, 케이블카, 리프트 등의 운항에, 대형건설 기기의 운용에, 유원지의 시설의 안전관리 등 직접 인명에 관한 중요한 지표로 최대순간풍속이 이용되고 있다. 이와 같은 관점에서도 풍속계의 감지부는 응답성이 빠른 것이 요구되고 있다.

9.5 | 음파를 이용한 풍향풍속계

음파[音波, sound(acoustic, sonic) wave]를 이용한 풍향풍속계에는 초음파풍속계[超音波風速計, ultra(super)sonic anemometer]와 음향풍측레이더(音響風測---, 소다＝SODAR : Sound Detection And Ranging)가 있다.

초음파풍향풍속계[超音波風向風速計, ultra(super)sonic wave wind-vane(anemoscope) and anemometer, ultrasonic wave anemoscopemeter]는 100 kHz 및 200 kHz의 주파수를 이용해서 ① 높은 반응(high response)에서의 측정, ② 0 m/s에서의 측정 등이 가능해서 매우 짧은 시간에 미소변화의 풍속과 온도를 동시에 측정할 수 있다. 이 특징을 이용해서 일반대기관측 외에 난류에너지 수송량의 측정, 운동수송량, 현열수송량, 잠열수송량의 측정 등 미세구조의 측정에 이용되고 있다.

음향풍측레이더는 전파손실이 적은 가청주파수역의 2~10 kHz를 이용해서 주로 상공의 바람을 측정하는 데에 이용한다.

음파를 이용하는 경우 기본적으로 높은 주파수는 측정분해능이 높은 반면, 전파손실이 커지는 특성이 있다. 현재 고도 300~500 m 정도까지 측정할 수 있는 것이 있다.

9.5.1 초음파풍속계

(1) 풍측원리

초음파의 전달매체인 공기의 이동에 의해 음파의 전파속도가 변화하는 것을 이용하는 것이다. 그림 7.25에 표시했듯이 송파기와 수파기를 일정한 간격 L을 두고 상대해, 송수파기를 반대로 해서 2조 설치한다. 송수파기의 설치 방향에 바람이 불면 바람의 영향으로 2조 사이에서 음파의 전파시간에 차이가 나타난다. 지금 송수파방향(그림 중의 화살표)의 풍속을 V로 하면 이 시간차 dT는 음파의 전파속도를 V_s(sound velocity, speed of sound)로 할 때

$$dT = \frac{2LV}{V_s{}^2 - V^2} \tag{9.9}$$

로 나타낼 수 있다.

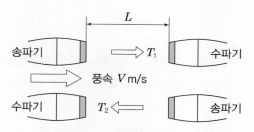

그림 9.25 초음파 풍속온도계의 측정원리

이와 같이 해서 dT를 구하면 풍속 V가 산출된다. 지금 2조의 송·수파기 사이의 전파시간을 각각 T_1, T_2로 하면

$$T_1 = \frac{L}{V_s + V} \tag{9.10}$$

$$T_2 = \frac{L}{V_s - V} \tag{9.11}$$

$$V = L \frac{T_2 - T_1}{2\,T_1\,T_2} \tag{9.12}$$

으로, 하나의 방향의 풍속이 측정된다.

이와 같은 풍속계를 1대는 남북방향으로, 또 1대는 동서방향으로 설치해서, 벡터합성해서 진의 풍속과 풍향을 구할 수가 있다. 음파의 전파속도 즉 음속(V_s)은

$$V_s = 331.5\,\text{m/s} + 0.6\,t(\text{m/s})\,/\,C \tag{9.13}$$

이다. 이와 같이 음속이 기온에 좌우되므로, 온도보정이 필요하다. 음파의 전파속도는 1기압, 15 C의 대기 중에서는 약 340 m/s, 해수 중에서는 대략 1,500 m/s이다. 특별한 언급이 없는 한 음속은 상온 15 C의 값(340 m/s)을 말한다.

이 풍속계는 회전형풍속계와 같이 기동풍속은 없어, 0 m/s에서 측정할 수 있으므로 미풍(微風)의 측정도 가능하다.

기동풍속(起動風速, starting wind velocity for anemometer)이란 풍배형이나 풍차형 풍속계 및 화살형 풍향계 등의 회전형 풍속계, 풍향계는 그의 회전축과 축수(軸受) 사이에 꼭 마찰이 있어, 풍속이 어떤 값 이상이 되지 않으면 기동하지 않는다. 이 기동하는 풍속을 의미한다. 이들 회전형풍속계, 풍향계의 기동속도는 0.5~2.0 m/s 정도이다. 따라서 더욱 낮은 풍속을 측정할 필요가 있을 때는 기동풍속에 관계하지 않는 열선풍속계, 초음파풍속계 등을 이용하는 것이 좋다.

실제의 측기에서는 한 대의 송·수파기로 송·수파를 교대로 반복해서, 축방향의 풍속을 측정한다. 직교하는 2조의 송수파기를 짜 맞춤으로써 풍향풍속계가 된다.

(2) 온도측정원리

초음파의 전파속도가 대기온도의 영향을 받는 것을 이용해서 온도계로도 이용된다. 위 식의 전파속도와 음속 V_s의 관계에서 **음가온도**(音假溫度, sound virtual temperature) T_{sv}가 구해진다.

식 (9.10), (9.11)에서

$$V_s = L \frac{T_2 + T_1}{2\,T_1\,T_2} \tag{9.14}$$

로 나타내진다. 단, 공기 중의 음속은 대기압이나 수증기압 및 기온의 영향을 받아 그 관계는

$$V_s = 20.067 \sqrt{K \left(1 - 0.3192 \frac{e}{p} \right)} \tag{9.15}$$

로 표현된다. 여기서 K : 공기의 절대온도, e : 수증기압, p : 대기압, e/p는 대기 중에서는 충분히 작으므로,

$$V_s = 20.067 \sqrt{K} \tag{9.16}$$

으로 하면 K는

$$K = \left(L \cdot \frac{T_1 + T_2}{40.134 \, T_1 \, T_2} \right)^2 \equiv T_{sv} \tag{9.17}$$

로 구해진다. K는 음가온도(音假溫度, sound virtual temperature)라 하며 $K = T_{sv}$로 표현된다.

이상이 초음파를 이용한 풍속, 온도의 측정원리이다. 선박에서 이용할 경우에는 선체의 동요의 영향을 경감할 필요가 있어 동요 수정장치를 정비하고 있다.

9.5.2 음향풍측레이더

음향풍측레이더(音響風測---, 소다=SODAR : Sound Detection And Ranging, 음파레이더, sonic radar, sound radar)는 이동하고 있는 목표물에서의 반사파의 주파수 편이(偏移)의 양을 측정해 편이의 크기에서부터 풍속(이동 물체의 빠르기)을 구하는 것이다.

대기 중을 전반(傳搬)하는 음파가 기온의 교란으로부터 일어나는 후방산란을 검출하기도 하고, 산란음파의 주파수의 도플러편이에서 바람을 측정하는 리모트(remote) 측기이다. 즉 음파의

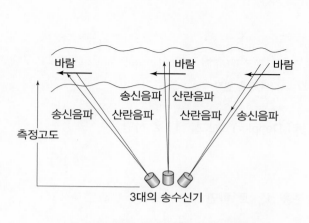

(a) 단일정적법형 도플러 음파레이더의 배치도

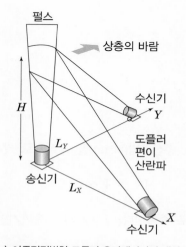

(b) 이중정적법형 도플러 음파레이더의 배치도

그림 9.26 도플러 음파레이더의 방식

산란을 측정함으로써 기온을 알 수 있고, 또 도플러의 효과를 이용해서 바람도 측정할 수 있다.

송신과 수신을 동일한 측기로 절환(切換)해서 행하는 **단일정적법**(單一靜的法, mo-no-static method)과, 송수를 떨어진 위치에 놓은 측기로 행하는 **이중정적법**(二重靜的法, bi-static method)이 있다(그림 9.26). 또 음파발사법으로 연속파를 사용하는 방법과 펄스파를 이용하는 방법이 있는데, 바람의 단시간 변동을 측정하는 데에는 연속파가 우위이지만, 저풍속의 측정에는 펄스파가 편리하다.

(1) 소다의 풍측원리

일반적으로 속도 V로 이동하고 있는 반사물에서의 주파수 편이 f_d는

$$f_d = f_i - f_r = 2 \frac{V f_i}{V_s} \cos \theta \tag{9.18}$$

로 표현된다. 여기서 f_i, f_r는 입사파 및 반사파, V_s는 음속, θ는 반사물의 이동방향과 파면(波面)과의 각이다.

간단히 하기 위해 그림 9.27에 나타내었듯이 송·수파기를 분리해서 1대 설치한 장소의 주파수 편이에 대해서 검토한다.

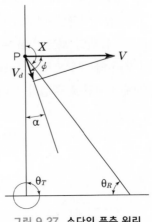

그림 9.27 **소다의 풍측 원리**

송신파빔(beam)을 수직으로 발사해 도플러(Doppler) 속도를 V_d로 하면

$$V_d = V \cos \phi \tag{9.19}$$

로 주어진다. V_d에 의한 수파기방향의 성분을 V_{dR}로 하면

$$V_{dR} = V_d \cos \alpha = V \cos \phi \cdot \cos \alpha \tag{9.20}$$

로 표현된다. 여기서 α는 도플러 편이각(偏移角, Doppler shift angle)이다.

이것을 송·수파빔에 의해 생기는 각 X(탐지 산란각)로 나타내면 그림에서

$$X = \pi - 2\alpha \,,\ \alpha = \frac{\pi - X}{2} \tag{9.21}$$

이므로 V_{dR}은

$$V_{dR} = V \cos\phi \cdot \cos\alpha = V \cos\phi \cdot \cos\left(\frac{\pi - X}{2}\right)$$

$$= V \cos\phi \cdot \sin\left(\frac{X}{2}\right) \tag{9.22}$$

로 고쳐 쓸 수 있다. 따라서 도플러 주파수 편이 f_d는

$$f_d = 2\frac{f_i}{V_s} V \cos\Phi \cdot \sin\left(\frac{X}{2}\right) \tag{9.23}$$

으로 구해진다. 식 (9.23)에서 송·수파기를 동일 지점에 설치한 경우($X = 180°$)가 식 (9.18)이다.

따라서 산란체인 목표물은 일반적으로 불균질이고 음향빔의 단면에 대해서는 불균질한 기체의 집합체라고 할 수 있다. 따라서 각 부분의 속도는 서로 달라 있으므로 반사파의 도플러 속도는 어떤 스펙트럼을 갖고 있다. 여기에 대응해서 반사파의 주파수 편이도 주파수 스펙트럼을 형성하고 있다. 즉, 어떤 크기(빔의 퍼짐의 폭에 의함)의 와류(渦流)의 원형은 각 부분의 소구역이 따로따로의 속도를 갖는 많은 성분으로부터 이루어지는 집합체라고 할 수 있다.

도플러 속도, 도플러 주파수 편이가 집합체에 의해 분산하고 있는 상태를 그림 9.28에 나타내었다. 그림은 이동물체 전체가 어떤 평균풍속 V_a를 갖고 이동하고 있는 경우를 나타낸다. 실제로 이 평균속도에 의해 생기는 음향레이더 방향의 도플러 속도, 도플러 주파수의 편이를 측정하는 것으로 평균이동속도 V_a가 측정될 수 있다.

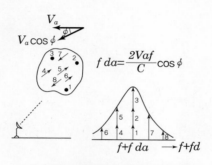

그림 9.28 **집합체로부터의 도플러 편이**

(2) 소다의 실용 예

실용기로는 송·수파기를 장소에 따로 설치하는 수파직교형방식(受波直交形方式), 송·수파기를 동일한 지점에 설치하는 방식, 1개의 안테나의 지향특성(指向特性)을 전기적으로 제어하는 페이즈드·어레이[phased-array, 위상단열(位相段列) : 안테나의 방향을 기계적으로 움직이지 않고, 수평·수직의 3차원 주사(走査)를 전자적으로 처리할 수 있어 인공위성이나 마시일 탐지에 이용됨] 방식 등이 있다.

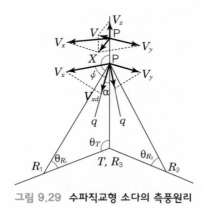

그림 9.29 **수파직교형 소다의 측풍원리**

그림 9.29에 표시했듯이 수평면과 송파빔, 수파빔과의 이루는 각을 θ_T, θ_{R1}, θ_{R2}로 하고, 바람의 수평직교성분을 V_X, V_Y로 하면, $V_X V_X$에 의한 수파기방향의 도플러 주파수 편이 f_{xd}는 식(9.20), (9.23)에 의해

$$f_{Xd} = 2\frac{f}{V_s} V_X \cos\phi \cdot \cos\alpha$$

$$= 2\frac{f}{V_s} V_X \times \cos\left(\frac{\pi}{4} + \frac{\theta_{R1}}{2}\right) \times \sin\left(\frac{\pi}{4} + \frac{\theta_{R1}}{2}\right)$$

$$= \frac{f}{V_s} V_X \cdot \sin\left(\frac{\pi}{2} + \theta_{R1}\right) = \frac{f}{V_s} V_X \cdot \cos\theta_{R1} \tag{9.24}$$

$$\therefore V_X = \frac{f_{Xd} \cdot V_s}{f \cdot \cos\theta_{R1}} \tag{9.25}$$

또한

$$\frac{f}{V_s} V_X \cdot \sin\left(\frac{\pi}{2} + \theta_{R1}\right) = \frac{f}{V_s} V_X \cdot \sin X \tag{9.26}$$

에 의해

$$f_{Xd} = \frac{f}{V_s} V_X \cdot \sin X \tag{9.27}$$

$$\therefore V_X = \frac{f_{Xd} \cdot V_s}{f \cdot \sin X} \tag{9.28}$$

로 표현된다. 여기서, V_s : 음속, f : 송파주파수, X : 송·수파빔이 이루는 각으로 설치위치, 각도에 따라 결정되는 것이다. 따라서 도플러 주파수 f_{xd}를 측정함으로써 축방향의 풍속을 구할 수 있다.

같은 식으로 해서 V_X를 V_Y로 바꾸어 놓으면 Y축 방향의 풍속 V_Y가 구해진다. 즉,

$$V_Y = \frac{f_{yd} \cdot V_s}{f \cdot \sin X} \tag{9.29}$$

가 된다. 한편 연직성분(Z축방향)을 V_Z로 하면, 물체가 이동하는 속도방향과 q가 이루는 각은 $\phi = \pi$가 되므로

$$f_{Zd} = 2 \frac{f}{V_s} V_z \cdot \cos \phi \cdot \sin\left(\frac{X}{2}\right) = 2 \frac{f}{V_s} V_z \tag{9.30}$$

$$\therefore V_Z = f_{Zd} \cdot \frac{V_s}{2f} \tag{9.31}$$

로 연직방향의 풍속이 구해진다.

(3) 소다에 의한 풍측결과

임의의 고도 H에서 산란신호가 수파기에 도달할 때까지의 시간을 τ, 송파기에서 목표물까지의 거리를 L, 음파의 운반속도를 V_s로 하면, τ와 H와의 관계는

$$\tau = \frac{H + L}{V_s} = \frac{H}{V_s}\left(1 + \frac{1}{\sin \theta}\right) \tag{9.32}$$

가 되고 고도 H는 τ의 값에 의해 주어져 바람의 연직분포가 얻어진다. 관측 시의 송파 주파수는 4 kH(2~8 kH 가변)를 이용했다.

이 경우 낮은 주파수는 측정거리가 큰 경우에 적합하고, 높은 주파수에서는 속도, 거리의 분해 정밀도를 크게 하는 데에 적합하다. 또 안테나의 개구부에 차폐판을 설치해 S/N의 향상을 꾀하고 있다. 이와 같은 장치에서 임의의 고도에 있어서 공간의 셀(cell)의 바람에 의한 이동을 잴 수 있다.

표 9.3 풍차형 풍향풍속계와 수파직교형 소다의 비교

항 목	고 도(m)		
	50	100	150
표준편차	0.50	1.03	1.17
상관계수	0.95	0.93	0.93

　풍차형 풍향풍속계와 소다의 비교관측의 예를 표 9.3에 나타내었다. 비교관측은 철탑과 근방에 소다를 설치해서 행한 것이다. 표는 관측고도별 양자의 차는 표준편차 σ와 상관계수 γ를 50, 100, 150 m의 관측고도에 대해서 나타내고 있지만, 각 고도 모두 2개의 관측계의 상관이 0.9 이상, 관측치의 흩어짐도 일반적인 풍측기의 허용오차 정도의 결과가 얻어졌다. 사용한 소다의 사양을 표 9.4에 나타내었다.

표 9.4 소다의 사양

항 목	모델 A	모델 B
안테나 직경	0.9 m	1.2 m
변화기(transducer) 피크 입력	150(600) w	150(600) w
음향출력(피크)	10(40) w	20(80) w
송신주파수	4 kH	2 kH
펄스폭	80 ms	160 ms
펄스반복간격	2.5 s	5.0 s
고도분해능	25 m	50 m
측정고도	200 m	500 m
샘프링고도수	6	6

(모델 A를 사용)

　이 외에도 바람을 관측하는 측기로는 라디오존데나 오메가존데와 같이 고층의 관측을 목적으로 하는 것도 있다. 스토로보(stroboscopic lamp : 방전관이 방전할 때의 섬광을 이용한 보조 광원용의 장치) 촬영을 이용한 특수한 바람의 측정방법 등도 있다.

　관측해서, 기록하고, 통신하고, 예보해서 비로소 기상업무가 성립하는 것으로 생각한다. 따라서 관측은 모든 기상업무의 기반이고, 기반을 지지하고 있는 측기는 고장 나서는 안 된다고 다시 한 번 인식했다. 또, 계산기를 비롯해서 주변기기의 발달에 수반되는 기상측기는 관측, 기록, 통신까지를 포함하는 시스템으로 구축할 필요성이 있다. 보통 잊고 있었던 측기에 대한 검토를 이 것을 계기로 해서 앞으로 나아가고 싶다고 생각한다.

Chapter 10 구 름

옛날부터 구름의 형태나 움직임을 보고 날씨[천기(天氣), 일기(日氣)]의 변화를 판단해 왔다. 이것은 구름이 눈에 보이지 않는 상공의 공기의 성질이나 움직임을 확실하게 우리들에게 보여주기 때문이다. 그리고 대기과학이 발달함에 따라서, 구름의 형태나 발생·소멸은 전선이나 저기압 등의 위치나 움직임과 밀접하게 연결되어 있음이 알려졌다. 또 맑음이나 흐림이라 하는 일상의 생활에 연결된 일기예보는 구름의 양의 다소나 종류 등과 관계가 깊다.

이와 같이, 구름은 대기과학의 측면이나 실용 면에서도 중요하기 때문에 기상관서 등에서는 구름의 형태나 양 등을 관측하고 있다. 그러나 유감인 것은 구름의 관측에는 적당한 측기가 거의 없기 때문에, 직접 육안으로 관측을 행하는 일이 많다(목시관측). 구름을 연구하는 학문의 분야를 운대기(雲大氣, cloud atmosphere)라고 한다.

구름의 목시관측은 간단히 누구든지 할 수 있다고 생각하기 쉽지만, 실은 그 반대로 충분한 숙련이 없이는 좋은 관측결과를 얻을 수 없다. 구름의 관측에는 많은 시간과 인내가 필요하므로, 사진에 취미를 갖고 있는 동아리 또는 단체와 같이 병행하는 것도 바람직하다.

대기 중에 물이나 얼음의 미소한 입자가 부유해서, 그것이 모여 눈에 보이게 된 것을 **구름**[운(雲), clouds]이라고 한다. 물의 입자와 얼음의 입자가 혼합해 있는 경우도 있고, 또 비나 눈 등과 같이 상당히 큰 입자를 포함하고 있는 것도 있다. 야광운과 같이, 물이나 얼음이 아닌 물질로 되어 있는 것이 구름에 포함되어 있는 것도 있지만, 이것은 특수한 예이다.

또한 지면에 붙어 있는 경우는 구름이라고 하지 않고 안개라고 부르는 것이 습관으로 되어 있다.

구름에 대해서는 보통 운형·운량·구름의 방향과 속도·구름의 높이를 관측하지만, 운형과 운량만을 관측하는 일도 적지 않다. 관측의 순서는 대체로 위에서 나열한 대로가 좋다. 운형은 보통 10종류(10류의 기본운형)로 나누지만, 특수한 운형이 나타났을 때는 되도록 상세하게 관측해서 기록해 두면 여러 모로 참조가 된다. 또, 구름의 모양의 특징을 CL(하층), CM(중층), CH(상층)의 부호에 맞추어서 관측한 것은 일기의 이동변화를 조사할 경우 등에 도움이 된다. 방향·속도·높이의 관측치는 상공의 공기의 움직임을 추정하는 자료가 된다. 또한 최근에는 기상인공위성의 화상자료가 많이 이용된다.

구름을 관측할 때에는 우선 각 항의 설명을 잘 이해할 필요가 있지만, 이것만으로는 반드시 충분하지 않으므로 가능하면 숙달된 사람에게 가르침을 받는 것이 좋다. 관측에 숙달됨에 따라 점점 정확하게 되므로, 처음에는 대체의 것을 포착한다고 하는 기분으로 관측하는 것이 좋다.

10.1 | 운형의 관측방법

운형(雲形, cloud forms)은 주로 10류(類)의 기본운형으로 나누어서 관측한다. 10류의 어느 것인가를 결정하는 일이 용이하지 않다는 것은 도표와 현실의 구름을 비교해 보면 곧 알 수 있다. 그렇게 말하는 것은 설명이나 도판에는 전형적인 것이 쓰여 있지만, 실제로 그와 같이 전형적인 형태의 구름은 그다지 나타나지 않으므로, 이동변화의 도중에 있는 중간적인 구름이 많기 때문이다. 따라서 운형을 정확하게 관측할 때에는 구름의 이동변화를 잘 관찰할 필요가 있다. 구름은 발생 – 발달 – 쇠약 – 소멸의 과정을 거치므로, 끊임없이 주의해서 관찰하고 지금 어느 과정에 있는가를 알고 있으면, 운형의 판단은 비교적 용이하다.

구름이 10류의 기본운형 중 어느 것에 속하는가를 결정하는 하나의 단서는 구름의 높이[고도(高度), height]이다. 예를 들면, 얇게 퍼져 있는 층상(層狀)의 구름은 10류 중에서 권층운이나 고층운, 층운이지만, 만일 그 구름이 산에 걸려 있을 정도로 낮다는 것을 안다면, 권층운이나 고층운인 것이 아니고 층운인 것을 알 수 있다. 그러나 구름의 높이가 운형을 결정하는 결정적인 요소가 되지 않는 경우도 있다.

또 하나의 단서는 그 구름으로부터 내리고 있는 비나 눈, 또는 구름에 나와 있는 '무리' 등 대기현상으로 불리고 있는 것(제4장 참조)과의 관계이다. 예를 들면, 안개비를 내리게 하는 구름은 층운이고, 싸락얼음이나 우박은 적란운에서 내린다. 그러나 층운이나 적란운이 언제든지 가랑비를 내리게 하고, 싸락우박이나 우박을 내리게 한다고 단정할 수는 없다. 그렇기 때문에 실제로 운형을 관측할 때에는 정의의 설명, 도표, 변화의 과정, 높이, 동반하고 있는 대기현상 등에서 종합적으로 판단하는 것이 필요하다.

운형의 결정에 자신이 없거나, 어두워 운형의 판단이 불가능할 때 등에는 추정한 운형에 괄호를 해서 기록해 두면 나중에 조사할 때 참조가 된다. 운형을 기록하는 데는 결정되어 있는 국제부호를 이용하면 좋다.

10.1.1 구름의 분류

구름의 분류는 1803년 영국의 약제사이자 기상학자인 루크 하워드(Luke Howard, 1772~1864)의 4개의 라틴어의 분류를 기초로 하고 있다. 이를 구름의 형태에 따라 10가지의 기본형

10류(類, genera)로 나누고, 류를 몇 개의 **종**(種, specia)으로 나눈다. 류나 종과는 달리, 운편(雲片)의 배열방법이나, 투명의 정도에 따라 **변종**(變種, varieties)으로 분류하는 경우도 있다. 또, 구름의 모체의 일부가 특징이 있는 모양으로 된 것이나, 어떤 구름에 붙어서 나타나는 특징이 있는 형태의 구름도 있다. 10류의 정의와 해설에 대해서는 다음에 자세하게 언급하지만, 종이나 변종 등의 상세한 설명이 필요할 때는 기상청 간행의 지상기상관측법 등을 참조하면 좋다.

10류의 각각의 구름은 그 발생하는 높이가 대체로 결정되어 있다. 구름은 지면에서 대류권 상부까지의 여러 높이에서 나타나지만, 편의상 이것을 상·중·하의 3층으로 나눈다. 이들의 층의 대체적인 높이와 각 층에 가장 잘 나타나는 구름의 류는 표 10.1, 그림 10.1과 같다. 표에서 보듯이, 고층운·난층운·적운·적란운은 두껍고, 몇 개의 층으로 퍼져 있는 경우가 많다.

층상운(層狀雲, str, stratiformis)은 수평방향으로 면상 또는 층상으로, 특히 널리 퍼져 있는 구름이다. **대류운**(對流雲, convective cloud)은 대류의 결과로 생긴 구름이다. 기층 내의 엷은 대류의 결과로 생긴 층상의 구름은 고적운, 권적운, 층적운으로 분류된다. 통상 대류운이라고 하면 한눈에 보아도 대류에 의한 것으로 뚜렷하게 인식이 되는 구름으로 적운과 적란운을 의미한다.

표 10.1 **구름의 기본운형 10류**

류(類)			국제부호	국제명	잘 나타나는 고도	우리 이름
층상운	상층운	권운	Ci	Cirrus	열대지방 6~18 km 온대지방 5~13 km 극지방 3~8 km	털구름 털쎈구름 털층구름
		권적운	Cc	Cirrocumulus		
		권층운	Cs	Cirrostratus		
	중층운	고적운	Ac	Altocumulus	열대지방 2~8 km 온대지방 2~7 km 극지방 2~4 km	높쎈구름
		고층운	As	Altostratus	보통 중층에 나타나지만 상층까지 퍼져 있는 경우가 많다.	높층구름
	하층운	난층운	Ns	Nimbostratus	보통 중층에 나타나지만 상층에도 하층에도 퍼져있는 일이 많다.	비층구름
		층적운	Sc	Stratocumulus	열대지방 모두 온대지방 지면부근 극지방 ~2 km	층쎈구름
		층운	St	Stratus		층구름
대류운	수직운	적운	Cu	Cumulus	운저(雲底)는 보통 하층에 있으나 운정(雲頂)은 중층 및 상층까지 닿아 있는 경우가 많다.	쎈구름 쎈비구름
		적란운	Cb	Cumulonimbus		

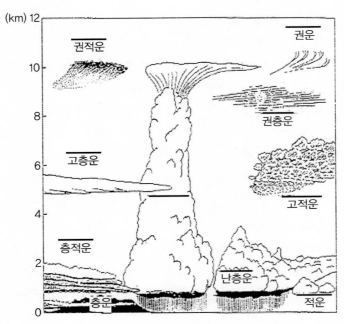

그림 10.1 10 류(기본운형)의 개략도

10.1.2 류(類)의 정의와 해설

(1) 권운

하얀 선이나 대의 형태로 되기도 하고, 엉키어 덩어리가 된 얇고 흰 구름으로, 잘 보면 털과 같은 모양이 보이지 않은 경우도 있는데, 그때는 비단(silk)과 같은 광택을 가지고 있다. 그래서 이 권운(卷雲, cirrus)을 견운(絹雲)이라고도 한다.

① 조성과 외관 : 권운의 운립은 빙정(氷晶)으로 되어 있다. 권운은 여러 가지의 형태를 가지고 있다. 똑바로 뻗기도 하고, 엉키어 있는 털과 같은 모양[권운 – 모상(毛狀)], 콤마(comma, 구두점)상 또는 갈고리상의 것(권운 – 갈고리상), 태양을 가릴 정도로 두꺼운 덩어리가 된 것[권운 – 농밀(濃密)] 등이 주된 형태이다.

　권운에는 무리가 나타나는 경우가 있지만, 구름의 폭이 좁기 때문에 무리가 원으로 되지 않는다.

② 발생 : 새롭게 발생하는 경우도 있지만, 권적운이나 고적운이 꼬리를 끌어서 생기기도 하고, 적란운 정상의 빙정이 퍼져서 생기는 경우도 있다. 또, 권층운의 얇은 부분이 증발해서 소멸하고 짙은 부분만이 남아서 권운이 되는 일도 있다.

(2) 권적운

권적운(卷積雲, cirrocumulus)은 많은 운편(雲片, a piece of cloud, 구름조각)이 작은 돌을 깔아 나열한 듯 하기도 하고, 잔물결 모양의 얇고 흰 구름이다. 이들의 운편은 어느 정도 규칙적으로 나열되어 있는 경우도 많다.

① 조성과 외관 : 권적운의 운립은 빙정으로 되어 있다.

권적운은 하늘의 대부분을 덮을 정도로 퍼져 있는 경우가 있고[권적운-층상(層狀)], 하늘의 일부에 렌즈상을 한 것도 있다(권적운-렌즈). 대단히 작은 탑과 같은 모양의 구름덩이가 공통된 수평의 운저(雲底, cloud base)에서 솟아나와 줄지어 있는 것[권적운-탑상(塔狀)]이나, 각 운편이 수술이나 송이와 같이 된 것[권적운-방상(房狀)]도 있다. 권적운에는 광환(光環)이나 채운(彩雲)이 보이는 경우가 있다.

② 발생 : 권적운은 새롭게 발생하는 경우도 있고, 권운이나 권층운이 변화해서 생긴 것도 있다. 렌즈상의 권적운은 습한 기층이 산악 등에 의해 상승해서 생긴다.

(3) 권층운

권층운(卷層雲, cirrostratus)은 베일(veil)상의 희고 얇은 구름으로, 털 모양의 구조를 한 것도 있고, 균일한 막과 같이 보이는 것도 있다. 이 구름에는 무리가 생길 수 있다.

① 조성과 외관 : 권층운의 운립은 빙정으로 되어 있다.

권층운에는 털 모양의 구조가 확실히 보이는 것[권층운 : 모상(毛狀)]과, 그것이 보이지 않는 것[권층운 : 무상(霧狀)]이 있다.

권층운은 얇으므로, 태양의 고도가 낮을 때 이외는 지면 등에 그림자가 생긴다. 권층운이 대단히 얇아서 하늘에 구름이 있는지 없는지 알 수 없는 경우에, 무리에 의해 비로소 권층운이 있는 것을 알 수 있는 경우도 있다.

② 발생 : 권층운은 높은 하늘에서 넓은 범위의 기층이 천천히 상승할 때 생긴다. 그 외에 권운이나 권적운의 운편(雲片)이 풀려 생긴 것도 있다. 또 고층운이 엷어져 생긴 것도 있고, 적란운의 모루구름 부분이 퍼져서 생기는 경우도 있다.

(4) 고적운

고적운(高積雲, altocumulus)은 판상(板狀)·괴상(塊狀)·롤상[roll상, 권축상(捲軸狀)] 등의 운편이 집합체로, 백색 또는 회색을 띠고 있다. 이들의 운편은 어느 정도 규칙적으로 나열되어 있는 경우가 많다.

① 조성과 외관 : 대체로 수적으로 되어 있다.

고적운은 하늘의 대부분을 덮을 정도로 넓게 퍼져 있는 경우가 많다[고적운-층상(層狀)]. 그다지 퍼지지 않고 렌즈(lens)상으로 되어 있는 것도 있고(고적운－렌즈), 나열한 작은 탑과 같은 형태의 구름덩이가 공통의 운저(雲底)에서 솟아 나와 있는 것[고적운－탑상(塔狀)], 각 운편이 유방 또는 송이와 같이 된 것[고적운－방상(房狀)] 등이 있다. 고적운의 얇은 부분에는 광환(光環) 또는 채운(彩雲)이 잘 보인다.

고적운과 권적운은, 각각 설명을 비교해 보면 알 수 있듯이, 구름의 형태나 나열방법 등이 아주 비슷하므로 구별하기 어려운 점이 있다. 이와 같은 경우에는 편의상 약속해서, 대부분 운편 각각의 크기가 겉보기의 각도로 1° 미만(팔을 쭉 펴서 새끼손가락의 폭이 약 1° 이다)이면 권적운, 1° 이상에서 5° 미만이면 고적운으로 하게 되어 있다.

② 발생 : 고적운은 중층에 생기는 요란이나 대류에 의해 발생하는 경우가 많다.

고적운은 권적운의 운편이 크고 두껍게 되어 생기기도 하고, 층적운의 층이 분열해서 생긴다. 또 고층운이나 난층운이 고적운으로 변화하는 경우도 있다. 그 외에, 적운이나 적란운이 퍼져서 생기는 경우도 있다.

(5) 고층운

고층운(高層雲, altostratus)은 무늬가 있는 회색 또는 연한 흑색의 구름이지만, 때로는 얼룩이 없이 균일한 외관을 하고 있는 경우도 있다. 보통 하늘 전체에 퍼져 있는 경우도 많다.

① 조성과 외관 : 수적과 빙정으로 되어 있는데, 우적이나 설편을 포함하고 있는 경우도 있다.

고층운은 몇 백 km의 범위에 걸쳐서 퍼져 있는 것이 보통이다. 두꺼운 부분은 태양을 감추어 버리지만, 얇은 부분에서는 마치 젖빛 유리를 통해서 보는 것과 같이, 태양의 존재를 희미하게 알 수 있다. 무리는 생기지 않는다.

고층운에서 비나 눈이 내리는 수가 있다. 고층운의 밑에 혼란된 형태의 조각조각 찢겨진 구름이 생기는 경우가 있다. 이 찢어진 구름은 고층운의 운저에 붙어 있는 경우도 있고, 떨어져 있는 일도 있다. 큰 조각의 구름은 고층운의 운저로 착각하는 경우도 있다. 이 조각의 구름은 후에 기술하는 층운의 일종이다.

얇은 고층운은 두꺼운 권층운과 혼돈하기 쉽다. 일반적으로 권층운은 태양의 윤곽을 알고, 또 낮 동안에는 지물 등의 그림자가 생긴다. 이것에 반해서, 고층운에서는 젖빛 유리를 통해서 태양을 보듯이, 태양이 희미하게 그 존재를 알 수 있을 정도로, 낮 동안에도 지물의 그림자는 생기지 않는다. 또 권층운에서는 무리가 생기지만, 고층운에서는 무리가 생기지 않는다.

② 발생 : 고층운은 상당히 넓은 범위의 기층이 천천히 상승해서 발생하는 일이 많지만, 권층운이 두껍게 되어 생기는 일도 있다. 때로는 난층운이 얇어져서 고층운으로 변하는 경우도 있다.

(6) 난층운

난층운(亂層雲, nimbostratus)은 운저가 혼란된 암회색의 구름으로, 대체로 비 또는 눈을 동반한다. 이 구름은 보통 하늘 전체를 덮고, 두꺼워서 태양을 감추어버린다.

① 조성과 외관 : 난층운의 운립은 수적·빙정으로 되어 있지만, 우적 또는 설편을 포함하고 있는 경우도 많다.

보통 비나 눈을 동반하고 있으므로, 구름의 밑은 혼란된 형태를 하고 있다. 운저의 밑에는 조각구름이 생기는 일이 많다. 그것이 넓은 범위를 덮고 있을 때에는 난층운의 아랫면으로 잘못 보는 경우가 있다. 이 조각구름은 층운의 일종이다.

난층운은 두꺼운 고층운으로 착각하기 쉽다. 이 경우, 태양이 희미하게 보이든지, 또는 그와 같이 엷은 부분이 있다면 고층운으로 한다. 또 난층운은 고층운보다도 검은 회색을 띠고 있는 경우나, 운저가 혼란되어 있는 것도 구별에 도움이 된다. 야간에 양자의 구별이 되지 않을 때에는 편의상, 비나 눈이 내리고 있으면 난층운으로 간주하도록 되어 있다.

② 발생 : 난층운은 넓은 범위의 기층이 천천히 상승할 때에 생기는 경우가 많다. 고층운이 두껍게 되어 난층운으로 변하는 경우도 있다. 또 적란운이 퍼져 생기는 경우도 있다.

(7) 층적운

층적운(層積雲, stratocumulus)은 판상·괴상·롤상 등의 운편(雲片)의 집합인 것은 고적운과 같지만, 색은 고적운보다 진한 회색이다. 우리나라에 대략 70 % 정도로 가장 많이 출현을 하는 구름이다.

① 조성과 외관 : 수적으로 되어 있지만, 드물게 비나 눈을 포함하는 경우도 있다. 층적운은 하늘의 대부분을 덮고 있을 정도로 넓게 퍼져 있는 경우가 많다[층적운 – 층상(層狀)]. 그다지 퍼지지 않고 렌즈상의 모양을 하고 있는 것도 있고(층적운 – 렌즈상), 탑과 같은 형태로 보이는 구름덩이가 공통의 운저에서 솟아나와 나열되어 있는 것[층적운 – 탑상(塔狀)]도 있다.

층적운은 드물게 약한 비·눈·싸락눈을 동반하는 경우가 있다. 또, 얇은 층상운에는 광환이나 채운이 생기는 것이 있다.

층적운은 고적운과 구름의 형태나 나열 방법 등이 아주 비슷하므로, 구별이 곤란한 경우가 있다. 이와 같은 경우에는 편의상의 약속으로서, 대부분의 운편 각각의 크기가 겉보기 각도로서도 5° 미만이면 고적운, 5° 이상이면 층적운으로 하도록 되어 있다(앞 (4)의 고적운과 권적운과의 구별 항 참조). 팔을 쭉 폈을 때에의 엄지손가락을 제외한 4개의 손가락의 폭이 약 5° 이다.

② 발생 : 층적운은 고적운의 운편이 커져 생기는 경우가 있다. 또, 층운이 상승해서 생기기도 하고, 적운 또는 적란운의 상부나 중부가 퍼져 생기는 경우도 있다. 저녁 때의 적운의 머리가 평평하게 되어 생기는 경우도 있다.

(8) 층운

층운(層雲, stratus)은 대개 균일한 운저를 갖는 회색의 구름으로, 안개비·가는얼음·가루눈이 내리는 경우가 있다.

① 조성과 외관 : 수적으로 되어 있지만, 저온에서는 빙정의 것도 있다.

　　층운은 안개와 같이 균일한 구름의 층으로 나타나는 경우가 많다[층운 – 무상(霧狀)]. 또 언덕의 정상이든가 높은 건물 등을 가릴 정도로 운저가 낮은 경우가 있다. 엷은 층운에서는 태양이나 달의 윤곽이 확실히 보이지만, 때로는 태양을 감출 정도로 두꺼운 경우도 있다. 고층운이나 난층운 밑에 생기는 조각구름도 층운의 일종이다[층운 – 단편(斷片)].

② 발생 : 층운은 지형성 상승운동, 또는 (저기압에 수반되는) 통상의 상승운동에서 생기고, 대류에 의해 생성되는 일은 없다. 안개는 지상에서 생기는 층운이고, 야간에 발생한 안개는 종종 낮 동안의 가열로 상승해서 낮은 층운이 되기도 한다.

(9) 적운

적운(積雲, cumulus)은 연직으로 부풀어올라, 둥근 언덕이나 탑과 같은 형태를 한 구름으로, 보통 윤곽은 확실하다. 태양에 비추어진 부분은 희게 빛나고 있지만, 운저는 약간 어둡고 거의 수평이다.

① 조성과 외관 : 수적으로 되어 있다.

　　연직방향으로 거의 뻗어 있지 않은 평탄한 형태의 것[적운 – 편평(扁平)]과, 연직방향으로 약간 뻗어서 구름의 머리에 다소 혹이 생긴 것[적운 – 병(竝, 중간)], 높게 발달해서 탑과 같은 형태를 한 것[적운 – 웅대(雄大)] 등이 있다. 또, 가장자리가 혼란되어 있어, 그 윤곽이 끊임없이 변화하는 얇은 구름[적운 – 단편(斷片)]도 있다.

　　적운에서는 보통 비가 오지 않지만, 적운 – 웅대에서는 비가 내리는 경우가 있다.

② 발생 : 적운은 지면이 태양으로 뜨겁게 될 때, 또는 비교적 따뜻한 지면이나 수면 위를 한기가 통과해서 그 밑이 가열될 경우, 대류에 의해 생기는 것이 보통이다. 적운이 생기는 초기에는 마치 엷은 안개(박무)의 덩어리같이 싹이 생기고, 그러고 나서 발달한다.

　　적운은 고적운·층적운·층운 등이 변화해서 생기는 경우도 있다. 층운 – 단편과 같이 고층운·난층운·적란운·적운의 밑에, 적운 – 단편이 생기는 경우가 있다. 이 경우, 층운 – 단편, 적운 – 단편 어느 것도 조각구름이라고 부르지만, 비교적 희고, 짙고, 또 구름의 머리가 둥근 띠를 한 것을 적운 – 단편으로 한다.

(10) 적란운

적란운(積亂雲, cumulonimbus)은 연직방향으로 크게 뻗친 짙은 구름으로, 산이나 거대한 탑과 같은 형태를 하고 있다. 운정의 일부는 윤곽이 흐려 있기도 하고 털 모양의 구조를 해서 평탄하게 되어 있기도 하다. 이 부분이 모루구름(anvil cloud)과 같이 퍼져 있는 형태를 하고 있는 경우도 있다.

모루는 금속을 단련할 때 쓰는 철제의 받침대이다. 모루구름[incus(라틴어), inc(약부호)]은 적란운이 상방으로 성장해서, 대류권계면 등 안정으로 성장한 대기의 층에 도달하면, 안정층으로 관입하기 어려우므로, 상면이 수평으로 퍼져서 모루와 같은 형태가 된다. 이 구름이 생길 때에는 적란운의 활동이 강하다고 하는 것을 의미하고 있다. 또 이 구름은 부속운의 하나로 다모상적란운(多毛狀積亂雲)에 속하고, 주로 빙정으로 되어 있다. 겉보기에 줄무늬 모양 또는 섬유상(纖維狀)을 이루고 있다.

① 조성과 외관 : 수적과 빙정으로 되어 있고, 비·눈·싸락눈·우박 등을 포함하고 있다.

적운에서 적란운으로 이동변화하는 초기에는, 구름의 정상의 일부는 아직 둥근 혹의 형태가 남아 있지만, 확실한 윤곽을 상실하는 경우가 있다[적란운 – 무모(無毛)]. 그러나 후에는 머리부분은 완전히 털 모양의 구조로 변한다[적란운 – 다모(多毛)].

적란운은 단독으로 나타나는 경우도 있지만, 일렬로 줄지어, 마치 높고 긴 벽과 같이 되는 경우도 있다.

적란운은 천둥번개·강한 소나기·강한 눈, 우박 및 돌풍을 동반하는 경우가 많다.

구름이 머리 위에 있을 때는 적란운인가 적운인가를 구별할 수 없는 경우가 있다. 이 경우에는 편의상 번개·천둥번개 또는 우박을 동반하는 것을 적란운으로 한다. 또 같은 방법으로, 적란운인가 난층운인가의 구별이 되지 않는 경우가 있다. 이때에는 편의상 번개·천둥번개·우박 또는 소나기성의 강수가 있으면 적란운으로 한다.

② 발생 : 보통 적운이 발달해서 생기지만, 고적운 – 탑상이나 층적운 – 탑상에서 생기는 경우도 있다. 또 고층운이나 난층운의 일부가 발달해서 적란운으로 되는 경우도 있다.

사진 10.1의 칼라 구름사진은 "소선섭·박인석, 1995년"의 논문을 기초로 하여, "소선섭·전삼진, 1997년 : 우리나라에서 관측된 구름의 분류"의 논문에서 발췌한 것이다. 이 구름사진 1~64는 지난 5년간 우리나라에서 촬영된 많은 구름사진 중 650장이 비디오로 제작되었고, 또 그중 64장이 여기에 실려진 구름사진들이다. 구름을 분별하는 데 많은 도움이 되었으면 한다.

〈사진 1〉 권운 – 농밀운 – 방사상운

〈사진 2〉 권운 – 모상운 – 조골운

〈사진 3〉 권운 – 모상운 – 갈고리상운

〈사진 4〉 권운 – 모상운 – 갈고리상운 – 농밀운

〈사진 5〉 권적운 – 수술상운·탑상운·권적운

〈사진 6〉 권적운 – 갈고리상운·파상형 권적운

〈사진 7〉 권적운 – 층상운 파상운

〈사진 8〉 권적운 – 파상·렌즈상운

(계속)

〈사진 9〉 권적운 – 탑상운·미류운

〈사진 10〉 권층운 – 무상운 – 이중운

〈사진 11〉 권층운 – 모상운 – 파상운

〈사진 12〉 권층운 – 무상운 – 이중파상운

〈사진 13〉 고적운 – 탑상운 – 틈새구름

〈사진 14〉 고적운 – 파상운 – 물결모양

〈사진 15〉 고적운 – 수술상운

〈사진 16〉 고적운 – 수술상운 – 탑상운 – 꼬리운

(계속)

〈사진 17〉 고적운 – 층상운 – 파상운

〈사진 18〉 고층운 – 반투명운 · 고적운

〈사진 19〉 고층운 – 불투명운 · 고적운

〈사진 20〉 고층운 – 반투명운 · 권층운

〈사진 21〉 고층운 – 반투명운 · 고적운

〈사진 22〉 난층운 – 층의 교란(강수)

〈사진 23〉 난층운 – 모상운(조작운) · 미류운

〈사진 24〉 난층운 – 짙고 검은층구름(강수운)

(계속)

〈사진 25〉 난층운 – 강숭운(조각운) · 미류운

〈사진 26〉 층적운 – 파상운 · 적운

〈사진 27〉 층적운 – 층상탑상운 반투명운

〈사진 28〉 층적운 – 층상운 · 파상운

〈사진 29〉 층적운 – 층상운 – 불투명운

〈사진 30〉 층운 – 무상운

〈사진 31〉 층운 – 무상운 · (조각적운) (미류운)

〈사진 32〉 층운 – 무상운 – 반투명운

(계속)

〈사진 33〉 층운 - 층운이 펼쳐져 있음

〈사진 34〉 적운 - 편평적운과 조각적운

〈사진 35〉 적운 - 층운과 함께 나타나는 적운들

〈사진 36〉 적운 - 소규모의 봉우리 적운과 중간운 및 단편운

〈사진 37〉 적운 - 조각적운 단편운

〈사진 38〉 적운

〈사진 39〉 적란운 - 경사져 흩어지는 모루형적란운 묘사

〈사진 40〉 적락운 - 소규모의 모루형적란운

(계속)

〈사진 41〉 적란운 – 다소간의 모루운이 보이며 적운이 함께함

〈사진 42〉 적란운 – 수직적으로 상승하는 적란운과 하부에
렌즈형모루운

〈사진 43〉 권운 – 권층운

〈사진 44〉 수술상권운

〈사진 45〉 비행으로 생긴 권운의 띠

〈사진 46〉 섬유상권운 조골운

〈사진 47〉 중층 파도상권적운

〈사진 48〉 반투명 섬유상권층운

(계속)

〈사진 49〉 파도상고적운

〈사진 50〉 산악지형의 고적운

〈사진 51〉 적란운의 유방구름

〈사진 52〉 태양, 달의 코로나

〈사진 53〉 광학적 현상 특별한 구름

〈사진 54〉 일몰 직전 관찰되는 특별한 구름

〈사진 55〉 직선으로 가로지르는 비행운

〈사진 56〉 스모그층

(계속)

〈사진 57〉 할로현상

〈사진 58〉 고적운층의 채층

〈사진 59〉 고적운층의 글로리

〈사진 60〉 무지개와 함께 나타나는 구름

〈사진 61〉 복합적인 무지개구름

〈사진 62〉 태양빛과 함께 나타나는 적운 적란운

〈사진 63〉 번개와 강수를 포함한 적란운

〈사진 64〉 오로라

사진 10.1 **여러 가지 구름의 모습**

10.1.3 류·종·변종 등의 총괄표

이제까지 언급한 류·종 외에 변종, 부분적인 특징이 있는 구름, 부수적으로 나타나는 특징이 있는 형태의 구름의 분류를 일괄해서 표 10.2에 게재한다. 명칭 다음의 영문부호는 모두 국제적으로 결정되어 있는 것이다. 운형을 기록하는 데에는, 예를 들면 권운 – 모상 – 방사상 또는 Ci fibra 라든가, 적운 – 웅대 또는 Cu con 등으로 한다.

표 10.2에서 종이나 변종 등은 대체로 나타내기 쉬운 순서로 나열되어 있다.

표 10.1 구름의 분류의 총괄과 부호일람

류	종	변종	부변종
권 운 (Ci)	모상운(毛狀雲, fib) 갈고리상운(unc) 농밀운(濃密雲, spi) 탑상운(塔狀雲, cas) 송이상운(flo)	엉킨상운(in) 방사상운(放射狀雲, ra) 늑골운(肋骨雲, ve) 이중운(二重雲, du)	유방운(乳房雲, mam)*
권적운 (Cc)	층상운(層狀雲, str) 렌즈운(len) 탑상운(cas) 송이상운(fio)	파상운(波狀雲, un) 벌집상운(la)	미류운(尾流雲, vir)* 유방운(mam)*
권층운 (Cs)	모상운(fib) 무상운(霧狀雲, neb)	이중운(du) 파상운(un)	
고적운 (Ac)	층상운(str) 렌즈운(len) 탑상운(cas) 송이상운(flo)	반투명운(半透明雲, tr) 극간운(隙間雲, pe) 불투명운(不透明雲, op) 이중운(du) 파상운(un) 방사상운(ra) 벌집상운(la)	미류운(vir)* 유방운(mam)*
고층운 (As)		반투명운(tr) 불투명운(op) 이중운(du) 파상운(un) 방사상운(ra)	미류운(vir)* 강수운(降水雲, pra)* 조각운(pan)** 유방운(mam)*
난층운 (Ns)			강수운(pra)* 미류운(vir)* 조각운(pan)**
층적운 (Sc)	층상운(str) 렌즈운(len) 탑상운(cas)	반투명운(tr) 극간운(隙間雲, pe) 불투명운(op) 이중운(du) 파상운(un) 방사상운(ra) 벌집상운(la)	유방운(mam)* 미류운(vir)* 강수운(pra)*

(계속)

류	종	변종	부변종
층 운 (St)	무상운(霧狀雲, neb) 단편운(斷片雲, fra)	불투명운(op) 반투명운(tr) 파상운(un)	강수운(pra)*
적 운 (Cu)	편평운(偏平雲, hum) 중간운[中間雲=병운(竝雲), med] 웅대운(雄大雲, con) 단편운(斷片雲, fra)	방사상운(放射狀雲, ra)	두건운(頭巾雲, pil)** 베일운(vel)** 미류운(尾流雲, vir)* 강수운(降水雲, pra)* 아치운(arc)* 조각운(pan)** 깔때기운(tub)*
적란운 (Cb)	무모운(無毛雲, cal) 다모운(多毛雲, cap)		강수운(pra)* 미류운(vir)* 조각운(pan)** 모루운(inc)* 유방운(mam)* 두건운(pil)** 베일운(vel)** 아치운(arc)* 깔때기운(tub)*

* 부분적으로 특징이 있는 형태의 구름
** 부수적으로 나타나는 구름

10.1.4 구름의 류와 그것에 수반되는 대기현상의 총괄표

앞에서도 기술한 바와 같이, 구름의 류와 그 구름에 생기는 대기현상은 밀접한 관계가 있으므로, 그것을 잘 알아 두면 운형을 판단하는 데에 도움이 되는 일이 적지 않다. 표 8.3에 이들의 관계를 정리해서 나타내었다.

표 중에서 '보'라고 되어 있는 것은 보통 그 현상을 동반하는 것을 나타내고, '때'는 그 현상이 때때로 나타나는 것을 나타내고, '드'는 드물게 일어나는 것을 나타낸다. 또 '상'은 구름의 상부에서만 그 현상이 보여지는 것을 나타낸다.

표 10.3 **구름과 대기현상의 관계**

대기현상	운형	Ci	Cc	Cs	Ac	As	Ns	Sc	St	Cu	Cb
대기수상	비 안개비 눈 싸락눈 가루눈 언비					때 때 드	보 보 드	드 드 드	드 드 드	드 드	보 때 때

(계속)

대기현상	운형	Ci	Cc	Cs	Ac	As	Ns	Sc	St	Cu	Cb
대기수상	싸락우박 우박 가는얼음								드		때 때
대기광상	무리 광환 채운 무지개	드	때 때	보 때	드 보 때	드		때 때	드 때	때 때	상 때
대기전기상	천둥번개 벼락										보

10.1.5 특수한 구름

10류 이외의 특수한 구름에 대해서 간단히 설명한다.

(1) 진주운

진주운(眞珠雲, nacreous clouds, mother of pearl clouds)은 권운 또는 고적운-렌즈와 닮아 있는 형태의 구름으로, 대단히 높은 상공(20~30 km의 높이)에 나타난다. 낮에는 청백색으로 보이는 권운과 닮아 있지만, 일몰 후 권운이 회색이 된 후에도 아직 밝은 색을 나타내서, 마치 진주조개의 진주층의 색과 비슷하다.

이 구름은 지금까지 주로 스코틀랜드와 스칸디나비아에서 관측되고 있지만, 겨울철 서풍이 강할 때에 프랑스에서도 관측되고, 또 알래스카에서도 관측되고 있다.

진주운은 거의 정지하고 있는 것같이 보이지만, 천천히 이동하고 있는 경우도 있다.

이 구름의 조성은 아직 모른다. 빛의 회절에 의해 다소 불규칙한 모양의 색이 나타나므로, 미세한 입자로 되어 있는 것은 분명하므로, 수적이나 빙정의 입자일 것으로 추측되고 있다.

(2) 야광운

야광운(夜光雲, luminous night clouds, noctilucent clouds)는 얇은 권운과 비슷한 구름으로 대단히 높은 상공(70~90 km의 높이)에 나타난다. 야광운은 일등성이 나타나는 시각과 거의 같은 때에 보이게 되고, 처음에는 회색이지만, 점차 빛나서 청백색으로 된다. 제일 잘 빛나는 것은 심야 전후이다. 야광운은 북반구의 중위도 북부에서 나타난다. 야광운의 조성은 아직 불명이지만, 일설에 의하면 미세한 우주먼지로 되어 있다고 한다.

(3) 비행운

비행운[飛行雲, 항적운(航跡雲), condensation trail, contrail]은 비행기의 진로로 생기는 구름

이다. 처음에는 흰색의 섬유모양이지만, 점차 조각조각이 되어 이윽고 사라진다. 보통은 단시간에 소멸되지만, 때로는 몇 시간 존재하는 경우도 있다. 그러한 때에는 권운이나 권적운과 구별이 잘 안 된다. 비행운에는 무리가 생기는 경우가 있다.

비행운의 성인은 다음과 같다. 엔진의 배기가스는 적으면서도 수증기를 포함하고 있다. 이 가스는 배출 후 주위의 공기에 냉각되는데, 주위의 공기의 수증기가 포화에 가까운 상태에 있으면, 약간의 수증기의 보급이 있어도 포화에 도달해서 구름이 생기게 된다. 또, 주위의 공기의 온도가 낮을수록 소량의 수증기의 보급으로 포화에 도달하는 일이 가능하므로, 비행운은 저온이고 더욱이 공기의 습도가 높은 때일수록 생기기 쉽다. 바꾸어 말하면, 높은 하늘에서 구름이 발생하기 쉬운 경우에 생기기 쉽다.

10.1.6 하층·중층·상층의 구름

하층(下層, low)의 구름 C_L[하층운(下層雲), low clouds], 중층(中層, middle)의 구름 C_M[중층운(中層雲), middle clouds], 상층(上層, high, upper)의 구름 C_H[상층운(上層雲), high(upper) clouds]는 구름이 하늘에 나타나 있는 상태를 종합적으로 보고, 그 특징을 부호화하기 위한 것으로, 주로 운형을 기초로 해서 판단한다. 이들은 운형의 관측결과를 다른 기상요소와 동시에 기상전보에 의해 보고해서, 천기도(일기도)에 기입하기 위한 것 등에 주로 이용되고 있다. 다음에 그 분류표를 게재한다(표 10.4, 도해 10.1 참조).

표에서 알 수 있듯이, C_L, C_M, C_H의 각각에 대해서 0에서 9까지의 숫자가 적용되는데, 이것은 단순히 운형을 분류한 것만이 아니라, 이들의 조합이나 변화까지 고려해서 만든 것이다. 예를 들면, 같은 고적운에서도 얇은 한 층의 것은 C_M의 3, 렌즈와 같은 형태를 한 것은 C_M의 4, 대(띠)와 같이 나열되어 점차 퍼져가는 것은 C_M의 5, 동시에 고층운이 나와 있을 때는 C_M의 7로 한다.

C_L, C_M, C_H를 기록할 때에는 예를 들면, C_L이 2이고, C_M이 4이고, C_H가 5일 때는 '$C_L = 2$, $C_M = 4$, $C_H = 5$'로 하지만, 단순히 'L_2, M_4, H_5'로 해도 좋다. 또, 관측결과를 일람표로 할 때 등에는 표에 표시한 기호를 이용하면 알기 쉽다. 숙련되면 각각의 구름을 자세하게 식별하지 않아도 C_L, C_M, C_H에 의해 표시된 특유의 상태를 전체로 파악함으로써 숫자부호를 결정할 수 있다. 그러나 이들의 부호는 실제에 나타나는 모든 구름의 상태를 완전히 나타낼 수 있도록 분류한 것이 아니므로, 부호에 의해 적절히 나타낼 수 없는 경우도 나온다.

또, 동시에 2개 이상의 숫자부호에 적용되도록 상태가 나타나는 경우가 있다. 예를 들면, 남쪽 하늘에는 계속 감소하고 있는 권층운이 있고, 북쪽에는 적란운에서 생긴 농밀된 권운이 보이는 경우 등이다. 이런 때에는 도해 10.1을 이용해서 숫자부호를 결정한다. 위의 예에서는 도해 10.1c에 의해 'C_S가 있다'의 경우로, $C_H = 8$로 된다. 이와 같이 도해 10.1에 게재하는 C_L, C_M, C_H의 도해표를 부호의 우선순위를 결정하기 위해 이용하면 유효하다.

표 10.4 C_L, C_M, C_H 의 표

설 명	숫자부호	기 호
C_L – 층적운·층운·난층운·적운·적란운		
층적운·층운·적운·적란운의 어느 것도 없다.	0	
그다지 수직으로 발달해 있지 않은 적운(적운–편평), 또는 조각난 적운(적운–단편)으로 날씨가 좋을 때 생기는 것	1	
꼭대기 분분이 탑이나 둥근 지붕같이 발달해서, 꽃양배추(cauliflower)와 같이 보이는 적운(적운–중간, 적운–웅대), 동시에 층적운이나, 적운–편평이나, 적운–단편이 나와 있는 것도 있지만, 운저는 대체로 같은 높이로 되어 있다.	2	
적란운으로 머리부분의 윤곽이 붕괴되기 시작했지만, 아직 권운상으로 되어 있기도 하고, 모루구름과 같이 퍼지지 않은 것(적란운–무모). 동시에 적운·층적운·층운이 나와 있는 경우가 많다.	3	
적운이 퍼져서 생기는 층적운, 동시에 적운이 나와 있는 경우가 많다.	4	
보통의 층적운, 적운이 퍼진 것은 아니다.	5	
안개 모양으로 된 층운(층운–무상)이나, 날씨가 나쁘지 않을 때의 조각구름(층운–단편). 일기가 나쁠 때의 조각구름은 취하지 않는다.	6	
날씨가 나쁠 때에 나타난다. 조각난 층운이나 적운(적운–단편, 층운–단편). 대체로 고층운이나 난층운의 밑에 생긴다.	7	
적운과 층적운. 운저의 높이가 각각 다른 것. 층적운은 적운이 퍼진 것은 아니다.	8	
머리부분이 적운상으로 되어버린 적란운(적란운–다모). 모루구름상으로 퍼지는 경우가 많다. 동시에 적운·층적운·층운·조각구름이 나와 있는 경우도 있다.	9	
안개나 풍진 등이 있어서 층적운·층운·적운·적란운을 볼 수가 없다. 또는 어두워서 운형을 알 수 없다.	×	
C_M – 고적운·고층운		
고적운·고층운의 어느 것도 없다.	0	
얇은 고층운으로, 태양이나 달이 희미하게 보이는 것	1	
두꺼워서 태양이나 달을 볼 수 없는 고층운	2	
비교적 얇은 고적운으로 한 층으로 되어 있는 것. 운편의 변화는 천천히 일어나고 있다.	3	
볼록렌즈의 단면이라든 물고기와 같은 형태를 한 고적운. 한 층 또는 여러 층으로 되고, 전체로서의 움직임은 그다지 없지만, 부분적으로 끊임없이 형태가 변하고 있다.	4	
대(띠)와 같이 나열된, 또는 거의 연속된 고적운으로, 점차 계속 퍼져서 두꺼워져 가는 일이 많다. 여러 층으로 되는 경우도 있다.	5	
적운이나 적란운이 퍼져서 생긴 고적운.	6	
두꺼운 부분이 있는, 2층 또는 여러 층으로 되어 있는 고적운. 또는 두꺼운 고적운으로 하늘 전체에는 퍼져 있지 않은 것. 또는 고층운이 공존하는 고적운.	7	
적은 탑과 같이 솟아나온 부분이 보이는 고적운(고적운–탑상). 또는 적운과 같이 볼록하게 되어 있는 고적운(고적운–방상)	8	
뇌우일 때 등에 나타나는, 혼란된 하늘의 고적운. 몇 개의 층으로도 되는 경우가 많다.	9	

(계속)

설 명	숫자부호	기 호
어두운 밤, 안개·풍진 등 때문에 고적운·고층운을 볼 수가 없다. 또는 밑에 계속된 구름이 있어 알 수 없다.	×	
C_H – 권운·권적운·권층운		
권운·권적운·권층운의 어느 것도 없다.	0	
선·섬유·갈고리 등과 같이 보이는 권운(권운－모상, 권운－갈고리상)으로 증가해서 하늘 가득히 퍼지는 경향은 나타나지 않는다.	1	
짙은 권운(권운－농밀)으로, 덩어리나 엉킨 다발과 같이 보이는 것. 또는 작은 탑과 같은 부분이 솟아나오기도 하고, 적운과 같이 둥근 형을 하고 있는 권운.	2	
적란운의 머리부분의 남은 짙은 권운으로, 모루구름의 형태를 하는 경우가 많다.	3	
갈고리상으로 구부러지기도 하고 선상을 하고 있는 권운으로, 점차 퍼져가는 것, 차차 짙어지는 경우가 많다.	4	
권운과 권층운, 또는 권층운만으로 지평선에서 점차 퍼져서 하늘을 덮으면서 짙어지는 것. 권층운의 연속된 부분이 지평선에서 45°에 달하지 않는다.	5	
위의 경우(C_H＝5)와 같은데, 권층운의 연속된 부분이 지평선에서 45° 이상 퍼져 있다.	6	
권층운이 전체를 덮고 있다.	7	
전천을 덮지 않고 있는 권층운으로, 증가해서 하늘을 덮는 경향을 나타내지 않는 것.	8	
권적운, 또는 권적운이 대부분으로 권운이나 권층운이 공존한다.	9	
어두운 밤, 안개·풍진 등 때문에, 또는 밑에 있는 연속된 구름 때문에 권운·권적운·권층운을 알 수 없다.	×	

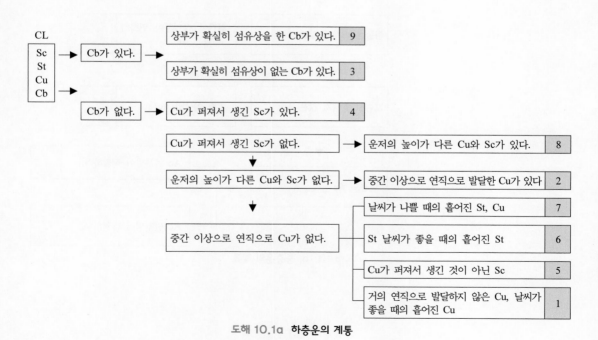

도해 10.1a 하층운의 계통

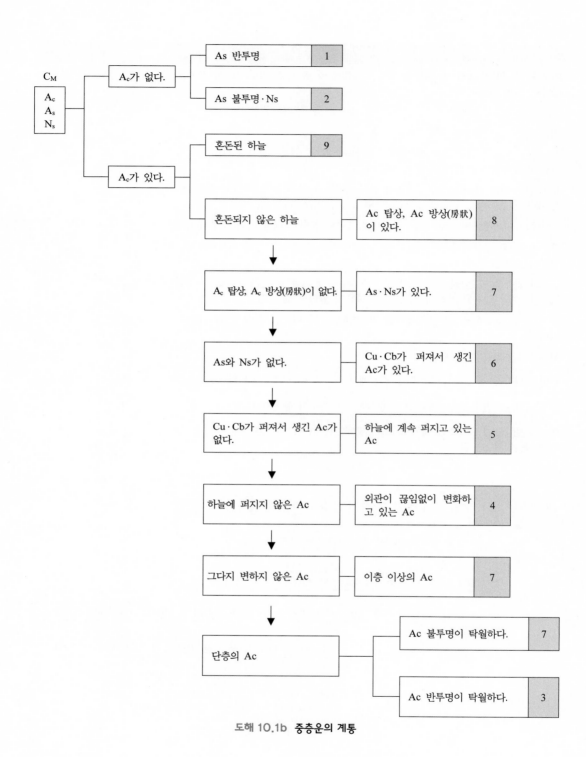

도해 10.1b **중층운의 계통**

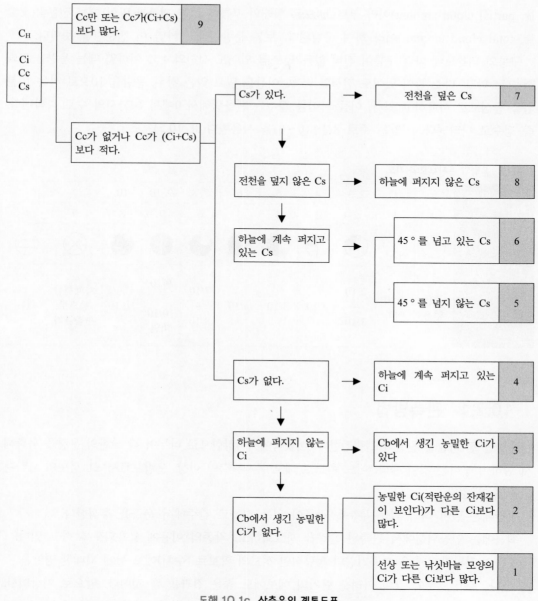

도해 10.1c 상층운의 계통도표

10.2 | 운량의 관측방법

전천(全天)이 보일 수 있는 장소에 서서 하늘을 쳐다보았을 때, 구름이 전 하늘을 덮고 있는 비율을 운량(雲量, cloudiness, cloud amount)이라고 한다. 특정한 형태의 구름에 의한 부분만을, 또는 상층·중층·하층을 구별하여 구름의 층별로 관측하는 경우도 있다. 이것을 **부분운량**(部分雲

量, partial cloud amount)이라 부르고, 모든 형태의 구름에 의한 전부를 말할 때를 **전운량**(全雲量, total cloud amount)이라 하여 구별된다. 보통 운량이라고 하면 이 전운량을 뜻한다.

구름의 피복도에 따라 구름이 전혀 없든가, 조금 있어도 전천의 4 % 이하일 때는 운량을 0(쾌청)으로 하고, 다소 틈이 있어도 전천의 95 % 이상을 덮고 있을 경우, 운량을 10으로 하는 10분법을 중심으로 사용하고 있다. 이들 사이를 끝수는 반올림해서 0에서 10까지의 수로 나타낸다. 즉 정수로 나타낸다. 서양은 주로 8분법(0~8)을 사용한다(표 10.5).

표 10.5 운량의 숫자부호와 기호

숫자부호	10 분법	0	1	2, 3	4	5	6	7, 8	9, 10	10		/
	8 분법	0	1	2	3	4	5	6	7	8	9	/
기호		○	◐	◔	◕	◑	◓	◕	◕	●	⊗	⊖
운량		구름 없음	1/10 이하	2/10 ~ 3/10	4/10	5/10	6/10	7/10 ~ 8/10	9/10 ~ 10/10 미만	10/10	차폐현상 등으로 관측불가	결측

10.2.1 관측방법

운량은 전 하늘을 관찰하고 결정한다. 머릿속에서 4상한으로 나누어 각 상한의 운량을 목측해서 합하여 구하는 것이 좋다. 어느 쪽으로 해도 목시관측인 이상, 운량으로서 ±1 정도의 오차는 피할 수가 없다.

야간에는 별이 나와 있는 부분을 구름이 없는 하늘로 간주해서 운량을 추정한다.

최근에는 인공위성에서 관측된 운량을 자료화하고, 각종의 이용에 활용되도록 하고 있다.

운량의 정확한 관측은 수증기량의 정량적인 정보의 확보로 (수치)예보 등에 지대한 영향을 주게 된다. 특히 호우와 같이 어려운 단기의 예보에도 좋은 결과를 줄 것이다. 앞으로 기상회사, 기상청 등 대기관련 종사자들은 이 점에 착안하여 수치예보 등의 획기적인 경신에 이바지했으면 한다.

10.2.2 관측상의 주의

장소에 따라서는 전천[全天, 전 하늘, the whole(entire) sky]을 관찰할 수가 없다. 예를 들면, 한 방향에 높은 건물이 있거나, 산 때문에 하늘의 일부가 가려지는 일이 적지 않다. 이와 같은 때에는 할 수 없이 나머지의 하늘에 대한 비율로 운량을 나타낸다.

안개 때문에 하늘의 일부밖에 보이지 않는 일이 있다. 이런 때에는 안개는 구름으로 보고 운량에 더한다. 만일 안개가 얇아서 하늘이 보이는 경우에는 안개와는 관계없이 보통과 같이 운량을 관측한다. 엷은안개(박무)라든가 연무가 있을 때에도 이것에 준한다.

10.3 | 구름의 방향과 속도의 관측방법

풍향과 같이 구름이 흘러오는 방향을 운향(雲向, 구름의 방향, cloud direction)이라고 한다. 예를 들면, 구름이 서에서 동으로 움직이고 있다면, 구름의 방향은 서이다. 통상은 8방위로 나누어서 관측하고, 풍향과 같이, 남서의 경우는 SW 등으로 기록한다.

구름의 흐름의 빠르기를 운속(雲速, 구름의 속도, cloud speed)이라고 한다. 구름의 속도는 지상에서 구름을 보았을 때의 겉보기의 움직임의 속도에 대응해서 급(急)·중(中)·완(緩)·정지(停止)의 4계급으로 나누어서 관측하고, 각각 3, 2, 1, 0으로 기록한다. 겉보기속도라는 것은 눈과 구름의 한 점을 연결하는 선이, 예를 들면, 1분간에 움직이는 각도로 실제의 구름의 움직이는 속도는 아니다.

10.3.1 목시에 의한 관측

목시(目視, 눈으로 봄)에 의해, 구름의 방향을 관측할 때는 미리 방향을 표시한 목표를 노장 내에 세워 두면 편리하다. 백엽상의 각 변의 방향은 동서남북이므로 목표로 이용할 수 있다(그림 10.2).

구름의 방향은 되도록 천정에 가까운 구름에 대해서 관측하는 것이 좋다. 천정에서 멀리 떨어지면 방향판단의 오차가 커지므로 주의한다.

그림 10.2 **구름의 방향판정용 백엽상의 지시판**

구름의 속도를 4단계로 나누는 것은 달리 기준은 없다. 권운같이 높은 구름은 보통 대단히 천천히 움직인다. 그러나 태풍이 접근할 때 등에는 상당히 빨리 움직이는 경우가 있다. 적운과 같이 낮은 구름은 평상시에도 빨리 움직이고 있고, 태풍이 가까이 올 때 등에서는 날듯이 움직인다. 겉보기의 움직임은 이와 같이 그 높이에 따라 다르므로, 구름의 속도는 각 류마다 4계급으로 나누는 것이다. 각 구름의 보통속도는 '중', 보통보다 빠른 것을 '급'으로 나누면 좋다.

10.3.2 빗살형 측운기

이 장치는 옛날부터 기상관서 등에서 이용되어 왔지만, 최근에는 그 모습을 감추었다. 그러나 세계기상기관의 관측지침에도 나와 있으며, 원리의 이해와 창의력에 도움에 될 것으로 생각이 되어 간단히 설명한다.

구조는 그림 10.3과 같이 막대의 끝에 빗살 A가 붙어 있다. 빗살은 관측하는 사람(F)의 눈높이에서 대개 4 m의 높이이다. 빗살의 살은 7개이고, 그 간격은 $S=0.4$ m이다. 막대(B)는 목재의 기둥(C)으로 지주되어 있어 자유롭게 돌 수 있도록 되어 있다.

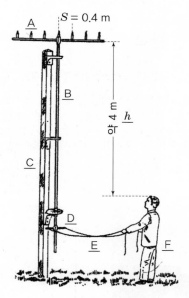

그림 10.3 빗살형 측운기

지주에는 방위판(方位板, D)이 고정되어 있고, 이것에 의해 빗살의 방향을 알 수 있다. 이것이 빗살형 측운기[――형=즐형(櫛形) 測雲器, comb nephoscope]이다.

이 장치로 구름의 방향을 관측할 때에는 손줄 E를 잡고 빗살 (B – A)을 돌려서 빗살의 방향을 구름이 움직이는 방향과 평행하게 한다. 그렇게 하면, 구름의 방향은 방위판 D 위에 있는 시침에 의해 알 수 있다.

구름의 속도, 운속은 빗살의 살(A) 사이를 구름이 움직이는 시간을 초시계 등으로 측정해서 구한다. 관측자의 눈의 높이와 빗살의 높이의 차를 h, 구름의 높이를 H, 구름의 진행속도를 V로 나타내면, 구름이 빗살의 살과 살 사이의 길이 S를 t초 걸려서 움직였을 때, 다음의 관계식이 성립한다.

$$\frac{V}{H} = \frac{\dfrac{S}{t}}{h} \tag{10.1}$$

$S = 0.4\,\text{m}$, $h = 4\,\text{m}$이므로, 이 식은

$$V = \frac{1}{10}\frac{H}{t} = 0.1\frac{H}{t} \tag{10.2}$$

가 된다. 가령 구름의 높이가 1,000 m로, t가 10 초였다고 하면, 구름의 진행속도는

$$V = 10\,\text{m/s} \tag{10.3}$$

가 된다.

그러나 위의 식에 의해 진(眞)의 구름의 속도[진운속(眞雲速)]를 정확하게 구하는 것은 어렵다. 그래서 편의상 $H = 1,000\,\text{m}$로 가정했을 때의 속도 V를 그 구름의 비속도(比速度, ratio-velocity, v)라 부르기로 한다. 앞의 식에 의해 m/s로 나타낸 비속도는

$$v = \frac{100\,\text{m}}{t} \tag{10.4}$$

가 된다. 따라서 초시계 등을 이용해서 구름이 빗살의 살 사이를 통과하는 초수를 측정하면, 이 식에서 비속도를 알 수 있다.

구름이 천천히 움직이고 있을 때는 관측하고 있는 사이에 피곤해서 눈의 위치가 변할 염려가 있다. 그래서 적당한 지주를 설치해서 머리를 지지하도록 하면 관측하기 쉽다.

10.3.3 운경

이 측기는 장치가 간단해서 들고 다니기에 용이하므로, 비교적 흔히 이용되어 왔다. 잘 알려져 있는 것은 스프룽(Sprung)의 운경(雲鏡, cloud mirror, nephoscope)으로, 직경 9 cm 정도의 2장의 둥근 유리판을 합한 것이다. 그 일면은 검은 유리이고, 다른 한 면은 보통의 거울과 같이 칠했다. 이들 거울이 표면에는 16방위의 선이 그어져 있고, 다른 거울의 중앙을 중심으로 해서 직경 6 mm와 46 mm의 2개의 동심원이 그려져 있다.

보통은 검은 유리쪽이 이용되지만, 특히 구름이 얇아서 구별하기 어려울 때에는 거울쪽을 사용한다. 유리판은 사용하지 않을 때는 벨벳(velvet)을 깔아서 금속제의 케이스에 넣어 둔다.

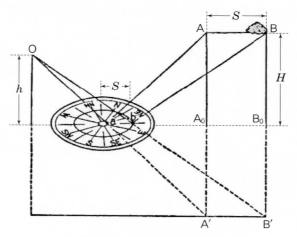

그림 10.4 **스프룽의 운경측정원리**

관측할 때에는 운경을 대 위에 수평으로 놓고 방위를 바르게 맞춘다. 그래서 구름의 상이 중앙의 원내에 보이도록 눈의 위치를 결정한다. 관측 중에 눈의 위치가 변하지 않도록 대 위에 양 무릎을 붙이고, 양손으로 머리를 눌러 움직이지 않도록 하면 좋다. 이렇게 해서 구름상이 거울면의 위를 움직여 가는 방위각을 보고, 그 반대의 방향을 구름방향으로 한다. 예를 들면 북동쪽으로 움직이면 운향은 남서이다.

다음에, 구름의 속도를 측정하는 방법을 그림 10.4에 의해 설명한다. 이 그림에서 O는 관측자의 눈의 위치, A는 구름의 위치, a는 거울에 비친 구름의 위치이다. t 초 지나서 구름은 B로 이동하고, 그 상은 b로 이동한 것으로 한다. A, B에서 각각 거울의 면에 수선 $A A_0$, $B B_0$ 를 긋고, 그것을 연장해서 $A A_0 = A_0 A'$, $B B_0 = B_0 B'$ 이 되도록 A′, B′를 취한다. AB = S, ab = s 로 한다.

구름의 속도 V는

$$V = \frac{S}{t} \tag{10.5}$$

이다.

구름의 높이 운고(雲高, cloud height)를 H, 거울면에서 관측자의 눈까지의 높이를 h로 하면,

$$\frac{S}{s} = \frac{H + h}{h} \tag{10.6}$$

따라서

$$S = \frac{s}{h}(H + h) \tag{10.7}$$

이 된다. H는 h에 비교해서 현저하게 크므로, $(H+h)$대신 H로 놓아도 거의 오차가 생기지 않는다. 결국

$$V = \frac{sH}{ht} \tag{10.8}$$

가 된다.

일반적으로 구름의 높이 H는 정확하게 구하는 것은 어려우므로, 빗살형 측운기의 경우와 같이, 가령 $H = 1,000\,\text{m} = 1\,\text{km}$로 했을 때의 구름의 속도를 비속도(比速度, v)로 한다면,

$$v = \frac{1,000\,s}{ht} \tag{10.9}$$

가 된다.

스프룽의 운경에서는 2개의 동심원의 간격은 20 mm이므로, 그 사이를 구름이 t초 걸려서 움직였다고 한다면, $s = 0.02$ m이므로

$$v = \frac{20}{ht} \tag{10.10}$$

이 되고, h와 t를 안다면, 비속도 v를 구할 수 있다.

휘네만(Fineman)의 운경은 스프룽의 운경을 약간 개량한 것으로, 거울을 삼각대 위에 놓고 이 거울의 외주에는 수직으로 상하승강할 수 있는 지주가 붙어 있어 구름의 이동방향을 구할 수 있다(그림 10.5).

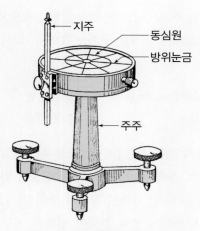

그림 10.5 휘네만의 운경

10.4 | 구름의 높이관측방법

구름의 높이[운고(雲高), cloud height]라고 하는 것은 보통 지면에서 구름의 운저까지의 연직거리를 뜻하고, 관측치는 m 단위로 나타낸다. 이것을 관측할 때에는 목시에 의한 방법과 기계를 이용하는 방법이 있다.

목측법은 간단하지만 오차가 크므로, 극히 거친 높이의 가늠을 얻을 정도이다. 기계를 이용해서 관측하는 방법으로는 측운기구(測雲氣球)·운조등(雲照燈)·운고측정기(雲高 測定器, ceilometer, 운고계) 등이 있고, 비행장에서의 운고 등은 정확한 관측치가 필요하므로 이 방법들이 이용되는 경우가 많다.

10.4.1 목시에 의한 관측

구름의 높이를 목측하는 것은 매우 어렵다. 부근에 산이 있는 곳에서는 구름이 산의 높이에 걸려 있는가를 보고, 구름의 높이를 판단할 수도 있다. 또 어느 시각에 측기를 이용해서 관측했을 때와, 그 직후의 목시관측의 경우에는 전의 결과가 참조가 된다.

단순한 목시관측일 때는 우선 운형을 판단하고, 다음에 그 구름이 평균보다 높은지 낮은지를 판단해서 표 10.1을 참조하면, 대체적인 운고를 안다. 예를 들면, 운형이 층적운으로 판단되고 그 운편이 보통의 경우보다도 작고 얇을 때에 높이는 표에 있는 평균치 2 km보다도 높은 것으로 간주해서 2,500 m 등으로 결정한다.

10.4.2 측운기구에 의한 관측

측운기구(測雲氣球, ceiling balloon)는 대체로 일정한 속도로 상승하는 작은 기구가 구름으로 들어갈 때까지의 시간을 측정해서 높이를 구하는 것이다. 그러므로 다음의 기재(器材)가 필요하다(그림 10.6).

① 기구   ② 수소통(bombe)   ③ 감압판   ④ 고무관
⑤ 부력추   ⑥ 경위의   ⑦ 초시계

기구는 보통 20 g의 소형의 것을 이용한다. 수소통에는 감압밸브를 장치해서, 이것에 의해 압력을 내린 수소를 고무관으로 부력추에 유도하여 추에 붙어 있는 기구에 수소를 채운다. 기구의 부력이 추의 무게보다 약간 크게 된 때를 짐작해서 추의 마개를 닫고 고무관을 뗀다. 다음에 꼭지를 약간 늦추어 수소를 방출하여 추와 부력이 평형을 이루도록 한다.

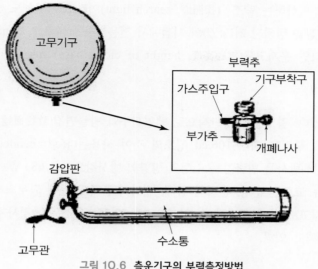

그림 10.6 측운기구의 부력측정방법

　20 g의 기구에 보통 이용되고 있는 부력추는 56 g의 본체와 79 g의 부가추로 이루어져 있고, 150 m/min의 상승속도를 얻기 위해서는 본체만을 이용하고, 200 m/min으로 할 때에는 부가추를 비틀어박는다.

　구름의 높이를 측정할 때에는 초시계를 누르면서 기구를 띄우고, 구름 속에 들어갈 때까지의 시간을 구한다. 예를 들면, 150 m/min에 상당하는 부력을 주어진 기구가 5분 20초로 구름에 숨겨졌을 때에는 그 구름의 높이는 800 m이다.

　구름이 높을 때나, 바람 때문에 기구가 멀리 흘러갈 때는 경위의(經緯儀, theodolite)를 이용해서 추적한다. 경위의는 기구가 구름 속으로 들어갔는지를 아는 것이 목적이므로, 풍측기구 등에 이용하는 간단한 것으로 충분하다. 그렇지만 쌍안경으로도 된다.

　야간의 관측 때에는 60 g의 기구를 이용해서 이것에 소형의 전구를 단다. 전구에는 알루미늄으로 만든 반사갓을 장치하면 좋다.

　기구의 상승속도는 그때의 기상상태 등에 따라 상당히 다른 경우가 있으므로, 이 방법으로 측정한 구름의 높이에는 약 10 % 정도의 오차가 있다. 또 구름이 높아지면 오차도 커지므로, 좋은 관측치를 얻는 데에는 기껏해야 약 3,000 m 정도까지이다.

　또한, 수소통 속의 압력은 사용 전에는 약 150기압이고, 그 취급은 고압가스 취급법의 적용을 받고 있다. 따라서 위험이 없도록 충분하고도 신중한 취급이 필요하다.

10.4.3 운조등

　운조등(雲照燈, ceiling light)은 야간에 운저고도(雲底高度)를 측정하기 위한 조명기구(운저고도기록계, 소선섭 외 3인, 2011 : 대기측기 및 관측. 교문사, Ⅶ-1 구름 참조)이다. 강력한 빛의 줄기를 연직상방으로 방사하는 탐조등(探照燈, search light)이라고 생각해도 좋다. 이 광망에 의해 운저에 생기는 광점을 정해진 거리(L)의 지점에서 전용경사계(傾斜計, clinometer)에 의해 앙각(仰角, θ)를 측정하면 운저고도(雲底高度, height of cloud base) h는

$$h = L \cdot \tan\theta \qquad\qquad (10.11)$$

에 의해 구할 수가 있다. 탐조등은 일반적으로 백열전구와 방물면경(放物面鏡)을 사용하는 것이 많다. 전력을 500 W, 광력은 최대 106 cd 정도의 것이 사용된다(cd＝cendela, 칸데라 : 주파수 540 × 1,012 Hz의 단색방사를 방출하는 소정의 방향의 방사강도가 1/683 W·sr－1인 광원의 방향의 광도). 측정가능 고도는 운형, 운저의 상태, 대기의 혼탁도 등에 좌우되지만 5,000 m 정도이고, 연직 위의 운저고도 밖에 측정할 수 없다. 그림 10.7은 운조등과 경사계에 의한 운저고도의 측정원리를 나타내고 있다.

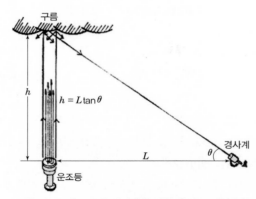

그림 10.7 운조등과 경사계에 의한 운저고도의 관측

10.4.4 기타 방법에 의한 관측

항공기의 이착륙의 경우에는 자세한 구름의 높이의 관측이 필요하게 된다. 이와 같은 때에는 운조등이나 운고측정기가 이용된다. 운조등은 집광한 강력한 백열전등의 광속을 연직으로 내는 장치로, 이 광속이 운저에 닿아서 비치는 점을 조금 떨어진 다른 지점에서 보아서 그 앙각을 측정한다. 운조등과 측정점과의 거리를 알고 있으므로, 앙각을 안다면 구름의 높이를 계산해서 구할 수가 있다. 낮 동안에는 태양광 때문에 운저의 휘점(輝点)을 육안으로는 식별할 수 없으므로, 운조등에 의한 운저의 높이를 측정할 수 없다.

운고측정기[雲高測定器, ceilometer, cloud－base recorder, 운고계(雲高計)] 는 이 결점을 보완한 것으로, 백열전등 대신에 강력한 1 kW의 초고압 수은등을 이용해서 약 3,000만 촉광의 빛을 내어, 앙각을 측정할 때에는 광전관을 이용해서 휘점의 검출을 하는 장치이다.

수은등은 전원의 2배의 주파수로 점멸하고 있으므로, 그 빛만을 검출할 수 있어, 낮 동안에도 야간과 같이 휘점의 측정이 가능하다. 이 외에 광원부가 수평축 주위를 회전하는 방식의 것과, 빛의 펄스를 내서, 그것이 운저에 닿아서 반사되어 돌아오는 시간간격을 측정하는 방식의 것도 있다.

10.5 │ 기상위성에 의한 관측

세계 최초에 기상관측 감지기를 탑재한 인공위성(人工衛星, artificial satellite) 타이로스 (TIROS = Television and Infra-Red Observation Satellite, 1960년, 미국)가 발사된 이래, 인공위성의 발달은 대기과학에도 지대한 영향을 미치고 있다. 하늘만 바라보고 날씨를 예견해 보던 시대에서 이제는 마치 독수리와 같이 높은 상공에서 내려다본 지상에 있는 구름을 현대식 기상장비를 이용하여 넓은 범위 또는 자세한 부분을 촬영하여 대기의 상태를 알 수 있게 되었다.

구름의 이동상태, 변화모양 등을 보면서 정성적, 정량적 측정들이 어느 정도 가능하게 되어 예보에 많은 도움을 주게 되었다. 현재는 인공위성 중 기상인공위성(氣象人工衛星, meteorological artificial satellite)이 다양하게 발달되어 광범위하게 이용하고 있다. 이것을 약해서, 기상위성(氣象衛星, meteorological satellite), 더 간단하게 축소해서 "위성"이라고 대기과학 분야에서는 부르기도 한다. 이중 정지기상위성과 극궤도기상위성을 소개하도록 한다(그림 10.8).

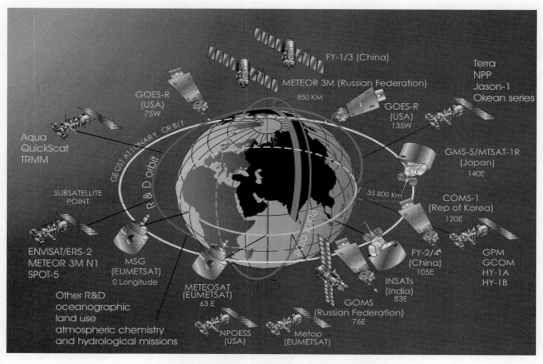

그림 10.8 전 세계의 기상위성(국가기상위성센터 제공)

10.5.1 정지기상 인공위성

정지 기상인공위성은 그림 10.8에서 보는 것과 같이 적도상공 약 36,000 km 높이에서 약 3 km/s의 접선속도로, 지구와 같은 각속도로 같은 방향으로 회전하고 있으므로 지구상에서 보았을 때 정지한 것처럼 보이므로 정지기상 인공위성(靜止氣象 人工衛星, Geostationary Meteorological Satellite)이라 부르고 있다. 2010년 6월 27일 천리안위성이 발사되기 전까지는 일본 등 외국 기상위성의 자료를 30분 간격으로 수신하여 사용하였다. 천리안위성(Communication, Ocean and Meteorological Satellite, COMS)은 지구적도 상공 36,000 km, 동경 128.2도에 위치하여 기상, 해양, 통신서비스를 수행하는 우리나라 독자 최초의 정지궤도 기상위성이다. 천리안위성으로 최대 8분 간격의 한반도지역의 위험기상을 집중감시 할 수 있으며, 발생 시에 영상분석뿐만 아니라 독자적인 자료처리 시스템 운영과 수치예보를 위한 자료가 생산가능하다.

천리안위성의 화상[6])에는 가시화상(可視畵像, VIS: Visible), 단파적외화상(短波赤外畵像, SWIR, Shortwave infrared), 적외화상(赤外畵像, IR: infrared), 수증기화상(水蒸氣畵像, WV: water vapour)이 있다. 적외화상은 온도, 가시화상은 반사율에 따른 색으로 표시되어 있으며, 각 화상에 대한 해당채널, 파장과 공간해상도는 표 10.6에, 이들의 화상은 각각 그림 10.9와 10.10, 10.11에 있으며, 해당일시는 2014년 2월 15일 강원도 폭설사례이다.

표 10.6 천리안 위성에 탑재된 채널의 종류와 특징

채널	파장(μm)	공간해상도(km)	활용분야
가시광선(VIS)	0.67	1	주간구름영상, 황사·산불·연무관측, 대기운동벡터
단파적외(SWIR)	3.7	4	야간안개 및 하층운, 산불감지, 지면온도추출
적외1(IR1)	108	4	중상층대기 수증기량, 상층대기 운동파악
적외2(IR2)	12.0	4	구름정보, 해수면온도, 황사관측
수증기(IR3)	6.7	4	구름정보, 해수면온도, 황사관측

COMS : 천리안위성

VIS(Visible) : 가시화상, IR1(infrared) : 적외1 화상(10.8 μm)

2014 − 02 − 15 : 2014년 2월 15일

03 : 30 UTC : 영국 그리니치 시각(우리나라 시각은 +9 → 12 : 30 KST)

---

6) 화상(畵像)과 영상(映像)의 구분 : 영상(映像, image)은 자연광의 전파장으로 촬영하는 사진과 같은 것이다. 그러나 화상(畵像, whasang)이라고 하는 말은 목적에 따라 특정한 파장으로 표현하고자 하는 것으로 자연적이 아니고 인공적으로 가공하여 사용하는 것이다. 마치 화가가 원하는 그림을 그리듯이 만드는 작품과도 같은 것으로, 그림이나 초상화에 비유할 수가 있다. 사진과 그림이 다르듯이, 영상과 화상도 다르므로 일반인이 아닌 전문인은 확실하게 구별해서 사용하도록 하자. 또 영어에는 아직 분명한 구별이 없는 만큼, 우리가 영어를 만들어서 영상(映像)은 "yeongsang"으로, 화상(畵像)은 "whasang"으로 사용해 봄은 어떠할지!

　예를 들면 적외화상의 구름에는 원래 색이 있었던 것이 아니고, 우리가 온도구분을 편리하게 하기 위해서 색대(色帶)를 만들어서 삽입한 것이다. 온도별로 다른 색을 칠해, 마치 화가가 그림을 그리듯이 색 분포를 만든 것이다.

　화상의 화는 그림 그릴 화, 상은 빛에 의한 촬영의 의미가 있다. 또 수증기의 화상도 육안으로는 보이지 않는다. 따라서 특수한 파장으로 촬영한 것이다. 따라서 앞으로는 화상(畵像)이라고 하는 정확한 용어를 사용하도록 하자.

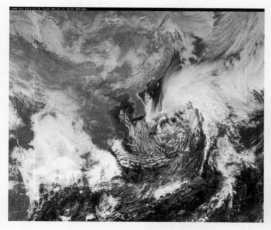

그림 10.9 천리안위성의 가시화상
(국가기상위성센터 제공)

그림 10.10 천리안위성의 적외화상
(국가기상위성센터 제공)

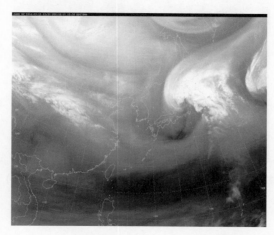

그림 10.11 천리안위성의 수증기화상(국가기상위성센터 제공)

10.5.2 극궤도기상 인공위성

미국 국립해양대기청 NOAA(National Oceanic and Atmospheric Administration)의 극궤도기상 인공위성(極軌道 氣象人工衛星, polar-orbiting meteorological satellite)은 지상 약 850 km 상공에서 양극지방을 회전하면서 기상을 관측하고 있다. NOAA 위성의 관측횟수는 하루에 4~6회로 우리나라 상공을 지나갈 때이며, 관측범위는 동서방향 약 3,000 km, 남북방향 5,000 km이다.

탑재센서는 구름관측용 AVHRR(Advanced Very High Resolution Fadiometer, 개량형 VHRR) 5채널과 대기 연직구조 탑재용 TOVS(Tiros Operational Vertical Sounder, 실용형 연직 sounder, 연직기온·수증기량 등의 측정감지기), HEPAD(고에너지 양자·α 입자 detector),

MEPED(중에너지 양자·전자 detector), 자료수집 시스템(부이, 무인관측소 등에서 자료를 수집하는 시스템) 등이다. 기상청에서는 AVHRR과 TOVS에 의한 관측자료를 수신해서 이용하고 있다. AVHRR이나 TOVS의 자료는 자유롭게 수신할 수 있다.

　이렇게 관측된 자료로 화상자료와 비화상자료를 생산할 수 있다. 화상자료 (Primary Imagery)로는 채널 1·채널 2·채널 4 합성화상, 해수면온도, 황사탐지, 야간안개·하층운자료를 얻을 수 있다. 비화상자료(Derived Porducts) 로는 고층(500 hPa) 온도·고도·습도장, 고층바람장, 총오존량, 대기연직 온·습도분포자료 등을 얻을 수 있다. 그림 10.12는 NOAA 위성의 관측자료이다.

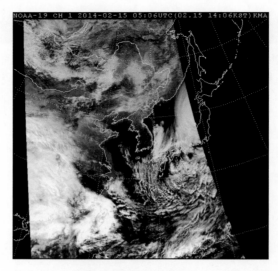

그림 10.12　NOAA위성의 가시화상(국가기상위성센터 제공)

Chapter 11 강 수

하늘에서 내리는 비나 눈, 또는 싸락눈이나 우박 등을 총칭해서 **강수(降水, precipitation)**라고 한다. 부연하면, 수증기가 대기 중에서 증발하기도 하고 승화해서 생긴 수적이나 빙편, 또는 그들이 동결·융해해서 생긴 빙편·수적 등이 지표면에 낙하하는 현상, 또는 낙하한 것을 뜻한다. 강수의 종류에는 비, 안개, 눈, 우박, 언비, 진눈깨비, 싸락눈 등이 있고, 이 중 빙편에 의한 강수를 **고형강수(固形降水, solid precipitation)**라고 한다. 강수는 생활이나 산업에 필요한 관개·발전·음료 등의 용수를 공급하지만, 한편 집중호우 등에 의해 큰 피해도 준다. 또 강수현상은 대기과학의 연구에도 가장 중요한 항목의 하나이다. 그렇기 때문에 일반적인 대기관측에 있어서도 강수는 기본적인 관측종목의 하나로 되어 있다.

강수를 관측할 때에는 우선 강수의 종류, 예를 들면, 비와 눈의 구별 및 그 양을 측정한다. 강수의 종류에 대해서는 제4장에서 상세하게 언급했으므로, 이 절에서는 강수량의 관측을 설명한다.

강수, 예를 들면 지상에 쌓인 눈의 깊이를 측정해 나타내기도 하고, 1 m^{2}에 몇 g의 강수가 모였는가로 나타낼 수도 있지만, 대기관측에서는 내린 비의 깊이를 mm 단위를 이용해서 나타내는 것이 보통이다. 결국, 내린 비가 땅속으로 스며들지도 않고, 흘러가지도 않고 그 자리에 고였을 경우의 어떤 시간 내에 지표면의 수평면에 쌓인 높이(깊이)를 **강수량(降水量, amount of precipitation)**이라고 한다. 비(雨)만으로 이루진 **강우(降雨, rainfall)**일 때는 **강우량[降雨量, amount of rainfall, rainfall depth, 간단히 우량(雨量)]**이라고 한다. 눈이나 싸락눈 등일 때는 녹여 그 물의 깊이(높이)를 mm로 나타낸다.

영국이나 미국 등에서는 인치를 사용해서 강수량을 나타내는 경우도 많다. mm와 인치를 환산하면,

$$1 \text{ mm} = 0.03937 \text{ 인치(inch)}, \quad 1 \text{ 인치} = 25.400 \text{ mm} \tag{11.1}$$

가 된다.

강수량을 나타낼 때는, 1 시간의 강수량·일강수량·월강수량 등과, 측정의 대상이 된 시간이나

기간을 나타낸다.

뇌우와 같은 경우에는 같은 지역에서도 어떤 장소에서는 비가 내리고, 어느 장소에서는 전혀 비가 내리지 않는 등과 같이, 강수형태가 장소에 따라 현저하게 다른 경우가 있다. 장마의 끝무렵에 잘 나타나는 집중호우 등도 장소에 따라서 강수량이 매우 다른 예이다. 또, 노장 내 등 좁은 범위의 우량에서도 장소에 따라 차가 다소 나타난다. 어떤 측정에 의하면, 약 50 m 사방의 지면에 16개의 우량계를 설치해서 몇 개월간 비교한 결과, 우량의 최대와 최소의 차이는 약 8 %나 되었다.

우량의 좋은 관측치를 얻기 위해서, 또는 관측치를 바르게 이용하기 위해서는 강수형태가 이와 같이 장소에 따라 다르다고 하는 것을 마음에 새길 필요가 있다.

11.1 | 우량관측의 원리

우량을 측정하는 것은 쉬운 것 같지만, 정확한 우량을 관측하는 일은 의외로 어렵다. 우량계에 대해서는,

① 비를 받는 입구[수수구(受水口)]의 직경은 너무 작지 않을 것
② 일단 들어온 우적이 다시 밖으로 튀어나가거나, 또는 밖으로 떨어진 우적이 안으로 튀어들어 오지 않을 것
③ 제본스 효과(뒤에 언급함)를 없앨 것

등이 필요하다.

우선, 수수구의 크기인데, 여러 가지 실험을 종합해 보면, 직경이 10 cm 이상 되면 실용상으로 지장이 없다고 할 수 있다. 우리나라에서 사용되고 있는 우량계는 직경 20 cm의 것이 많다. 또 세계 각국의 것을 조사해 보면, 제일 작은 것은 직경 10 cm, 제일 큰 것은 약 36 cm(수수구의 면적이 1,000 cm^2)이다.

우량계 속으로 들어온 우적은 수수구의 내벽에 충돌해서 밖으로 튀어나가는 일이 있다. 튀어나가는 비를 적게 하기 위해서는 수수기의 깔때기의 경사를 가능한 한 급하게 하면 된다. 한편, 우량계의 밖으로 떨어진 빗방울이 튀어서 다시 수수구에 들어오는 것을 막기 위해서는 수수구를 가능한 한 지면에서 높게 올리는 것이 좋다. 그러나 너무 높게 하면, 바람의 영향을 받게 된다. 튀어들어오는 빗방울을 작게 하기 위해서는 우량계의 주위 지면을 잔디나 작은 자갈로 하는 것이 좋다. 그렇게 하면, 수수구의 높이를 30 cm 정도로 하여도 튀어들어오는 양은 소량이다. 우량계 주위를 콘크리트 등으로 하는 것은 이 점으로 보아 나쁘다.

제본스 효과(---效果, Jevons effect : W. S. Jevons, 1861)라고 하는 것은 바람이 있을 때에는 수수구 주위의 기류로 뒤섞여, 수수구 속으로 빗방울이 들어오는 것에 방해를 받아 우량이 적어지는 것을 뜻한다. 이 영향을 작게 하기 위해서는,

① 일반적으로 높은 곳일수록 바람이 강하므로, 수수구를 되도록 낮게 해서 바람의 영향을 적게 한다.

② 주위 지물 등을 이용해서 바람의 영향을 적게 한다.

③ 특별히 고안한 바람막이[방풍(防風)]의 장치를 붙인다.

등의 대책을 생각할 수 있다.

11.2 | 우량계

강수량을 관측하는 측기를 우량계[雨量計, rain ga(u)ge, hyeto(pluvio, udo)meter]라고 부르지만, 겨울철에 강설에 의한 강수량을 구하는 측기는 **설량계**[雪量計, snow ga(u)ge]라고 해서 다음에 취급한다. 설량계에서 적설의 깊이를 측정하는 적설계를 포함해서 말하는 경우도 있다. 우·설량계는 보통 외형은 원통형이고, 수수기, 저수기, 변환기, 계량부, 기록부, 전송부, 바람막이로 이루어져 있다.

11.2.1 표준형 우량계

간편하고, 그러나 널리 사용되고 있으며 강수량의 측기로는 기본적인 이 **표준형 우량계**(標準型雨量計, 원통형 우량계, rain gauge of standard type, 저수형 지시우량계)는 그림 11.1에 나타낸 것같이, 수수기·외벽·양동이·저수병으로 이루어져 있고, 따로 우량되[우량승(雨量升)]가 부속되어 있다. 수수구의 직경은 20 cm로, 주위는 칼날같이 되어 있다. 수수구의 원통부분은 높이 20 cm, 깔때기와 수수기 원통과 이루는 각은 약 145°이다.

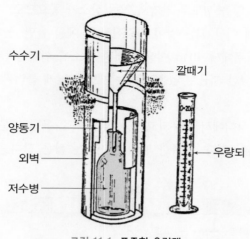

수수기
깔때기
양동기
외벽
저수병
우량되

그림 11.1 **표준형 우량계**

그림 11.2 **표준형 우량계의 수수구**

이 정도의 각도라면 충돌한 빗방울이 밖으로 튀어나갈 염려는 거의 없다. 저수병의 용량은 우량으로 해서 약 80 mm, 양동이의 용량은 약 250 mm이다.

이 표준형 우량계를 설치할 때는 지면에 구멍을 파서 외벽의 부분을 땅에 묻는다. 깊이는 외벽에 수수구를 넣었을 때, 수수구가 지면에서 30~50 cm 정도이지만, 세계적으로는 20 cm~2 m 까지 가지각색이다. 우량계 주위에는 잔디를 심는 것이 좋지만, 잔디가 없을 때에는 작은 자갈을 깔아도 좋다. 잔디나 자갈은 우량계를 중심으로 했을 때 대체로 직경 1 m 이상 되도록 한다(그림 11.2).

우량계의 설치장소를 선택할 때에는 바람이 강하게 닿는 장소나 상승기류가 생기기 쉬운 장소는 피한다. 고원이나 해안 등에서는 바람의 영향이 크고, 절벽 근처나 건물의 옥상은 상승기류의 영향을 받기 쉬우므로 적당하지 않다. 또 건물과 건물 사이의 바람이 불어나가는 곳도 바람이 강해지므로 좋지 않다. 주위에 건물이나 수목 등이 있으면, 바람의 영향이 작아져 좋지만, 이들이 너무 접근해 있으면 난류가 생기므로 오히려 좋지 않다. 건물이나 수목 등의 지물이 그다지 멀지 않고, 그러나 방해가 되지 않을 정도로 가깝지 않는 장소가 좋으므로, 우량계에서 지물까지의 거리가 지물높이의 거의 4배 이상 되는 것이 바람직하다. 예를 들면, 높이 10 m의 나무가 줄지어 있을 때에는, 우량계는 나무에서 40 m 이상 떨어진 장소에 설치한다.

방치해 둔 장소에서 적당한 지물이 없을 때에는 제방을 낮게 둘러싸서 그 속에 우량계를 설치하면 된다.

그림 11.3은 영국의 기상대에서 이용되고 있는 방법으로, 흙담 때문에 우량계의 상면의 기류가 수평이 되도록 설계되어 있다. 볼록한 땅의 사면에는 짧은 잔디를 심는다. 많은 비가 내릴

그림 11.3 **제방으로 둘러친 우량계**

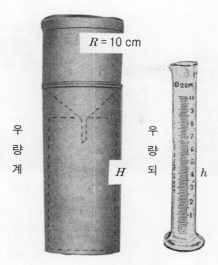

R = 10 cm

우
량
계

H

우
량
되

h

그림 11.4 **우량되의 눈금 매기기**

때를 대비하여 땅속에 고이는 물을 배수하기 위해서 흙관 등을 묻어 둔다. 겨울철 강설로 우량계의 주위가 눈으로 파묻힐 때에는 이 방법은 그다지 도움이 되지 않는다.

관측시각에 우량을 측정할 때에는 우선 수수기를 풀어서 저수병을 꺼내어 그 속의 빗물을 왼손에 든 우량되에 옮겨, 수면이 눈과 같은 높이가 되도록 해서 눈금을 읽는다.

우량되[우량승(雨量升), rain measuring glass, 메스실린더(mass cylinder)]에는 여러 가지가 있지만, 내경 3.5 cm, 깊이 약 35 cm의 유리제품으로, 우량을 10 mm까지 측정할 수 있는 것이 흔히 사용되고 있다. 눈금은 0.1 mm 간격으로, 수면이 어느 눈금에 제일 가까운가를 보면 된다. 예를 들면, 그림 11.4와 같은 우량되로 우량이 10 mm를 넘을 때에는 우선 10 mm의 눈금보다 조금 밑까지 빗물을 넣고 그 눈금을 읽어 기록한 다음 버리고, 나머지의 빗물을 되에 옮겨서 그 양의 눈금을 읽고 합한다. 우량이 많은 장소에는 20 mm까지 측정하는 우량되가 편리하다.

우량계와 우량되의 높이 관계는 그림 11.4에서 양쪽의 무게는 같으므로

$$\rho \pi R^2 \cdot H = \rho \pi r^2 \cdot h \tag{11.2}$$

이다. ρ는 강수의 밀도이다. 따라서

$$h = \left(\frac{R}{r} \right)^2 \cdot H \tag{11.3}$$

의 관계가 있다. 예를 들어 $H = 1$ mm의 강수라면 $R = 10$ cm $= 100$ mm로 하면

$$h = \frac{10^4}{r^2} \ \text{mm}^3 \tag{11.4}$$

로 우량되의 눈금을 매기면 된다.

그림 11.5 앉은뱅이저울에 의한 강수량의 측정

이 외에, 우량이 mm로 나타나도록 눈금을 매긴 앉은뱅이저울(밀리저울이라고도 한다)로 측정하는 방법도 있다. 이것을 이용할 때에는 먼저 저수병의 중량을 mm 눈금으로 측정하고, 페인트 등으로 병에 써 두면 좋다. 우량계에서 꺼낸 저수병을 그대로 저울에 올려놓고 중량을 mm로 읽어, 병의 중량을 빼면 우량을 구할 수 있다. 저수병이 가득 찰 만큼 큰비일 때에는 우량되에 몇 번이고 옮겨서 읽는 것보다 중량을 측정하는 방법이 간단하기도 하고 또 오차가 적다(그림 11.5).

이 형의 우량계는 몇 시간 정도 또는 1일간의 강수량을 구하기 위해서 사용하는 일이 많다. 기상관서 등에서는 매일 9시에 이 우량계에 의해 강수량을 관측하고, 이것을 편의상 전날의 9시 일계(日界)의 일강수량으로 명명해서 통계하고 있다. 예를 들면, 8월 12일 9시에 관측한 우량이 18.4 mm 였을 때는 이것을 8월 11일의 일강수량으로 한다.

11.2.2 전도형 우량계

전도형 우량계[轉倒型 雨量計, tipping-bucket rain gauge, 원래는 전도승형 우량계(轉倒升型 雨量計)]의 원형은 언제 고안되었는지 확실하지 않으나 1950년대 이전에 존재했던 것으로 생각된다. 그림 11.6은 전도형 우량계의 구조를 나타낸 것이다. 수수구의 직경이 20 cm로 외형은 원통형이다. 수수기로 받은 강수가 여수기(濾水器 : 물을 거르는 용기)를 거쳐 한가운데가 막혀 있는 삼각형의 전도승(轉倒升 : 넘어지는 되, 전도되)의 한편에 쏟아진다. 이 양이 0.5 mm 상당의 강수량에 도달되면 그 물의 무게로 전도되가 넘어지고, 다른 쪽의 전도되에 이어서 쏟아진다. 전도되의 움직임에 연동되어 있는 리드스위치(lead switch)가 작동해서 약 0.1초간 전기회로를 닫아 펄스(pulse)를 발생시킨다. 이 펄스신호에 의해 자동적으로 강수량을 측정한다.

전도형 우량계에는 일반형, 온수식, 일수식(溢水式)의 3종류가 있다. 일반형은 온난지에서는 일반적으로 한랭지에서는 겨울철 이외의 기간에 사용된다. 온수식은 다설지에서 겨울철에 사용된다. 일수식은 주로 한대지방과 같은 한랭지에서 겨울철에 사용되고 있다.

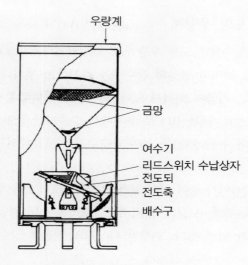

그림 11.6 전도형 우량계의 구조

(1) 온수식 전도형 우량계

그림 11.7에 온수식 전도형 우량계(溫水式 轉倒型雨量計)의 감지부의 구조를 나타내었다. 눈 등의 고형강수를 히터로 녹여서 강설의 강수량을 측정하는 것이다. 수수기의 바깥통이 이중으로 되어 있어 그 사이에 부동액을 봉입하고, 내장된 히터와 자동온도조절장치(自動溫度調節裝置, thermostat, 항온장치)에 의해 부동액과 수수기를 5 C ± 1 C로 유지시킨다.

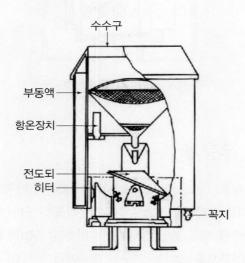

그림 11.7 온수식 전도형 우량계
(위의 쇠망은 강설기에는 사용하지 않는다.)

(2) 일수식 전도형 우량계

그림 11.8은 일수식 전도형 우량계(溢水式 轉倒型雨量計)의 감지부의 구조이다. 눈 등의 고형강수를 히터로 녹여서 강설의 강수량을 측정하는 것이다. 수수기 내에는 물이 채워져 있고 물의 증발을 막는 기름이 띄워져 있다. 이중구조의 바깥통 속에는 부동액을 봉입하고, 히터와 서모스탯으로 수수기 내를 10 C로 유지해서 수수기에 들어오는 고형강수를 녹인다. 녹인 강수에 의해 수수기의 수위(水位)를 높이면 수수기의 노즐에서 물이 넘쳐서 여수기를 거쳐 전도되에 들어간다.

원통형의 바람막이가 붙어 있어 고형강수를 비교적 효율 좋게 포착한다. 강수가 그친 후의 오전도가 일어난다. 강풍, 노즐의 형상, 재질, 더러움 등이 원인으로 생각되서 개량을 거듭하고 있으나 아직 문제가 남아 있다. 한랭한 다설지의 겨울철 강수량 관측에 실용되고 있다.

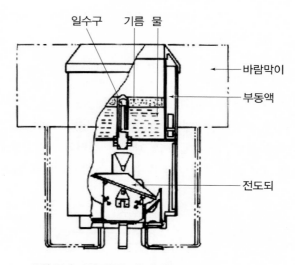

그림 11.8 일수식 전도형 우량계의 구조

11.2.3 광학식 우량계

광학식 우량계(光學式雨量計, optical rain gauge)는 1950년대 이후 가시광선이나 적외선이 강수를 통과하는 사이에 감쇠를 측정하는 것으로부터 강수강도를 구하는 연구가 행해져 왔다. 더욱이 1970년대에 들어서 강수에 빛을 쪼인 경우, 빛의 번쩍임[섬광(閃光), scintillation]을 이용해서 강수강도와 우적의 입경분포를 구하는 연구가 미국에서 행해졌다.

그림 11.9는 그 측정원리를 나타낸 것이다. 레이저(LASER : light amplification by stimulated emission of radiation)광선과 같은 단일파장의 빛이 파장보다 훨씬 큰 구상의 우적에 입사하면 빛은 회절한다. 입사한 빛과 회절한 빛이 전방의 검지기에 도달할 때 양쪽의 빛이 간섭해서 작은

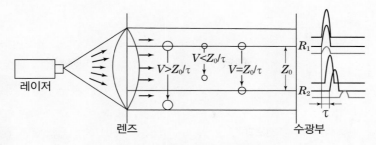

그림 11.9 광학식 우량계의 측정원리

우적에서는 약한 섬광이 되고, 큰 우적에서는 강한 섬광이 되는 것이 알려져 있다.

집광된 레이저빔(laser beam) 광선이 낙하하는 우적을 통과해서 거리 x만큼 떨어진 곳에 있는 수직으로 Z_0 떨어진 2개의 수평선상의 검지기에 도달할 때, 상하의 검지기에 생기는 우적에 의한 섬광에는 우적의 최종낙하속도에 의한 시간차가 생긴다. 우적의 최종낙하속도와 우적의 입경과는 단조(單調)한 관계가 있는 것이 알려져 있다.

이런 사항으로부터 레이저빔 광선의 통로 내 우적들의 평균입경분포와 우량강도를 구할 수 있다. 전도형 우량계보다 응답속도가 빠르고, 우량계 자신에 의한 바람의 교란이 일어나기 어려우므로 오차도 적다고 하는 장점이 있다.

측정정밀도는 강수강도 10~100 mm/h에서 1 %, 강수강도 1~500 mm/h에서 4 %, 시간분해능은 10 초로 되어 있다. 최근에는 빛의 흔들림을 이용해서 강수강도 이외에도 강설강도, 강수의 종류 등까지 측정할 수 있는 측기도 개발되고 있다.

11.3 | 자기우량계

비의 양을 자동적으로 기록하는 **자기우량계**(自記雨量計, pluviograph : recording rain gauge)에는 많은 종류가 있고, 여러 가지로 고안이 되어 있지만, 실용에 공급되어 있는 것을 대별하면 다음과 같다.

11.3.1 전도형 자기우량계

전도형 자기우량계(轉倒型 自記雨量計, tipping-bucket pluviograph)는 앞의 전도형 우량계의 원리와 같으나 자동기록할 수 있는 자기가 붙어 있다는 것이 다르다. 간단히 요약하면, 수수구에 들어온 빗물은 관을 통해서 내려와 삼각형의 작은 되에 모인다. 되는 2개 있어서, 중앙의 수평축 주위에 교대로 넘어지도록 (전도)되어 있다. 떨어진 물이 한편의 되에 가득 차면 그 무게로 넘어져 물이 흘러 없어지고, 다른 되가 관의 밑으로 온다. 축이 회전하면, 유리관에 소량의 수은을 봉입한 스위치가 작동해서, 전기회로를 닫아서 실내에 있는 자기전접계수기(自記電接計

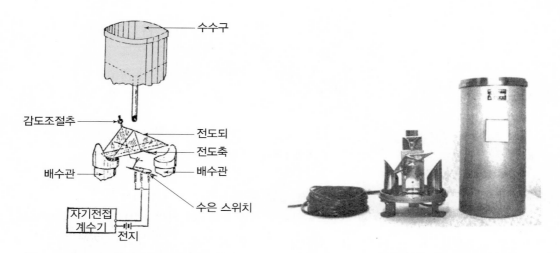

그림 11.10 전도형 자기우량계의 원리   그림 11.11 전도형 자기우량계의 수수부(受水部)

數器, 풍속의 관측에 이용한 것과 같음, 9.3.2 참조)를 움직인다(그림 11.10).

이 형의 자기우량계는 보통 수수구의 직경이 20 cm로, 한 개의 되에 모이는 빗물의 양은 0.5 mm 보다 적은 양은 측정할 수 없으므로, 약한 비나 강수의 초기, 종말의 시각 등을 정확하게 구하기는 곤란하다. 그러나 장치가 비교적 간단하고, 원격측정이 가능하기 때문에 세계 각국에서 널리 사용되고 있다(그림 11.11).

11.3.2 저수형 자기우량계

저수형 자기우량계[貯水型 自記雨量計, reserving－pluviograph, reserving－, recording rain ga(u)ge]의 원리는 그림 11.12와 같다. 이것은 빗물을 금속제의 원통용기(저수탱크)에 유도해서 그 원통 내의 수위의 변화에 따라서 금속제의 부표가 움직이게 되어 있는 것이다. 부표의 축에는 펜이 붙어 있어서 시계장치로 회전하는 원통에 감긴 자기지에 수위가 기록된다. 보통 수수구의 직경은 20 cm이고, 자기지의 폭은 우량의 20 mm에 상당하게끔 만들어져 있다.

원통 속에 고인 빗물이 20 mm에 도달하면 사이펀(siphon : 굽은 관을 이용하여 높은 곳에 있는 액체를 낮은 곳으로 옮기는 장치를 사이펀이라 하며 그 작용을 사이펀 작용이라고 한다. '소선섭 외 3인, 2011년 : 대기측기 및 관측실험, 교문사, 제Ⅱ부 측기－Ⅱ－3. 우량계의 개발원리'를 참조)의 작용으로 자동적으로 배수되고, 펜은 0 mm의 위치로 돌아간다. 그렇기 때문에, 저수형 자기우량계를 사이펀식 자기우량계라고도 불리고 있다(그림 11.13).

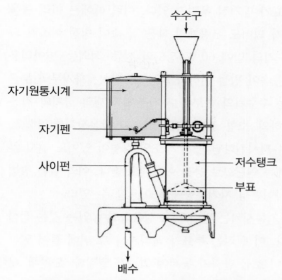

그림 11.12 저수형(사이펀식) 자기우량계의 원리
그림 11.13 저수형(사이펀식) 자기우량계의 내부

이 자기우량계는 보통 3 m² 정도의 작은 집의 옥상에 수수기를 달고 비닐관이나 연관 등을
이용해서, 빗물을 작은 집 속의 대 위에 있는 자기부에 유도된다. 수수기가 지붕 위에 있기 때문
에 바람이 강할 때에는 상승기류가 생기므로 빗방울이 수수구에 들어오기 어렵게 된다. 이 결점
을 피하기 위해서 작은 집을 사용하지 않고 수수기와 자기부를 같은 철제의 상자 속에 붙여 놓은
것도 있다(그림 11.14).

그림 11.14 상자 속에 넣은 저수형(사이펀식) 자기우량계

겨울에 원통 내의 빗물이 얼면 원통이나 부표가 망가질 우려가 있다. 이런 때에는 미리 물을 빼서 사용을 금한다. 그러나 기온이 빙점 이하가 되어도 우량계의 작은 집 속이 빙점 이하가 되지 않는 지방에서는 작은 집의 천장 등에 수수기의 밑에 60 W 정도의 전등·적외선·병아리용 전열기 등을 달아주면 사용할 수 있다. 작은 집 속이 빙점 이하가 되는 곳에서는 자기부의 부근에도 전등 등을 단다. 더욱 한랭한 지방에서는 수수기의 하부나 자기부에 목재의 상지와 같은 덮개를 씌워, 그 속에 전등이나 100와트 이하의 소형 전열기를 넣는다. 항온장치(恒溫裝置, thermostat)를 해서 온도를 10~20 C 정도로 유지시킨다면 중간 정도의 강설이 있어도 얼지 않고 관측할 수 있다. 전열을 이용할 수 없을 때에는 연탄화로 등을 이용해도 좋다. 이와 같은 방법을 이용할 때, 평지라면 어디라도 겨울에도 사이펀식 자기우량계를 이용할 수 있다.

부표의 움직임을 전기적으로 멀리 전달해서 기록시키는 방법으로, 실용화되어 있는 것은 **접점추미식**(接點追尾式)으로 불리고 있는 것이 있다. 이 원리는 부표가 올라가서 그 위에 붙어 있는 전기접점에 접촉하면, 전기회로가 닫히고 접점이 조금 올라가 동시에 회로가 열린다. 요컨대, 부표와 접점이 쫓아가는 술래잡기를 하는 원리이다. 접점이 접속한 회수를 자기전접계수기에 의해 기록하면 우량을 알 수 있다.

이 장치를 이용해서 우량 0.1 mm마다 전접시킬 수 있다. 원통은 약 200 mm의 우량에 상당하는 물을 모을 수 있게 되어 있으므로, 대개 200 mm 정도까지를 짐작해서 마개를 열어 빗물을 뺀다. 이 형의 자기우량계의 기록은 우량이 연속적으로 기록되므로 일강수량이나 시간강수량뿐만이 아니라, 10분간 강수량 등 비교적 단시간의 강수량을 기록할 수 있다. 검정공차는 우량 20 mm 이하는 0.5 mm, 20 mm를 넘을 때는 나타나는 우량의 3 %이다.

11.4 | 강수량의 관측오차

강수량을 정확하게 관측하기 위해서, 또 관측된 강수량의 값을 정확하게 해석하여 이용하기 위해서는 강수량의 관측오차를 분명하게 해 둘 필요가 있다. 먼저 생각해야 하는 일은 바람이 있으면 우량계의 수수구의 주위에 기류가 교란되므로, 수수구에 포착된 빗방울의 수가 감소하는 일, 즉 **제본스 효과**(− − − 效果, Jevons effect)이다. 이 영향은 풍속이 클수록, 또 빗방울의 입자가 작을수록, 낙하속도가 늦을수록 현저하다. 운편의 낙하속도는 일반적으로 빗방울보다도 작으므로, 이 영향이 특히 크다. 실제의 우량에 가능한 한 가까운 값을 얻기 위해 특별히 만들어진 **매입식 우량계**(埋入式雨量計, 그림 11.15 a 참조)로 측정한 A와, 지상 1 m의 높이에 수수구를 놓고 측정한 B와를 비교한 결과를 보면, 후자에 대한 전자의 비 A/B는 풍속과 함께 증가한다(그림 11.15 b 참조). 이것에 의해, 풍속이 4 m/s 정도에도 오차가 10 % 정도나 되므로 바람의 영향이 얼마나 큰가를 알 수 있다. 또 반대로, 수수구 높이의 풍속을 측정한다면, 그 우량계로 측정한 우량에 풍속을 보정하여 실제의 우량을 추정할 수 있다.

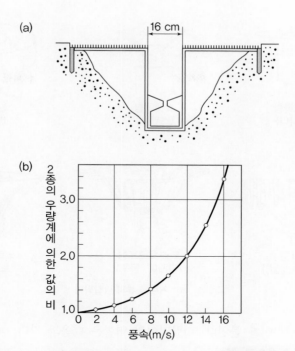

그림 11.15 매입식 우량계(a)와 수수구 높이 1 m의 보통 우량계와의 관측치의 비(b)

11.4.1 바람막이에 의한 관측오차의 줄임

바람에 의한 오차를 줄이기 위해 WMO(World Meteorological Organization, 세계기상기구)의 수문기상 실무지침(1965년)에서는 다음과 같은 방법을 제시하고 있다.

① 우설량계의 수수구 높이의 풍속이 가능한 한 약하고, 그러나 지물에 의해 우적, 설편의 낙하가 방해받지 않는 장소에 우설량계를 설치한다.

② 우설량계 주변의 지물의 상태를 변화시켜서 수수기 위의 기류가 수평이 되도록 한다.

③ 우설량계는 되도록 평평한 지면상에 수수기의 면이 수평이 되도록 놓는다.

④ 주위의 지물로부터의 거리가 그 지물 높이의 4배 이상 되는 것이 바람직하다.

⑤ 주위의 지면은 짧게 깎은 잔디로 하던지, 작은 돌이나 자갈을 깔아 채워도 좋다.

⑥ 풍속은 높이에 따라 커지므로 수수기의 높이는 가능한 한 낮게 하는 것이 좋지만, 지면에서 튀어오르는 물보라가 날아 들어오지 않을 높이가 필요하다. 표준 높이는 1 m로 하는 것이 좋다.

⑦ 자연의 **바람막이**[방풍(防風), wind shield, windbreak]가 없는 비바람에 방치된 장소에서는 직경 3 m 내외의 원형의 낮은 둑을 쌓고, 잔디를 심어 중앙에 우설량계를 설치하면 좋은 결과가 얻어진다. 제방의 안쪽은 연직으로 하고, 외측은 수평에 대해서 약 15°의 경사를 갖게 하며, 상면은 우설량계의 수수면과 같은 높이로 한다.

<table>
<tr><td>나이화형
(캐나다)</td><td>스웨덴형
(스웨덴)</td><td>원통형
(일본)</td></tr>
<tr><td>아르타형
[단책형(短冊型)]</td><td>트레차코프형
(러시아, 동구)</td><td>노르웨이형
(노르웨이)</td></tr>
</table>

그림 11.16 **여러 종류의 바람막이**

⑧ 수수기 주위에 바람막이를 붙인다. 바람막이의 역할은 다음과 같다.

- 수수기의 기류를 수평으로 한다.
- 풍속의 연직분포를 균일하게 한다.
- 우설량계 측면에 불어닥치는 풍속을 가능한 한 약하게 한다.
- 튀어들어오는 수적이 우설량계에 날아들어오지 않게 한다.
- 관설(冠雪 : 눈이 엉켜 모자처럼 걸쳐 있음)이 생기기 어렵다.

제본스 효과에 의한 오차를 줄이기 위해서는 여러 가지 바람막이가 고안되어 있지만, 그 효과는 어느 것도 대개 같은 정도의 것이다. 그림 11.16에 각종의 바람막이를 소개한다. 바람막이를 붙이면, 풍속 10 m/s 전후에서 10 % 정도의 우량이 증가한다. 결국, 관측된 우량이 그만큼 실제의 우량에 가까워진다. 한 예로서, 나이화형 바람막이(그림 11.17)를 단 경우, 실제 우량과의 비를 표 11.1에 나타내었다. 이 표를 보면, 1.05~1.27 정도의 우량의 증가가 있다고 하는 것을

그림 11.17 **나이화형 바람막이**

표 11.1 바람막이를 단 우량계와 보통 우량계에 의한 관측치의 비

풍속(m/s)	비·진눈깨비		안개비	
	비	관측횟수	비	관측횟수
0~4	1.05	21	1.13	20
4~8	1.07	34	1.25	12
8~12	1.08	8	1.27	4
12~16	1.10	2		

알 수 있다. 간과할 수 없는 수치라고 생각한다.

보통 우량의 관측은 바람에 의해 생기는 오차를 보정하지 않기 때문에, 특히 바람이 강할 때의 관측치의 취급에는 충분한 주의가 필요하다. 현재 각국에서 보고하고 있는 강수량의 관측값은 이들의 오차를 보정하지 않은 값들이다.

이 외에, 강수량의 관측오차의 원인으로 수수구의 비틀림, 수평의 어긋남, 빗물이 관이나 병의 내면에 부착하는 일, 또는 내리고 나서 측정할 때까지의 증발 등이 생각되지만, 모두가 그다지 크지 않다. 또, 사이펀의 배수 중이나 되의 전도 중에 내린 비는 측정에 들어가지 않기 때문에 생기는 오차도 있지만, 보통 그다지 크지 않다.

자기용(自記用)의 시계가 늦거나 빨라서 생기는 오차는 총우량에는 영향을 미치지 않지만 짧은 시간의 우량이나, 강수의 시작이나 종료시각을 구할 때에는 무시할 수 없으므로, 시계의 늦고 빠름[지속(遲速)]이 클 때에는 시각을 보정해 두는 것이 좋다.

11.4.2 전도형 우량계의 강풍에 대한 오차와 개량

전도형 우량계는 전도되가 전도 중에도 여수기에서 강수가 쏟아지지만 전도 중에 내리는 강수는 계측되지 않고 배수되기 때문에 오차가 생긴다. 강한 강수일수록 오차의 비율이 커지고 강수량을 작은 양으로 계측하는 것이 된다.

강수량 50 mm에 상당하는 물을 우량준기에서 강수강도를 바꾸어서 전도횟수를 조사했다. 그림 11.18이 그 결과이다. 전도횟수의 검정공차는 100±3 전도이고 그림 중에 그의 상한과 하한을 나타냈다. 강수강도의 증가에 따라서 거의 직선적으로 감소하고 150 mm/h 이상의 강수강도에서 공차의 하한을 깨고 만다.

이 계측오차를 작게 하기 위해서 전도형의 전자편식 우량계(電磁瓣式 雨量計), 전자편(중량)식 우량계[電磁瓣(重量)式 雨量計]가 개발되었다.

전도형 전자편식 우량계는 전도되가 전도하기 시작하면 그것을 센서가 검지해 여수기와 전도되 사이에 있는 밸브을 닫아 전도되의 주수(注水)를 막는다. 전도되가 완전히 전도한 상태를 감지기가 검지하면 편이 열려 주수가 시작된다.

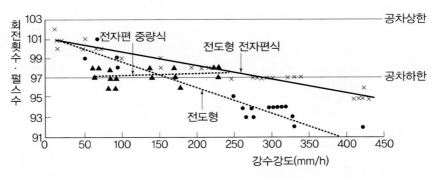

그림 11.18 **전도형 우량계와 그 개량형의 강우강도에 대한 정밀도**

전자편 중량식 우량계는 수수기에 직접 떨어지는 강수를 2개의 저수기로 유도해 1분마다 저수기에 유입하는 물의 중량을 계측해 강수량 0.5 mm 상당분(구경 20 cm에서는 15.7 g)을 1펄스로 해서 처리한다.

그림 11.18은 강수량 50 mm에 상당하는 전도횟수 또는 펄스수를 강수강도를 변화시켜서 측정한 것이다. 그림에서 알 수 있듯이 전자편 중량식은 강수강도에 관계하지 않고 거의 97펄스를 나타내고 있어 약간의 개량을 함으로써 수치를 올리는 것이 가능할 것이고, 2종류의 우량계 모두 강수강도에 대한 개선이 보인다.

11.5 | 설량의 관측방법

눈에 의한 강수량 즉, **설량**(雪量, amount of snow)은 강설이 적을 때에는 우량계의 수수구에 일정량의 뜨거운 물을 넣어 수수기에 모아진 눈을 녹인 다음 저수병에 흘려넣고 비와 같이 측정해서 나중에 뜨거운 물의 양만큼 빼면 된다. 그러나 눈의 양이 많아서 우량계의 수수기가 넘칠 때에는 우량계 대신에 설량계를 이용해야 한다.

11.5.1 설량계

그림 11.19에 나타낸 것과 같은 **설량계**[雪量計, snow ga(u)ge]는 원통으로, 수설구의 직경이 우량계와 같이 20 cm이다. 통의 높이는 30, 60, 100 cm 등 그 지역의 강설의 상황에 맞게 선택한다. 관측할 때에는 설량계를 그의 지지대에서 빼어서 실내로 옮겨, 적당한 양의 뜨거운 물을 우량되(rain measuring glass)로 측정해 넣고, 설량계 속의 눈을 녹여서 전체의 양을 측정한다. 넣은 뜨거운 물의 양을 나중에 뺀다.

우량계에서 설명했던 앉은뱅이(밀리)저울이 있을 때는 이것을 이용하면 측정은 더욱 간단하다. 이때에는 설량계의 외측에 부착된 눈이나 수분을 잘 닦아서 제거한 다음 저울에 단다.

 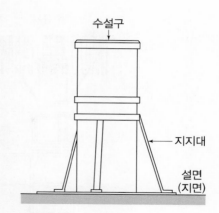

수설구

지지대

설면
(지면)

그림 11.19 원통형 설량계

11.5.2 자기설량계

실용에서 주로 사용되고 있는 **자기설량계**(自記雪量計, recording snow gauge)는 2종이다. 하나는 1906년 헬만(G. Hellmann)이 고안해서 옛날부터 사용되는 헬만형이라 불리고 있는 것으로, 직경 20 cm인 수설구의 원통 속에 모인 눈의 무게를 앉은뱅이저울과 같은 저울로 달아 기록하므로 **저울형 자기설량계**(− −型 自記雪量計, weight measuring snow - recorder)라고도 한다. 저수기 속의 강설의 양에 따라서 근소한 평형의 변화가 지레를 통해서 펜을 움직여 기록한다. 바람이 강하면 저수기에 풍압이 가해져 펜이 진동한다. 이것을 경감시키기 위해 저수기 축에 기름(유)**약진기**[− −(油)弱振器, oil damper]가 붙어 있다. 이 형의 자기설량계는 조절이 어렵고, 또 바람이 강할 때에는 기록이 흐트러지기 쉬운 결점이 있지만, 최근에는 기계부분에 여러 가지의 개량된 것이 만들어지게 되었다(그림 11.20). 수수구의 높이는 지면에서 2 m 정도이다. 수수기 주변에 강설의 포촉을 향상시키기 위해서 아르타형의 바람막이가 붙어 있다.

또 다른 하나는 눈이 들어온 원통을 용수철저울에 달아, 눈이 무게에 의한 원통의 움직임을 자기우량계에서 기술한 것처럼 접점추미식(接点追尾式)을 이용해서 실내에서 기록하는 것이다. 접점추미식이란 원통의 움직임으로 전기접점에 접촉하면 전기회로가 닫혀 접점이 약간 올라가고 동시에 회로가 열리는 것을 말한다. 접점이 접촉한 횟수를 계측해서 기록하는 것이다. 현재는 계량부분을 개량한 형이 개발되고 있고, 검정공차는 강수량 20 mm 이하는 0.5 mm, 20 mm를 넘으면 강수량의 3 %이다. 설량으로 해서 1 mm마다 기록하는 것과 0.5 mm마다 기록하는 것이 있다. 눈이 젖어 있을 때에는 수설구의 가장자리에 눈덩어리가 붙어서 끈처럼 되는 일이 있다. 이것을 막기 위해서 전열장치를 달아, 수설구를 덥게 해서 눈을 녹이도록 한 것이 있다.

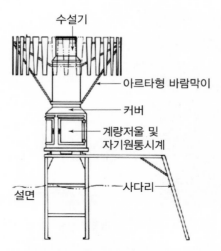

그림 11.20 헬만형 자기설량계(아르타형의 바람막이가 부착)

11.6 | 산지의 강수량관측

홍수의 예지(豫知)나 발전·관개(灌漑)·수도·공업용수 등의 이용계획의 작성에는 하천의 집수역으로 되어 있는 산지에 우량계나 설량계를 설치해서 강수량을 관측할 필요가 있다. 산지에서는 평지보다도 바람이 강할 뿐 아니라, 부는 방법도 복잡하므로 낙하하는 빗방울이나 설편이 수평으로 움직이기도 하고, 비탈길을 따라서 불어 올라가기도 하는 경우가 있다. 이 때문에 좋은 관측치를 얻는 데에는 앞에서 말한 일반적인 주의와 함께 다음 사항에도 충분히 유의해야 한다.

① 우량계나 설량계는 그늘·급사면·복잡한 요철의 지형에서 가능한 한 떨어진 장소를 선택해서 설치한다. 좁은 산정이나 지붕·골짜기 밑도 좋지 않다.

② 어떤 집수역의 비의 총량(면적우량, 21.3 참조)을 알기 위해서는 산꼭대기 부근보다도 산중턱 부근에 우량계를 놓는 쪽이 대표성이 좋은 관측치를 얻을 수 있다.

③ 노출된 맨땅보다도 어느 정도 수목이 있는 장소가 좋다. 그러나 너무 가까이에 수목이 있는 것은 좋지 않다. 개략적으로 말해서, 나무 높이의 몇 배 정도는 떨어진 곳이 좋고, 높은 수목에서 수 10 m, 낮은 관목에서는 몇 m 정도 떨어진 곳에 설치한다. 원래 낙엽이 진 후라면 밀집해 살아 있지 않는 한, 수목의 영향은 비교적 작다. 우량계보다 낮은 풀은 베지 않아도 좋다.

④ 비탈길에 설치할 때도 수수구는 수평으로 하는 것이 보통이다. 수수면을 기울여서 비탈길에 일치시키는 방법도 있지만, 아직 실험적으로 이용되는 정도이다.

산지의 강수량관측은 적당한 상주하는 관측자에 의해 이루어지는 것이 아니고, 보통은 무인관측용 측기를 이용한다. 관측치를 즉각 알기 위해서는 무선로봇 우량계가, 또한 조사통계용에는 장기자기우량계나 토타라이사가 흔히 이용된다.

11.6.1 무선로봇 우량계

산지의 무인 강수량 관측용의 무선로봇 우량계(無線 ---雨量計, automatic radio rain gauge)는 초기에 그림 11.21과 같이 바람막이가 붙은 구경 14.14 cm의 수수기를 작은 집의 지붕에 설치해서, 빗물은 작은 집 속에 있는 전도되로 유도된다. 되가 1 mm마다 전도될 때에 전기회로가 닫혀서, 모스부호의 발생장치의 원통이 회전한다. 한편, 주파수 408 MHZ 의 송신기는 수정시계에 의해 1시간마다 자동적으로 스위치가 켜져, 모터에 의해 접촉 브러시가 부호원통 위를 왕복하여, 그때 나타나 있는 숫자부호가 발신된다. 송신용의 야기 안테나는 보통 작은 집의 내부에 설치되어 있고 전원은 공기습(空氣濕)전지를 이용한다.

송신기의 작동시간은 1시간마다 약 5분이고, 그중 부호가 송신되는 것은 3분 정도이다. 관측자는 시간을 맞추어서 수신기의 스위치를 넣으면, 로봇의 식별부호와, mm 단위의 강수량을 나타내는 숫자부호를 수신할 수 있다. 원래, 트랜지스터를 이용한 수신기라면 전력이 적게 들므로 항상 전원을 넣어 둘 수 있다. 송신되는 숫자는 강수량의 적산치를 나타내는 숫자로, 전 회에 수신한 숫자와의 차를 취하면, 양쪽의 관측시간 사이의 강수량을 얻을 수 있다. 예를 들면, 9시의 수신숫자가 347이고, 15시의 수신숫자가 381일 때, 9~15시의 6시간 강수량은 381 − 347 = 34, 즉 34 mm가 된다.

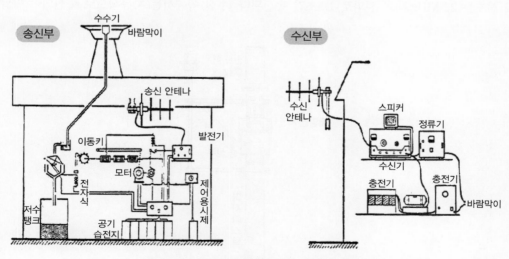

그림 11.21 무선로봇 우량계의 원리(초기) 1953년부터 사용

무선로봇 우량계를 설치할 때에는 앞에서 말한 주의 사항 외에 다음 사항에 유의해야 한다.

① 로봇용 전파의 도달거리는 보통 50 km로 설계되어 있으므로, 가능한 한 이 범위에 들어가는 지점을 선정하는 것이 안전하다.

② 도중에 산 등이 있어서 간파력이 나쁠 때에는 전파가 상당히 약해진다. 거리에 따라서는 약간의 장해물은 지장이 없는 경우도 있지만, 설치하기 전에 우선 5만분의 1 지도에서 간파의 유무를 검토하고, 다음에 실제 땅에 전파도달시험을 해서 확인하는 것이 필요하다. 이 설치에서 전파의 사용에는 체신부의 허가가 필요하다.

③ 전혀 간파력이 없는 지점에 설치할 때에는 로봇의 지점과 수신지점의 양쪽에서 간파력이 있는 장소로, 거리상으로 보아 전파도달에 무리가 없는 곳으로 자동중계기를 놓도록 계획한다.

④ 순회의 어려움과 쉬움, 간이숙박의 여부, 수리, 도난예방, 겨울의 적설에 대한 작은 집의 강도 등에 대해서도 고려한다.

이런 종류의 우량계는 일반적으로 겨울철의 사용은 무리이므로 적설이 시작되기 전에 폐지하고, 다음 해 봄에 재개한다. 또 예를 들어, 고장이 없다고 해도 가능한 한 월 1회 정도, 적어도 2~3개월에 1회 정도 순회를 해서 부호발생부나 시계부 등을 점검하고, 저수기에 모인 우량을 잰다. 관측, 보수를 하는 사람은 취급설명서를 잘 읽고 각부의 구조·기능·점검법·고장의 처리 등을 이해해 둘 필요가 있는 것은 말할 것도 없다.

1983년에 개발되어 현재 사용하고 있는 형식은 그림 11.22이다. 수수기와 계량기가 일체가 되어 있고 기둥 위에 설치되어 있다. 송신기 및 전원으로 사용되는 태양전지나 알칼리축전지도 기둥에 붙여져 있다. 우량 0.5 mm마다 전도되가 전도할 때에 발생하는 펄스에 의해 전원이 들어가 신호는 22 MHz 대의 전파로 1.5초간 송신된다. 수신 쪽에서는 자동적으로 수신되어 아날로

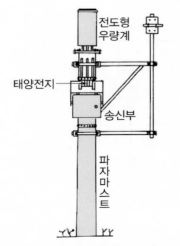

그림 11.22 **무선로봇 우량계의 송신부(현재)**

그 기록, 표시가 이루어진다. 더욱이 관측치는 기상관서의 수신장치를 통해서 매정시에 지역 대기관측센터로 전송된다.

현재의 우량계의 수수기에는 바람막이가 붙어 있지 않다. 초기의 관측은 작은 집 위에서보다 기둥의 쪽이 기류의 교란이 작고, 특히 강우에 대해서는 오차가 적다고 생각되어지기 때문일 것이다.

11.6.2 장기자기우량계

관측자 없이 3개월 정도의 강수량을 기록할 수 있는 구조를 갖는 것이 **장기자기우량계**(長期自記雨量計, long period rain recorder)이다. 그림 9.23과 같이 높이 50 cm, 가로·세로 25 cm의 본체의 상자 위에 직경 10 cm, 높이 15 cm의 수수기가 부착되어 있으므로, 산지에서 혼자 운반할 수 있다.

그림 11.23 장기자기우량계

전도식이지만, 전도형의 자기우량계와는 달라 우량이 1 mm로 되가 전도하고, 그 움직임이 링크(rink)와 캠(cam)에 의해 자기펜에 전달되어, 우량 40 mm에 기록지폭 1회 왕복한다(그림 11.24). 펜은 병에서 모세관현상으로 빨간색의 자기잉크를 빨아올린다. 자기지는 두루마리(롤)로 되어 있어 길이 15 m이고, 1시간에 6 mm의 속도로 보내지므로, 한 롤에 약 100일간의 기록이 가능하다. 자기시계는 2개의 강력한 태엽으로 움직인다.

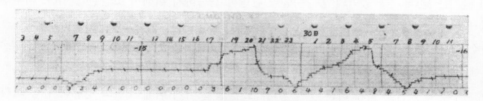

그림 11.24 **장기자기우량계의 기록 예**
날짜와 시각을 기록하고, 시계의 지속을 보정하고 나서 매시의 강수량을 읽어 기록지의 밑에 기입한다.

이 우량계를 사용할 때, 설치점의 선택방법에 대해서는 앞에서 기술했지만, 그 외에도 다음 사항에 주의한다.

① 설치할 때는 강풍에 넘어지지 않도록 잘 고정하고, 부속의 수준기로 수평이 되도록 한다.

② 펜에 먼지나 기포가 들어가거나, 잉크가 너무 진하면 기록이 끊긴다. 따뜻한 물이나 알코올로 관을 청소하고, 스포이트로 잉크를 전부 빨아낸다.

③ 자기지의 구멍을 톱니바퀴(sprocket)에 잘 맞추어 흔들리지 않고 감길 수 있도록 한다. 재단이나 구멍 뚫림이 불량한 자기지가 있는지 주의한다.

④ 톱니바퀴를 돌리는 스프링벨트는 너무 강하면 시계가 멈추고, 너무 약하면 돌아가지 않는다. 산지에 설치하기 전에 시험으로 움직여서 잘 조사한다.

⑤ 관측을 시작할 때는 태엽을 감아, 권수지시가 0이 되도록 한다. 관측하지 않을 때 등 감긴 채로 시계를 멈추어 두는 것은 좋지 않다.

⑥ 시계나 자기부를 연결하는 톱니바퀴의 감긴 상태가 좋지 않을 때는 나사를 풀어 조절하든가, 시계 그 자체가 고장일 때는 전문가에게 맡긴다.

⑦ 순찰이나 뗄 때에는 날짜와 펜이 나타내는 시각의 지속을 꼭 기록한다. 또 몇 개의 장소에 설치했을 때는 각각의 기록지에 꼭 설치장소명을 기록한다. 이것을 잊어버리면 모처럼의 관측치가 쓸모없게 된다.

긴 시간 동안에는 시계의 지속이 상당히 커지므로, 떼 낸 기록지를 읽을 때에는 꼭 지속의 보정을 해야 한다. 이 우량계는 원래 우량의 세밀한 시간적 변화를 조사하는 데에는 무리이므로, 1시간 강수량 정도의 값읽기가 고작이다. 자기지를 절단하지 말고 롤(두루마리)을 돌려 내보내면서 값읽기를 하는 것이 좋다.

11.6.3 토타라이사

토타라이사[totalizer, 적산계(積算計)]는 어느 기간의 총강수량을 관측하기 위하여 직경 20 cm의 수수기에 대형의 저수부를 부착한 것인데, **적산우량계**(積算雨量計, totalizer rain‒gauge, rainfall totalizer) 또는 **적산설량계**(積算雪量計, totalizer snow‒gauge, snowfall totalizer)라고도 불린다(그림 11.25).

이 측기는 원래 겨울 동안의 총강수량을 간단히 관측하기 위해서 고안된 것이다. 저수부에는 미리 물과 같은 양의 염화칼슘[NaCl₂, 이나 소금(NaCl)과 같은 용질은 빙점 하강효과]을 녹인 포화수용액을 넣어, 0 C 이하에서도 얼지 않도록 했다. 수용액의 표면에 낙하한 설편은 녹지만, 수용액보다도 비중이 작으므로 표면부근의 염화칼슘의 농도가 작아져 쉽게 언다. 이를 막기 위해서는 저수부의 표면을 넓게 하는 것이 좋다. 또 증발을 막기 위해 소량의 경유나 유동 파라핀을 액면에 띄워 둔다.

그림 11.25　**토타라이사(적산계)**

　적산계(토타라이사)의 설치점을 결정하는 데에는 앞에서 기술한 주의사항 외에도, 특히 염화칼슘 용액을 만들기 위한 물에 유의할 필요가 있다. 수수구는 적설로 묻히지 않도록 충분히 높여 둔다. 눈이 바람에 날려 쌓일 가능성이 있는 장소를 피해야 하는 것은 말할 것도 없다.

　순찰이나 철수 때에 강수량을 관측하는 데에는 수수구에서 액면까지의 깊이를 mm의 1자리까지 측정하고, 속에 모여 있는 물의 총량을 구해, 처음에 투입한 염화칼슘 용액의 양을 뺀다. 깊이는 수수구 가장자리에서 적어도 3장소 정도에서 측정해서 그 평균을 취한다. 이 외에도 밑에 있는 꼭지(cock)를 열어, 배출된 수량을 측정해서 구할 수도 있다.

　토타라이사(적산계)의 관측오차로 가장 큰 것은 우량의 관측원리에서 설명한 제본스 효과(－－－效果, Jevons effect)에 의한 수수구의 포착률의 저하이다. 직립 원통형의 토타라이사를 이용해서 행한 실험결과에 의하면, 풍속 1 m/s라도 10~20 % 정도 작아지고, 3~4 m/s가 되면 50 %나 작아진다고 한다. 이것을 개선하기 위해서 아르타형[단책형(短册型)] 등의 바람막이(방풍)를 붙이는 일도 있지만, 충분하지는 않다. 이 외에 전에도 말했듯이, 수수구의 가장자리에 끈 모양의 눈덩어리가 생겨, 그것이 수수구를 좁히기도 하고, 덩어리가 수수구에 떨어져 들어가기도 한다. 그 방지책으로 토타라이사를 검게 칠해서 일사(태양방사)를 흡수하기 쉽게 하기도 하는 등의 형태를 생각하기도 하지만, 어느 쪽도 아직 충분하지는 않다.

　이상의 점을 생각하면, 토타라이사는 강설기의 강수량의 관측법으로는 극히 거친 값을 얻기 위해서만 이용해야 하는 것이다. 그러나 초봄이나 늦가을 등 비와 눈이 교대로 내리거나, 진눈깨비가 오는 시기의 강수량의 관측에는 상당히 유용하게 이용할 수 있다.

Chapter 12 적설

적설(積雪, snow cover, deposited snow)이란 고형강수(固形降水, solid precipitation)를 뜻하며, 이는 눈(눈, 싸락눈, 우박 등)이 관측소 범위의 지면을 절반 이상 덮고 있는 것을 뜻하고, 이 양은 **적설량**(積雪量, amount of snow cover)이다. 강설량을 측정해서 적설상당수량을 구하기 위한 설량계(전 장 소개)와 설척을 교합해서 적설의 깊이와 양을 측정하기 위한 **적설계**(積雪計, snow cover meter)가 있다.

눈 관련의 대기관측에서는 적설의 깊이(depth of snow cover, 적설심)와 강설의 깊이(depth of snow fall)의 관측이 행하여지고 있다. 강설의 깊이와 측정에서는 설판을 이용해서 단위시간에 설판 위에 내린 강설이 있는가를 아는 것이다.

설판 위와 자연의 설면에서와는 눈이 쌓이는 방법, 녹는 방법, 침강의 상태 등이 다르므로 그것에 대응하는 시간에 있어서 적설의 깊이의 차와는 다른 일이 있다.

눈이 많이 내리면 열차의 탈선, 자동차편의 두절, 주택의 파손 등이 일어난다. 또한 이들 눈의 제설작업도 필요하다. 산지의 적설은 발전이나 공업용, 수도용수 등의 중요한 수자원이 된다. 이런 일들로 관측이 필요하며 이용방법에 따라서 관측방법도 달리한다.

12.1 | 적설깊이의 관측방법

적설을 관측할 때에는 우선 적설의 정의를 확실하게 해 둘 필요가 있다. 그렇게 하지 않으면, 각지에서 처음 적설이 있는 날을 비교하거나, 한겨울의 적설일수 등을 구할 때에 혼란이 온다.

기상관서에서는 관측장소의 주위 지면이 반 이상 눈(눈사태·얼음사태도 포함)에 덮여 있는 상태를 적설로 하고, 깊이나 존속된 시간과는 관계없는 것으로 하고 있다. 따라서 눈이 내렸어도 극히 소량인 때는 적설로 보지 않는 경우가 많다. 또 노출된 장소에서는 쌓인 눈이 바람에 날려서 지면이 노출되고, 전반적으로 보면 상당한 눈이 있음에도 불구하고, 적설로 보지 않는 경우도 있다. 이와 같은 장소는 대표적인 적설을 관측하는 데에는 적당하지 않다.

적설의 깊이를 나타내는 데에는 cm 단위를 이용하는 것이 보통이지만, 눈이 깊을 때에는 m로 나타내도 좋다. 1 cm 이하일 때는 '-'으로 한다. 어떤 지점에서 적설의 깊이를 측정해 보면, 장소에 따라서 깊이가 상당히 다른 경우가 있다. 이것은 지면의 기복이나 건물 등의 영향으로 눈더미가 생기기도 하고, 눈이 조금 밖에는 쌓이지 않는 곳이 생기기도 하고, 일단 쌓인 눈이 바람에 날리기도 하기 때문이다. 이 때문에 대표성이 좋은 관측치를 얻기 위해서는 되도록 평평하고 지물이나 건물 등의 영향이 작은 장소를 선택해서 여러 곳에서 측정하여 그 평균을 구한다. 한 장소에서만 측정할 때에는 특히 장소의 선택이 중요하다. 아주 바람이 약할 때에는 눈이 균일한 깊이로 쌓이므로 장소에 의한 차이는 그다지 없다.

12.1.1 설 척

적설의 깊이를 측정할 때에는 관측장소에 cm 눈금을 새긴 나무기둥을 연직으로 세우고, 눈금의 0선을 지면에 일치시킨다. 이것을 설척(雪尺, snow scale)이라 한다(그림 12.1). 원주나 각주도 지장이 없는데, 직경이나 한 변이 75 mm(100 mm 이하) 정도이다.

높이의 일반적인 사양은 눈금부분이 3 m로 지중에 묻은 부분은 이의 1/3인 1 m로 전체가 4 m가 된다. 꼭대기는 아연철판 등으로 덮어 부식을 막는다. 표면은 백색의 유성 페인트로 칠하고 문자는 흑색 에나멜로 쓰고, 100, 200, 300의 문자는 적색 에나멜로 쓴다. 그러나 눈이 적은 지방에서는 1 m라도 충분하지만, 다설지에서는 과거의 적설의 깊이에 충분한 여유를 두어 적당히 결정한다.

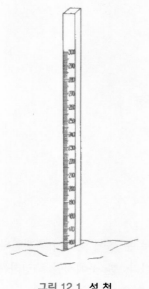

그림 12.1 설 척

그림 12.2 설척 주위에 생기는 움푹함

깊이를 관측할 때에는 적설면에 상당하는 설척의 눈금을 cm의 한 자릿수까지 읽는다. 눈이 계속해서 녹고 있을 때는 설척의 주위가 움푹 들어가므로, 설면과 설척이 만나는 곳을 그대로 읽으면 주위의 적설보다 작은 값이 되므로, 움푹한 곳의 영향이 없는 일반의 적설면에 상당하는 깊이를 읽도록 주의한다(그림 12.2).

적설의 깊이는 지면상적으로 자연히 쌓인 눈의 깊이이므로, 말할 것도 없이 관측장소나 그 부근의 눈을 관측할 때 제거해서는 안 된다. 더욱 눈이 내려도 그 양이 적을 때에는 녹거나 침하하기도 하기 때문에, 전의 관측치보다도 깊이가 작은 경우도 있다. 이와 같은 때는 있는 그대로 기록한다.

12.1.2 적설판

적설이 적은 지방에서는 설척 대신에 한 변이 30 cm 정도의 흰 페인트를 칠한 사각의 판에, 길이 50 cm 정도의 cm 눈금을 새긴 나무기둥을 연직으로 세운 것을 지면에 놓고, 그 위에 쌓인 눈을 측정한다. 이것을 적설판(積雪板, snow measuring plate, 또는 설판)이라고 한다(그림 12.3). 판 표면의 위치는 가능한 한 지면에 일치시키도록 한다. 관측방법과 도장(塗裝)에 대해서는 설척과 같은 주의가 필요하다.

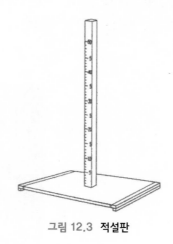

그림 12.3 **적설판**

12.1.3 기타 적설의 측정방법

설척이나 적설판이 없을 때에는 cm 눈금의 자를 연직으로 눈 속에 꽂아서 측정한다. 연직으로 넣을 생각이었지만, 기울어져 있는 경우가 있으므로 주의한다. 한 곳에서만 측정하는 것보다는 여러 곳에서 측정해서 그 평균을 구하는 쪽이 좋은 값을 얻을 수 있다.

12.1.4 신적설의 깊이

어느 관측시각에서 다음의 관측시각까지 쌓은 눈을 그 시각에 대해서의 신적설(新積雪, fresh snow cover)이라고 한다. 신설(新雪)의 깊이라고 부르기도 한다. 적설과 같이 그 깊이를 cm로 나타낸다. 신적설은 보통 적설판을 이용해서 관측한다. 이미 적설이 있을 때는 설면 위에 적설판을 놓고, 그 위에 새롭게 쌓인 눈을 측정한다. 측정이 끝났으면 판 위의 눈을 제거하지만, 이미 있는 주위의 적설이 흩어지지 않도록 주의한다.

일정한 시간간격으로 신적설의 깊이를 측정하면, 눈이 쌓이는 방법의 변화를 안다. 결렬하게 내리는 눈의 쌓이는 방법을 상세하게 알기 위해서는 1시간간격 정도로 관측하는 일도 필요하게 된다. 기상관서에서는 6시간마다의 신적설과, 매일 9시에 전 24시간의 신적설을 관측하고 있다. 후자는 1일간에 쌓인 적설의 깊이를 대충 나타내는 것이지만, 실제로 이 정도의 관측치라도 여러 모로 도움이 되는 경우가 많다.

12.2 | 적설계

12.2.1 초음파식 적설계

초음파식 적설계(超音波式 積雪計, ultrasonic snow cover meter)는 초음파 송수파기(超音波 送受波器)를 역 L 자형의 기둥 끝에 적설면에 수직이 되도록 장착한다(그림 12.4). 그 초음파(진

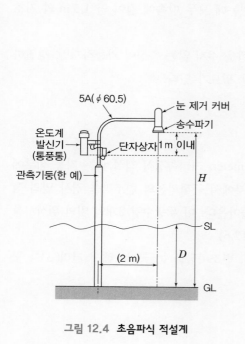

그림 12.4 **초음파식 적설계**

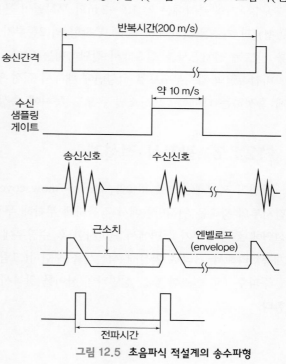

그림 12.5 **초음파식 적설계의 송수파형**

동수가 20 kHz 이상의 들리지 않는 음파) 펄스를 일정간격으로 반복해서 발사해서 그 초음파가 설면에서 반사해서 되돌아올 때까지의 시간을 측정한다(그림 12.5). 이 전파시간과 그 때의 온도에 의한 음속으로부터 송수파기에서 적설면까지의 왕복거리가 알려진다. 이 측정치에서 적설심을 구하는 데는 미리 송수파기와 지표면과의 거리를 변환기에 설정해 두어 설정치와 측정거리와의 차를 취함으로써 적설심을 구한다.

또한 초음파의 전반속도는 기온에 의존(0.18 %/C)하고 있으므로 음속보정(補正)을 해서 측정 정밀도를 높인다.

그림 12.4에서 초음파의 송파에서 수파까지의 시간(t)과 기온(T)을 측정하면 **적설심**(積雪深, depth of snow cover) D는 다음 식으로 구해진다.

$$D = H - \frac{t\,(C_0 + \alpha\,T)}{2} \tag{12.1}$$

여기서 H : 지표면에서 송수파기까지의 거리

C_0 : 0 C에 있어서의 음속(331.45 m/s)

α : 음속의 온도계수(0.607 m /s C)

T : 기온(C)

t : 초음파펄스의 왕복전파시간(s)

이다.

송수파기의 부착에는 약 1.5~2 m의 부착팔이 붙은 기둥이 필요하고, 그 고정에는 「매입형(埋込型)」과 기초볼트(anchor bolt) 부착형」의 2종류가 있는데 모두 땅속에 깊이 약 1.5 m 의 기초를 만드는 설치공사를 필요해서 간단하지는 않다.

비접촉형의 감지부이므로 적설면에 대해서 직접 영향을 주지 않는 측정이 가능하지만, 정밀하게 측정하는 데에는 그 장소의 온도도 동시에 측정할 필요가 있다.

12.2.2 광전식 적설계

광전식 적설계(光電式 積雪計, photo-snow cover meter, 거리측정식 적설계)는 기둥 상부에 감지부의 광축을 연직방향에서 경사지게 부착해 투광부에서 근적외선의 변조광을 경사 밑의 적설면에 쏘여 일부가 설면에서 난반사한 후 수광부에 돌아온다. 이 투광수광 2개의 빛의 위상차를 계측처리해서 거리로 환산해 적설심을 구한다(그림 12.6).

주파수 f로 변조한 빛을 설면과의 사이를 왕복시켜, 변조파장을 눈금으로 해서 거리(S)를 구한다.

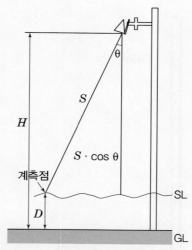

그림 12.6 광전식 적설계(거리측정식)

$$S = \frac{C_0(N + \varepsilon)}{2nf} + D_0 \qquad (12.2)$$

여기서 S : 거리, f : 주파수, n : 공기의 굴절률, N : 정수, D_0 : 장치의 상수, ε : 위상차 $(\psi/2\pi)$, C_0 : 진공 중의 광속도이다.

이 사거리(S)에서 적설심(D)을 구한다.

$$D = H - (S \cdot \cos\theta) \qquad (12.3)$$

여기서 S : 감지부에서부터의 사거리

H : 감지부에서부터의 설치높이

θ : 감지부의 연직방향에 대한 경사각

측정 적설면의 직상연직 위에 감지부가 없으므로 감지부 위에 쌓인 눈이 낙하해서 측정 적설면을 거칠게 하는 일은 없다. 자료의 원격계측화도 가능하다.

12.2.3 광학식 적설계

광학식 적설(심)계[光學式 積雪(深)計, optical snow cover meter, 반사광검출식 적설계]은 설척을 한 바퀴 크게 한 검출기둥 속에 복수의 투광부·수광부의 쌍을 2 cm 간격으로 장치해, 투광부에서 검출기둥 밖을 향해서 적외선은 수평으로 투광한다. 적설층 내에서는 눈으로부터 반사된다. 이 반사광을 수광부에서 검출한다(그림 12.7).

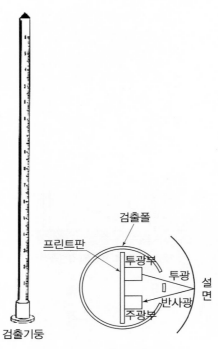

그림 12.7 **광학식 적설계(반사광검출식)**

자료를 원격계측화한 적설계 중에서는 설치공사도 유지관리도 비교적 용이하다. 한편 대기조건에 따라서는 다음과 같은 영향이 나오는 일도 있다.

① 습한 눈이 투수광부의 창에 붙어서 계측치가 높게 나온다.
② 청천 시에 기둥주변의 적설이 녹아서 오목함이 생겨 계측치가 낮게 나온다.

12.2.4 그 외의 적설계

적설 자료를 전기적인 출력 등으로 꺼내 연속해서 무인으로 관측할 수 있는 장치들이 고안되고 있다.

(1) 광전식 로봇적설계

광전식 로봇적설(심)계[光電式, – – 積雪(深)計, snow cover meter of photo – electric robot]는 측정부로서 직경 9 cm의 목제 원주형 설척에 5 cm 간격으로 황화카드뮴(Cd S, cadmium sulfide)를 묻어 둔 것으로, 적설층 내와 눈 위에서는 밝기의 차가 있으므로 이 위치에서 적설심을 측정한다. 눈관측으로도 관측이 가능하도록 1 cm 단위의 눈금을 넣어 놓았다(그림 12.8).

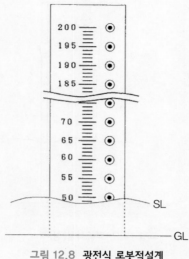

그림 12.8 광전식 로봇적설계

설척형 적설계의 숙명으로서 설면의 오목함에 의한 오차는 피할 수가 없고, 또 청천 시에 설면 이하로의 빛의 침입에 의한 설면을 판단하는 것이 곤란한 일도 있다.

(2) 격측적설계

격측적설(심)계[隔測 積雪(深)計, remote-measuring(reading), (distance) snow cover meter]는 기둥의 상부에 1 m의 팔을 부착해 그 선단에 계측부를 설치한다. 계측부 내에는 자동차용 모터안테나와 펄스 발생부가 있다. 신축하는 로드 안테나[rod antenna: 장대 봉상(棒狀) 모양으로 되어 신축이 가능한 안테나, 트랜지스터 라디오, 자동차 라디오 등에 사용]를 측심봉(測深棒)으로 해서 이 측심봉을 하향으로 뻗쳐서 그 선단(先端)이 설면에 접촉한 것을 리드 스위치(lead switch)[7]로 검출한다(그림 12.9 참조).

측정은 선단이 설면을 검출할 때까지 반복해서 내민 측심봉의 길이를 펄스로 변화해, 이 값과 측정한 지표면의 값의 차를 적설심으로 한다. 측정봉의 신축량의 범위를 넘은 적설을 측정하는 경우는 측정부를 사람의 힘으로 상승 또는 하강시킬 필요가 있다. 설면감지부가 설면에 접촉하기 때문에 설면이 침하하는 일도 있고, 또 융설이 시작되면 밀도가 달라짐에 따라 주위보다 높게 나오는 일도 있다.

---

7) 리드 스위치(lead switch) : 접점부분이 비활성가스를 충전한 유리관 속에 봉입되어 있는 스위치로, 코일에 전류를 흘리면 자력선은 자성체로 만들어진 리드 속을 좀 더 많이 통과하기 때문에 자기적 흡인력이 생겨 접촉하게 된다. 다른 곳에서 오는 신호에 의해 코일에 전류가 흐를 때 이것을 리드 릴레이라고 한다. 이 종류의 스위치는 접점의 동작·복귀가 빠르고, 또한 신뢰도가 높으므로 자동전화교환기 등에 사용된다.

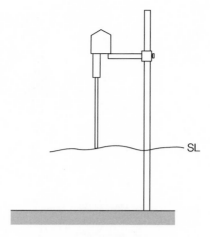

그림 12.9 격측적설(심)계

12.3 | 적설상당수량의 관측방법

어느 장소의 적설을 전부 녹였을 때의 물의 깊이를 적설상당수량(積雪相當水量, water equivalent of snow cover)이라고 한다. 그 장소의 1 cm²당의 적설의 중량으로 정의해도 좋다. 적설상당수량은 강수량과 같이 mm 단위로 해서 나타내는 것이 보통이지만, 1 cm²당의 그램수, 결국 g/cm²을 이용할 수도 있다. g/cm²의 단위로 나타낸 것을 mm 단위로 환산하는 데에는 10배를 하면 된다. 예를 들면, 6 g/cm²은 60 mm에 해당한다.

다설지역에서는 겨울 동안에 하천의 집수역에 내린 눈이 적설로 더해져, 융설기가 되면 흘러내려가 발전이나 농업용수 등에 이용된다. 그러나 이상고온이 계속된 후에 비가 내리거나 하면, 적설이 갑자기 녹아 흘러내려, 융설홍수(融雪洪水)를 일으켜서 피해를 야기시키는 일도 있다. 유역 내에 쌓여 있는 적설의 총량을 추정하는 데에는 적설상당수량의 관측치가 필요하다.

적설상당수량을 관측할 때에는 적설의 중량을 직접 측정하는 방법과, 간접적으로 측정하는 방법이 있다. 여기서는 우선 가장 보편적으로 행하여지고 있는 스노우 샘플러에 의한 관측, 시험결과에 의해 실용화가 유망시되고 있는 중량식 자기설량계, 라디오 아이스토프 설량계에 대해서 각각 기술한다.

12.3.1 채설기

채설기[採雪器, 스노우 샘플러(snow sampler)]는 내경이 30~50 mm, 깊이가 1 m 정도의 두랄루민관(duralumin 管, 그림 12.10 참조)인데, 선단에는 강철제의 칼날이 붙어 있다. 칼날(그림 12.11 참조)을 선두로 하여 관을 천천히 비틀면서 적설 속으로 연직으로 밀어넣어, 지면에 도달

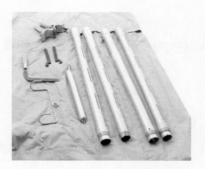
그림 12.10 스노우 샘플러 채설관

그림 12.11 스노우 샘플러 칼날형

하면 가만히 빼서 관 속에 들어 있는 눈의 중량을 용수철저울 등으로 달아 적설상당수량을 구한다.

채설관은 적설의 깊이에 따라서 몇 배까지 연결할 수 있다. 또, 칼날형에는 연설용(軟雪用)과 경설용(硬雪用)이 있어서, 채수율이나 관측능률에 영향을 미치므로 적당한 것을 선택할 필요가 있다.

관측의 순서는 다음과 같이 한다.

① 관측장소로는 지면이 되도록 평탄하고 눈더미가 되지 않는 초지(草地)나 나지(裸地, 맨땅)을 선택한다.

② 측심봉(외경 1 cm, 깊이 1 m 정도의 두랄루민관으로, cm 눈금이 있고, 몇 개를 연결할 수 있다)을 이용해서 적설의 길이를 미리 관측한다.

③ 채집기(샘플러)에 눈이 얼어붙지 않도록 파라핀유나 실리콘유를 발라, 필요한 개수만 연결한다. 처음에는 적설을 압축하지 않도록 오른쪽으로 돌리면서 천천히 눌러 넣는다. 빙판이나 단단한 눈이 있으면 저항이 커지지만, 핸들의 맞춤 부분을 관의 창구멍에 넣어 돌리면서 잘라낸다.

④ 칼끝이 지면에 닿으면 손감각으로 알 수 있으므로, 아주 조금 강하게 눌러, 선단에 풀이나 흙이 조금 붙도록 한 후 관의 외측에 있는 눈금으로 적설면의 깊이를 읽고, 관 내에 들어 있는 눈이 떨어지지 않도록 조용히 뺀다.

⑤ 관의 외측에 붙어 있는 눈, 선단에 들어 있는 풀이나 흙 등을 제거한 후 관을 수평으로 하고, 낚시형걸이를 이용해서 눈이 들어 있는 채관의 중량을 대저울이나 용수철저울로 측정한다. 보통은 10 g의 자릿수까지 읽는다. 선단에 들어 있는 풀이나 흙 등을 측정해 두었다가, 먼저 측정한 적설면의 깊이에서 이것을 빼면 적설의 깊이가 나온다. 이것이 끝나면, 관 속의 눈을 긁어내고, 관의 내벽에 붙어 있는 눈도 털어낸다. 적설이 그다지 깊지 않을 때에는 관에서 긁어낸 눈을 다른 용기에 넣어 저울로 재도 좋다.

⑥ 전체의 중량에서 관의 무게를 빼면 눈의 실제 중량을 알 수 있다. 이것을 칼날부분의 단면적으로 나누면 1 cm^{2}당 눈의 중량이 되고, 그 10 배가 mm로 나타낸 적설상당수량(積雪相當水量)이 된다(다음 예제 참조).

칼날부분의 단면적이 20 cm²이고, 무게가 5,700 g인 채설관 2개를 이용해서 전체의 중량이 15,000 g였다고 할 때

$$\text{밀도}\,(\rho) \;=\; \frac{\text{중량}\,(m)}{\text{부피}\,(V)} \;=\; \frac{m}{\text{표면적}\,(S) \times \text{높이}\,(h)} \tag{12.4}$$

$$h\,(\text{강수량, mm, 높이}) \;=\; \frac{1}{\rho} \times \frac{m}{S} \tag{12.5}$$

$$\text{눈의 중량} = 15{,}000\ \text{g} - 5{,}700\ \text{g} \times 2 = 3{,}600\ \text{g} \tag{12.6}$$

적설상당수량(cm²당 중량의 표현)

$$\frac{m}{S} \;=\; \frac{3{,}600\,\text{g}}{20\,\text{cm}^2} \;=\; 180\ \text{g/cm}^2 \tag{12.7}$$

식 (12.5)을 이용해서 표현하면

적설상당수량 = 강수량(h)

$$= \;\frac{\text{cm}^3}{\text{g}} \times 180\,\frac{\text{g}}{\text{cm}^2} \;=\; 180\ \text{cm} \;=\; 1{,}800\ \text{mm} \tag{12.8}$$

이다. 즉 g/cm²의 적설상당수량을 강수량(높이)로 환산하면 10 배의 크기인 10 mm가 된다.

채집기의 관측치로부터 적설의 평균밀도를 구할 수도 있다. 그러기 위해서는 g/cm²으로 나타낸 적설상당수량의 값을 적설의 깊이로 나누면 된다. 앞에서 말한 ⑥의 예에서 적설면의 깊이가 403 cm이고, 칼날에 들어 있는 흙이 3 cm였다고 하면, 적설의 깊이는 400 cm가 되므로 그 평균밀도는,

$$\frac{180\ \text{g/cm}^2}{400\ \text{cm}} \;=\; 0.45\ \text{g/cm}^3 \tag{12.9}$$

가 된다.

채집기의 관측에서는 채설률이 문제가 되는 일이 있다. 구경이 작은 것은 채설율이 작다고 말하지만, 구경만이 아니고 눌러 넣을 때의 돌린 횟수, 칼날형, 눈의 질, 적설의 깊이에 따라 다른 경우도 있다. 이들의 오차가 큰 경우에는 몇 % 정도로 생각된다.

12.3.2 중량식 자기설량계

중량식 자기설량계(重量式 自記雪量計, weight recording snow gauge)는 적설의 중량을 왜곡계(歪曲計, strain gauge)에 의해 측정하는 것인데, 주로 전촌창진(田村昌進)이 고안한 방법이다 (그림 12.12).

중량식 설량계를 설치할 때에는 가능한 한 평탄한 장소를 택하여 우선 직경 4 m, 깊이 50 cm 정도의 원형의 구멍을 파고, 원주를 따라 16개의 소나무 통나무를 박아넣고, 그 위에 콘크리트블록을 놓는다. 한편, 구멍의 중앙에 콘크리트 기초를 만들어, 그 위에 특수강철로 만든 타원형 환상의 왜곡계를 놓는다. 다음에 콘크리트블록과 왜곡계 사이에 16개의 레일제의 들보(bean)를 걸친 다음 그 위에 목제의 마루를 놓고 비닐시트를 씌워, 흙을 5~6 cm의 두께로 하고, 그 표면이 지면과 거의 일치하도록 한다.

눈이 쌓이면 왜곡계에 걸리는 중량이 구멍표면의 적설량에 따라 증가한다. 게이지(gauge)의 움직임은 거의 수평으로 장치한 2단으로 된 확대전달 레버(lever, 지렛대)에 의해 구멍의 외측으로 유도되어 자기원통에 기록된다.

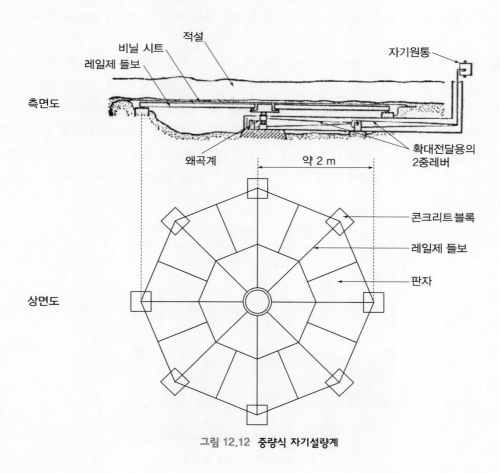

그림 12.12 중량식 자기설량계

이 설량계는 설치장소 등에 충분히 주의한다면, 자연의 적설을 흐트러뜨리지 않고 비교적 대표성이 좋은 적설상당수량의 값을 계속적으로 기록할 수 있는 것이 장점이다. 그리고 마찰을 발생시킬 수 있는 부분이 적으므로 측정의 오차가 작고, 지하부분도 몇 년 정도는 그대로 쓸 수 있다.

12.3.3 라디오 아이스토프 설량계

라디오 아이스토프 설량계(radio isotope snow gauge, 雪量計, 그림 12.13 참조)는 지표면에 라디오 아이스토프(방사성 동위원소)를 놓으면, 적설이 있을 때에는 아이스토프에서 방사되는 감마선이 적설상당수량에 따라 감쇠한다. 따라서 그 바로 위에 GM관(Geiger – Muller counter)을 매달아 이것을 세어 측정하고, 미리 구해 놓은 환산표를 이용하면 적설상당수량을 알 수 있다.

라디오 아이스토프로는 보통 코발트(cobalt, Co) 60을 이용한다. 적설층에 의한 산란의 영향을 작게 하기 위해, 감마선의 빔은 되도록 가늘게 하는 편이 좋지만, 너무 가늘게 하면 GM관의 위치가 약간 변해도 오차가 들어간다. GM관은 할로겐 가스를 봉입한 것을 사용하면 저온에 의한 감도의 변화가 작으므로 좋다. 어느 쪽으로 해도 바람 등에 의해 동요하지 않도록 잘 고정해야 한다.

이 설량계로 관측할 때, GM관에서 나오는 펄스의 계수시간은 1회에 적어도 몇 분 이상 취할 필요가 있다. 너무 짧으면, 지면이나 눈이나 공기 중의 방사능에 의한 오차, 즉 배경에 의한 오차가 들어온다. 또 적설이 깊고 펄스가 적을 경우일수록 계수시간을 길게 해야 한다.

GM관에서 카운터까지의 도선을 길게 하면, 어느 정도의 원격측정이 가능하고, 더욱이 측정결과를 부호화해서 무선로봇 우량계(11.6.1 참조)와 같이 멀리 떨어진 지점으로 보내는 일도 가능하다. 그러나 아직 장기간 방치해도 안정하게 작동하는 측기로 실용화되기까지는 이르고 있지 못하다.

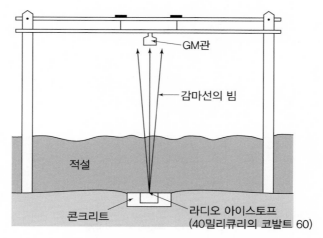

그림 12.13 **라디오 아이스토프 설량계**

12.4 | 적설의 특성들

적설의 특성들은 밀도(비중), 자유물의 양, 불순도, 입자의 형태와 크기, 강도, 온도, 표면상태 등에 의해 나타난다. 이들의 특성을 적당히 조합해서, 적설의 상태를 나타낼 수 있다. 또 적설의 단면을 만들어서 특성이 다른 층을 판별하고, 각각의 층에 대해서 기록할 수도 있다. 이것을 단면관측이라고 한다.

여기서는 우선 적설의 상태를 개략적으로 분류하는 방법에 대해 기술하고, 다음에 잘 이용되고 있는 밀도나 온도의 측정방법에 대해 설명하자. 마지막으로 1954년에 국제지구물리연합 (IUGG : International Union of Geodesy and Geophysics)의 설빙위원회가 채용한 적설의 특성에 따른 관측법에 대해서 말한다. 실제로는 각각의 이용목적에 따라서 이들의 분류법이나 측정법 중에서 적당한 것을 선택하면 된다.

12.4.1 적설의 상태분류

적설이 형태를 이루고 있는 입자의 상태에 따라서 적설의 상태를 다음의 4종류로 나눌 수 있다. 적설은 시간이 지남에 따라서 설설 → 체설 → 입상설 → 빙판 쪽으로 변화해 간다.

(1) 신설

신설(新雪, fresh snow)은 내린 후, 원래 입자의 형태가 그다지 변화하지 않는 것으로, 보통은 대단히 부드럽다. 저온에서 바람도 일사도 거의 없을 때에는 내리고 나서 몇 시간은 이 상태가 계속된다. 신설의 90 % 정도는 공기로 되어 있다. 따라서 그 밀도도 $0.1 \sim 0.15$ g/cm^3 정도가 된다.

(2) 체설

체설[締雪, tight(compact) snow]은 신설이 변화해서 입자가 둥근 모양을 한 균일한 눈이다. 주로 승화작용에 의해 결정형을 잃어버려서 생긴 것으로, 입자가 상당히 작고, 육안으로는 확실히 구별할 수 없다. 또 쌓인 눈의 중량으로 전체가 적설의 형태이다. 색은 백설탕처럼 희고, 설질이 세밀하므로 눈절단기 등으로 깨끗하게 자를 수 있다. 밀도는 $0.15 \sim 0.4$ g/cm^3 정도, 입자의 크기는 $0.1 \sim 0.5$ mm, 체적 중 67 %는 공기이다.

(3) 입상설

입상설(粒狀雪, granular snow, 싸락눈)은 눈 입자의 일부가 기온의 상승이나 일사를 받아 융해하고 이것이 다시 얼어서 생긴 큰 입자의 눈으로, 육안으로도 입자를 구별할 수 있다. 원래, 승화작용만으로도 이 정도 크기의 입자가 생기는 일도 있다. 쌓여 있던 눈이 낮 동안에 녹아서 물을 포함하고, 야간에 물이 재결정한다고 하는 현상을 반복해서, 큰 입자의 얼음의 입자가 되어 있는 적설의 상태이다. 신설의 입자가 융해·재동결·승화증발·승화응결을 반복해서 서로 연결되어 비교적 큰 입자로 되어, 알이 굵은 설탕과 같은 설결정(雪結晶, snow crystal)으로 다결정(多結晶)의 얼음의 입자로 되어 있다. 입자의 크기는 2~3 mm 정도, 밀도는 0.3~0.7 g/cm^3 정도이다.

입자가 비교적 작고, 직경이 2 mm 정도 이하의 것을 **소입상설**(小粒狀雪), 그것보다도 큰 것을 **대입상설**(大粒狀雪)이라고도 한다.

(4) 빙판

빙판(氷板, ice plate)은 일단 녹고 나서 다시 결빙한 것으로, 입자는 거의 인정되지 않는다. 이 외에, 다음 용어를 이용해서 적설의 특수한 형태를 나타내는 경우도 있다. 빙판의 밀도는 얼음의 이것과 거의 같아서 대략 0.7~0.91 g/cm^3 정도가 된다.

① **설판**(雪板, snow plate) : 비탈길의 풍하측 등에 잘 보이는 것으로, 바람에 날리면서 쌓였기 때문에 표면이 비교적 단단하고, 판처럼 느껴지는 적설이다.
② **풍각**(風殼, wind crust) : 적설이 바람에 의해 깎여나가면서 단단해진 것으로, 사면의 풍상측이나 지붕 등에서 생기기 쉽다.
③ **융각**[融殼, 일사각(日射殼), thaw crust] : 일사나 기온의 상승에 의해 적설의 표면이 녹아, 그것이 얼어서 생긴 것으로, 단단하고 입자가 크다.
④ **우각**(雨殼, rain crust) : 적설이 있는 곳에 비가 와서 그것이 결빙하여 단단해진 것이다.
⑤ **상입상설**(霜粒狀雪, frost granular snow, 서리입상설) : 적설의 내부에 생긴 큰 입자의 결정으로, 배(cup) 모양을 하고 있다. 입자와 입자가 거의 붙어 있지 않으므로, 손으로 만지면 바삭바삭하다. 추운 지방에서 보인다. 승화작용에 의해 생기는 것으로, 몇 mm 크기의 입자로 되는 일도 있다.

12.4.2 적설의 밀도

얼음의 밀도는 대략 0.91 g/cm^{3}이고, 공기의 밀도는 0.001 g/cm^3 정도이지만, 적설에 포함되는 얼음과 공기의 비율은 경우에 따라 상당히 다르기 때문에 적설의 밀도 ≒ 적설의 비중(積雪의 比重, specific gravity of snow, 4 C 물의 비, 절대치는 밀도와 같음)에는 상당한 폭이 있다. 방금 내린 눈은 공기를 많이 포함하고 있으므로, 그 밀도는 0.1~0.15 g/cm^3(신설) 정도이지만, 적설의 하부에 있는 것은 압축되기 때문에 0.3~0.5 g/cm^3 정도가 되는 경우가 있다. 따라서 강수량의 높이는 적설의 깊이의 대략 2~10배 정도로 작다고 하는 것을 알 수 있다. 즉 강된다. 즉 적설은 밀도의 차이가 커서, 이것의 적설상당수량은 1/2~1/10 이 되는 것이다.

잘 이용되는 **적설밀도계**[積雪密度計, density meter(densitometer, densimeter) of snow cover]는 그림 12.14와 같이 구경과 깊이가 모두 대략 10 cm 정도의 금속제의 원통 또는 각통으로, 내용적은 200~400 cc 등으로, 정확히 결정된 것이 계산에 편리하다. 통의 입구는 눈을 자를 수 있도록 칼날형으로 되어 있고, 부드러운 눈과 단단한 눈이 있다.

관측할 때에는 통을 적설 속에 꽂아 넣고, 통의 양단을 눈절단기로 잘라 통이 눈으로 차도록 한다. 이것이 끝나면 통의 외측에 붙어 있는 눈을 닦아내어, 저울에 달아서 통마다의 중량을 측정하고, 후에 통의 중량을 빼서 내부체적으로 나누면 밀도를 안다. 저울은 1 kg으로 1g까지 읽을 수 있는 소형의 대저울 등이 좋다. 밀도 값은 보통 g/cm^{3}으로 소수점 2자리까지 구한다.

적설이 깊을 때에는 단면을 만들어, 여러 깊이의 눈에 대해서 밀도를 관측하는 경우가 있다. 그러나 단순히 전층의 평균밀도만을 알고자 하는 경우에는 12.3.1에서 말한 채설기에 의한 방법이 간단하다.

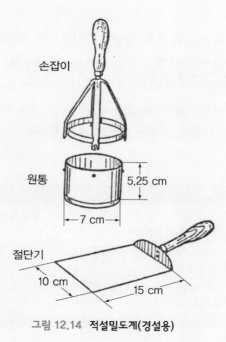

그림 12.14 적설밀도계(경설용)

12.4.3 적설의 온도

적설의 표면은 낮 동안은 일사 등으로 온도가 올라가는 일이 적지 않지만, 눈 자신은 0 C보다도 높아지는 일은 없다. 그래서 밤 동안에는 설면에서의 열방사 등에 의해 온도가 내려간다. 이 때문에 적설의 온도는 깊이에 따라 다른 것이 보통이다.

적설의 온도를 간단히 측정하는 데에는 보통의 봉상온도계를 이용할 수 있지만, 곡관 지중온도계를 이용해도 좋다. 표면온도를 측정할 때는 봉상온도계를 비스듬히 꽂아서 구부가 적설에 덮이도록 하고, 잠시 방치했다가 시도가 안정되었을 때 읽는다. 설면에 일사가 있으면, 오차가 나오는 경우가 있으므로 적당히 일사를 차단하도록 한다.

표면에서 수십 cm 깊이까지는 같은 방법으로 좋지만, 더욱 깊은 층의 온도를 측정하는 데에는 재빨리 눈을 파내 단면을 만들어 관측한다. 온도계는 우선 측정하고 싶은 부분의 근처에 일단 꽂고 2~3분 방치하고, 다음에 측정해야 할 곳에 되도록 깊게 수평으로 꽂고, 대략 3분간 놓아, 시도가 안정됐을 때 읽는다. 온도계를 빼면 시도가 급속하게 변하는 일이 있으므로, 되도록 시상수의 값이 큰 것이거나, 또는 그렇지 않으면 꽂은 채로 읽는 편이 좋다. 값읽기는 보통 C의 1/10까지로 한다.

12.4.4 국제적인 적설의 특성관측

(1) 적설의 자유수량

눈덩이는 다공질로 공기나 액상의 물을 포함하고 있으므로, 적설은 얼음과 공기와 물의 혼합물로 생각할 수가 있다. 이중에 액상의 물의 양을 **자유수량**(自由水量, free water)이라고 한다. 자유수량을 정확히 측정하기 위해서는 원심분리기 또는 칼로리미터 등이 필요하다. 측기를 이용하지 않고 간단히 관측하기 위해서는 눈덩이를 손으로 쥐어 보아, 그 상태를 표 12.1의 국제분류표에 의해 기록한다. 예를 들면, 가볍게 누르는 정도로 서로 달라붙을 때는 Wb로 한다.

표 12.1 **자유수량(W)**

분류명	설 명	부 호	기 호
마 름 (dry)	누르거나 쥐어서 둥글게 만들려고 해도, 거의 서로 달라붙지 않는다. 온도는 보통 0 C 이하이다.	a	
습 함 (moist)	가볍게 누르면 서로 달라붙지만, 확대경으로 보아도 물은 보이지 않는다. 온도는 0 C이다.	b	
젖 음 (wet)	입자 사이에 물이 있는 것을 알 수 있지만, 중 정도의 강도로 쥐어도 물은 배출되지 않는다. 온도는 0 C이다.	c	
매우 젖음 (very wet)	입자 사이에 상당히 공기가 남아 있지만, 중 정도의 강도로 쥐면 물이 배출된다. 온도는 0 C이다.	d	
눈 녹음 (slush)	다량의 물을 포함하고, 공기는 약간 밖에는 남아 있지 않다. 온도는 0 C이다.	e	

(2) 적설입자의 형태와 크기

12.4.1에서 말한 적설의 상태분류도 주로 입자의 상태에 의한 것이지만, 표 12.2에 입자의 **형태**의 국제분류를 나타내었다. 이것에 의하면, 둥근 입자로 된 적설은 F_c로 한다.

표 12.2 **입자의 형태(F)**

설 명	부 호	기 호
새로운 눈으로, 결정형을 유지하고 있는 것	a	+ +
어느 정도 안정된 눈으로, 아직 다소 결정형이 남아 있는 것	b	/ \ /
융해와 재동결에 의해 둥근 입자가 된 것	c	∙ ∙ ∙
승화에 의해 생긴 평평한 면을 가진 불규칙한 형태의 입자	d	▫ ▫ ▫
잔 모양을 한 서리의 결정	e	∨ ∨

입자의 크기(diameter)는 각 입자의 최대직경의 평균치(mm 단위)로 나타내고, 예를 들면, 그것이 1.0 mm일 때는 D 1.0으로 한다. 표 12.3의 계급분류를 이용해도 좋다. 크기를 측정하는 데에는 1 mm 눈금의 모눈종이 위에 눈을 놓고 측정하면 편리하다.

표 12.3 **입자의 크기(D)**

분류명	평균직경	부 호
대단히 작음	0.5 mm 미만	a
작 음	0.5 ~ 1 mm	b
중 정도	1 ~ 2 mm	c
큼	2 ~ 4 mm	d
대단히 큼	4 mm를 넘는다	e

(3) 적설면의 표면조도

조도(粗度, roughness)란 거칠거칠한 정도이다. 표면조도(表面粗度, surface roughness)는 표면의 오목함과 볼록함, 불규칙한 모양 등이다. 바람이나 비, 또는 증발이나 융해의 영향에 의해, 적설면에는 여러 가지의 요철(凹凸)이 생기는 일이 적지 않다. 이 모양을 기록하는 데에는 표 12.4의 분류표에 의한 요철의 형태에 cm로 나타낸 평균깊이를 부기한다. 예를 들면, 오목한 모양의 많은 설면에서 요철의 평균깊이가 12 cm일 때는 Sc 12 또는 ﹀﹀﹀ 12로 한다.

표 12.4 **표면조도(S)**

분류명	부 호	기 호
평탄한 모양(smooth)	a	———
물결모양(wavy)	b	∿∿
오목한 모양(concave furrows)	c	⌣⌣⌣
볼록한 모양(convex furrows)	d	⌢⌢⌢
불규칙한 모양(random furrows)	e	∧∨∧

(4) 적설면의 침하

침하(沈下, sinking, subsidence)는 적설면이 가라앉는 현상이다. 설면이 어느 정도의 하중에 견딜까를 가늠하여 발자국의 깊이라든가, 스키의 스프루인 경우에는 부호 PS를 이용하고, 발자국은 PP로 한다. 예를 들면, 스키를 신고 한쪽 발로 지쳤을 때의 깊이가 3 cm 였을 때는 PS 3 또는 표 12.5의 계급에 의해 PSc로 쓴다.

표 12.5 **침하의 크기(P)**

분류명	깊이	부호
대단히 얕음	0.5 cm 미만	a
얕음	0.5 ~ 2 cm	b
중간정도	2 ~ 10 cm	c
깊음	10 ~ 30 cm	d
대단히 깊음	30 cm를 넘는다	e

관측자의 체중이나 신발 등에 의한 차이가 있으므로, 어느 쪽으로 해도, 이 방법은 극히 개략적인 가늠을 부여하는 정도의 것이므로, 깊이를 측정하는 데에도 표에 의한 계급 정도의 분류도 좋다.

(5) 단면의 관측방법

적설의 구조나 성질을 여러 깊이에 대해서 자세하게 조사하는 데에는 지면까지 도달하는 수직한 눈구멍을 파서, 적설의 단면(斷面, section)을 만든다. 그러기 위해서 가능하면 평평한 데서 눈의 층이 흐트러지지 않은 장소를 택하며, 자루가 짧은 삽 등으로 관측에 필요한 넓이의 구멍을 판다. 파낸 눈은 부근으로 흐트러지지 않도록 관측에 지장이 없는 곳에 쌓는다.

이것이 끝나면, 눈절단기 등으로 단면을 깨끗하게 정리해서 cm 눈금의 자를 단면에 대고 연직으로 세운다. 관측단면은 가능한 한 일광이 직사하지 않는 방향으로 택한다.

단면을 보면, 적설은 특징이 있는 층을 이루고 있는 것을 안다. 이 층별로 두께, 입자의 형태와 크기 등을 스케치를 하면서 앞에서 말한 부호나 기호를 이용해서 기록하고, 다음에 온도·밀도·자유수량 등을 층별로 측정한다. 기온이 비교적 높을 때에는 특히 재빨리 관측하지 않으면 안 되는 것은 말할 것도 없다. 이와 같이 해서 관측한 결과를 정리한 한 예를 그림 12.15에 나타낸다.

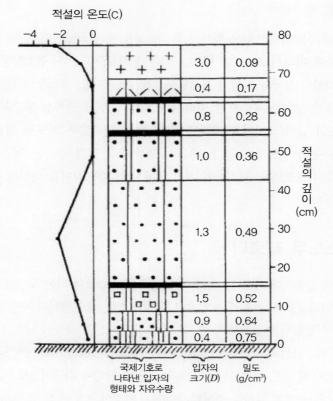

적설의 온도(C)			국제기호로 나타낸 입자의 형태와 자유수량	입자의 크기(D)	밀도 (g/cm³)	적설의 깊이 (cm)
			+ + + + + +	3.0	0.09	80 / 70
			／ ＼ ＼ ／	0.4	0.17	
			• • •	0.8	0.28	60
			• • •	1.0	0.36	50
			• • •	1.3	0.49	40 / 30 / 20
			▫ ▫ ▫	1.5	0.52	10
			• • •	0.9	0.64	
			• • •	0.4	0.75	0

그림 12.15 단면관측 결과의 한 예

12.5 | 산지적설의 관측

앞에서도 말했듯이, 하천유역에 쌓여 있는 적설을 수자원으로 이용하기도 하고, 융설홍수를 예지하기 위해서는 산지에 쌓여 있는 눈의 상태를 알 필요가 있다. 그러기 위해서는 채설기를 이용해서 산지의 적설수량을 관측하기도 하고, 요소요소에서 기온·강수량 등을 관측한다.

이 외에, 산지의 적설의 깊이의 변화를 알고 싶은 경우에는 무인의 산지에 긴 기간 방지해 두어서 적설의 깊이를 기록시키는 측기가 필요하게 된다. 이 목적을 위해서 현재 거의 실용단계에 있는 것으로는 스노우 레코더와 스노우 카메라를 들 수 있다.

12.5.1 스노우 서버

채설기를 이용해서 산지의 적설을 관측하는 것을 스노우 서버(snow server)라고 한다. 스노우 서버는 여러 가지의 위험이 따르므로, 그 실시에는 안전의 주의와 준비가 필요하다. 다음에 두세 가지의 주된 주의를 언급한다.

① 지참하는 주요 관측용 물품으로는 채설기 한 대, 고도계, 클리노미터, 강철 줄자, 온도계 등이 있다. 기타 필요에 따라서 스키 한 벌, 그 외에 등산도구류, 약품류, 식량 등을 준비한다.
② 관측점으로는 적설의 상태나 지형의 복잡함에 따라 다르지만, 코스상의 산기슭, 산중턱, 산꼭대기의 점을 취하는 것이 좋다. 또한 미리 눈이 내리기 전에 관측점 부근의 수목을 벌채해서 대략 3 m² 정도의 넓이의 지면을 정리해 두면 좋다. 관측점은 되도록 평탄한 장소나, 산림 속의 터져 있는 곳이 대표성이 좋다. 좁은 산등성이나, 절벽 부근은 적당하지 않다.
③ 적설수량의 관측의 보조로서, 코스상의 여러 점에서 적설의 깊이를 측정해 두면, 나중에 정리할 때 도움이 된다.

12.5.2 스노우 레코더

직경 5 cm 정도의 금속판에 세로 10 cm마다 구경 약 0.3 mm의 작은 구멍을 뚫어, 이들의 구멍을 남쪽으로 향해 연직으로 지면에 세운다. 일조가 있을 때는 태양광선이 구멍으로 들어오기 때문에, 구멍의 반대쪽에 감광지를 장치해 두면, 그 위에 호상곡선의 기록이 남는다. 태양의 고도각은 날짜에 따라 다르므로, 곡선의 위치에서 몇월 몇일은 일조가 있었는지를 판단할 수가 있다. 만일, 어느 고도까지 적설이 있다면, 설면보다 아래쪽의 구멍은 광선이 차단되므로, 감광한 곡선에 대응하는 기일에서 그날의 적설의 깊이를 추정할 수 있다. 이것이 스노우 레코더(snow recorder)의 원리이다(그림 12.16).

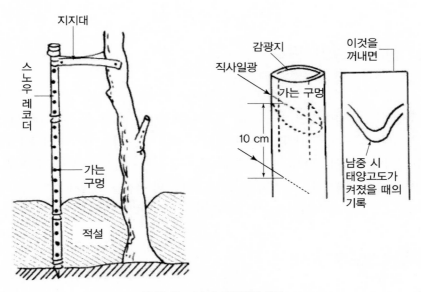

그림 12.16 **스노우 레코더의 원리**

스노우 레코더는 大沼匡之(대소광지)가 1950년에 고한 것으로, 두꺼운 양철판으로 만들어진 길이 86 cm의 통을 적설의 깊이에 따라서 몇 개든지 붙이게 되어 있다. 제일 밑의 통에는 하단에 갈고리가 붙어 있어서 지면에 고정시킨다. 또 상단에 가까운 곳을 지지대에 의해 나무 줄기 등에 단단히 매어 둔다. 감광지는 내수성의 감도에는 둔한 것을 이용하고, 그 폭은 원통의 반주 정도 이면 값읽기에는 지장이 없다.

이 측기는 비교적 값이 싸므로, 강설기 전에 많은 지점에 설치해 두면, 적설의 변화상태를 조사하는 자료를 얻는 데에 좋지만, 2~3가지의 결점도 있다. 관은 방사열의 흡수를 줄이기 위해서 백색이나 은색으로 도장해 있지만, 그래도 관 주위의 눈이 녹아서 오목이 생기기 쉽다. 눈의 압력 때문에 기울어지거나 비틀리거나 하는 일도 있다. 또 동지(冬至)의 전후에는 태양고도의 나날의 변화가 작으므로 기록이 겹쳐서 그 판단이 불가능하다. 그러나 2월 하순 이후가 되면, 일별의 값읽기가 확실하게 되므로, 융설기의 적설을 조사하기 위해서 이용할 수 있다.

곡선에 대응하는 월일은 이론적으로 계산해서 구한 곡선을 투명판에 새겨 놓아 이것을 기록지에 겹쳐서 읽는다. 그러나 관이 기울어져 있을 때는 이 방법이 이용될 수 없다. 적설로 파묻히지 않은 곳에 다른 레코더를 장치하여, 그 기록에서 일조시간의 특징을 안다면 어느 정도 추정할 수도 있다.

스노우 레코더의 설치점의 선정에는 다음 사항에 주의해야 한다.

① 남을 중심으로 90°의 범위에 고도각 25° 이상의 장해물이 없을 것. 본래 나무가 듬성한 숲 정도라면 지장은 없다.
② 산꼭대기, 산등성이 요철이 심한 장소, 큰 나무의 부근 등은 적설의 대표성이 작으므로 피한다.
③ 급경사지는 눈의 클립(clip : 도막도막)이 생기기 쉬우므로 적당하지 않다.
④ 사람 눈에 띄기 쉬운 곳은 피한다. 장난치기 쉽기 때문이다.

12.5.3 스노우 카메라

설척의 부근에 태엽동력을 이용한 간단한 35 mm 카메라를 장치하고, 매일 1회 정오경 자동적으로 설척을 촬영하여 후에 필름을 현상해서 설척에 의한 적설의 깊이를 읽는다.

矢龜(龜)紀一(시귀기일)이 제작한 스노우 카메라(snow camera) 렌즈는 F＝40 mm이고, 초점거리 80 mm의 렌즈 하나에 Y_2의 필터를 붙여, 셔터는 길로틴(guillotine)식으로 1/50초로 되어 있다. 이것을 설척에서 수 10 m 정도 떨어진 수목 등의 적당한 높이에 장치한다. 필름은 한 면의 크기가 24 mm × 10 mm로, 큰 매거진(magazine : 사진에서 필름을 감는 기구, 특수사진기에만 쓰임)을 이용하면 4개월 정도의 촬영이 가능하다. SS급의 필름을 이용하면 관용도(寬容度, latitude)가 넓으므로, 맑은 날이나 강설 중에도 값읽기에는 지장이 없다(그림 12.17).

스노우 카메라는 스노우 레코더와 달라서 동지 전후에도 관측에 지장이 없는 것은 말할 것도

없고, 또 융설 시에 생기는 설척주위의 오목도, 사진 읽을 때에 어느 정도 수정할 수 있는 것이
장점이다. 카메라 제작상으로 보아, 셔터나 필름 이동기구의 확실성이나 방습에 대해서 충분히
주의할 필요가 있다.

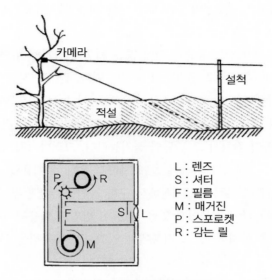

L : 렌즈
S : 셔터
F : 필름
M : 매거진
P : 스포로켓
R : 감는 릴

그림 12.17 스노우 카메라의 원리

Chapter **13** 증 발

증발(蒸發, evaporation, vaporization)은 비점(沸點, 끓는점)보다 낮은 온도에서 액체나 고체가 기체상태로 변화하는 과정이다. 단 고체의 경우는 승화라고 불러 구별하는 것이 보통이다. 응결의 반대로, 이 용어를 기상학에서 이용하는 경우, 액수와 수증기의 사이의 변화일까, 얼음과 수증기 사이의 변화로 한정되는 것이 보통이다. 후자의 상변화는 승화증발이라고 알려져 있다. 표면에서 달아나는 분자는 가장 큰 운동에너지를 가지고 있다. 액수가 수증기가 됨에 따라서 잠열로 빼앗기기는 결과, 남아 있는 물분자의 평균운동에너지는 감소하고, 그래서 액체의 온도는 저하한다.

일반적으로 증발이란 액체 또는 고체표면에서의 기화현상을 가리키지만, 대기과학에서는 지표면에서 대기로의 수증기가 수송되는 과정을 의미한다. 지표면에서의 증발에는, 바다나 하천 등의 수면에서의 증발과 토양표면에서의 증발이 있다. 현실의 지표면은, 육면에서는 식생으로 덮여 있는 경우가 많아, 식생의 생리적 작용에 수반되는 수증기의 대기로의 확산현상(증산)과 토양표면에서의 증발을 구별하는 것은 곤란하므로, 양자를 묶어서 증발산이라 부르고 있다.

13.1 | 증발량

증발량(蒸發量, amount of evaporation, evaporation rate)은 보통의 대기관측에서는 옥외에 설치한 용기 속에 물을 넣어 증발한 양을 관측하고, 강수량과 같이 mm 단위로 나타낸다. 외국에서는 상당히 큰 수조를 땅에 묻어 이용하고 있는 곳도 있다. 그러나 실제로는 자연계에 있어서 물의 순환을 조사하거나 저수지 등에서의 증발량을 알려고 할 때, 더욱 넓은 지면이나 수면에서의 증발의 총량을 알아야 할 경우가 많다.

단위시간에 단위면적의 표면에서 수증기가 증발하는 양인 증발량은 습도나 풍속 외에도, 식생이나 토양수분 등의 지표면 조건에도 좌우된다. 삼림에서의 연간증발량은 $600 \sim 900$ mm 정도로, 저위도일수록 커지는 경향이 있다. 그러나 해양이나 삼림으로 덮인 곳에서의 증발량을 확실하게 재는 방법은 아직 개발되어 있지 않다.

1일의 증발량은 계절에 따라 다르지만, 한여름의 쾌청한 날에도 수 mm 정도이다. 증발량을 대규모적으로 보면, 저위도일수록 양은 커지지만(100~150 cm/년), 강수량과 증발량의 차는 위도 10°~30°(북위, 남위 모두)의 아열대고기압역의 바다가 가장 커서, 연간 500 mm(50 cm) 나 된다. 이 수분은 무역풍을 타고 저위도 쪽으로 운반된다. 이것이 활발한 대류활동으로 상공으로 운반되어, 권계면 부근에 이른다. 전 지구 상의 1년간의 총평균의 증발량은 거의 1,000 mm(1 m) 로, 강수량도 같은 양이기 때문에 평형을 유지하고 있다.

13.1.1 증발의 역할과 평가방법들

증발에 의해 물이 수증기로 변화하기 위해서는 증발의 잠열을 필요로 하고 있고, 통상의 기상조건 하에서 이것은 약 2.5×10^6 J/kg이라고 하는 아주 큰 값이 된다. 그러기 때문에 증발은, 수증기에 저장된 열을 대기 중으로 운반하는 역할을 담당하고 있고, 지표면의 열수지나 대기 중의 열수송에 있어서 중요한 과정이다. 이 증발에 동반되는 열수송을 **잠열수송(潛熱輸送)**이라 부르고, 데워진 공기덩이의 혼합에 수반되는 열수송[현열수송(顯熱輸送)]과는 구별을 하고 있다. 해면도 포함된 지구표면 전체에서는 이 표면에서 대기로의 잠열수송량은 대략 80 W/m^2 정도라고 알려져 있다. 전구를 평균한 지표면(해면도 포함)의 태양방사와 지구방사의 방사에너지 수지량[收支量, 정미방사량(正味放射量)]은 약 100 W/m^2 정도이므로, 지표면이 받는 방사에너지의 80 %가 지표면에서의 증발과정을 통해서 대기로 되돌리고 있는 것이 된다.

액체에서의 증발은 비점 이하의 온도에서 일어나는데, 기상의 압력(증기압)이 일정한 값(포화증기압)이 될 때까지 계속되고, 거기서 기체상태 – 액체상태 평형에 도달한다. 온도가 비점에 도달하면, 액체 내부에서도 기화가 일어나는데, 이것을 **비등(沸騰 ; 끓음)**이라고 부르고 있다. 승화의 경우, 포화증기압에 해당하는 것은 승화압(昇華壓)이라고 부른다. 고체의 경우는 비등에 대응하는 현상은 거의 보이지 않는다.

컵에 물을 넣고, 상온에서 충분히 넓은 공간에 방치하면 물이 모두 증발해 버리지만, 이것은 기화한 증기가 넓은 공간으로 펴져서, 압력이 포화증기압에 도달하고 있지 않기 때문이다. 증발에 있어서는, 물질은 주위에서 잠열(증발열, 또는 기화열이라 말함)을 흡수한다. 여름의 더운 날에 물을 끼얹으면 서늘하게 되는 것도, 증발할 때에 주위에서 열을 빼앗기 때문이다. 또한, 상온에서의 급속한 증발을 휘발(揮發)이라고 부르는 일도 있다. 또, 지구 전체에서 보면, 물의 증발은 태양에너지의 변화과정에서 가장 중요하므로, 대기과학에서는 물의 증발에 대해서 연구되고 있다.

현실의 지표면에서의 증발량은, 일사나 습도, 풍속 등의 기상요소에 더해져서 식생이나 토양수분량 등의 지표면의 모든 조건에도 좌우된다. 증발량의 측정에는 특수한 증발계나 측기를 이용하는 것을 제외하고, 목적에 따라서 다양한 증발량의 평가방법이 이용되고 있다. 대표적인 것으로는 역학공기적 방법, 총체법, 와상관법, 펜만법, 에너지수지법 이외에도 유역수수지법(流域

水收支法) 등이 있다. 최초의 수치예보모델이나 기후모델에서는 식물의 증산의 효과를 대기과학적으로 표현한 식생모델을 이용해서, 보다 현실에 가까운 증발량(증발산량)을 계산하고 있다. 식생모델에서는 식물의 뿌리에서의 수분 흡수, 기공에 의한 증발의 제어, 잎에 의한 강수의 차단과 증발 등의 과정이 표현되고 있다.

13.1.2 증발산

대기과학에서는 지구의 표면에서 대기 중으로 수증기의 수송현상이 증발(蒸發)인데, 식물의 생리적 작용에 의한 증발을 증산(蒸散, transpiration)이라고 한다. 식생상에서는 증발과 증산을 나누어서 평가하는 일은 곤란한 일이 많아, 양자를 합해서 증발산(蒸發散, evapotranspiration : 증발과 증산을 하나로 취급한 용어. 즉 토양면으로부터의 증발 및 식물체로부터의 증산을 통해서 지구표면으로부터 대기 중으로의 수증기의 이동을 말함)이라고 부르고 있다.

단위시간(통상 1일 또는 1시간)에 단위면적의 표면에서 증발에 의해 대기 중으로 수송되는 물분자가 증발량이 되는데, 통상은 강수량과 같은 mm 의 단위로 나타낸다.

습윤한 지구표면에서의 증발(잠열)의 크기는 표면에 주어진 정미(순)방사량[正味(純)放射量, amount of net radiation]의 70~90 %가 되어 있고, 지구표면에 있어서 물수지 또는 열수지의 중요한 인자이다. 실제의 지표면에서의 증발량은 증발에 필요한 에너지(대부분은 일사 및 대기방사에서 공급된다)와 역학공기적인 조건(풍속·수증기압차) 등의 기상학적인 요인과, 지표면 조건(육지·수면의 구별, 지표면 조도, 식생 등)에 의해 제약되어 있다. 그렇기 때문에 표면조건에 있어서의 증발량을 나타내는 몇 개의 개념이 정의되어 있다.

13.1.3 가능증발량

가능증발량[可能蒸發量, evaporativity, potential evaporation, 증발용량(蒸發容量) 또는 증발위(蒸發位)]이란, 주어진 기상조건에서 순수한 물의 표면으로부터 증발할 수 있는 최대증발량을 말한다. 충분히 습한 넓고 균일한 표면(그 면에 접한 공기는 포화하고 있다)에서의 증발량으로, 대기과학적으로는 명료한 개념이다. 이와 같은 조건은, 수면상 및 강우가 생긴 뒤의 지면상에서 만족되고 있다.

가능증발량은 관개(灌漑)계획에 있어서 소요수공급량으로 이용되고 있다. 가능증발산량[可能蒸發散量, potential evapotranspiration, 최대가능증발산량(最大可能蒸發散量), 또는 증발산위(蒸發散位)]은 기후구분을 하기 위해서 손스웨이트(C. W. Thornthwaite, 1899~1963, 미)에 의해 도입된 개념으로, 「완전하고도 균일하게 활발하게 계속 성장을 하고 있는 키가 짧은 녹초로 덮여, 충분히 물이 공급되는 표면에서의 증발산량」으로 정의된다. 실제의 증발산량은 가능증발산량과 일치한다. 현실의 지표면에서는 반듯이 수분의 공급이 충분하지 않으므로, 실증발산량(實蒸發

散量)의 쪽이 적어지고, 양자의 비를 증발비(蒸發比, evaporation ratio)라고 부른다. 평형증발량(平衡蒸發量)은 「지표면이 수증기 포화의 상태에서, 대기습도도 포화상태이고 더욱 충분히 범위에서 이류의 영향이 없는 장소의 증발량」을 나타내고 있고, 충분히 젖은 지표면에서의 증발량의 하한을 나타내고 있다. 가능증발량은 평형증발량의 1.26배라고 하는 연구도 있지만, 이 1.26이라고 하는 **평형증발계수**(平衡蒸發係數)의 값은 상수가 아니고, 기온·습도·지표면 상태·교환계수의 함수로 되어 있다.

13.2 | 증발계

액수(液水, liquid water)가 대기 중에서 증발하는 비율을 측정하는 용기나 측기를 **증발계**(蒸發計 : atmometer, evaporimeter, evaporation pan)라고 한다. 증발산을 관측하는 측기는 **증발산계**(蒸發散計, evaportranspirometer)이다. 이들을 이용해서 증발량 및 증발산량을 관측한다. 기타 증발량을 추정하는 방법에는 증발의 속도를 지배하는 요소나, 증발량과 관계가 있는 기상요소를 관측하여 실험식 등을 이용해서 간접적으로 구하는 방법 등이 있다.

13.2.1 대형증발계

증발계는 원통형 용기 내에 물을 채우고, 수위변화를 측정해서 증발량을 구하는 측기로, 세계기상기관(World Meteorological Organization, WMO)에서 기준으로 하고 있는 증발계는 미국의 등급(class) A 팬(pan)이라고 불리고 있는 것으로, 기상청에서 있어서도 이것과 같은 규격의 원통형의 용기로 백색도장의 **대형증발계**[大型蒸發計, large (size) atmometer]를 사용하고 있다.

증발계의 북쪽에 수위계와 유리원통을 부착하고, 깊이 약 20 cm까지 물을 넣고, 노장 내의 우량계에 가까운 지면 위 3~5 cm의 목제의 받침대 위에 설치한다. 값읽기는 0.1 mm까지 하고, 수온도 측정해서 온도보정을 한다. 수위를 플로트[float, 부표(浮標)]식 수위계로 전기적으로 측정해서, 연속기록이 가능한 것도 있다.

그림 13.1 대형증발계

증발계는 수면, 특히 호수나 저수지에서의 증발량 관측에 사용되고 있는 일이 많고, 뗏목에 설치해서 수면 위에 띄우는 경우도 있다. 그러나 증발계에서의 증발은 자연표면에서의 증발과는 그 열용량·수면의 역학공기학적인 상황 등이 달라 있어, 실제의 증발량과는 꼭 일치하지는 않는다. 특히 단기간(1 일 정도)의 증발량을 정확하게 구하는 것은 어렵다. 호수면에서의 증발량과 대형증발계의 그것과의 비는 기후나 호소의 크기·깊이에 따라 변화하지만, 연증발량으로 계수 0.7 전후의 값을 갖는다. 즉 호수의 증발량은 대형증발계의 관측치의 약 0.72 정도이다.

대형증발계는 그림 31.1과 같이, 구경 120 cm, 깊이 25 cm의 철제로, 흰색으로 칠해 있다. 이 형의 증발계는 측정한 증발량에 어떤 계수(평균 0.7 정도)를 곱하면, 호수면 등에서의 증발에 가까운 값이 얻어지는 것이 실험적으로 확인되었으므로, 미국을 비롯한 각국에서 점차 사용하게 되었다.

증발량을 관측할 때에는 우선 그늘이 지지 않도록 평탄한 장소에 목제의 대를 설치하여, 그 위에 증발계를 올려놓고, 북쪽 가에는 수위를 측정하기 위한 게이지를 설치한다. 바람이 강해서 수면에 파가 있을 때에도 게이지의 값읽기가 항상 가능하도록 밑이 없는 유리 원통을 게이지에 부착하면 좋다. 다음에 증발계 속에 물을 넣고, 그 깊이가 20 cm 정도 되도록 한다.

매일의 증발량을 구하는 데에는 정해진 시각에 게이지로 수면에 위치를 1/10 mm까지 읽어, 전날과의 차를 구한다. 만일 전날의 관측 시에서 당일의 관측시까지의 사이에 강수가 있었거나 주배수를 했을 때는 그만큼 보정을 해야 한다. 따라서, 동시각의 강수량의 관측도 필요하다. 또, 용기 내의 수온이 전의 관측 시와 몇 C 이상 차가 있을 때에는 물의 팽창, 수축이 수심에 다소 영향을 미친다. 이 때문에 봉상온도계 등으로 수온을 측정해서 표 13.1에 의해 미리 4 C에 있어서의 수심으로 고쳐 놓는 것도 한 방법이다. 예를 들면, 관측한 수심이 200.6 mm이고, 수온이 21 C일 때는 4 C로 고친 수심은 200.6 − 0.4 = 200.2 mm이다.

표 13.1 대형증발계의 수온보정치표(mm)

수온(C) \ 수심(mm)	160	170	180	190	200	210	220	230	240	250
−5	−0.1	−0.1	−0.1	−0.2	−0.2	−0.2	−0.2	−0.2	−0.2	−0.2
0	−0.0	−0.0	−0.0	−0.0	−0.0	−0.0	−0.0	−0.0	−0.0	−0.0
5	−0.0	−0.0	−0.0	−0.0	−0.0	−0.0	−0.0	−0.0	−0.0	−0.0
10	−0.0	−0.0	−0.0	−0.1	−0.1	−0.1	−0.1	−0.1	−0.1	−0.1
15	−0.1	−0.1	−0.2	−0.2	−0.2	−0.2	−0.2	−0.2	−0.2	−0.2
20	−0.3	−0.3	−0.3	−0.3	−0.4	−0.4	−0.4	−0.4	−0.4	−0.4
25	−0.5	−0.5	−0.5	−0.6	−0.6	−0.6	−0.6	−0.7	−0.7	−0.7
30	−0.7	−0.7	−0.8	−0.8	−0.9	−0.9	−1.0	−1.0	−1.0	−1.1
35	−1.0	−1.0	−1.1	−1.1	−1.2	−1.3	−1.3	−1.4	−1.4	−1.5

증발계에 들어 있는 수량이 너무 변하면, 증발량에 영향이 있으므로 다량으로 증발했을 때는 보충하고, 강수량이 많을 때는 적당히 배수해서 수심을 20 cm 정도로 유지되도록 한다. 또, 수면에 먼지 등이 떠 있을 때는 거즈로 제거하고, 물이 탁하거나 기름이 떠 있거나 밑바닥에 물풀이 생겨 있을 때는 물을 갈아 준다. 새나 동물 등이 올 수 있는 곳에서는 적당한 철망을 쳐도 좋다. 철망은 되도록 가는 철사로 (그물)눈이 거친 것이 좋다. 비가 강할 때에는 떼어놓도록 한다. 겨울의 결빙기간 중은 관측을 중지한다.

13.2.2 소형증발계

소형증발계(小型蒸發計, small atmometer)는 표준형의 우량계와 같이 구경이 20 cm이고, 깊이가 10 cm 정도의 동으로 만든 용기로, 물을 되에 따르기 위한 작은 구멍이 있다. 또, 가장자리에는 빗물이 튕겨들어오는 것을 막기 위해 칼날 모양으로 되어 있고, 내면은 주석(朱錫, Sn) 도금을 하였다(그림 13.2).

그림 13.2 소형증발계(철망을 씌운 것)

이 소형증발계에 의한 관측치는 앞에서도 언급했듯이, 대형에 의한 것에 비해서 자연수면 등에서의 증발량과의 관계가 밀접하지 않지만, 간단히 측정할 수 있기 때문에 대체적인 증발량의 가늠을 알기 위한 것 등으로 이용되고 있다.

관측에 임해서는 우선 구경 20 cm의 표준형의 우량계에 이용하는 우량되를 이용해서 20 mm의 깊이에 물을 넣고, 햇빛이 잘 닿는 옥외에 방치해 놓고, 다음날 같은 시각에 다시 우량되로 수량을 측정해서 하루에 몇 mm 증발했는가를 구한다. 강수가 있었을 때는 그 양을 뺄 것이지만, 강한 비의 경우에는 용기에서 물이 튕겨나가기도 하므로 관측치의 신뢰성이 나빠진다. 우량되 대신에 밀리 저울을 이용해도 좋다. 어느 쪽으로 해도 mm의 1/10까지 읽는 것이 보통이다.

개나 새 등이 물을 마시는 것을 막기 위해서 주위에 울타리를 하거나, 또 철망과 같은 것을 씌우는 일도 있다. 소형증발계는 대형증발계에 비해 관측정밀도가 많이 떨어진다.

13.2.3 자기증발계

자기증발계[自記蒸發計, recording atmometer(evaporimeter, evaporation pan)]는 증발량의 변화를 시간의 경과와 함께 기록하는 측기이다.

저수조에 물을 넣어 이에 연결된 상부의 흡취지(吸取紙, 여과지)를 통해서 물이 증발하면 저수조 속에 들어 있는 부표가 움직이게 된다. 이 수위를 나타내는 부표의 움직임은 기계적으로 공간(6.4절 참조)에 의해 확대되어 펜에 전달된다. 시계가 부착된 드럼통 위에 기록지가 감겨 있어 증발량이 자기기록되게 된다. 이와 같은 짜임새로 되어 있는 것이 자기증발계이다(그림 13.3).

그림 13.3 자기증발계

13.2.4 증발산계

지면에서의 증발(산)량의 측정에는 증발산계(蒸發散計, lysimeter)를 이용한다. 이것은 주위의 토양과 같은 것을 컨테이너(container) 내에 충전하고, 표면도 주위의 상태와 같은 식생으로 한 것으로, 이 속에 수분의 증발에 의한 감소를 콘테이너 중량을 계측함으로써 검출한다. 최근에는 전자식의 저울을 사용해서, 정밀도 0.03 mm로 연속기록을 얻을 수 있는 것도 있다.

그림 13.4는 증발산계의 개략을 나타내고 있다. 증발산계는 토양수분 및 침투율이나 증발산율 등의 매개변수를 측정하는 장치이다. 보통 이 장치는 무게의 변화가 측정될 수 있도록, 주위의 상태에서 분리된 토양부분과 전형적인 식재의 부분으로 이루어져 있어서, 그 변화에서 필요한 정보를 얻을 수 있다.

증발산계로 증발산량을 측정하는 경우에 중요한 점은 컨테이너 내의 수위를 배수밸브를 조정함으로써 주위의 지하수위와 같게 하는 것이다. 정확한 수위를 측정을 수행하기 위해서는 증발산계 주위에 지하수위 관측용의 우물을 파서, 지하수위를 관측할 필요가 있다. 실증발량에 상당히 가까운 값이 얻어지는 장점이 있다.

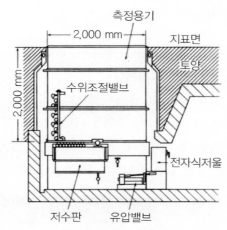

그림 13.4 라이시미터의 개략(증발산계) : 단위 mm

13.2.5 기타 증발계

지면·호수면·해면 등의 상태를 되도록 자연 그대로 유지하고, 그 면에서부터의 증발을 관측하기 위해서 여러 가지의 방법이 고안되고 있다.

비교적 간단한 것은 지면의 경우에는 되도록 대표적인 장소를 선택해서 직경 수 10 cm, 깊이 10~20 cm 정도 크기의 구멍을 파고, 주위와 같은 정도의 흙을 넣은 용기를 묻고, 그것을 매일 꺼내어 무게를 측정해서 증발한 수량을 구하는 방법이다. 이 방법은 용기의 밑에 수분이 상하방향 이동이 완전히 끊어져 있기 때문에 용기 속의 토양수분이 점차로 주위의 것과 달라지는 것이 결점이다.

호수면이나 해면의 경우에는 투명 염화비닐 등으로 만든 직경 1~2 m, 깊이 수 10 cm~1 m 정도의 용기에 물을 넣고, 그 수면이 되도록 자연수면에 가깝도록 유지해서 설치하고, 용기 속의 수위변화를 관측하는 방법이다. 파가 높아지거나 하면, 방파제의 주위 벽이 필요하게 되고, 이 때문에 용기 속의 수면풍속이 작아지기도 하고, 용기 내외의 수온차가 생기는 일 등 때문에 그다지 이상적으로는 되지 않는다.

13.3 | 증발량관측

13.3.1 증발량관측의 필요성

증발량의 관측은 지표면에 있어서의 물수지·열수지를 명백하게 한다고 하는 대기과학의 기본적인 문제만이 아니고, 농업·공업 등에 다른 여러 분야에 있어서의 물관리의 입장에서도 중요하다. 그러나 증발량을 측정 또는 산정하는 방법은 확립되어 있지 않고, 특히 광역에서의 증발량을 정밀도 좋게 평가하는 것은 곤란하다. 그렇기 때문에 측정이 간단한 기상관측치 또는 기존의 관측자료에서 증발량을 추정하기 위해서의 식이 많이 제안되어 있다. 관측방법으로는 증발계나 증발산계를 이용하는 직접법과, 증발량을 지배하는 요인인 기상자료의 관측에서 간접적으로 구하는 방법으로 크게 구별할 수 있다.

13.3.2 증발량관측의 원리

증발량을 측정할 때에 주의해야 하는 것을 대별하면 2가지이다. 하나는 용기의 크기·형태·수량 등이 다르면 측정결과가 달라지는 것과, 또 하나는 용기의 설치장소의 조건에 의해 증발량이 영향을 받는 일이다. 이 때문에 일정한 크기와 형태의 용기를 이용해서 정해진 조건의 장소에서 관측하지 않으면 측정결과를 서로 비교할 수 없게 된다.

보통 잘 이용되고 있는 용기에는 2종류가 있다. 대형증발계는 구경이 120 cm인 큰 대야와 같은 철제용기로, 국제적인 표준으로 되어 있다. 또 소형증발계는 구경이 20 cm의 동제용기로, 기상관서 등에서 옛날부터 잘 사용되고 있다.

일반적으로 대형은 호수면 등 자연수면에서의 증발량과 보다 밀접한 관계를 갖는 관측치가 얻어지는 반면, 소형은 대형에 비해서 큰 증발량을 나타내는 경우가 많다. 그러므로 소형보다는 대형 쪽이 보다 우수하다. 증발계는 햇빛이 닿는 곳에 놓은 것이 그늘에 놓은 것보다 큰 증발량을 나타낸다. 그리고 보통은 하루 중 그늘이 지지 않는 지면 위에 증발계를 설치한다.

증발량은 하루에 1회, 정한 시각(정시)에 측정하지만, 주간(낮)과 야간(밤)의 증발량을 비교할 필요가 있을 때는 아침과 저녁에 측정한다. 측정방법으로는 직접 수심의 변화를 측정하는 방법과, 수분의 전량을 측정하는 방법이 있다. 증발량은 하루에 몇 mm 정도이므로, 깊이를 측정하는 데에는 1/10 mm까지 측정할 수 있는 수위계가 필요하다. 용기가 작을 때는 물의 전량을 되로 측정하는 편이 간단하다. 어느 쪽으로 해도 강수가 있었을 때는 그 양만큼 빼야 하므로, 동시에 강수량을 관측할 필요가 있다. 또, 증발계부근에 풍속계를 설치하고, 지면 부근의 풍속을 측정해 두면 여러모로 참조가 된다.

13.4 | 증발량평가

기상자료의 관측치에서 증발량을 평가하려고 하는 방법으로는 지표면에 있어서의 에너지수지·물수지에서 간접적으로 평가하는 방법과, 지표면부근에 있어서의 수증기수송을 직접적으로 평가하는 방법이 있다. 수증기수송의 평가방법도, 역학공기적인 방법과 경험식을 이용하는 것이 있다. 하나의 호수·저수지 또는 하나의 하천유역에 있어서의 증발량을 평가하는 경우의 수지방법은 대상영역으로의 강수량·하천이나 지하수에 의한 유입유출량·저유변화량의 잔차에서 증발량을 구한다. 이 방법은 광역의 증발량을 구하는 데에 적합하다. 많은 식생으로 되어 있는 자연지역의 증발산량을 구하는 경우에는 강수량·표면유출량·지중유출량·토양보수량의 변화의 잔차에서 증발량을 구한다.

열수지법은 증발면에 있어서의 에너지수지에서 구하는 것으로, 순방사량·현열 플럭스·지중전도열 플럭스의 잔차로서 증발량(잠열)을 구한다. 증발면에서의 수증기수송량을 구하는 방법으로서는, 역학공기적인 방법과 와상관법(渦相關法)이 있고, 어느 쪽도 일반적인 방법으로, 수면·지면(나지·식생지) 어느 쪽의 증발(산)량을 평가하기 위해서도 이용할 수가 있다.

13.4.1 역학공기적 방법

역학공기적 방법은 풍속과 수증기량(비습 또는 혼합비)의 평가치(통상은 10분)의 연직분포를 측정해서 구하는 것으로, 다음과 같이 쓸 수 있다.

$$E = -\rho K_E \frac{ds}{dZ} \tag{13.1}$$

여기서, E : 증발량 ρ : 공기밀도
       s : 비습 K_E : 수증기의 확산계수
       Z : 높이(고도)

이다.

대기의 안정도가 중립에 가까운 경우, 풍속분포가 대수분포가 되고, 운동량과 수증기량에 관한 확산계수가 같다고 한다면, 2고도에서의 풍속·비습의 측정에서 증발량은 다음과 같이 구해진다.

$$E = -\frac{\rho k^2 (U_2 - U_1)(s_2 - s_1)}{\left(\ln \dfrac{Z_2}{Z_1}\right)^2} \tag{13.2}$$

여기서, k : 칼만상수(- - 常數, Karman constant, 0.2~0.4)
      U_1, U_2 : 하, 상층의 풍속

이다. 이 식을 손스웨이트·홀츠만(Thornthwaite‒Holzman)의 식이라고 부른다.

■ 간단한 계산 예

증발은 지표면에서 공기 중으로의 수증기의 확산현상이므로, 지면부근의 수증기나 풍속의 수직분포를 관측해서 확산의 이론을 응용하여 증발량을 계산하는 방법이다.

증발의 속도는 지표에 접촉한 공기층의 수증기량과, 그 윗방향의 공기층의 수증기량의 차가

클수록 빠르다. 손스웨이트(C. W. Thornthwaite, 1942)가 유도한 증발속도의 식은 다음과 같다.

$$E = \frac{0.0236\,(u_2 - u_1)(e_1 - e_2)}{\left(\log \dfrac{z_2}{z_1}\right)^2 (273 + t)\left(1 + 0.397\dfrac{e_2}{p}\right)} \tag{13.3}$$

여기서, E : 1시간당의 mm로 나타낸 증발속도

u_1, u_2 : 고도 z_1 cm와 z_2 cm의 풍속평균치를 m/s로 나타낸 것

t : 섭씨온도(C)

e_1, e_2 : 고도 z_1과 z_2의 수증기압을 hPa로 나타낸 것

p : hPa로 나타낸 고도 z_2에서의 기압

이다.

고도 z_1일 때, 지표면부근에서의 풍속이 0이 되는 곳을 택해서 다음 식으로 간단히 하면,

$$E = k_1\,u_2\,(e_1 - e_2) \tag{13.4}$$

로 된다. 이 식은 수면에서의 수증기압을 추정할 때 등에 이용된다. 표면수온에 대응하는 포화수증기압을 e_1, 수면상 5~6 m 고도의 풍속을 u_2로 취해 실험적으로 k_1의 값을 구하면, 0.004~0.010 정도가 된다. 따라서 해상이나 호수 위의 풍속·수증기압·표면수온의 관측치가 있으면, 수면에서의 증발속도를 구할 수 있다. 예를 들면, $k = 0.007$로 하면, 풍속 5 m/s, 수증기압 16 hPa, 표면수온 20 C에 해당하는 포화수증기압은 23.4 hPa이므로, 1시간당의 증발량 E(mm/h)는

$$E = 0.007 \times 5 \times (23.4 - 16) = 0.26\,\text{mm/h} \tag{13.5}$$

가 된다.

13.4.2 총체법

2고도 중의 1고도를 증발면으로 설정하는 방법을 **총체법**[總体法, 벌크법, bulk method : 소선섭·소은미의 역학대기과학(교문사), 516쪽 참조]이라고 한다. 이 경우에는 식 (13.2)는 다음과 같이 된다.

$$E = \rho\,C_E\,U(s_s - s) \tag{13.6}$$

여기서, C_E : 수증기수송에 대한 총체계수

s_s : 증발면의 온도에 있어서의 포화비습

이다. 총체계수는 일정치가 아니고, 대기의 안정도나 풍속 또는 지표면의 상태에 따라 변화한다. 총체식을 이용하는 경우, 수면의 경우에는 표면수온에 대한 포화수증기압을 이용하면 좋지만[방

사온도계로 측정한 피부온도와 양동이(bucket) 채수에 의한 표면온도와는 다르다고 하는 문제가 있다], 완전히 습윤하지는 않은 지표면의 경우에는 토양수분에 관한 보정을 할 필요가 있어, 2개의 수법이 이용되고 있다.

그 하나는 가능증발량에 계수(증발비) β를 곱한 것으로,

$$E = \beta \rho C_E U(s_s - s) \tag{13.7}$$

이 된다. β는 토양습윤도의 함수이다.

그 2번째는 지표면습윤도 α를 이용하는 것으로,

$$E = \rho C_E U(\alpha s_s - s) \tag{13.8}$$

이 된다. α는 토양수분의 함수가 된다. α, β 어느 쪽의 함수관계에 대해서도 성립하는 것이 아니고, 현재 관측·실험·이론에서 이것을 구하고 있는 형편이다.

13.4.3 와상관법

와상관법(渦相關法)은 가장 신뢰가 있는 난류수송량을 구하는 방법이다. 대상으로 하는 대기과학량 a를 평균치 $\bar{a}$와 그것으로부터의 편차 a'으로 나누어서 생각하면, 난류에 의한 대기량의 연직방향의 단위시간·단위면적당의 수송량(輸送量, 플럭스)은 $\overline{a'w'}$으로 표현된다. 여기서 w'은 풍속의 연직성분의 변동성분, $\overline{}$는 시간평균을 나타낸다. 즉 수송량은 대기과학량과 연직풍속의 어느 쪽도 변동성분의 공분산에 비례한다. 증발량 E는 다음과 같이 쓸 수 있다.

$$E = \rho \overline{w's'} \tag{13.9}$$

여기서 s'은 비습의 변동성분이다. 이 방법에서는 측정고도 이하의 기층에 수평방향으로 균일해서, 관측시간 내에 장이 정상이라고 하는 것만을 가정하고 있어, 원리적으로 가장 우수한 측정법이다. 종래는 풍속의 연직성분을 측정하는 일이 곤란했기 때문에, 그다지 많이 이용하지 않았지만, 초음파풍속계의 실용화에 수반되어, 기본적인 측정법으로 많이 이용되게 되었다. 비습의 변동을 측정하기 위해서는 가는 선의 열전대를 이용한 건습계나, 자외선의 수증기에 의한 흡수를 이용한 습도계 등이 이용되고 있다.

13.4.4 펜만법

가능증발량의 추정에는 열수지법과 역학공기적 방법을 조합한 펜만법(Penman method)이 이용되고 있다.

$$E_0 = \frac{\Delta R_n + E_a \gamma}{\Delta + \gamma} \tag{13.10}$$

여기서, E_0 : 가능증발량

R_n : 순방사량

E_a : 역학공기적인 효과에 의한 증발량

γ : 건습계상수

Δ : 평균기온에서의 포화수증기압곡선의 기울기

이다. E_a는 경험식을 이용해서 구하고, R_n도 일조율과 증발면의 알베도에서 경험식으로 구한다. 가능증발산량은 E_0에 계절변화하는 계수를 곱해서 구한다. 월평균기온의 자료에서 가능증발산량을 구하는 경험식도 있다.

13.4.5 에너지수지법

지표면에 출입하는 에너지의 수지에서 증발량을 추정하는 것이다. 일사량으로서 지표면에 오는 에너지 I는 지면의 반사능이 γ일 때 $(1-\gamma)I$로 감소하고, 이 에너지는 지표면에서의 방사에 의한 것 R과, 공기 중으로 전달되는 열 K와, 증발에 의해 소비되는 에너지 E와, 땅속으로 흘러 들어가는 열에너지 S로 나누어진다. 결국,

$$(1-\gamma)I = R + K + E + S \tag{13.11}$$

로 나타낼 수 있다. I, R, K, S는 수평면일사량·지면온도·지중온도 등의 관측치를 이용하면, 대체적인 값이 추정된다. 또, γ는 실험적으로 구해져 있는 값을 지면의 상태에 따라서 선택할 수 있다. 따라서 위의 식에서 E를 구할 수 있는 이치로, E를 증발의 잠열로 나누면 증발량이 얻어진다(그림 13.5).

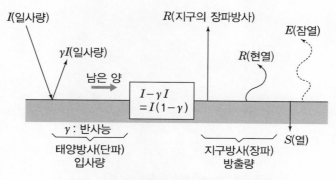

그림 13.5 에너지수지에 의한 증발량의 추정모식도

$$증발량 = \frac{E}{L} \ (L: 증발의 \ 잠열 = 597.26 - 0.559\,t \ \text{cal/g}) \tag{13.12}$$

$$= \frac{(1-\gamma)\,I - (R+K+S)}{L}$$

$I, \ R$: 수평한 일사량, 방사수지계

$\quad K$: 지면온도

$\quad S$: 지중온도(지열 제외) $\quad\quad$ 측정에서 구함

$\quad \gamma$: 반사능, 알베도(albedo) $\ \overline{\gamma} = 0.3$

$$\therefore E = (1-\gamma)\,I - (R+K+S) \tag{13.13}$$

이 된다.

13.4.6 기타 방법

수치모델에 육지의 증발과정을 삽입한 방법으로는 양동이모델(bucket model)과 SiB모델 (Simple Bio-sphere-model)이 있다.

양동이모델에서는 물수지에 관한 토양수의 수지를 깊이 15 cm의 양동이로 표현하고, 수심은 육수에 의해 증가하고, 증발산에 의해 감소한다. 넘친 물은 유출한다. 또 증발비는 임계수심 이하 에서는 수심에 비례시키고 있다.

한편, SiB는 식생상의 수문과정을 대기적으로 표현하는 모델로, 토양수분의 뿌리에서 흡수, 기공에 의한 증산의 제어, 나지면에서의 증발, 잎에 의한 강수의 차단과 증발, 토양수분의 확산, 적설·융설, 식생 내의 방사전달 등을 취해 다루고 있다.

Chapter **14** 시 정

시정(視程, visibility)이란 지표부근 대기의 혼탁(混濁)정도를 나타내는 것이다. 대부분의 경우는 수평방향의 거리로 그 방향으로 보이는 하늘을 배경으로 한 물체가 육안(肉眼)으로 보이는 거리를 나타낸다. 지상기상관측에서는 육안으로 보이는 최대거리를 관측하고, 보이는 방향에 따라서 다른 경우에는 최소치를 채택한다. 항공기상관측에서는 활주로방향의 최소치를 관측한다. 시정의 관측에는 육안 외에도 측기를 사용한다. 측기의 종류로는 전방산란형, 후방산란형, 투광형 등이 있다.

시정은 특히 항공기의 이착륙에 중요하기 때문에 항공기상정보를 위해서 정의된 시정이 있다. **비행시정**(飛行視程)은 비행 중의 항공기의 조종석에서 전방을 보았을 때의 시정이고, **탁월시정**(卓越視程)은 전방향의 평균적인 시정의 의미한다.

14.1 | 시정과 가시거리

14.1.1 시정과 가시거리의 정의

일반적으로는 시계(視界 : 지물이 보이는 범위)가 좋다 나쁘다는 등의 말을 사용하지만, 대기관측에서는 어떤 방향을 보았을 때, 검은빛을 띤 수목이나 건물 등의 목표(크기는 관측자의 시각으로 0.5°~5.0°)를 그것이라고 인정할 수 있는 최대거리를 그 방향의 **시정**(視程, visibility)이라고 한다. 여기서 인정할 수 있다고 하는 것은 존재를 알뿐만 아니라, 그것이 수목인가, 굴뚝인가 등이 인정될 수 있는 것을 가리킨다.

주간에 있어서는 **기상시정**(氣象視程, meteorological visibility)에 의해 관측하고, 야간에 있어서는 **기상광학거리**(氣象光學距離, MOR, Meteorological Optical Range)를 목시에 적용해서 관측한다. 기상시정이란, 어떤 방향의 지표부근의 하늘을 배경으로 한 검은 목표물(시각이 0.5°~5°)을 정상의 육안으로 인정할 수가 있는 최대거리이고, 여기서 목표물을 인정할 수 있다고 하는 것은 예비지식이 없는 사람이라도 목표물이 무엇인가, 어떤 건물일까라고 하는 형상까지 확실하게 인식할 수 있는 정도로 보일 수 있는 것을 말한다.

야간에는 달빛이 있으면 멀리 있는 것도 보이지만, 어두운 밤에는 1 m 전방도 보이지 않는다. 그러나 이와 같은 때의 시정을 0으로 하지 않고, 가령 주간과 같은 밝기의 경우의 것을 취하는 것으로 되어 있다.

바꾸어 말해, 대기의 혼탁, 오염의 상태가 주간과 같다면, 비록 1 m 앞이 보이지 않아도 시정은 주간과 같이 된다. 야간의 시정의 관측은 주로 전등의 불빛이 보이는 방법에 따라 행한다.

시정은 물방울이나 가는 먼지 등의 미립자에 의한 대기의 혼탁의 상태에 의해 변화하므로, 지표부근의 대기의 혼탁의 정도를 거리로 나타내는 것으로 정의할 수도 있다.

대기 중의 미립자가 비에 씻겨 떨어진 후나, 대류에서 강한 한기가 모여들어, 대기 중의 대류가 활발하게 되어 미립자가 확산할 때에 시정은 좋아진다. 50 km 이상의 시정을 이상시정(異常視程)이라고 한다. 기온이 상공일수록 높아, 기온의 역전층이 생기면 대기는 안정화해서 미립자가 모여들어 정체하므로 시정은 나빠진다.

시정은 대기의 혼탁정도 또는 반대로 대기의 투명도를 나타내고 있으므로 아무 것도 보이지 않는 어두운 밤에도 대기가 맑아 있다면 시정은 좋다. 그러나 교통기관 등에서는 조명이 전혀 없는 어두운 밤에는 실제의 시정은 없다.

기상광학거리(氣象光學距離, MOR)란 색온도 2,700 K의 백열등의 평균빔이, 대기나 대기 중에 부유하는 입자에 의해 산란·흡수되어서, 그 광속에 의한 조도(照度)가 감소하고 있는 것의 값이 5 %가 될 때까지의 거리를 말한다. 주간의 하늘 아래의 시정을 주간시정(晝間視程), 야간에 등불을 목표로 한 시정을 야간시정(夜間視程)이라고 하는 일도 있다.

항공기상에서는 가시거리(可視距離, visual range, 시거리)를 목표의 존재가 실제로 인정되는 최대거리로 정의하고 있다. 또 활주로가시거리 관측에서는 어떤 투과율과 배경의 휘도 하에서 광원이나 목표물을 진정 볼 수 있는 최대거리로 하고 있다.

시정이 높이에 따라 다른 경우는 적지 않다. 이 때문에 보통의 대기관측에서는 눈의 높이(지상 1.5 m 정도)의 수평방향의 시정을 표준으로 한다. 산지나 해안 등에서는 어느 한 방향만 안개가 있는 일이 자주 있다. 또, 공장지대에서는 연기에 의한 오염 때문에 방향별의 시정이나, 특정방향의 시정을 관측하는 일도 있지만, 기상관서 등에서 하고 있는 보통의 관측에서는 전방향의 시정 중 최소의 시정을 기록하도록 되어 있다.

시정을 나타내는 단위는 km 또는 m로 한다. 어느 쪽으로 해도 눈관측(목측)으로는 그다지 정확한 값이 얻어지지 않는다. 이 때문에 관측치의 유효자릿수는 보통 한 자리로, 예를 들면, 30 m, 60 m, 300 m, 4 km, 12 km, 25 km 등으로 나타낸다. 계급을 이용해서 시정을 나타내는 데에는 표 14.1을 사용하면 된다. 이 표는 국제적으로 결정되어 있는 것이다.

표 14.1 **시정계급표**

계 급	시정의 범위
0	50 m 미만
1	50~200 m 미만
2	200~500 m 미만
3	500~1,000 m 미만
4	1~2 km 미만
5	2~4 km 미만
6	4~10 km 미만
7	10~20 km 미만
8	20~50 km 미만
9	50 km 이상

14.1.2 시정과 시거리의 종류

시정과 시거리에는 다음과 같은 것들이 있다.

(1) 최단시정

지상기상관측통보에서 이용되고 있는 것으로, 방향에 따라 시정이 다를 때 그 중 최단의 시정을 뜻한다. 굴뚝에서 직접 나오고 있는 연기와 같은 것은 무시하지만, 그 연기가 광범위하게 퍼져서 시정을 가장 나쁘게 하고 있을 때에는 그 방향의 시정을 최단시정(最短視程)으로 한다.

(2) 탁월시정

항공기상관측통보에서 이용되고 있는 것으로, 지평원의 전방향의 시정을 관측했을 때에 지평원의 반절(180°) 또는 그 이상의 범위에 공통된 최대수평시정을 탁월시정(卓越視程)으로 하고, 그 범위는 서로 이웃하지 않아도 좋다.

(3) 연직시정

항공기상관측통보에서 이용되는 것으로, 강수 또는 시정장애현상에 의해 운저의 높이가 관측되지 않을 경우, 부근에 있는 건조물 등의 보이는 형편으로부터 구하는 높이이다. 이것은 상공에서 지상이 보이기 시작하는 고도에 상당하는 시정을 연직시정(鉛直視程)으로 한다.

(4) 상한시정

관측지점 4방위의의 각 상한에 해당하는 시정이다.

(5) 표준시정

기상광학거리(MOR, 다음 항 참조)와 같은데, 표준시정이라고 할 때는 광속이 5 %로 감쇠할 때까지의 거리를 취하는 일이 많다.

(6) 비행시정

비행 중의 항공기에서 본 수평방향의 시정이다.

(7) 경사시거리

상공에서 비스듬하게 아래로 내려다보았을 때의 시거리로, 항공기가 착륙하려고 할 때 목표의 활주로가 보이기 시작하는 거리를 경사시거리(傾斜視距離)라고 한다.

(8) 활주로가시거리

활주로가시거리(滑走路可視距離, runway visual range＝RVR)란 활주로의 중심선 상에 있는 항공기의 조종사(평균적인 눈의 높이는 활주로상 5 m)가 활주로의 표식 또는 활주로의 윤곽 또는 는 활주로의 중심선을 나타내는 등화를 볼 수 있는 최대거리를 뜻한다.

14.1.3 시정과 기상광학거리(MOR)의 관계

야간의 시정은 등불을 목표로 하기 때문에 동일한 대기상태에서도 등화의 광도(光度)에 따라 변하게 된다. 즉 밝은 등화는 멀리까지 보이고 어두운 등화는 가까이서도 보기 어렵다.

시정의 정의에서 언급한 대로 방향별로 목표를 정해 그것을 거리로 표현하는 것이지만, 사람이 목시로 관측하기 때문에 개인차가 있는 일, 또 동일인이라도 건강상태, 심리상태 등에 따라 차이가 있기 때문에 어려움이 있었다. 여기서 생각해낸 것이 기상광학거리(氣象光學距離, MOR : meteorological optical range)라는 개념이다.

MOR이란 색온도 2,700 K의 백열등의 평행광이 대기 중에 부유하고 있는 입자에 의해 산란과 흡수되어 그 광속에 의해 조도가 감소해서 원래 값의 5 %(0.05배 감소)가 될 때까지의 거리이다. 이것을 개념도로 표시한 것이 그림 14.1이다.

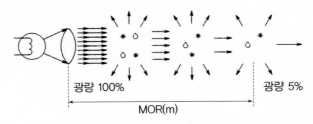

광량 100%　　　　　　　　　　　　　　　광량 5%

MOR(m)

그림 14.1 **MOR(기상광학거리)의 개념도**

이 값은 시정을 빛의 이론에 입각하여 표현한 것으로, MOR을 이용하면 광도에 구애됨이 없이 시정을 관측할 수 있다. 이하에서는 MOR과 시정이 근사한 것을 나타낸다.

(1) 주간시정

주간시정(晝間視程, diurnal visibility, 낮의 시정)은, 관측장소에서 가까운 목표물은 본래의 휘도[8]를 갖고 있다. 그러나 관측자와 목표물과의 거리가 멀어짐에 따라서 대기 중의 연기, 먼지 등의 부유입자 또는 안개, 비 등의 수립자(水粒子)의 영향에 의해 휘도는 감소한다. 이 휘도를 겉보기휘도라고 부른다.

목표물이 육안으로 확인되는 경우의 배경과 목표물과의 대비는 목표물과 배경의 휘도의 차를 배경의 휘도로 나눈 것, 즉 대비율로 나타낼 수 있다. 겉보기와 본래의 대비관계는 코쉬미더(H. Koschmieder, 1924)의 법칙에 의해 다음과 같이 주어진다.

$$C_r = C_0 \, e^{-\sigma r} \tag{14.1}$$

여기서, C_r : 겉보기 대비

　　　C_0 : 본래의 대비

　　　r : 목표물과 관측자와의 거리

　　　σ : 소산계수(消散係數, extinction coefficient) ; 대기 중의 단위거리를 통과하는 광로에 있어서 광속이 산란과 흡수에 의해 감쇠하는 비율

이다. 검은 목표물의 휘도는 0(zero)이지만, 이것을 떨어져서 볼 경우는 도중에 있는 대기에서의 산란광 때문에 겉보기의 휘도를 갖는다. 검은 목표물의 본래의 대비는 $C_0 = 1$ 이므로 식 (14.1)은 다음과 같이 된다.

$$C_r = e^{-\sigma r} \tag{14.2}$$

검은 목표물이 마침 보이기 시작할 때 겉보기의 대비 C_r은 거리 r에 있어서 대비의 식별한계치 ε(적당한 명료도로 목표물과 배경을 육안으로 구별해서 볼 수 있는 최소의 휘도대비)과 같아진다. 이때의 r이 시정이다. 이것을 V(visibility, 시정)라 하면

$$\varepsilon = e^{-\sigma V} \tag{14.3}$$

여기서 ε을 0.05(시정관측에 적당한 값)로 하고, 식 (14.3)에 대입해서 시정 V에 대해 풀면

---

8) 휘도(輝度, luminance, brightness) : 표면에 있어서의 광학적인 빛남. 즉 광원의 빛남의 정도를 나타내는 양이다. 1 m²당의 Cd, Cd는 칸델라＝candela 로 주파수 540 × 1,012 Hz의 단색방사를 방출하는 광원의 방사강도가 1 W/sr의 1/683인 방향에 있어서의 광도이다. W는 Watt, sr은 steradian이다. 1979년 제16회 국제도량형총회의 정의이다.

$$V = \frac{1}{\sigma} \ln 20 = \frac{3}{\sigma} \tag{14.4}$$

가 된다.

(2) 야간시정

야간시정(夜間視程, nocturnal visibility, 밤의 시정＝MOR)에서, 야간에 있어서는 배경이 되는 휘도가 없기 때문에 (1)에서 말한 시정의 정의는 할 수 없다. 그러나 MOR(기상광학거리)은 그 정의에서 주야에 관계없이 대기의 소산과정에 의해 결정할 수 있다.

휘도에 대해서 생각했던 것과 같이 대기 중을 통과하는 빛은 산란과 흡수에 의해 감쇠한다. 지금 평행광선상의 어떤 점에 있어서 조도를 E_0, 그 점에서 거리 r만큼 나간 점의 조도를 E, 이때의 대기의 소산계수를 σ로 하면 이들의 관계는 다음과 같이 된다.

$$E = E_0 \, e^{-\sigma r} \tag{14.5}$$

MOR의 정의에서 $E/E_0 = 0.05$, $r =$MOR이므로

$$e^{-\sigma(MOR)} = \frac{E}{E_0} = 0.05 \tag{14.6}$$

$$\therefore (MOR) = \frac{1}{\sigma} \ln 20 = \frac{3}{\sigma} \tag{14.7}$$

이다. 식 (14.4) 및 (14.7)에서

$$V = \frac{1}{\sigma} \ln 20 = (MOR) \tag{14.8}$$

이 되어 시정과 MOR(기상광학거리)은 같게 된다.

14.2 | 목시에 의한 시정의 관측방법

목시(目視)는 눈으로 보는 것이고, 눈으로 보아 관측하는 것을 목시관측[目視觀測, visual(eye) observation]이라고 한다. 즉 육안으로 보는 육안관측(肉眼觀測)이 된다. 이것을 간단히 줄여서 목측(目測)이라고 말한다.

14.2.1 시정관측의 원리

아주 검게 칠한 목표물을 하늘을 배경으로 해서 점차로 원거리로 움직인다고 생각해 보자. 거

리가 멀어짐에 따라 목표물은 점차로 희게 보이게 된다. 이것은 도중에 있는 미세한 티끌이나 먼지, 또는 구름입자나 우적·설편 등 때문에 목표물에서 눈을 향해 오는 빛이 산란, 반사되기 때문이다. 이렇게 해서, 결국 목표의 밝기가 배경 하늘의 밝기 정도로 같아지고, 목표물이 굴뚝인지, 수목인지를 구별할 수 없게 된다. 이때의 목표물까지의 거리가 시정이 된다.

실제로는 목표를 연속적으로 이동할 수 없으므로, 여러 거리에 있는 건물이나 수목 등을 목표물로 택해, 어느 목표까지 판별할 수 있을까를 관찰해서 시정을 결정한다. 따라서 좋은 관측치를 얻기 위해서는 적당한 목표를 많이 선택해야 한다.

야간의 시정관측은 달빛 등으로 하늘이 밝을 때는 주간과 같이 하늘을 배경으로 한 목표물에 의하는 일도 가능하지만, 일반적으로는 대략 밝기를 알고 있는 등불이 보이지 않게 되는 거리에서 이론적인 관계를 이용해서 추정하는 방법이 이용되고 있다.

14.2.2 주간의 시정관측

우선, 주간의 목표물의 선정법과 그때에 주의해야 하는 사항을 열거한다.

① 목표는 각 방향 모두 균등하게, 되도록 많이 선택해서 관측점으로부터의 거리를 지도 등을 기초로 해서 시정도표(視程圖標, mark diagram of visibility)를 만들어 주면 좋다.
② 목표는 검정, 또는 되도록 검은 것으로 그 배경이 하늘 또는 하얀 것을 선택한다. 검게 보이는 산림 등은 목표로서 지장이 없다.

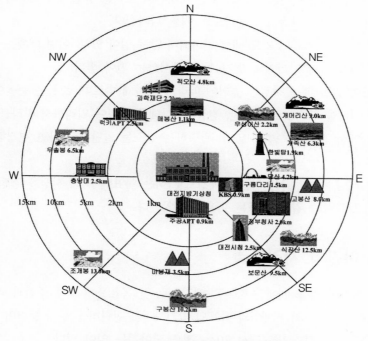

그림 14.2 시정도표의 한 예(대전 지방기상청)

③ 배경이 하늘이 아닌 것을 목표로 할 때에는 목표에서 배경까지의 거리가 관측점에서 목표까지 반절 이상되는 것을 선택한다.

④ 관측점에서 보아 목표의 시각이 0.5°보다 작을 때는 이것에 의해 관측한 시정은 너무 작은 값을 나타내므로 피하는 쪽이 좋다. 연필을 갖고 팔을 쭉 폈을 때, 그 직경의 시각은 대게 0.5°이다. 그러나 목표물의 수평방향의 시각이 5°보다 큰 것도 적당하지 않다. 즉 목표물의 크기로는 시각 0.5°~5°의 것이 좋다.

⑤ 수목·건물·굴뚝·탑 등은 근거리의 목표로 위에서 말한 조건에 적용시키는 일이 많지만, 각 방향 모두 충분한 수를 선택하는 일이 어려운 경우가 많다. 또 원거리의 목표는 조건을 만족하는 것이 더욱 적어, 할 수 없이 산이나 섬 등을 선택하지 않으면 안 된다. 그러나 어느 경우에도 가능한 한 조건에 가까운 것을 선택하도록 한다(그림 14.2).

목표에 의해 시정을 결정할 때에 주의해야 하는 일은

① 시정은 목표가 건물이라면 그것을 건물로 인정할 수 있는 거리를 취한다. 무엇인가 있다는 것을 알고 있어도 그것이 무엇인가를 알 수 없을 때는 시정은 그 목표의 거리보다 작다.

② 시정이 원근 2개의 목표의 중간에 있을 때에는 가까운 쪽의 목표의 윤곽의 선명도 등을 단서로 해서 추정한다.

③ 시정이 가장 먼 목표보다도 클 때 만일 그 목표가 뚜렷하게 보인다면, 시정은 그것보다 훨씬 크고 가물가물하게 보일 때에는 약간 큰 것으로 판단한다.

④ 목표가 전혀 없을 때는 지면이나 해면 또는 지평선의 보이는 방법 등으로부터 추정할 수밖에 없다. 그러나 이 경우, 관측치의 정확도는 훨씬 나빠진다.

⑤ 가까운 굴뚝에서 연기가 나오기도 해서 간파되지 않는 일이 있다. 이런 때에는 다소 관측하는 장소를 이동한다. 극히 가까이의 연기 등은 무시하는 편이 좋다.

⑥ 낮에 안개 등이 있을 때는 시정은 높이에 따라 현저하게 다르다. 보통은 눈높이(1.5 m 정도)의 수평방향 시정을 표준으로 하지만, 건물 등 장해물이 있어 멀리까지 바라볼 수 없는 곳에서는 옥상 등에서 관측할 수밖에 없다. 관측하는 장소는 일단 결정하면 변경하지 않는 쪽이 좋다.

⑦ 일출몰 시는 태양주위의 밝은 하늘을 배경으로 하는 목표에 의해 시정을 결정하면, 너무 큰 값을 나타내므로 그와 같은 목표는 이용하지 않는다.

14.2.3 야간의 시정관측

달빛 등으로 하늘이 밝을 때에는 하늘을 배경으로 한 목표물에 의해 주간과 거의 같이 해서 시정을 관측할 수 있다. 그러나 배경과 목표의 밝기차이를 판단하는 눈의 능력이 주간과 야간에는 다르므로, 주간의 시정과 비교해서 20 % 정도 작아지는 일이 있다.

밝기를 안 등불이 있을 때는 그것이 꼭 보이지 않게 되는 거리에서 시정을 추정할 수 있다. 그러나 전등이 보이지 않게 되는 거리는 전등의 밝기나 배경의 밝기 등에 의해 변하므로, 그대로 시정과 같지는 않다. 여기서 다시 한 번 코쉬미더의 법칙을 사용하도록 하자.

관측자에서 x의 거리에 있는 목표물의 주간에 있어서의 밝기를 B, 그 배경의 밝기를 B_0로 하면, x가 커짐에 따라서 B의 밝기는 지수적으로 B_0에 가까운 값이 된다. 이 관계는,

$$B = B_0(1 - e^{-\sigma x}) \tag{14.9}$$

로 나타낼 수 있다. σ는 대기의 혼탁정도를 나타내는 계수이다. 이것을 고쳐 쓰면,

$$\frac{B_0 - B}{B_0} = e^{-\sigma x} \tag{14.10}$$

이다.

좌변은 목표와 배경의 밝기의 비, 결국 명암비(明暗比, contrast)이다. 관측자에서 보아 목표가 검게 보일 때는 $B = 0$으로 명암비는 1이 되고, 배경과 같은 밝기일 때는 $B = B_0$로 명암비는 0이 된다. 목표물의 크기에도 의하지만, 명암비가 0.05 정도의 크기가 되면 인간의 눈은 밝기의 차이를 판별할 수 있다. 따라서 $(B_0 - B) / B_0$가 0.05가 되었을 때의 x가 시정이고, 이것을 V로 나타내면,

$$0.05 = e^{-\sigma v} \tag{14.11}$$

양변에 대수(對數, logarithm)를 취해 고쳐 쓰면

$$\sigma = \frac{1}{V} \ln \frac{1}{0.05} \tag{14.12}$$

가 된다. 이것이 시정과 대기의 혼탁상태와의 관계를 나타내는 식이다.

다음에 강도가 I cd의 광원에서 x의 거리에 있어서의 밝기를 생각하자. 빛의 강도는 거리의 제곱에 반비례하고, 또 대기의 혼탁 때문에 $\exp(-\sigma x)$에 비례해서 약해진다. 그래서 밝기가 어떤 값보다 작게 되면, 광원을 인정할 수가 없다. 이때의 거리를 r로 나타내고, 인정할 수 있는 한계의 밝기를 E로 나타내면,

$$E = \frac{I}{r^2} e^{-\sigma r} \tag{14.13}$$

이 식에 대수를 취해 고쳐 쓰면,

$$\sigma = \frac{1}{r} \ln \frac{I}{E r^2} \tag{14.14}$$

식 (14.12)와 식 (14.14)에서 σ를 소거하면,

$$V = \frac{r \ln \dfrac{1}{0.05}}{\ln \dfrac{I}{E\,r^2}} \qquad\qquad (14.15)$$

이 식을 이용하면, 어느 시정일 때, 밝기 I cd의 광원이 보이지 않게 되는 거리 r을 구할 수 있다. 인정할 수 있는 한계의 밝기 E는 주위의 밝기에 따라 다르고, 대체로 다음과 같은 값을 취한다.

- 박명(薄明) 시나 밝은 등화가 주위에 있을 때 : $10^{-6.0}$ lux[9]
- 달빛이나, 그다지 어둡지 않을 때 : $10^{-6.7}$ lux
- 어두운 밤이나, 또는 별빛 이외의 빛이 없을 때 : $10^{-7.5}$ lux

식 (14.15)을 기초로 실제로 등화를 이용해서 시정을 관측할 때에는 이것을 여러 가지 경우에 대해서 계산한 결과를 표나 그림으로 한 것을 이용한다. 그림 14.3a, b, c에 게재한 것은 이런 종류의 도표의 하나로 박명용·달빛용·어두운 밤용이 한 조가 되어 있다. 그림에 표시되어 있는 곡선은 빛이 보이지 않게 되는 거리로, 예를 들면 박명 시에 1 km의 거리에 있는 100 cd 광원이 보이지 않을 때는 a의 그림의 가로축의 100 cd가 1 km의 곡선과 교차하는 점을 보면 약 700 m이므로, 시정은 700 m로 추정된다. 이것이 만일 어두운 밤이라면 c의 그림에 의하면 시정은 400 m가 된다 (그림 14.3).

이들의 도표를 이용해서 관측할 때에 주의해야 하는 것은 목표의 광원은 집광되지 않는 백열전등으로 하는 것이다. 갓이 없는 보통의 전등은 이 조건에 맞는다. 간단한 갓을 씌운 가로등이나 형광등도 거의 이 조건에 가까운 것으로 생각된다. 역의 작업등 등은 반사경에 의해 집광되고 있으므로 좋지 않다. 또 빨간 전등이나 네온사인 등으로는 올바른 값을 얻을 수 없다.

전등의 와트수와 촉광의 관계는 전구의 종류나 사용시간수 등에 의해 차이가 있지만, 갓을 씌우지 않은 백열전등은 대체로 1 W가 1 cd에 해당한다.

실제의 관측에서 이용할 수 있는 전등은 가로등이나 기타의 집광되지 않는 옥외등이지만, 이상적인 목표의 광원을 다수 얻는 것은 어렵다. 그렇기 때문에 다소 조건에 맞지 않는 것을 참조용으로 취하는 경우도 나온다. 이용할 수 있는 광원은 그 밝기와 거리를 조사해서, 그것이 보이지 않게 될 때의 시정을 도표에 의해 박명용·달빛용·어두운 밤용에 대해서 구해, 시정목표도에 기입해 두면 좋다.

---

9) 럭스(lux) : 빛의 조도(照度, 밝기)를 나타내는 국제단위계(SI)로, 1 lux는 1 cd의 광원에서 1 m 떨어진 곳에 광원과 직각으로 놓인 면의 밝기이다. 또는, 1 m² 면적에 1루멘의 광속이 고르게 분포되어 있을 때의 표면의 밝기를 1럭스라고 하며, 기호는 1 lux로 표시한다. 루멘(lumen)도 국제단위계의 광속의 단위로, 1 lm은 1 cd의 점광원에서 입체각 1 sr(steradian) 내에 방사되는 광속을 의미한다.

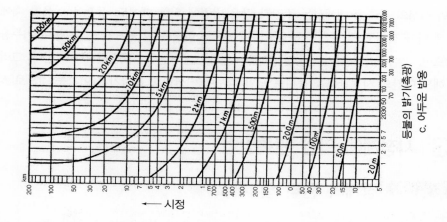

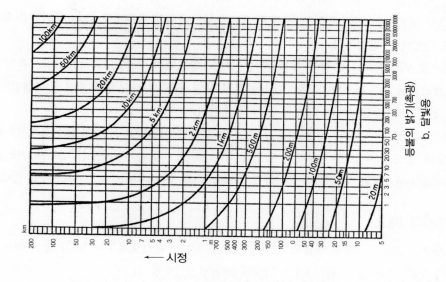

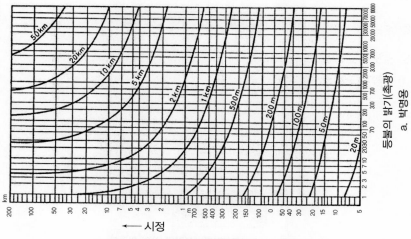

그림 14.3 등불에 의해 야간의 시정을 구하는 도표

야간의 시정의 관측에 대해서는 주간과 같은 방법에 의할 때에도, 등불을 이용할 때에도 관측 전에 밖에 나가 적어도 몇 분간은 눈을 어두움에 익숙하도록 할 필요가 있다. 눈이 어두움에 익숙하지 않으면, 코쉬미더의 식의 인정할 수 있는 한계의 밝기 E가 표준값보다 커진다. 그러나 어느 쪽으로 해도 야간의 시정관측을 목시로 행할 경우에는 상당히 오차가 들어가는 것으로 생각된다.

14.3 | 시정계에 의한 관측방법

14.3.1 시정계의 원리 및 개요

크게 구별하면, 시정계(視程計, visibility meter)의 원리에는 2 가지가 있다. 하나는 배경의 밝기와 목표의 밝기와의 비를 구하는 것이고, 또 하나는 대기의 불투명도 또는 투과율을 측정해서 시정으로 환산하는 방법이다.

망원경으로 배경과 목표에서의 빛을 받아 이것을 광도계(光度計, photometer)로 측정하는 방법과, 단계적으로 농도가 변하는 필터(filter)로 목표를 관찰해서 그것이 배경과 구별할 수 없게 될 때에 필터농도를 결정하는 방법은 전자에 속한다.

투과율을 결정하는 데에는 투광기에서 어떤 거리에 설치해 있는 수광기 내에 광전관 등을 설치하여 빛의 강도를 측정해서 원래의 강도에 대한 비를 취한다. 투과율의 대수를 거리로 나눈 것을 감쇠계수(減衰係數, 소산계수)라 하고, 코쉬미더의 이론에서는 σ로 나타내고 있다.

(1) 시정계의 개요

지상 기관관측의 시정계로 채용되고 있는 것으로 전방산란강도로부터 MOR을 구해 시정치로 하고 있다. 그의 외관을 그림 14.4에 나타내었다(전방산란방식).

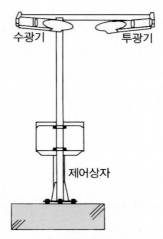

그림 14.4 시정계(전방산란방식)의 외관도

주의해야 할 일은 목측은 시정과 수치는 거의 같지만, 모든 방위의 시정의 최소치인데 반해서, 시정계는 투광기와 수광기와의 사이에 있는 공간의 산란광에서 환산하기 때문에 다른 경우가 있는 일이다.

(2) 측정원리

대기 중의 미립자에 입사한 광은 그 입자를 점광원으로 하는 형태로 모든 방향으로 산란한다. 산란광의 강함은 입사광의 파장과 입자의 크기와의 비와 입자물질에 따라 다르고, 또 산란방향에 따라서도 다르다. 지금 그림 14.5와 같이 조도 E의 평행광선이 산란 때문에 감쇠해서 거리 dx 의 곳에서 $E - dE$가 되었다고 하면, $-dE$는 dx와 E에 비례하기 때문에

$$-dE = bE\,dx \tag{14.16}$$

가 된다. 비례상수 b를 산란계수라 하고, 이 식을 적분하면,

$$E = E_0\,e^{-bx} \tag{14.17}$$

이 된다. 산란 이외에 빛의 흡수가 있는 경우는 더해서

$$E = E_0\,e^{-(b+c)x} \equiv E_0\,e^{-\sigma x} \tag{14.18}$$

으로 한다. c를 흡수계수, $b + c \equiv \sigma$를 소산계수라 한다.

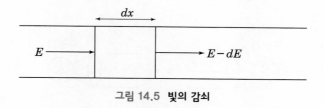

그림 14.5 **빛의 감쇠**

안개, 비 등의 일반적인 시정장해현상에 대해서 빛의 흡수는 적고 소산의 거의가 산란효과에 의해 일어나기 때문에 산란광을 측정하면 소산계수가 측정되는 것이 된다. 본 장치는 투광부에서 변조된 근적외 빔광(beam 光)을 측정대상 공간에 투사해 미소부유물로 산란된 빛 중 전방으로 산란된 빛을 수광부로 검출한다.

(3) 계측처리

계측처리(計測處理)는 투광기는 일정 주파수로 빛 펄스를 송출해서 측정공간으로부터의 전방 산란광을 수광기의 핀 포토다이오드[pin photodiode : 수광소자(受光素子)]로 전류신호(산란광의 강도에 비례)한다. 전류신호는 주파수로 변환되어 이것을 프로세서(processor, CPU)로 연산처리

해 시정(MOR)을 구한다. 또한 연산처리에는 전방산란 강도와 투과율계로 구한 MOR의 관계식을 이용해서 시정을 산출한다.

14.3.2 시정계의 측정방식

MOR(기상광학 거리)을 산출하는 방법은 빛을 공간으로 보내는 투광기와 이것을 받아들이는 수광기의 위치관계로 다음과 같은 3방식이 있다.

(1) 투과율방식

투과율방식은 그림 14.6과 같이, 투광기와 수광기를 정면으로 대치해서 설치하고 빛의 투과율을 측정해서 MOR을 산출한다.

투광기와 수광기의 간격[기본장(基線長)]은 측정범위에 있어서의 정밀도가 달라 기상관서에서는 보통 75 m나 152 m를 채용하고 있다. 본 방식은 긴 역사를 갖고 있는 RVR(활주로가시거리) 관측장치의 계측감지부로, 다음과 같은 특징이 있고 공항 등에서 널리 이용되고 있다.

■ 특징

① 대기의 투과율을 측정한다.
② 산란방식에 비교해서 측정공간이 넓다.
③ 오랜 사용실적이 있다.
④ 투광기와 수평기의 간격이 길고, 설치가 대규모이다.

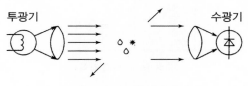

그림 14.6 투과율계의 원리

(2) 후방산란방식

후방산란방식(後方散亂方式)은 그림 14.7과 같이, 투광기(광원)에서 발사된 빛이 공간에서 산란되고, 산란된 빛 중 투광기 방향으로의 반사광(후방산란)을 수광기로 검출하는 것이다. MOR은 수광기로 받은 후방산란의 강도에 의해 검출한다. 단 산란의 강도와 MOR의 관계는 투과율계를 이용해서 미리 비교·교정해 둘 필요가 있다.

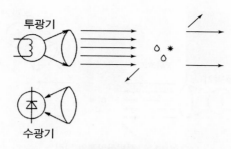

그림 14.7 후방산란계의 원리

또 투광기의 광빔(beam, 방향 지시 전파)의 방향 또는 수광기를 향하고 있는 방향에 물체가 있으면 반사광이 검출되어 버리기 때문에 설치하는 방향에는 아무 것도 없는 것이 조건이 된다 (그림 14.8).

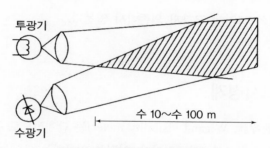

그림 14.8 후방산란계의 측정범위

본 방식은 MOR의 측정범위로 10 m~1 km 또는 100 m~10 km 범위의 주된 안개농도계, 안개탐지기로 사용되고 있다.

■ 특징

① 빛의 후방산란에 의한다.
② 시정장해현상의 입자분포에 의존한다.
③ 한 장소에 설치가능하다.

(3) 전방산란방식

전방산란방식(前方散亂方式)은 그림 14.9와 같이 투광기에서 공간으로 빛을 투사하고, 그 반대쪽에서 광원으로부터의 직사빔을 피한 경사전방에 설치한 산란광(전방산란)을 검출하는 것이다. MOR은 수광기에서 받은 전방산란의 강도에 의해 산출된다. 단, 산란의 강도와 MOR의 관계는 투과율계를 이용해서 사전에 비교·교정해 둘 필요가 있다.

본 방식의 가장 큰 특색은 검출되는 공간이 아주 작기(투수광기의 간격은 1 m 정도) 때문에 설치장소에 그다지 마음을 쓸 필요가 없는 일, 또 안개나 비 등의 시정장해 현상의 측정범위가

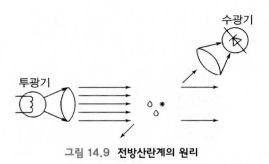

그림 14.9 **전방산란계의 원리**

넓은 것이다. 이 때문에 투과율방식에 비해 역사가 얇지만 위의 특성을 살펴서 이후 더욱 보급될 것으로 생각된다.

■ **특징**

① 빛의 전방산란에 의한다.
② 시정장해현상의 입자의 크기에 그다지 의존하지 않는다.
③ 한 장소에 설치할 수 있다.

14.3.3 비간드시정계

비간드시정계(‐ ‐ ‐ 視程計, Wigand visibility meter)는 단계적으로 농도가 변하는 반투명유리(frosted glass)를 통해서 목표를 보는 것이다. 이것을 이용하는 데에는 우선 하늘이 배경으로 되어 있는 검은색의 목표를 택해 들여다보는 구멍으로 눈을 맞추어 손잡이를 움직여서 점차로 짙은 유리를 통해 목표를 관찰하고, 꼭 배경과 목표가 판별할 수 없게 되었을 때의 번호를 읽는다. 반투명유리의 농도는 8종류가 있는데 계급번호는 14까지 있고, 홀수번호는 눈 분량으로 결정하도록 되어 있다(그림 14.10).

이 시정계를 이용해서 시정을 결정하는 데에는 미리 시정이 대단히 좋을 때를 선택해서 그 목표에 대한 최대의 계급번호를 구해 둔다. 이것을 a_m으로 나타낸다. 다음에, 어떤 관측 시에 구한 번호가 a라면, $(a_m - a)$는 그때의 대기의 혼탁정도를 나타내고, 목표까지의 거리가 x km일 때

그림 14.10 **비간드시정계**

는 $(a_m - a)/x$는 1 km당의 혼탁에 상당한다. 따라서 그 역수

$$V = \frac{x}{a_m - a} \qquad\qquad (14.19)$$

는 시정의 크고 작음을 나타내는 것이 된다.

　이 시정계에 이용되고 있는 반투명유리의 계급번호는 적당히 결정할 것이므로 V가 그대로 시정을 나타내는 것은 아니다. 비간드시정계에는 이 외에도 연속적으로 농도가 변하는 반투명유리를 장치한 것도 있다.

14.3.4 기타 시정계

　자동시정측정기(transmissometer)는 투과율을 측정해서 시정을 자동적으로 구하는 측기의 대표적인 것으로, **투과율계(透過率計)**라고도 부르고 있다. 정전압장치에 붙은 투광기에서 나온 빛의 빔은 수백 m 떨어진 수광기에 들어간다. 수광기는 가늘고 긴 통으로, 투광기 이외에서 오는 빛이 되도록 들어가지 않도록 되어 있다. 수광기의 제일 안쪽에 광전관이 장치되어 있어, 입사광의 강도에 반비례해서 정전압방전관의 방전간격이 변한다. 그래서 주파수계나 초시계로 방전횟수를 측정해서 입사광의 강도를 구한다. 한편, 시정이 대단히 좋은 경우의 입사광의 강도를 측정해 두면, 이것과의 비가 투과율이 된다. 또 하나의 방식에서는 광원에서 나온 광선의 후방산란을 수신해서 대기의 입자의 양을 결정하고, 그것으로부터 시정을 구한다. 이것을 헤이즈미터(hazemeter)라고도 한다.

　이런 종류의 시정계는 주로 비행기 등에서 사용되고 있고, 무선을 이용해서 원격식으로 기록할 수 있도록 제작되어 있는 것도 있다.

14.4 | 활주로가시거리의 관측장치

　활주로가시거리(滑走路可視距離, runway visual range, RVR : 14.1.2의 (8)항 참조)의 관측은 목측, 텔레비전, 측기에 의한 방법들이 있지만, 기상관서에서는 대기의 투과율을 측정하는 투과율계와 대기의 소산계수를 측정하는 전방산란계를 이용해서 행하고 있다.

　시정장해현상은 균일하게 분포하고 있다고는 할 수 없으므로, 활주로전장에 걸쳐서 관측을 행하는 것이 이상적이다. 그러나 RVR을 활주로 상에서 직접측정하는 것은 실제로는 불가능하므로 활주로중심선에서 옆으로 120 m 이내 및 활주로 끝에서 약 300 m의 접지대를 대표하는 부근에 설치한다. 더욱이 공항의 구분에 따라 중앙 및 접지대의 반대쪽에서도 관측을 하고 있다.

14.4.1 RVR의 산출방법

(1) 활주로등화를 대상으로 하는 RVR

활주로등으로부터의 광속은 대기를 통과할 때에 감쇠한다. 점광원으로부터 어떤 거리 r만큼 떨어진 곳의 조도는 다음 식으로 표현된다. 이 식을 아라드(Allard)의 법칙이라 부른다.

$$E = \frac{I}{r^2} e^{-\sigma r} \tag{14.20}$$

여기서, E : 조종사의 위치에 있어서의 조도

$\quad\quad$ I : 조종사의 방향으로의 광원의 광도

$\quad\quad$ σ : 대기의 소산계수

$\quad\quad$ r : 광원에서 조종사까지의 거리

투과율계[透過率計, transmissometer, 투과(透過, transmissivity)]는 투광기와 수광기의 간격[기선장(基線長)]의 투과율을 측정하는 것이어서 다음 식이 성립한다.

$$T = e^{-\sigma L} \tag{14.21}$$

또는

$$e^{-\sigma} = T^{\frac{1}{L}} \tag{14.22}$$

여기서, L : 기선장, T : 투과율이다. 식 (14.20) 및 식 (14.22)에서

$$E = \frac{I \cdot T^{\frac{r}{L}}}{r^2} \tag{14.23}$$

이다. 전방산란계는 투과율 대신에 소산계수를 측정하기 위해서는 식 (14.20)을 이용하면 된다.

빛이 보이기 위해서는 조도의 식별한계치(E_t) 이상의 조도로 눈을 비치지 않으면 안 되지만, 광원이 보이지 않게 되는 경우는 $E = E_t$이고, 이때의 가시거리를 R이라 하면 $r = R$ 이다. 따라서 식 (14.23)에서

$$E_t = \frac{I \cdot T^{\frac{R}{L}}}{R^2} \tag{14.24}$$

또는

$$E_t = \frac{I \cdot e^{-\sigma R}}{R^2} \tag{14.25}$$

이 된다.

식 (14.24)에서 조도의 식별한계치 E_t, 광원의 광도 I 및 기선장 L이 알려지면, 투과율을 측정함으로써, 또 식 (14.25)에서 조도의 식별한계치 E_t 및 I가 알려지면, 투과계수 σ를 측정하므로써 광원을 목표로 했을 때의 RVR을 구할 수가 있다.

또 E_t의 배경휘도(BGL : 등화를 본 경우의 배경의 밝기)에 의해 영향을 받는다. 그 관계는 표 14.2와 같다.

표 14.2 조도의 식별한계치와 배경휘도의 관계

구 분	조도의 식별한계치 E_t (lux)	배경휘도 (cd/m²)
밤	8×10^{-7} (또는 $10^{-6.1}$)	4~50
박명(일출몰 전후)	10^{-5}	51~999
보통의 낮	10^{-4}	1,000~12,000
눈부신 낮	10^{-3}	12,000 <

(2) 활주로표식을 대상으로 한 RVR

활주로표식과 같은 목표물은 하늘 또는 안개를 배경으로 한 명암비가 0.05이면 조종사가 조종실에서 확인할 수 있다고 생각된다. 만일 대기의 투과율 T 또는 소산계수 σ를 알고 있을 경우, 한정된 크기의 흑색 또는 암흑색의 목표물의 최대가시거리는 이 대비율로 계산된다(14.1.3 항 참조).

목표물이 마침 보이기 시작했을 때, ε을 조종사가 식별할 수 있는 대비의 식별한계치, 가시거리를 R, 투과율계의 기선장을 L로 하면, 14.1.3항의 식 (14.3) 및 14.4.1항의 식 (14.22)를 근본으로 해서 다음 식으로 나타낼 수가 있다.

$$\varepsilon = T^{\frac{R}{L}} \tag{14.26}$$

전방산란계의 경우는

$$\varepsilon = e^{-\sigma R} \tag{14.27}$$

으로 나타낼 수 있다.

14.4.2 투과율방식의 RVR 관측장치

투과율방식의 RVR 관측장치는 그림 14.11과 같이 투광부, 수광부, 배경휘도 측정부 및 처리제어부 등으로 구성되어 있다.

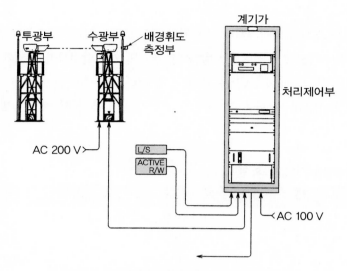

그림 14.11 **투과율방식의 RVR 관측장치의 구성도**

(1) 작동개요

투광기에서 수광기를 향해서 근적외선(파장 약 0.9 μm)을 투사하면 빛은 대기 중에 산재하는 비, 안개, 티끌과 먼지 등의 미소부유물에 의해 산란·흡수되고, 이들의 대기 중 농도에 비례해서 감쇠된 광량으로 된다. 투광기는 투사광량을 항상 일정하게 하기 위해 투사광의 일부를 감시해서 그 값이 일정하게 되도록 LED(발광 다이오드)의 구동전류를 제어하는 피드백계를 갖추고 있다.

수광기는 수광량을 전기신호로 변환하는 것인데, 입사광은 투광기에서부터 투사된 빛 이외에 태양광, 조명광 등 외래광이 포함되어 있다. 어둠의 빛 중에서 신호광만을 검출하기 위해 투광기로 LED의 구동전류를 제어해 투사광을 무작위 변조하고 있다.

수광기에는 포토다이오드(photodiode)로 수광량을 전기신호로 변환한 뒤, 동기검파(同期檢波)함으로써 신호광의 수광량에 비례하는 전기신호(투과율 0~100 %에 대응해서 직류 0~10 mA)를 얻고 있다.

또 수광기는 유닛(unit) 내에 모니터용 LED가 있어 투광기와 별도의 빛을 투사해 수광감도 등의 기능을 감시하고 있다.

또한 투광부 및 수광부는 옥외에 설치되기 때문에 비, 눈, 먼지의 침입을 방지해야 한다. 이 때문에 투수광부 모두 전방에 덮개(hood)를 설치함과 동시에 송풍기에 의해 후드 내에 안쪽에서 밖을 향해서 송풍(送風, 일정온도 이하는 온풍)을 하고 있다.

배경휘도 측정부(BGL meter)는 투광부 또는 수광부에 부착해 활주로 중앙방향의 배경휘도를 측정한다. 측정은 배경휘도 3~12,000 cd/m²에 대해서 광전변환소자에서의 출력을 직류 0~10 mA로 하고 있다.

옥외에서 측정한 투과율과 배경휘도신호는 신호변환부에서 디지털신호로 변환되어 옥내기기로 전송된다. 옥내의 처리제어부에서는 투과율, 배경휘도와 항공국에서의 활주로등 광도신호 (L/S) 또는 활주로 중심선 등 광도신호(C/S)에서 14.4.1항의 식 (14.24) 및 식 (14.26)을 이용해서 RVR을 구한다. 구한 값 중 큰 쪽의 값을 RVR의 관측치로 채용한다.

또한 투과율은 안개 등으로 급속히 변동하기 때문에 1분간 평균을 행하고 있다.

(2) 광도신호 기선장

RVR의 산출에는 광원의 광도 I가 필요하게 되며 14.4.1항에서 언급했지만, 보통은 활주로등의 광도(RVR이 350 m 이하는 활주로 중심선등의 광도)를 이용한다. 활주로등은 빔광이므로 중심에서 조금 떨어지면 광도는 급감한다. 이와 같이 조종사와 활주로등의 위치관계에 따라 다른 광도를 RVR 계산에 이용하는 것이 불가능하기 때문에 주로 빔의 평균광도 10,000 cd를 RVR 계산에 이용한다. 이것은 광도설정치(L/S) 5의 경우이지만, L/S 4, 3일 때는 각각 2,500 cd, 500 cd를 이용한다. L/S 2 이하는 3으로 간주해서 RVR을 연산한다.

또 점광원이 생기는 조도는 거리의 제곱에 반비례하므로, 광도를 높게 해도 가시거리는 그 정도로 커지지 않고, 농무(濃霧 : 짙은 안개) 등의 경우는 산란에 의해 배경휘도가 높아지고, 그 때문에 E_t 도 커져서 가시거리가 길어지지 않는다. 이 때문에 I 는 높아도 수만 cd 까지 밖에 사용되지 않는다.

투과율계의 측정정밀도는 일반적으로 ±2∼3 % 정도로, 이것은 측기 자체의 정밀도와 교정정밀도로 결정된다. 교정은 시정이 20 km 이상 일 때에 수광기 쪽에서 거의 100 %가 되도록 조정한다.

또 RVR의 측정오차는 투과율의 측정오차 외에 기선장 L과 밀접하게 관련되어 있다.

현재 기상청이 공항에 정비하고 있는 RVR은 기선장이 75 m와 152.4 m이다. 그림 14.12는

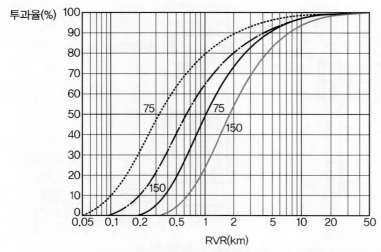

그림 14.12 기선장을 75 m 및 150 m로 했을 때의 투과율과 RVR의 관계
실선은 야간(광원 : 10,000 cd), 점선은 주간($\varepsilon = 0.05$)

기선장의 차이에 따른 투과율과 RVR의 관계를 나타낸다. 이것으로부터 알 수 있듯이 곡선의 경사가 급한 곳일수록 RVR의 관측정밀도가 높은 반면, 투과율 0 %와 100 % 부근에서는 RVR의 계산오차가 커진다.

이 때문에 $L = 75$ m의 투과율계에서는 RVR의 측정범위를 200 ~ 1,800 m로 하고, $L = 152.4$ m의 투과율계에서는 300~2,000 m로 하고 있다.

카테고리 Ⅰ과 Ⅱ의 공항에서 기선장이 다른 것은 이와 같은 이유에서이다.

14.4.3 전방산란방식의 RVR 관측장치

지금까지 기상청이 정비해 왔던 RVR 관측장치는 투과율방식이었는데, 14.3절의 시정계에서 기술한 데로 설치가 용이한 일이나 넓은 측정범위가 얻어진다는 일 등으로부터 전방산란방식으로 점차 경신해 가고 있다.

전방산란방식은 그림 14.13과 같이 옥외에 설치된 측기(투광부, 수광부, 배경휘도 측정부 등)와 옥내에 설치된 측기(처리제어부, 분기송신부 등)로 크게 구별된다.

대기의 소산계수 σ의 측정원리 등은 14.2.3항의 시정계(전방산란방식)와 같다. 이것에 BGL meter(BGL 미터배경휘도 측정부)에서 구한 E_t와 활주로등 광도신호 또는 활주로중심선등 광도신호를 더해 14.4.1항의 식 (14.25) 및 식 (14.27)을 이용해서 RVR을 구하고 있다. 측기의 교정은 수광기를 캡(cap)으로 덮는 '0' 점검과 시정이 20 km 이상일 때에 투수광기 사이의 교정용 산란만을 붙여서 규정치 내에 있는 것을 확인하는 'CAL' 점검을 수행한다.

다음에 소산계수를 구하기 위한 처리순서와 RVR의 표시에 대해서 언급한다.

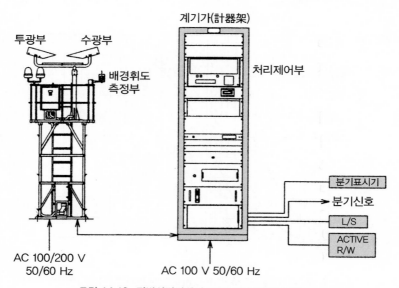

그림 14.13 전방산란방식의 RVR 관측장치구성도

(1) 소산계수 σ의 산출

전방산란계는 이제까지 말했듯이 투과율계 및 후방산란계에 비해서 검출공간이 극히 작으므로 공간에서의 비, 눈 등의 입자로의 적산평균효과가 작다. 이 때문에 1개의 빗방울도 아주 큰 신호가 되어, 그대로 전기적으로 적분해서 MOR로 환산하면, 투과율계 및 후방산란계에 비교해서 낮은 값을 나타내기 쉽다. 그렇기 때문에 광학적으로 시정장해현상의 종류를 판별해 보정을 해야 할 필요가 있다.

종류의 판별에는 다음과 같은 방식이 있다.

① 입자에 반사한 빛의 편광을 이용하는 방법[편광소산도법(偏光消散度法)]
② 광빔을 통과한 입자의 주파수분포를 이용하는 방법
③ 산란강도를 히스토그램화하는 방법

이들의 방법에서 구한 MOR과 투과율계에서 구한 MOR을 비교교정하는 것으로 올바른 MOR을 구할 수 있다. MOR이 구해지면, MOR $= 3/\sigma$에서 소산계수 σ를 구할 수 있다.

(2) RVR 등의 표시(통보)

안개는 시정장해를 일으키는 주된 요인이지만, 그의 발생기·소멸기에는 국지적인 변동이 크다. 이 때문에 WMO와 ICAO(국제민간항공기관)의 가이드라인에 따라서 통보식의 개정을 해, 기존의 1분간 평균 RVR 값 외에 다음 항목을 추가표시하기로 했다.

① 보통의 경우
- 10분간 평균치(1분마다의 이동평균)
- 10분간 내의 전반 5분과 후반 5분간의 평균치와 비교한 변화경향

    (U : Upward, D : Downward, N : No Change)

② RVR에 현저한 변동이 있을 경우

10분간 평균치와 그 10분간 내의 1분간 평균치를 비교해서 50 m 또는 20 % 이상의 어느 쪽인가 큰 쪽의 차가 있을 때이다.

- 10 분간 내에 있어서 1분값의 최대치와 최소치

    또 본 장치는 카테고리 Ⅲ의 공항에서도 운용할 수 있도록 표시범위와 표시치를 세분해서 다음과 같이 하고 있다.

50 m >	: M 50으로 한다.
50~800 m	: 50 m로 세분한다.
800~1,800 m	: 100 m로 세분한다.
1,800 m <	: P 1,800으로 한다.

    또한 RVR의 연산결과가 각 구분의 중간치가 될 경우는 중간치를 버려 하위의 구분으로 분류한다.

Chapter 15 방사(복사)

물체에서 방출되는 전자파를 총칭해서 **방사**(放射, radiation)라고 한다. 옛날에는 복사(輻射)라 했으나 방사로 개칭되었고, 또한 우리나라에서도 거의 모든 분야에서도 방사로 부르고 있다. 따라서 우리도 통일해서 방사로 쓰기로 한다. 전자파[電磁波, 전기자기파(電氣磁氣波, electromagnetic wave)]는 그림 15.1과 같이 X선, 자외선, 가시광선, 적외선, 전파 등의 명칭이 붙여져 있다.

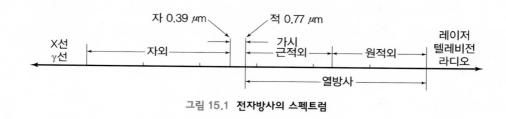

그림 15.1 전자방사의 스펙트럼

15.1 | 용어의 설명

15.1.1 방사의 기원에 관한 용어

(1) 태양방사

태양방사(太陽放射, solar radiation)는 태양기원의 방사를 뜻하며, 간단히 일사(日射)라고 한다. 대기 밖의 태양방사 에너지의 98 % 이상은 가시역을 중심으로 3 μm 이하의 파장영역에 포함된다(단파방사). 그 스펙트럼곡선은 흑체방사와 비슷하고, 태양상수를 $1.367 \pm 7 \, \text{kW} \cdot \text{m}^{-2}$(평균 1.96 cal/cm$^2 \cdot$ min) 으로 했을 때의 실효방사온도는 5,777 K이다(그림 15.2 보기). 태양방사는 대기에 진입한 후 공기분자나 수증기, 구름, 먼지 등에 의해 부분적으로 흡수·산란되어, 직사광 및 산란광으로 지표에 도달한다. 지표에 도달한 양의 일부는 거기서 흡수되지만, 나머지는 다시 대기로 반사된다.

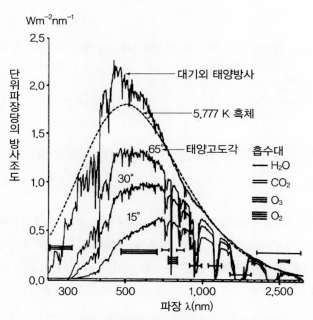

그림 15.2 태양방사조도의 파장별 분포(WMO, 1986)
대기 밖 태양방사 및 에어로졸을 포함하지 않은 대기에 대해서 계산한 태양고도별의 지상도달 태양방사
조도, 점선은 실효방사온도 5,777 K의 흑체방사이다.

(2) 지구방사

지구방사(地球放射, terrestrial radiation)는 지표나 대기에서의 열방사를 뜻한다. 대략 300 K
의 흑체방사로 근사하면 총에너지의 99.5 % 이상이 10 μm 부근을 중심으로 3~100 μm의 파장
영역에 포함된다(장파방사).

15.1.2 파장에 관한 용어

(1) 자외역

자외역(紫外域, ultraviolet region)은 0.4 μm 이하의 파장영역을 말한다. 더욱 세밀하게

- A영역 자외(UV - A) : 0.315~0.4 μm
- B영역 자외(UV - B) : 0.28~0.315 μm
- C영역 자외(UV - C) : 0.100~0.28 μm

로 구분한다. 0.315 μm 대신에 0.320 μm로 하는 경우도 있다.

(2) 가시역

가시역(可視域, visible region)은 0.4~0.73 μm의 파장영역을 말한다.

(3) 적외역

적외역(赤外域, infrared region)은 0.73 μm 이상의 파장영역이다. 더욱 장파장 쪽을 향해서

- 근적외 : 0.75~1.5 μm
- 중간적외 : 1.5~5.6 μm
- 원적외 : 5.6 μm~

등으로 구분하는 경우도 있지만, 그 경계파장은 꼭 통일되어 있지는 않다.

(4) 단파장방사

단파장방사(短波長放射, short-wave radiation)는 0.29~3 μm의 파장영역에 포함되는 방사를 의미한다. 지상에 도달하는 태양방사의 거의 전부가 여기에 포함되며, 지구방사의 영향은 무시할 수 있으므로 종종 태양방사(일사)와 같은 뜻으로 이용되고 있다. 0.29 μm 대신에 0.3 μm으로 하는 경우도 있다.

(5) 장파장방사

장파장방사(長波長放射, long-wave radiation)는 3~100 μm의 파장영역에 포함되어 있는 방사이다. 지구방사를 의미해서 사용하기도 한다.

(6) 전파장방사

전파장방사(全波長放射, total radiation, 전파방사)는 단파장방사와 장파장방사를 합해서 말한 것이다.

15.1.3 방사량에 관한 용어

(1) 방사속

방사속(放射束, radiant flux)은 방사에너지를 시간으로 나눈 것으로, 단위는 W(와트, watt, 단위시간에 행해지는 일의 양, 전력, J / s, m^2 kg/s^3) 이다.

(2) 방사조도

방사조도(放射照度, irradiance)는 방사로 쬐여지는 면이 단위시간·단위면적당 받는 에너지로 단위는 W·m^{-2}이다. 기상청에서는 일사에 의한 방사조도를 일사량의 순간치로 표기한다. 관습적으로 일사강도라고 하는 경우도 있다. 또 단순히 조도(照度, illuminance, 밝기)는 방사조도를 시각의 특성에 의해 평가한 밝기를 나타내는 측광량으로 방사조도와는 단순한 비례관계는 아니다.

(3) 방사적산량

방사적산량(放射積算量, radiant exposure)은 방사조도를 시간적분한 것으로, 단위는 $J \cdot m^{-2}$이다. 기상청에서는 일사에 의한 방사적산량을 일사량의 적산량으로 표기한다.

(4) 방사휘도

방사휘도(放射輝度, radiance)는 일정한 방향을 갖은 단위면적이 어떤 방향의 단위입체각 중에 방출하는 단위시간당의 에너지로, 단위는 $W \cdot m^{-2} \cdot sr^{-1}$이다[sr : 스테라디안, steradian : 입체각(solid angle)].

(5) 방사발산도

방사발산도(放射發散度, radiant exitance)는 방사휘도를 면의 방향의 반구 2π의 입체각영역으로 적분한 것으로, 단위는 $W \cdot m^{-2}$이다. 또 emittance는 exitance의 구용어이다.

(6) 방사강도

방사강도(放射强度, radiant intensity)는 방사원이 점으로 간주되는 상황에서 그 광원이 단위시간·단위입체각 중에 방출하는 에너지로, 단위는 $W \cdot sr^{-1}$이다.

15.1.4 전파방향에 관한 용어

전파방향(傳播方向, direction of propagation)에 관한 용어는 다음과 같다.

(1) 직달일사

직달일사(直達日射, direct solar radiation)는 태양방사 중 태양면에서 오는 직사광성분을 말한다.

(2) 산란일사

산란일사[散亂日射, diffuse(scattering) solar radiation]는 태양방사 중 태양면 이외의 하늘영역에서 오는 산란광성분을 말한다.

(3) 전천일사

전천일사(全天日射, global solar radiation)는 직달일사와 산란일사를 합한 것이다.

(4) 반사일사

반사일사(反射日射, reflected solar radiation)는 지표면에서 반사된 태양방사를 말한다.

(5) 하향방사

하향방사(下向放射, downward radiation)는 방사 중 하늘에서 지표를 향하는 연직성분으로 단파장, 장파장, 전파장 각각에 대해서 말한다. 예를 들면 장파장방사에 대해서는 하향 장파장방사(下向 長波長放射, downward long-wave radiation) 등과 같이 말한다.

(6) 상향방사

상향방사(上向放射, upward radiation)는 방사 중 지표에서 하늘을 향하는 연직성분으로 단파장, 장파장, 전파장 각각에 대해서 말한다.

(7) 순방사

순방사(純放射, net radiation)는 하향방사에서 상향방사를 뺀 성분을 말한다.

15.1.5 측정기에 관한 용어

측정기[測定器, measuring instrument, 측정기구(測定器具, measuring apparatus), 측정기 = 측기(測器, instrument)]에 관한 용어는 다음과 같다.

(1) 방사계

방사계(放射計, radiometer)는 일반적인 방사측정기를 의미한다.

(2) 직달일사계

직달일사계(直達日射計, pyrheliometer)는 직달일사의 입사방향에 대해서 수직인 면에서 직달일사에 의한 방사조도를 측정하는 기계이다. 산란일사를 차단하기 위해 원통모양으로 되어 있다. 이것으로 측정되는 양을 **직달일사량**(直達日射量)이라 한다.

(3) 전천일사계

전천일사계(全天日射計, pyranometer, 단파장일사계)는 윗방향의 수평면에서 전천일사에 의한 방사조도를 측정하는 측기이다. 이것으로 측정되는 양을 **전천일사량**(全天日射量)이라고 한다. 직달일사를 차단하는 장치와 함께 사용하면 산란일사량을, 수광면을 하향으로 하면 반사일사량을 측정할 수 있다.

(4) 장파장방사계

장파장방사계(長波長放射計, pyrgeometer, 적외방사계)는 수평면에서 장파장방사에 의한 방사조도를 측정하는 측기이다. 수광면을 상향으로 하면 하향 장파장방사량을, 하향으로 하면 상향

장파장방사량을 측정할 수가 있다.

(5) 전파장방사계

전파장방사계(全波長放射計, pyrradiometer, 全波放射計)는 수평면에서 모든 파장에 의한 방사조도를 측정하는 측기이다. 수광면을 상향으로 하면 하향 전파장방사량을, 하향으로 하면 상향 전파장방사량을 측정할 수 있다.

(6) 방사수지계

방사수지계(放射收支計, net radiometer)는 수평면에서 순방사에 의한 방사조도를 측정하는 측기이다. 상향수광면과 하향수광면을 한 쌍으로 한 것으로, 하향방사량보다도 상향방사량이 큰 경우는 출력이 음(-)이 된다. 단파장 방사수지계(短波長 放射收支計, net pyranometer, 전천 방사수지계), 장파장 방사수지계(長波長 放射收支計, net pyrgeometer), 전파장 방사수지계(全波長 放射收支計, net pyrradiometer)가 있다.

(7) 분광직달일사계

분광직달일사계(分光 直達日射計, spectral pyrheliometer)는 광학필터를 사용해 측정대상을 특정파장역으로 한정시킨 직달일사계이다. 파장별 직달일사계라고도 한다.

(8) 분광전천일사계

분광전천일사계(分光 全天日射計, spectral pyranometer)는 광학필터(filter)를 이용해서 측정대상을 특정 파장역으로 한정시킨 전천일사계이다. 파장별 전천일사계라고도 한다.

일반적으로 단파장방사를 측정하는 측기를 총칭해서 일사계(日射計, pyrheliometer, pyrano - meter, actinometer)라고 한다. 이에 대해서 장파장방사 및 전파장방사를 측정하는 측기를 방사계(放射計, radiometer)라고 하는 경우가 많다.

15.2 │ 방사의 관측

절대온도 0 K 이상의 온도를 갖는 모든 물질은 분자 및 원자의 진동 또는 회전에 의해 생기는 방사에너지(전자파의 일종으로 절대온도 4제곱에 비례하는 스테판 - 볼츠만의 법칙 : 소선섭·소은미의 역학대기과학, 교문사, 제7장 대기방사 참조)를 발생한다. 방사는 그 진로에 존재하는 물질에 의해서 산란, 반사, 흡수가 일어나는데, 방사에너지를 흡수한 물질은 그 원자 구조 속에서 진동 또는 회전을 일으켜 열을 발생하며, 다시 그 온도에 대응하는 방사에너지를 사출(射出)한다.

자연계에 존재하는 최대의 방사원은 태양이고, 태양에서 사출되는 방사를 태양방사(간단히 일사 또는 단파방사로도 불린다)라고 한다. 태양방사는 대략 5,800 K의 흑체방사(黑体放射, blackbody radiation)[10]로, 근사되어 그 파장영역은 0.25 μm 이하의 자외영역에서 25 μm 이상의 적외영역에 미치지만, 통상의 일사관측에서는 전 태양방사 에너지의 약 97 %가 포함되는 0.29 μm~3 μm의 파장영역이 관측대상으로 되고 있다.

대기 중에 입사한 태양방사는 지구대기계를 가열하는 한편, 지구대기계도 우주공간을 향해서 그 온도에 상당하는 지구방사 에너지를 사출하고 냉각함으로써 방사에너지수지를 거의 일정하게 유지하는 작용을 하고 있다. 이중 대기가 사출하는 방사를 **대기방사**(또는 하향 장파방사), 지구가 사출하는 방사를 **지구방사**(또는 상향 장파방사)라고 한다. 이들을 총칭해서 **장파방사** 또는 **적외방사**라고 하지만, 일사와 구별해서 간단히 **방사**라고 하는 일도 있다.

지표에서 고도 약 80 km까지의 대기의 온도는 약 50~ -80 C의 사이에 있다. 이 온도에 대응하는 흑체방사의 파장영역은 약 4~100 μm이다.

대기를 구성하는 주된 기체인 질소, 산소, 아르곤은 이 파장영역에 있는 방사를 흡수하지 않지만, 오존, 탄산가스, 수증기는 다음의 파장영역에 흡수대를 갖고 있어서 이 파장의 적외방사를 흡수하고, 또 스스로 사출하고 있다.

- 오 존 : 9~10 μm
- 탄산가스 : 12~18 μm
- 수 증 기 : 5~ 8 μm, 20 μm <, 그 외 약한 흡수대 다수

대류권에서는 수증기의 영향이 가장 크지만, 성층권의 하부에서는 오존, 탄산가스가 같은 정도로 영향을 미치고 있다. 또 지표나 구름도 그 표면온도에 상당하는 흑체방사를 사출하므로 지표 부근에서는 이들을 일괄한 하향장파방사와 상향장파방사가 존재한다. 열수지의 연구에는 일사만이 아니고 지표가 사출하는 이들의 장파방사의 관측이 상당히 중요하다. 또한 단파방사와 장파방사를 더한 것이 전파방사(파장영역은 0.3~100 μm, 全波長放射, total radiation)이고, 지표면이 취하는 순방사(純放射)를 방사수지라고 한다.

위의 각각에 대해서 다음과 같은 관측종목이 있다.

① **단파방사** : 직달일사, 산란일사, 전천일사, 지표반사일사, 단파방사수지
② **장파방사** : 하향장파방사, 상향장파방사, 장파방사수지
③ **전파방사** : 하향전파방사, 상향전파방사, 전파방사수지

---

10) 흑체방사 : 모든 물체는 그 온도에 대응하는 방사를 사출하는데, 모든 파장에 대해서 그 온도에서 이론적으로 가능한 최대 에너지를 사출한다. 또는 입사하는 모든 사출을 완전히 흡수한다. 이런 물체를 흑체(黑體, blackbody)라고 한다. 이와 같은 물체로부터 사출을 흑체방사(黑体放射, blackbody radiation)라고 한다. 완전한 흑체는 존재하지 않으나, 흡수율 또는 사출율이 거의 1에 가까운 물체는 일반적으로 흑체로 취급하는 일이 많다.

15.2.1 관측방법

본 항에서는 앞에서 언급한 것 중 장파방사 및 전파방사의 관측에 대해서 설명한다. 단파방사(일사) 관측 및 일사계에 관해서는 일사의 장에서 기술되었다.

(1) 전파방사의 관측

전파방사는 하향·상향성분 모두 **전파방사계**(全波放射計, pyrradiometer, 전파장방사계)를 이용해서 직접 측정하는 방법과 적외방사계(赤外放射計, pyrgeometer, 장파장방사계)를 이용해서 측정하는 장파방사와 전천일사계(全天日射計, pyranometer, 단파장일사계)를 이용해서 측정하는 단파방사의 합으로 계산에 의해 구하는 방법이 있다.

- 하향전파방사＝하향장파방사＋전천일사
- 상향전파방사＝상향장파방사＋지표반사일사

그림 15.3은 거의 하루 종일 쾌청하였던 전파방사의 관측결과의 한 예이다. 실선은 하향전파방사, 파선은 상향전파방사, 점선은 전파방사수지이다. 하향전파방사와 상향전파방사는 적외방사계를 이용해서 측정한 장파방사(그림 15.5)와 전천일사계를 이용해서 측정한 단파방사(그림 15.4)의 합으로, 또 전파방사수지는 하향전파방사와 상향전파방사의 차로서 각각 계산에 의해 구한 것이다. 전파방사수지(全波放射收支)는 단파방사(일사)가 존재하는 낮 중은 양(＋)의 값이지만, 야간에는 음(－)의 값이 되어 있다.

참조로 그림 15.4에 같은 날의 단파방사의 관측결과도 표시해 둔다. 실선이 하향단파방사(전

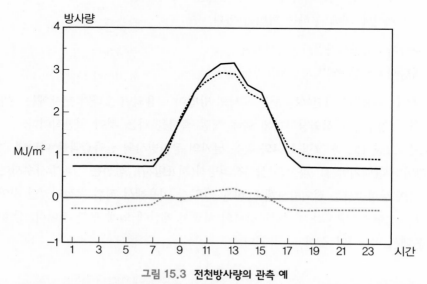

그림 15.3 전천방사량의 관측 예

실선은 하향전파방사량, 파선은 상향전파방사량, 점선은 전파방사수지량이다. 세로축의 값은 1시간 적산치로, 단위는 MJ/m²이다.

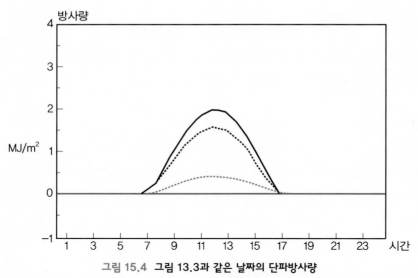

그림 15.4 그림 13.3과 같은 날짜의 단파방사량

실선은 하향단파방사량, 파선은 상향단파방사량, 점선은 단파방사수지량이다. 세로축의 값은 1시간 적산치로, 단위는 MJ/m²이다.

천일사), 파선이 상향단파방사(지표반사일사), 점선이 단파의 방사수지이다. 단파방사수지는 전천일사와 지표반사일사의 차이이기 때문에 낮 동안은 양(+)의 값이고, 밤에는 0(zero)이 된다.

(2) 장파방사의 관측

장파(적외)방사[長波(赤外)放射]는 하향·상향성분과 함께 적외방사계를 이용해서 직접 측정하는 방법과, 전파방사계를 이용해서 관측하는 전파방사와 전천일사계를 이용해서 관측하는 단파방사의 차로서 계산에 의해 구하는 방법이 있다.

- 하향장파방사 = 하향전파방사 – 전천일사
- 상향장파방사 = 상향전파방사 – 지표반사일사

적외방사계가 개발되기 이전에는 줄곧 후자의 방법이 이용되어 오다가 현재에는 정밀한 관측을 필요로 하는 경우에는 적외방사계에 의해 직접 측정을 하는 것이 일반적이다.

그림 15.5는 그림 15.3과 그림 15.4와 같은 날짜의 장파방사의 관측결과를 나타낸 것이다. 실선은 하향장파방사(대기방사), 파선은 상향장파방사(지표방사), 점선은 장파방사수지이다. 하향장파방사와 상향장파방사는 적외방사계(Eppley PIR)를 이용해서 직접 측정되었던 것이고, 장파의 방사수지는 상향장파방사와 하향장파방사의 차로서 계산에 의해 구한 것이다. 장파방사수지는 1일을 통해서 음(–)의 값이 되어 있다.

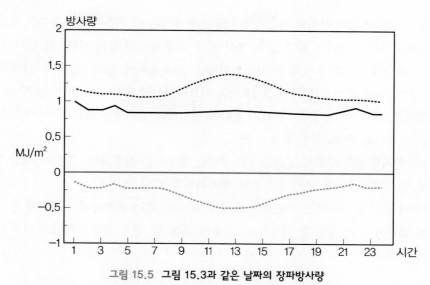

그림 15.5 **그림 15.3과 같은 날짜의 장파방사량**

실선이 하향장파방사량, 파선이 상향장파방사량, 점선이 장파방사수지량이다. 세로축의 값은 1 시간 적산값으로, 단위는 MJ/m^2이다.

(3) 방사수지의 관측

하향방사 또는 상향방사 그것보다도 지표가 받는 순방사량이 문제가 되는 경우에는 방사수지의 관측을 한다. 단순히 방사수지라고 하는 경우에는 일반적으로 전파방사수지를 가리키는 일이 많지만, 목적에 따라서는 단파방사수지 또는 장파방사수지를 관측대상으로 하는 일이 있다. 방사수지의 관측방법은 이하와 같다.

- 전파방사수지 = 하향전파방사 − 상향전파방사
- 장파방사수지 = 하향장파방사 − 상향장파방사
- 단파방사수지 = 전천일사 − 지표반사일사

이중 전파방사수지는 일반적으로 방사수지계(放射收支計, net pyrradiometer)에 의해 직접 측정된다.

15.2.2 방사계의 설치조건

(1) 상향방사의 측정에 사용하는 방사계

상향방사 관측에 사용되는 방사계는 금속제의 막대, 앵글 등을 준비해서 감부를 수평·하향으로 해서 설치한다. 설치하는 높이는 관측대상으로 하는 지표면의 대표성이 얻어지는 높이로 한다. 감부는 지표면에 너무 가까이 하면 방사계의 그늘이 관측치에 크게 영향을 미치고, 너무 높게 하면 지표면과 감지부(sensor) 사이의 기층에서의 방사가 가해져 이 기층에서의 흡수의 영향이 나타나기 때문에 대표성이 상실되는 일이 있다. 통상 잔디 등의 높이의 짧은 식생으로 덮여 있는 관측노장에서는 지표면에서 1.5~3 m의 높이로 설치한다. 3 m 높이에 설치하는 경우 관측된 방사량의 90 %는 감부직하를 중심으로 한 직경 18 m의 지표면에서의 방사이고, 97 %는 27 m, 99 %는 60 m의 지표면으로부터의 것이다. 1.5 m의 높이에 설치하는 경우에는 위의 값은 각각 90 %에서 9 m, 97 %에서 13 m, 99 %에서 30 m가 된다.

전파방사와 단파방사의 차로서 장파방사를 구하는 경우에는 사용하는 전파방사계와 전천일사계는 가능한 한 같은 장소에 같은 조건으로 설치하도록 한다.

지표면에서의 방사를 관측하는 것이므로 땅의 풀로 덮여 있는 표면상에서 주위에 큰 장해물이나 가까이에 열원이 없는 장소를 선택하고, 건물의 옥상 등 인공 표면상에서의 설치는 가급적 피할 필요가 있다.

(2) 하향방사의 측정에 사용하는 방사계

하향방사도 상향방사와 같은 장소에서 관측하는 것이 바람직하다. 그러나 하향방사관측의 경우에는 전 하늘로부터의 방사를 측정하기 위해 천공개방도가 중요하게 된다. 설치장소로는 수광면에서 본 고도각 5° 이상의 장해물이 없고 전방으로 열린 장소가 이상적이지만, 금일에서는 지상에서 이와 같이 이상적인 장소를 확보한다는 것이 거의 불가능하기 때문에, 하향방사는 측기를 건물의 옥상이나 폴 위에 설치해서 관측하는 일이 많다. 이 경우에도 장해물이나 열원에서 가능한 한 떨어진 장소를 선택할 필요가 있다.

(3) 방사수지계

방사수지계(放射收支計)는 특성·형상이 같은 수광면을 상하로 준비해, 하향방사와 상향방사의 차를 직접적으로 측정하도록 되어 있다. 따라서 설치장소로는 앞의 (1), (2)에서 나타낸 조건을 겸비한 장소가 바람직하다.

15.3 | 방사계

방사가 갖는 에너지를 계측에 적합한 에너지형태(열, 전기 등)로 변환하는 감지부를 준비한 측기가 **방사계**이다. 전자계측기술이 진보한 현재에는 출력으로서 자동계측에 적당한 전기신호를 얻는 것이 유리하고, 더욱 일상적인 관측에서 적산량을 측정하기 위해서는 연속적인 출력을 얻을 필요가 있다. 또 광대역의 방사를 측정하는 방사계는 측정파장영역 전체에 걸쳐서 균일한 감도특성을 갖고 있는 것이 중요하다. 이 목적을 위해서는 열전퇴식[11]의 방사계가 널리 이용되고 있다.

방사계에는 전파방사계와 적외방사계가 있는데, 그 주된 상위점(相違点)은 측정파장영역에 있고 기본적인 측정원리는 거의 같다. 양자 모두 지구방사나 대기방사와 같이 장파방사를 측정하기 위한 측기로 전파방사계는 대략 $0.3{\sim}60~\mu m$ 방사를 검출할 수 있는 한편, 적외방사계는 필터로 단파방사를 차단해 장파방사(약 $4{\sim}60~\mu m$)만을 검출할 수 있도록 되어 있다. 개구각(開口角)은 전천일사계와 같이 $2\pi sr$이다.

15.3.1 전파방사계

전파방사계(全波放射計, pyrradiometer, 전파장방사계)에는 풍방형(風防型)과 통풍형(通風型)의 2종류의 형태가 있다.

(1) 통풍형 방사계

풍방(風防)이 없는 **통풍형 방사계**(通風型放射計)는 미국 캘리포니아대학의 Gier and Dunkle가 고안하였으며, Beckman – Whitley사에 의해 제품화된 방사계로 유명하다. Gier and Dunkle형의 방사계는 통풍형 방사계 또는 제품회사의 이름을 기념하여 Beckman형 방사계라고 부르기도 한다.

그림 15.6은 Gier and Dunkle형 방사계의 감지부를 모형적으로 간략화해서 표시한 것이다. 감부는 두께 0.04 cm로 면적은 11.43 cm × 11.43 cm의 3장의 페놀수지(Bakelite = Phenol resin, 합성수지의 일종)판으로 구성되어 있다. 3장 중 한가운데의 것은 열전퇴를 지지하기 위해서 직사각형으로 구멍이 2개 뚫려 있다. 다른 2장은 열전퇴의 보호와 보강의 역할을 하고 있다. 열전퇴는 직사각형의 페놀수지판에 0.06 mm의 콘스탄탄(constantan : 니켈과 구리의 합금의 상품명)선을 코일상으로 180번 감아 그 반을 은도금한 것이다. 출력을 높이기 위해 이와 같은 열전

---

11) 열전퇴, 열전대 : **열전퇴**(熱電堆, thermopile)는 열에너지를 전기에너지로 변환하는 전기부품이다. 열전퇴는 복수의 열전대를 직렬 또는 병렬로 접속한 것이다.
　　열전대(熱電對, thermocouple, thermo – junction)는 회로 내에 2개의 다른 금속 또는 반도체의 접합점을 갖는 탐침(探針)과, 기준온도로 유지되는 제2의 접합점을 갖는 온도측정장치이다. 기전력(起電力)은 2개의 접합점 사이의 온도차에 비례한다.
　　단독의 열전대에서 얻어지는 출력전압은 충분한 용량을 갖지 못하므로, 열전식의 일사계에는 열전퇴가 이용되고 있다. 열전퇴는 열전대를 직렬접속하는 것이 일반적이다. 열전대를 직렬접속하는 목적은 출력전압을 증기시키는 일과, 온도를 공간적으로 평균하기 위해서이다.
　　열전퇴는 절대온도를 측정하는 것이 아니고, 국소적인 온도차 또는 온도기울기에 비례하는 전압을 출력하는 것이다. 열전퇴는 의료분야에서 귀에서 체온을 측정하기 위해서 이용되고 있는 적외방사온도계의 주요부품이다. 또 열유량계에도 널리 이용되고 있다.
　　열전퇴의 감열부분에 열방사를 흡수시키면, 그 부분은 주위보다도 고온이 된다. 그때의 주위와 감열부분의 온도차를 이용해서 열방사를 측정한다. 몇 개의 작은 열전대를 직렬연결하고, 그것을 차바퀴의 바퀴살(spoke)과 같은 형태로 해서, 그 차축에 해당되는 위치에 온접점(溫接点, hot junction)을 집중시켜, 그것을 감열부분으로 한다. 한편, 냉접점(冷接点, cold junction)은 그다지 온도의 변동이 되지 않는 감부 내부에 접속시켜 둔다. 이렇게 해서 감열부분과 감지부 내부의 온도차를 복수의 열전대로 측정하고 있다. 개개의 열전대의 미약한 출력전압은 직렬접속에 의해 가산되어, 열전퇴 전체로서는 단독의 열전대보다도 큰 출력전압을 얻는 구조로 되어 있다.

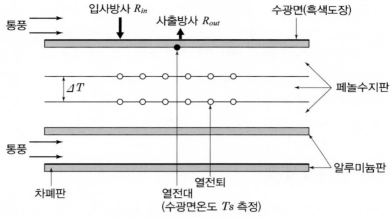

입사방사 R_{in} 사출방사 R_{out} 수광면(흑색도장)

통풍

ΔT 페놀수지판

통풍

알루미늄판

차폐판 열전대 열전퇴
(수광면온도 Ts 측정)

그림 15.6 **통풍형 방사계 감부의 개략도**

퇴가 2조 직렬로 접속되어 이용되고 있다. 이 열전퇴를 한 가운데의 페놀수지판의 구멍에 끼워 넣고 다른 두 장의 페놀수지판으로 샌드위치상으로 끼워 열전퇴의 지지와 보강이 행하여진다. 더욱이 상하 양쪽이 알루미늄판으로 덮여져 있다. 이중 윗쪽의 알루미늄판은 흑색도장해서 수광면으로 되어 있는데, 알루미늄판을 사용해서 열용량을 늘림으로써 단주기의 변동을 완화하는 역할도 수행하고 있다. 아래쪽의 알루미늄판은 아래에서 오는 방사를 차단해 스스로 사출하는 방사를 최소로 하기 위해 잘 닦여져 있다. 아래쪽에는 더욱 바깥면을 잘 닦고, 내면은 흑색도장한 차폐판이 붙여져 있다.

수광면에 입사한 방사에너지는 수광면에서 흡수되어 열에너지로 변환되기 위해 열전퇴를 낀 상하의 페놀수지판 사이에 온도기울기가 생긴다. 페놀수지판을 통해 흐르는 열류는 입사방사 (R_{in})와 감부에서 사출방사(R_{out})의 차 $\Delta R (= R_{in} - R_{out})$에 비례하고, 양면의 온도차($\Delta T$)에도 비례하므로 열전퇴의 출력을 측정함으로써 수광면 상에 있어서 ΔR을 알 수가 있다. 따라서 실제로 수광면에 입사하는 방사량을 구하는 데에는 열전퇴출력에서 구한 방사량(= ΔR)에 감부로부터의 사출방사량을 더할 필요가 있다.

수광판 자신이 사출하는 방사량은 온도 T인 물체에서 사출되는 방사량은 T^4에 비례한다고 하는 스테판－볼츠만(Stefan－Boltzmann)의 법칙에 따라서 방사계의 수광면온도로부터 계산에 의해 구할 수 있다. 따라서 측정할 때에는 열전퇴출력과 동시에 수광면온도의 측정도 필요하게 된다. 수광면온도 측정용의 열전대는 이 때문에 붙여져 있다.

이 외에도 전도에 의한 열손실이 있지만 이것은 강제통풍하든가, 풍방을 부착함으로써 일정하게 유지될 수 있다고 생각하므로, 전도에 의한 열손실에 대한 보정항은 검정상수에 포함되어 있다고 생각한다.

열전퇴식의 방사계라면 타입이 달라도 측정원리는 같고, 전파방사계를 이용해서 측정되는 전파방사량은 기본적으로 다음 식에 의해 구해진다.

$$R_{in} = \sigma T_s{}^4 + \frac{E}{K}$$

(15.1)

여기서, R_{in} : 방사량(Wm^{-2})

σ : 스테판 – 볼츠만의 상수$(5.67 \times 10^{-8}\ \text{Wm}^{-2}\,\text{K}^{-4})$

T_s : 절대온도로 측정된 수광면온도(K)

K : 측기의 검정상수(mV/Wm^{-2})

E : 열전퇴출력(mV)

　통풍형의 방사계는 풍방을 사용하지 않고 있으므로 방풍재료의 투과특성에 의한 영향이 없어 본질적으로 우수한 광학적 성능을 가지고 있다. 그러나 열류계의 원리에 근거해서 설계된 감부수광면이 공기 중에 쬐여지고 있기 때문에 주변 공기로의 열손실에 의한 오차가 생기기도 하고, 바람의 영향을 받아서 출력이 불안정하게 된다고 하는 결점이 있다.

　풍동실험에 의하면 이 측기의 바람에 의한 영향은 풍속 5 m/s까지의 사이에서 최대 4 %였다. Courvoisier(1950)나 Gier and Dunkle(1951)은 수광면 상에 일정풍속의 바람을 보내 '에어커튼'을 침으로써 이 문제를 극복하는 것을 시험해 바람에 의한 영향을 크게 감소시킬 수 있었다. 또 이 통풍은 수광면에 먼지가 달라붙는 것을 막는 데에도 도움이 된다. 그러나 이들의 측기는 전천후형이 아니므로 우천일 시에는 사용할 수 없다.

(2) 방풍형 방사계

　방풍형 방사계[風防型放射計, 방풍(防風)은 바람을 막음]는 통풍형 방사계의 결점을 보충하는 것으로, Schulze(1953)는 전천일사계에서 사용하는 유리돔 대신에 폴리에틸렌 돔을 사용하므로써 약 60 μm까지의 장파방사를 측정할 수 있는 방사계를 개발했다. 폴리에틸렌은 3.5, 7.14 μm 부근에 그 유기구조(有機構造)에 의해 몇 개의 좁은 흡수대를 가지고 있지만, 전파장영역에 걸쳐서 대단히 양호한 투과특성을 가지고 있다. 그림 15.7에 폴리에틸렌의 돔의 투과율[12]을 나타내었다. 이들 흡수대의 영향을 가능한 작게 할 목적으로 아주 얇은 폴리에틸렌돔이 사용되고 있다. 이와 같이 얇은 폴리에틸렌돔은 그 자체로 반구상으로 유지할 수 없기 때문에 측정 시에는 돔 내에 건조공기를 송풍해서 내압을 걸어 둘 필요가 있다. 현재 사용되고 있는 방사계는 거의가 방풍형의 방사계이다.

---

12) 투과율 : 투과율(透過率, transmittance)이란 전자파 등이 물질층에 입사하면, 흡수나 산란을 받아서 감쇠한다. 이중 흡수·산란을 받지 않고 돌파해서 빠져나간 전자파의 강도는 입사 시의 강도에 대한 비율을 의미한다. 참조그림 15.1은 지구대기의 대략적인 투과율을 나타낸다.

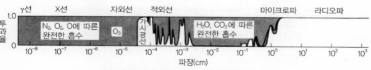

참조그림 15.1 **파장별 지구대기의 투과율**

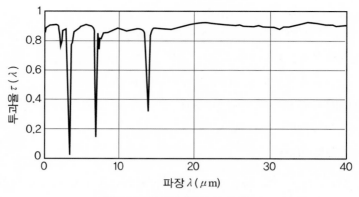

그림 15.7 폴리에틸렌 돔의 투과특성

그림 15.8은 풍방형의 전파방사계의 감부를 모형적으로 간략화해서 표시한 것이다. 폴리에틸렌돔을 통해서 감부에 입사한 방사에너지는 수광면에서 흡수되어 열에너지로 변환되어 수광면과 히트싱크(heat sink) 사이에 온도기울기가 생긴다. 수광면[온접점(溫接点)]과 히트싱크[냉접점(冷接点)] 사이에 부착된 열전퇴에 의해 양자의 온도차에 대응하는 열기전력(熱起電力)이 출력된다. 감부를 구성하는 각 부분은 방사에너지에 거의 비례한 안정한 출력이 얻어질 수 있도록 설계되었다. 히트싱크는 수광면에 비해서 열용량이 큰 물체 내의 금속덩어리가 이용되고 있다. 수광면은 흡수율이 높은 흑색도료로 도장(塗裝)되어 있다.

방풍돔은 바람에 의한 영향을 제외하는 이외에도 수광면을 먼지의 부착이나 비로부터 보호하는 역할을 담당하고 있다. 또 폴리에틸렌돔은 품질이 저하하는 일 또는 손상을 입었을 경우는 간단히 교환할 수 있도록 되어 있다. 폴리에틸렌돔을 사용한 풍방형 방사계라도 무풍상태에서 풍속 2~3 m/s 사이에서와 유사한 감도의 풍속으로의 의존성이 인정되고 있다(M. Kano et al., 1973). 또 폴리에틸렌돔의 더러움이나 수적, 서리 등의 부착도 측정정밀도의 저하에 연결된다.

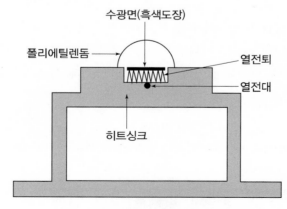

그림 15.8 방풍형 방사계 감부의 개략도

이들의 문제를 해결하기 위해서 풍방돔 전체를 강제통풍하는 일이 많다. 인공통풍을 채용하는 경우에도 자연의 바람을 누를 만큼의 강함이 필요하다. 통풍이 너무 약하면 약한 바람일 때에도 변동이 많은 불안정한 기록을 나타내며, 너무 강하면 감도가 저하하므로 적당한 강도를 선택하도록 한다.

방사계의 방풍돔에는 장파방사가 투과하는 재료를 사용하는 것은 당연하지만, 이 일은 반대로 수광면 자체가 사출하는 장파방사의 일부가 돔을 통과해서 외부로 잃어버려 열손실이 생기는 것을 의미하고 있다. 대기 또는 지표에서 사출되는 장파방사량을 바르게 관측하는 데에는 이 일을 고려할 필요가 있는 것은 통풍형 방사계의 경우와 같다. 방풍형 방사계에서 측정되는 전파방사량도 식 (15.1)에 의해 구해진다.

전파방사계의 큰 결점은 장파방사뿐만 아니고 단파방사에 대해서도 감도가 있는 것이다. 통상 전파방사계의 검정은 뒤에서 설명하는 것처럼 장파의 방사원을 이용해서 행하여지기 때문에 전파방사계를 단파방사가 존재하지 않는 밤에 한해서 사용하는 것은 문제가 없으나, 낮 중에 장파방사를 전파방사와 단파방사의 차감연산에 의해 구하는 경우에는 방사계와 일사계의 측기의 특성이나 검정방법의 차이에 기인하는 상당한 오차를 동반한다.

또한 현재에는 전파방사계는 방사수지계와 공용할 수 있는 형태의 것이 일반적으로 이용되고 있다.

15.3.2 적외방사계

전파방사계의 결점을 제거하기 위해 Drummond et al.(1968)에 의해 장파(적외)방사만이 투과하는 방풍돔을 이용한 적외방사계(赤外放射計, infrared radiometer)가 개발되었다. 수광면에는 Parson's Optical Black Lacquer로 흑색도장된 직경 19 mm의 플라스틱필름을 사용해서 수광면과 히트싱크 사이에 100 대의 열전대로 형성된 열전퇴가 부착되어 있다. 직경 50 mm의 반구돔은 KRS-5[옥화(沃化)탈륨, Tl I · 취화(臭化)칼륨, KBr 화합물을 사용]로 만들어져 내부는 4-50 μm의 파장영역의 방사를 투과하는 간섭필터가 되는 재질을 여러 층으로 증착[蒸着 : 진공 중에서 금속을 가열 · 증발시켜 이것을 다른 금속이나 또는 비금속의 표면에 박막(薄膜)으로 접착시키는 일]하고 있다.

그러나 이 돔은 단파방사를 흡수하기 때문에 단파방사로 가열된 돔으로부터의 2차방사가 측정치에 큰 오차를 부여하는 일이 분명하게 되고(Enz et al., 1975), 돔의 가열효과에 대해서 상세한 연구가 이루어졌다(Albrecht and Cox, 1977). 그 결과 장파방사를 투과하고 단파방사를 반사하는 돔 재질로서 간섭막을 증착한 실리콘돔이 이용되게 되었다. 이 실리콘돔을 사용한 적외방사계로서 Eppley사의 정밀적외방사계(PIR)나 영홍정기[英弘(EKO)精機]의 정밀적외방사계(MS-200)가 있다.

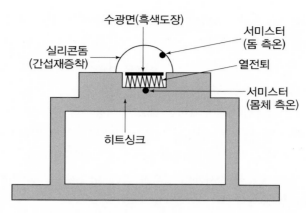

수광면(흑색도장)

그림 15.9 적외방사계 감부의 개략도

그림 15.9는 적외방사계의 감부를 모형적으로 간략화해서 표시한 것이다. 적외방사계의 구조 원리는 측정파장영역(돔의 투과특성)이 다른 것을 제외하면 전파방사계와 거의 같다.

실리콘돔을 사용함으로써 일사흡수에 의한 돔 가열의 영향은 상당히 개선되었으나 아직 완전 하지는 않기 때문에 정밀한 측정을 구해야 할 경우는 돔을 차폐 데스크로 가려서 단파방사에 의한 돔의 가열을 막든가, 또는 돔 온도를 측정해서 가열된 돔으로부터의 2차방사를 보정할 필요 가 있다. 돔 온도측정의 서미스터는 이 때문에 부착되어 있는 것이다.

실리콘돔을 사용한 적외방사계에는 돔 내로 건조공기를 송풍할 필요가 없지만, 돔 내를 건조 상태로 유지하기 위해 교환가능한 건조제가 봉입되어 있다. 또 돔의 가열을 완화시키기도 하고 이슬, 서리, 먼지 등의 부착을 방지할 목적으로 돔 전체를 강제통풍하는 일이 있다.

돔에서의 2차방사의 영향을 고려한 경우의 적외방사계에서 측정되는 장파방사 R_{in}은 다음에 의해 구해진다.

$$R_{in} = \frac{E_{TP}}{K} + \sigma T_c{}^4 - c\,\sigma\,(T_d{}^4 + T_c{}^4) \tag{15.2}$$

여기서, R_{in} : 장파방사량($\mathrm{Wm^{-2}}$)

$\quad\quad K$: 수광부열전퇴의 감부상수($\mathrm{mV/Wm^{-2}}$)

$\quad E_{TP}$: 열전퇴출력(mV)

T_c, T_d : 절대온도로 측정된 몸체 및 돔의 온도(K)

$\quad\quad C$: 검정 중에 결정되는 상수

이다.

또한 Eppley PIR이나 EKO MS-200과 같이, 측기온도를 측정하는 서미스터 출력을 이용해 서 내장된 표준전지의 전압을 정확하게 제어해서 이것에 의해 감부로부터 돔을 통해서 잃어버리 는 장파방사($\sigma T_c{}^4$)를 자동적으로 보정하는 회로가 내장되어 있는 것도 있다. 그러나 데이터 로

거나 개인용 컴퓨터를 이용해서 데이터 기록하거나 데이터 처리를 행하는 것이라면 돔 온도를 측정해서 식 (15.2)에 의해 장파방사를 산출하는 것이 좋다.

15.3.3 방사계의 검정

통상의 관측에 사용되는 방사계는 방사량에 거의 비례하는 전기신호를 출력하도록 설계되어 있는데 독자적으로 방사량을 구할 수 없는 상대측기이다. 따라서 측정에 앞서서 검정에 의한 감도상수를 결정해 놓을 필요가 있다. 또 계속 사용하고 있으면 수광면 도료의 열화 등에 의해 감도변화를 초래할 우려가 있으므로 측정정밀도의 유지를 도모하기 위해서는 정기적으로 검정을 받을 필요가 있다.

방사계의 검정은 보통 다음의 어느 것인가의 방법으로 행하여진다.

(1) 흑체로를 이용해서 검정하는 방법

흑체의 온도를 안다면 거기에서 사출되는 방사량을 이론적으로 구할 수 있으므로 방사계의 검정에는 기준방사원으로 흑체로(黑体爐)가 이용된다. 흑체로에서의 방사량은 다음 식에 의해 주어진다.

$$R_B = \varepsilon \, \psi \, \sigma \, T_B{}^4 \tag{15.3}$$

여기서, R_B : 흑체에서의 방사량

  ε : 흑체로의 방출량

  ψ : 흑체로의 개구각(開口角)

  σ : 스테판 – 볼츠만(Stefan – Boltzmann) 상수

  T_B : 흑체로의 표면온도

이다.

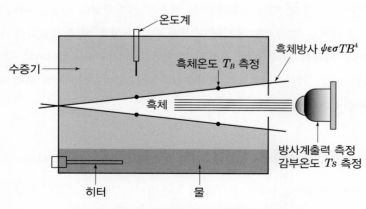

그림 15.10 **방사계검정용 흑체로의 개략도**

그림 15.10은 일반적으로 방사량의 검출에 사용되는 흑체로를 모형적으로 간략화해서 표시한 것이다. 열전도도가 높은 금속(예를 들면 동)으로 만들어진 가운데 공간에 원추형의 부분이 흑체부분이고, 그 표면은 사출률이 높은 흑색도료로 도장되어 있다. 흑체부분은 액체를 가득 채운 통에 짜 넣고, 온도는 액체를 전기히터로 가열함으로써 제어가 된다. 흑체의 온도분포가 일정하게 되도록 액체를 뒤섞는 장치를 준비한 것이나 온도분포의 균질성을 높이기 위해서 물을 히터로 가열해서 발생하는 수증기로 온도제어하는 방식을 채용한 흑체로도 있다.

흑체방사량을 R_B, 방사계의 감부온도를 T_s로 하면, 구하는 방사계의 감도상수 K는 다음으로 구해진다.

$$K = \frac{E}{R_B - \sigma T_S{}^4} \tag{15.4}$$

그러나 어떤 온도범위에 있어서 평균적인 감부상수를 구하기 위해서는 흑체온도를 몇 단계이고 변화시켜 각각의 온도가 안정된 상태로 흑체온도, 방사계의 출력과 감부온도를 측정한다. 다음에 방사계 출력함수로서 $R_B - \sigma T_S{}^4$을 나열해, 최소제곱법에 의해 방사량변환식을 유도한다고 하는 방법이 일반적으로 채용되고 있다. 그러나 이런 종류의 흑체로에서는 실온보다 높은 온도범위로 밖에 검정을 행할 수가 없다.

방사계의 검정에 관해서는 M. Kano et al.(1976)에 자세히 나와 있다. 이 논문에서는 미소한 다수의 분수를 이용한 독창적인 흑체로의 개발과 그 시험결과에 대해서 소개되고 있다. 또 실제로는 장파방사의 측정이 실온보다 상당히 저온의 환경에서 행하여지는 일이 많은 것을 고려해서 최초 일본기상연구소에 있어서 저온흑체로를 이용한 적외방사계의 검정장치가 개발되어 좋은 결과가 보고되고 있다.

(2) 야간에 비교기준기와 비교검정하는 방법

방사계의 비교기준기와 피검정기를 야간 옥외에 나열해 설치하고 동시 비교관측을 행하므로써 피검정기의 감도상수를 결정한다. 흑체로 등 특수한 감정장치를 필요로 하지 않는 간단한 방법으로서, 특히 몇 대라도 방사계를 동시에 검정할 필요가 있을 때에 유효하다. 단, 사용하는 비교기준기는 사전에 흑체로 등에 의해 검증된 감도치가 이미 아는 것이어야 한다.

피검정기의 감도치를 구하는 식은 기준방사량 R_B 대신에 비교기준기에 의해 측정된 방사량을 이용하는 일 외에는 흑체로에 의한 검정의 경우와 같다.

15.3.4 전파방사계에 있어서의 문제점

각각 따로 측정된 전파방사(전파장방사계)와 단파방사로부터 장파방사를 구하는 경우 단순히 장파방사(＝전파방사 – 단파방사)라고 하는 관계가 성립하지 않는 것은 알려져 있다. 이것은 전파방사계의 감도가 장파방사에 대한 경우와 단파방사에 대한 경우와도 다르기 때문이지만, 그 원인으로 다음과 같은 것을 생각할 수 있다.

(1) 측기의 여러 특성의 다름

각도특성으로 cos(코사인)법칙은 평행광선에 대해서 성립하는 방법칙으로 특히 직달일사가 있는 경우에 cos 특성의 영향이 크게 나타난다. 온도특성은 방사계와 일사계의 다름에 의한 특성차이다. 분광특성은 특히 단파장영역에 있어서 유리돔과 폴리에틸렌돔의 투과특성의 차이 등이다.

(2) 검정기준(방사원 + 기준기)의 다름

전파방사계는 흑체로를 이용해서 검정하거나, 흑체로로 검정한 기준기와 야간방사의 비교관측에 의해 검정된다. 한편 단파방사 측정에 사용되는 전천일사계는 태양광을 원천으로 전천일사계의 기준기와의 비교관측에 의해 검정된다. 전파일사계와 전천일사계는 다른 목적으로 개발된 측기이며, 더욱 이와 같이 다른 방법으로 검정되기 때문에 필연적으로 완전한 호환성을 얻을 수 없게 된다.

(3) 감지부의 다름에 대한 보정

감지부가 다름에 대한 보정은 Kano et al.(1975), Yasuda(1975), Sato(1983) 등에 시험되고 있다. 한 예로 이하에 Kano(1975)에 의한 장파방사량의 계산식을 나타낸다. 이 방법은 차폐방식에 의해 전파방사계의 단파에 대한 감도 K_S를 구해서 보정을 행한 것이다.

$$L\downarrow = \sigma \, T_{S+L}{}^4 + K_L V_{S+L} - S\frac{K_L}{K_S} \tag{15.5}$$

$$K_S = \frac{S - S'}{\dfrac{\sigma}{K_L(T_{S+L}{}^4 - T_{S+L}{}'^4)} + V_{S+L} - V_{S+L}'} \tag{15.6}$$

여기서, $L\downarrow$: 하향장파방사량($\mathrm{Wm^{-2}}$)

$\quad\quad S$: 전천일사계로 추정되는 전천일사량($\mathrm{Wm^{-2}}$)

$\quad\quad S'$: 천공(天空) 산란일사 관측장치로 측정되는 천공 산란일사량($\mathrm{Wm^{-2}}$)

$\quad\quad \sigma$: 스테판 – 볼츠만(Stefan – Boltzmann)상수

$\quad\quad T_{S+L}, T_{S+L}'$: 각각 조사(照射)와 차폐(遮蔽) 각 단계에 있어서의 방사계의 수광면 온도(K)

$\quad\quad K_S, K_L$: 각각 단파와 장파방사에 대한 방사계의 검정상수($\mathrm{WmV^{-1}}$)

$\quad\quad V_{S+L}, V_{S+L}'$: 각각 조사단계(전파방사)와 차폐단계(장파 + 산란일사)에 있어서의 방사계의 출력전압(mV)

이다.

또 경험적인 보정방법으로서 연간을 통해서 대기가 안정해 있는 때에 관측된 장파방사량의 일변화를 나열해 야간의 변화가 부드럽게 되도록 보정계수를 구할 수도 있다.

15.4 | 방사수지계

방사수지는 하향방사와 상향방사의 차로서 정의된다. 따라서 하향방사와 상향방사를 2대의 방사계로 따로 따로 측정해서 방사수지를 계산에 의해 구할 수가 있지만, 1대의 측기로 방사수지를 직접 측정할 수 있도록 고안한 것이 방사수지계(放射收支計, net radiometer)이다. 일반적으로 시판되고 있는 방사수지계는 전파방사수지계[全波放射收支計, 전파장 방사수지계]이다.

Paltridge(1969)에 의해 방사수지계에 흑색의 폴리에틸렌돔을 붙인 장파방사수지계의 개발이 시도되었으나 돔의 일사가열에 의한 효과와 흑색 폴리에틸렌돔의 투과율의 파장 의존성이 컸기 때문에 실용에는 이르지 못했다.

방사수지계로 최초에 통풍형(通風型, Gier and Dunkle, 1951)이 사용되고 있었으나, 전파방사계의 경우와 같은 이유로 1959년에 오스트레일리아 연방과학·공업연구기관(CSIRO)의 Funk에 의해 폴리에틸렌돔을 사용한 방풍형의 방사수지계가 개발되었다. Funk형의 방사수지계로서는 오스트레일리아의 Middleton사에 의해 제조된 방사수지계가 유명했다. 이 회사는 현재에도 Funk사의 방사수지계를 제조하고 있다(예를 들면, PNC-01, POC-02형). 일본에서는 영홍정기[英弘(EKO)精機]가 방사수지계의 제조를 행하고 있다(예를 들면, FM-11, FM-11A형).

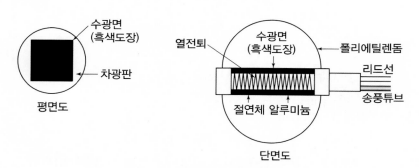

그림 15.11 방사수지계 감지부의 개략도

그림 15.11은 방풍형 방사수지계의 감부를 모형적으로 간략화해서 표시한 것이다. 방사수지계는 면적과 흡수특성이 같은 상하 2장의 흑색수광면 사이에 열전퇴가 시차에 부착되어 있다. 상측의 수광면과 하측의 수광면에 입사한 하향방사에너지와 상향방사에너지는 각각의 수광면에서 흡수되어 열에너지로 변환되는 결과, 수광면온도가 변화한다. 하향방사량과 상향방사량이 같음, 즉 방사수지량이 0이면 수광면온도로 같아지므로 열전퇴 출력은 0이 된다. 하향방사량과 상향방사

량이 다르면 상하수광면 사이에 온도차가 생겨 거기에 대응하는 열전퇴출력이 얻어진다. 감부를 구성하는 각 부분은 방사수지량에 거의 비례하는 출력이 얻어지도록 설계되어 있다.

예를 들면 EKO FM – 11의 수광면은 퍼슨스 옵티컬 블랙(Persons optical black)으로 도장된 2장의 얇은 알루미늄판으로 구성되고 그 사이에 250대의 동·콘스탄탄(C – C) 열전대로 형성되는 열전퇴가 시차에 부착되어 있다. 수광면의 크기는 38 × 38 mm이고 수광면은 상하 따로따로 폴리에틸렌돔으로 보호되어 있다. 폴리에틸렌돔 내로의 건조공기의 통풍은 전자냉동식 제습기를 개입해서 행해진다. 또 돔 바깥 측을 일정한 풍속으로 통풍함으로써 환경(바람, 비 등)의 급변에 의한 출력의 변동을 방지하고 있다. 또 방사수지계의 한쪽의 폴리에틸렌돔 대신에 흑체의 역할을 수행하는 금속캡을 덮어씌움으로써 전파방사계로 이용할 수 있는 형태(EKO MF – 11A)도 있다. 이 금속캡의 안쪽은 흑색도장 되고 측온감지부가 부착되어 있다.

Middleton 사의 Funk형의 감부에는 플라스틱시트로 샌드위치상으로 격리된 125대의 열전퇴 2조가 사용되고, 방풍으로서 두께 0.05 mm의 폴리에틸렌돔이 사용되고 있다. 수광면의 크기는 30 mm × 40 mm로 수광면은 퍼슨스 옵티컬 블랙으로 도장되어 있다. 그 외의 항목에 대해서도 FM – 11, FM – 11A(EKO)도 거의 같다.

방사수지계의 경우에는 상하수광면의 온도차는 아주 근소해서 거의 같다고 가정한다. 따라서 상하수광면에 입사하는 방사량의 차를 측정하는 방사수지계는 각각의 수광면으로부터 사출되는 방사에 의한 열손실은 상쇄되기 때문에 감부의 온도를 측정할 필요는 없다.

방사수지계에서 측정되는 방사수지량은 다음 식에 의해 구해진다.

$$R_{net} = \left(\frac{E_1}{K} + \sigma \, T_S{}^4 \right) - \left(\frac{E_2}{K} + \sigma \, T_S{}^4 \right)$$

$$= \frac{E_1 - E_2}{K} = \frac{E}{K} \tag{15.7}$$

여기서, R_{net} : 방사수지량(Wm^{-2})

E : 열전퇴출력(mV)$= E_1 - E_2$

E_1, E_2는 각각 상하수광면온도에 대응하는 열전퇴출력

K : 감도상수(mV/Wm^{-2})

T_S : 감도온도(K)

σ : 스테판 – 볼츠만상수

이다. 위 식에서 알 수 있듯이 상향방사량보다 하향방사량 쪽이 많을 경우에는 양(+)의 값이 되고, 반대의 경우에는 출력은 음(–)의 값이 된다.

15.4.1 방사수지계의 검정

전파방사계의 경우와 같이 흑체로를 이용해서 행하는 검정방법과 비교기준기와의 야간동시 비교관측에 의한 방법이 있다.

(1) 흑체로에 의한 방법

흑체로를 이용해서 방사수지계의 검정을 행하는 경우에는 방사수지계의 2개의 수광면(A, B)을 각각 수광면에서 같은 거리에 있고, 방사특성이 같은 2개의 흑체로(A, B)에서 사출되어 흑체방사로 조사(照射)해 방사수지계의 출력과 2개의 흑체온도를 측정한다. 이 경우 2개의 흑체 사이에는 적당히 온도차를 둘 필요가 있다. 그림 15.10과 같은 흑체로를 좌우 방향을 맞추어 설치하고, 방사수지계를 양 흑체에서 거리가 같게 되는 위치에 각각의 수광면이 각각의 흑체에 정면으로 마주하도록 설치한다. 상세한 것은 Kano et al.(1973)에 있다.

다음에 흑체방사량의 차를 구해 이것과 방사수지계의 출력과의 관계에서 감도치를 산출한다.

$$K = \frac{E}{\phi \varepsilon \sigma (T_A^{\,4} - T_B^{\,4})} \tag{15.8}$$

여기서, K : 감도치(mV/Wm^{-2})

$\qquad E$: 방사수지계의 출력(mV)

$\qquad \phi$: 흑체로 A, B의 개구각$= \phi_A = \phi_B$

$\quad T_A,\ T_B$: 흑체로 A, B의 온도(K)

$\qquad \varepsilon$: 흑체 A, B의 사출률$= \varepsilon_A = \varepsilon_B$

이다.

단, 실제로는 일정한 온도범위 내에서의 평균적인 감도를 구하기 위해서는 한쪽의 흑체(예를 들면 흑체 B)의 온도를 거의 일정하게 유지하고, 다른 한쪽의 흑체(예를 들면 흑체 A)의 온도만을 몇 단계든 단계적으로 변화시켜 각각 온도가 안정된 곳에서 흑체 A, B의 온도와 방사수지계의 출력을 측정한 후에 방사수지계의 출력 E의 함수로서 흑체방사수지량 $\phi \varepsilon \sigma (T_A^{\,4} - T_B^{\,4})$을 나열해 최소자승법에 의해 방사수지량 환산식을 구하는 일이 많다.

(2) 야간에 비교기준기와 비교관측에 의한 방법

전파방사계의 경우에 준해서 행하여진다.

15.4.2 방사수지계에 있어서의 문제점

방사수지계의 검정은 일반적으로 흑체로를 이용하거나 비교기준기와의 야간동시 비교관측에 의해 행하여지기 때문에 주간 중에 사용하는 경우에는 단파방사에 대한 감도의 다름에 의한 오차를 동반한다.

15.5 | 측정 및 자료이용상의 주의

일사계의 경우에는 국제적인 검정기준이 확립되어 있으며, 일사계의 검정은 원칙적으로 옥외의 자연광의 원천에서 비교기준기와의 동시비교관측에 의해 행하여진다.

한편 방사계의 기준화의 필요성도 오랫동안 외쳐왔으나, 각국·각 연구기관 독자의 방법(검정장치)으로 검정이 행하여지고 있어 아직 국제적인 기준화에는 미치고 있지 않다. 근년 위성관측 및 지상방사의 장기변동의 감시를 목적으로 한 베이스라인 지상방사관측망(base line 地上放射觀測網, BSRN)의 정비가 세계기상기관(WMO) 및 국제학술연합(ICSU)에 의해 계획되고 있고, 지상 베이스에서의 정밀한 방사관측에 대한 요청이 점점 커지고 있다. 베이스라인 지상방사관측망의 전개계획에 수반되어 각국 연구기관에 있어서 적외방사계의 라운드로빈검정(Round Robin testing)[13]이 실시되어 현재 겨우 국제적인 기준화에 대해서 구체적인 검토가 행하여지고 있는 단계이다. 이와 같은 상황에서 설계가 다른 방사계를 여러 장소에서 비교한 경우, 최량일 때에도 5~10 %의 차가 생긴다고 일컬어지고 있다. 특히 전파방사계로 이용하는 경우 측정치는 단파방사에 대한 감도와 장파방사에 대한 감도가 다름으로 해서 오차의 영향을 받는다.

실제로 측정을 행하는 경우 또는 자료이용을 할 때는 이와 같은 점에도 주의할 필요가 있다. 따라서 장파·단파 함께 가능한 한 세분화한 성분별의 측정을 행해 전파방사량이나 방사수지량은 개별로 측정된 방사성분을 이용해서 계산에 의해 구하는 것이 바람직하다. 예를 들면 전파장방사수지량은 다음과 같이 해서 구한다.

$$R_{net} = (S{\downarrow} + L{\downarrow}) - (S{\uparrow} + L{\uparrow}) \tag{15.9}$$

여기서, R_{net} : 방사수지량

　　　　$S{\downarrow}$: 하향단파방사(전천일사)량

　　　　$L{\downarrow}$: 하향장파방사(대기방사)량

　　　　$S{\uparrow}$: 상향단파방사(지표반사일사)량

　　　　$L{\uparrow}$: 상향장파방사(지표방사)량

또한 위 식 (15.9) 우변의 $(S{\downarrow} + L{\downarrow})$은 하향전파방사이고, $(S{\uparrow} + L{\uparrow})$은 상향전파방사이다. 또 옳은 측정치를 얻기 위해서는 다음과 같은 보수·점검이 대단히 중요하다.

---

13) 라운드로빈검정(Round Robin testing) : 측정자의 기량(技量)을 포함해서 측정방법이나 측정장치의 신뢰성을 검증하기 위해서, 복수의 시험기관에 동일 시료를 돌려서 측정을 행하는 공동작업의 한 방법이다. 최근에는 국제표준시험법의 책정이나 표준시료의 선정에 나라를 초월한 조합도 행하여지고 있다.

① 돔의 오염, 이슬, 서리 등의 부착은 측정치에 큰 영향을 미치므로 매일 청소한다.

② 돔 내의 이슬이 달라붙지 않도록 주의한다. 방풍형의 경우에는 필요에 따라서 폴리에틸렌돔으로의 건조공기의 통풍상태의 점검·조정을 행한다. 건조제 봉입형의 것은 필요에 따라서 적당히 건조제 교환을 한다.

③ 수준기(水準器)의 어긋남이 없는지 살펴 점검한다.

④ 사용 중에 감부의 변화를 가져오는 염려가 있으므로 수광면의 변색에 주의함과 동시에 정기적인 점검을 받도록 한다.

⑤ 폴리에틸렌돔을 사용한 전파방사계 또는 방사수지계에서는 조류에 의한 피해(폴리에틸렌돔을 파괴하기도 하고 수광면에 상처를 입힌다)를 받을 우려가 있으므로 충분히 주의할 필요가 있다. 경우에 따라서는 조류제거대책이 필요하다.

Chapter 16 일 사

태양으로부터 방사되어 지구에 오는 열에너지를 **태양방사**(太陽放射) 또는 간단히 **일사**(日射, solar radiation, insolation)라 하고, 수평면에 대해서 매분 1 cm² 당 약 1.96 cal/cm²·min를 받는 에너지를 **태양상수**(太陽常數, solar constant)라 한다. 그러나 지구대기를 통과하는 동안 공기분자나 먼지에 의한 산란과, 오존·탄산가스·수증기에 의한 흡수 때문에 약해진다. 이 에너지는 대기나 해양에서 일어나는 여러 가지 자연현상의 근원이 될 뿐만 아니라, 농작물의 생육·보건위생 등과 깊은 관련을 가지고 있다. 따라서 지표면에서 관측되는 태양방사 에너지, 즉 일사는 중요한 기상요소의 하나이다.

16.1 | 일사량

일사량(日射量, flux of solar radiation)은 보통 수평면 1 cm² 당의 칼로리(cal/cm²)로 나타내어 1분, 1시간, 1일 등에 대한 일사의 양을 관측한다. cal/cm²를 ly로 쓰고 **랑그리**(langley)라고 읽는다.

16.1.1 일사량관측의 원리

보통은 태양을 포함해서 전천(全天)에서 수평면에 오는 일사량, 즉 수평면 전천일사량(水平面全天日射量)과, 태양광선에 수직인 면이 직접 태양에서만 받는 일사량, 즉 직달일사량(直達日射量, flux of direct solar radiation)을 관측한다.

가장 널리 이용되는 일사량은 전자이고, 이것을 단순히 수평면일사량(水平面日射量, total radiation of sun and sky on horizontal surface)이라고도 한다. 보통 한 시간이나 하루 등에 대한 적산량을 관측한다.

수평면일사량을 측정하는 데에는 방사의 강도에 따라 온도가 변화하는 감지부를 하늘로 향해서 수평으로 맞추어, 태양을 포함해서 전천에서 입사하는 방사에너지를 받는다. 감부에 바람이 닿으면 온도가 변해서 바른 값을 얻을 수 없으므로, 반구 또는 구상의 유리로 감지부를 덮는다. 유리는 하늘에서 오는 방사 중에서, 파장이 $3\,\mu$(μm, 마이크론, 미크론 : micron, 10^{-4} cm)보다도 긴 것을 흡수해 버리지만, 태양의 열에너지의 대부분은 $3\,\mu$ 이하에 포함되어 있기 때문에 유리의 덮개로 씌워도 지장은 없다.

감지부에는 쌍금속판을 이용하는 것과 열전대를 이용하는 것이 있다. 후자 쪽이 우수한 성능을 가지고 있지만, 비쌀 뿐 아니라 취급이 어려우므로 쌍금속판을 이용한 일사계가 상당히 널리 이용되고 있다. 로비치자기일사계는 쌍금속판을 감부로 한 일사계의 대표적인 것이다. 열전대를 이용한 것에는 에플리일사계(Eppley pyrheliometer) 등이 있다.

직달일사계(直達日射計, pyrheliometer)는 끝이 열려 있는 가늘고 긴 원통 속에 감지부를 설치하고, 이것이 태양을 향하도록 하여 직접 통 내에 입사하는 태양방사를 측정한다. 측정치는 1분당 cal/cm^2(cal/cm^2 · min)로 나타내는 것이 보통이다. 직달일사계는 측정원리에 의해 분류하면 다음과 같다.

① **열량계방식(熱量計方式)** : 수류식(水流式)일사계라고 불리는 것도 있고, 이것을 일상의 관측에 편리하도록 한 것이 은반일사계(銀盤日射計)이다.
② **전기보상방식(電氣補償方式)** : 옹스트롬일사계가 이것에 속한다.
③ **열전대방식(熱電對方式)** : 모르 · 고르진스키 직달일사계와 에플리 직달일 사계는 이 방식이다.
④ **쌍금속판방식(双金屬板方式)** : 마이케르손 일사계로 불리는 것이 있다.

태양에너지는 대기를 통과 중에 감쇠하므로 지표에서 측정한 직달일사량과 대기 밖의 일사량의 비를 구하여 감쇠를 일으키는 대기 중의 먼지나, 수증기의 양을 추정할 수 있다. 이와 같은 감쇠를 일으키는 대기의 혼탁을 나타내는 방법에는 여러 가지가 있지만, 보통 링케[14] · 훠이스나의 혼탁인자가 잘 이용된다. 이것은 수증기나 먼지에 의한 감쇠가 공기분자만에 의한 감쇠의 몇 배에 해당하는가를 나타내는 값이다.

직달일사량의 관측치는 실용상으로는 그다지 이용되지 않으므로, 그 관측은 일반적으로는 그다지 행하여지고 있지 않다. 기상관서 등에서는 은반일사계를 이용해서 관측을 행하고 있다.

16.1.2 일사 · 척도(스케일)

일사 · 척도[日射 · 尺度(스케일, scale) : 평가 · 판단하는 기준, 규모]란 방사에너지인 일사량을 측정하기 위한 기준이 되는 단위일사량을 뜻하며, 그 척도의 근원이 되고 있는 기준일사계의 기계상수에 의해 구체화된다. 그러나 그것이 어느 정도 SI 단위(국제단위계)에 충실한지가 문제이다. 과거 대기과학의 분야에서 사용되어 왔던 일사척도에는 3종류가 있고 그들의 현재 세계방사

---

14) 링케의 청공비색(靑空比色) 눈금(Linke's blue-sky scale) : 링케가 제안한 파란 하늘의 정도를 측정하는 눈금으로서, 농도의 정도가 다른 파랑으로 칠한 8장의 카드로 만들어졌다. 그것을 2~16이라고 하는 짝수번호를 붙여서, 하늘의 파람이 2장의 카드의 중간에 있을 경우에는 홀수번호가 붙여지는 것으로 되어 있다.

기준(WRR)에 통일되기까지에는 약 80년간의 우여곡절이 있었다. 과거 자료를 이용할 때에 필요로 하는 것은 여기서 각 척도 간의 관계와 세계방사기준에 근거한 측정치로의 환산에 대해서 언급한다.

(1) 옹스트롬 1905

옹스트롬 1905(Angstrom Scale 1905)는 1905년 방사위원회(CSR)에서 옹고스트롬 보상일사계가 당시 가장 정확한 직달일사계인 것으로 인정되어 그 1차준기인 A70 및 그 부준기군으로 유지되는 측정기준을 각국이 채용하게끔 되었다. 도중 준기군의 열화 등이 있어 그 유지에 어려움이 수반되었으나 1956년의 국제일사척도 제정까지 결과적으로는 상당한 정확성으로 일관된 기준을 가졌다. 주로 유럽에서 사용되었다.

(2) 스미소니안 척도 1913

스미소니안 척도 1913(Smithsonion Scale 1913)는 스미소니안 천체물리관측소의 유수식(流水式) 직달일사계 및 그 부준기군인 은반일사계에 의해 1913년에 확립된 기준이다. 당초의 기준이 1913년에 개정되었으므로 이와 같이 불린다. 은반일사계의 우수한 경년안정성으로 1950년대까지 안정한 기준을 유지했다. 주로 미국에서 사용되었다.

(3) 국제직달일사 척도 1956

국제직달일사 척도 1956(IPS – 1956)는 국제지구관측년(IGY)에 앞서서 각국의 일사 측정치의 정합(整合)을 기도할 목적으로 1956년에 제정되어 다음해에 발효되었다. 옹스트롬 척도(Angstrom scale)와 스미소니안(Smithsonian scale)의 차가 3.5%이라고 하는 전제 하에서 전자를 1.5% 늘리고, 후자를 2% 줄여서 양 척도(스케일)를 통일했다. 실제로는 그 때의 옹스트롬 척도의 기준이었던 A 158이라고 하는 기계의 기계상수를 1.5% 늘려서 기준기로 했지만, 부속 측정기인 전류계에 문제가 있어(Rodhe, 1973) 1969년까지 그 기준은 불안정했다. 1970년 제3회 일사계 국제비교에서는 기계상수가 안정되어 있다고 인정된 7대의 옹스트롬일사계에 의한 측정치의 평균으로 수정해서 'IPS – 1956'이 정의되었다. 이 소위 집합준기에 의한 척도는 1980년의 제5회 일사계 국제비교까지 잘 유지되었다. 1957년에서 1969년 사이에는 일사척도의 다소 혼돈된 시기였다. 'IPS – 1956'은 당초 의도된 IPS – 1956보다도 약 1% 크다.

(4) 세계방사기준

세계방사기준(世界放射基準, World Radiometric Reference : WRR)은 현재의 일사척도로 1977년에 5대의 공동형 절대방사군(空洞型 絶對放射群)의 측정치의 평균치로 정의되어(Fröhlich, 1991 : WMO, 1977), 1981년에 발표되었다. 1995년 현재 스위스의 다워스 물리기상관측소(세계방사센터)에 있는 7대의 절대방사계에 의해 유지되고 있다. 이 척도의 SI 단위에 대한 불확실함이

± 0.3 % 이하로 견적되고 있다.

현재 옹스트롬 척도(Angstrom scale)와 스미소니안 척도(Smithsonian scale)와의 차는 5.0 %였던 것이 분명하게 되어 있다(WMO, 1983). 각 척도(尺度) 간의 관계는 다음과 같다.

$$\frac{WRR}{Angstrom\ 1905} = 1.026 \tag{16.1}$$

$$\frac{WRR}{Smithsonian\ 1913} = 0.977 \tag{16.2}$$

$$\frac{WRR}{IPS-1956} = 1.022 \tag{16.3}$$

일본에서는 1956년까지 스미소니안 1913에 근거해서 측정을 행한 것으로 되어있다. 실제로는 옹스트롬 척도 1905로 교정된 기계의 상수에 1.035를 곱해서 기준기로 했다. 따라서 현재로는 이것을 '옹스트롬 1905 ×1.035'라고 하는 것이 옳다. 1971년 이후 1980년까지의 기준은 'IPS – 1956'이다. 또 1981년 이후는 세계방사기준(WRR)에 근거하고 있다. 1957년에서 1970년까지는 '옹스트롬 1905 ×1.035 × 0.980'의 기준이었다.

또한 1981년에 발효된 세계방사기준(WRR)은 일사량의 측정단위를 종래의 cal 단위에서 SI 단위의 J·W로 변경했다. 따라서 과거자료를 현재의 기준으로 고치는 데는 척도(스케일)와 단위의 환산을 동시에 행할 필요가 있다. 단위의 환산은

일사량의 순간치

$$1\ kW \cdot m^{-2} = 1.433\ cal^{-2} \cdot min^{-1} \tag{16.4}$$

일사량의 적산치

$$1\ MJ \cdot m^{-2} = 23.89\ cal^{-2} \cdot cm^{-2} \tag{16.5}$$

이므로 'IPS – 1956'으로 측정된 $1\ cal \cdot m^{-2} \cdot min^{-1}$을 WRR 기준의 값이므로 환산하면

$$1\ cal \cdot cm^{-2} \cdot min^{-1}\ (IPS-1956)$$

$$= \frac{1}{1.433} \times 1.022\ kW \cdot m^{-2}\ (WRR)$$

$$= 0.713\ kW \cdot m^{-2}\ (WRR) \tag{16.6}$$

적산량에 대해서도 같이

$$1\ cal \cdot cm^{-2}\ (IPS-1956)$$

$$= \frac{1}{23.89} \times 1.022\ MJ \cdot m^{-2}\ (WRR)$$

$$= 0.0428\ MJ \cdot m^{-2}\ (WRR) \tag{16.7}$$

로 된다.

16.2 | 일사계

일사계[日射計, solarimeter, pyrheliometer, pyranometer, actinometer(of solar radition)]는 태양방사측정용 방사계를 총칭하며, 태양에서의 방사(파장 0.3~4 μm)를 측정하는 계기이다. 이들은 다음과 같은 직달일사계, 전천일사계, 천공산란일사계 등이 있다.

16.2.1 일사계의 역사

일사계의 구조와 사용되는 기술은 시대와 함께 변해가지만, 측정원리 그 자체는 일관되고 있다. 그것은 일사를 수광면에 흡수시켜서 열로 바꾸어 측정가능한 양으로 변환한다고 하는 것이다. 지금까지 여러 가지의 여러 측기가 만들어졌는데 여기서도 주된 것을 소개해서 여명기(黎明期)에서 최근년까지의 일사계의 발전사를 개관한다.

일사계의 기원은 19세기 전반의 유럽으로 거슬러 올라간다. 1825년 영국의 천문학자 허셀(J. F. W. Herschel)의 착상에 의해 만들어졌다. 무기 흑구온도계(無氣 黑球溫度計)라고 하고, 공기를 뺀 유리관에 기름과 연기로 구부를 암화한 수은온도계를 봉입한 것이었다. 이것은 일사가 닿지 않는 상태에서는 기온을 나타내지만 일사가 쬐이면 흑구가 일사를 흡수해서 온도가 상승해 기온보다도 높아진다. 이 온도차를 읽어 일사량의 크기를 구하는 것이었다. 나날의 일사량의 비교에 사용되었던 듯하다.

1837년에 프랑스의 푸이에(Pouillet)가 만든 직달일사계(그림 16.1)는 이것을 연마하여 아래면을 기름과 연기로 암화한 안에 정해진 양의 물을 넣은 얇은 원통용기와 구부를 그 속에 삽입한 온도계로 되어 있고, 암화면을 일정시간 태양을 향해 그 사이의 수온의 상승을 측정한다. 일종의 열량계인 이 기계는 일사량을 절대측정할 수 있어 태양상수를 구하는 데에 성공한 최초의 측기

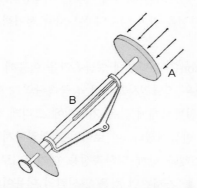

그림 16.1 태양상수의 측정에 처음으로 성공한 푸이에의 직달일사계(Glazebrook, 1923)
물을 넣은 얇은 원통용기의 상저면 A와 유연으로 암화된 다른 부분은 은색으로 도장되어 있다. 온도계의 구부는 원통용기 속에, 자루는 B에 들어 있다. 용기를 축의 주위로 회전시켜 물을 뒤섞는다.

로 일컬어지고 있다. 당시 이미 현재의 태양상수보다 약 13 % 작은 값을 이끌어내고 있었다. 푸이에는 이 측기에 '태양열을 재는 기계 : pyrheliometer'라고 이름을 붙였다.

푸이에의 직달일사계는 미국 스미소니안 천체물리관측소의 C. G. Abbot 등이 1903년에 제작을 개시한 유수식 직달일사계 및 그 가반형(可搬型)인 은반일사계의 원형이 되었다. 유수식 직달일사계도 수온의 상승량에서 수열량을 계산하는데, 수광부로의 수류의 입구와 출구의 온도차를 백금저항체와 브리지 회로를 사용해서 정확하게 구할 수 있다. 가장 참신한 점은 수광부에 처으므로 공동흑체를 채용한 일이다.

일사계의 역사상 또 하나의 기술혁신은 스웨덴의 우푸사라 대학 교수 K. Angstrom에 의한 1893년의 전기보상식 직달일사계의 발명이다. 이 기계는 표면을 암화한 엷은 망가닌[manganin : Cu 84, Mn 12, Ni 4 %를 기본조성으로 하고 미량의 Fe, Si를 넣은 동합금(銅合金)으로 전기저항의 온도계수 및 동에 대한 열기전력이 작은 전기저항선]판으로 이루어진 같은 크기의 2장의 수광판을 가지고 있다. 한편은 일사에 쬐어서 일사를 흡수시키고, 다른 쪽은 일사를 차단해서 전류를 통과시켜 줄열(Joule's heat : 전류가 흐르면 도체의 온도가 높아간다. 온도를 일정하게 유지할 때는 열이 도체의 밖으로 흘러나오는 열)을 발생시킨다. 쌍방의 수광판이 같은 온도가 되도록 전류를 조정하면 일사의 흡수에 의해 발생한 열량과 줄열에 의한 발열량은 평형을 이루는 것이 된다. 줄열은 전류와 수광판의 전기저항으로부터 계산할 수 있으므로 일사량의 크기를 알 수 있다.

유수식 직달일사계와 은반일사계 및 전기보상식 직달일사계의 출현에 의해 일사측정기술은 크게 전진했다. 1970년에 들어오면 공동흑체의 수광부를 갖는 전기보상원리로 작동하는 절대방사계의 개발이 본격화된다. 현재의 일사측정기준은 절대방사계에 의해 유지되고 있다.

구조가 간단하고 튼튼한 것은 대기측기로 구입하는 중요한 조건이다. 일사를 연속적으로 측정하는 대기측기의 발달은 조금 늦었다. 이 종류의 측기는 일사를 흡수하는 부분과 흡수하지 않는 부분과의 사이에 일사량에 비례하는 온도차를 생성해 이것을 기록한다. 1898년에 영국인 Callendar는 백(白)과 흑(黑)의 수광면에 저항선을 감아 양자의 온도차를 전기적으로 이끌어내는 전천일사계를 만들었다.

1905년에 러시아인 Michelson은 수광부에 쌍금속판을 이용해 온도차를 기계적 변위로 이끌어내는 방법을 고안했다. 이것은 직달일사계에서 쌍금속판의 변위를 확대경으로 읽어 들이는 구조이다. 쌍금속판의 변위를 원통시계에 감은 기록지에 그리게 하는 측기는 1915년에 독일인 로비치(M. Robitzsch)에 의해 만들어졌다. 이 로비치 전천일사계에서는 몇 개의 분류로 파생해 당시 이미 상용되고 있던 일조계와 함께 일사측정용 대기측기로 널리 사용되기에 이르렀다.

일사측정분야에 현저한 진보를 가져왔던 것은 열전퇴의 이용이다. 열전퇴는 수십대의 열전대를 직열로 결합한 소자로 좁은 온도범위 내에서는 온접점과 냉접점 사이의 온도차에 비례하는 열기전력을 발생시킨다(15.3 절 참조). 1913년 네델란드의 유트레히트 대학 교수 몰(W. J. H.

Moll)은 감도가 높은 열전퇴를 고안했다. 1923년에 폴란드 기상국의 고르친스키(W. Gorcz-ynski)는 이것을 일사측정에 응용할 것을 생각해 열전퇴를 이용한 직달일사계와 전천일사계를 조합했다. 이들을 몰·고르친스키형 일사계라 부른다.

이후 열전퇴형태의 일사계는 대기측기로서 쌍금속판식 일사계 대신에 사용되게 되었다. 현재 정상적인 대기관측에 사용되는 전천일사계와 직달일사계의 거의 모두가 열전퇴를 이용한 것이다. 단, 열전퇴의 배열모양 등은 제작사나 형태에 따라 다르다. 또한 이들 측기는 모두 상대적인 일사량의 크기를 기록하는 것에 지나지 않기 때문에 사용할 때에는 절대치를 측정할 수 있는 측기와 비교해서 미리 그 눈금매김을 해 둘 필요가 있다.

16.2.2 로비치자기일사계

로비치자기일사계(－－－ 自記日射計, Robitzsch pyranometer)는, 로비치(M. Robitzsch)가 최초로 쌍금속판을 이용해서 수평면일사계를 만든 것은 1915년이다. 이것은 바이메탈식 일사계 [bimetal(lic) actinograph, bimetal(lic) pyrheliometer] 이다(그림 16.2).

그림 16.2 **로비치자기일사계**

감부는 4장의 얇은 쌍금속판을 수평으로 늘어놓은 것으로, 안쪽의 2장은 흡수하기 위해 검게 칠해 있고, 바깥쪽의 2장은 잘 반사하도록 희게 칠해 있다. 4장의 쌍금속판의 한쪽 끝은 결합되어 있지만 다른 끝의 흰 판은 고정되고, 검은 판은 전달축에 연결되어 있다. 일사가 있을 때에는 흑백판의 온도차에 비례한 쌍금속판의 움직임이 전달축에 전달되고, 이것이 확대되어 기록펜을 움직인다. 감지부는 바람에 의한 온도변화를 막기 위하여 유리의 반구로 덮여 있고, 그 외의 상자 속에는 자기시계와 기내를 건조시키기 위해 실리카겔을 넣는 용기가 들어 있다(그림 16.3).

자기지상의 1 cm의 펜의 흔들림(10눈금에 상당한다)에 대한 일사량을 cal/cm^2·min로 나타낸 것을 로비치의 기계상수라고 하고, k로 나타낸다. k는 에플리일사계를 기준으로 해서 결정한 것으로, 개개의 일사계에 따라 다소 다르지만, 0.4 전후이다. 0.3 정도의 것은 일사량이 많은 여름에 펜이 눈금에서 벗어날 염려가 있고, 0.6 정도의 것은 기록이 너무 좁으므로 적당하지 않다.

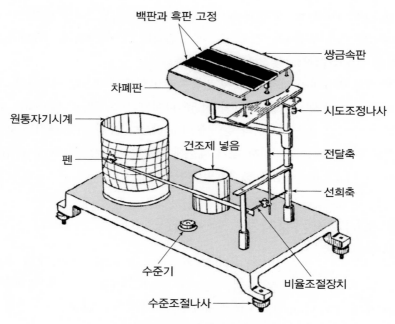

그림 16.3 **로비치자기일사계의 원리**

기계상수는 기내의 온도, 일사의 강도, 태양고도, 태양방위에 의해 상당히 변한다. 예를 들면, 기내의 온도가 1 C 상승할 때마다 상수가 1 % 정도 증가한다고 알려져 있다. 그림 16.4와 같이 또 태양고도가 높으면 상수는 크고, 낮으면 작다. 태양고도의 영향은 에플리 일사계에도 있는데, 그것보다 크다. 이 때문에 기계상수는 태양고도에 따라서 1일 중의 시각별로 나타내는 것이 올바르지만, 그런 일은 실제상으로는 곤란하므로, 1일 총량에 대해서 에플리와 비교관측해서 구한 평균적인 상수를 이용한다. 따라서 로비치일사계에서 1시간마다의 일사량을 구하는 것은 적당하지 않고, 1일총량을 구하는 정도가 좋다.

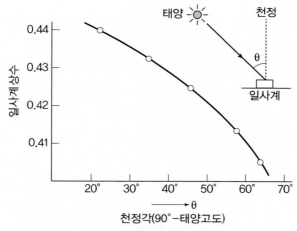

그림 16.4 **태양고도에 의한 로비치일사계의 상수변화 예**

태양고도는 계절에 따라서 변화하므로, 평균상수를 이용해서 구한 하루총량은 동지나 하지 전후에는 참값과 10 % 정도나 다르다. 태양면에 구름이 왕래해서 일사의 강도가 변화했을 때, 이것에 따르는 성능도 에플리에 비교하면 매우 나쁘다. 이와 같이 여러 오차의 원인이 있기 때문에, 로비치는 1일 총량에 대해서 10 % 정도의 오차는 면할 수 없는 것으로 생각된다. 상수는 사용 중에 변화할 염려가 있으므로, 신뢰할 수 있는 관측치를 얻는 데에는 약 2년마다 점검을 받을 필요가 있다.

이 일사계는 다음과 같은 조건에 맞는 장소를 선택해서 설치한다.

① 4계절을 통해서 일출에서 일몰까지 그늘이 지지 않을 것. 특히 건물이나 굴뚝 등 태양광을 차단하는 장해물이 없을 것
② 태양 이외의 하늘의 부분에 대해서도 가능하면 장해물이 없을 것. 장해물이 있으면 하늘로부터의 산란광이 잘 관측되지 않는다.
③ 밝은 색을 한 벽 등이 가까이에 없을 것. 특히 감지부보다 높은 곳에 하얀 벽 등이 있으면, 그 반사가 일사계에 들어오기 쉬우므로 바람직하지 않다.

옥상이나 탑 위 등은 이상적이지만, 지상에 놓을 경우에도, 일사계의 감지부에서 보아 수평면에서 5° 이상 달하는 장해물이 없는 곳을 선택한다.

일사계는 자기지의 교환에 편리하도록 적당한 높이를 구상한 대 위에 준비한다. 쌍금속판의 긴 변을 남북으로 향하고, 들여다보는 창이 동쪽이 되도록 하고, 수준기로 수평을 유지시킨다. 우선은 상당히 무거우므로 바람에 날리거나 뒤집힐 염려는 없지만, 폭풍우 때 등에는 미리 묶어 놓는 것이 안전하다.

내부를 건조시키기 위하여 용기에 청색의 실리카겔을 넣어, 습기를 빨아 변색하면 교환한다. 자기지를 교환하기 위해서 덮개를 열 때에 쌍금속판에 부딪치지 않도록 주의한다. 또 전달축을 움직이거나, 쌍금속판을 교환하거나 하면 기계상수가 변하므로 함부로 손을 대서는 안 된다.

자기지상에서 0선을 정확하게 결정하기 위해서는 일출 전과 일몰 후에 각각 적어도 1시간 정도의 기록이 필요하다. 이 때문에 일몰 후 1시간 반 정도로 해서 자기지를 교환하는 것이 좋다.

기록을 읽을 때에는 우선 일출 전과 일출 후의 기록선을 연결해서 0선을 긋는다. 이 선과 기록 곡선으로 둘러싸인 면적을 자기지의 가로·세로의 선에 의해 만들어진 구획의 수를 구해, 이것을 1.5 k배 하면 cal/cm^{2}으로 나타내는 1일총량이 구해진다(그림 16.5).

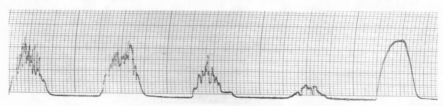

그림 16.5 로비치자기일사계의 기록 예
1시간마다의 구획수를 구하여 이것을 합계해서 계수를 곱해, 1일의 일사량을 산출한다(1999.9.29 – 10.3 일).

k는 앞에 말한 기계상수로, 검정증에 기재되어 있다. 하루에 대해서 구획수를 세는 것보다도 1시간, 30분, 또는 15분마다 기록곡선의 평균치에 상당하는 가로선을 그어, 그 시간에 대한 구획수를 구하여 이것을 세어 합하면 비교적 용이하게 정확한 결과를 얻는다.

16.2.3 에플리일사계

에플리(형 전천)일사계[에플리(型 소天)日射計, Eppley phrheliometer]는 미국의 킴볼(kimball) 들이 고안한 것을 에플리사(Eppley)가 제품화한 것이다. 성능이 좋으므로 여러 연구소와 시험소에서도 사용되게 되었다.

이 일사계는 추종성이 좋고, 일사의 강도가 변화했을 때, 약 30초로 변화량의 98 %를 추종한다. 또 태양고도의 영향이 적다. 이 때문에 1일총량뿐만이 아니고, 1시간마다의 값 등을 구하기 위해서 사용할 수 있다.

감지부는 건조공기를 넣은 거의 구상의 유리용기 속에 넣은 흰색과 검정의 2개의 동심원의 은색고리인데, 그 면은 수평으로 되어 있다.

안쪽에는 금팔라듐과 백금로듐의 열전대가 접착제로 붙여져 있다. 검은 면에는 모든 일사를 잘 흡수하는 도료가 칠해져 있다. 또 흰 면에는 산화마그네슘이 칠해져 있고, 파장 0.3~3 μm 정도의 방사를 잘 반사한다. 하늘에서 오는 파장 3 μm 이상의 방사는 유리구에 흡수되지만, 유리구에서 나오는 긴 파장의 방사는 희고 검은 두 고리에 거의 같이 흡수되므로, 온도차의 원인은 되지 않는다. 이 때문에 열전대에 관계되는 것은 파장이 0.3~3 μm의 범위에 있는 방사이다(그림 16.6).

이 일사계는 매분 1 cal/cm^{2}의 일사가 닿았을 때의 기전력(起電力)을 에플리일사계의 상수라 하고, 은반일사계에서 구한 직달일사량를 기본으로 해서 결정할 수 있다. 일사의 강도가 같아도 온도나 입사각이 변하면, 열전대의 기전력이 다소 다르다. 미국의 기상국에서 조사한 결과에 의하면, 온도가 1 C 상승하면 기전력이 0.2 % 정도 감소한다. 또 입사각이 60° 정도까지는 기전력

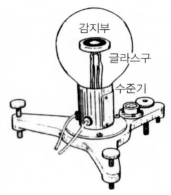

그림 16.6 에플리일사계의 감지부

은 대체로 그 코사인(cosine)에 비례해서 감소하지만, 70°가 되면 몇 %, 80°에서는 20 % 정도 코사인법칙에 의해 작아진다. 그렇기 때문에 여름과 겨울에는 온도에 의해 약 2 %의 오차가 생기고, 한편 입사각의 영향 때문에 1일총량으로 1~2 %의 오차가 들어간다. 원래, 이 정도의 오차는 이용상으로는 지장이 없는 경우가 많다.

에플리일사계를 이용해서 일사량의 적산치를 구하기 위해서는 기록장치가 필요하다. 여기에는 자동평형기구를 갖춘 기록식 직류전위차계(直流電位差計)가 좋고, 감지부의 상수와 내부저항을 생각해서 적당한 것을 선택한다. 감지부에는 50 junction의 열전대를 이용한 것은 일사계상수, 결국 매분 1 cal/cm²의 일사에 대한 기전력은 8~15 mV로, 내부저항은 80~100 Ω 정도이다. 그리고 일사강도의 최대치는 2 cal/cm²·min 정도이므로, 기록지의 폭이 상수의 거의 2배가 되도록 하면 좋다. 눈금은 cal/cm²·min 단위로 새기고, 상수의 다른 감부를 이용할 때에는 가변저항에 의해 수정할 수 있도록 해 두는 것이 편리하다. 그 눈금은 때때로 표준의 전위차계와 비교하는 편이 좋다.

타점식(打点式)의 미니볼트 전압기록계는 이것에 비교해서 싸지만, 수십 초 동안의 타점에서는 일사의 변동이 심할 때에는 읽기 어렵다.

16.2.4 직달일사계

직달일사(直達日射, direct solar radiation)는 지구대기에 입사하는 태양광 중, 대기나 구름, 부유물질 등에 의해 흡수나 산란을 받지 않고, 태양광에 수직한 면에 입사하는 직달태양방사량,

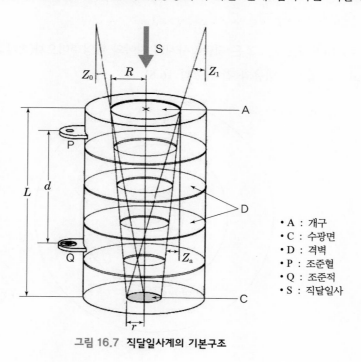

• A : 개구
• C : 수광면
• D : 격벽
• P : 조준혈
• Q : 조준적
• S : 직달일사

그림 16.7 **직달일사계의 기본구조**

즉 하늘에서의 산란방사를 제외해서 측정하는 방사이고, 이것을 측정하는 측기가 직달일사계(直達日射計, pyrheliometer, actinometer)이다.

직달일사계의 일반적인 구조는 그림 16.7과 같다. 원상 몸체 아랫면의 한쪽에 수광면(C), 다른쪽에 일사를 집어넣는 개구(A)가 있다. 그 사이에는 미광(迷光)을 막기 위한 격벽(隔壁, D)이 몇 단계 있고, 통의 축을 바르게 태양방향과 일치시켜지도록 통의 바깥쪽에 조준기(照準器 P, Q)가 부착되어 있다. 몸체 전체는 바람에 의한 열적교란을 막는 외기온과 거의 같은 온도가 되도록 적합한 열용량과 단열구조를 갖고, 외면은 백색 또는 은색으로 도장되어 있다. 수광면은 흑색으로 도장된 평판 또는 공동흑체이다. 전천후형으로는 개구에 방풍유리가 끼워져 있다. 조준을 조절하기 위해 수동 또는 자동태양추미장치(自動太陽追尾裝置)에 부착되어 이용된다.

직달일사계의 기본요소는 개구와 수광면의 거리 L, 개구반경(開口半徑) R, 수광면반경 r 사이의 비이고, 다음 양으로 주어진다.

① 개구각(開口角, opening angle) Z_0는

$$Z_0 = \tan^{-1}\frac{R}{L} \tag{16.8}$$

② 경사각(傾斜角, slop angle) Z_s는

$$Z_s = \tan^{-1}\frac{R-r}{L} \tag{16.9}$$

③ 한계각(限界角, limit angle) Z_l은

$$Z_l = \tan^{-1}\frac{R+r}{L} \tag{16.10}$$

통상은 $R > r$이다. Z_0, Z_s, Z_l은 직달일사계의 시야와 태양추미오차(太陽追尾誤差)의 허용범위에 관계하고, 그 의미는 다음과 같다(그림 16.8).

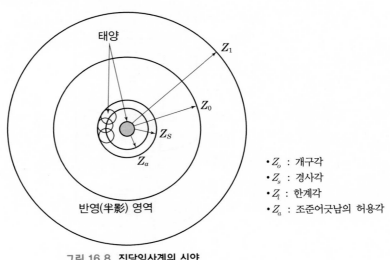

그림 16.8 **직달일사계의 시야**

- 개구각 Z_o : 수광면의 중심에 있어서의 시야각을 나타낸다. 수광면상의 다른 점에서의 시야각도 거의 이것과 같다.
- 경사각 Z_s : 수광면상에 개구 가장자리에 의한 그림자를 만들지 않는 일사의 입사각 변동범위를 나타낸다. Z_s에서 태양시반경을 뺀 Z_a가 조준어긋남의 최대허용치가 된다. 조준적에 비치는 조준구멍의 중심에서 어긋남의 허용범위 ρ는

$$\rho < d \cdot \tan Z_a \tag{16.11}$$

이다. 실제의 일사계에서는 Z_a는 0.5~1.5°이다.
- 한계각 Z_l : 수광면에 도달하는 일사의 최대입사각(最大入射角)을 나타낸다.

직달일사계가 태양면에서 오는 직달일사만을 받을 조건은 태양시반경(太陽視半徑)을 SD로 할 때 $Z_l = Z_s = Z_o = SD$, 따라서 또 $r = 0$이지만 이와 같은 측기는 실제로 만들 수 없다. 수광면이 일정의 퍼짐을 갖는 이상 반드시 태양주변광으로 불리는 산란일사성분을 받으므로 측정된 직달일사량은 참의 직달일사량과 태양주변광성분을 합친 것이다.

직달일사계의 주요한 문제 중의 하나는 태양주변광의 영향을 받는 것이다. 따라서 그것이 어느 정도인가를 알아 둘 필요가 있다. 직달일사량에 포함되는 태양주변광성분의 기여는 직달일사계의 기본요소와 태양주변광의 휘도분포로 결정된다. 수광면에서의 방사조도 E는

$$E = \int_{\Omega} G(z)\, Le(z,\ \phi) \sin z \cos z\ dz\ d\phi \tag{16.12}$$

여기서, $G(z)$: 기하학적 반영함수(幾何學的 半影函數, geometrical penumbra function)
　　　　$L_e(z,\ \phi)$: $(z,\ \phi)$ 방향의 천공의 방사휘도
　　　　　　Ω : 천공영역

이다. $G(z)$는 z방향에서부터 개구를 보았을 때에 보이는 수광면의 면적비율을 나타내고 $z \leq z_s$에서는 $G(z) = 1$이다. $z_s < z < z_l$에서는 개구의 가장자리에 차단되어 수광면의 일부밖에 보이지 않는다. 이 영역을 반영영역이라 하고, $G(z) < 1$이다. $z \geq z_l$에서는 수광면은 전혀 보이지 않고 $G(z) = 0$이 된다.

태양주변광 성분의 영향에 대해서는 고래(古來) 많은 연구가 행해져 왔다. 최근 Major(1994)는 7종류의 에어로졸 분포와 태양고도 60°, 45°, 20° 에 대해서 모델계산한 방사휘도 $L_e(z,\ \phi)$, 및 Pastiels(1959)의 반영함수 $G(z)$를 이용해서 그것을 다시 계산했다. 그것에 의하면 진의 직달일사량을 I, 측정치를 S, 태양주변광성분의 기여를 δI로 했을 때 $I \geq 500\ \text{W} \cdot \text{m}^{-2}$의 범위에서 δI는 I의 1차함수로 거의 근사된다. 즉

$$S = I + \delta I \tag{16.13}$$

표 16.1 각종 직달일사계의 기본요소 및 태양주변광의 영향의 근사식

직달일사계	R mm	r mm	L mm	$Z_\circ$ ·	Z_s ·	Z_1 ·	δI의 근사식 $\delta I,\ I : \text{W}-\text{m}^2$	비 고
PMO-6 generic	4.1	2.5	94	2.50	0.98	4.02	$11.98 - 0.00855*I$	일본기상청 소유 WMO 제Ⅱ (아시아) 지역준기 절대방사계(스위스 CIR사)
HF generic	5.81	3.99	134.7	2.47	0.77	4.16	$11.60 - 0.00828*I$	일본기상청 소유 국내준기 절대방사계(미국 EPPLEY사)
EKO MS53	7	4.3	160	2.51	0.97	4.04	$12.02 - 0.00857*I$	서모파일형(영흥정기(주))
KIPP & ZONEN CH1	8	4.8	183	2.50	1.00	4.00	$12.04 - 0.00859*I$	서모파일형(네덜란드 KIPP & ZONEN사)
EPPLEY NP	10.3	4	203	2.90	1.78	4.03	$15.01 - 0.01077*I$	서모파일형(미국 EPPLEY사)
EKO WS52	10	6	145	3.95	1.58	6.30	$20.36 - 0.01482*I$	서모파일형(영흥정기(주))
스미소니안형 은반(銀盤)일사계	18.5	14	368	2.88	0.70	5.05	$13.71 - 0.00985*I$	미국 스미소니안 천체물리관측소 제작, 장통(長筒) 타임
일본 중앙기상대형 은반일사계	22	14	205	6.13	2.23	9.96	$30.08 - 0.2236*I$	일본 중앙기상대 제작

$$\delta I = \alpha - \beta \cdot I \tag{16.14}$$

또

$$\delta I = \frac{\alpha - \beta \cdot S}{1 - \beta} \tag{16.15}$$

이다(α, β 는 상수). 같은 수법으로 현재까지의 주된 직달일사계에 대해서 시험적으로 계산한 결과가 표 16.1과 같다.

EKO MS 53을 예로 들면 S가 $900\ \text{W} \cdot \text{m}^{-2}$일 때 δI는 $4.34\ \text{W} \cdot \text{m}^{-2}$($0.48\ \%$)이다. 같이 I가 $800\ \text{W} \cdot \text{m}^{-2}$일 때 EKO MS 53과 일본준기 HF와의 차는 $0.19\ \text{W} \cdot \text{m}^{-2}$이다. 또한 표 16.1은 수광면상의 감도분포가 균일한 경우의 결과이고, 감도분포가 균일하지 않는 경우에는 식 (16.12)에 있어서 $G(z)$ 대신에 감도를 고려한 실효반영함수(實效半影函數, effective penumbra function) $F(z, \phi)$를 이용하지 않으면 안 된다. 실제 열전퇴를 수광부로 갖는 직달일사계 중에서는 열전대의 배열패턴에 의해 감부분포가 균일하지 않은 것이 있다. 또 에어로졸 분포는 모델계산에 사용한 것과는 다른 것이 보통이므로 표 16.1은 어디까지나 대략의 짐작을 주는 정도에 지나지 않는다.

직달일사계에 있어서 태양 주변광의 영향은 일사측정기준의 유지와 전달에 있어서도 큰 장해가 되어 왔다. 옹스트롬 보상일사계나 은반일사계가 개발된 금세기 초 직달일사계의 기본요소는 통일되어 있지 않고, 특히 옹스트롬 보상일사계의 경우에는 개개의 측기마다 완전히 다르다고 해도 좋을 상황이었다. 은반일사계는 도중에 사양이 변해 기본요소가 변경되었다. 시야가 다르면 태양을 동시에 보아도 측정하는 대상이 다르다. 이 때문에 준기군의 비교결과나 하위의 측기의 교정치는 그때그때의 태양주변광의 상태에 의존한다. 이것을 해소하기 위해 WMO는 1956년 스위스(Swiss, Switzerland)의 다보스(Davos)에서 개최된 합동 국제방사위원회에 있어서 태양주변광의 영향에 관한 Pastiels의 상세한 연구와 당시의 기술수준을 고려한 하나의 타협치를 다음과 같이 제시했다. '장래 새롭게 제작될 직달일사계의 개구각은 $Z_0 < 4°$, 경사각 $1° \leqq Z_s \leqq 2°$로 하는 것이 바람직하다(WMO, 1965)'이다.

그 후 기술이 진보해 태양 추미(追尾) 정밀도도 향상되었기 때문에 WMO는 1983년에 이 기준을 개정해 '새롭게 직달일사계를 설계할 경우에는 $Z_o = 2.5°$, $Z_s = 1°$로 할 것(WMO, 1983)'으로 했다. 최근 개발된 서모파일형 직달일사계의 KIPP나 ZONEN CH 1, EKO MS 53은 이 새로운 기준에 따른 것이다.

직달일사 측정기준을 말단의 측정기까지 전달할 때의 태양주변광의 영향은 여기에 와서 드디어 해소되고 있다고 할 수 있다. 현재 직달일사계의 세계준기군은 시간이 다른 7대의 절대방사계군으로 구성되어 있는데, 그들의 기본요소의 평균치는 $Z_o = 2.44°$, $Z_s = 0.68°$, $Z_l = 4.12°$, 태양주변광성분의 기여는 $\delta I = 11.32 - 0.00807 \times I$이다.

16.2.5 옹스트롬 보상일사계

옹스트롬 보상일사계(－－－－－ 補償日射計, Angstrom compensation pyrheliometer)의 측정원리는 1893년 K. Angstrom이 발명하였다. 이 직달일사계는 당초 스웨덴의 우푸사라에서 제작되어 우푸사라 대학 물리연구소에서 교정되었다. 1935년 중단된 후 1940년에 스톡홀름에서 제작이 재개되어 그 교정에는 주로 스웨덴 기상수문연구소(SMHI)가 맡았다. 종종 모델 변화가 있었으나 총 수백 대가 배포되었다.

1937년경에 미국의 스미소니안 천체물리관측소가 이것의 스미소니안판을 제작했다. 이 개량판이 1964년경 에플리사에서 나와, 최근까지 입수할 수 있었으나 현재 이것을 제조하고 있는 회사는 없다. 옹스트롬 보상일사계는 구조가 간단하고 취급하기 쉬운데 비해서 고정밀도의 측정이 가능하므로 지금도 교정용 준기나 측정용으로 사용하고 있는 나라들이 있다.

옹스트롬 보상일사계의 구조는 그림 16.9와 같다. 이 측기는 직사각형의 개구와 수광면을 갖는다. 에플리판의 경우 개구(A)의 크기는 20.6 mm × 8.4 mm, 수광판(C)는 두께 0.02 mm, 가로·세로 20.0 mm × 2.0 mm의 리본모양의 망가닌판이다.

개구와 수광판의 거리는 111 mm 이다. 수광판 표면은 광학도료로 암화되어 있고 단파장에 대해서 거의 균일한 방사흡수율을 갖는다. 수광판의 안쪽에는 2대의 동콘스탄탄 열전대(T)가 역대직열(逆對直列)로 붙여져 있다. 수광판은 전기저항체로 되어 있고, 통전(通電)하면 줄열을 발생한다. 셔터[shutter, S, 개폐기(開閉器)]와 교체스위치(P)는 연동해서 오른쪽 개구를 닫았을 때는 오

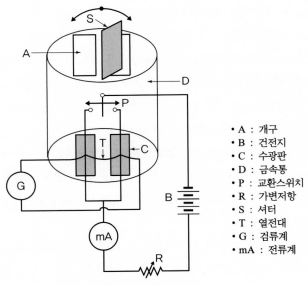

- A : 개구
- B : 건전지
- C : 수광판
- D : 금속통
- P : 교환스위치
- R : 가변저항
- S : 셔터
- T : 열전대
- G : 검류계
- mA : 전류계

그림 16.9 **옹스트롬 보상일사계의 구조**

른쪽의 수광판에 전류가 흐른다. 그 때 왼쪽의 수광판은 일사를 흡수해서 승온한다. 좌우의 수광판의 온도차는 열전대에 의해 기전력으로 변환되어 검류계(G)의 바늘을 움직인다. 가변저항(R)을 조정해 검류계의 바늘이 0을 가리킬 때 일사를 전기적으로 보상(補償)되는 일이 된다. 이때의 전류를 전류계(mA)로 읽어들인다. 망가닌판의 저항은 약 0.19 Ω이고, 쾌청 시의 낮에 측정한 경우, 보상전류는 350~450 mA 정도이다.

측정원리는 다음 식으로 표현된다.

$$a \cdot b \cdot \alpha \cdot S = r \cdot i^2 \tag{16.16}$$

여기서, a : 일사가 조사하는 수광판의 길이(m)

b : 일사가 조사하는 수광판의 폭(m)

α : 수광판의 방사흡수율

(퍼슨스 블랙의 경우는 0.985가 사용된다.)

S : 일사량($W \cdot m^{-2}$)

r : 수광판의 전기저항(Ω)

i : 보상전류(A)

위 식의 좌변은 흡수한 일사의 방사속, 우변은 줄열의 세기를 나타낸다. 여기서부터

$$S = K \cdot i^2 \tag{16.17}$$

여기서

$$K = \frac{r}{a \cdot b \cdot \alpha} \tag{16.18}$$

이다. K를 기계상수(측기상수)라 하고, 에플리판의 경우 4,800~4,900 $W \cdot m^{-2} \cdot A^{-2}$ 정도이다. 이 측기는 a, b, α, r를 정확히 평가할 수 있다면 K가 구해져 절대측정이 가능하다. 그러나 개개의 측기 모두에 대해서는 이것을 행하지 않고 절대측정이 가능한 1차준기와 비교해서 측기상수를 결정한다. 우푸사라에 있어서의 최초의 1차준기는 기계번호 A70이었다.

측정에서는 좌우의 수광판을 교대로 차폐·노광(遮蔽·露光)해서 좌우의 전류치의 평균에서 하나의 일사량을 구한다. 우선 최초의 개구에 뚜껑을 씌워서 좌우의 수광판을 차폐하고, 쌍방의 온도를 일치시킨다. 이때 검류계의 바늘은 0(cold – zero)으로 조절된다. 다음에 뚜껑을 치우고 동시에 오른쪽을 차폐하고, 검류계의 바늘이 0을 유지하도록 보상전류를 조절한다. 일정시간 후에 전류치를 읽어들이고 다음에 왼쪽을 차폐한다. 이렇게 해서 결정되어진 시간간격으로 좌우교호로 차폐·노광을 반복하면서 측정을 계속한다. 시간간격을 60초 또는 90초로 하는 경우가 많다.

일사량 S는 다음 식으로 계산한다.

$$S = K \cdot i_R \cdot i_L \tag{16.19}$$

여기서 i_R, i_L은 각각 좌우의 전류치이다. S는 i_R, i_L을 읽어들인 때의 일사량의 기하평균이 된다. 일사량의 시간적 변동이 작을 경우 S는 i_R과 i_L을 읽어 들인 중간의 시각에 있어서의 일사량으로 간주해도 좋다. 보상전류의 조정은 일사량이 안정되지 않으면 곤란하다. 또 전류를 지나치게 흘려서 수광판이 불타서 부서지는 일이 있으므로 주의를 요한다. 검류계의 0조정은 15~20분마다 행한다.

측정법에 관해서는 검류계의 0조정을 행할 때에 셔터를 중립으로 해서 쌍방의 수광판을 노광(warm – zero)해, 전류치의 평균에 산술평균을 사용한다고 하는 방법도 있다. 낡은 매뉴얼 등에서는 이 방법을 말하고 있는 경우도 많지만, 좌우의 수광판의 측기상수가 다를 경우 이것으로 얻어지는 평균일사량은 좌우의 측기상수의 비대칭성과 i_L을 읽어들인 때의 일사량의 복잡한 함수로 되고, 또 평균화된 측기상수 K의 의미도 명확하게 되지 않는다.

세계방사센터의 다보스(Davos) 물리기상연구소에서는 직달일사계의 비교교정을 엄밀히 행한다는 입장에서 1960년대에 이 문제가 음미되어 H. Wierzejewski 등에 의해 'cold – zero + 기하평균'법이 확립되었다. 즉 좌우의 읽어들임에 대해서

$$S_R = K_R \cdot i_R{}^2 \tag{16.20}$$
$$S_L = K_L \cdot i_L{}^2 \tag{16.21}$$

이므로 양변의 기하평균을 취하면 식 (16.19)가 되고, 일사량 S, 측기상수 K는 각각 명확한 의미를 갖는다. 1975년의 제4회 일사계 국제비교 후 옹스트롬 보상일사계의 측정법에는 'cold –

zero + 기하평균'법이 채용되어 있다.

옹스트롬 보상일사계의 경우, 태양주변광의 영향을 이론적으로 평가하는 것은 대단히 어렵다. 좁고 긴 직사각형의 수광판의 안쪽에 붙여진 열전대와의 위치관계에 의한 수광판상의 감부 분포가 균일하지 않기 때문이다.

에플리판에 대해서 실측결과의 한 예를 들면 $I \geqq 900 \ \mathrm{W \cdot m^{-2}}$에서는 절대방사계와의 사이에는 거의 측정치의 차가 없지만, $I = 850 \ \mathrm{W \cdot m^{-2}}$에서는 약 0.1 % 작게 측정되었다. 일사량이 이 이하가 되면 그 차는 갑자기 확대되고, $I = 800 \ \mathrm{W \cdot m^{-2}}$에서는 0.5 %, $I = 700 \ \mathrm{W \cdot m^{-2}}$에서는 약 1 % 각각 작게 측정된다.

16.2.6 은반일사계

은반일사계(銀盤日射計, silver-disk pyrheliometer)는 1차준기인 유수식일사계(流水式日射計)의 가반형 직달일사계로서, 1908년 스미소니안 천체물리관측소에서 1호기가 만들어졌다. 1927년에는 개량이 이루어져 통의 길이가 변경되었다. 1954년까지는 총 103대가 같은 공장에서 제작되고 거기서 교정되어 전 세계로 배포되었다(Smithsonian Institution, 1954).

현재 은반일사계를 사용하고 있는 나라는 극히 적다고 생각되지만 옹스트롬 보상일사계와 병행해서 직달일사측정의 역사상 중요한 역할을 다한 측기이다. 이하는 그 구조와 측정원리를 언급한다.

그림 16.10에 1909년제 스미소니안판의 구조를 나타내었다. 은반(a)은 직경 28 mm, 두께 7 mm로 수광면 쪽이 흑색으로 도장되어 있다. 은반에는 가장자리에서 중심부로 향해서 구멍

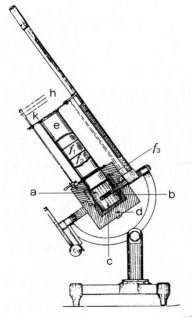

- a : 은반
- b : 수은온도계
- c : 통의 원통용기
- d : 목제용기
- e : 통
- f : 격벽
- h : 셔터
- i : 태양직사광
- k : 온도계지지판

그림 16.10 은반일사계의 구조

이 뚫어져 있고, 그 속에 수은온도계(b)의 구부가 삽입되어 있다. 은반과 구부 사이의 열적 접촉을 좋게 하기 위해서 구멍 속에는 소량의 수은이 들어 있다. 수은이 은반을 녹이지 않도록 양자는 얇은 강철판으로 격리되어 있다. 은반은 동의 원통용기(c)의 공중에 있다.

그 바깥쪽은 단열성이 우수한 목제용기(d)로 싸여 있다. 온도계의 자루는 목제용기의 바깥쪽에서 직각으로 굽어 금속제의 보호관으로 지지되고 있다. 목제용기에는 통(e)이 부착되어 그 속에 격벽(隔壁, f_1, f_2, f_3)이 있다. 최하단의 격벽(f_3)은 은반보다도 약간 작은 직경을 갖고, 이것이 실질적인 수광면이다. 통의 앞에는 3장의 금속판으로 이루어진 셔터(h)가 있다. 태양직사광(i)의 방향을 통의 축과 일치시키기 위해 조준구멍이 개구부의 온도계 지지판(k)에, 조준적이 다른 쪽의 지지구에 붙어 있다. 개구에는 착탈이 가능한 뚜껑으로 씌워져 있다. 통의 길이는 초기의 형이 150 mm, 개량형이 320 mm이다.

측정준비와 은반의 온도변화를 그림 16.11에 나타내었다. 통 뚜껑은 측정 최초에 벗기고 측정의 최후에 씌운다. 일사에 쪼이는 100초 간의 은반의 온도상승량 R은 다음 식으로 구한다.

$$R = (T_4 - T_3) + \frac{(T_1 - T_2) + (T_5 - T_6)}{2} \qquad (16.22)$$

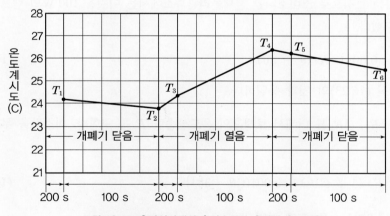

그림 16.11 은반일사계의 측정순서와 은반의 온도변화

위 식 제2항은 $T_3 \sim T_4$ 사이에 일어나는 은반의 온도강하의 보정항에 상당한다. 온도는 0.01 C의 단위로 읽어들인다. R에 대해서 아래의 보정을 행한다.

(1) 온도계의 기차보정 δR_c

계산능률을 높이기 위해서 간편법이 이용되고 있다. 기차보정표에서 기차의 차분을 취하고 평균시도(θ)에 대한 단위시도차당의 보정량[C(θ)]을 구해 둔다.

$$\theta = \frac{T_1 + T_2 + T_3 + T_4 + T_5 + T_6}{6}$$

으로 하고, 보정치 δR_c를

$$\delta R_c = C(\theta) \cdot R \tag{16.23}$$

로 한다. $\theta = (T_3 + T_4)/2$로 하는 방법도 있다.

(2) 온도계의 병보정 δR_s

온도계의 병보정(柄補正, stem correction, 병(柄 : 자루, 손잡이)]은, 수은온도계의 구부와 자루의 온도가 다른 것에 대한 보정으로 자루의 온도가 20 C의 경우의 값으로 환산한다.

$$\delta R_s = 0.00014 \cdot R \cdot (20 - \theta_A) \tag{16.24}$$

여기서, θ_A는 기온이다.

(3) 수은의 비열보정 δR_h

수은온도계 구부의 수은량 및 온도가 변하면 그 비열도 변화한다. 구부의 온도가 30 C일 때의 값으로 환산하는 보정으로 스미소니안 천체물리관측소에서는 이것을 100 W의 램프를 사용해서 실험적으로 구했다.

$$\delta R_h = 0.0011 \cdot R \cdot (\theta - 30) \tag{16.25}$$

여기서, θ는 식 (16.23)의 것과 동일하다.

R에 δR_c, δR_s, δR_h를 더해서 보정후의 온도상승량 R_o를 구한다. 미소량을 무시하면 다음 식을 얻는다.

$$R_0 = R \cdot \{1 + C(\theta) + 0.0010(\theta - 30)\} \tag{16.26}$$

일사량은 S, 측기상수를 K로 하면

$$S = K \cdot R_0 \tag{16.27}$$

이 된다. 식 (16.27)에 의해 교정과 측정을 행한다. 측정은 일사량의 시간적 변동이 작은 것을 전제로 하고 있고, S는 $T_3 \sim T_4$ 사이의 평균치로 간주되고 있다. K는 210~270 $W \cdot m^{-2} \cdot C^{-1}$ 정도이다.

여기서 식 (16.22)에 대해서 보정한다. 같은 식은 은반이 100초간 일사를 흡수해서 상승하는 온도차를 나타내는데, 은반일사계의 열방정식을 자세히 풀면 이와 같이 되지 않는다. 실측치에 기초로 해 식 (16.22)의 R과 엄밀해를 비교하면 측기에 따라 조금씩 다르지만, 전자는 후자에 비교해서 항상 2.5~3.5 % 작다. 그러나 결과적으로 양자는 극히 좋은 비례관계를 나타낸다. 은

반일사계는 원래 2차준기로 이용되고 있기 때문에 이 비례관계가 유지되고 있는 한 실용상의 문제는 없을 이치이다.

이것에 대해서 스미소니안 잡보집(雜報集, Aldrich, 1949)에서는 다음과 같이 설명되어 있다. "이 측정순서는 일종의 간편법이지만, 엄밀한 방법보다도 훨씬 용이하고 통상의 측정조건 하에서는 엄밀한 방법에 의한 값과 아주 좋은 비교성을 나타내는 것이 경험적으로 알려져 있다. 따라서 이것을 은반일사계의 측정순서로 채용했다."

16.2.7 절대직달일사계

절대직달일사계(絶對直達日射計, absolute pyrheliometer)는 절대방사계(絶對放射計, absolute radiometer)라고도 하며, 주로 직달일사량을 측정하기 위한 방사계이다. 1960년대 후반에 개발이 시작되었다. 당시의 일사측정기준인 국제일사규모 1956(International Pyrheliometer Scale : IPS–56)이 정의와 계속성에 관해 다분히 애매함을 포함한 것임을 인식되어 있었으나, 이것이 표면화한 것은 우주개발분야에 있어서였다. 우주선의 열설계를 하기 위해서는 개발된 공동형방사계가 IPS–56에 대해서 약 2 % 큰 값을 나타낸 것이 되고, IPS–56의 SI 단위에 대한 충실성에 명확한 의문이 제시된 것이다. 제3회 일사계 국제비교(International Pyrheliometer Comparison : IPS–Ⅲ, 1970)에서는 미국 제트추진연구소(JPL)과 연방표준국(NBS)에서 2대의 절대방사계가 참가했다.

'절대(絶對)'라고 하는 말은 기존의 측정기준과는 독립으로 SI 단위에 충실한 고정밀도의 절대치를 결정할 수 있다고 하는 의미가 담겨져 있다. 이 비교에서는 같은 일사량을 측정해서 절대방사계가 IPS–56보다도 약 1.9 % 큰 값을 나타냈다. 연속해서 제4회 일사계 국제비교(IPC–Ⅳ, 1975)에서는 다보스 물리기상관측소나 소련에서의 것을 포함해서 11대의 절대방사계가 참가했다. 이렇게 해서 IPS–56과 절대방사계군과의 사이에 많은 비교결과에서 새로운 측정기준인 세계방사기준(世界放射基準, World Radiometric Reference : WRR)이 확립되게 되었다.

현재 절대방사계에는 프로트 타입 및 상품으로 판매되고 있는 것을 포함해서 10종 이상이 있으나, 측정원리로 분류하면 능동형과 수동형의 2종류가 된다. 어느 쪽도 공동흑체, 열저항, 히트싱크로 이루어진 열류시스템을 2개 이용한다. 쌍방의 시스템은 같은 열적 성질을 갖도록 만들어져 한쪽이 수광용으로, 다른 쪽이 보상용으로 이용된다.

현 단계에서는 이 조합이 직달일사측정에서 취급하는 방사조사기준에 대해서 가장 유효인 것으로 되어있다. 절대방사계의 측기상수는 특성평가라 불리는 정밀측정, 실험, 수치 시뮬레이션 등으로 되는 일련의 순서에 의해 결정되기 때문에 그 때 불확실함을 최소로 하기 위한 최적구조로 설계되었다.

(1) 능동형

WMO 제Ⅱ(아시아)지구준기 PMO-6(그림 16.12)은 능동형(能動型, active type)이다. 스위스의 다보스 물리기상관측소(세계방사센터)에서 설계된 것으로 이름은 그 머리글자에서 따고 있다. 베룬의 CIR사가 제조판매한다. 그림에 표시한 측기는 단열성의 원통용기에 수납되어 있다. 공동(空洞)은 은제(銀製)로 바깥면은 금도금되어 있다. 이것이 열저항의 역할을 하는 스테인리스 동의 원통으로 히트싱크와 열적으로 접속되어 있다. 일사가 조사되는 공동의 원추표면에 히터가 둘러져 있다. 공동내면은 거울면 반사성 흑체도료로 도장되어 있다. 히터는 아주 얇은 콘스탄탄막으로 된 약 85 Ω의 전기저항을 갖는다. 2개의 공동 사이의 온도차를 검출하기 위해 각각의 열저항의 양단에 직경 0.03 mm의 동선으로부터 이루는 4개의 저항온도계가 브리지 회로를 구성해서 부착되어 있다. 온도계의 저항은 약 100 Ω이다. 개구의 직경은 5.0 mm, 화학처리로 암화된 두께 0.02 mm 동박막으로 되어 있고, 양면에서 금속고리로 좁혀서 고정되어 있다. 히트싱크와 바깥면의 통은 열적으로 차단되어 있다.

측정에는 우선 개폐기를 닫고 일사를 차단해 히터에 의해 수광공동(受光空洞)에 열을 가한다. 이때 2개의 공동 간에 온도차가 생기지만 그 온도차는 제어장치의 전환스위치에 의해 측정하는 방사조도 레벨에 따라 미리 선택할 수 있도록 되어 있다. 통상의 측정에서 온도차는 약 1 K로 설정된다. 부속의 전기회로에 의해 이 온도차가 항상 일정하게 되도록 가열전력이 자동조절된다. 온도차가 파넬미터에 숫자 표시되므로 충분히 안정되면 그때의 가열전력을 읽어들인다.

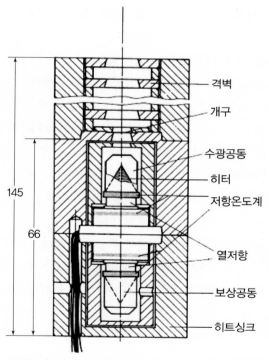

그림 16.12 능동형 절대직달일사계[PMO-6(Brusa, 1983), 단위 mm]

다음에 개폐기를 열고 수광공동에 일사를 집어넣는다. 온도차를 일정하게 하기 위해서는 일사에 의해 더해지는 가열분의 전력은 크지 않다. 온도차가 안정되면 다시 그때의 가열전력을 읽어들인다. 이때 일사에 의한 가열량은 개폐기를 열었을 때와 닫았을 때의 가열전력의 차와 같다. 측정은 개폐기개폐를 일정시간간격으로 교대로 반복함에 따라서 행해진다.

일사량 S는 다음 식으로 계산된다.

$$S = f \cdot C \cdot (P_R - P_M) \tag{16.28}$$

$$P_R = \frac{P_R{}^- + P_R{}^+}{2} \tag{16.29}$$

여기서, S : 일사량($W \cdot m^{-2}$)

P_M : 개폐기 열릴(측정 시) 때 가열전력, 즉 전류와 전압의 곱(W)

$P_R{}^-$: 측정 시 전의 셔터 닫힐(차폐 시) 때의 가열전력(W)

$P_R{}^+$: 측정 시 후의 셔터 닫힐(차폐 시) 때의 가열전력(W)

C : 특성평가, 전기회로의 교정 등에 의한 측기상수(m^{-2})

f : WRR 환산계수(WRR reduction factor)

이다. 제어장치에서 전류(I), 전압(U), 전력(P)이 각각 증폭되어 전압으로 출력된다. 따라서 S를 구하는 방법에는 UI법(전류 × 전압)과 P법(전력)의 2개가 있다. 초기의 형에서는 오로지 UI법이 이용되었으나, 최근의 개량형에서는 P법에서도 충분한 정밀도를 확보할 수 있도록 회로가 개량되어 있다.

직달일사량이 $900\ W \cdot m^{-2}$ 정도일 때 U, I 모두 차폐 시는 약 7 V, 측정 시는 약 4 V이다. 또한 이 경우의 측기상수 C의 단위는 $W \cdot m^{-2} \cdot V^{-2}$이다. 셔터의 개폐에서 공동의 온도가 안정할 때까지 최저 30초(s)의 시간을 둔다. 개폐의 시간간격을 45초, 60초, 90초 등으로 하는 경우가 많다. S는 P_M을 읽어들인 때의 값이 된다. f는 측정치를 세계방사기준(WRR)에 근거한 값으로 환산하기 위한 계수로 1에 가까운 값을 갖는다. 지구준기 PMO-6의 측기상수 C는 24.031 $W \cdot m^{-2} \cdot V^{-2}$, 1995년 11월 당시의 f는 UI법에 대해서 0.99949이다.

(2) 수동형

일본 기상청에서 소유하고 있는 준기 HF는 수동형(受動型, passive type)이다. 미국 에플리사가 제조판매하고 있다. 구조는 능동형과 본질적으로 같다. 단, 능동형에서는 차폐 시, 측정 시 모두 공동을 가열하지만 수동형에서는 측정 시에는 공동을 가열하지 않는다. 수동형은 2개의 공동 간의 온도차를 응답이 빠른 직선성이 우수한 열전퇴로 검출해 출력한다. HF는 Hickey - Frieden 고리상 코일 열전퇴을 사용하고 있다. 공동에 부여되는 가열량과 열전퇴 출력의 비례관계는 수광부의 열적 상태에 의존하기 때문에 측정에 앞서 먼저 이 관계를 교정한다. 이 순서를 자기교정(自己校正, self-calibration)이라 한다. 교정이 끝나면 통의 뚜껑을 떼고 열전퇴출력과 교정계수에서 일사량을 구한다.

교정에는 우선 뚜껑을 벗기고 직달일사를 집어넣고 미리 열전퇴의 출력 레벨을 알아야 한다. 다음에 뚜껑을 씌워서 수광공동을 전기적으로 가열한다. 이때 열전퇴출력이 일사에 의한 값과 거의 같아지도록 가열전력을 조절한다. 열전퇴출력이 안정되면 열전퇴출력, 가열전류, 가열전압을 읽어들인다. 교정계수 γ 를 다음 식으로 구한다.

$$\gamma = \frac{I(V - IR_c)}{E_e} \tag{16.30}$$

여기서, γ : 교정계수($\mathrm{W \cdot mV^{-1}}$)

　　I : 히터의 가열전류(A)

　　V : 히터의 가열전압(V)

　　R_c : 히터의 리드선저항(Ω)

　　E_e : 열전퇴출력(mV)

우변 분자는 히터에 첨가되는 가열전력을 나타낸다. 같은 제2항 째는 리드선[15])에 의한 전압강하의 영향을 보정하는 항이다.

교정이 끝나면 측정으로 옮긴다. 뚜껑을 벗기는 동시에 가열전류를 끊는다. 열전퇴 출력이 거의 안정되면 그것을 읽어들여 일사량 S 를 다음 식으로 계산한다.

$$S = f C \gamma E_i \tag{16.31}$$

여기서, C : 측기상수($\mathrm{m^{-2}}$)

　　E_i : 열전퇴출력(mV)

　　f : WRR 환산계수(WRR reduction factor)

이다.

연속해서 일사에 쪼이는 경우에는 20~30분을 측정의 1시리즈로 하고 각 시리즈의 최초에 교정한다. 교정에 필요한 시간은 2~3분 정도이다. γ 는 $0.049~\mathrm{W \cdot mV^{-1}}$ 정도로 각 시리즈마다 ± 0.1 % 정도의 변동을 나타낸다. 측정 중 일사량에 다소의 변동이 있어도 열전퇴출력은 충분히 그것에 뒤따른다. 단, HF의 열전퇴출력은 1 mV 이하로 대단히 작다. 예를 들면 일사량 $800~\mathrm{W \cdot m^{-2}}$에 대한 출력은 근소하게 0.82 mV 정도에 지나지 않는다. 따라서 잡음에는 충분히 주의할 필요가 있다. 일본의 국내준기의 경우는 R_c 는 0.066 Ω, 측기상수 C 는 20,040 $\mathrm{m^{-2}}$, 1995년 11월 당시의 f 는 0.99766이다.

---

15) 리드선 : 리드선(- - 線, lead line)이란, 전자부품의 전극에 접속되어 있는 금속선이나, 떨어진 장소를 전기적으로 접속하기 위해서의 비닐선, 주석도금선, 따위의 도선 등을 말한다. 리드선은 전기회로나 전자회로를 구성하는 도체(導體)로, 전기부품 간에 전기신호 등의 정보를 전하기도 하고, 전기에너지를 전파하기도 하는 역할을 한다.

16.2.8 열전퇴형 직달일사계

열전퇴형 직달일사계(熱電堆型 直達日射計, thermoelectric pyrheliometer)는 강지부에 열전퇴를 사용해서 직달일사량의 순간치에 비례하는 기전력(起電力)을 연속해서 출력한다. 전술의 옹스트롬 보상일사계, 은반일사계, 절대직달일사계는 바깥공기가 수광면에 직접 접하는 구조로 되어 있으나, 이 형은 개구에 투명한 광학유리가 끼워넣어져 전천후형으로 되어 있다. 수동조작이 필요하지 않기 때문에 태양자동추미장치에 부착되어 옥외에 설치해서 정상관측용으로 이용되고 있다.

몇 개의 종류가 있으나 구조는 대동소이하다. 그림 16.13에 EKO MS 53의 구조를 나타내었다. 열전퇴에는 콘스탄탄선에 동 도료한 것이 이용되고 있다. 통은 다중구조로 바깥기온의 급변이나 바람이 수광부의 열흐름을 교란하지 않도록 되어 있다. 창유리 안쪽의 흐림을 막기 위해 건조제에 의해 통 내를 제습한다. 건조제의 색이 핑크로 변하면 빨리 교환해야 한다. 조준거리는 76 mm이다.

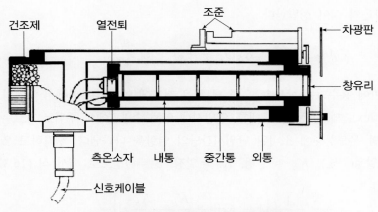

그림 16.13 열전퇴형 직달일사계의 구조[英弘精機(株) MS 53]

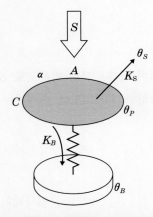

그림 16.14 열전퇴형 직달일사계 수광부의 단순화된 구조

수광부를 단순화한 열류모델을 그림 16.14에 나타내었다. 지금

S : 수광면상의 방사조도$(\mathrm{W \cdot m^{-2}})$

A : 수광면의 면적$(\mathrm{m^2})$

α : 수광면의 방사흡수율

K_S : 수광판과 주변 사이의 열전달률$(\mathrm{W \cdot C^{-1}})$

K_B : 수광판과 히트싱크 사이의 열전달률$(\mathrm{W \cdot C^{-1}})$

θ_P : 수광판의 온도(C)

θ_S : 주변의 온도(C)

θ_B : 히트싱크의 온도(C)

C : 수광판의 열용량$(\mathrm{J \cdot C^{-1}})$

t : 시간(s)

으로 하면 다음의 식이 성립한다.

$$S \alpha A = K_B(\theta_P - \theta_B) + K_S(\theta_P - \theta_S) + C\frac{d\theta_p}{dt} \tag{16.32}$$

좌변은 수광판에 흡수되는 방사속, 우변 제1항은 전도에 의해 수광판에서 히트싱크로 흐르는 열플럭스(heat flux), 제2항은 전도·대류·열방사에 의해 수광판에서 주위로 흐르는 열플럭스, 제3항은 수광판의 온도상승에 소비된 단위시간당의 열량을 나타낸다. 생각하고 있는 시간규모로 $\theta_S = \theta_B =$ 일정(一定), $K_B =$ 일정, $K_S =$ 일정, $S =$ 일정으로 해서 식 (16.32)를 풀면

$$\theta_P - \theta_B = \frac{S \alpha A}{K_B + K_S}\left\{1 - \exp\left(-\frac{K_B + K_S}{C}t\right)\right\} \tag{16.33}$$

$t \to \infty$의 평형상태에서는

$$\theta_P - \theta_B = \frac{S \alpha A}{K_B + K_S} \tag{16.34}$$

가 된다. 즉 수광판과 히트싱크 사이의 온도차는 방사조도 S에 비례한다. 수광판에 열전퇴의 온접점, 히트싱크에 냉접점을 접착하면 방사조도에 비례하는 열기전력을 얻을 수 있다.

측정은 다음 식으로 행한다.

$$S = \frac{V}{k} \tag{16.35}$$

여기서, S : 일사량$(\mathrm{W \cdot m^{-2}})$ \qquad\qquad V : 일사계의 출력(mV)

k : 일사계의 감도$[\mathrm{mV \cdot (W \cdot m^{-2})^{-1}}]$

이다. 열전능 E_0의 열전대를 n대 사용한 열전퇴의 경우, 창유리의 투과율을 ρ로 하면 감도 k는

$$k = \frac{\alpha \rho A}{K_B + K_S} n E_0 \qquad\qquad (16.36)$$

가 된다. 식 (16.33), 식 (16.36)에서 알 수 있듯이 감도와 응답속도(시상수)는 한쪽을 크게 하면 다른 쪽이 작아진다고 하는 상반된 관계가 된다. 실제의 일사계에서는 쌍방의 균형이 고려된다. EKO MS 53의 경우 응답속도는 98 % 응답에 약 8초, 감도는 5~6 mV·(kW·m^{-2})$^{-1}$이다. 또한 WMO와 ISO(국제표준화기구)가 정한 1급 직달일사계의 95 % 응답은 20초 이하이다.

이 형은 상대측정기인 상위준기와 비교해서 결정하지만, 열전능 E_0, 열전달률 K_B, K_S는 θ_P, θ_B, θ_S 의 함수이므로 일반적으로 감도 k 는 몸체온도 T와 일사량 S의 함수로 된다. 따라서 교정 시와 크게 떨어진 측정조건 하에서 사용하는 경우에는 감도에 특성보정을 설치할 필요가 있다.

일반적으로 감도 k는

$$k = k_0 H(T, \ S) \qquad\qquad (16.37)$$

로 표현된다. 여기서 k_0는 $T = T_0$, $S = S_0$에 있어서의 감도, $H(T, \ S)$는 $H(T_0, \ S_0) = 1$ 로 규격화된 열특성함수이다. $T_0 = 20\ C$, $S = 1\ \mathrm{kW \cdot m^{-2}}$ 등으로 한다. k_0와 $H(T, \ S)$는 특성검사장치를 이용한 검사결과와 준기와의 비교결과에서 유도된다.

엄밀히는 V와 T에서 식 (16.35), 식 (16.37)을 풀어서 S를 얻지만, 사용하는 기계의 열특성, 측정조건 및 요구되는 측정정밀도에 따라서 간략한 보정방법을 이용하는 경우가 많다.

온도특성의 보정을 행하기 위해서 Kipp & Zonen 사의 CH 1이나 EKO MS 53은 히트싱크 온도를 측정하는 저항측온소자를 내장하고 있다. 또 Eppley 사의 NIP는 몸체 내에 서미스터를 넣어 온도특성을 회로적으로 보정하도록 되어 있다.

유리창의 투과율이나 수광면의 흡수율에 파장 의존성이 있는 경우, 측정하는 일사의 파장분포에 의해 감도가 변화한다. 이것을 **파장특성**이라고 한다. 그러나 현재 일반적으로 사용되고 있는 주요 기종에서는 단파장역에 있어서 충분히 균일한 투과율 및 흡수율을 갖는 광학재료가 사용되고 있기 때문에 이 특성의 영향은 보통 고려되고 있지 않다.

수광면의 퇴색이나 열전달률의 변화도 감도변화를 일으키는 원인이 된다. 기종이나 사용방법에 따라 그 정도가 다르지만, 상황이 허용하는 한 일정기간마다 재교정이나 수광면의 재도장 등을 하는 것이 바람직하다. 1급 직달일사계의 경우 열화에 의한 감도변화는 1년에 ±1 % 이하로 정해져 있다.

16.2.9 전천일사계

현재 일반적으로 사용되고 있는 전천일사계(全天日射計, pyranometer, solarimeter)는, 예외 없이 열전퇴형이다. 전기보상원리를 사용한 절대 전천일사계(絶對 全天日射計)는 적어도 시판되고 있는 기종에는 없다. 그 이유는 전천일사계에는 반구 2π의 모든 방향에서 수평면에 입사하는 전천일사(全天日射, global solar radiation)의 방사를 측정한다 (그림 16.15)라고 하는 엄격한 조건에 부과되어 있기 때문에 직달일사계와 같이 엄밀한 특성평가를 행할 수 있는 구조로 하는 것이 곤란하기 때문이

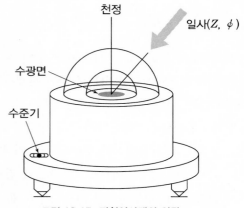

그림 16.15 **전천일사계의 외관**

다. Eppely사의 SCP형은 절대직달일사계(HF)와 같은 수광면을 사용해서, 수광면이 공동(空洞)으로 되어 있으나, 특성평가의 과정에서 생기는 불확실함이 너무 커서 절대측정기가 되지 못한다. 단순히 절대직달일사계로 교정되는 측기(기계)상수의 변화를 감시하기 위해서 전기보상원리를 이용하는 것뿐이다. 그러므로 자기교정(自己校正, self-calibration)에서는 없는 자기점검형 전천일사계로 불린다.

전천일사계 수광부의 구조는 열전퇴형 직달일사계의 경우와 기본적으로 같다. 단, 전천일사계의 경우, 일사량에 비례하는 온도차를 꺼내는 방법이 3종류 있다. 그 하나는 그림 16.14에 표시한 방법이다. 이것을 임시로 히트싱크형(heat sink type)이라 부르겠다. 다른 2개는 2장의 수광판을 이용한다(그림 16.16). 쌍방의 수광판 간의 온도차는 식 (16.34)를 이끌어낸 것과 같이

$$\theta_{P2} - \theta_{P1} = S\left(\frac{\alpha_2 A_2}{K_{B2} + K_{S2}} - \frac{\alpha_1 A_1}{K_{B1} + K_{S1}} \right) \tag{16.38}$$

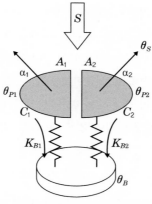

그림 16.16 **2장의 수광판을 갖는 전천일사계 수광부를 단순화한 구조**

이 된다. 즉 온도차는 주로 수광면적과 흡수율의 곱의 차에 의해 생긴다. 수광면적을 같게 하고 백(白, α_1)과 흑(黑, α_2)의 수광판을 사용하는 경우, 열전달계수가 쌍방 같다고 하는 가정 하에서

$$\theta_{P2} - \theta_{P1} = \frac{SA}{K_B + K_S}(\alpha_2 - \alpha_1) \qquad (16.39)$$

를 얻는다. 이것을 잠정적으로 백흑형(白黑型)이라 부르겠다. 또 면적이 다른 2장의 흑색수광판 (α)를 사용하는 경우는

$$\theta_{P2} - \theta_{P1} = \frac{S\alpha}{K_B + K_S}(A_2 - A_1) \qquad (16.40)$$

을 얻는다. 이것을 임시로 흑흑형(黑黑型)이라 부르겠다.

히트싱크형에 속하는 것에는 Eppley 사의 PSP, Kipp & Zonen사의 CM－21 등이 있다. 백흑형에는 EKO, MS－42, Schenk 사의 STERN, 러시아의 M－80M 등이 있다. 흑흑형은 EKO, MS－801뿐이다. EKO, MS－801에서는 2장의 흑색 수광판이 동심원상으로 배치되어 있다. 히트싱크형은 일반적으로 유리돔과 히트싱크의 온도가 다르기도 하고 급변하기도 하며 일사와 무관계한 출력성분을 생기게 한다고 하는 결점을 갖지만, 백흑형과 흑흑형은 이것을 어느 정도 극복한 것이다.

측정은 다음 식으로 한다.

$$S = \frac{V}{k} \qquad (16.41)$$

여기서, S : 일사량($W \cdot m^{-2}$)

　　　　V : 일사계의 출력(mV)

　　　　k : 일사계의 감도[$mV \cdot (W \cdot m^{-2})^{-1}$]

전천일사계는 열전퇴형 직달일사계와 같은 열적 특성이나 파장특성에 첨가되어 입사각 특성이라고 하는 광학적 특성을 갖는다. 이것이 수평한 수광면에 입사하는 일사의 방향에 따라 변하는 것으로 유리돔에 의한 굴절이나 수광면의 흡수율의 방향 의존성 등에 기인한다. 입사각특성에 의한 측정오차에는 하늘의 방사 휘도분포가 관계하기 때문에 통상의 측정에서는 이것을 보정하는 것이 사실상 불가능하다. 따라서 전천일사계를 사용하는 측정에 있어서는 특히 입사각특성이 작은 기종을 선택하는 것이 중요하다.

열전퇴형 직달일사계의 교정은 절대직달일사계와의 비교측정에 의해 행하여진다. 한편 전천일사계와의 교정은 기준이 되는 절대측정기가 없으므로 절대직달일사계와의 비교측정에 의존하지 않을 수 없다. 그 방법은 몇 개가 제창되어 있다. 가장 간단한 방법은 전천일사계를 수평으로 놓고 차폐판을 이용해서 직달일사의 차폐와 비차폐를 교대로 반복하는 차폐판법(遮蔽板法,

shading disk method)이다. 따라서 이 방법에서는 전천일사계의 특성의 영향을 평가하는 것이 곤란하다. 현재 일본 기상청에서는 전천일사계 검정용의 기준 전천일사계를 교정하기 위해서 콜리메이션 튜브(collimation tube, 조준관)법과 특성검사를 조합한 방법(HIROSE, 1994)을 이용하고 있다.

16.2.10 산란일사계

산란일사계(散亂日射計, diffusometer)는 산란일사를 측정하는 일사계로, 직사광을 차단하는 장치와 전천일사계를 조합한 장치 전체를 이와 같이 부른다. 차단장치에는 차폐밴드(遮蔽 band), 차폐링(遮蔽 ring), 차폐판(遮蔽板), 차폐구(遮蔽球)의 4종류가 있다.

차폐링과 차폐밴드(그림 16.17)는 전천일사계에서 본 태양의 궤도상을 원형의 차폐환으로 덮은 것이다. 차폐밴드는 판상환, 차폐링에서는 관상환을 이용한다. 차폐는 직사광만이 아니고 산란광의 일부도 차폐하기 위해 측정된 산란일사량에 그만큼 보정계수 $1/(1 - \gamma)$를 곱할 필요가 있다. 하늘의 방사휘도분포가 균일하다고 하는 가정 하에서 γ는 다음 식으로 표현된다.

$$\gamma = \frac{2\,W}{\pi\,R}\cos^{n}\delta\,(\theta_0 \sin\phi \sin\delta + \cos\phi \cos\delta \sin\theta_0) \tag{16.42}$$

여기서, W : 차폐환의 폭 R : 차폐환의 반경

$\quad\quad\ \delta$: 적위 ϕ : 관측지의 경도

$\quad\quad\ \theta_0$: 태양의 궤도가 서쪽 지평선과 교차하는 점의 시각(라디안)

$\quad\quad\ n$: 링의 경우 2, 밴드의 경우 3

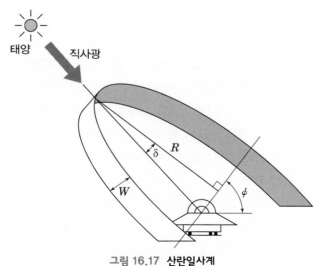

그림 16.17 **산란일사계**
산란일사측정용의 전천일사계 및 차폐밴드

또한 R과 W는 전천일사계의 유리돔이 완전히 차폐되고, 더욱이 $\tan^{-1}(W/2R)$이 직달일사계의 개구각(Z_0)과 같게 되도록 결정한다.

하늘의 방사휘도분포는 구름의 종류나 분포, 대기의 혼탁상태 등에 의존하고, 반드시 균질하지는 않다. 또 일반적으로 태양 근방은 다른 하늘 부분보다도 방사휘도가 크다. 따라서 차폐환에서는 그다지 정밀한 측정이 가능하지 않지만, 장치가 간단해서 고장이 나는 부분이 적다고 하는 이점이 있다.

정밀한 산란일사측정에는 태양면만을 감추는 원형의 차폐판 또는 차폐구(그림 16.18)를 이용한다. 쌍방 모두 차폐환과 같은 과차폐분의 보정이 불필요하지만, 직달일사계와 같이 태양을 추미(追尾 : 꼬리를 쫓음)할 필요가 있다. 전천일사계의 수광면의 중심에 까는 차폐각을 직달일사계의 개구각과 같게 한다.

최근에도 컴퓨터 제어의 태양추미장치에 직달일사계, 전천일사계 및 차폐판 또는 차폐구를 부착해 직달일사와 산란일사를 동시에 측정하는 방법이 많이 이용되게 되어 왔다. 이때 전천일사량은 직달일사량의 수평면성분과 산란일사량의 합으로 구해진다.

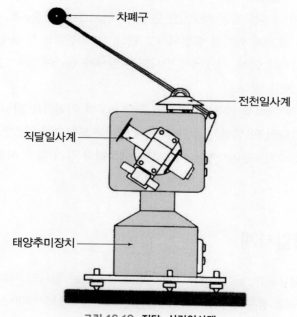

그림 16.18 직달·산란일사계
태양추미장치, 직달일사계, 산란일사측정용의 전천일사계 및 차폐구

16.2.11 기타 일사계

모르·고르친스키 일사계(그림 16.19)는 수평면일사량을 측정하기 위한 것으로, 14개의 망간

그림 16.19 모르·고르친스키 일사계의 감부

콘스탄탄(manganic constantan)의 얇고 가늘고 긴 열전대가 교차로 나열해 있고, 표면에는 광택이 없는 검은 도료가 칠해져 있다. 감부는 직사각형으로, 그 넓이는 14 mm × 10 mm이다. 열전대 한쪽의 접합부는 직사각형의 중심선상에 나열되어 있어 온접점이 되고, 다른 한쪽은 열전대와 전기적으로 절연되어 있는 지주에 접해 있다. 지주는 열용량이 큰 원형의 황동판 위에 놓여 있으므로, 이것에 접해 있는 열전대의 접점은 냉접점이 된다.

감부에는 바람이 닿지 않도록 직경 약 30 mm와 50 mm의 이중으로 된 반구유리가 씌워져 있다. 작은 반구는 내부의 대류를 작게 하고, 큰 반구는 태양고도가 낮을 때, 유리면의 다중반사에 의한 오차를 작게 하는 효과가 있다고 일컬어지고 있다. 또 바깥쪽의 반구에는 폭이 15 cm 정도 되는 하얀 링판이 장치되어 있어, 지표에서 반사되는 일사가 유리에 닿는 것과, 용기 전체가 직접 일사에 쬐는 것을 막고 있다.

이 일사계는 매분 1 cal/cm²의 일사가 있으면 7~8 mV의 기전력을 발생시켜, 일사의 변화가 있으면 약 15초로 변화량의 98 %를 추종한다. 또 1 C의 온도상승이 있으면, 기전력은 0.2 % 감소한다. 따라서 기록식의 직류전위차계를 이용하면, 에플리와 같이 짧은 시간의 일사량을 관측할 수 있다.

16.3 | 자외역일사계

자외역일사계(紫外域日射計, solar ultraviolet photometer)는 일사의 자외선량(紫外線量)을 측정하는 측기이다. 일사에 점유되어 있는 자외선량은 A-영역(315~400 nm, UV-A, 1 nm = 0.001 μm = 10^{-9} m)에서 수 %, B-영역(280~315 nm, UV-B)에서 0.1 % 정도로 아주 미량이기 때문에 정밀한 측정을 필요로 하고 있다.

B-영역 자외선(UV-B)을 측정하는 전천형의 것과, 0.5 nm 마다의 파장별로 측정하는 파장별 자외역일사계가 있다.

전자인 전천형의 형상은 전천일사계와 닮아 있으나, 석영(石英)과 테플론(Teflon, 열·약품에 강한 플라스틱, 냄비나 다리미 바닥 등에 붙어 있으며, 눌어붙는 것을 방지함)의 확산판이나 간섭필터, 실리콘 포토다이오드[silicon photodiode, 규소광전변환소자(珪素光電變換素子)] 수감부 등이 사용되고 있는 점이 크게 다르다.

후자인 파장별 자외역일사계는 회절격자와 광전자증배관을 이용해서 파장별 조도(스펙트럼)를 측정하는 것, 간섭필터와 광전자증배관을 이용해서 수파장에 걸쳐서 좁은 파장폭의 조도를 측정하는 것, 형광판과 규소광전변환소자를 이용해서, 어떤 파장범위의 적분조도[전량계(電量計)]를 측정하는 것이 있다. 또 전천자외역일사의 분광관측만이 아니고, 태양방위추미(太陽方位追尾)를 수행해서, 직달광의 분광측정이 가능하도록 되어 있다.

16.3.1 관측의 목적과 배경

태양광에는 각종 파장의 빛[광(光), light]이 포함되어 있다. 이중파장 400 nm(10^{-9} m) 이하의 빛은 일반적으로 자외선(紫外線, ultraviolet rays)이라 부르고 있다. 더욱이 1932년의 '빛에 관한 제2회 국제회의'의 권고에서는 파장영역에 따라서

- 파장 315~400 nm : A영역 자외선(UV – A)
- 파장 280~315 nm : B영역 자외선(UV – B)
- 파장 100~280 nm : C영역 자외선(UV – C)

으로 구별하고 있다. 일본기상청에서는 태양광 중에서 B영역 자외선의 지상도달량을 측정하는 것을 자외역 일사관측으로 정의하고 있다.

대기 밖에서의 태양방사 스펙트럼은 약 5,800 K의 흑체방사 스펙트럼에 가까운 개형이지만, 지상에 도달하는 태양방사는 대기권 내에서의 각종 기체분자나 에어로졸 및 운입자에 의한 흡수나 산란 그리고 알베도가 다른 여러 가지의 지표면에서의 반사와 흡수 등의 효과에 의해 각종의 흡수대가 겹친 스펙트럼을 나타내고 있다(그림 15.2). 특히 자외선의 영역에 대해서 보면 대기 오존(오존층)의 흡수대에 의한 감쇠의 효과가 크다. 오존의 흡수는 C영역에서 가장 강하고, 장파장 쪽에서 급속히 약해져 있다. 이 때문에 지상에 도달하는 자외선양은 단파장 쪽일수록 대단히 적어져 있고, 지상에 도달하는 UV – B 양은 전일사량의 0.1 % 정도에 지나지 않는 미량이다.

한편 대기 중에서의 오존에 의한 자외선의 흡수는 열원으로서 성층권의 형성에 크게 기여하고 있다. 또한 오존의 흡수대에는 발견자의 이름을 기념하여 명명되어 있고, 300 nm보다 짧은 파장의 흡수대는 Hartley 흡수대, 또 300~400 nm의 범위의 흡수대는 Huggins 흡수대라고 불리고 있다(400~900 nm 정도의 가시광의 영역에도 오존의 흡수대가 있고, 이것을 Chappius 흡수대라고 한다).

지구상에서의 자외선환경이 현재와 같은 양적 레벨이나 파장분포를 갖기에 이르는 데에는 긴 시간을 거쳐 온 것으로 생각된다. 그러나 최근 인공생성물인 염화불화탄소(CFC : 프레온) 등에 의한 오존층의 파괴가 동반되어 지상에 도달하는 자외선량의 증대가 염려가 되게 되었다.

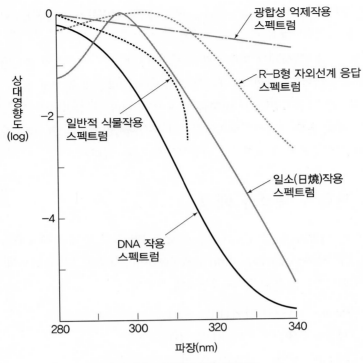

그림 16.20 자외선의 작용 스펙트럼

National Research Council(1979) : Luther(1985)에 의함.

UV-A는 원래 오존에 의한 흡수가 약하므로 오존량이 감소해도 그 지상도달량은 거의 변화하지 않는다고 생각되고, 또 UV-C에 대해서는 강한 Hartley대 흡수에 의해 오존량이 현재 1할까지 감소했다고 해도 거의 지상에 도달하는 일은 없다. 한편 중간파장대의 UV-B는 오존층의 변화에 민감하고, 오존량이 감소하면 지상도달량은 증가한다고 알려져 있다.

UV-B의 증가는 현상의 자외선환경에 순응하고 있는 지구상의 동식물에게 큰 영향을 준다. 예를 들면 피부암이나 백내장의 증가, 광합성 억제에 의한 농작물의 수량의 감소, 해양 플랑크톤의 감소에 의한 해양식물연쇄에 영향 등이 있다. 이들 생물에의 피해의 정도에는 파장 의존성이 크다. 이것을 작용 스펙트럼이 다르다고 말한다(그림 16.20 보기). 일반적으로 파장이 짧을수록 현저하다.

이런 일로부터 UV-B를 일반적으로 유해자외선[有害紫外線, harmful ultraviolet (radiation)]이라 칭하는 일이 있다. 또 대류권에 침입하는 자외선은 산소를 광해리함으로써 광화학 스모그의 원인이 되는 반응성이 높은 산화제(酸化劑, oxidant : 오존 따위 강산화성 물질의 총칭)를 생성하는 것이 알려져 있는데, 자외선의 지상도달량의 증가에 의해 이 산화제의 증가도 염려되고 있다.

오존층의 파괴에 수반되는 자외선량의 증가에 관한 이론적인 예측 및 관측적 검증은 1976년대부터 시험해 왔다. UNEP/WMO(1989, United Nations Environment Programme/World

Meteorological Organization)에 의하면 오존이 1 % 감소하면 유해자외선량이 약 2 % 증가한다고 여겨지고 있다. 또 전량형(全量型, 파장적분형)의 Robertson-Berger 자외역 일사계[이하 R-B계]를 이용한 미국의 관측에 의하면 1974~1985년의 12년간에는 자외선의 증가는 인정되지 않았다(Scotto et al. 1988). 이 결과가 성층권의 오존감소경향과 모순되는 것에 대해서, 자외선의 지상도달량에 구름이나 에어로졸, 알베도 등 대기과학적 요인에 의한 영향이 큰일이나, 성층권이란 반대로 계속 증가하고 있는 대류권 오존에 의한 흡수의 결과 등을 지적하고 있다. 그러나 R-B계에는 오존에 의한 흡수를 받기 어려운 UV-A도 상당히 혼입하고 있기 때문에 오존층변화에 민감한 측기에서는 없다는 지적도 있다(UNEP/WMO, 1989).

한편 자외선의 생물에 대한 영향도에는 대상에 따라 다른 작용 스펙트럼이 대응하고 있는데, 감도응답 스펙트럼이 고정되어 있는 전량형 자외역일사계에서는 모든 작용 스펙트럼에 대응하는 관측을 할 수 없다. 이 때문에 생물 등에 대한 영향을 고려해서 오존층변화에 대응하는 자외선의 지상도달량을 감시하고 이론적 예측을 검증하기 위해서는 파장별 자외역일사계에 의한 측정이 필요하다.

1985년에 채택된 '오존층 보호를 위한 윈 조약'에서는 오존층 파괴물질의 규제를 유효하게 추진하기 위해서 오존층의 상황을 항상 파악함과 동시에 오존층변화에 대한 지상도달 B영역 자외선의 변화를 파장별로 관측하는 것이 요구되고 있다. 이와 같은 배경 하에서 오존과 자외선의 동시 동지점관측의 중요성에 감안해서 1 GY[국제지구관측년, International Geophysical Year : 태양활동이 활발한 시기인 1957년 7월 1일~1958년 12월 31일까지의 관측사업이었다] 이래 도브슨(Dobson) 분광광도계에 의한 오존관측지점에 유해자외선 관측망을 전개했다.

16.3.2 측기의 종류

자외역일사계(紫外域日射計, ultraviolet pyrheliometer)는 대별하면 2 종류로 나누어진다. 하나는 자외선량을 각종의 분광기에 의해 파장별로 측정하는(스펙트럼 측정) 파장별 자외역일사계이고, 다른 것은 어떤 파장범위의 자외선량의 적분치를 컷 오프 필터(cut-off filter) 등을 이용해서 측정하는 전량형 자외역일사계(간단히 자외역일사계로 하고 있다)이다. 더욱이 이들의 자외역일사계는 이용하는 분광방법이나 빛의 강도계측방법 등의 차이에 따라서도 여러 종류가 있다.

또, 다른 일사계와 같이, 수광부(감지부)에 입사하는 빛의 종류에 따라, 전천광(全天光, 직달광 + 산란광) 관측형, 직달광관측형 등으로도 분류할 수 있다(측기에 따라서는, 전천광과 직달광을 교호로 바꾸어 가면서 측정할 수 있는 것도 있다). 단, 여기서는 수평면 상에 도달하는 전천광 자외역일사를 측정하는 측기에 대해서만 취급하는 것으로 한다.

16.3.3 파장별 자외역일사계(버루어 분광광도계)

기상관서에서는 정상관측에 사용하고 있는 파장별 자외역일사계는 본체는 캐나다제(SCI-TEC 사 제조) 버루어(Brewer) 분광광도계, 이하 버루어라고 약칭한다. 현재 MKⅡ, MKⅢ, MKⅣ의 3종류가 있다. Ⅱ가 O_3, SO_2, UVB의 관측을, Ⅳ는 이것에 NO_2가 첨가, Ⅲ는 2중분광형이다. 제어부(컴퓨터) 및 부속의 감도교정용 외부 표준램프 점검장치 등으로 구성되어 있다. 개관은 그림 16.21이다.

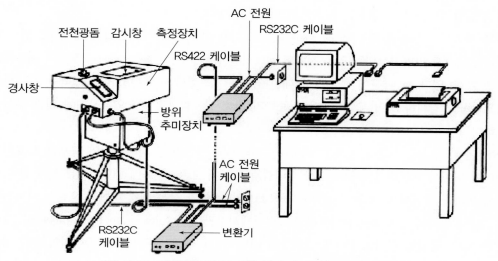

그림 16.21 파장별 자외역일사계의 개관(SCI-TEC, 1990에 기초)

버루어는 와들(Wardle) 등(1963)이 대기오존관측을 위해서 개발한 분광광도계(Ebert형 분광기, 펄스계수방식)를 기본으로 토론토 대학의 버루어(Brewer, 1973) 등이 캐나다 대기환경청의 협력 하에 더욱 개량을 하여 생각해낸 측기이다. 즉 버루어는 원래 오존(및 이산화황)의 대기 중의 전량을 관측하기 위해 오존흡수대의 특정 5파장에 대해 태양으로부터 감쇠해서 입사하는 자외선의 지상도달강도를 측정하도록 개발된 태양추미기능을 갖는 광학측기였는데, 이것에 파장별 자외역일사 관측을 위해 기능이 확장부가되어 있다.

파장별 자외역일사계는 옥외에 상설된 전천후형의 본체에 입사하는 전천광의 자외역일사(파장범위 290~325 nm)를 0.5 nm씩 분광해서 광자펄스 계산방식에 의해 스펙트럼 측정하고 있다. 광자계산치에서 조도로 환산은 표준램프로 검정·교정된 측기의 파장별 감도(=광자계수치/조도)를 이용해서 산출된다. 관측은 컴퓨터 제어로 완전히 자동화되어 있고, 기상관서의 정상관측에서는 일출에서 일몰까지의 매 정시에 그 왕복펄스주사(走査, scanning)를 행하고 있다.

(1) 버루어 분광광도계의 분광방식

버루어 분광기는 초점거리 16 cm, 개구비 f/6의 개량 에버트형이고, 회절격자(1,800개/mm의

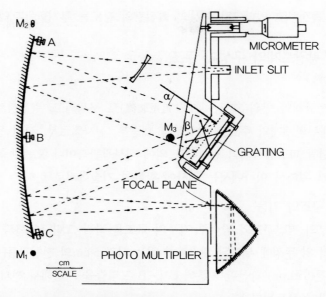

그림 16.22 버루어 분광광도계(에버트형)의 분광법(Brewer, 1973에 의함)

호로그래프면 반사형), 구면경(곡률반경 324 mm), 출입구의 양 슬릿(slit), 회절격자 회전용 마이크로미터(micrometer)와 스텝핑 모터(stepping motor) 등으로 구성되어 있다. 버루어(Brewer, 1973)의 구성은 그림 16.22에 나타내었다. 이것이 현재의 버루어의 것과 기본적으로는 같다.

빛은 입구 슬릿에서 들어와 경사렌즈를 통해 거기서 에버트형 특유의 코마(coma)수차(收差) 및 비점수차(非点收差)가 수정된다. 다음에 구면경에 의한 평행광으로 조정되어 회절격자에 쬐여진다. 격자로 분산된 빛은 구면경에서 다시 반사됨으로써 출구 슬릿면 상에 그 스펙트럼의 초점을 맺게 한다.

지금 그림 16.22에 표시했듯이 회절격자면의 법선에 대해서 빛의 입사각을 α, 분산된 빛의 반사각을 β, 격자의 구의 간격을 d, 빛의 파장을 λ라고 각각 놓으면

$$d(\sin\alpha + \sin\beta) = n\lambda \tag{16.43}$$

의 관계가 있다. n은 정수이고, 이로부터 파장 λ는

$$\lambda = \frac{d(\sin\alpha + \sin\beta)}{n} \tag{16.44}$$

로 나타낼 수 있다. 여기서 $d = 1\,\text{mm}/1,800$을 고려하면 1차회절 $n = 1$에서는 450~900 nm의 범위로, 2차회절 $n = 2$에서는 225~450 nm의 범위로 각각 최적효율을 갖는 빛이 분산되고 있는 것을 안다.

버루어에서는 출구 슬릿에 입사하는 빛의 파장을 회절격자의 회전에 의해 조정하고, 더욱이 출구 슬릿에서 나오는 빛 중 1차회절광을 황산니켈 결정과 양 필터로 감쇠시킴으로써 2차회절광

의 스펙트럼을 측정하고 있다(3차 이상의 회절광의 강도는 무시할 수 있다).

(2) 버루어 분광광도계의 구성과 구조

① 주요구성

버루어는 측정장치와 방위추미장치(方位追尾裝置)로 구성되고, 측정장치는 전치광학부, 분광부, 광전자 증배부의 3개의 주요한 광학부와 채광부, 전자회로부, 전원 등으로 분리된다. 또한 버루어에는 전천광 파장별자외역 일사관측 외에 직사광관측이나 오존관측 등의 기능이 있으나, 번잡함을 피하기 위해서 이하에서는 전자에 한하여 기술하기로 한다.

② 측정장치의 구조와 기능

측정장치 내부의 평면구조와 광학부 각부의 구조를 각각 그림 16.23과 16.2 4에 나타내었다. 측정장치 내부의 위 뚜껑에 부착된 채광부가 있는 직경 5 cm의 전천광돔[수정(水晶)돔]과 그 아래에 있는 테플론(Teflon) 확산판을 통해 UV-B 프리즘을 개입해서 전치광학부의 광원선택 프리즘으로 태양광이 유도된다.

광원선택 프리즘을 통과한 빛은 렌즈에 의해 조리개면에 집광된 후, 렌즈에서 평행광선으로 조정되어 회전필터(다른 관측종목에서는 편광 또는 확산, 광량조절로 사용된다)로 이물질을 깨끗하게 걸러내고, 그 후 다시 집광되어서 분광부로 유도된다. 광선선택 프리즘의 바로 아래에는 수은램프와 할로겐램프의 2종류의 내장램프가 부착되어 있다. 수은램프는 파장검정의 광원(光源, 302.1 nm)으로 사용된다. 할로겐램프는 광원선택 프리즘에서 광전자증배관까지의 분광감도측정용 기준광원이다. 이를 2개의 램프에서의 입사광은 광원선택 프리즘의 회전에 의해 선택된다.

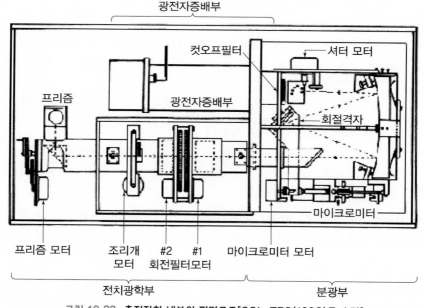

그림 16.23 측정장치 내부의 평면구조[SCI-TEC(1990)를 수정]

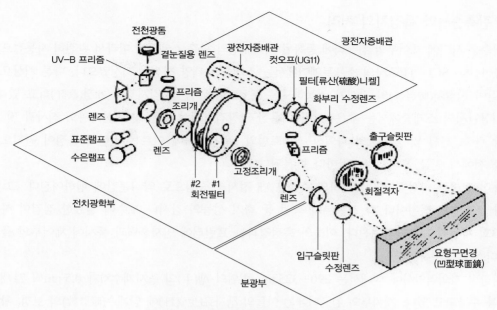

전천광돔
UV-B 프리즘
걸눈질용 렌즈
광전자증배관
컷오프(UG11)
광전자증배관
프리즘
조리개
필터[류산(硫酸)니켈]
화부리 수정렌즈
렌즈
표준램프
수은램프
렌즈
출구슬릿판
프리즘
#2 #1
회전필터
고정조리개
회절격자
전치광학부
렌즈
요형구면경
(凹型球面鏡)
분광부
입구슬릿판
수정렌즈

그림 16.24 측정장치 내부의 광학부 각부의 구성
치수 동일하지 않음, SCI-TEC(1990)를 기초

분광부에 대해서 (1)에서 기술했듯이 분광된 빛은 광전자증배부(광전자증배관 및 광자계수회로)에 들어가 광자펄스로 계측된다.

마이크로프로세서(microprocessor)를 갖는 전자회로부는 회절격자의 위치결정 등을 위해서 각 스테핑모터(stepping moter : 펄스상의 입력전류에 맞춰서 회전을 바꾸는 전동기)의 제어 외에 외부계산기와의 교신기능 등을 가지고 있다.

전치광학부 및 분광부는 지지부에 과잉의 비틀림을 주어지지 않는 정도로 붙여져 있다. 한편 광전자증배관은 지지부에 단단하게 고정되어 있다. 이 지지부는 기계적 진동을 최소로 하도록 3개의 완충물림쇠를 이용해서 바구니모양의 아래판에 고정되어 있다. 측정장치 모두의 노출면은 방사가열을 적게 하기 위해서 내구성이 있는 백색 에나멜 도장이고, 내부는 산란광을 적게 하기 위해서 흑색으로 되어 있다.

③ 방위추미장치의 구조와 기능

방위추미장치(方位追尾裝置)는 삼각과 삼각의 연직축 상에 붙여진 전천후형광체(대형 스테핑모터, 구동전자회로, 톱니바퀴계를 수납)로 이루어지는 추미회전대좌(追尾回轉臺座)이다. 태양방위의 추미는 제어부의 컴퓨터에서의 지시에 의해 대형 스테핑모터가 톱니바퀴를 구동함으로써 행하여진다. 본 장치에 의해 전천광 파장별 자외역 일사관측에서는 채광부 및 광학부는 태양에 대해서 항상 일정한 방위를 가질 수 있으므로, 측기가 갖는 방위각 특성의 영향을 줄일 수가 있다.

또 태양직사광의 관측의 경우, 본 장치 및 전치광학부의 광원선택 프리즘의 회전에 의해 방위각 및 천정각방향의 태양추미가 행하여진다.

(3) 관측순서와 측정치의 처리

관측은 사전에 제어부의 컴퓨터에 등록된 시각지정의 관측 스케줄에 따라서 완전히 자동적으로 행하여진다. SCI-TEC 사의 소프트웨어에서는 스케줄은 태양 천정각 지정였으나, 다른 기상요소와 같이 시별값(時別値)의 감시가 가능하도록 프로그램에서는 시각지정을 개정(改訂)하고 있다.

기상관서의 스케줄에서는 수은램프를 이용한 파장검정에서 오존 및 이산화황의 직사광 및 천정각 관측, 전천 및 직사광의 자외선 스펙트럼의 1왕복주사에 이르는 일련의 측정이 원칙으로 일출 전에서 일몰 후까지 1시간마다 반복된다.

특히 전천광 파장별 자외역일사의 측정은 매 정시를 중심으로 약 4분간에 행하여진다. 그 외 내장 표준램프 점검이나 각 전원부의 측정 등 측기 성능의 감시나 보수에 필요한 점검이 하루 1~3회 자동적으로 행하여진다. 이들의 측정결과는 프린터에 인자출력과 동시에 제어부의 플로피 디스크에 수록된다.

파장별 자외역일사에 대해서는 290~325 nm 범위의 생(生)의 광자계수치가 0.5 nm씩 71채널 1왕복 수록되고 있다. 제어부의 컴퓨터에는 이들의 생자료(生資料)에 암계수(暗計數)의 보정, 왕복평균, 단위시간당의 광자계수율로 환산, 불감(不感)시간, 미광(迷光)의 각 보정 및 파장별 감도교정의 처리를 설치, 매시의 조도 스펙트럼이 산정되어 그 결과는 바로 CRT 화면에 그래픽 표시된다.

(4) 감도검정

관측대상이 자외선 조도의 절대치이기 때문에 파장별 감도의 정확한 검정과 그 경시변화(經時變化, trend)의 감시는 아주 중요하다. 기상관서에서는 파장별 감도를 미국 상무성 표준기술연구소(NIST)의 검정증 1,000 W 램프를 표준광원(점등전류 7.9 A, 필라멘트와 테플론 확산판의 거리 50 cm)을 이용해서 점검하고 그 후의 경시변화를 NIST 램프보다는 소형의 복수 할로겐램프(외부램프 50 W, 필라멘트와 테플론 확산판의 거리 5 cm)와 측기내장의 할로겐램프(내장램프 20 W)를 광원으로 하는 광자계수에 의해 감시하는 체제를 독자적으로 확립하고 있다.

감도검정은 본래 국제적으로 통용하는 무언가의 기준을 근거로 결정할 필요가 있다(예를 들면 일사계의 WMO에 의한 기준). 그러나 자외선의 경우 아직 그와 같은 것이 확립되어 있지 않았으므로 국제적인 검정체제의 확립까지는 현재 가장 널리 사용되어 그 분광방사조도가 이미 알고 있는 NIST 램프를 기준으로 채용한 것이다.

그림 16.25는 감도경시변화의 한 예로, 외부 및 내부램프 점검결과를 나타내고 있다. 통상 외부램프점검에는 3개의 램프(내 2 개는 매주, 다른 1개는 매월 각 1회 왕복주사)를, 내부램프점검에서는 1개의 램프(매일 3회 점검)를 사용하고 있다. 그림의 외부램프에 대해서는 파장별 감도의 파장평균치를, 또 내부램프에 대해서는 306.3과 320.0 nm의 평균감도를 각각 NIST 검정 시를 기준으로 한 % 편차로 나타내고 있다. 내부램프는 외부램프에 비교해서 사용빈도가 높으므로 그 휘도가 열화하기 쉽다고 생각되어지므로 경시변화의 결정에 있어서는 외부램프의 값을 보다

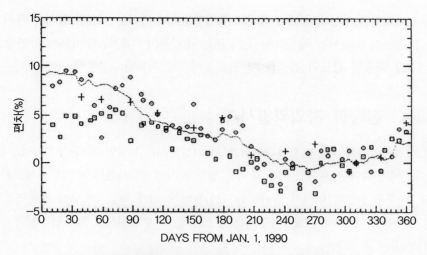

그림 16.25 외부 표준램프와 내부 표준램프에 의한 감도점검결과의 비교

제311일의 점검치를 기준으로 한 % 변화. 점선은 단차를 수정, 결측은 내삽, 평활화한 내부표준램프 점검 결과. 기호는 3개의 외부 표준램프 점검결과.

중시하는 수법이 이용된다. 내부램프의 값은 외부램프에 비해 연속성이 우수하므로 경시변화값의 보간이 이용된다.

기상관서에서는 전술 그림의 자료에 근거한 감도경시변화의 산정을 행해 이 결과를 이용해서 NIST 램프로 값을 낸 파장별 감도의 경시변화보정을 행하고 있다. 단, 이 파장 평균치에 의한 산정은 감도의 파장별 의존성이 무시할 수 있는 경우만 적응할 수 있는 방법이고, 의존성이 무시되지 않는 경우는 그 보정이 필요하게 된다.

(5) 정밀도

파장별 자외역일사계의 관측오차의 원인으로는 수선 NIST 램프에 의한 파장별 감도검정의 오차가 거론된다. 이 원인은 램프전류의 정밀도(0.1 %의 전류오차는 1 %의 검정오차가 생긴다)나 필라멘트와 수광면의 거리설정 정밀도(0.5 %의 오차는 1 %의 검정오차) 등에 의한 것이다. 또 분광기 내의 미광이나 광전자증배관 등 전자계수 회로부의 불감시간, 조도의 낮은 영역에서의 작은 샘플링(small sampling)에 의한 계수의 확률오차, 감도의 광입사각(방위각·천정각)의 의존성, 감도경시변화 산정에 있어서 램프점검치의 흩어짐 등도 오차요인으로 되어 있다. 이중 미광에 대해서는 장파장측과 단파장측의 계수율 간의 통계적 관계, 불감시간에 대해서는 이론적 모델에 근거한 소프트웨어로 보정하고 있지만, 이들의 경시변화에 대해서 주의를 기울일 필요가 있다. 그 외 파장설정의 어긋남이나 슬릿함수의 차이에 수반되는 분해능의 차에도 기인해서 측기간의 기계의 차가 생기지만, 이 기차를 자연광 하에서 상호비교로 결정되는 여러 개의 파라미터에 의해 보정하는 방법이 개발되어 있다.

이들의 오차요인을 복합해서 개개 측기의 측정정밀도에 영향을 미침과 동시에 측기 간의 자료 호환성을 보증하기 위해서는 국제적인 준기 또는 준기군(準器群)을 정비해서 자연광 아래서 이들과의 비교로 파장별 감도의 검정을 행하는 것이 바람직하다.

16.3.4 전량형 자외역일사계

전량형 자외역일사계(全量型 紫外域日射計)는 기상관서가 B영역 자외선(UV-B, 파장 280~315 nm)의 전량관측에 이용되고 있는 측기는 전천형 자외역일사계(全天型 紫外域日射計, 英弘精機製)이다. 계측은 B영역 이외의 일사량을 간섭필터에 의해 차단함으로써 행하여진다. 관측은 연속해서 행하여져 매 정시에 행하여지고 있는 파장별 자외역 일사관측의 관측시각 이외의 관측을 보충하는 의미를 갖는다.

(1) 주요구성

자외역일사계(외관은 그림 16.26에 있다)는 관측기본체, 변환기, 접속케이블, 계산기로 구성되어 있다. 관측기본체는 광도계와 감도몸체로 나누어져 있고, 광도계는 입사확산부, 파장선택부, 파장변환부, 파장제어부, 수감부로 구성되어 있다(그림 16.27). 광학계를 달고 있는 감부몸체에는 수평조절용 다리, 수준기(1° 이내의 정밀도), 방습용 실리카겔 용기 등이 부속되어 있다. 광학계나 실리카겔 용기 등의 감부 몸체에의 부착은 O링(O-ring : 진공장치나 가압장치 등의 기밀을 얻는 부품인 gasket의 일종으로 단면이 원형의 링으로 주로 진공봉인에 이용한다)이 사용되고 있으므로 감도몸체 내부는 외기에 대해서 완전히 밀봉되어 있다. 몸체 외면은 백색계 광택제거도장이 되어 있다.

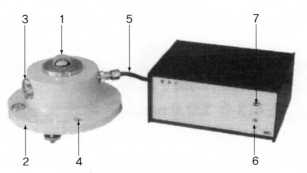

1. 석영돔
2. 수준기
3. 실리카겔 용기
4. 고정용 구멍
5. 접속케이블
6. ON/OFF 스위치
7. 파이롯트 램프

그림 16.26 **전량형 자외선일사계의 외관**
왼쪽 : 관측기본체, 오른쪽 : 변환기

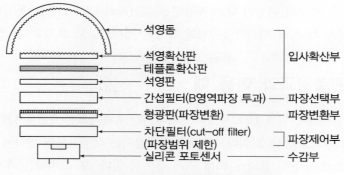

그림 16.27 **전량형 자외역일사계의 광학계의 구성**

(2) 구조와 측정

자외역일사계에서는 석영돔에서 입사한 빛을 돔 내에 설치된 2장의 석영판과 테플론판에 의해 확산해(입사확산부), 간섭필터로 UV－B 영역만 투과시킨다(파장선택부). 그 후 형광판으로 발광시켜 가시역의 형광으로 변환한다(파장변환부). 이 형광에 혼입의 우려가 있는 적외역 및 자외역의 아주 작은 영역 외의 성분을 제거한 후(파장제어부), 수광부에 입사시킨다. 수광부는 가시역에 있어서 균일한 파장감도를 갖는 실리콘 포토센서(silicone photo－sensor)와 온도보상회로 내장의 증폭기로 구성되고, 수광한 방사에너지량에 비례하는 기전력을 출력한다. 이 기전력을 변환기로 전압으로 변환한다. 측정전압(단위 V)은 항상 아날로그 기록됨과 동시에 계산기에 의해 매 5초 수집되어 그 10분간 적산치가 수록된다.

측정치(10분간 적산조도, 단위 kJ/m^2)는 측정전압치에 측정상수를 곱해서 산출된다. 측기상수는 파장별 자외역일사계와의 자연광 하에서의 비교관측에 의해 산정된다.

(3) 성 능

자외역일사계의 분광특성은 분광계의 간섭필터, 형광판, 차단필터(遮斷, cut－off filte), 실리콘 포토센서 각부의 분광특성(형광판에 대해서는 흡광·발광특성)을 종합해서 얻어지는 것이다. 이 종합한 분광감도는 파장 약 307 nm에 정점(1 V/W/m^2·nm 정도)을 갖고, 반치폭이 300～315 nm가 되는 거의 삼각 모양의 파장특성을 갖고 있다. 또 다른 일사계와 마찬가지로 입사각·방위각 특성이나 온도특성, 입력조도에 대한 출력의 직선성의 각 특성이 존재하고 있다. 더욱이 이들의 특성은 필터나 실리콘 포토센서의 열화 등에 기인해서 경시변화한다.

원래의 합계는 기술했듯이 UV－B 영역에 유효감도를 갖는 것, 이 범위에서 일정 균일한 감도특성을 갖고 있는 것은 아니다. 이 때문에 본계와 파장별 자외역일사계의 양자를 갖는 기상관서의 관측점에서는 자연광 하에서 양자의 비교, 즉 본계의 출력전압과 파장별 자외역일사계에 의한 UV－B량(조도적분치)과의 비교에서 본계의 측기상수를 정해 이것을 이용해서 본계에 의한 UV

−B량을 구한다. 또 비교의 대상이 되는 파장별 자외역계의 UV−B량은 동일한 합계의 경시변화보정한 값을 이용함으로써 자외역일사계의 특성의 경시변화도 보정할 수 있다.

16.3.5 관측결과와 이용 예

파장별 자외역일사계에 의해 1990~1993년의 4년간 유해자외선(有害紫外線, UV−B량의 일적산치)의 관측결과가 그림 16.28이다. UV−B 일적산치는 태양고도의 변화에 수반되어 계절변화를 하는 외에 주로 구름의 효과에 의해 크게 흩어져 있다. 또 그림에는 게재해 있지 않으나 1993년 UV−B의 일적산치의 월평균을 보면 A지점에서는 7월, B지점에서는 5월, C지점, D지점에서는 8월에 최대가 되고, 4지점 중에서는 D지점의 37.55 kJ/m²가 가장 컸다.

한편 1993년에 대해서 남극과 B지점(그림 16.28)에서의 UV−B 1시간 적산량(12지방시)과 비교하면, 남극 오존홀의 영향에 의해 10~11월의 남극에서는 B지점의 여름기간의 쾌청시를 웃도는 유해자외선이 관측되고 있으며, 여기에는 남극에서의 지면[설면(雪面)] 반사에 의한 증폭효과가 크게 작용한다(그림 16.29).

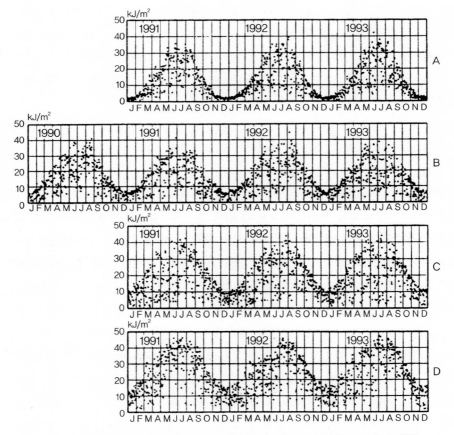

그림 16.28 1990~1993년의 UV−B 일적산치의 예[일본 기상청(1994년)에 의함]

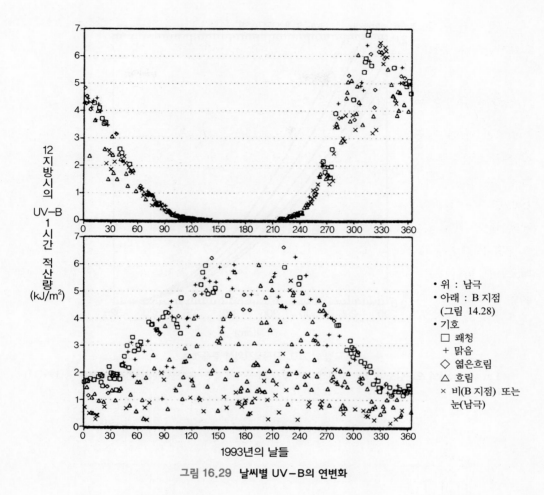

그림 16.29 날씨별 UV-B의 연변화

자외선량의 크고작음을 결정하는 요인은 태양고도각, 운량, 오존, 에어로졸 등이나, 특히 오존에 대해서 그 감소에 대한 자외선의 파장별 증폭계수를 관측한 결과로부터 구한 것이 그림 16.30이다. 이것과 오존전량분포에서 우리나라 부근에서는 오존전량이 1 % 감소했을 때에는 유해자외선량(有害紫外線量, amount of harmful ultraviolet)이 1.65~1.9 % 증가하는 것이 분명하게 되었다.

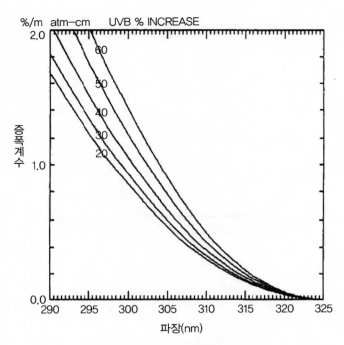

그림 16.30 단파장자외선 증폭계수

1 m atm‒cm의 오존감소에 의한 자외선의 % 증가량, 곡선에 붙은 수치는 태양천정각(°), 伊藤 등(1991년)에 의함.

일 조

태양방사(太陽放射 : 태양으로부터 방사되는 전자파)가 지상에 비치는 것을 **일조**[日照, (bright) sunshine]라고 한다. 즉, 일조는 직사광을 의미하며, 구름이나 대기에서 산란된 산란광과는 구별된다. 태양이 구름이나 안개 등에 차단되지 않고 조사(照射, 비치는 것)하는 시간을 **일조시간**(日照時間)이라 하고, 1일간이거나 1달간의 시간수로 나타내는 것이 보통이다. 일조시간을 측정하는 측기를 **일조계**(日照計)라 한다. 일조계는 원리나 구조가 다르면 감도가 다르므로, 관측한 일조시간도 다른 것이 된다. 일조시간은 일사량의 척도가 됨과 동시에 낮 동안 구름이 어느 정도 있었는지를 나타내는 자료도 된다. 그러나 비교적 간단하게 측정할 수 있으므로, 옛날부터 널리 관측되고 있다. 일사량이나 일조시간[16]의 관측치는 비교적 대표성이 크고, 평지에서 관측한 월평균치는 4,000 km^2 이상의 지역을 대표할 수 있는 경우가 적지 않다.

17.1 | 일조시간

17.1.1 일조시간관측의 원리

일조시간(日照時間, duration of sunshine, sunshine duration, hours of daylight)을 측정하는 방법을 크게 구별하면, 태양의 열에너지(熱ㅡㅡㅡ, heat energy)에 의한 것과, 태양빛의 가시부와

---

16) ┌ 응용1 **말**(馬, horse)**의 출산과 일조시간** : 망아지는 봄에 수태(受胎)를 해서 11개월의 임신기간을 거쳐서 이듬해 봄에 태어난다. 봄의 푸른 풀로 영양이 풍부해진 어미의 젖을 먹고 맹수의 위협을 피하면서 자라난다. 일년 중 봄만이 말의 교미(交尾) 시기이다. 왜 봄에 말은 성(姓)적으로 왕성한 시기가 될까? 그것은 일조시간이다. 말은 일조시간이 짧은 겨울에서 봄으로 가면서 일조시간이 길어지면 성호르몬이 분비되어 교미의 시기가 된다. 따라서 봄이 아닌 다른 계절에 임신을 하게 하려면, 겨울에서 봄으로 갈 때와 같이 동일한 일조시간을 변경하면서 점점 길게 해주는 조건을 만들면 임신이 가능하게 된다. 따라서 동물의 임신시기의 조절도 대기과학의 영역이 되는 것이다.
└ 응용2 **들기름과 들깻잎** : 대부분의 식물들은 일조시간이 긴 여름철에 줄기와 잎이 왕성하게 성장하여, 점점 일조시간이 짧아지는 가을로 향하면 꽃이 피고 열매를 맺는다. 만일 이러한 자연적인 순리가 인공적으로 깨지면 기현상(奇現象)이 일어나게 된다. 예를 들어 가로등으로 인해 인공적으로 일조시간이 늘어나면 잎만 무성하고 열매를 맺지 않는다. 따라서 이러한 식물의 일조시간에 따른 변화를 응용해서 들깻잎과 들기름의 수확을 조정한다. 들깻잎이 식생활에 필요해서 대량생산을 하려고 하면 조명 등으로 일조시간을 늘려주면 꽃과 열매를 맺지 않고 들깻잎만 생산이 된다. 또한 들기름을 생산하고 싶으면 자연 그대로의 일조시간에 꽃이 피고 열매를 맺어 들기름을 생산할 수 있는 것이다.

자외부의 화학작용을 이용하는 것이 있다.

전자에 속하는 것에는 유리구에 의해 태양광선을 수렴시켜 기록지 상에 감광된 흔적의 길이를 읽는 캄벨·스토크스일조계와, 검게 칠한 유리관에 수은을 봉입하여 이것이 일사에 의해 팽창해서 접점회로를 닫는 마빈일조계(Marvin sunshine recorder)이다. 캄벨·스토크스일조계는 주로 유럽에서, 마빈일조계는 미국에서 이용되고 있다.

후자에 속하는 것에는 조르단일조계가 있고, 기상관서에서는 주로 이것을 사용하고 있다.

17.1.2 일조시간의 관측

일조시간이란 태양이 구름 등에 차단되는 일없이 지표에 비치는 시간이다. 일조계는 그 측정원리에서 3가지 정도의 형태로 나누어진다. 태양으로부터의 직달일사를 유리구슬 등에 의해 모아 종이에 탄 자국을 만드는 것, 자기지로 감광지를 사용하는 것, 감부에 태양전지 등의 광전소자를 사용하는 것 등이 있다.

일조시간은 지상대기관측이 시작된 이래 끊임없이 관측되었고, 일기의 추이(推移) 등을 조사하기 위해서 일조율이나 평년비가 사용되는 등 일조시간에서 전천일사량을 추정해서 **농업기상**(農業氣象, agricultural meteorology, agro-meteorology) 등 **산업기상**(産業氣象, industrial meteorology) 방면 전체에 걸쳐서 이용되고 있다.

WMO는 1983년 캄벨·스토크스 일조계의 관측결과를 토대로 일조의 유무의 판단값을 직달일사량으로 $120 \, W/m^2$으로 하고, 판단값의 정밀도를 ±20 %로 할 것을 권고했다.

캄벨(캄벨·스토크스)일조계에 의한 관측이 성행하다가 대부분의 기상관서에서 조르단일조계에 의한 관측으로 바꿔어 1980년대까지 지속되었다. 그 후 순차회전식 일조계로 이행되어 1990년대에 많은 기상관서에서 사용하기에 이르고 있다.

현재 매시의 일조시간은 0.1시간단위로 관측되고 있으나 캄벨일조계에서는 0.01시간단위로 관측하고 있다. 또 조르단일조계까지의 관측에서는 지방진태양시(地方眞太陽時)로 관측하고 있다.

17.1.3 일조시간과 일영시간

일조를 받아들이는 정도는 일조시간으로 표현된다. 건축물의 내외의 어떤 점에 있어서의 일조시간이란, 사전에 정해진 시간대(일출에서 일몰까지, 오전 8시에서 오후 4시까지 등, 몇 가지의 결정방법이 있다)에 있어서, 날씨와는 관계없이 항상 태양을 볼 수 있는 것이라고 가상했을 경우에, 직사일광이 인접한 건축물이나 근접하는 건축구조에 차단되지 않고, 그 점에 도달하는 시간의 적산치이다. 일조시간과 대립개념으로서, 직사일광이 쪼여지는 시간을 정의한 **일영시간**(日影時間)이 따로 있어, 일조시간과 병행해서 이용되고 있다. 즉, 검토하는 시간대에서 일조시간을 차감한 것이 일영시간이다. 건축에 있어서 일조시간은 일조의 유무를 일조계에서 실제로 측정해서 정한 기상의 일조시간과는 달리, 태양의 움직임과 건축물의 기하학적 관계에서 정해지는 이론적인 척도이다.

17.1.4 태양의 움직임

일조를 이용하기도 하고, 일조에 대처하기도 하기 위해서는 태양의 움직임을 정확하게 예측할 필요가 있다. 태양광선의 방향은 장소(그 토지의 위도), 계절(태양 적위), 시각, 진태양시에 의해 변화한다. 동지의 전후에서는 주간의 시간이 야간의 시간에 비해서 짧아, 태양광선은 수평면에 대해서 작은 각도로 입사한다. 반대로, 하지 전후에는 주간의 시간이 길어 태양의 입사각이 크다. 고위도의 북쪽 나라일수록, 주야의 길고 짧음은 강조되어 극단에 이른다. 건물에 의한 일영의 영향범위는 1년 중 동지에서 가장 커지므로, 일반적으로 동지의 일영이 검토대상이 된다. 태양의 움직임에 관한 정보, 즉 태양광선의 방향은 방위각과 고도로 표현되고, 이들은 각종의 계산식이나 도표에 의해 구해진다.

그림 17.1에 표시한 일영곡선(日影曲線)은 이와 같은 태양의 움직임을 나타내는 가장 일반적인 도표의 하나로, 장소(위도)별로 만들어지고 있다. 이것은 수평면에 수직으로 세운 단위장(單位長)의 막대의 임의의 시각에 있어서의 일영의 방향과 길이에 더해져, 태양광선의 방향이 어느 계절에 대해서도 읽어들일 수 있도록 고안되었고, 일영이나 양지(陽地)의 검토에 널리 이용되고 있다.

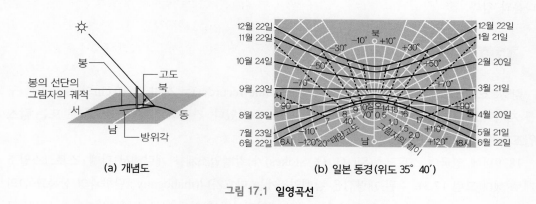

(a) 개념도　　　　　　　　(b) 일본 동경(위도 35° 40′)

그림 17.1　일영곡선

17.1.5 건물에 의한 일영

하루의 태양의 움직임에 따라서, 건물의 일영(日影, 태양의 그림자)의 방향이나 영향범위는 변화한다. 그 양상을 그림으로 표시한 것이 **일영도**(日影圖)이다. 일정시간마다의 일영을 일영곡선 등을 이용해서 동일면에 그려서 일영의 연속적 변화를 본다(그림 17.2 (a)). 또 건물주변의 일영 시간의 분포를 도시한 일영시간도는 대상시간대 전체로서의 총합적인 일영의 영향 정도를 알기 위해서 작성된다(그림 17.2 (b)).

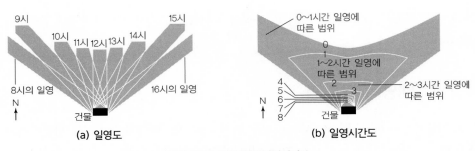

그림 17.2 **일영도와 일영시간도**
일본 동경 : 동지, 진태양시 8시~16시

일영도나 일영시간도는 건물의 형태나 향방에 따라서 각양각색의 양상을 나타내지만, 일영의 영향범위에 가장 관련되는 요소는 건물의 높이와 건물의 폭이다. 그러나 이들이 관련되는 방법은 반드시 간단하지만은 않기 때문에, 일영의 문제를 이해하는 데에 어려움을 주고 있다고 할 수 있을 것이다.

17.2 | 일조계

일조시간을 자동적으로 기록하는 측기인 **일조계**(日照計, sunshine recorder, heliograph)들은 다음과 같다.

17.2.1 캄벨·스토크스일조계

캄벨·스토크스일조계(Campbell·Stokes sunshine recorder)는 직경 약 10 cm의 유리구와, 구를 지지하고 자기지를 꽂기 위한 금속제의 틀로 되어 있다. 간단히 **캄벨일조계**라고도 또는 **캄스일조계**라고도 부르기로 한다.

1879년에 영국의 스토크스(Sir G. G. Stokes)가 캄벨일조계를 개량해서 캄벨·스토크스일조계로 했다(그림 17.3). 주된 개량점은 캄벨일조계는 마호가니(mahogany : 단향과의 상록교목)의 나무 볼(ball) 속에 유리구슬을 설치해 모아진 태양직사광에 의해 나무 볼에 탄 자취가 생김으로써 일조시간을 기록하는 것이었으나, 스토크스는 나무 볼 대신에 검정을 받아들이는 특별한 종이 카드를 자기지로 해 금속의 틀에 부착해 하루 한 장의 기록을 하게 한 점이다.

1962년 WMO는 캄벨·스토크스일조계를 세계일조계의 준기(잠정 레퍼런스일조계, IRSR : interim reference sunshine recorder)로 하고, 장래에 일조계의 계통적 오차를 ±5 % 이하로 해야 한다고 했다. 캄벨·스토크스일조계를 IRSR로 사용하기 위해서는 측기 자신 영국 기상국의 보증서 첨부의 것을 이용하고, 더욱 측기를 수평으로 설치해 춘분(추분)의 자기카드의 중심이 천구의 적도를 통과하도록 조절해서, 남중의 면이 옳은 남(자오선을 통과함)을 향하고 있도록 바르

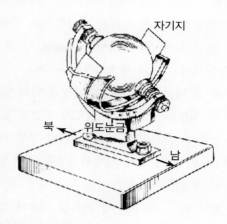

자기지

북 ← 위도눈금

남

그림 17.3 **캄벨 · 스토크스일조계**

게 설치하도록 WMO는 1969년에 요구하고 있다. 또 자기카드는 습도에 의한 수축팽창을 2 %
이내가 되도록 프랑스 기상국에서 검정을 받은 것을 사용해야 하였다.

태양광선이 유리구에 닿으면 집광되어, 초점은 태양의 움직임에 따라서 이동한다. 초점의 궤적
에 해당하는 곳에 1시간마다의 시각선을 넣은 청록색의 가늘고 긴 두꺼운 종이를 놓으면, 일조가
있을 때 대응하는 탄 자취가 남으므로, 그 길이로부터 일조시간을 안다. 자기지를 넣는 통은 겨
울용, 봄가을용, 여름용 3종류가 있고, 각각의 계절에 맞추어서 통에 맞는 자기지를 이용한다(그
림 17.4).

설치장소, 남북선의 결정방법, 설치대의 수평을 취하는 방법, 위도를 맞추는 방법, 자기지의
교환시각 등에 대해서는 조르단일조계에서 기술할 방법에 준한다. 또 남북선이 바르게 맞아 있는
지 아닌지를 점검하는 데에는 지방진태양시의 정오에 초점이 통에 붙어 있는 정오의 표시에 일
치해 있는지를 조사하면 된다.

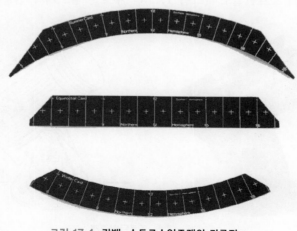

그림 17.4 **캄벨 · 스토크스일조계의 기록지**

자기지를 통 속에 꽂았으면, 자기지의 정오의 선과 통의 뚜껑에 붙어 있는 정오의 표시와 일치시켜, 틀 밖에 튀어나온 부분은 바깥쪽으로 꺾어 구부려서 일광을 가리지 않도록 한다.

기록이 끝난 자기지를 통에서 꺼냈으면, 탄 흔적의 길이를 1시간마다 시간의 1/10까지 읽어, 이것을 합산해서 그날의 일조시간을 구한다.

엷은구름 등 때문에 탄 흔적이 가늘게 되어 있어도, 또 약간 두꺼운구름 때문에 종이의 색이 다소 변색된 정도의 곳도, 모두 일조가 있었던 것으로 해서 읽지만, 확실히 두껍게 탄 흔적 속에 변색정도가 약한 흔적이 있을 때는 약한 부분 한 장소마다 0.1시간을 뺀다. 그러나 이와 같이 뺀 최대치는 탄 흔적 전체 길이의 1/2을 넘지 않도록 한다.

유리구의 초점은 어느 정도의 크기를 갖고 있으므로, 탄 흔적의 길이가 실제의 시간보다도 크게 되는 일이 있다. 이 때문에 편의상 다음과 같이 읽는다.

태양이 갑자기 구름에 가려 탄 흔적이 없어졌을 때는 그 흔적이 둥글게 된다. 이때는 원의 반경의 1/2에 해당하는 길이만을 뺀다. 또 탄 흔적이 단속적일 때는 각각의 탄 흔적의 끝마다 반경의 1/2을 뺀다. 원형의 탄 흔적만이 띄엄띄엄 있을 때에는 2~3개가 0.1시간에 해당하는 것으로 간주한다.

17.2.2 조르단일조계

조르단일조계(日照計, Jordan sunshine recorder)는 19세기 중기쯤 영국의 조르단(T. B. Jordan, 영국)에 의해 개발된 것이 최초이다. 당시는 염화은이 감광하는 원리가 발견된 즈음으로 종이에 염화은을 도포해서 기록지로 사용했다. 초기의 조르단에 의한 일조계는 가동부가 있고 시계장치의 2중의 원통으로 되어 있어 구조가 다소 복잡했었다. 또 산란광에도 감광하는 일이 있는 등의 결점이 있었다.

그러다 1885년 J. B. Jordan(T. B. Jordan의 아들)에 의해 개량되어 보다 구조가 간단하고 가동부가 없는 현재의 조르단일조계(그림 17.5)라 부르는 일조계가 만들어졌다.

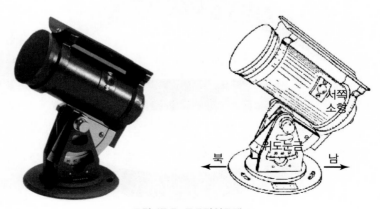

그림 17.5 **조르단일조계**

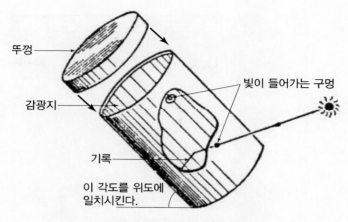

그림 17.6 조르단일조계의 원리

기상관서에서 1980년대에 회전식 일조계가 사용되기 전까지는 조르단일조계를 사용했다. 그 구조는 하나의 무거운의 원통에 90° 각도에 2개의 작은 구멍을 뚫어 남쪽면에는 태양남중 시의 중복을 막기 위해 지붕이 붙어 있다. 조르단일조계는 기록지(감광지)의 감도를 일정하게 하는 것이 어려웠기 때문에 캄벨·스토크스일조계보다도 정밀도가 나쁘다.

주요부는 대에 고정되어 있는 금속제의 원통으로 일광이 들어가는 작은 구멍이 양쪽에 한 개씩 뚫려 있다. 원통의 축을 정확하게 남북방향으로 향하게 하고, 원통에 붙어 있는 시침을 그 지역의 위도에 맞추면, 원통의 축은 지축과 평행하게 된다. 태양광선은 오전 중은 동쪽의 구멍으로부터, 오후는 서쪽의 구멍으로부터 들어와서 내벽에 광점을 만든다. 따라서 원통의 안쪽에 감광지를 붙여 놓으면, 시간이 지남에 따라서 감광지 상에 광점을 태워가므로 태양이 비추고 있는 시간이 기록된다(그림 17.6). 조르단일조계의 기록지에는 진태양시에 의한 시각이 인쇄되어 있다.

조르단일조계는, 4계절을 통해서 태양이 직접 차단되지 않는 장소를 선택해서 장치한다. 장치하는 대는 견고하게 만들고 상면을 수평으로 한다. 동서방향의 수평은 특히 주의한다. 대 위에 남북선을 긋는 것은 태양의 남중 시의 그림자를 이용하는 것이 간단하지만, 자침을 이용해서 편각을 수정해 남북선을 구해도 좋다.

조르단일조계에서 일조시간을 구하는 데에는 감광지의 감도를 일정하게 유지하는 것이 중요하기 때문에 되도록 순도가 높은 약품을 사용한다. 감광액은 페리시안화칼륨(potassium ferricyanide, $K_3[Fe(CN)_6]$) 16 g을 물 100 cc에 녹인 것과, 구연산철암모늄[ferric ammonium citrate, $Fe(NH_4)_3(C_6H_5O_7)_2$] 20 g을 물 100 cc에 용해시킨 것을 약간 어두운 곳에서 같은 양을 접시 속에 넣어 혼합한다. 혼합액을 자기지에 칠할 때에는 솔·붓·가제 등을 이용해서 구석구석까지, 그러나 액이 종이의 뒷면까지 스며들지 않도록 주의한다. 혼합하지 않은 액은 따로따로 갈색병에 넣어 두면 어느 정도 보존할 수 있지만, 혼합한 것은 변질되기 쉬우므로 나머지는 버리고 접시나 붓 등은 물로 잘 씻어둔다. 칠한 것은 얇은 황갈색을 나타내는데, 이것을 어두운 곳에서 말려

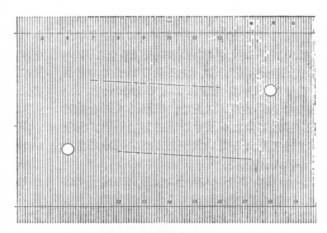

그림 17.7 조르단일조계의 기록 예

깡통 등에 넣어서 되도록 차갑고 건조한 어두운 장소에 보존한다. 한 번에 너무 많이 만들면, 특히 여름철 등에는 변질되기 쉬우므로 주의한다.

감광지를 교환할 때에는 일몰 후의 적당한 시각에 일조계의 뚜껑을 열고 누름쇠를 꺼낸 다음 감광지를 끌어낸다. 계속해서 새로운 감광지의 이음부분을 위로하고, 원통의 안쪽에 새겨져 있는 시선과 자기지의 10시·14시의 선을 10시 쪽을 앞으로 해서 바르게 일치시킨다. 그렇게 하면 자기지의 2개의 구멍이 원통의 구멍에 맞는다. 자기지의 누름쇠가 일광을 차단하지 않도록 쥔 부분을 위로 해서 넣는다.

꺼낸 자기지는 되도록 빨리 읽는다. 감광을 한 곳은 비록 색이 엷어도, 또 점점(點點)으로 끊어져 있어도 모두 읽어서 1시간마다 이것들을 합계해서 그날의 일조시간을 구한다. 그것이 끝나면 물에 적셔서 30분 정도 지나 미감광(未感光) 부분이 떨어지면 꺼내서 건조한다. 물로 씻으면 감광한 부분도 다소 떨어져 나가는 일이 있으므로, 씻기 전에 감광한 흔적을 연필로 투사해 두면, 나중에 보아도 잘 알 수 있다. 값읽기는 시간의 1/10까지 하면 충분하다(그림 17.7).

17.2.3 회전식 일조계

기존의 일조계는 유리구슬이나 바늘구멍에 의해 자기지에 직달일사량의 흔적을 남기는 것으로 사람이 자기기록을 읽어들여야 했다. 그러나 **회전식 일조계**[回轉式日照計, rotating sunshine recorder(heliograph), 회전반조식 일조계(回轉反照式日照計, rotating mirror type sunshine recorder)]는 격측(隔測)을 가능하게 했다(그림 17.8과 17.9). 그 프로토 타입(proto type)이 이케다(池田 弘)에 의해 고안되었다. 구조는 그림 17.10과 같고 회전하는 반사경과 빛을 받는 수광부 및 변환부(그림에는 없음)로 구성되어 있다.

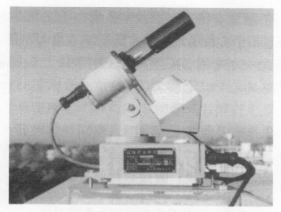

그림 17.8 회전식 일조계

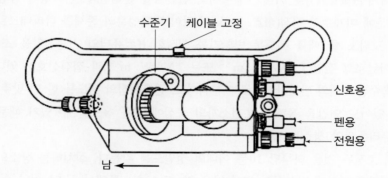

수준기 케이블 고정

신호용

펜용

전원용

남

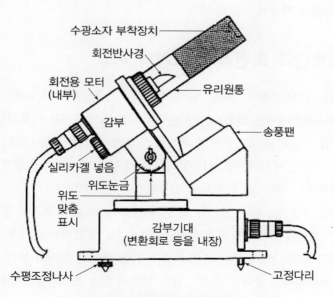

수광소자 부착장치

회전반사경

회전용 모터
(내부)

감부

유리원통

송풍팬

실리카겔 넣음

위도눈금

위도
맞춤
표시

감부기대
(변환회로 등을 내장)

수평조정나사

고정다리

그림 17.9 회전식 일조계의 감부

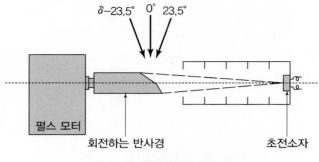

그림 17.10 **회전식 일조계의 구조**

측정원리는 30초마다 1회전하는 반사경에 의해 하늘을 주사(走査, scan)해 분광감도가 평탄한 초전소자(焦電素子)에 직달일사와 산란광을 도입해 입사광에 비례하는 신호[입력의 시간에 대해서의 미계수(微係數)]를 꺼내 직달일사와 산란광을 분리한다. 반사경이 일정속도로 회전하고 있기 때문에 미계수의 정점(頂点, peak)의 값이 직달성분의 존재를 나타내므로 직달일사량이 120 W/m^2 보다도 클 때를 세도록 변환기를 설정한다(컴퓨터의 기준전압을 조정한다).

출력은 아날로그 전압(7 mV/kW·m^{-2} 또는 7 V/kW·m^{-2})과 접점신호가 있다. 또 회전하는 반사경은 특수한 2개의 반확산면으로 이루어지고, 관측지점의 위도를 한 번 맞추면 태양의 적위의 변화가 있어도 연간을 통해서 초전소자의 중심에 빛을 유도할 수 있기 때문에 자동관측이 가능하다(유리뚜껑의 청소는 필요).

올바르게 조정된 것은 하루당 10분 이내의 정밀도를 갖는다. 설치하는 장소의 주의점으로는 주위에 태양광을 강하게 반사하는 것이 없을 것, 또 1년을 통해서 건조물이나 수목에 의한 태양의 그림자가 들어오지 않게 하는 일 등이다.

17.2.4 조르단과 회전식·일조계의 비교

일본 기상청에서는 1980년부터 JMA–80형 지상대기관측장치(이하 80형이라 한다)를 점차 전국에 보급해 왔다. 80형에서는 일조시간의 관측에 회전식 일조계가 채용되었으나, 80형 이전에는 조르단일조계를 사용하고 있었으므로 회전식 일조계와 조르단 일조계의 동시 비교관측이 일본 전국 각지에서 1년간 행하여졌다. 기상청에서는 이 동시 비교관측의 결과를 정리해 지상대기관측의 일조시간통계의 절단 및 참조치의 산출방법을 보고했다.

일조시간의 비교는 주로 일, 반순, 순, 월 및 년의 일조시간자료의 평균적 값에 대해서 해석되었다. 일반적으로는 조르단일조계 쪽이 회전식일조계보다도 일조시간을 다소 크게 관측하는 경향이 있고, 일의 일조시간의 비교에서는 일조시간이 작을 때에는 양자의 차는 크지만 클 때에는 작다. 반순(5일)의 비교에서는 일과의 비교와 같은 경향이 있는 조르단일조계와 회전식 일조계와의 차가 거의 일정값에 접근하는 경향이 되었다. 순(10일), 월, 년의 일조시간의 비교에서도 반순과 같은 경향이었다.

이들의 동시 비교관측의 해석결과에서 일조시간의 통계를 절단하기로 했다. 따라서 이전의 조르단 일조계와 그 후의 회전식 일조계의 관측치는 그대로는 동등하게 취급할 수 없다. 그러나 회전식 일조계의 평년치에 준하는 값으로 회전식 일조계에서 관측을 행하는 기상관서에서 평년과 비교를 행할 때 사용하는 참조치를 나타낸다. 이 참조치는 회전식 일조계를 이용한 관측보다 준평년치가 구해질 때까지의 사이를 맞추는 대상 값이지만, 참조치의 산출방법은 일조시간의 통계치를 이용하는 경우의 참조가 된다고 생각되므로 조르단일조계에 의한 평년치를 이용해서 회전식 일조계의 참조치를 구하는 산출방법을 이하에 표시해 둔다.

① 일의 일조시간 참조치

일의 일조시간의 양일조계의 차는 흩어짐이 있어 그 원인은 다양하므로 일의 일조시간의 참조치는 구할 수 없다.

② 반순의 일조시간 참조치

조르단일조계에 의한 평년치가 12.5시간 이상의 경우에는 조르단일조계의 값에서 2.5시간 뺀 값을, 12.5시간 미만의 경우는 계수 0.8을 곱한 값을 참조치로 한다.

③ 순의 일조시간 참조치

조르단일조계에 의한 평년치가 25.0시간 이상의 경우는 조르단일조계의 값에서 5.0시간 뺀 값을, 25.0시간 미만의 경우는 계수 0.8을 곱한 값을 참조치로 한다.

④ 월의 일조시간의 경우

조르단일조계의 평년치가 75.0시간 이상일 때는 일조계의 값에서 15.0시간 뺀 값, 75.0시간 미만일 때에는 계수 0.8을 곱한 값을 참조치로 한다.

⑤ 년의 일조시간의 경우

각 월의 참조치의 합계를 년의 일조시간의 참조치로 한다.

17.2.5 태양전지식 일조계

태양전지식 일조계[太陽電池式日照計, sunshine recorder(heliograph) of solar battery(cell)]는 반도체광소자(半導体光素子, photodiode)를 이용한 일조계이다(그림 17.11). 하늘의 북극을 향하게 한 삼각기둥의 상면(하늘의 북극 쪽의 면)에 1개, 남동면과 남서면에 각각 1개의 소자를 부착해, 남면의 2개의 출력(직달일사와 산란광)에서 북극 쪽 면의 1개(산란광)를 산랑광제거비 3배의 비율로 차감해서 직달일사에 상당하는 출력을 얻는 것이다.

태양전지식일조계는 채용당초는 천기계(天氣計 : 날씨의 개황을 보는 측기) 정도로 취급되었으나, 현재에는 기상청 검정을 받아서 그 자료는 일조시간으로 이용되고 있다. 그 정밀도는 날씨

그림 17.11 **태양전지식 일조계**

가 좋을 때는 회전식 일조계 등과 비교해도 10 % 이내가 되지만, 구름이 많을 때의 정밀도는
나빠지므로 기상관서에서는 회전식 일조계의 자료와 같은 열로서는 취급하지 않고 있다.

17.2.6 기타 일조계

17.1.1에서 기술한 마빈일조계와 비슷한 원리의 것으로, **쌍금속판일조계**(双金屬板日照計,
bimetal sunshine recorder)라고 불리는 것이 근년에 이용되게 되었다. 이것은 백색과 흑색으로
칠한 길이 10 cm, 폭 1 cm, 두께 1 mm 정도의 쌍금속판을 유리의 용기에 봉입한 것이다. 매분
0.4 cal/cm^2 이상 강도의 일사가 닿으면, 검게 칠한 쌍금속판은 열을 흡수해 팽창해서 정기접점
이 닫혀 콘덴서에 충전된다. 그래서, 6분간에 1회의 비율로 기록회로의 스위치를 닫아, 일조가
있을 때는 기록지 위에 짧은 선이 기록된다. 나중에 짧은 선의 개수를 세면 일조가 있었던 시간
을 안다.

보통 이용되고 있는 쌍금속판일조계는 3조의 쌍금속판이 붙어 있어, 태양이 비치는 면이 각각
동·남·서로 향하게 설치한다. 또 쌍금속판의 긴 변은 지구의 남북축과 평행이 되도록 한다.

취급상 주의해야 할 일로는, 유리의 용기가 흐려질 때에는 속에 들어 있는 건조제인 실리카겔
을 꺼내서 말려 다시 집어넣는다. 접점의 간격을 조절하는 나사가 들어 있는데, 이것을 움직이면
감도가 변하므로 손을 대지 않도록 한다. 그러나 비록 일정한 감도로 관측한다고 해도, 측정원리
가 변하고 하늘의 산란광의 영향도 있으므로 조르단일조계나 캄벨일조계의 관측치와 그대로 비
교할 수 없다.

17.3 | 가 조

17.3.1 가조시간

가조시간[可照時間, possible duration of sunshine, hour (of) daylight]은 태양이 비칠 수 있

는 시간으로, 태양의 중심이 동쪽의 수평선에 나타나고 나서 서쪽의 수평선으로 질 때까지의 시간으로, 그 지점의 위도와 월·일에 의해 결정된다(태양의 적위). 일출과 일몰은 태양의 상단을 기준으로 한다. 기상청의 지상기상관측법에서는 산악이나 건물, 지형 등의 영향에 의한 시간의 신축의 보정은 수행하지 않고 있다. 또 가조시간은 시의 단위로 나타내고, 1/10의 자릿수까지의 값으로 표현한다.

부록 8의 『가조시간을 구하는 표』에는 가조시간을 구하는 공식과 월별 가조시간표, 일별 가조시간표를 실었다.

17.3.2 일조율

일조시간은 여름이 길고, 겨울이 짧다. 따라서 구름이나 안개에 의한 일조시간의 영향 등을 보는 데에는 일조시간 그것보다도 일출(日出, sunrise)에서 일몰(日沒, sunset)까지의 시간, 즉 가조시간(可照時間)과 실제의 일조시간의 비를 **일조율**[日照率, rate of sunshine, percentage(s) of possible sunshine(duration)]이라 하고 보통 %로 나타내며,

$$일조율 = \frac{일조시간}{가조시간} \times 100 (\%) \tag{17.1}$$

이고 그 한 자리까지 구한다. 즉 이것은 태양이 비친 시간(일조시간)과 비칠 수 있는 최대의 시간(가조시간)의 백분율로, 이 값이 100에 가까울수록 날씨가 좋았다고 하는 척도가 된다. 일조시간의 결측일이 있어도, 순(10일)이나 월(30일) 등의 일조시간이 구해질 수 있는 경우는 결측의 날수의 가조시간을 차감한 가조시간의 합계를 이용해서 일조율을 구할 수 있다.

관측장소 부근에 큰 산이 있거나, 계곡에 있는 관측소에서는 태양이 그것에 가려지는 만큼 실제의 가조시간이 적어진다. 장해가 되는 산 등의 시각을 수정한 가조시간을 이용해서 일조율을 계산할 수도 있지만, 수정이 상당히 까다로우므로, 보통 이와 같은 수정은 행하지 않는다. 관측치를 이용할 때, 이 때문의 오차를 고려하지 않으면 안 되는 경우도 있다.

우리나라의 각 지역마다 그 지방에 특산물로 여러 가지의 식물 등을 재배하고 있다. 우리 고장만이 이 작물의 최적지라고 자랑할 때는 일조시간이 특별하다고 말하고 있다. 그러나 위도가 같으면 가조시간, 일조시간에는 차이가 없다. 또 날씨를 좌우하는 구름 등도 지역적인 큰 차이를 구별할 수 없이 거의 비슷한 확률을 가지고 있다. 또한 우리나라와 같이 좁은 땅 위에서는 위도차에 의한 일조시간의 차이도 크게 나지 않는다. 따라서 앞으로는 이러한 그 지방의 특성을 언급할 때는 그 지역에만 해당되는 일조율을 사용해서 설명하는 것이 설득력이 있을 것으로 사려된다.

17.3.3 일조시간의 분포

그림 17.12는 세계의 연간일조시간의 분포를 나타낸 것이다. 여기서의 일조시간은 직달일사가 있는 시간을 의미한다. 따라서 열발전의 운전가능시간의 지표 등으로도 이용할 수 있다. 한국부근은 연간 많아야 2,400시간 정도인데 반하여, 세계는 3,000시간 이상 4,000시간에 육박하는 곳도 보인다는 것을 알 수 있다.

또한 같은 일조시간이라도 고위도 쪽이 이용상 불리하다. 그것은 고위도일수록 대기로정(大氣路程, 통과공기량, optical air mass : 빛이 통과하는 공기층의 두께에 관계한다. 일사의 경우, 일사가 수직기주에 대해서 천정각 θ의 방향의 경사로 입사할 때, 대기로정은 sec θ의 곱이 된다.) 즉 입사한 태양직달광이 지표에 도달할 때까지 통과하는 공기량으로, 이것이 크기 때문에 대기에 의한 일사의 감쇠가 커서 직달일사강도가 낮기 때문이다.

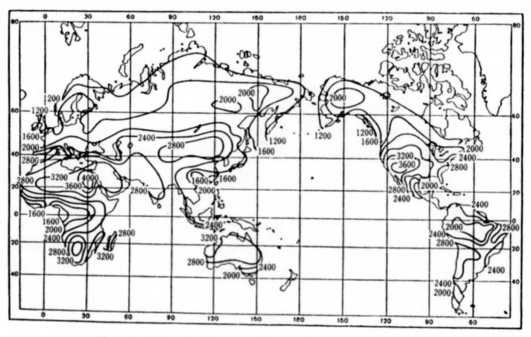

그림 17.12 **세계의 연간일조시간의 분포**(Berliand et al, 1961년, 단위 : hr)

그림 17.13은 세계의 연평균일사량의 분포이다. 일사의 강도는 대략 위도의 분포에 반비례해서 나타나고 있지만, 지형이나 해류의 분포, 구름의 분포 등으로 복잡하게 분포되어 있음을 알 수가 있다. 특히 고위도보다 저위도에서 더욱 그러함을 알 수 있다. 한반도의 경우는 중간 정도의 강도를 보이고 있다.

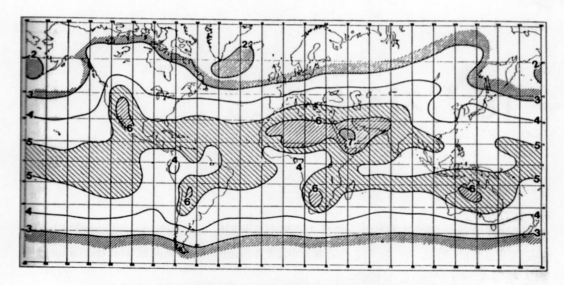

그림 17.13 세계의 연평균 전천일사량의 분포(WMO, 1981년, 단위 : kW/² . day)

Chapter 18 지중온도

지표면에서 어느 깊이의 지하의 온도를 지중온도[地中溫度, soil(earth) temperature] 또는 토양온도(土壤溫度)라 하고, 측기는 지중온도계(地中溫度計, earth thermometer, soil thermometer)로 기온 등과 같이 C(섭씨)로 나타낸다.

대기 중에 있어서 열의 이동을 알기 위해서는 지표면을 통과해서 지중으로 들어가는 열이나, 지면에서 공기 중으로 흘러나가는 열이 어느 정도인가를 측정할 필요가 있다. 여러 깊이의 지중온도의 관측치는 이와 같은 열의 이동을 포착하기 위한 자료로서 도움이 된다.

한편, 농작물의 생육 등을 조사하기도 하고, 실제로 작물관리를 하기 위해서는 농작물의 뿌리 깊이의 지중온도를 알 필요가 있다. 또 토목공사나 지하실의 설계를 할 때 등 지중온도의 자료가 필요한 경우도 있다.

토질이나 지표면의 상태가 균일할 때는 지중온도는 비교적 대표성이 크다. 그러나 지표면이 맨땅인가 초지인가에 따라서, 또 흙의 습한 정도에 의해 같은 장소라도 얕은 층의 지중온도는 상당히 다른 값을 나타낸다. 이와 같은 지표면의 영향은 보통 깊을수록 작아진다.

지중온도는 토양이나 수분의 상태에 따라서 차가 있지만, 지면에 가까울수록 대기의 영향을 받는 정도가 심해서 일변화가 크다. 일변화는 지면의 아래 1 m 정도에서는 거의 인정되지 않는 수준이지만, 6~7 m 정도에서는 계절에 따른 연변화도 인정되지 않는 것이 보통이다.

18.1 | 지중온도의 관측방법

18.1.1 지중온도의 관측원리

토양은 공기에 비해서 훨씬 비열이나 열의 전도율이 크다. 따라서 사용하는 온도계의 감부는 기온을 측정하기 위한 온도계보다도 늦어짐[시상수(時常數)]이 커도 지장이 없다. 그렇기 때문에 유리제온도계에서 감지부(sensor) 등 견고한 구조의 것을 이용할 수 있다.

지표면부근의 지중온도는 일사의 유무 등에 의해 하루에도 크게 변화하지만, 20~30 cm 정도의 깊이가 되면, 그 변화는 극히 근소하다. 또 얇은 층에서는 깊이에 따른 온도의 차이가 커서 근소한 몇 cm만 깊이가 다르더라도 상당한 차가 나타나지만, 1 m 정도의 깊이가 되면 5 cm 정도의 차이가 있어도 온도는 거의 변하지 않는다. 이와 같은 이유에 의해,

① 얇은 층을 측정하기 위해서는 온도계의 감부는 정확한 깊이에 묻어 적어도 매일 몇 회 정도 관측한다. 연속적인 온도변화를 알기 위해서는 자기기를 이용하는 것도 좋다. 세로로 긴 모양의 감부는 적당하지 않다.

② 깊은 층을 측정하기 위해서는 감부의 깊이에 그다지 신경을 쓰지 않아도 지장이 없다. 온도계의 감부는 상당히 대형의 것도 좋다. 30 cm 이상의 깊이의 지중온도는 매일 1회 정도 관측하면 좋고, 몇 m 깊이의 것은 5일에 1회 정도 관측하면 충분하다.

18.1.2 설치방법

온도계를 묻기 위해서는 일단 땅을 파고, 후에 다시 묻기 위한 흙은 잠시 동안 주위의 토양과 같은 온도로 되지 않는다. 따라서 자연상태의 지중온도를 측정하기 위해서는 온도계의 감부를 묻고 나서, 잠시 동안 방치해 두어야 한다. 더욱이 경작지의 지중온도를 측정할 때 등은 주위의 경작지와 같은 상태를 유지할 필요가 있다.

또한 지중온도의 측정에 첨가해서 지표의 상태(맨땅·초지·경작지 등), 토질, 흙의 습한 정도, 토지의 경사 등을 기록해 두면, 관측치를 이용할 때 여러 가지로 참조가 된다.

몇 cm 정도의 얇은 층의 지중온도를 측정하는 데에는 보통의 봉상온도계를 이용해도 좋지만, 일반적으로 곡관지중온도계나 철관지중온도계가 실용적으로 이용되고 있다. 연속기록을 얻기 위해서는 철제의 용기에 수은을 채운 것을 감부로 해서, 이로부터 가는 파이프로 지상에 있는 부르돈관(Bourdon tube, 뒤에 설명)으로 유도해자기기록 시키는 것 등이 이용되고 있다.

18.2 | 지중온도계

18.2.1 곡관지중온도계

곡관지중온도계(曲管地中溫度計, bent stem earth thermometer)는 유리제의 거의 직각으로 구부러져 있는 온도계(그림 18.1)로 감부를 지중에 묻었을 때에는 눈금부분이 지면에 대체로 평행이 되므로 값읽기에 편리하다. 감부가 구형으로 되어 있으므로 흙의 힘이 미쳤을 때 보통의 봉상온도계보다도 견고하다.

이런 종류의 온도계는 측정하는 깊이에 따라서 지중에 묻는 부분의 길이가 결정되어 있어, 지표면용(0 cm), 5 cm 용, 10 cm 용, 20 cm 용, 30 cm용이 잘 이용되고 있다. 30 cm보다도 깊어

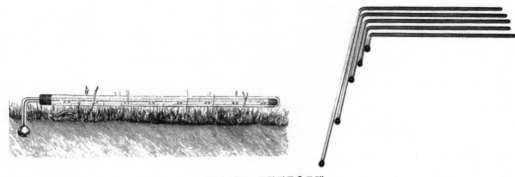

그림 18.1 **곡관지중온도계**

지면 관이 길어지므로 꺾어지거나 부서지기 쉽다. 특히 겨울철에는 동결로 얼었다 풀렸다를 반복하면, 토양이 상하로 부풀어올랐다 내려가면서 곡관지중온도계가 파괴된다. 이들을 막으려면 대나무와 같은 관 속에 지중온도계를 넣고 흙을 채워서 보존하면 도움이 된다. 그래도 30 cm 이상의 깊이의 곡관지중온도계는 부서지는 일이 많아 실험에 의해 무리라는 사실도 알았다.

감부를 소정의 깊이, 예를 들어 10 cm의 깊이에 묻을 때, 우선 구부의 중심에서 10 cm 위치에 눈금표시로서 실 등을 묶어 둔다. 묻는 구멍은 되도록 좁게 파고, 눈대중으로 관이 수직을 유지하도록 한다. 묻는 흙은 되도록 깊은 곳에서 파낸 흙이 밑으로 가도록 하고, 또 주위의 흙층과 같은 정도로 견고하게 한다. 지상에 나와 있는 눈금부분의 관의 부분에는 목제의 지지대를 한다. 나뭇가지 등을 이용해도 좋다.

유리제온도계는 온도계 전체가 동일온도일 때 정확한 시도가 되도록 만들어져 있다. 그렇기 때문에, 곡관지중온도계에서는 일사 등 때문에 지상에 노출해 있는 관의 부분과 구부와의 온도차가 현저하게 커지지 않도록 적당한 크기의 덮개를 해 두는 것이 좋다. 그러나 5 cm 이하와 같이 극히 얇은 경우에는 덮개 때문에 지중온도가 혼란될 염려가 있으므로, 덮지 않는 편이 좋다. 덮개는 목제나 굵은 대나무를 쪼갠 것도 좋으나, 페인트로 희게 칠하고 그 상면에 감부의 깊이를 써 두면 편리하다.

지하 10~20 cm 까지의 온도분포와 그 변화를 알기 위해서는 매일 적어도 몇 회 정도, 결정된 관측시각(정시)에 온도의 시도를 C의 1/10까지 읽고, 기차보정을 한다. 기상관서 등에서는 이 방법에 의하여, 잔디가 있는 지면에서 깊이 5 cm, 10 cm, 20 cm, 30 cm 등의 지중온도를 정시인 3시, 9시, 15시, 21시에 관측하고 있다.

겨울철 적설이 있을 때는 값읽기를 할 수 있을 정도로 좌우로 눈을 헤쳐서, 관측이 끝나면 다시 눈으로 덮어 둔다. 그러나 적설이 깊을 때에는 이 방법은 어렵고, 자기기 등에 의해 원격측정을 하는 쪽이 좋다(그림 18.2). 온도계가 적설에 눌려 부서질 염려가 있는 곳에서는 눈이 그다지 깊어지지 않았을 때 파내서 보관해 둔다.

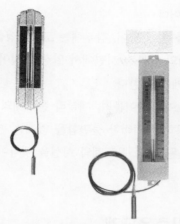

그림 18.2 원격측정 지중온도계

18.2.2 철관지중온도계

30 cm를 넘는 깊이의 지중온도를 측정하기 위해서는 하단을 막은 내경 4~5 cm의 철파이프(pipe)를 수직으로 묻어, 그 속에 고무뚜껑을 끼운 봉상온도계를 매단 것을 이용한다. 이것을 철관지중온도계(鐵管地中溫度計, simon's earth thermometer, steel tube earth thermometer)라고 한다. 이런 종류의 온도계를 이용하면, 보통 5~10 m 정도까지의 지중온도를 측정할 수 있다(그림 18.3).

철관을 묻을 때에는 1 m 정도의 깊이라면 그대로 박을 수도 있지만, 더욱 깊을 때에는 적당한 깊이까지 땅을 파고 나서 철관을 넣는다. 어느 쪽으로 해도 관의 끝에서 지면까지가 측정해야 할 깊이보다도 약간 긴 정도로 한다. 그래서 철관의 윗부분은 지면에서 10 cm 정도 나오도록 하고, 대나무의 통 등으로 만든 덮개를 씌운다. 철관 이외도 대나무 등 다른 관의 역할을 충실히 할 수

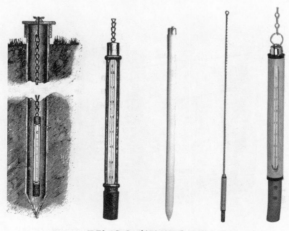

그림 18.3 철관지중온도계

있는 것이면 이용할 수 있을 것이다.

사용하는 봉상온도계는 나무틀 속에 넣어, 감부에는 고무뚜껑을 씌워서 틀을 황동의 쇠사슬에 매단다. 쇠사슬의 길이는 온도계의 감부가 지면에서 일정할 깊이에 있도록 정해, 쇠사슬의 상단은 철관의 뚜껑 안쪽에 단단하게 연결한다.

관측할 때에는 쇠사슬을 양손으로 끌어올려, 재빨리 온도계의 시도를 읽는다. 시상수(時常數, time constant)를 느린 것을 사용하면 이러한 불편함을 없애는 편리함이 있다. 값읽기를 할 때는 고무뚜껑을 손으로 쥐어서는 안 된다. 또 온도계와 시선을 직각이 되도록 해서 시차에 의한 값의 오차를 막는다.

18.2.3 격측자기 지중온도계

지중온도의 연속적인 관측치를 원할 때에는 **격측자기 지중온도계**[隔測自記 地中溫度計, remote－measuring soil(earth) thermograph, 그림 18.4 참조]를 이용한다. 옛날부터 이용되고 있는 측기로서는 수은이 들어 있는 철제원통의 감부를 소정의 깊이로 수평으로 묻어, 가는 금속 파이프로 지상에 있는 기록부의 부르돈관에 연결한 것이다. 기록부는 감부의 바로 가까이에 설치한 것도 있지만, 수십 m 정도의 원격측정이 가능하도록 되어 있는 것도 있어 이것은 실내에서 기록을 볼 수 있다.

격측온도계(隔測溫度計, remote－measuring(reading) thermometer)는 멀리 떨어진 지점의 온도를 측정하는 온도계이다. 부르돈관 격측온도계(Bourdon tube管 隔測溫度計), 전기저항온도계 등이 이에 해당한다.

참조로, **격측온습도계**(隔測溫濕度計, remote－measuring thermo－hygrograph)는 염화리튬 노점습도계(露点濕度計)와 백금저항온도계(白金抵抗溫度計)를 조합해서, 1대의 기록기가 노점(이슬점)과 기온을 동일자기지에 원격자기시키는 것이 기상관측에 사용되고 있어서, 이것을 원격온습도계라고 말하고 있다.

그림 18.4 격측자기 지중온도계(전자식 정밀장기형, 2단식)

18.2.4 부르돈관

부르돈관[Bourdon tube(管)]은 1901년 19세기의 프랑스의 발명가 부르돈(E. Bourdon)의 이름에서 유래했다. 단면이 타원 또는 편평한 관을 고리모양으로 구부려 한쪽 끝은 밀폐해 밑부분의 고정단으로부터 관 속으로 압력을 가하면 관의 단면은 원에 가깝게 되고, 고리의 곡률반경이 커져서 자유단이 변위한다. 이 변위는 압력의 크기에 비례한다. 이 현상을 이용한 압력계가 **부르돈관압력계**(‒ ‒ ‒管壓力計, Bourdon ‒ tube gauge)이다.

그림 18.5와 같이, 타원형의 단면을 가진 중공(中空)의 곡관 속에 알코올, 톨루엔[toluene, 벤졸(benzol) 중의 수소 하나를 메틸기와 치환한 무색의 방향족 화합물의 하나로, 물감·향료 및 폭약 제조 등에 쓰임] 등의 액체를 채운 것으로, 온도가 변화하면 내부의 액체가 팽창, 수축해서 관의 곡률이 변한다. 관의 한쪽 끝을 고정했을 때 다른 끝의 변위량과 온도에는 일정의 관계가 있으므로, 이 변위량에서 온도를 측정할 수 있다. 금속으로는 주로 양은, 놋쇠가 이용되고 있다.

부르돈관격측온도계(‒ ‒ ‒管 隔測溫度計, remote ‒ measuring Bourdon thermometer)는 부르돈관을 이용해서, 길고 가는 금속관을 이것에 접속해 그 끝에 금속용기를 달아, 이들 속에 톨루엔 등의 액체를 채운 온도계이다. 이 경우 감온부는 금속용기가 된다. 긴 가는관은 구부러지는 가요성(可撓性)이 있는 동관(銅管)을 이용하고, 금속용기를 온도를 측정하고자 하는 부분에 놓고, 부르돈관의 변위를 지침이나 자기펜의 변위로 변환해서, 온도의 원격측정을 하도록 한 것이다. 주로 지중온도의 원격측정에 사용되고 있다. 격측의 거리는 수 10 m 이상은 무리인 듯싶다(그림 18.6).

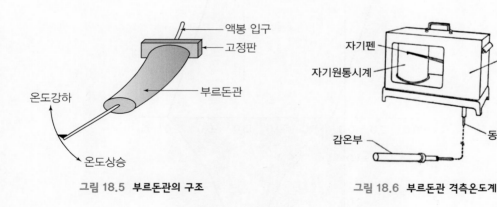

그림 18.5 **부르돈관의 구조**   그림 18.6 **부르돈관 격측온도계**

18.2.5 기타 지중온도계

이 외에, 열전대·서미스터(7.2.1 참조)·백금저항온도계 등을 이용해도 지중온도를 측정할 수가 있어, 연구 시험용으로 사용되고 있다.

열전대는 동선과 콘스턴텐선의 양단을 합하여 납땜 또는 용접한 것을 감부로 한다. 2개의 접합점 사이의 온도차 1 C에 40 마이크로볼트 정도의 기전력이 생기므로 한편의 접합점의 온도를 일정하게 유지하고, 다른 접합점을 측정해야 할 깊이로 묻어, 전위차를 검류계나 밀리볼트미터로 측정해서 온도차를 끌어낸다. 동선 대신 철선이나 망간선으로도 좋다.

서미스터와 백금저항온도계는 모두 전기저항이 온도에 의해 변화하는 것을 이용한 것으로, 백금을 이용하는 쪽이 안전한 측정이 가능하므로 서미스터에 비교해서 큰 감부가 필요하다.

18.3 | 지중온도의 분석과 이용

18.3.1 지중온도의 분포

그림 18.7은 1973~2002년까지 30년간 9개 지점에서 관측된 지중온도의 자료(김승옥, 2002)를 이용하여 평균한 값이다. 이것의 여름과 겨울을 비교해 보면, 여름에는 지상의 기온이 높지만

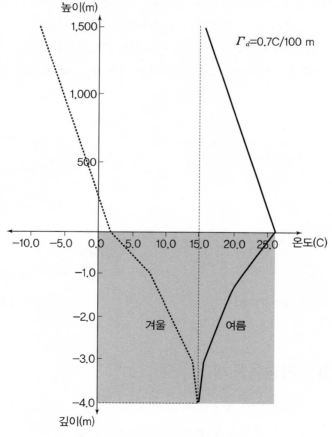

그림 18.7 지중온도의 분포(김승옥, 2002)

지하로 들어가면 점점 낮아짐을 알 수 있다. 반면에 겨울에는 지상이 기온이 낮으며, 지하로 들어갈수록 높아져서 겨울이나 여름이나 지상의 기온은 달라도 지하 약 4 m 정도 이상으로 들어가면 계절에 관계없이 약 15 C 정도의 일정한 온도가 유지됨을 알 수 있다.

지중온도의 관측결과에서 알 수 있듯이, 지상의 기온은 겨울에 영하의 추위가 있고 여름의 무더위가 있으나 지하 4 m 이하의 깊이로만 들어가도 지상의 영향을 받지 않고 연중 일정한 온도 15 C 이상이 유지됨을 알 수 있다. 이 사실을 이용하여 지하에 건물을 건축한다면 겨울의 난방비와 여름의 냉방비를 절약하는 큰 효과가 있을 것이다. 또 지하가 아니고 여름에 지상의 상공으로 올라가도 기온의 내려가서 냉방의 효과를 낼 수 있다. 그러나 겨울에는 상공이 추우므로 이 효과는 좋지 않다. 이들의 사실은 앞으로 건축분야에 대기과학지식이 접목되는 부분이므로 주의해서 연구할 필요가 있겠다.

18.3.2 건축에 활용

지중온도관측을 통해, 지하의 열을 이용한 지하건축의 에너지 절감효과가 우리 경제에 미치는 영향을 생각하면 앞으로 위의 관측을 활용하는 건축에 관심을 가져야 할 것이다.

Atmospheric instrumental observations

Part 3

관측결과의 정리와 이용

대기관측에서는 백엽상 내의 온도계에서 읽은 값이나, 기록지에 표시된 풍속의 값 등을 그대로 이용하는 경우도 있지만, 일반적으로 관측한 결과를 일단 노트 등에 기입해서 이용하는 경우가 많다. 또 읽은 값을 기초로 해서 여러 가지 계산을 하기도 하고, 많은 관측치를 집계하는 경우가 적지 않다.

'구슬이 3말이라도 꿰어야 보배다'라는 말이 있다. 이는 '관측자료가 아무리 많아도 정리하지 않으면 아무런 가치가 없다'라는 뜻이다. 따라서 관측치를 효과적으로 이용하는 것은, 관측결과의 정리법에 충분히 주의할 필요가 있지만, 동시에 정리한 것을 알기 쉬운 형식의 표나 그림으로 나타내는 기술을 몸에 익히는 것도 중요하다. 또 이용목적에 따라서는 보통의 정리나 통계로는 불충분해서 특수한 정리·통계·나타내는 방법을 궁리하지 않으면 안 되는 일도 있다.

이것은 통계를 다루는 통계학(統計學, statistics)의 영역에 관계되며, 대기과학의 대표치(평균)에 해당하는 기후(氣候, climate)에 관한 학문인 기후학(氣候學, climatology)과도 연관이 되는 부분이다.

이 단원에서는 먼저 일반적인 정리방법과 표현형식에 대해서 설명하고, 다음에 특수한 이용목적을 위한 정리방법에 대해서 약간의 예를 들어 설명하도록 한다.

Chapter 19 일반적인 정리와 통계

관측결과를 그 장소에서 기록하는 노트는 야장(野帳, field book, 야첩, 수첩, 치부책)이라 하고, 관측치를 사용하기 쉬운 형식으로 일람표에 기록한 것을 원부(原簿, original register)라고 한다. 읽은 값의 보정계산 등에는 야장을 쓰고, 합계평균 등의 간단한 통계는 원부에 쓰는 것이 보통이다. 이 외에, 자기지의 여백에 읽은 값이나 계산치을 기입하는 일도 있다. 그러나 복잡한 계산을 할 때에는 다른 계산용지를 쓰는 것이 좋다.

19.1 | 야 장

관측야장[觀測野帳, field(log) book, pocket register, 간단히 야장(野帳)]은 수은기압계나 부착 온도계의 읽은 값, 혹은 건습계의 시도 등을 기입하고, 기압에 대해서는 기차보정·온도보정·중력보정·해면경정의 계산을, 건습계에 대해서는 기차보정이나 수증기압·상대온도·노점온도 등의 계산을 하는 노트가 야장이다. 비나 눈의 시작과 끝의 시각이나 여러 가지 현상을 관측한 결과도 이 야장에 기입하는 것이 편리하다.

야장은 주머니에 들어갈 정도의 크기로, 가로줄 혹은 모눈종이가 들어 있는 노트가 사용하기 편리하다. 더욱 정형적인 대기관측용으로는 미리 기입란의 형식을 정하고, 그것을 인쇄한 것을 쓰도록 하는 것이 능률적으로 실수가 적다(그림 19.1).

관측결과를 야장에 기입하는 경우, 일반적인 사항을 열거해 보자.

① 관측하면 즉시 기입해야 한다. 생각해서 뒤에 정리해 기입하는 것은 실수하기 쉽다.
② 연필은 부드럽고 진한 것이 좋다.
③ 숫자나 문자는 뒤에 누가 보아도 잘 알 수 있는 글자체로 쓴다.
④ 값읽기가 대충 끝났으면, 즉시 정해진 계산을 한다. 이렇게 하면 실수로 읽은 값도 확인하기 쉽다.

대 기 관 측

관측시각 : 년 월 일 시   관측자 :
이름 학년 이름 학년

관측자 : _____ ( ) _____ ( )
관측학과 : 대 기 과 학 과   _____ ( ) _____ ( )

관측종목		노장	대기측기실	관측종목	노장	대기측기실
대 기 현 상			자동기상관측으로 감지부는 노장에 있으나 값읽기는 측기실에서 행함	시 정		
				적 설		
기압	수 은			일 사 량		(종)
	공 합	(종)		일 조 량		
건 구 온 도			(종, A)	방 사 수 지 량		(종)
습 구 온 도				자 외 선 (A)		400~320 nm
상 대 습 도			(종, A)	자 외 선 (B)		320~280 nm
최 고 온 도			(A)	진 공 자 외 선		280~190 nm
최 저 온 도			(A)	분 진 량		190~100 nm
풍 속			(종, A)			
풍 향			(종, A)			
구름	운 형					
	운 량	○ /10				
강 수 량		(표)	(종, A)			
증 발 량						

※ 종 : 종합기상세트, A : AWS(자동기상관측 시스템), 표 : 표준우량계

그림 19.1 공주대학교 대기과학과의 야장

⑤ 야장에 자기시계의 지속을 기입하는 것은 예를 들어 5분 빠를 때에는 ' − 5', 14분 늦어질 때에는 ' + 14'로 하는 것이 좋다. 분으로 나타낸 시각보정치를 기입하는 것이다.

⑥ 시각은 24시제로, 4 숫자로 시분을 나타내는 것이 편리하다. 예를 들면, 오후 6시 38분은 1838로 쓴다. 특히 시분을 확실히 나타낼 때에는 h와 m을 사용해서 18^h38^m이라고 쓰면 좋다.

⑦ 사용한 숫자와 부호에 대해서 다음과 같이 정해 놓으면 편리하다.

- 0 : 어떤 양이 0으로 해서 충분할 정도로 크지 않을 경우. 예를 들면, 강수량이 0.5 mm에 미치지 않을 때나, 구름이 조금밖에 없고, 운량이 0.5도 되지 않을 때는 0이라고 기입한다.
- − : 해당하는 것이 없을 때. 예를 들면 '운형 −'는 구름이 없을 때, '강수량 −'는 강수가 없을 때
- × : 관측값이 얻어지지 않았을 때. 예를 들면 '기온 ×'는 온도계가 고장났을 경우이고, '운형 ×'는 캄캄한 밤에 운형을 알지 못했을 때
- # : 관측치가 이상으로, 그러나 그것이 실수하지 않은 일로 확인됐을 때 숫자 등의 오른쪽 위에 단다(위첨자).
- ( ) : 이상한 관측치는 괄호로 묶는다.

⑧ 계산에는 보통 반올림을 한다. 기상관서 등에서는 이미 그렇게 사용하고 있다.

⑨ 어떤 관측자가 기입·계산한 경우는 뒤에 다른 관측자가 점검해서 잘못이 없을 때는 점검표시 (✔)를 달도록 하는 것이 좋다. 관측자가 1인밖에 없을 경우, 본인이 점검한다.

⑩ 관측자의 이름을 기입해 놓는다. 이것은 관측치에 대해서 책임을 분명히 하기 위해서이다.

19.2 | 자기지

자기지(自記紙)에는 매일 교환하는 것, 주 1회 교환하는 것, 두루마리[권축(捲軸, 卷軸), roll]로 된 것이 있다. 모두 다 교환한 자기지에 틀림없이 날짜나 교환시각을 기입하고, 실측치가 있는 것은 그것을 기입해서 읽은 값과 실측값의 차, 즉 보정치(補正値)를 구해 놓는다. 이렇게 하면, 반대로 자기에 의한 실측값의 잘못을 점검하는 일도 가능하다. 또 야장에 자기시계의 지속의 읽은 값이 기록되어 있을 때는 이것을 자기지에 옮겨 쓴다.

기록된 자기지는 후에 조사나 연구자료로 귀중한 것이므로 필요한 값읽기가 끝나서 일단 이용한 후에는 날짜순으로 정리하고, 소중히 보존해 놓아야 한다.

19.3 | 원 부

관측값(관측치)을 이용할 때, 하나하나 야장이나 자기지를 쓰는 것은 능률적이 아니고, 보존에도 불편하다. 등사하거나 고쳐 만들기 전의 본디의 장부의 원본이 되는 것을 **원부**[原簿, original record(register, ledger, account book)]라고 한다. 이는 야장이나 자기지에서 이용상 필요한 것을 기록해서 일람표로 한 것으로, 가장 중심이 되는 귀중한 대장이다. 따라서 그 기입·계산·취급·보존에 대해서 충분한 주의를 해야 한다.

원부의 크기나 양식 등은 이용목적에 제일 적합하도록 정한다. 기상관서에서 행하는 대기관측의 값은 여러 목적에 이용되지만, 주로 원부에서는 **일원부**(日原簿, 표 19.1 참조), **월원부**(月原簿, 표 19.2 참조), **누년원부**(累年原簿)가 사용된다. 일원부는 관측치를 날짜별로 기재하는 것으로, 주로 생관측치(生觀測値)로 기입한다. 월원부는 날짜별로의 평균값을 1개월분을 묶어 기입하는 것으로, 순(10일)이나 월(30일)의 통계치도 기재한다. 누년원부는 여러 요소의 누년통계치를 구해서 기입하기 위한 원부이다. 이 외에 강수량만을 시별, 일별로 기재하는 원부 등도 사용되고 있다. 원부의 양식을 정하고, 기입이나 통계에 사용할 경우의 주의할 점을 다음에 열거한다.

① 원부의 형식을 크게 구분하면, 관측요소별로 기재하는 것과 시각이나 날짜순으로 기재하는 것이 있고, 이것을 합해 모으면 여러 가지 양식의 원부가 가능하다. 예를 들면, 강수량 원부는 전자에 속하고, 일원부는 후자에 속한다.

② 기재란의 제목에는 기입하는 요소명 외에 단위와 최소자릿수를 함께 기록해 놓으면 좋다. 예를 들면, C 단위의 최고기온을 1/10 자릿수까지 기입할 때의 제목은 『최고기온 0.1C』라고 한다.

③ 야장의 기입에 사용한 0, −, ×, #, ( ) 등의 부호를 그대로 원부의 기입에도 사용하는 것이 편리하다.

④ 숫자나 문자는 누가 읽어도 알 수 있도록 소중히 정확하게 기입한다. 잉크는 진한 청색이 오랜 시간 후의 변색 염려가 없어서 좋다. 감청색은 물에 닿으면 떨어지기 쉽다.

⑤ 기입란과 제목은 전등 밑에서 사용하거나 사진복사할 때 편리함을 생각하면 어두운 갈색으로 인쇄하는 것이 좋다.

⑥ 자주 이용하는 원부에는 좋은 질의 용지를 쓰고, 표지의 두께나 제본 등에도 각별히 주의한다.

⑦ 중간 표지의 안쪽 등에도 사용한 측기의 종류나 관측방법, 혹은 기입, 통계상의 약속, 관측자의 이름 등도 기입해 놓으면 여러 가지로 참조가 된다.

⑧ 통계치는 반순별, 순별, 월별, 연별의 것이 흔히 이용된다. 보통 사용하는 반순은 1월 1일부터 5일마다 끊어가서 1년을 73반순기로 나누는 것이다. 이 경우, 제12반순기는 2월 25일부터 3월 1일까지이고, 윤년에는 6일간이 된다. 별도로 한 달은 6반순으로 나누고, 큰달은 제6반순을 6일로 하는 방법을 쓰는 경우도 있다.

순은 매월을 상·중·하순으로 나누고, 큰달의 하순을 11일로 한다.

표 19.1 기상관서 등에서 이용하는 일원부의 양식(계속)

일 기 상 통 계 표

지점번호 : 1 0 8   1999   07   2도

기관명 :
기관장 :

서 울

구 분	1 회 관 측 값	맞	값

(표의 세부 항목 — 손으로 기입된 기상 관측 데이터)

작성자 : 최 성 진
검열자 : 박 전 형

257 × 364mm · 인쇄용지 두급 34kg/㎡

주 42 - 8
1996. 12. 31 개정

표 19.2(a) 기상관서 등에서 이용하는 월원부의 양식

日	日平均氣壓 (4回) mb		日平均氣溫 (8回) °C	日最高氣溫 0h~24h °C	日最低氣溫 9h~9h °C	日平均地中溫度 (3回) °C		日平均最高氣壓 (回) mb	日平均相對濕度 (4回) %	日最小相對濕度 %	日降水量 9h~9h mm	日最大降水量 9h~9h mm		蒸發量 9h~9h mm	積雪길이의 日最大値 (3回) cm	新積雪의 길이 9h~9h cm	
	觀地	海面	°C	°C	°C	10 cm	20 cm	mb	%	%	mm	1時間	10分間	mm	cm	cm	
1																	
2																	
半旬計																	
平均																	
3																	
4																	
5																	
6																	
7																	
半旬計																	
平均																	
8																	
9																	
10																	
旬計																	
平均																	
11																	
12																	
半旬計																	
平均																	
13																	
14																	
15																	
16																	
17																	
半旬計																	
平均																	
18																	
19																	
20																	
旬計																	
平均																	
21																	
22																	
半旬計																	
平均																	
23																	
24																	
25																	
26																	
27																	
半旬計																	
平均																	
28																	
29																	
30																	
31																	
旬計																	
平均																	
月計																	
平均																	

氣溫階級別日數					降水量階級別日數				積雪깊이의 日最大값階級別日數					暴風日數			
min <0°	max <0°	min ≧25°	max ≧25°		≧0.1	≧1.0	≧10.0	≧30.0		< 10	≧ 10	≧ 20	≧ 50	≧100	10.0~14.9	15.0~23.9	≧29.0	合計

표 19.2(b) 기상관서 등에서 이용하는 월원부의 양식

日平均 風速 (風程) m/s	日最大風速 16方位 m/s				日平均 雲量 (回)	日照時間 真太陽時	水平面 日射量 cal/cm²			記　事　摘　要		日
	10分間		瞬間									
	風速	風向	風速	風向								
												1
												2
												半旬計
												平均
												3
												4
												5
												6
												7
												半旬計
												平均
												8
												9
												10
												旬計
												平均
												11
												12
												半旬計
												平均
												13
												14
												15
												16
												17
												半旬計
												平均
												18
												19
												20
												旬計
												平均
												21
												22
												半旬計
												平均
												23
												24
												25
												26
												27
												半旬計
												平均
												28
												29
												30
												31
												旬計
												平均
												月計
												平均

| 天氣日數 | 晴 | 曇 | 雷電 | 快晴 | 曇天 | 不照 | | | | | 可照時間 | |
| | | | ≥0.1미만1.0 | <2.5 | ≥7.5 | | | | | | 日照率 % | |

⑨ 관측종목에 의해서는 약간의 결측이 있어도 통계값에는 거의 영향을 미치지 않는다. 예를 들면, 월평균기온이나 월평균습도 등은 한 달 사이에 며칠 정도의 결측이 있어도 평균값은 거의 변하지 않기 때문에 그대로 계산값을 구한다. 이 경우, 통계값의 신뢰도가 다른 것보다 작은 것을 나타내기 위해 숫자를 괄호로 묶는 것이 기상관서 등의 습관으로 되어 있다.

비가 많은 날의 결측은 월강수량 등에는 무시할 수 없는 오차가 들어가므로 합계값을 구하는 것은 적당하지 않다.

19.4 | 기상요소의 통계

생관측치(生觀測値, crude observational value, 생관측값)가 그대로 이용되는 일도 적지 않지만 월평균기온이나 월간의 강수량 등과 같이, 관측값을 적당히 집계한 것을 이용하는 경우가 대단히 많다. 이것을 비교적 넓게 사용되는 통계값에 대해서 요소별로 말해 보자. 이런 통계값의 대부분은 원부에서 계산할 수 있다.

비교해 보면 알 수 있지만, 관측요소 중에는 모집단이 정규분포로 되어 있지 않은 경우가 많다. 예를 들면, 일강수량은 음(−)이 되는 일은 있을 수 없고 계절에 의해서도 차이가 있지만, 무강수의 날짜수가 많고, 강수량의 증가에 따라서 일강수량의 평균값과 최댓값은 현저하게 다르다. 또 운량은 0에 가까운 경우와 10에 가까운 경우가 많다. 평균값에 가까운 운량은 오히려 드물게 밖에는 관측되지 않는다. 따라서 관측값을 정리·통계하는 경우에는 단순히 산술평균을 구하는 것만이 아니고, 되도록 도수분포를 쓰는 것이 필요하다.

19.4.1 기압

해면기압(海面氣壓)의 일평균·반순평균·순평균·월평균 등은 1일에 몇 회 관측한 값의 산술평균을 구하여 기온이나 습도와 같이 통계한다. 기상관서 등에서는 보통 4회 평균(3시, 6시, 9시, 12시)을 취하고 있다. 기압의 일변화를 알기 위해서는 기온과 같이 시간별 평균치를 한 달 계속 산출한다. 이때의 평균치는 해면기압보다도 보정기압에 대해서 구하는 쪽이 좋다.

이 외에, 태풍이나 저기압이 통과한 경우의 해면기압의 최젓값을 자기기압계와 자기온도계에 의해 구하고, 기록적인 최저치의 일람표를 만드는 일도 가능하다.

19.4.2 기온

일평균기온(日平均氣溫)은 매시의 기온을 산술평균한 것이 정확하지만, 3시간 간격이나 4시간 간격의 관측치를 평균한 값도 결과적으로는 큰 차이가 없다. 기상관서 등에서는 8회 평균(3시, 6시, 9시, 12시, 15시, 18시, 21시, 24시)을 취하는 것이 많다. 일최고기온과 일최저기온을 평균한 것을 일평균기온이라고 해도 좋지만, 매시평균과 비교해 보면 상당히 다른 경우가 많다.

일평균기온을 반순(5일)·순(10일)·월에 대해서 평균한 것을 반순평균기온·순평균기온·월평균기온이라고 한다.

일최고기온(日最高氣溫)과 **일최저기온**(日最低氣溫)은 밤중을 하루로 한 것과 9시를 하루로 한 것이 있다. 9시일 때는 전일의 9시부터 당일의 9시까지로 나타낸 최고기온을 전일 날짜의 최고기온으로, 최저기온은 당일 날짜로 하는 것이 보통이다. 이것은 최고기온은 낮에 나타나고 최저기온은 이른 아침에 나타나는 일이 많기 때문이다. 일최고기온의 월간 혹은 연간의 최곳값과, 일최저기온의 월간 혹은 연간의 최젓값을 기온의 극이라고 한다.

기온의 평균적인 일변화를 알기 위해서는 시각별 월평균기온이 필요하지만, 자기지를 활용해서 8회(3시, 6시, 9시, 12시, 15시, 18시, 21시, 24시)에 있어서의 월별의 평균치를 만들면 대체로 시각별 월평균치와 유사한 결과를 얻는다.

기온의 계급별 일수도 여러 가지로 이용된다. 계급별은 이용목적에 의해서 다르지만, 기상관서 등에서 통계로 하고 있는 것은 일평균기온이 25 C 이상과 0 C 미만의 일수, 일최고기온이 30 C 이상, 25 C 이상, 0 C 미만의 일수, 일최저기온이 25 C 이상, 0 C 미만의 일수 등이다.

19.4.3 상대습도·수증기압·노점온도

시별·일별·월별 평균 등은 기온과 같도록 해서 통계치를 구한다. 또 매일의 최소상대습도는 자기습도계의 기록에서 읽는다.

19.4.4 풍향과 풍속

바람의 풍속에 대해서는 보통 1일간의 모든 풍정(風程)에서 구한 평균을 **일평균풍속**(日平均風速)이라고 한다. 24회 또는 8회의 평균치를 일평균풍속으로 해도 큰 차이는 없다. 매일의 최대풍속이라는 것은 자기의 기록에서 임의의 10분간의 평균풍속의 최대치를 취한 것이 흔히 이용된다. 그러나 발전식의 순간풍속계의 기록이 있을 때는 그로부터 **최대순간풍속**(最大瞬間風速)을 구할 수가 있다. 어느 쪽의 경우도 최대풍속이 나타난 경우의 풍향을 자기에서 구해 병기해 놓아도 좋다.

최대풍속의 월별 계급별 도수를 구할 때에는 계급별로 해서 뷰포트 풍력계급(Beaufort 風力階級, 부록 7 참조)을 이용해도 좋다. 최대풍속이 10 m/s 이상 되는 날을 **폭풍일**(暴風日)이라 하고, 그 일수를 **폭풍일수**(暴風日數)라고 부른다.

풍향에 대해서는 방향별 관측도수를 구하는 경우가 많다. 또 어떤 시각에 관측한 바람을 동서성분과 남북성분으로 분해하여 각각의 성분을 합계평균해서 이것을 합성하면, 바람의 벡터적인 평균을 얻을 수 있다.

이 외에 최대풍속의 풍향별 계급별 도수 등을 구하는 경우도 있다.

19.4.5 운량

구름에 대해서는 매일 정시에 관측한 전운량(全雲量)을 평균한 것을 **일평균운량**(日平均雲量)이라고 한다. 기상관서 등의 통계에서는 3시, 9시, 15시, 21시의 4회 평균이나 9시, 15시, 21시의 3회 평균이 사용되고 있다. 반순평균운량, 순운량, 월평균운량은 일평균운량을 반순·순·월에 대해서 평균한 것이다.

일평균운량이 2.5 미만의 날을 맑음, 7.5 이상을 흐림이라 하고, 월별이나 연간에 대해서의 맑은날수와 흐린날수를 통계하는 일이 있다. 이것은 소위 일평균운량의 계급별일수이다. 이 경우, 상당량의 강수가 있는 날도 맑음일수의 계산에 넣는 경우도 있기 때문에 이용상 주의를 요한다.

19.4.6 강수량

매일의 강수총량(降水總量)을 일강수량(日降水量, daily amount of precipitation)이라고 한다. 여러 지점에서 관측한 일강수량을 비교하는 것은 일(日)을 규칙적으로 정하지 않으면 안 된다. 보통 전일의 9시부터 당일 9시까지의 강수량을 9시 일강수량(日降水量)이라고 한다. 그 날짜는 전일의 것으로 한다. 이 외에 24시일계의 강수량을 산출하는 일도 있다. 1일 1회의 관측이면, 그 관측값이 일강수량이 되지만 몇 회를 관측할 때는 그것을 합한 것이 일강수량이다.

일강수량을 반순·순·월·년에 걸쳐 합계한 것을 반순강수량, 순강수량, 월강수량, 연강수량으로 부른다.

어느 날에 있어서 임의의 1시간 혹은 10분간을 생각해서 그 강수량이 최대인 것을 **일최대 1시간 강수량** 혹은 **일최대 10분간 강수량**이라고 한다. 어느 쪽이나 자기우량계의 기록에서 읽어낸다. 일강수량과 같도록 9시를 일(日)로 하는 일이 많다. 임의의 1시간이 아니고 매시의 강수량안에서 일최대치를 구하는 경우도 있다.

일강수량을 계급별로 나눈 강수량 계급별 일수도 흔히 이용된다. 기상관서 등에서는 일강수량이 0.1 mm 이상, 1 mm 이상, 10 mm 이상, 30 mm 이상의 월별의 일수나 연간의 일수 등을 통계하고 있다.

19.4.7 적설

어떤 달, 혹은 겨울 한철 사이에 몇 cm 깊이의 적설이 며칠 관측되었는가를 나타내는 데는 적설의 계급별 관측도수를 구한다. 계급의 분류방법은 이용목적에 따라서 정하면 되지만, 기상관서 등에서는 10 cm 미만, 10 cm 이상, 20 cm 이상, 50 cm 이상, 100 cm 이상의 5계급으로 나누고 있다.

적설의 깊이를 매일 몇 회인가 관측할 때는 그중에 제일 깊은 것을 적설깊이의 **일최대치**라 하고, 최대치의 계급별도수를 통계하는 일도 있다.

3시간 간격, 6시간 간격, 혹은 날짜별로 새로운 적설의 깊이를 관측하고, 계급별의 도수나 일수를 산출하면, 제설계획의 기초자료 등에 도움이 된다.

19.4.8 시정

시정은 시간별·계급별의 관측도수 등이 중요한 통계요소이지만, 공장지대나 해안에서는 방향별 시정의 통계치도 중요하다.

19.4.9 일사량과 일조시간

매일의 전천일사량과 그 순합계·월합계·연합계 등이 기본적인 것이지만, 에플리일사계 등이 있을 때는 1시간마다 일사량을 읽어 시별의 평균치를 구할 수 있다.

일조시간은 대개 전천일사량과 같이 통계를 내지만, 일조시간 그것보다도 이것을 가조시간으로 나눈 일조율 쪽이 이용하기 쉬운 경우가 많다. 기상관서 등에서는 반순별과 월별의 일조율을 산출하고 있다. 일조가 전혀 없는 날, 혹은 일조가 약간 있어도 0.1시간 미만인 날을 **부조일**(不照日)이라고 한다.

19.4.10 대기현상

중요한 대기현상이 나타난 일수를 통계하고, 이것을 **천기일수**(天氣日數, **날씨일수**) 혹은 **현상일수**(現象日數)라고 부른다. 원래, 천기(날씨)일수에는 부조일수(不照日數)·쾌청일수(快晴日數)·담천일수(曇天日數)·폭풍일수(暴風日數) 도 포함하는 경우가 있다. 기상관서 등에서는 다음과 같은 기준에 따라서 현상일수를 계산하는 것으로 되어 있다.

① 눈일수 : 눈과 가루눈이 내린 일수로, 그 양이 적은 날도 넣는다.
② 안개일수 : 안개가 있는 일수로, 그 농도에는 관계없이 취한다. 지면안개뿐인 날이나 관측장소에는 없고 먼 쪽에 안개가 보인 날은 포함하지 않는다.
③ 뇌전일수(雷電日數) : 번개를 동반한 천둥이 있는 날수로, 주간이어서 번개가 보이지 않아도 천둥소리가 있다고 확실히 인정된(천둥소리의 강도 1 이상) 일수는 포함된다.

앞에서 말한 것처럼 평균을 취하는 방법이나 날짜를 세는 방법의 기준이 다르면, 통계한 값에 영향을 미치고, 통계치가 서로 비교가 가능하지 않을 때가 있다.

한 예를 들면, 평균을 취하는 방법에 따라 기온의 연평균치가 어느 정도 다른가를 표 19.3에 나타내었다. 지금부터라도 알 수 있도록 매 정시의 평균을, 가령 실제의 평균치로 하면, 9시의 관측치를 평균한 것과 하루의 최고기온과 하루의 최저기온의 평균으로 구한 값은 너무 높은 경향이 있다. 또, 6회 이상의 평균이 되면, 매 정시의 평균과 거의 차이가 없게 된다. 이 경우의 것은 월평균기온과 순평균기온에 대해서도 대개 적용된다. 결국, 평균기온을 구하는 것은 대개 1일에 6회 이상의 관측치가 필요하다.

표 19.3 **연평균기온의 차**

평균을 취하는 방법	A 지점	B 지점	C 지점
매일 1회(9시)	15.9	14.3	7.8
일최고, 일최저의 평균	16.1	14.2	6.5
3회 평균(6, 14, 22시)	15.6	13.8	6.3
6회 평균(2, 6, 10, 14, 18, 22시)	15.7	14.0	6.4
매 정시의 평균	15.7	14.0	6.5

이런 종류의 차이는 통계요소·장소·계절 등에 보다 차이가 있어서, 관측하거나 관측결과를 이용하는 경우에 충분히 주의할 필요가 있다.

Chapter 20

표와 그림의 작성방법

　원부와 계산용지를 이용해서 구한 관측치와 통계치를 조사·연구에 제공하기도 하고, 설명·발표하는 경우에는 정확한 표나 그림으로 고칠 필요가 있다. 이런 종류의 표나 그림의 형식은 이용목적에 의해 천차만별이지만, 어느 쪽으로 해도 관측결과를 정확하게 나타내고 이해하기 쉬운 형식을 고민하는 일이 중요하다. 여기에서는 종래부터 흔히 사용되고 있는 표(表, table), 그림(圖, figure, chart, graph)을 주로 설명하지만, 이 외에도 이용목적에 따라서 도표(圖表, nomogram, nomograph, 함수의 값이 변수의 값에 따라 변화는 것을 그림으로 그리어 놓은 것), 도해(圖解, diagram, 도형, 도식, 작도), 사진(寫眞, photograph), 화상(畵像, whasang), 영상(映像, yeongsang, image) 등도 있다.

20.1 | 표

　표(表, table)는 대기과학에서는 주로 관측에 관한 표로 관측표(觀測表, observational table)를 많이 사용하고 있다. 관측치를 일반적·다면적으로 이용하기 위해서는 행(세로) 혹은 열(가로)을 시각별·일별·반순별·순별·월별·연별 등으로 취하고, 다른 행 혹은 열에 관측요소명이나 통계치의 제목, 혹은 관측지점명 등을 취하는 것이 가장 보편적이다.

　이때, 기록될 요소명이나 제목뿐만 아니고, 기입값의 단위·자릿수·계급·일계(日界) 등을 나란히 써 놓으면 내용을 이해하기 편리하다.

　예를 들면, 기상관서 등의 관측치를 기상월보(氣象月報, monthly weather report, 표 20.1 참조)로 해서 발표하고 있는 형식과 지방에서 관측치를 월별로 집계해서 기상관서에서 일반에 배포하는 경우의 형식(지방월보)을 게재한다(표 20.2 참조). 또 표 20.3은 기상연보(氣象年報, annual meteorological report)의 한 예이다.

　관측표를 인쇄해서 일반에 배포하는 경우에는 단순히 표뿐만 아니고 관측방법이나 통계의 기준 등의 간단한 설명을 달면 이용자에 있어서 참고가 된다.

표 20.1 기상월보의 한 예인 월 요약자료(Monthly Meteorological Summary)

지점번호 Station No.	관측지점 Station	강수량 Precipitation 총량 Total (mm)	평년차 Departure (mm)	1일최다량 Greatest in a Day (mm)	나타난날 Date	일수 No. of Days 0.1mm	1.0mm	10.0mm	30.0mm	증발량 Evaporation (mm)	바람 Wind 평균풍속 Mean W.S (m/s)	최대 Max. 풍속 Speed (m/s)	풍향 Direction (16)	나타난날 Date	일기일수 No. of Days 맑음 Clear (<2.5)	흐림 Cloud (≥7.5)	부조 Sunless	안개 Fog	폭풍 Gale (≥13.9 m/s)	뇌전 Thunderstorm	눈 Snow	서리 Frost	얼음 Ice
090	속 초	167.6	+91.7	106.3	24	8	7	3	2		3.6	13.3	NW	28	7	11	5	0	0	1	0	0	0
095	철 원	81.2	-	25.2	18	9	6	3	0	158.0	2.0	9.2	NNE	24	9	8	4	2	0	0	0	0	0
098	동두천	113.4	-	41.5	3	10	7	3	1	131.3	1.9	10.3	N	27	12	7	5	7	0	3	0	0	0
100	대관령	250.4	+152.6	131.5	24	8	7	3	3		4.8	16.7	W	6	9	10	5	15	1	0	0	0	0
101	춘 천	103.8	+14.0	33.7	3	8	7	3	1	139.2	1.5	8.0	WSW	9	13	8	4	3	0	2	0	0	0
105	강 릉	211.0	+137.8	145.6	24	6	5	3	2	157.8	3.3	11.3	WSW	7	8	10	4	0	0	1	0	0	0
106	동 해	147.0	-	90.9	24	10	5	3	1		2.5	11.7	WNW	20	11	8	3	1	0	0	0	0	0
108	서 울	109.7	+17.7	44.5	3	9	8	3	2	146.7	2.2	8.7	SW	27	13	8	6	1	0	2	0	0	0
112	인 천	109.6	+26.9	49.5	3	10	7	3	2	122.8	2.4	11.3	WNW	19	14	6	5	9	0	2	0	0	0
114	원 주	104.0	+14.8	50.5	3	5	5	3	1		0.9	7.0	WSW	6	13	8	5	4	0	0	0	0	0
115	울릉도	239.7	+161.0	109.4	24	11	9	4	3	152.2	3.4	16.0	NE	24	11	5	3	6	1	1	0	0	0
119	수 원	121.3	+36.6	58.5	3	7	4	3	2	147.8	1.9	7.7	NW	19	15	8	6	3	0	1	0	0	0
121	영 월	98.7	-	43.3	3	8	6	3	1		1.5	9.3	N	20	12	7	3	8	0	2	0	0	0
129	서 산	178.8	+83.8	103.7	3	8	6	3	2		3.0	11.0	WNW	19	11	5	4	2	0	1	0	0	0
130	울 진	135.8	+73.9	60.8	24	11	9	3	1		4.0	12.8	N	24	12	8	3	1	0	0	0	0	0
131	청 주	102.4	+18.9	53.8	3	9	8	3	1	154.0	2.2	10.3	N	24	13	7	5	0	0	1	0	0	0
133	대 전	116.8	+21.4	71.7	3	8	8	2	1	153.1	1.9	9.0	ESE	17	14	6	6	1	0	0	0	0	0
135	추풍령	113.2	+31.4	51.8	3	8	8	2	1		2.5	11.2	W	20	16	7	6	1	0	0	0	0	0
136	안 동	146.1	+58.6	59.1	3	10	9	4	2	183.4	1.8	10.8	NNW	20	13	6	3	3	0	0	0	0	0
138	포 항	150.4	+79.1	50.5	3	8	7	4	2	184.1	3.1	9.0	W	19	13	7	3	1	0	0	0	0	0
140	군 산	106.5	+15.4	78.5	3	8	7	1	1		3.6	15.3	WSW	19	13	6	4	1	0	0	0	0	0
143	대 구	142.2	+67.0	78.3	3	8	7	4	1		2.9	10.0	SW	20	15	5	4	0	0	1	0	0	0
146	전 주	93.5	-3.7	60.7	3	8	7	2	1		1.9	7.2	W	24	14	6	3	2	0	0	0	0	0
152	울 산	157.1	+59.3	48.6	3	10	7	4	2		2.3	10.7	SW	20	14	4	4	0	0	1	0	0	0
155	마 산	207.0	+91.6	64.3	3	8	7	5	3		2.4	14.0	NW	19	16	4	3	0	1	0	0	0	0
156	광 주	106.9	+5.5	54.7	3	8	6	4	1		2.2	10.3	SW	20	14	5	4	2	0	0	0	0	0
159	부 산	187.6	+39.7	54.0	4	9	7	5	3	144.3	3.8	12.8	SW	20	13	4	2	2	0	0	0	0	0
162	동 래	165.5	+16.7	45.1	3	8	7	5	3		2.5	13.0	SSE	4	13	5	3	0	0	0	0	0	0
164	무 안	136.7	-	69.0	3	8	6	3	1		3.2	11.8	S	4	12	7	5	5	0	0	0	0	0
165	목 포	116.0	+26.7	50.6	3	8	7	4	1	162.2	3.7	10.7	SE	18	17	5	3	5	0	0	0	0	0
168	여 수	161.1	+14.8	55.1	3	8	7	6	2	165.2	3.9	14.8	NNE	4	13	5	3	1	1	0	0	0	0
169	흑산도	130.6	-	67.8	3	5	5	5	1		4.3	17.7	N	4	11	6	5	11	4	0	0	0	0
170	완 도	163.5	+22.1	49.5	3	8	7	5	2		4.1	15.3	NW	19	12	7	5	1	3	0	0	0	0
184	제 주	79.0	-9.8	26.1	3	8	6	4	0	160.8	2.9	9.7	ESE	18	8	7	3	3	0	0	0	0	0
185	제주고	117.1	-	60.3	3	6	6	4	1		6.3	19.3	NNW	19	9	8	4	3	0	0	0	0	0
189	서귀포	292.0	+86.1	118.0	3	9	7	5	4	124.8	2.6	9.7	W	19	10	7	3	1	0	0	0	0	0
192	진 주	174.2	+41.3	64.7	3	8	7	6	2	148.7	1.8	8.8	SW	20	13	5	4	14	0	0	0	0	0
201	강 화	93.5	+3.8	36.0	18	7	6	3	2		2.2	8.9	NNE	24	13	8	4	5	0	1	0	0	0
202	양 평	110.5	+18.8	48.0	3	7	5	3	2		1.2	10.3	SW	20	15	7	5	3	0	0	0	0	0
203	이 천	124.0	+30.5	52.0	3	4	4	3	2		1.5	8.6	NNE	18	13	8	6	5	0	0	0	0	0
211	인 제	75.1	-10.1	21.5	18	10	7	3	0		1.9	10.6	S	8	11	5	7	2	0	0	0	0	0
212	홍 천	113.5	+25.5	43.0	3	8	7	3	2		0.9	9.3	W	20	9	9	5	12	0	2	0	0	0
216	태 백	115.5	+43.3	40.0	24	10	10	3	2		1.9	12.4	WSW	20	11	8	3	0	0	0	0	0	0
221	제 천	104.0	+11.4	47.5	3	7	4	3	1		1.7	8.6	W	19	14	7	5	2	0	0	0	0	0
223	충 주	103.2	+17.6	40.5	3	8	6	3	1		1.8	10.9	WNW	20	15	6	4	4	0	1	0	0	0
226	보 은	108.0	+18.6	58.0	3	9	9	3	1		1.5	8.4	W	7	15	7	4	4	0	0	0	0	0
232	천 안	121.5	+38.6	73.5	3	8	6	3	1	173.0	2.0	10.6	WSW	19	15	7	7	1	0	0	0	0	0
235	보 령	124.5	+34.2	83.0	3	7	6	3	1		2.0	9.8	NNW	24	11	6	4	2	0	0	0	0	0
236	부 여	127.5	+29.7	87.5	3	8	7	3	1		1.4	8.6	SW	20	15	6	4	6	0	0	0	0	0
238	금 산	117.5	+31.2	74.0	3	8	8	2	1		1.3	10.7	SW	7	16	7	7	6	0	0	0	0	0
243	부 안	95.0	+1.6	66.5	3	8	7	1	1		1.9	10.0	NE	3	14	6	4	2	0	0	0	0	0
244	임 실	98.5	+8.2	58.0	3	7	6	3	1		1.6	10.3	W	20	11	6	5	9	0	0	0	0	0
245	정 읍	112.0	+25.5	76.5	3	8	7	2	1		1.7	9.8	WNW	20	15	6	4	0	0	0	0	0	0
247	남 원	130.5	+33.7	78.5	3	8	8	3	1	154.1	1.3	9.5	ESE	18	13	5	3	4	0	1	0	0	0
248	장 수	124.5	-	62.5	3	8	7	2	2		1.9	11.1	WSW	20	16	6	5	4	0	0	0	1	0
256	순 천	124.0	+2.7	69.5	3	8	6	4	1		1.0	7.2	WNW	24	12	5	4	10	0	0	0	0	0
260	장 흥	117.5	-27.1	47.0	3	8	7	3	1	136.3	2.1	11.7	N	19	14	5	5	3	0	0	0	0	0
261	해 남	99.5	-20.9	33.5	3	7	6	3	1		2.6	13.7	WNW	19	13	5	5	0	0	0	0	0	0
262	고 흥	157.0	-10.4	56.5	3	7	7	5	2		1.9	9.4	N	19	13	5	5	0	0	0	0	0	0
265	성산포	131.0	-20.3	35.5	18	6	6	4	2		2.6	12.8	NNW	24	10	7	4	1	0	0	0	0	0
271	춘 양	93.5	-	34.5	3	8	7	3	1		1.4	6.1	NE	5	15	6	3	4	0	0	0	0	0
272	영 주	176.5	+88.1	54.0	24	9	9	4	3		2.5	14.2	W	19	16	5	3	1	1	2	0	0	0
273	문 경	131.7	+38.0	38.5	24	10	9	3	3		1.7	11.1	WNW	9	15	5	3	0	0	1	0	0	0
277	영 덕	134.0	+71.1	48.5	24	9	8	4	2		2.9	13.6	NNE	5	14	6	3	0	0	0	0	0	0
278	의 성	115.0	+47.2	54.5	3	10	9	4	1		1.3	10.9	W	20	15	7	3	4	0	2	0	0	0
279	구 미	125.5	+62.3	65.0	3	7	7	2	2		1.7	10.2	W	19	18	6	4	0	0	0	0	0	0
281	영 천	141.0	+68.7	67.5	3	8	7	4	2		2.0	11.1	WNW	20	10	7	4	0	0	0	0	0	0
284	거 창	115.0	+29.2	54.5	3	9	8	3	1		1.4	11.3	N	19	18	4	3	2	0	1	0	0	0
285	합 천	124.5	+32.1	58.5	3	8	8	4	1		1.6	8.8	W	20	11	5	3	6	0	1	0	0	0
288	밀 양	151.0	+52.8	56.5	3	9	8	4	1		1.6	8.0	NW	19	12	5	3	3	0	1	0	0	0
289	산 청	112.5	+19.5	41.5	3	7	7	5	1		1.5	9.0	W	19	15	6	3	4	0	0	0	0	0
294	거 제	235.0	+39.8	68.0	3	8	8	6	4		1.8	8.3	SSW	7	14	5	3	0	0	0	0	0	0
295	남 해	251.5	+73.4	115.5	3	8	7	6	2		1.5	10.2	WNW	19	12	5	5	0	0	0	0	0	0

표 20.2 지방월보의 한 예

1986년 4월 · 종부지방

지점	순별	기온(C) 평균	최고	일	최저	일	강수량(mm) 합계	일최대	일	최다풍향	일기·일수 맑음	개임	흐림	폭풍	적설(cm) 최심	일
서울	상순	10.2	22.0	9	1.6	7	0.5	0.5	10	W	3	5	2			
	중순	11.4	24.3	19	2.3	12	0.1	0.1	20	W	6	4				
	하순	14.2	24.2	30	5.0	21	20.0	13.5	26	W	1	4	5			
	월	11.9	24.3	19	1.6	7	20.6	13.5	26	W	10	13	7			
인천	상순	8.8	20.7	9	3.2	7	1.4	1.4	15	SE	4	4	2			
	중순	10.2	20.5	19	3.2	16				WNW	5	5				
	하순	12.7	21.1	29	5.1	21	7.7	5.2	26	WSW	2	4	4	1		
	월	10.6	21.1	29	3.2	7.16	9.1	5.2	26	WSW	11	13	6	1		
수원	상순	9.1	20.5	9	-0.7	7	0.2	0.2	10	W	4	4	2			
	중순	10.7	24.7	19	-0.3	12	1.6	1.5	15	WNW	6	4				
	하순	13.2	22.8	30	2.0	21	43.8	35.0	26	WNW		6	4			
	월	11.0	24.7	19	-0.7	7	45.6	35.0	26	WNW	10	14	6			
서산	상순	8.9	20.1	9	-2.7	7	0.0	0.0	9	S	4	4	2			
	중순	10.1	21.8	19	-1.9	12	8.4	5.1	15	WNW	5	5				
	하순	12.6	22.6	29	0.8	21	38.5	34.3	26	NNE	2	3	5			
	월	10.5	22.6	29	-2.7	7	46.9	34.5	26	S	10	13	7			
청주	상순	10.3	20.6	8	-2.3	7	0.2	0.2	10	S	3	5	2			
	중순	11.4	27.0	19	-1.7	12	7.7	1.9	15	WNW	6	4				
	하순	14.9	26.0	30	1.8	21	20.8	15.5	26	NNE	1	4	5			
	월	12.2	27.0	19	-2.3	7	28.7	15.5	26	S	10	13	7			
전주	상순	10.9	21.0	8	-1.0	7	1.0	0.5	9,10	WSW	5	2	3			
	중순	11.8	26.0	19	-0.6	12	14.0	10.4	15	WSW	5	5				
	하순	15.7	26.8	24	4.0	21	19.5	14.2	26	WSW	3	2	5			
	월	12.8	26.8	24	-1.0	7	34.5	14.2	26	WSW	13	9	8			
충주	상순	10.5	20.1	8	-0.9	1	1.6	1.6	10	W	5	2	3			
	중순	11.7	24.4	19	-0.5	12	20.5	14.0	15	W	4	6				
	하순	14.5	27.0	24	3.4	21	14.6	12.0	26	W	2	4	4			
	월	12.2	27.0	24	-0.9	1	36.7	14.0	15	W	11	12	7			

표 20.3 기상연보의 한 예인 기상적요표(Annual Meteorological Date)

지점번호 Station No.	관측지점 Station	평균상대습도 Mean Rel.Hum. (%)	총증발량 Annual Total Evaporation (0.1mm)	Duration of Sunshine (0.1hr) 총시간 Annual Total	평년치 Dep.form normal	백분 Mean Rate(0.1%)	일수 No.of days 80%<	<20%	무조 Sunless	비람 Wind 평균풍 Mean Speed	평년치 Dep.form normal	폭 일수 No.of days .Gale	최다풍향 Most Freq. Dir.	맑음 Clear	흐림 Cloudy	뇌선 Thunderstorm	안개 Fog	서리 Frost	결빙 Freezing	적설 Snow Cover
090	속초	69	-	19200	-2907	431	75	121	74	29	-3	5	NW	87	144	13	20	23	84	29
095	철원	71	11405	21979	-	494	79	79	43	18	-	1	SW	81	122	23	58	134	133	34
100	대관령	77	2090	19220	-4862	432	99	126	73	42	+7	26	W	79	150	8	151	64	146	115
101	춘천	77	10056	20742	-1142	466	71	91	55	13	-3	0	N	73	112	23	59	103	127	24
105	강릉	66	10569	20293	-1300	456	97	116	64	29	+2	3	SW	93	136	12	11	18	79	37
106	동해	69	-	19603	-	440	73	117	76	24	-	1	SW	99	126	8	19	19	81	18
108	서울	65	10839	20802	-276	467	62	92	44	22	-2	1	ENE	103	97	26	14	91	107	17
112	인천	71	10793	23267	+114	523	82	76	39	23	-14	11	NNE	109	84	17	58	47	100	19
114	원주	75	-	17680	-9109	397	27	121	53	10	-2	0	WSW	82	126	17	40	107	125	26
115	울릉도	79	10932	17299	-492	389	45	137	83	34	-10	10	NE	51	159	2	59	11	58	28
119	수원	70	11023	20844	-2119	468	44	92	46	19	+3	0	N	95	101	17	58	79	108	20
121	영월	72	-	20176	-	453	65	93	50	14	-	0	E	75	130	18	90	122	127	26
129	서산	75	-	20429	-1871	459	63	95	50	26	+3	8	NE	86	122	25	33	87	115	28
130	울진	71	-	21815	-3662	490	116	105	51	39	+3	2	WNW	95	128	8	10	18	73	10
131	청주	71	10907	22064	-67	496	81	79	40	20	+1	0	WNW	84	109	19	40	101	108	29
133	대전	71	9984	20514	-1350	461	68	97	45	16	-1	0	WNW	86	113	30	27	78	102	22
135	추풍령	70	-	18635	-3871	419	67	125	65	21	-9	0	W	75	135	18	29	61	112	29
136	안동	68	11713	19884	-2335	447	67	103	45	16	-2	0	E	61	125	12	79	103	114	16
138	포항	64	11242	20300	-1678	456	84	111	62	30	-1	0	SW	96	125	9	1	7	50	5
140	군산	75	-	18524	-3361	416	55	115	72	33	-8	13	ENE	77	112	23	65	43	82	21
143	대구	62	-	20233	-3140	455	88	105	62	26	-5	0	W	85	119	14	3	34	70	9
146	전주	72	-	18810	-2125	423	52	119	64	18	+6	0	S	94	120	29	46	72	83	17
152	울산	69	-	17412	-5501	391	51	132	84	23	-2	2	NW	100	112	13	4	30	68	4
155	마산	69	-	19219	-2088	432	40	111	81	23	0	0	NNE	112	115	14	1	15	49	3
156	광주	71	-	21140	-1434	475	76	90	53	22	-1	3	NNE	78	100	24	30	67	91	16
159	부산	67	11166	22229	-954	500	118	99	55	38	-5	10	NE	97	121	18	20	2	40	1
162	통영	66	-	20871	-1191	469	80	101	62	27	+2	2	NNW	107	116	14	16	56	67	1
164	무안	68	940	17164	-	386	41	133	87	30	-	2	N	82	112	12	38	31	55	12
165	목포	68	11637	21206	+112	477	83	91	58	40	-3	19	N	71	114	11	31	19	48	11
168	여수	69	13640	21636	-2661	487	87	99	58	43	+3	27	ENE	110	111	15	30	13	41	0
169	흑산도	77	-	18540	-	417	62	127	61	61	-	96	N	67	128	15	90	3	15	4
170	완도	73	-	15719	-7157	354	64	142	86	39	+13	29	ESE	81	122	15	22	20	45	5
184	제주	75	11813	18074	-1281	407	46	133	74	32	-9	5	NNE	42	152	13	20	3	6	4
185	고산	81	-	20359	-	458	86	114	56	71	-	78	N	41	145	14	38	0	3	2
189	서귀포	71	10922	19236	-1452	433	64	119	54	31	-3	1	N	53	123	10	27	0	9	2
192	진주	72	10823	20658	-1969	465	64	99	58	18	+1	0	N	94	133	20	83	94	101	9
201	강화	66	-	20670	-5304	464	73	98	69	17	+2	0	WSW	112	88	18	56	83	126	18
202	양평	74	-	19537	-5328	439	50	101	55	10	-3	0	WNW	76	121	19	79	112	122	26
203	이천	69	-	19562	-8228	440	57	93	52	11	+1	0	NE	88	95	22	66	106	129	26
211	인제	69	-	18111	-5805	407	27	117	85	17	-3	0	S	87	109	16	27	103	125	32
212	홍천	61	-	19195	-5529	431	24	89	56	9	+1	0	ENE	79	121	17	99	125	130	24
216	태백	68	-	19359	-383	435	59	111	65	17	0	0	SW	87	138	7	45	50	147	71
221	제천	70	-	18869	-3278	424	48	106	57	13	-1	0	ENE	71	127	19	59	120	137	36
223	충주	67	-	19902	-5155	447	61	96	49	14	+4	0	W	69	118	10	95	110	125	23
226	보은	67	-	21084	-3887	474	82	93	50	11	-2	0	N	76	124	20	61	119	129	33
232	천안	68	11817	19942	-7155	448	51	96	54	16	+1	1	WNW	72	123	9	37	113	125	27
235	보령	72	-	21727	-4103	488	88	96	52	19	-1	0	NE	76	132	17	26	89	98	23
236	부여	73	-	19208	-10734	432	43	98	58	11	-2	0	NNE	82	113	29	77	133	117	22
238	금산	73	-	20053	-4299	451	64	108	57	11	-2	0	W	82	117	24	107	97	127	27
243	부안	75	-	19615	-7637	441	54	98	60	15	-3	0	WNW	67	131	15	49	89	100	24
244	임실	76	-	17788	-7898	400	37	119	83	12	+1	0	SW	60	141	26	87	120	133	32
245	정읍	74	-	17922	-7009	403	49	121	63	12	+1	0	NE	75	123	20	23	76	107	20
247	남원	71	10841	18694	-3394	420	54	108	61	11	0	0	N	76	124	27	66	119	117	19
248	장수	75	-	18522	-	416	54	117	57	15	-	0	N	61	130	20	82	109	136	30
256	순천	65	-	18411	-2135	414	43	106	66	10	-3	0	N	45	154	10	94	94	110	7
260	장흥	69	9979	19115	-1760	430	57	105	68	21	+4	1	NW	75	125	17	52	88	101	5
261	해남	68	-	19127	-5835	430	62	103	69	25	+6	2	E	80	134	12	36	73	88	6
262	고흥	66	-	20358	-6795	458	70	98	68	16	+2	0	NW	105	109	9	31	85	95	2
265	성산포	74	-	18251	-4055	411	65	128	78	30	0	1	NNW	46	160	15	23	9	20	5
271	춘양	65	-	18640	-	419	56	114	62	12	-	0	NNW	81	116	7	49	114	139	21
272	영주	65	-	19889	-8222	447	90	105	52	23	+5	10	WNW	91	130	14	21	75	118	22
273	문경	65	-	20702	-5985	465	101	111	68	14	-1	0	WNW	100	112	14	37	82	108	23
277	영덕	68	-	20999	-7358	472	91	105	62	25	+4	1	S	96	133	11	4	32	81	7
278	의성	64	-	19347	-5063	435	61	109	55	9	-2	0	WNW	77	129	11	61	124	128	12
279	구미	63	-	20814	-2785	468	56	103	50	11	-9	0	WNW	90	136	11	20	92	120	14
281	영천	68	-	19416	-4241	437	50	116	69	18	+2	0	E	82	118	15	48	90	125	10
284	거창	70	-	20355	-5476	458	78	104	59	10	-4	0	N	94	115	20	62	102	122	18
285	합천	65	-	18969	-7321	426	45	113	65	10	-2	0	SSW	66	139	23	99	107	107	10
288	밀양	70	-	20450	-4742	460	90	102	65	13	-2	0	N	77	130	22	30	104	104	7
289	산청	65	-	19149	-4714	431	36	112	65	15	+2	0	NNW	82	122	19	59	80	106	14
294	거제	65	-	19890	-6444	447	63	106	79	14	-6	0	E	96	139	12	17	61	83	0
295	남해	66	-	22205	-3901	499	116	93	74	16	-2	0	WSW	99	124	13	8	50	78	1

20.2 │그 림

20.2.1 변화도

변화도(變化圖, variation diagram)란, 어떤 현상이 시간이 경과해 가면서 변화해 가는 과정을 시각적으로 볼 수 있도록 그림으로 나타낸 것이다. 예를 들면, 하루 중의 천기(天氣, 날씨, weather, 일기)의 변화나 월별의 날씨변화 등을 나타내기 위하여 시각과 날짜순에 따라서 기온과 풍향·풍속 등을 나타내는 그림이 흔히 이용되고 있다. 보통은 가로축에 시각과 날짜를 잡고, 세로축에 기온과 기압 등의 눈금을 잡는 그림을 만들지만, 시각순으로 천기도로 기입하는 형식으로 관측결과를 나열해서 기입한 작용순서표(作用順序表, sequence table)라고 불리는 것도 변화도의 일종으로 쓰이고 있다.

변화도를 만드는 경우에는 다음 같은 점에 주의한다.

① 시각과 월일은 왼쪽에서 오른쪽으로 잡는 것이 보통이지만, 천기(날씨)의 변화는 서에서 동으로 이동하는 일이 많기 때문에 천기도[天氣圖, weather map(chart)]와의 관련을 조사할 경우에는 오른쪽에서 왼쪽으로 잡는 쪽이 편리하다.

② 세로축에 잡는 기온이나 기압 등의 눈금은 말할 필요도 없이 최대치와 최소치에서 그림이 뾰쪽하게 나오지 않게, 다소의 여백이 있도록 눈금을 매기면 보기 쉽다.

③ 기압·기온·습도·풍속 등 연속적으로 변화하는 요소는 기입한 점을 직선으로 연결하여, 꺾은 선그래프로 하지만, 강수량이나 일사량 등 일량이나 시간량으로 나타내는 것은 막대그래프(histogram)로 나타내는 것이 합리적이다.

　기온이나 기압 등의 세부적인 변화까지 나타낼 때에는 먼저 매시의 값을 기입하고, 그 사이의 변화는 자기의 기록을 참조해 가면서 자유묘사로 곡선적으로 그린다.

④ 풍향은 작은 화살로 기입하는 것이 알기 쉽다. 천기도의 기입형식과 같이 화살깃으로 풍향·풍속을 나타내도 좋다.

⑤ 운량은 꺾은선그래프를 이용해도 좋지만, 천기도상의 기호를 사용하여 나타내는 일도 있다. 운형은 영문부호 또는 국제식 C_L, C_M, C_H의 기호로 넣는다. 천기는 천기기호를 그대로 기입하면 된다.

⑥ 날짜별의 최고기온·최저기온은 각각의 꺾은선으로 연결하는 쪽이 알기 쉽다. 최고기온과 최저기온을 동일한 절선으로 순서대로 연결하면, 너무 지그재그가 되어 보기 흉하다.

⑦ 기온의 하루하루의 경과 등을 표시하는 데는 우선 매일의 평균치를 기입하고, 다음에 같은 눈금을 이용해 매일의 평균기온을 기입하고, 평년보다 높은 곳과 낮은 곳을 색깔별로 칠해서 나누면 알기 쉽다. 강수량이나 일조시간 등은 평년과의 비교를 알 수 있도록 평년의 값과 그 해의 값을 각각 적산곡선으로 나타내는 경우도 있다.

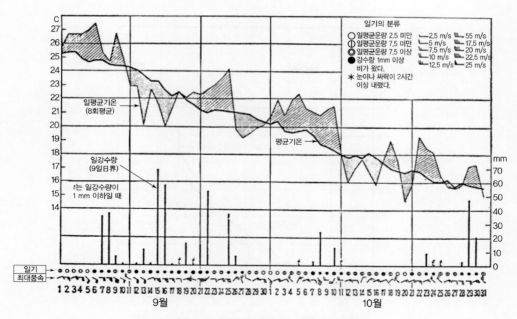

그림 20.1 날짜별 천기(날씨)변화도의 예

　　그림 20.1은 매일의 날씨의 개략을 2 개월간에 걸쳐 나타낸 변화도의 예이다. 기온은 하루 평균기온과 그 평년치를 넣고, 평년에 비교해서 높고 낮음을 한눈으로 알 수 있도록 했다. 하루강수량은 막대그래프로, 날씨는 하루평균운량과 강수량의 조합을 간단히 분류한 기호로, 바람은 하루 최대풍속과 그 풍향을 일기도 기입형식에 따라 기입하고 있다.

　　그림 20.2는 매시관측의 결과를 변화도로 한 것인데, 기온·습도·풍속은 꺾은선그래프로, 풍향은 화살표로, 시정은 막대그래프로 표시했다.

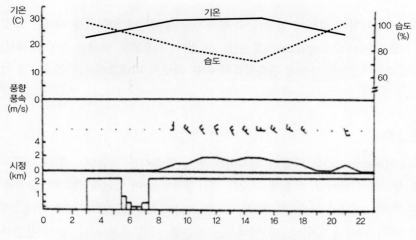

그림 20.2 시간별 천기(날씨)변화의 한 예(소선섭·손미연, 1991년)

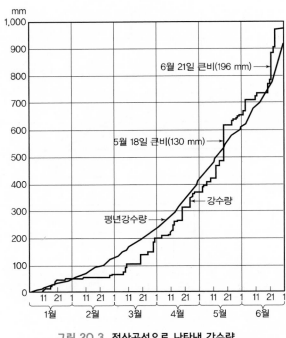

그림 20.3 적산곡선으로 나타낸 강수량

그림 20.3은 비교적 오랜 기간에 걸쳐 강수량의 상황을 평년과 비교하기 쉽도록 나타낸 것인데, 평년치도, 날짜별의 강수량도 적산곡선을 이용한다. 이것을 보면 2월부터 3월 상순에 걸쳐서 작은 비 때문에 5월 중순의 큰비가 있을 때까지 강수량은 평년을 밑돌고 있는 것을 잘 알 수 있다.

20.2.2 기후도

수년 혹은 그 이상에 걸쳐서 긴 기간의 관측치나 통계치가 얻어졌을 때에는 그것을 이용하여 기후도[氣候圖, climatic map(chart)]를 만들 수 있다. 기후도의 상세한 것에 대해서는 다른 기후학서를 참조해야 하지만, 다음에 관측결과의 이용 예로서 막대그래프와 풍배도를 만드는 방법을 기술한다.

(1) 막대그래프

막대그래프(histogram)를 만들기 위해서는 먼저 관측치를 계급별로 한다. 계급의 수는 보통 10~20개 정도가 적당하다. 다음에 각각의 계급범위에 들어 있는 관측치의 도수의 합계를 구하고, 이것을 막대그래프로 한다. 표 20.4는 그림 20.4의 도수분포표에 대한 막대그래프를 만드는 방법의 한 예를 나타낸 것이다. 이 예에서는 도수를 세기 위해서 '正'을 이용했다.

표 20.4 도수분포표(소선섭, 1996, 대기·지구통계학, p.4)

계급(mm)	도수계산	도수(연)	계급중치(mm)
700~ 800	T	2	750
800~ 900	正 一	6	850
900~1,000	止	4	950
1,000~1,100	正正正	15	1,050
1,100~1,200	正正	10	1,150
1,200~1,300	正正T	12	1,250
1,300~1,400	正正T	12	1,350
1,400~1,500	正T	7	1,450
1,500~1,600	正正	10	1,550
1,600~1,700	T	2	1,650
계		80	

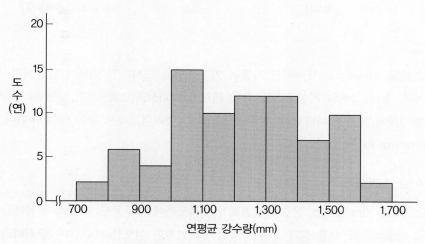

그림 20.4 표 20.4에 대한 막대그래프

소선섭, 1996, 대기·지구통계학, p.12

(2) 풍배도

풍배도(風配圖, wind rose, 바람장미)를 만드는 방법에는 여러 가지가 있다. 그림 20.5에 나타 낸 것은 16방위로 나누어서 관측한 연간의 풍향의 도수에서 방향별의 %을 구하고 이것을 선분 의 길이로 나타내고 있다. 예를 들면, 북서의 바람은 연간 12 %이고, 남서의 바람은 3 %이다.

풍향뿐만 아니고 풍속도 함께 나타내기 위해서는 그림 20.6과 같은 풍배도가 좋다. 이 예에서 는 먼저 관측한 풍속을 뷰포트에서 0, 1~3, 4~6, 7 이상의 4등분으로 나누고, 각각에 대한 풍향 의 도수를 세어, 이것을 %로 고친다. 예를 들면, 남서풍의 바람은 풍력 1~3이 6 %, 4~6이 10 %, 7 이상이 1 %이다. 중앙의 원 안에는 풍력 0의 %을 기입한다.

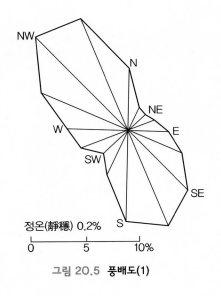

그림 20.5 풍배도(1)

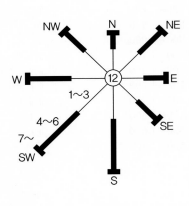

그림 20.6 풍배도(2)

(3) 기후도

기후도(氣候圖, climagram)는 어떤 지점의 기후특성을 표시하기 위해서 만들어진 선도(線圖, diagram)이다. 통상, 2종의 기상요소를 각각 세로축과 가로축으로 잡고, 월평균치를 찍은 점을 연결해서 연변화의 특성을 나타낸다. 클라이모그래프, 하이더그래프 등이 이에 속한다. 클리모그래프(climogram)라고도 한다.

(4) 클라이모그래프

클라이모그래프[climograph, 온습도(溫濕圖)]는 세로축에 습구온도, 가로축에 상대습도를 취한 직교좌표로, 매월의 평균치를 월의 순서로 직선으로 연결한 선도를 가리킨다. 클리마그램의 일종이며, 넓은 의미로는 클리마그램과 동의어로 사용되는 일이 있다. 클리모그래프, 온습도(溫濕圖)라고도 한다. 습구온도는 체감온도와, 상대습도는 체감의 건습 정도와 관계가 있는 것으로부터 체감기후를 표현하는 데에 적당하다.

고안자인 테일러(G. Taylor)는 호주의 백인거주의 적합지를 선정하기 위한 자료로 사용했다. 테일러는 클라이모그래프에서 고온다습을 muggy, 고온건조를 scorching, 저온다습을 raw, 저온건조를 keen이라고 불렀다. 클라이모그래프에서는 월별의 체감기후나 그의 계절추이를 용이하게 파악할 수 있고, 또 각지의 기후특징을 알아내는 데에 유효하지만, 습구온도의 관측치를 구하기 어려웠다. 그렇기 때문에 테일러는 세로축을 기온(건구온도), 가로축을 습도로 놓고, 이들의 월평균치를 순차직선으로 연결한 선도를 대신 사용하고 있다. 그림 20.7은 이의 한 예이다.

이것으로부터 위에서 언급한 특성

- 고온다습(高溫多濕, muggy) ; 오른쪽 위 부분
- 고온건조(高溫乾燥, scorching) ; 왼쪽 위 부분

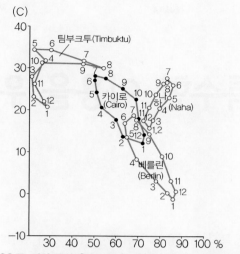

그림 20.7 여러 곳의 온습도의 한 예(金光植 외, 1973년에서)

- 저온다습(低溫多濕, raw) ; 오른쪽 아래 부분
- 저온건조(低溫乾燥, keen) ; 왼쪽 아래 부분을 논할 수가 있다.

세로축을 기온(건구온도), 가로축을 강수량으로 놓고, 이들의 월평균치를 순차직선으로 연결한 선도를 고안했다. 이것도 클라이모그래프로 부르는 일이 있지만, 기온과 강수량을 조합한 것은 하이더그래프라고 부르고 있다.

(5) 하이더그래프

하이더그래프[hythergraph, 우온도(雨溫圖)]는 세로축을 기온, 가로축을 강수량으로 놓고, 찍힌 매월의 점을 순번대로 연결한 선도이다. 그 위치나 형상에서 기후특성을 읽어 들일 수 있다. 이것을 클라이모그래프라고 부르는 일도 있다. 그림 20.8은 하이더그래프의 한 예이다.

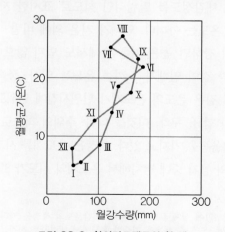

그림 20.8 하이더그래프의 한 예

1961~1990년까지 30년간 동경의 평균치, 그림 중의 로마숫자는 월을 표시한다.

Chapter 21 특수한 이용을 위한 정리법

대기과학에서는 특수한 목적에 이용하기 위해서 여러 가지 방법이 실시되고 있다. 여기서는 그들 중 몇 개를 소개하도록 하겠다.

21.1 | 체감온도의 표현법

체감온도(體感溫度, sensory temperature)는 사람이 느끼는 더위 – 추위의 온도감각을 가리키기 위한 온열지표(溫熱指標)이다. 단순히 피부온도와 기온과의 차만이 아니고, 기온 외에도 습도, 풍속, 일사 등이 관계한다. 이 온도감각을 객관적으로 나타내기 위해서 많은 연구가 있었다. 이것을 크게 구별하면 습구온도계, 카타온도계(kata 溫度計)[17], 후리고리미터 등의 측기를 이용해서 직접 수치를 측정하는 방법과 기온, 습도, 풍속 등의 대기(기상)요소의 관측치를 조합한 시수에 의해 표현하는 방법으로 나눌 수 있다.

원래 온열지표는 기온·습도·기류·주위의 방사열 등 4온열요소 중 둘 이상의 요소의 종합에 의한 인체의 더위와 추위의 체감정도를 일원적인 척도로 표시한 지수이므로, 온도가 얼마라고 하는 것이 바로 환경공기의 온도는 아니다. 인체가 기온 외에 바람·방사열·습도 등의 영향으로 실제로 느끼는 온도. 바람이 강하면 높은 기온 속에서도 덥지 않으며, 습도가 높으면 실제기온보다 더 덥게 느껴지는 것과 같이 인체가 느끼는 온도는 일사·풍속·습도에 의하여 변화한다.

카타온도계는 체온과 거의 같은 온도의 온도계가 단위시간에 단위표면적에서 대기 중으로 방출하는 열량(이것을 냉각률이라 함)을 구해, 이것을 더위·추위의 척도로 하기 위한 온도계이다. 통상의 온도계와 비교해, 큰 알코올통을 가지고 있다. 측정은 온도계를 사전에 37.5 C(100 F) 이상으로 데워 놓고, 그늘의 측정장소의 공기 중에 방치해서 온도계의 시도가 37.5 C에서 35 C(95 F)까지 내

---

17) 카타온도계(kata 溫度計) : 인간생활에 실제로 영향을 주는 체감온도의 측정은 카타온도계(kata 溫度計)로 한다. 이것은 일종의 알코올온도계로 38 C에서 35 C, 즉 체온을 기준한 온도까지 내려가는 시간을 재어서 한서(寒暑)의 정도를 나타낸다. 빼앗기는 열의 양이 그때의 기온·습도·풍속으로 결정되므로 시간이 길수록 그만큼 더워지는 것을 알 수 있고 대체적으로 체감온도의 표준도 알 수 있다.

려가는 초를 초시계로 잰다. 온도계의 구부의 단위표면적에서의 1초마다의 방사량을 카타율(F)이 온도계의 등에 새겨져 있으므로 F/t(냉각강도)를 구해, 이것을 체감과 관련짓는다. 후리고리미터는 이것의 한 예로, 구리로 만든 구체의 표면온도를 전기가열에 의해 일정하게 유지되도록 설계된 장치로, 소비전기량으로 체감을 나타낸다.

21.1.1 풍냉력

Siple & Passel(1945)에 의한 것으로, 바람에 의해 잃어버리는 열에너지량의 냉각력을 풍냉력(風冷力, windchill index)으로 표현한다.

$$풍냉력 = \left(\sqrt{100 \times V} - V + 10.5 \right) \times (33 - T) \ (\text{kcal} \cdot \text{m}^{-2} \cdot {}^{-1}) \qquad (21.1)$$

여기서, V : 풍속(m/s)

$\quad\quad\quad T$: 기온(C)

높은 산에서의 추위의 감각이나, 추울 때의 체감의 척도로 유효한 것으로 되어 있다. 그림 21.1은 사사끼(佐佐木, 1982)의 그림을 알아보기 쉽도록 고쳐서 그린 그림그래프이다. 풍냉력이 800 전후라면, 통상의 방한복을 입는 것만으로 쾌적한 것으로 되어 있다.

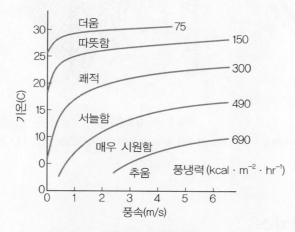

그림 21.1 풍냉력계급

사사끼(佐々木, 1982년)에서, 풍냉력계급도표를 사용하기 편리하게 했다.

21.1.2 감각온도

도표 21.1는 Yaglou가 고안한 감각온도로, 실효온도(實效溫度, effective temperature)로 불리고 있다. 이 실효온도계 환산도표는 현재 여러 분야에서 사용되고 있은 체감온도의 표현법이다.

인체가 느끼는 온도의 감각을 기온·습도·풍속(기류)의 3 요소를 조합한 것으로, 실험에 의해 구한 것이다. 건구온도, 습구온도, 풍속에 의해 실효온도를 구할 수가 있는 것이다. 실효온도는 습도 100 %, 풍속 0 m/s의 조건을 기초로 해서, 예를 들면 이것과 같은 습도감각을 부여하는 기온, 습도 및 기류의 조합을 구한다. 체감온도는 옷을 입은 상태나 노동의 작업강도에 따라 다르다. 실효온도에는 상의를 벗은 경우와 벗지 않은 경우의 2 종류의 도표가 있다. 도표 속에서, 많은 사람이 쾌감과 느끼는 습열(濕熱)조건의 조합을 쾌감대로 나타낸다. 이 값은 17.2~21.8 C의 범위이지만, 이 범위는 인종, 성별, 연령, 계절 등에 따라 다르다.

기온(건구온도)과 습구온도의 눈금을 선으로 연결해 풍속의 곡선과의 교점의 온도를 읽으면 된다. 저온과 고온의 부분을 제외하면 일반적으로 잘 적응된다고 한다.

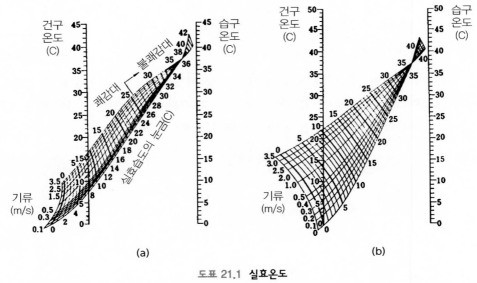

도표 21.1 **실효온도**

Yaglou(1926년), 사사끼(佐々木, 1982년)에서, a : 정지에서 상의를 입고 있을 때, b : 정지에서 상의를 벗고 조끼 차림일 때

21.1.3 불쾌지수

기온이 높고 공기 중의 수증기가 많으면 무더위를 느끼고, 그것이 대단해지면 일상의 활동에도 지장을 초래한다. 무더위의 정도를 기상요소에서 나타내는 방법에는 여러 가지가 있지만, 미국 기상국이 1959년 여름에 채용한 불쾌지수[不快指數, discomfort index(DI), temperature-humidity index(THI)]가 우리나라에서도 흔히 쓰이고 있다. 그 착안점은 땀의 증발에 의한 기화열이 도망가는 정도이고, 열이 달아날 길이 없으면 무더위로 느끼게 된다.

기온과 습도를 이용해서 무더위의 정도를 나타내는 지표(指標, index)로, 온습(도)지수[溫濕(度)

指數, THI]라고도 한다. 미국의 기후학자 톰(E. C. Thom)이 주로 냉방을 설계할 때의 온도의 지표로 하기 위해서 1957년에 제창했다. 그렇기 때문에 불쾌지수의 값은 미국에서 이용되고 있는 화씨(F)의 값에 감각적으로 맞추어서 만들어져 있다. 무더위의 정도를 나타내는 불쾌지수 DI의 산출식을 섭씨(攝氏, celsius, centigrade, C)로 표현하면

$$DI = 0.72\{t_d(C) + t_w(C)\} + 40.6 \tag{21.2}$$

이 되고, 이것을 화씨(華氏, Fahrenheit, F)로 바꾸면

$$DI = 0.4\{t_d(F) + t_w(F)\} + 15 \tag{21.3}$$

가 된다. 여기서 t_d는 건구, t_w는 습구온도이다.

몸에 느끼는 무더위는 기온과 습도 이외에도 방사, 일사나 풍속 등의 조건에 의해서도 좌우되고, 그 느끼는 방법에도 개인차가 크다. 따라서 불쾌지수와 체감과는 꼭 일치하지는 않지만, 취급을 간편하게 하기 위해서, 실내에 있어서의 더위의 지표로 유효하다. 불쾌지수에 따른 개개인이 느끼는 감각이나 인종에 따라서도 달라 차이가 있으나, 일반적인 느낌은 표 21.1과 같다. 기류의 조건을 포함하지 않는 사용목적으로는 한정되지만, 여름철의 냉방의 척도가 된다.

표 21.1 **불쾌지수와 체감(體感)**

불쾌지수	정 도	느 낌
55 이하	춥다.	
55 ~ 60	으스스 춥다.	
60 ~ 65	아무것도 느끼지 못한다.	
65 ~ 70	상쾌하다.	더욱 쾌적
70 ~ 75	덥지 않다.	불쾌를 느끼는 사람이 나오기 시작
75 ~ 80	조금 덥다.	반수 이상 불쾌
80 ~ 85	덥고 땀이 난다.	전원 불쾌
85 이상	더워서 견딜 수 없다.	참을 수 없다.

불쾌지수를 구하는 데에는 보통의 건습계나 아스만 통풍건습계로 기온(건구온도)과 습구온도를 관측해서 앞에 쓴 식을 이용해서 계산해도 좋지만, 도표 21.2에 표시한 도표를 사용하는 일도 가능하다. 예를 들면, 기온이 31 C(좌측의 눈금)로 습구온도가 28 C(우측의 눈금)일 때는 그 두 점을 연결하는 직선이 불쾌지수의 값을 나타내고, 실제로 이것을 읽으면 83이 된다. 이 외에 직접 불쾌지수를 읽는 것이 가능한 온도계도 고안되어 있다.

Bosen이 고안한 지수에서는 기온과 상대습도에서도 불쾌지수를 구할 수 있다. 그 산출식은 다음과 같다.

$$DI = 0.81\,T + 0.01\,RH(0.99\,T - 14.3) + 46.3 \tag{21.4}$$

여기서, T : 15시의 기온(C) RH : 15시의 습도(%)

이다. 위 식을 그래프로 한 것이 도표 21.3이다. 이 도표는 가로축은 기온, 세로축은 상대습도의 눈금이다. 이것을 이용하면, 예를 들면 기온이 31 C로 상대습도가 80 %일 때는 불쾌지수가 83인 것을 알 수 있다.

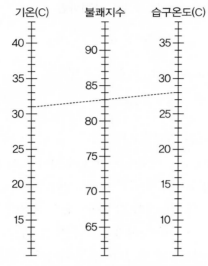

도표 21.2 **기온과 습구온도에서 불쾌지수 구하기**

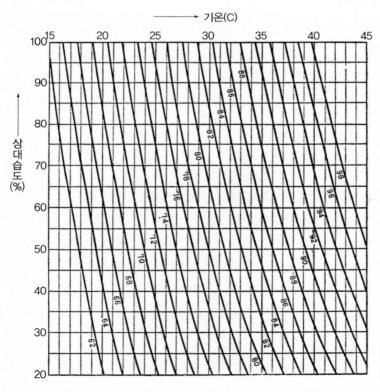

도표 21.3 **기온과 상대습도에서 불쾌지수를 구함[宮擇(1978년)에서]**

불쾌지수는 장마기에서 여름에 걸쳐서 높고, 성하(盛夏, 한여름)의 무더운 날에는 80을 넘는 날이 많다. 통상 지수가 75를 넘으면 반수 이상이 불쾌하고, 80이 넘으면 전원이 불쾌함을 느끼는 것으로 되어 있다. 이 지수에는 바람의 요소가 들어 있지 않으므로, 실외의 실제 느낌과는 일치하지 않는 점이 있지만, 무더위의 척도로는 널리 이용되고 있다.

21.1.4 등온지수

방사열의 조건도 포함하는 총합적인 평가로서, Bedford의 등온지수(等溫指數)가 있다. 방사열은 흑구온도계의 시도로 나타낸다. 이 시수에서는 습도 100 %, 기류 0 m/s, 기온과 벽면이 등온일 때를 기준으로 놓고, 이것과 같은 온도감각을 나타내는 것을 기준이 되는 기온과 같은 수치의 등온지수로 나타낸다(도표 21.4).

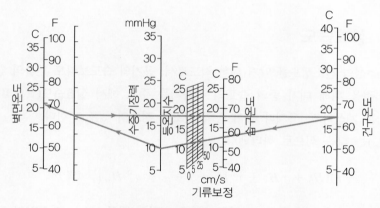

도표 21.4 등온지표 계산

21.2 | 화 재

화재에 가장 영향이 큰 기상요소는 바람과 습도이다. 화재발생에 관계가 깊은 것은 습도이고, 화재의 연소는 바람과 관계가 깊다.

21.2.1 바람과 습도

(1) 바람

화재의 규모별 건수와 풍속과의 관계를 보면, 바람이 강할수록, 큰불이 발생하는 것을 알 수 있다. 대규모적인 화재는 바람에 의해 연소한다. 연소의 속도는 풍하측(風下側)이 가장 빠르고, 횡풍측(橫風側)은 그 절반 이하이고, 풍상측(風上側)에서는 1/4 정도에 지나지 않는다. 화재의 연소속도(延燒速度)는 풍속에 정비례하는 것보다 더 빨리 증가한다.

풍동 내의 연소실험에서 탄 흔적은 계란모양에 가깝지만, 실제의 크고 작은 탄 흔적은 끝퍼짐이 부채모양이 되는 일이 많다. 이것은 큰불 중에 바람의 풍식(風息) 때문에 풍향이 변동하기 때문이다.

(2) 습도

습도는 휘발유나 등유 등의 연소에는 거의 영향이 없지만, 목재·종이, 헝겊 등의 연소와는 깊은 관계가 있다. 이들의 물질의 함수량(含水量)이 습도의 영향을 강하게 받기 때문이다. 목재의 함수율(含水率)의 변동은 습도의 일변화에 대해서는 3~6시간, 연변화에 대해서는 1.5~3개월 늦어진다. 목조가옥의 화재발생은 건축재료 중의 함수량과 관계가 깊으므로, 이전의 습도를 고려해야만 한다.

21.2.2 실효습도

화재발생 가능성의 건조정도를 알기 위한 척도로서, 공기의 습도보다도 건물의 건조정도 쪽이 합리적이다. 이것을 위해 대기 중의 습도의 관측치를 주로 해서 **실효습도**(實效濕度, effective humidity, He)를 계산하고, 목재나 종이 등의 건조한 정도의 척도로 한다.

실효습도(H_e)는 다음 식으로 나타낸다.

$$H_e = (1 - r)(H_0 + r H_1 + r^2 H_2 + \cdots\cdots + r^n H_n) \quad (\%) \tag{21.5}$$

이 식에서 H_0은 당일의 상대습도의 평균, H_1은 전일의 평균, H_2는 전전일의 평균, H_n은 n일 전의 일평균 등이다. 또 r은 1보다 작은 어떤 날의 습도가 다음 날에 영향을 미치는 정도를 나타내는 계수로, 보통은 상수로 0.7로, 삼야화재에서는 $r = 0.5$로 한다.

습도는 화재의 불이 붙음과 연소의 양쪽에 관계를 한다. 임야화재(林野火災)에서는 습도 60 % 이상일 때는 연소(燃燒)도 연소(延燒)도 하지 않고, 50~60 %일 때는 타기 쉬운 것만이 천천히 탄다. 40~50 %일 때는 연기를 내면서 타지만, 퍼지기 어렵다. 30~40 %일 때는 잘 타면서 연소한다. 25 % 이하가 되면 식물화재가 발생한다.

화재예방을 목적으로, 수일 전부터 상대습도로 경과시간에 의한 가중치를 붙여서 산출한 목재 등의 건조도를 나타내는 지수이다. 목재의 건조도는 그 때의 공기의 건조상태만으로 결정되는 것이 아니고, 수일전부터의 건조상태의 영향을 받는다. 실효습도가 50~60 % 이하가 되면 화재가 커질 위험성이 높아진다. 상대습도는 화재의 발생건수의 좋은 지표가 되지만, 실효습도는 특히 큰불의 발생과의 관계가 깊다고 일컬어지고 있다. 그래서 실효습도는 최소습도와 함께 기상청의 건조주의보 발표의 지표로 이용되고 있다. 화재예보는 실효습도와 당일의 최소상대습도·풍속 등의 예상을 참조로 해서 발표한다.

화재가 발생하기 쉬운 기상조건이 되면, 기상청은 이상건조주의보를 발령한다. 주의보의 발령 기준은 예보지역에 따라 다를 수 있지만, 대략 실효습도가 50 % 이하, 최소습도 25 % 정도이다.

충남 공주의 어떤 달 20일의 실효습도를 이 식을 사용해서 실제로 계산해 보자(표 21.2 참조). 이 예를 보면 알 수 있듯이, 대개 6일전 정도까지의 습도가 실효습도의 값에 영향을 미치고, 그 이전의 것은 그다지 미치지 않는다.

표 21.2 어느 달 20일 공주의 실효습도의 계산

일	계 수		일평균습도(%)	계수 × 습도
20	당일	1	77	77
19	1일 전	0.7	76	53
18	2일 전	$0.7^2 = 0.49$	82	40
17	3일전	$0.7^3 = 0.34$	90	31
16	4일 전	$0.7^4 = 0.24$	90	22
15	5일 전	$0.7^5 = 0.17$	93	16
14	6일 전	$0.7^6 = 0.12$	80	10
13	7일 전	$0.7^7 = 0.08$	77	6
12	8일 전	$0.7^8 = 0.06$	82	5
11	9일 전	$0.7^9 = 0.04$	78	3
10	10일 전	$0.7^{10} = 0.03$	96	3
9	11일 전	$0.7^{11} = 0.02$	89	2
8	12일 전	$0.7^{12} = 0.01$	72	1

실효습도＝$(1-0.7) \times 269 = 81$ %   계 269

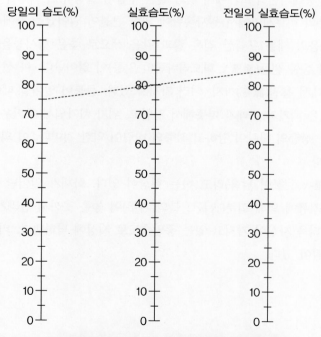

도표 21.5 당일의 평균습도와 전일의 실효습도에서 당일의 실효습도를 구함

매일의 실효습도를 계산할 때에는 하나하나 위에 쓴 것의 계산을 되풀이하지 않아도, 당일의 평균습도와 전일의 실효습도를 알고 있다면 다음 식에 의해 구할 수도 있다.

$$H_e = 0.3 \times H_0 + 0.7 \times H_e \text{(전날)} \tag{21.6}$$

이다.

도표 21.5는 이 식 (21.6)을 그래프로 한 것으로, 예를 들면, 당일의 평균습도가 75 %(H_0) 이고, 전날의 실효습도가 85 %($He_{\text{(전날)}}$)일 때는 이 그림에 의하여 당일의 실효습도는 82 %(He)인 것을 알 수 있다.

21.2.3 화재에 수반되는 기상현상

불타고 있는 건물이나 삼림 등의 위에서는 강한 상승기류가 발생한다. 이것에 수반되어 주위에서 이것을 보충하기 위해서 수렴기류가 생기기도 하고, 대류 때문에 상공의 강한 바람이 지상으로 내려오기도 해서, 화재의 사건이 일어난 장소에서는 강한 바람이 부는 일이 많다.

큰불의 열에 의해 생긴 격렬한 상승기류 때문에 화재운(火災雲)이라고 불리는 적운이나 적란운이 발생하고, 때로는 심한 뇌우를 동반하는 일도 있다. 이것이 화사뇌(火事雷)이다. 화사뇌는 보통의 적운·적란운과는 달리, 연기의 미립자를 포함하고 있기 때문에 회색으로 보인다. 키가 큰 웅대적운이나 적란운의 경우에는 아래쪽만이 착색되어 있는 일도 있다. 제2차 세계대전 중의 공습이나 일본의 관동대지진의 화재에서 이와 같은 구름이 발생하고, 뇌우가 있었던 일이 보고되고 있다. 특히 일본의 히로시마에서 원자폭탄에 의한 큰불이 일어났을 때에는 격렬한 소나기가 내리고, 빗물은 죽음의 재를 포함한 검은 즙과 같은 색으로 높은 방사능을 포함하고 있었다.

큰불에 수반되어 종종 선풍(旋風 : 회오리바람의 일종)이 일어난다. 이 선풍은 극히 소규모적인 진선풍(塵旋風)에서 용권(龍卷)까지, 여러 가지가 있다. 큰불이 일어날 때에 선풍이 발생하기 위해서의 기상조건은 대기가 아래가 따뜻해서 가볍고, 위가 차가워서 무거운 불안정한 성층상태가 되어 있는 일과, 상층의 바람이 강하고 하층의 바람이 약한 것이다. 이 외에도 지형이나 지물의 배치가 관계한다.

화재에는 비화(飛火 ; 불이 날음)라고 하는 현상이 있다. 화재가 일어난 장소의 10~15 m/s에도 달하는 상승기류에 의해 화분(火粉 ; 불의 가루)이 높은 곳까지 올라가 바람에 의해 풍하쪽으로 운반되고, 더욱 자신이 가지고 있는 종말속도로 지상에 낙하한다. 비화의 거리는 600~700 m에 미치는 일이 있다.

21.3 | 수자원의 유효이용

우리나라의 물수지의 현상을 보면, 강수량의 일부밖에는 이용하지 못하고 있는 실정이다. 수자원의 유효이용을 생각할 때에는 우선 거론되는 것이 홍수의 예측, 댐의 건설과 그것에 의한 유량조절이다. 또 관개용 저수지 등에서는 증발의 억제도 문제가 된다. 이들의 문제를 다루는 것이 수문기상학(水文氣象學)에서 강수와 유출과의 관계의 조사가 주요한 과제가 되어 있다.

수자원의 계획적인 이용의 기초는 제1로 유역 내에 내리는 강수를 정확하게 파악하는 것이다. 우리나라 하천의 유량의 대부분이 산지의 강수에 의해 쌓여 있는 경우가 많다. 산지에서의 강수의 모임은 계곡 사이의 비교적 낮은 곳에 자리를 잡으므로, 관측소의 위치도 그 제약을 받지 않을 수 없다. 이 결점을 보충하기 위해서 무선로봇 우량계가 산지에 배치되어 있지만, 유역에 따라서는 아직은 충분하다고는 할 수 없다.

유량과 강수량을 관계짓는 데에는, 개개지점의 강수량(지점우량)보다도 집수역의 평균강수량 혹은 강수총량을 사용하는 것이 보통이다. 이것이 **면적우량**(面積雨量, 지역우량)으로, mm 또는 ton(톤)으로 나타낸다. 면적우량은 유역 내에 있는 우량계의 관측치에 근거해서 계산하므로, 그 정밀도는 대상유역 내의 우량계의 배치에 관계해서 결정된다. 특히 관측소의 밀도가 너무 거칠다든지, 산지유역의 경우에는 관측소의 분포가 계곡 밑의 낮은 부분에 한정되었거나, 하류에 편중되어 있다면, 좋은 결과가 얻어지지 않는다. 이러한 물예보나 댐조절 등으로 시간적인 유량변화를 생각하는 경우에는 면적우량도 1시간치(시간값)로 구해야 한다.

21.3.1 면적우량의 계산방법

하천의 유량과 댐에 흘러가는 물의 양 등을 조사하기 위하여 유역이나 집수역에 떨어진 강수의 총량을 구해야 할 경우가 있다. 이것을 아는 것은 단순히 한 지점의 강수량의 관측치로는 정확하지 않은 것이 많고, 그 지역의 평균우량이 필요하게 된다. 즉 대상으로 하고 있는 지역 전체의 강우량을 **면적우량**[面積雨量, areal rainfall(depth)]이라고 한다. 또는 면적강수량(面積降水量, average precipitation over area), 지역(강)우량[地域(降)雨量]이라고도 한다. 예를 들면, 어떤 강 유역의 면적이 1,600 km^{2}로, 한 번 비의 면적우량이 39 mm 였을 때, 이 한 번의 비의 강수총량은

$$0.039\,\mathrm{m} \times 1,600 \times (1,000\,\mathrm{m})^2 = 6.24 \times 10^7\,\mathrm{m}^3 \tag{21.7}$$

결국 6,240만 톤(ton)이다.

그 지역에 우량관측점이 1개소밖에 없는 경우에는 그 관측점의 우량으로 지역을 대표할 수밖에는 없지만, 복수의 관측점이 있는 경우에는 각각의 관측점의 우량에서 전체의 평균 우량을 구할 필요가 있다. 구하는 방법으로는 하나의 관측점은 그 지역 중의 어느 정도의 면적을 대표할까(소위 관측점의 담당면적)를 구해서, 각 관측점의 우량을 그 면적에 따라서 가중평균하는 방법이 있다.

면적우량(面積雨量)이란 대기에서 집수역으로 들어오는 물의 총량이기 때문에, 수문기상에서는 가장 기본적인 양의 하나이다. 수문기상학에서 취급하고 있는 강우량은 지점우량보다는 집수역의 면적우량에 역점을 두고 있다. 그러나 실제로 대상지역 내에 배치된 우량계의 수가 너무 적으면, 정확한 관측치를 얻을 수 없는 경우도 적지 않다. 유역 내의 많은 지점에서 우량을 관측하고, 그 결과에서 면적우량을 구하는 방법은 여러 가지가 있어, 채용한 방법에 따라 계산결과에도 다소의 차이가 있다. 다음에 비교적 잘 사용되는 몇 가지의 방법에 대해 소개하고자 한다.

면적우량을 직접 측정하는 일은 사실상 어려우므로, 한정된 수의 지점우량에서 근사적으로 구한다. 가장 간단한 방법으로는 단순히 지점우량을 산술평균하는 방법이 있다. 그 외에도, 관측지점이 대표하는 면적을 고려한 면적가중평균법, 대상지역에 일정간격의 격자를 그려 등우량선에서의 거리의 비례배분에 의해 격자의 강우량을 구해 산술평균하는 격자법 등이 있다. 산정방법의 우열을 일괄적으로 결정할 수는 없지만, 지형이 비교적 균일해서 우량지점이 다수 있는 경우에는 산술평균법이 좋고, 우량지점이 적을 때에는 면적가중평균법이 나은 것으로 되어 있다. 어느 쪽으로 해도, 면적우량을 구하는 데에는 대상지역의 기상적, 지형적 요인을 고려해서 산정방법을 결정하는 것이 중요하다.

(1) 산술평균법

그 지역 내나 인접해 있는 모든 관측지점의 강수량을 **산술평균**한 값을 면적우량으로 하는 방법이다. 관측소의 수가 많고, 비교적 일정하게 분포하고 있을 때에는 좋은 결과가 얻어지고, 계산이 용이한 것이 장점이다. 그러나 관측지점의 수가 적거나, 한쪽으로 치우쳐 있으면 좋은 결과가 얻어지지 않는다. 지점수가 적을 때는 지역 외에서 가깝게 있는 관측치를 포함해서 평균한 쪽이 좋은 결과를 얻을 수 있다.

(2) 티센법

어떤 지점의 우량은 그것에 가장 가까운 장소에 설치된 우량계로 대표되는 것으로 가정해서, 각 관측점의 값의 면적에 비례하는 가중치를 붙여서 평균해서 구하는 **가중평균법**(加重平均法)이다. 지도상에 관측지점을 기입하고, 서로 인접한 관측지점을 연결한 선분의 수직이등분선에 의해 둘러싸여진 다각형의 면적을 그 관측소가 대표하는 것으로 한다. 1911년 미국의 티센(Thiessen)이 처음 쓴 방법으로, 어떤 장소의 강수량은 그 장소에서 가장 가까운 관측점에 의해 대표하는 것으로 가정하여, 대표면적의 크기로 강수량의 관측치에 가중치를 곱해 평균한 것이다. 대표면적을 구하는 것에는 그림 21.2에 나타낸 것처럼, 지도의 위에 관측지점 A, B, C, ……, I를 기입하고, 옆에 있는 지점을 연결하는 선분의 수직이등분선으로 만들어진 다각형을 그리고, 그 면적 a, b, c, ……, i를 면적계(面積計, planimeter : 평면도형의 면적을 측정하는 도구) 등을 이용해서 읽어낸다. 쇄선(ーーーーー)은 면적우량을 구하려 하는 지역의 경계이다.

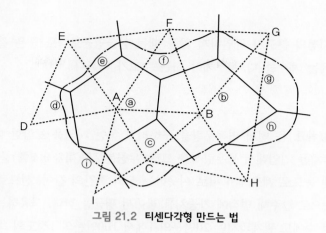

그림 21.2 **티센다각형 만드는 법**

a, b, c 등의 면적은 상대적인 값으로 지장이 없으므로 측면기의 계수는 적당한 일정치로 고정해 놓으면 된다.

각 관측지점에 대해서의 가중치 K_A, K_B, K_C, $\cdots$, K_I는 티센계수라고 불리는데, 다음 식에 의해 구할 수 있다.

$$K_A = \frac{a}{a + b + c + \cdots + i}$$

$$K_B = \frac{b}{a + b + c + \cdots + i}$$

$$K_C = \frac{c}{a + b + c + \cdots + i}$$

$$\vdots$$

$$K_I = \frac{i}{a + b + c + \cdots + i} \tag{21.8}$$

위 식에서 알 수 있는 것과 같이 $K_A + K_B + K_C + \cdots\cdots K_I = 1$이므로, 실제로 구한 계수를 모두 더해 합한 것이 대체로 1이 되는지 확인해 보면 된다.

지점 A, B, C, $\cdots\cdots$, I에서 관측한 어느 한 번의 비의 강수량이 R_A, R_B, R_C, $\cdots\cdots$, R_I일 때, 쇄선으로 둘러싸인 지역의 면적우량 R은 다음 식에 의해 주어진다.

$$R = K_A R_A + K_B R_B + K_C R_C + \cdots\cdots + K_I R_I \tag{21.9}$$

한 예를 들면, 어느 집수역을 포함한 지역에 어느 4개소의 관측소에 대해서 구한 티센계수가 각각 0.25, 0.32, 0.28, 0.15로, 한 번의 비의 강수량이 42 mm, 54 mm, 36 mm, 47 mm일 때 면적우량은

$$0.25 \times 42 + 0.32 \times 54 + 0.28 \times 36 + 0.15 \times 47 \fallingdotseq 45 \text{ mm} \tag{21.10}$$

이다.

이 방법은 관측지점의 분포가 균일하지 않을 때는 산술평균보다도 좋은 결과가 얻어지지만, 결측치가 있을 때에는 계수를 다시 구해야 하는 수고가 따른다.

(3) 등우량선법

등우량선법(等雨量線法)은 먼저 면적우량을 구하려고 하는 지역을 포함한 대상유역의 지도에 모든 강수량의 관측치를 기입해서 등우량선을 그려, **우량분포도(雨量分布圖)**를 만든다. 등우량선 간의 면적을 면적계 등으로 계측해서 서로 이웃하는 선의 중간의 값이, 선으로 둘러싸인 면적의 우량을 나타내는 것으로 간주해 면적에 가중치를 붙여서 평균을 한다. 사용하는 지도는 조사지역 의 폭과 관측지점의 수에도 관계되지만 20만분의 1에서 100만분의 1정도의 축척의 것이 적당하 고, 관측지점 외에 중요한 등고선·하천·유역의 경계 등도 넣어둔다.

등우량선을 그리는 것은 높이에 의한 강우량의 차이나 기후학적인 우량분포의 특징이나 강우를 일으키는 요란(擾亂, disturbance)의 경로 등을 고려하면, 보다 정확히 되는 일이 많다.

우량분포가 되면, 2개의 등우량선 사이에 낀 지역의 면적을 면적계 등으로 재고, 그 면적에 2개의 등우량선으로 표시한 강우량의 중간값을 곱한다. 그와 같은 곱을 전지역에 걸쳐 합하여, 전면적으로 나눈 것이 면적우량이다. 지역의 경계에 걸린 곳은 등우량선 대신에 지역의 경계선을 잡고 등우량선과 경계선의 사이의 면적을 잰다.

이 방법은 등우량선을 그림으로써 우량분포의 특징을 첨가한 점이 앞에 쓴 2개의 방법과 비교 해 우수하다. 등우량선을 그리는 방법에 개인차가 들어가는 것은 어쩔 수가 없다.

측면기 등을 이용해서 등우량선 사이의 면적을 구하는 것은 꽤 복잡하다. 이것을 해결하기 위 해, 우량분포도의 위에 격자점을 겹쳐 지역 내에 있는 모든 격자점의 우량을 등우량선에서 내삽

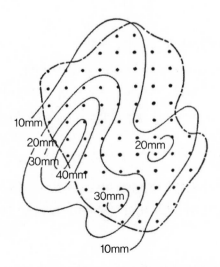

그림 21.3 마이나루즈법의 격자점을 잡는 방법

해서 구하고 그것을 산술평균하는 방법이 있다. 마이나루즈법(그림 21.3 참조)이라고 부르고, 우량분포가 현저하게 복잡하지 않을 경우에는 간단해서 비교적 좋은 결과가 얻어진다.

등배열의 격자점의 우량과 등우량선을 보간해서 읽어들이고, 그들의 평균치를 구하는 방법도 있다. 면적우량의 산출오차는 거의 관측지점수의 평방근에 역비례하는 것이 경험적으로 알려져 있다.

(4) 격자법

격자법(格子法)은 집수역의 지도상에 격자를 걸고, 격자점의 우량을 추정해서 산술평균한다. 격자점의 우량은 등우량선법과 같이 등우량선도를 만들어서 보간한다.

(5) 우량·고도법

우량은 일반적으로 고도와 함께 증가하는 경향을 보이므로, 집수역 내의 관측소의 값에서 이 관계를 구해 놓고, 고도와 고도별 면적에 가중치를 붙여서 평균면적우량을 구한다. 이것이 우량·고도법(雨量·高度法)이고, 산지에서 고도차가 큰 험준한 지형의 집수역의 경우에는 효과가 큰 방법이다.

면적우량에 관련해서 우량관측소의 배치에 대해서 첨가한다. 집수역의 면적우량을 1지점의 우량으로 나타내는 경우는 유역의 중앙의 관측소가 가장 좋은 결과를 얻는다. 여러 개의 우량계를 이용하는 경우에는 강수분포의 형에 의하지 않고 우량계는 균일하게 분포하는 것이 바람직하다. 그러나 산지에서는 지형의 형태를 고려하는 쪽이 좋다.

21.3.2 적설수량의 산출방법

한랭지나 산악 등에서는 겨울철의 강수는 적설로 쌓여 봄에서 초여름에 걸쳐서 융해해서 하천으로 유출된다. 여기서 융설이 시작되기 전의 집수역의 적설수량을 추정할 필요가 있다. 적설수량은 적설의 깊이와 적설의 밀도에서 산출한다. 산지의 적설은 채설기를 사용해서, 집수역의 대표적인 산지사면에 대해서의 적설의 깊이와 밀도를 조사해서, 고도와 적설수량의 관계를 구한다. 요즘은 산지의 수자원의 유효이용에서 중요한 사항의 하나에, 유역의 강수량에서 하천의 유출량을 추정하는 문제가 있다. 이것은 하천유출이나 저수지의 제어의 기본적인 사항이다. 출수 시의 하천유출의 시간적인 변화를 나타내는 곡선을 유량곡선(流量曲線)이라고 한다.

하천의 유량은,

① **표면유출량** : 지표면을 흘러서 하천에 도달하는 유량
② **중간유출량** : 땅 안에 침투한 강수의 일부가 토양의 상층부를 가로로 이동해서 하천에 도달하는 유량

③ **지하수유량** : 지중 깊이 침투한 강수가 지하수면에 도달해서, 지하수가 되어 하천에 도달하는 유량

④ **수면유출량** : 하천이나 호수의 수면으로의 강수, 표면유출량의 일부로 간주하는 것이 보통이다.

이들 중, ①, ②, ④를 일괄해서 **직접유출**(直接流出)이라 하고, ③의 **지하수유출**[地下水流出, 기저유출(基底流出)이라고도 한다]과 구별한다.

유출곡선에서 이 양자를 분리해서, 직접유출량과 **유효우량**[有效雨量, 전우량(全雨量)에서 침투량을 제외한 우량]과의 관계를 맺어 주는 방법이, **단위도**(單位圖, unit hydrograph)법이다. 이 방법은

① 단위시간의 우량에 의한 직접유출의 기간이나 정점우량의 출현시각은 강우강도에 관계없이 일정

② 지속시간이 같은 유효우량에 의한 직접유출량은 강우강도에 비례

③ 강우가 연속될 때의 직접유출량은 단위사간의 강우의 직접유출량은 단위시간의 강우의 직접유출량을 겹친 것

이라고 하는 기본적인 가정 위에 서 있다. 단위도는 단위시간(1시간)에 유역에 **단위유효우량**(單位有效雨量, 1 mm)의 강우가 있었을 때의 **직접유출곡선**이다.

그 작성방법을 크게 구별하면,

① 시험적인 계산에 의한 방법

② 집중저유에 의한 방법

③ 유출함수에 의한 방법

등이 있다.

이것과는 별도로 유역 내의 물이 지수함수적으로 유출한다고 하는 가정에 근거해서 만들어진 **저유형**(貯留型)의 **유출모델**(tank model)도 사용된다. 강수량에서 하천의 유출량을 구할 때에는, 큰 영향을 주어지는 조건의 하나에 유역의 건습상태가 있다. 유역이 충분히 젖어 있을 때는 하천으로의 유출은 빠르고, 그 양도 많다. 유역의 수분상태의 직접측정은 곤란하기 때문에, **기왕강수지수**(旣往降水指數) P_a는

$$P_a = \sum b_i P_i \tag{21.11}$$

으로 나타낸다. 여기서 P_i는 i 하루 전의 강수량, $b_i = K^i$, 단 $K = 0.85 \sim 0.90$의 상수이다.

Chapter 22 질의응답

실제의 지면에서 대기관측을 해 보면 여러 가지 문제에 부딪친다. 대기 관계자들이 받는 여러 가지 질문 중에서 주된 것을 선택하여 질의응답으로 그 해답을 게재했다.

22.1 | 대기현상의 관측

질문 01 박무와 아지랑이는 어떻게 다른가?

▶ 박무(薄霧, mist)는 대기수상으로 시정이 1 km 이상의 안개이다. 아지랑이라고 하는 명칭은 이전에 시정이 1 km 이상으로 안개와 연무(haze, 대기진상)와의 구별이 가능하지 않은 것을 말했으나, 지금은 현상의 분류명으로는 사용하지 않는다.

질문 02 눈보라의 정의는 옛날과 지금 차이가 있는가?

▶ 대기관측에서는 눈보라의 정의는 여러 가지로 변했다. 1929년에는 '지상에 내려 쌓인 눈이 바람에 의해 공중에 날리는 것'이라고 했지만, 1940년에는 '중간 정도 이상으로 날리는 눈까지는 풍설(風雪)이라고 말했다'로 개정했고, 이어서 1949년에는 '눈이 다량으로 날라올라가서 내리고 있는 것인가, 날라올라가는 것인가 겉보기에 분별이 되지 않는 것'으로 되고, 1961년에 본문처럼 되었다. 1940년의 정의에 있는 비설(飛雪)은 지금의 땅 날린 눈의 뜻인데, 풍설(風雪)은 강설(降雪)에 바람이 있는 것이다. 지금은 비설이나 풍설이라 하는 이름은 현상의 분류명으로 해서는 사용되지 않는다.

질문 03 연무(煙霧)는 이름에서 받는 느낌과 정의가 다른 것같이 생각되는데?

▶ 연무는 연기와 안개가 섞인 것으로 생각하는 사람도 있지만, 실은 다르다. 연무(煙霧)라고 하는 명칭은 1886년부터 사용되고 있고, 당시는 연무(烟霧)라고 썼다. 1888년에는 연무와 안개는 입자의 크기에 의해 구별하게 되어 있었지만, 1916년에는 '작은 먼지 또는 연기 등이 떠 있는 현상'이라고 정의되어, 안개와 확실하게 구별되었다. 1949년에

지금의 정의로 되고 연무(煙霧)로 쓰게 되었다. 이상의 변천으로 추정하면, 당초는 연기와 안개의 중간 정도의 것으로 생각되었으므로 연무(烟霧)라고 이름 붙였을 것이다. 1916년에는 지금의 정의에 가까운 것으로 되고, 안개와는 인연이 없어졌지만, 부르는 명칭은 그대로 남았다. 그러므로 이름은 그 뜻을 나타내지 않게 되었던 것이다. 한편, 개명해서 '연기' 라든가 '아지랑이' 로 하는 쪽이 좋다는 의견도 있다.

질문 04 비나 안개 등이 관측지점에는 없지만 먼 쪽에 보이는 경우에는 어떻게 하는가?

▶ 관측치의 이용목적에 따라서는 이같이 먼 쪽의 현상도 기록하는 것이 필요하다. 야장 등에 기입하는 것은 현상기호를 2개의 세로선에 끼우고, 예를 들면, 관측점에는 없지만 시계 내에 보이는 비나 안개는 각각 │●│, │≡│으로 한다. 또 기호의 뒤에 관측지점에서 본 현상의 방향과 거리를, 예를 들면, NE 3 km 등으로 기록해 놓으면 도움이 되는 일이 있다.

질문 05 내리는 설편(雪片)의 형태를 기록하는 것은 어떻게 분류하면 좋은가?

▶ 여러 가지 분류법이 생각되지만, 국제수문학협회(國際水文學協會)의 설빙위원회(雪氷委員會)가 1954년에 정한 것을 다음 표에 나타낸다. 가루눈·싸락우박·동우·우박 등에 대해서는 본문의 대기현상의 장을 참조하기 바란다(표 22.1).

표 22.1 운편(雲片, 구름조각)형의 분류

명 칭	설 명	부호	기 호	그림의 예
판상(板狀)	판상의 얇은 결정으로, 6각형의 것이 많다.	F1	⬡	
성상결정 (星狀結晶)	얇은 별모양의 결정으로, 6개의 팔이 있는 것이 많다.	F2	✳	
주상(柱狀)	기둥모양의 프리즘상의 결정	F3	☐	
침상(針狀)	가는 바늘 모양의 것	F4	↔	
입체수지상 (立体樹枝狀)	양치식물 모양의 팔을 사방으로 뻗은 결정으로 구상에 가깝다.	F5	⊗	
장고상 [杖(長)鼓狀, 장구상]	기둥모양의 결정의 양단에 판상 또는 별모양의 판이 붙어 있는 것	F6	⊏⊐	
불규칙결정 (不規則結晶)	작은 결정이 많이 모여 있는 것	F7	⌒	

질문 06 오로라(aurora, 極光)가 나타났을 때는 어떻게 기록해 놓으면 좋은가?

▶ 나타난 시각, 사라진 시각, 방위와 고도의 범위, 밝기(예를 들면, 은하의 밝기, 달빛의 권운의 밝기, 달빛의 적운의 밝기 등으로 나눈다)·형태·색·밝기가 변동할 때는 그 주기

등을 관찰·기록해 놓으면 좋다. 방위와 고도는 가능하면 정확히 관측한 쪽이 좋다. 또 스케치나 사진이 있으면 여러 가지 참조가 된다. 시진의 노출은 F=3.5 렌즈에 ASA 100의 필름을 사용할 때, 대개 5~10분 정도로 하면 보통은 현상이라도 좋다고 생각한다.

22.2 | 날씨(천기)의 관측

질문 01 신문 천기도(天氣圖, 일기도) 등에 사용되고 있는 천기기호(날씨기호)를 관측에 사용해도 좋은가?

▸ 이런 종류의 천기도용의 기호는 본문에 게재한 100 종류의 현재천기(현재날씨) ww를 간단히 한 것으로, 지점을 나타내는 원을 이용해서 기입하도록 되어 있다. 이것에 대해서 대기관측에 사용하는 천기기호나, 이것을 간단히 한 분류는 관측결과를 일반적으로 이용하기에 편리하도록 잘 만들어져 있다. 따라서 보통의 관측결과를 기록하기에는 후자 쪽이 편리하다고 생각된다. 이것에 대해서는 "제5장의 날씨(천기)" 부분을 참조하면 좋을 것이다.

질문 02 간단한 천기(날씨)의 분류에 의해 관측할 때, 안개비나 동우가 있을 때에 해당하는 기호가 없는데, 어떻게 하면 좋은가?

▸ 간단한 분류는 대충 천기(날씨)를 분류한 것이므로 액체상태의 강수가 있으면 모두 비에 포함하고, 고체상태의 강수는 눈·싸락 중에 선택하면 된다.

질문 03 취우(驟雨)와 소나기는 같은 것인가?

▸ 보통의 기상관측에서는 소낙비라고 하는 말은 쓰지 않는다. 소낙비에 대해서는 대기관측상의 정의는 없지만, 내렸다 멈췄다 하는 비를 보통 소나기라 부른다. 취우(驟雨)는 멈춘 간격이 있을 경우는 물론, 멈춘 간격이 없어도 강하기도 하고 약해지기도 하고 강우강도의 변동이 큰 비도 포함된다.

22.3 | 기압의 관측

질문 01 수은기압계의 시도를 읽을 때, 한 눈금의 1/100까지 읽어내는 것이 필요한가?

▸ 대개의 경우, 1/10자리까지 읽으면 충분하다. 부척의 눈금과 주척의 눈금의 일치하는 정도에 의하여 1/100자리를 읽을 수도 있지만, 기압계 그 자신은 1/100자리까지의 정밀도를 지니지 않는다. 그러나 1/10자리의 값을 확실히 하기 위해 1/100자리까지 읽어 기록하는 일이 있다.

질문 02 해면경정치를 구하기 위해 기압계의 해발고도는 어떻게 해서 구하는가?

▶ 관측지점의 가까이에 수준점이 있을 때는 그곳을 기점으로 해서 수준측량으로 고도를 m의 1/10자리까지 구하는 것이 가장 정확하다. 수은기압계의 경우에는 수은용의 상아침의 높이로 잡는다. 수준측량이 불가능할 때에는 1/5만 지형도를 이용해서 m의 첫째 자리까지의 고도를 추정한다. 해발고도에 1 m의 오차가 있으면 해면경정치에 0.1 hPa 정도의 오차가 들어간다.

질문 03 중력보정이나 해면경정에 사용하는 중력의 값은 어떻게 구하는가?

▶ 우리나라 각 시의 중력치는 부록 2에 게재되어 있다. 그 장소의 실측치가 없을 때는 가까운 실측치를 사용해도 좋다. 일반에 간행되어 있는 값은 포스탐계에 의한 것이고, 다만 중력의 값에 0.01 m/s²의 오차가 있으면 보정치에 생기는 오차는 0.01 hPa 정도이므로 거의 문제가 되지 않는다. 해양 등에서는 다음의 실험식에서 구한 추정치를 사용하도록 국제적으로 정해져 있다.

$$g = 980.616 - 2.5826 \cos 2\phi + 0.0058 \cos^2 2\phi \ (\text{cm/s}^2) \qquad (22.1)$$

이 식에서 g는 중력, ϕ는 위도이다. 우리나라에서는 위의 식에 의한 값을 사용하고 있다.

질문 04 자기기압계의 시도를 보정하는 데에는 실측의 횟수는 어느 정도 필요한가?

▶ 잘 조정한 자기기압계를 이용해서 몇 시간 간격으로 실측해 보정치를 구하면, 임의의 시각의 기압을 좋은 정밀도로 구하는 것도 가능하다. 그 정도 빈번히 실측이 가능하지 않을 때도, 보정치를 구하기 위해서는 최소한 자기지를 바꾸는 경우에는 실측이 필요하다. 이처럼 실측이 있으면 자기지의 처음과 끝의 보정치가 얻어지고, 내삽에 의해 임의의 시각의 보정치를 구할 수 있다. 바꾼 전후 2장의 자기지의 시도는 일치해야 한다. 그러나 자기지의 자르는 방법이나 붙이는 방법이 굼에 있어서 차이가 나고 펜의 마찰에 의해 다소의 차이가 나는 경우가 있기 때문에 보정치를 구할 때에 주의해서 조사한다.

질문 05 공합기압계를 백엽상 안에 놓아도 좋은가?

▶ 기온을 관측할 때, 이어서 기압을 측정하면 편리하다고 해서 공합기압계를 백엽상 안에 놓는 사람이 있지만, 이것은 절대로 삼가야 된다. 백엽상 안은 비가 내릴 때 등 습기가 많고, 또 먼지가 일기 쉬우므로 선회축 등 민감한 곳이 녹이 슬거나 해서 기압계의 기능을 상실하고 만다.

질문 06 자기기압계의 기록원통을 손으로 움직이면 헐거워져서 시각에 오차가 나오지는 않는가?

▶ 이런 종류의 기록원통은 모두 축에 톱니바퀴와 원통의 밑에 붙어 있는 작은 톱니바퀴의 사이에 다소의 틈이 있다. 틈에 의한 시각오차를 내지 않기 위해서는 자기지를 교환해

서 시각을 맞출 때, 위에서 보아 원통을 반시계방향으로 돌리도록 하면 된다. 시계방향으로 돌려서 맞추면 틈만큼 늦어진다. 이와 같은 주의는 다른 자기측기에도 똑같이 적용이 된다.

질문 07 자기기압계의 덮개를 가볍게 두드린 것만으로 펜이 계단상으로 움직였다. 고장이 아닌가?

▶ 보통의 자기기압계는 펜 등과의 마찰이 있으므로 두드리면 0.1~0.2 hPa 정도 시도가 변하는 일도 있다. 두드려서 떨어진 쪽의 시도가 정확한 것으로 생각된다.

22.4 | 기온의 관측

질문 01 기온이 빙점(氷點, 어는점) 이하일 때는 어떻게 기록하면 좋은가?

▶ 숫자의 앞에 부호를 달아, 예를 들면, 영하 5.3 C는 − 5.3 C이라고 하는 것이 보통이다. 그러나 계산이나 통보상의 편의를 위해 100을 더한 숫자를 사용하는 경우도 있다. 예를 들면, − 15.4 C는 84.6으로 한다. 부호를 사용할 때 주의해야 하는 것은 반올림의 사용방법으로, 예를 들면 − 4.5 C를 반올림하면 − 4 C가 된다.

질문 02 백엽상 안에 수은온도계와 자기온도계를 넣을 때, 높이가 달라도 좋은가?

▶ 되도록 감지부가 같은 높이에 있도록 하는 것이 좋다. 그렇게 할 수 없을 때에는 수은온도계를 정규높이에 놓는다. 수은온도계에서 자기를 보정하면 자기 쪽의 높이에 의한 오차는 대개 수정된다.

질문 03 백엽상도 통풍장치도 없을 때, 온도계 하나로 기온을 관측하는 것이 가능한가?

▶ 통풍이 잘 되는 그늘에 지면에서 1.2~1.5 m 높이에 온도계를 매달아, 몇 분간 방치하면 기온에 가까운 값을 읽는 일이 가능하다. 바람이 없을 때에는 부채질을 해서 바람을 일으키면 좋다.

질문 04 빌딩의 옥상에 백엽상을 설치해서 측정한 기온은 무의미한 것인가?

▶ 고층 빌딩가 등에서는 지상에 적당한 장소가 없어서 빌딩의 옥상에서 관측하는 일도 있다. 옥상의 기온은 높이가 틀린 것, 건물의 반사가 강한 것과, 실내의 열기가 바람방향에 의해 올라가는 것 때문에 지상의 기온과 다소 다른 것이 보통이다. 따라서 빌딩의 옥상에서 관측한 값을 보통의 지상에서 관측한 기온과 비교해서 일반적인 한난의 분포 등을 논하는 것은 불가능하다.

질문 05 온도계의 감부가 비나 눈에 젖으면 어떻게 하는가?

▶ 눈도 그렇지만, 특히 비에 젖으면 정확한 값이 나타나지 않는다. 거즈(gauze)[18] 등으로 관측시간 10분 전에 잘 닦도록 한다.

질문 06 눈 때문에 백엽상이 묻혔을 때는 어떻게 하는가?

▶ 백엽상의 밑이나 주위의 눈을 되도록 넓은 범위에 걸쳐 치운다. 그러나 이것에는 많은 노력이 필요하기 때문에 눈이 많이 오는 지방에서는 다리가 높은 백엽상을 미리 준비해 놓으면 좋다.

22.5 | 습도의 관측

질문 01 습구가 얼어 있는가의 여부를 알기 위해서는 어떻게 하면 좋은가?

▶ 얼은 습구의 헝겊은 하얗게 보이므로 알 수도 있지만, 시도를 읽고 확인하기 위해 연필 등으로 먼저 헝겊에 대보면 얼어 있을 때에는 굳어 있는 느낌을 잘 알 수 있다.

질문 02 상대습도의 정의에서 포화수증기압이라고 해서 언제나 물의 면에 대한 값을 사용하는 것은 어떤 이유에서인가?

▶ 편의상 약속되어 있지만, 왜 이처럼 정해져 있는가는 확실하지 않지만, 다음과 같은 이유로 생각된다.

① 물포화와 얼음포화의 2개로 하면 관측치를 이용할 때, 어느 쪽에서 계산한 것인가 혼동된다.

② 언제나 물포화에 대한 값을 취하는 것으로 해도 실용상 곤란한 것은 거의 없다.

③ 모발습도계는 0 C 이하에서도 대개 물포화의 상대습도를 나타낸다.

④ 대기 중에서는 0 C 보다도 꽤 낮은 온도에도 물포화가 되어 있는 일이 많다. 예를 들면, 0 C 보다도 저온의 물입자의 구름이 적지 않다. 따라서 만약 물포화를 쓰지 않으면 상대습도는 100 % 보다 크게 되어 전보로 보고하는 경우 등에 나쁘다.

질문 03 모발습도계의 장점과 단점은?

▶ 계산표를 이용하지 않아도 즉시 습도를 아는 이점이 있지만, 시도가 어긋나기 때문에 때때로 건습계로 구한 값에 의해 보정하지 않으면 정확한 관측치가 얻어지지 않는 단점이 있다. 또 저온이 되면 늦어짐(시상수)이 크게 되지만, 0 C 이하에서 바람이 약해 건습

---

18) 거즈 : 가제(gaze)는 독일식의 발음이고, 거즈(gauze)는 영어식의 발음이다. 이와 같은 예는 많이 있다. 1945년을 기점으로 해서 독일·일본의 시대가 지나고, 영어권의 미국이 주도하는 시대가 되어, 외래어의 발음에도 변화를 보이고 있다. 예를 들면, 비러스 → 바이러스, 미켈란젤로 → 마이켈란젤로, 시베리아 → 사이베리아 등이 있다.

계의 시도가 정해지지 않을 때나, 어느 정도의 저온에서 건습계에 의한 관측이 어렵고, 오차가 크게 날 때는 건습계보다도 좋은 결과를 얻을 수 있다.

질문 04 통풍식에 물병을 사용하는 것은 좋지 않은가?

▸ 통풍식에서는 증발이 빠르기 때문에 관측의 5~10분 정도 전에 스포이트나 붓으로 물을 묻히는 편이 확실하다. 습구 이외의 곳에 물방울이 달라붙지 않도록 주의한다.

질문 05 아스만의 배기구에 달려 있는 덮개는 무슨 일을 맡아 하는가?

▸ 바람이 강할 때 풍상측에 달아 공기의 역류를 방지한다.

질문 06 건습계에서 건구와 습구의 좌우배치는 어떻게 하는가?

▸ 어느 쪽으로 해도 성능적으로는 변하지 않지만, 언제나 일정하게 나란히 해 놓으면 관측의 순서로 말할 때 편리하다고 생각한다.

　습구의 물병을 최고온도계나 최저온도계의 감부에서 되도록 멀리 배치하는 것이 좋다.

22.6 | 바람의 관측

질문 01 정온은 풍속 몇 m/s 이하를 말하는 것인가?

▸ 보통의 풍향계는 풍속이 1 m/s보다 크지 않으면 정확한 풍향을 나타내지 않는다. 기상관서 등에서는 풍속이 1 kt라 하기에 부족할 경우, 결국 0.2 m/s 이하를 정온(靜穩, calm)이라 하고 0.3 m/s부터 풍향을 잡는 것으로 하고 있다. 이것은 기상전보에 맞추기 위해 편의상 기준으로 되어 있고, 현재의 풍향계를 사용하는 한 1 m/s 이하의 풍향은 정확히 측정되지 않는다. 또 1955년까지는 0.5 m/s 이하를 정온으로 하고 있었다.

질문 02 어떤 시각의 10분간 평균풍속은 왜 그 시각 전 10분을 잡는가?

▸ 그 시각을 사이에 두어 전후에 5분씩을 잡은 쪽이 합리적이지만, 관측의 순서에서 말할 때는 10분 전 쪽이 합치기 좋고, 이용상으로도 이렇게 해도 실제적인 지장이 없기 때문에 편의상 국제적으로 그렇게 약속되었다.

질문 03 풍속의 값은 m/s의 첫째 자리까지가 좋은가, 아니면 1/10자리까지 구해야 하는가?

▸ 풍속계 자체가 몇 % 정도의 오차가 있는 것이 보통이고, 풍속의 대표성을 생각해 보면, 순간풍속이나 10분간 평균풍속은 m/s의 첫째 자리까지 구하면 많은 경우 충분하다. 일평균풍속이나 월평균풍속 등은 m/s의 1/10자리까지 계산하는 경우도 있다.

질문 04 3배와 로빈슨, 혹은 에어로벤·3배 발전·다인스에 의한 관측치를 서로 환산할 수 있는가?

▶ 각각의 풍속계의 추종성능은 풍속의 변동주기 등에 의해서도 다르기 때문에 하나하나의 경우에 엄밀히 환산하는 것은 불가능하다. 개괄적으로 말해서, 로빈슨은 3배에 비교해서 저풍속에서는 10 % 정도 큰 값이 되고, 순간풍속에서는 에어로벤이 가장 큰 값을 나타내는 것이 많고, 다인스는 가장 작은 값을 나타내기 쉽다. 또 순간최대풍속은 10분간 평균최대풍속에 비교하여 50 % 큰 값이 되는 일이 많다.

질문 05 리샤르형의 자기전접계수기로 펜이 끝까지 가서 밑으로 돌아올 때, 시각선과의 관계위치가 일치하지 않을 때는 어떻게 하는가?

▶ 그대로 읽으면 오차가 들어간다. 일치하지 않은 원인은 자기지의 재단이나 부착방법의 불량에 의한 것과 자기원통의 축이 수직하지 않을 경우가 많다. 먼저 원인을 확인해서 그것을 고친다. 상하가 일치하지 않은 자기지는 미사용 자기지 위에 겹쳐 투시해서 시각선을 수정해 가면서 읽어낸다.

22.7 | 구름의 관측

질문 01 10류(기본운형)의 구름명칭과 일반에게 흔히 사용되고 있는 구름명칭과의 대응은 어떻게 되어 있는가?

▶ 일반에게 흔히 사용되어 불린 이름은 대개 느낌으로 붙인 것이기 때문에 확실한 대응은 없으므로 대개 다음에 표시한 것으로 생각된다.

권운 : 섬유상구름, 새털구름
권적운 : 비늘구름, 고등어구름, 정어리구름, 얼룩구름
권층운 : 엷은구름, 해무리구름

고적운 : 비늘구름, 고등어구름, 떼구름, 양떼구름
고층운 : 흐린구름, 회색차일구름

난층운 : 비구름
층적운 : 반투명구름, 떼구름, 두루마리구름
층운 : 안개구름

적운 : 목화구름, 쌓인구름, 유방구름, 앉은구름, 뭉게구름
적란운 : 유방구름, 번개구름, 선구름, 소나기구름

질문 02 비가 내리고 있으면 그 구름은 층운이라고 해도 좋은가?

▶ 구름과 대기현상의 관계의 구름 장의 표에서 알 수 있듯이, 비는 난층운이나 적란운에서 내리는 일이 많다. 그러나 드물게는 고층운·층적운·적운에서도 내리므로 본문의 설명을 잘 이해해서 종합적으로 판단하는 것이 좋다. 더욱 밤에 구름이 잘 보이지 않을 때는

대개 균일한 비가 내리고 있으면 편의상 그 구름을 난층운으로 하면 좋다.

　　적란운에서 내리는 비는 소나기성으로, 급히 내리기도 하고 급히 멈추기도 하고 혹은 내리는 방법의 변화가 심하다. 야간이나 구름의 바로 밑에 있어서 난층운인가 적란운인가 판별이 불가능할 때는 비가 내리는 방법에 의해 정한다. 또 만일 번개·천둥·우박을 동반하고 있을 때는 적란운으로 한다. 그러나 난층운이라도 비가 내리지 않는 일도 있다.

질문 03 운량이 10일 때, 구름에 틈이 있을 경우와 없을 경우를 구별해서 기록하는 것은 어떻게 하는가?

▶ 틈이 있을 때는 10−라 하고, 틈이 없을 경우를 10이라고 하면 좋다.

질문 04 운량을 나타내는 데는, 0~10의 숫자 이외의 방법이 있는가?

▶ 전천을 8등분해서 운량을 나타내는 방법도 있다. 이것을 8분법(八分法)에 의한 운량이라 하고, 0~10으로 나타내는 것을 10분법(十分法)에 의한 운량이라고 한다. 10 분법에 의해 관측한 운량을 8 분법에 의한 것으로 고치는 것은 보통 다음 같이 한다.

10 분법	0	1	2	3	4	5	6	7	10 −	10
8 분법	0	1	2	3	4	5	6	7	7	8

　　외국에서는 8분법이 꽤 널리 쓰이고 있지만, 우리나라에서는 기상전보 이외에는 10 분법을 쓰고 있다.

질문 05 구름사진을 찍는 데는 어떤 주의가 필요한가?

▶ 카메라는 보통의 것도 좋지만 광각렌즈가 있으면 편리하다. 구름은 비교적 밝기가 균일하기 때문에 컬러필름으로 잘 찍힌다. 이 때, UV 필터를 붙인 쪽이 좋다. 모노그램을 사용할 때는 ASA 100의 보통 필름도 좋지만, ASA 50인 입자가 가는 필름을 사용하면 깨끗한 인화가 얻어진다. 파란하늘과의 대조를 이루기 위해서는 짙은 황색·오렌지 등의 필터를 붙인다.

　　어느 쪽의 경우에도 촬영장소나 일시를 기록해 놓으면 참조가 된다.

22.8 | 강수량의 관측

질문 01 이슬과 서리는 강수에 포함하는가?

▶ 기상관서에서 행하고 있는 관측에서는 날씨가 좋은 아침 등에 다량의 이슬이 있어도 보통 강수가 있다고는 말하지 않는다. 단 이슬의 양이 많아서 우량계의 저수병 안에 물이

필 정도로 있을 때에는 편의상 그 양을 측정해서 강수량에 계산해 넣는다. 그 경우에는 참조하기 위해서 그 숫자의 오른쪽 위에 이슬과 서리 등의 현상의 기호를 써 넣어 둔다.

질문 02 큰 빌딩의 옥상에서 강수량을 측정할 경우 정확한 값이 얻어지는가?

▶ 같은 빌딩의 옥상이라도 우량계를 놓는 장소에 따라 상당히 다르다. 난간 가까운 곳에는 불어오는 기류의 영향을 받기 때문에 우량계에 들어오는 물방울이 적은 것이 보통이다. 따라서 우량계는 보통 옥상의 중앙부근에 놓는 것이 좋다. 그러나 건물의 폭이나 높이 등과의 관계도 있기 때문에 같은 형의 우량계가 2개 있을 때는 시험적으로 여러 위치에서 관측해서 비교해 보면 좋다.

질문 03 비가 흩어져 내리면 저수병에는 물이 전혀 고이지 않는다. 이런 때에는 강수량을 어떻게 기록하면 좋은가?

▶ 우량이 0.04 mm 이하일 때까지는 우량이 적어서 수수기의 표면에 붙어서 저수병에 고이지 않을 때에는 강수량은 0.0이라고 써 놓으면, 극히 적은 강수가 있다는 것을 표시하는 것이 된다. 전혀 강수가 없을 때에는 기입란에 가로선(−)을 그어서 구별한다.

질문 04 강수량은 mm의 소수점 첫째 자리까지 관측하지 않으면 안 되는가?

▶ 강수의 총량이 적을 경우라든가 강수강도의 단시간의 변화 등을 자세히 조사하는 경우에는 0.1 mm까지의 읽은 값이 필요한 것도 있다. 그러나 하루 강수량이나 월강수량 등은 mm의 한 자리까지의 관측치가 있으면 실용상은 충분하다. 또, 홍수대책을 위한 우량관측에서는 mm의 한 자리까지 있으면 물론 충분하다. 0.1 mm까지 읽은 값이 있을 때, 이것을 mm의 정수 자리까지 할 때에는 소수점 첫째 자리에서 반올림한다.

질문 05 사이펀식 저수형의 자기우량계에서 다음의 경우에는 어떻게 조정하면 좋은가?
① 펜이 자기지의 가장 위의 눈금선에서 삐쭉하게 나와서부터 사이펀(siphon)이 작동한다.
② 배수가 끝났을 때, 펜이 자기지의 가장 밑의 선까지 돌아오지 않는다.
③ 배수의 전후로 자기원통상의 시각선과 펜의 위치가 어긋나 있다.

▶ ①, ②의 경우, 먼저 펜의 위치를 움직이고 배수 후에 펜이 가장 밑의 선에 일치하도록 한다. 다음에 우량되를 써서 20 mm에 상당하는 물을 넣고, 잠깐 사이펀이 작동하도록 해서 사이펀의 위치를 조절한다. 이때 펜은 자기지의 가장 위의 눈금선에 올 것이다. ③은 자기지를 부착시키는 방법이 틀렸거나, 또는 자기원통의 축이 어긋나 있을 때에 생기는 것이다.

22.9 | 적설의 관측

질문 01 적설이 있으나 깊이가 1 cm라 하기에는 부족할 때, 어떻게 기록하면 좋은가? 또, 신적설이 관측시각에 녹아버렸을 때에는 어떻게 하는가?

▸ 전혀 적설이 없을 때에는 깊이의 기입란에 가로선을 넣거나 공란으로 하도록 정해 놓으면, 적은 적설일 때는 0이라고 기입하는 것으로 구별할 수 있다. 신적설에 대해서도 적설과 같이 0이라고 기록하면 전혀 없었던 경우와 구별이 가능하다.

질문 02 설척이나 혹은 하나의 적설판으로 적설과 신적설의 양쪽을 관측하는 일이 가능한가?

▸ 관측시각마다 적설의 깊이를 측정하고, 전의 관측 시의 깊이와의 차이를 구하면, 신적설에 가까운 값이 얻어진다. 그러나 적설이 녹기도 하고 가라앉기도 하기 때문에 강설이 있다 해도 차이가 음(−)이 되는 일도 있다. 이것은 어쩔 수 없다.

질문 03 하루 중에 가장 깊은 적설[최심적설(最深積雪)]을 관측하려면 어떻게 하는가?

▸ 가장 깊은 적설은 강설이 멈추었을 때 나오는 일이 많으므로, 눈이 멈춘 직후에 적설의 깊이를 관측하면 좋다. 그러나 지면온도가 영상(+)이면 눈이 녹으므로, 눈이 내리는 중간에 가장 깊은 적설이 나오는 일도 있기 때문에, 엄밀한 의미의 가장 깊은 적설은 관측하기 어렵다. 기상관서 등에서는 보통은 관측시각에 측정한 적설의 깊이 중에 최대치를 편의상 하루 가장 깊은 적설로 하고 있다.

질문 04 채설기(採雪器, snow sample)를 사용하고 있는 지점에서 관측을 몇 번 행했을 때, 어느 정도 차이가 있는가?

▸ 적설의 평균밀도의 차이에서 추정하면 좋다. 장소가 같으면 평균밀도의 차이는 대개 ±0.04 g/cm^3 이내의 것이 많다. 따라서 이것보다도 큰 차이가 있으면 관측치의 대표성이 좋지 않다고 생각해도 좋다. 이 때는 관측장소를 조금 옆으로 이동해서 한 번 더 관측해 본다.

질문 05 단면관측에서 층을 보기 어려울 때는 어떻게 하는가?

▸ 파란색이나 빨간색 잉크를 물로 3배 정도 엷게 희석해서 분무기로 뿜으면 층에 의해 스며드는 성질이 다르기 때문에 확실히 알 수 있다.

질문 06 적설의 표면부근에서 온도계를 끼워서 측정했더니, 온도가 0 C 이상 되었다. 이것은 올바른가?

▸ 적설의 내부에서 온도가 0 C 이상이 되는 일은 없다. 대개 태양에서의 방사에 의해 온도가 올라갔다고 생각된다. 이런 때에는 일사를 차단해서 다시 한 번 관측해 보면 좋다.

22.10 | 증발량의 관측

질문 01 새가 많아서 증발계의 물을 먹으러 오는 것을 방지하고 싶은데, 좋은 방법은 없는가?
  ▸ 새가 날아와서 증발계의 가장자리에 멈추면 경적이 울리는 장치가 새가 많은 인도에서 고안되어 있다. 그러나 그다지 경비가 들지 않는 방법으로는 그물눈이 거칠은 쇠망을 씌우는 것이 좋다.

질문 02 증발계에 넣는 물은 수돗물도 좋은가?
  ▸ 수돗물이라도 좋다. 수온과 기온은 되도록 차이가 없는 것이 좋으므로 물항아리 등을 준비해 놓고 길어다 놓은 물을 사용하면 더욱 좋다.

22.11 | 시정의 관측

질문 01 쌍안경이나 망원경 등을 이용해서 시정을 관측해도 좋은가?
  ▸ 광학기계를 이용하면 보이는 방법이 다르기 때문에 육안에 의한 관측치와 다른 것이 된다. 원래 근시의 사람은 필히 안경을 사용해서 보정해야 한다. 안경을 사용해도 정상인 시력이 얻어지지 않는 사람은 시정의 관측에는 부적당하다.

질문 02 가까이의 산 등에 가려서 한눈에 보기가 어려울 때는 어떻게 하는가?
  ▸ 산체의 선명함의 정도나 다른 방향의 시정 등을 참조해서 산이 있는 방향을 추정할 수 있지만, 정확한 시정을 알기는 어렵다.

질문 03 목표물의 상부는 보이지만 밑부분이 보이지 않을 때, 또는 그 반대일 때는 어떻게 하는가?
  ▸ 보통의 대기관측에서는 눈의 높이의 수평방향의 시정으로 한다.

질문 04 해상의 시정관측은 어떻게 하는가?
  ▸ 항해 중의 다른 선박이나, 섬·산 등을 목표로 하지만, 수평선이나 해면의 보는 방법 등을 참조로 하는 것도 가능하다. 안개 등 때문에 시정이 대단히 나쁠 때는 선체의 상부 구조물을 목표로 하는 일도 있다. 해면 상 h(m)의 높이에서 보이는 수평선까지의 거리는 약 $3.6 \times \sqrt{h}$ km(또는 $2 \times \sqrt{h}$ 해리)로, 이것을 표로 하면 다음 같이 된다.

해면 상의 높이(m)	1	2	3	4	5	7	10	12	15	20
수평선까지의 거리(km)	4	5	6	7	8	10	11	12	14	16

질문 05 목시(눈관측)관측과 시정계에 의한 관측에서는 같은 결과가 얻어지는가?

> 다음 같은 이유에 의해 반드시 같은 값이 되지 않는다.
>
> ① 시정계에서는 측정오차 외에 이론식에 포함해 있는 부정확함이 있다. 한편, 목시관측에서는 목표의 수가 충분히 없기 때문에 오차가 들어간다.
>
> ② 목시관측에서는 원근 다수의 목표물을 이용해서 구하지만, 시정계에서는 한정된 범위의 대기에 대한 측정치이다. 이 때문에 먼 쪽에 안개가 있을 경우 등에는 특히 큰 차이가 나온다.

질문 06 수평시정 외에 어떤 시정이 이용되는가?

> 비행장에서는 착륙하려고 하는 비행기에서 활주로가 잘 보일까 어떨까가 문제가 되기 때문에 경사방향의 시정이나 연직방향의 시정이 필요하다. 더 자세히는 본문의 시정 장을 참조하기 바란다. 자세하게 언급되어 있다.

질문 07 우시정이라고 부르는 것은 무엇인가?

> 수평시정의 일종이지만, 시정이 방향에 의해 다를 때, 모든 방향의 반 이상에 대응하는 시정을 말한다. 다음과 같이 해서 관측치를 구한다.
>
> ① 수평의 전방향을 몇 개로 등분해서 각 부분 속에서는 시정이 거의 같도록 한다.
>
> ② 각 부분마다 시정을 관측한다.
>
> ③ 각 부분의 시정치(값)를 크기의 순으로 나열한다.
>
> ④ 부분의 수가 홀수인 때는 크기의 순으로 나열한 값 중 가장 중심의 것이 우시정이다. 부분의 수가 짝수인 경우는 크기의 순으로 나열한 값 중 중심의 2개 값의 큰 쪽 값이 우시정(優視程, prevailing visibility)이다.

22.12 | 방사의 관측

질문 01 로비치일사계로 1시간 간격의 일사량을 아는 것은 불가능한가?

> 본문에도 쓴 것처럼 태양고도나 기온의 영향이 크므로 좋은 값이 얻어지지 않는다. 에플리일사계와 비교해서 태양고도마다 측기(기계)상수를 정하면 어느 정도의 보정이 가능하지만, 수고가 드는 만큼 정밀도가 좋지 않다.

질문 02 로비치일사계의 구획수는 어디까지 상세히 읽어야 하는가?

> 1구획의 1/10까지 읽을 수는 있지만, 측기 자체의 정밀도를 말할 때, 그 같이 세부적인 곳까지 읽지 않아도 좋다. 구획수의 첫째 자리까지 결국 1일간에 구획수가 몇 개인가를 읽어내면 충분하다.

질문 03 벽이 받는 일사량과 건물 전체가 받는 일사량을 구하는 데는 어떻게 하는가?
▸ 열전대식 일사계의 감부를 연직으로 설치하면 벽면이 받는 일사량을 관측할 수 있다. 입체면에 받는 일사량을 알기에는 구면이 받는 일사량을 관측하는 쪽이 좋을지도 모른다. 베라니의 일사계는 구의 안에 알코올의 증발을 측정하도록 되어 있어, 구체가 받는 일사량을 알 수 있다.

질문 04 전선이나 전신주 등으로 그늘이 지는 곳에 일조계를 설치하는 것은 좋지 않은가?
▸ 다소 그늘이 지어도 그 때문에 일조시간에 주는 영향이 몇 분 정도이면 실용상 지장이 생기지는 않는다.

질문 05 조르단일조계의 감광액에 쓰이는 물은 증류수가 아니면 안 되는가?
▸ 증류수이면 이상적이지만, 보통의 수돗물이나 우물물이라도 대개 지장은 없다.

질문 06 일조가 있었는 데도 불구하고 조르단의 자기지에 전혀 기록이 나오지 않는다. 어디가 나쁜가?
▸ 다음과 같은 경우에는 기록이 나오지 않는다.
① 감광지의 변질, 황갈색으로 겉보기에는 변하지 않았어도 변질되어 있는 것이 있다. 동시에 만든 것은 전부 변질되어 있을 가능성이 크므로 다시 만든다.
② 일조계의 구멍이 막혀 있다. 밤이면 등불로 비춰 보면 바로 알 수 있다.
③ 종이 넣는 방법이 뒤집혀 있기도 하고, 상하가 반대로 되어 있기도 하다.
④ 누름쇠가 통의 구멍을 막고 있다.

질문 07 비가 내리고 있을 때에는 조르단이나 캄벨일조계에 비가 부딪치지 않도록 덮개를 씌우는 쪽이 좋은가?
▸ 조르단은 내부에 빗물이 들어가는 일은 거의 없기 때문에 보통은 덮개가 필요 없다. 그러나 특히 흙모래가 내리는 비의 경우에는 빗물이 스며드는 일이 있기 때문에 심한 비의 직후에는 내부를 점검한다. 캄벨의 경우에는 종이가 젖기 때문에 나무상자 등으로 덮는 것이 좋다. 아주 약한 소나기라도 바로 멈출 듯한 때에는 그대로 놓아두어도 지장은 없다. 최근에는 비에 젖지 않는 종이가 외국에서 연구되고 있다고 한다.

질문 08 일조시간에서 일사량을 추정하는 것은 가능한가?
▸ 일조시간의 정의에서도 생각한 것처럼 하루하루의 일조시간과 일사량의 관계는 복잡하지만, 한 달이든가 1년의 총량 또는 평균치에 대해서 조사해 보면, 비교적 간단한 관계가 있다고 말한다. 예를 들면 캄벨에 의하면, 다음 식이 성립된다고 한다.

$$Q = Q_0(a + bs) \tag{22.2}$$

이 식에서 Q는 일사량, s는 일조시간, Q_0는 가조시간에 대한 일사량, a, b는 장소에 의해 차이가 나는 수이지만, 어떤 지점에서 구한 값은 그 가까운 다른 지점에 대해서도 대개 적용된다.

22.13 │ 지중온도의 관측

질문 01 **지면의 온도는 어떻게 관측하는가?**

▶ 정확한 지면온도를 관측하는 것은 대단히 어렵다. 그것은 지면의 극히 가까운 곳에서는 온도분포가 불규칙해서 열전대처럼 감부의 체적이 작고, 열용량이 작은 온도계로 측정해 보면, 겨우 몇 cm 다른 장소라도 수 C 정도의 온도차가 있기 때문이다. 이 경향은 일사가 있을 때 특히 심하다. 곡관온도계를 설치할 경우, 편의상 구부의 반은 흙으로 묻고, 위의 묻지 않은 반에는 얇게 흙을 덮는 방법과, 구부가 완전히 흙으로 덮여지도록 묻어서 측정한 값을 지면온도라고 하기도 한다. 그러나 전자는 비 등으로 인해 덮인 흙이 씻겨내려가 구부에 일광이 직사할 염려가 있고, 후자의 방법에 의하면 깊이의 관계로 실제의 지면온도와 상당히 다른 값을 나타내는 경우가 많을 것으로 생각된다.

질문 02 **철관 대신 대나무통을 사용해서 지중온도를 측정해도 좋은가?**

▶ 관측기간이 길지 않을 때는 대나무의 마디를 뚫은 대나무통도 흔히 이용되고 있다.

질문 03 **철관 안의 대류 때문에 온도계의 시도가 정확히 지중온도를 나타내지 않을 염려가 있지는 않은가?**

▶ 관 속의 대류의 영향은 보통은 그다지 크지 않다. 그러나 대류의 영향을 막기 위하여 30 cm 정도의 간격을 두고 쇠사슬에 원통형의 목편을 장치하는 경우도 있다.

질문 04 **관측할 때 쇠사슬을 당겼더니 도중에서 끊어졌다. 어떻게 하면 좋은가?**

▶ 끈에 작은 낚시를 단 것이나 가는 철사 끝을 구부린 것으로 낚아올린다. 그러나 종종 점검해서 쇠사슬이 끊어지지 않도록 할 필요가 있다.

22.14 │ 관측결과의 정리

질문 01 **이슬과 서리 등의 수분이 우량계에 모인 것을 강수량으로 해서 통계해도 좋은가?**

▶ 원래 강수량은 아니므로 구별해야 하지만, 구별이 어려울 뿐만 아니라 강수량에 비교해서 약간이기 때문에 편의상 강수량에 포함한다(22.8의 문 1의 답 참조).

질문 02 평균치(平均值, 평균값)의 자릿수는 어디까지 하면 좋은가?

▸ 기온이나 노점온도는 0.1 C, 기압이나 수증기압은 0.1 hPa, 풍속은 0.1 m/s, 상대습도는 1 %, 운량은 0.1까지 해 놓으면 대개 충분하다.

질문 03 원부를 보았을 때, 월간의 최고기온과 최저기온 등을 즉시 알려면 어떻게 하는가?

▸ 월원부에 기입해 있는 매일의 최고기온의 값 중에 월의 최고에 달하는 값, 결국 기온의 높은 극에는 숫자의 밑에 두 줄의 빨간선을 긋고, 최저기온의 월간의 최저치, 결국 낮은 극에는 한 줄의 빨간선을 그어 표시하는 방법이 흔히 사용되고 있다.

질문 04 관측치를 계급으로 나눌 때, 계급의 경계에 있는 값은 어느 쪽에 넣는가?

▸ 대기통계에서는 원래부터, 예를 들면 5 – 10 계급에는 5.0에서 9.9까지를 잡고, 10.0 미만은 포함하지 않는 습관이 있다. 그러나 계급을 5.0~9.9, 10.0~14.9 등으로 하는 쪽이 혼동되지 않는다. 또, '강수량 10 mm 미만', '기온 25 C 이상'이라고 하는 계급은 각각 < 10 mm, 25 C로 나타내는 일이 있다. 이때는 10 mm는 계급에 포함하지 않고 25 C는 포함한다.

질문 05 야장·원부 등에 기입할 때, 숫자나 문자의 글자체는 어떤 것이 좋은가?

▸ 다음에 나타낸 것 같은 정자체가 알기 쉬워 좋다고 생각한다.

$$A\,a\,B\,b\,C\,c\,D\,d\,E\,e\,F\,f\,G\,g\,H\,h\,I\,i\,J\,j\,K\,k\,L\,l\,M\,m$$
$$N\,n\,O\,o\,P\,p\,Q\,q\,R\,r\,S\,s\,T\,t\,U\,u\,V\,v\,W\,w\,X\,x\,Y\,y\,Z\,z$$
$$0\ 1\ 2\ 3\ 4\ 5\ 6\ 7\ 8\ 9$$

·

Atmospheric
Instrumental
Observations

·

Atmospheric instrumental observations

Part **4**

부록

부록 01A 동특성과 시상수(늦어짐의 계수)

피측정량이 급격하게 변화를 할 때에 측정기가 변화 후의 값에 대응한 올바른 지시를 나타낼 때까지의 시간을 늦어짐(relaxation time)이라고 한다.

기온, 습도, 기압 등의 기상요소는 고정된 장소에서의 연속관측 또는 라디오존데 관측과 같이 장소가 변하는 관측(300~400 m/min의 상승속도)과 같이 시간적 공간적으로 변화하는 양의 측정들이다. 이와 같이 측정량의 변동에 대한 측정기의 시간적인 **응답특성(應答特性)**을 **동특성(動特性, dynamic characteristics)**이라고 한다. 또는 다른 표현으로 **시상수[時常數, 시정수(時定數), time constant]**, 늦어짐의 계수라고 한다. 이 시상수의 값이 작을수록 변동에 의한 응답하는 측기 또는 늦어짐의 특성이 우수한 측기라고 하는 것이 된다.

한편, 측정량이 변하지 않을 때의 특성을 **정특성(靜特性, static characteristics)**이라고 한다.

1A.1 | 일차미분형의 응답특성

일차미분형의 응답특성은 기온을 T, 수은온도계의 구부의 온도를 θ, 온도계 구부의 열용량을 C, 시간을 t로 하면

$$C \frac{d\theta}{dt} = k(T - \theta) \qquad\qquad (부1.1)$$

의 관계가 있다. 여기서 k는 비례상수이다. 이와 같은 식의 응답을 **일차미분형응답**이라고 한다. 이것이 입력신호 T와 출력신호 θ의 관계인 일차계의 일반식이다. T의 변화로서

$$T = T_0 \quad t \leq 0 \qquad\qquad (부1.2)$$
$$T = T_\infty \quad t > 0$$

와 같이 변화한 경우 식 (부1.1)의 해는

$$\theta - \theta_0 = (T_\infty - T_0)\left(1 - e^{-\frac{t}{\tau}}\right) \qquad \text{(부1.3)}$$

이다. 여기서

$$\tau = \frac{c}{k} \qquad \text{(부1.4)}$$

이다. 부록그림 1.1에서 보듯이 온도계의 시도는 기온의 급격한 변화로 늦어짐은 지수함수적으로 평형치 $\theta_\infty = T_\infty$에 접근한다.

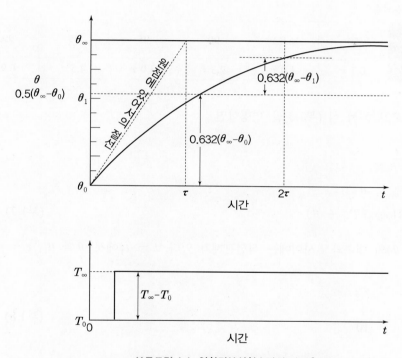

부록그림 1.1 일차미분선형소자의 과도응답

계단적인 함수를 부여한 경우의 일차미분형응답, 아래 그림 (b)와 같은 계단함수의 입력에 대한 출력변화는 위 그림 (a)의 곡선으로 표현된다. τ가 시상수이다.

$t = \tau$일 때

$$\theta - \theta_0 = (T_\infty - T_0)\left(1 - \frac{1}{e}\right) = 0.632\,(T_\infty - T_0) \qquad \text{(부1.5)}$$

이다. $t = 0$에 있어서의 θ의 변화속도는 부록그림 1.1 (b)와 같은 계단함수의 입력에 대한 출력의 변화는 부록그림 1.1 (a)의 곡선으로 나타내진다.

$$\frac{d\theta}{dt} = \frac{T_\infty - T_0}{\tau} = \frac{\theta_\infty - \theta_0}{\tau} \tag{부1.6}$$

이기 때문에 이 변화속도를 유지한 채 변화했을 경우에 T_∞가 될 때까지의 시간이 τ이지만, 실제로는 모든 변화의 63.2%가 되었을 때의 시간을 나타내며 이것을 시상수(時常數, time constant) 또는 늦어짐의 계수(係數, lag coefficient)라고 한다. 이와 같은 τ는 응답이 빠를수록 작은 양이다. 또 실제의 그 변화는 점근적이며 응답의 전진정도와 시간 및 시상수의 관계는 부록표 1.1과 같다.

부록표 1.1 시상수와 응답속도

$\frac{(\theta - \theta_0)}{(\theta_\infty - \theta)}$ %	50	63.2	90	95	99	99.9
시간	$0.7\,\tau$	$1.0\,\tau$	$2.3\,\tau$	$3.0\,\tau$	$4.5\,\tau$	$6.9\,\tau$

$T_0 = \theta_0 = 0$으로 해서 식 (부1.3)을 변형하면

$$\ln T_\infty - \frac{t}{\tau}$$
$$= \ln(T_\infty - \theta)$$
$$= 2.303 \log_{10}(T_\infty - \theta) \tag{부1.7}$$

따라서 $(T_\infty - \theta)$의 대수와 t 사이에는 직선관계가 있다. $t = t_1$에서 $\theta = \theta_1$, $t = t_2$에서 $\theta = \theta_2$로 하고

$$\frac{T_\infty - \theta_2}{T_\infty - \theta_1} = \frac{1}{10} \tag{부1.8}$$

이 되도록 t_1과 t_2를 취하면

$$\tau = \frac{t_2 - t_1}{2.303} \tag{부1.9}$$

이 된다.

실험적으로 τ를 구할 때에는 T를 갑자기 변화시킨 후, 각 시각의 θ의 값을 읽어 부록그림 1.2와 같이 세로만를 대수(log)그래프로 해서 그린다. 각 측정점에 적합하도록 직선을 그려 식 (부1.9)에서 τ를 구하면 된다.

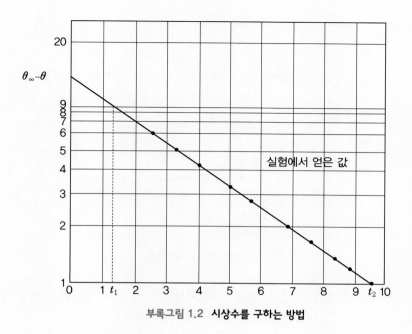

부록그림 1.2 시상수를 구하는 방법

위의 관계는 입력과 출력의 관계는 식 (부1.1)과 같이 일계미분방정식으로 표현되는 측기(온도계, 습도계, 기압계) 등의 늦음의 계수를 구하는 데 이용된다.

각종 기상측기의 늦음의 계수의 크기는 유리온도계 : 약 1분, 모발습도계 : 2~3분, 수은기압계 : 1초, 풍속계 : 수초 정도이다.

기상요소의 변화가 삼각함수인 경우의 응답은 복잡해지는데, 진폭의 비와 시상수와 기온변화의 주기의 비를 사용해서, 다음과 같이 나타낼 수 있다.

$$\frac{\theta - \theta_0}{T - T_0} = \frac{1}{\sqrt{1 + (\omega\tau)^2}} \qquad (\text{부}1.10)$$

여기서 $\theta - \theta_0$는 측기기록의 진폭, $T - T_0$는 기온변화의 진폭, ω는 각속도$= 2\pi f = 2\pi/P$, P는 기상요소의 주기, f는 진동수이고, τ는 시상수이다.

시상수와 기상요소의 변화의 주기의 비는 다음과 같이 나타낼 수 있다.

$$\frac{\tau}{P} = \frac{\sqrt{\left(\dfrac{T - T_0}{\theta - \theta_0}\right)^2 - 1}}{2\pi} \qquad (\text{부}1.11)$$

진폭의 비와 τ/P의 관계는 부록그림 1.3과 같이 된다. 이 그림에서 기상요소의 진폭에 가까운 값을 재현하는 데에는 측기의 시상수를 변동주기의 1/5 이하로 할 필요가 있다는 것을 알 수 있다.

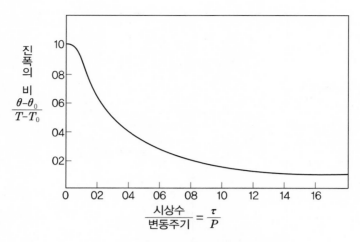

부록그림 1.3 **진폭비와 τ/P의 관계**

한 예로서 기온변화의 주기를 5분으로 했을 때의 시상수가 다른 측기의 각 기록을 부록그림 1.4에 나타낸다.

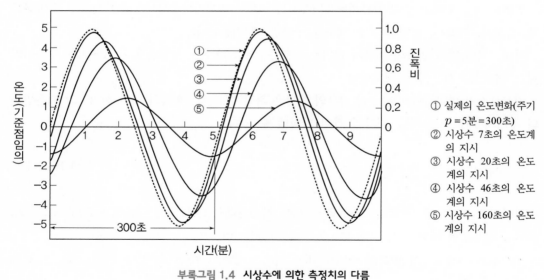

① 실제의 온도변화(주기 p =5분=300초)
② 시상수 7초의 온도계의 지시
③ 시상수 20초의 온도계의 지시
④ 시상수 46초의 온도계의 지시
⑤ 시상수 160초의 온도계의 지시

부록그림 1.4 **시상수에 의한 측정치의 다름**

1A2 │ 이차미분형의 응답특성

이차미분형의 응답특성은 다음과 같다.

1A.2.1 자유진동

자유진동(自由振動, free vibration, oscillations, 우변＝0)은 균일한 풍속 속에 풍향계가 놓여 졌을 때 풍향계는 진동하면서 점차로 흐름의 방향으로 자리 잡아간다. 이 변동은 다음 식으로 표현된다.

$$I\frac{d^2\theta}{dt^2} + c_1\frac{d\theta}{dt} + c_2\theta = 0 \qquad\qquad (부1.12)$$

여기서 θ는 풍향계와 흐름 사이의 각, I는 풍향계의 관성능률, c_1, c_2는 측기에 의해 결정되는 상수이다.

일반적으로 식 (부1.12)와 같이 이차미분방정식으로 표현되어 나타나는 응답을 이차미분형응 답이라고 한다. 식 (부1.12)에서 $t = 0$일 때 $\theta = \theta_0$의 초기조건을 넣어서 **보충해**(補充解, complementary function, Boas의 p.352～참조)를 풀면

$$\theta = \theta_0 \, e^{-\frac{c_1 t}{2I}}\left(\cos\sqrt{\frac{c_2}{I}} \cdot t + \frac{c_1}{2\sqrt{Ic_2}}sin\sqrt{\frac{c_2}{I}} \cdot t\right) \qquad\qquad (부1.13)$$

이고, 이것을 그림으로 그리면 부록그림 1.5와 같이 감쇠진동이 된다.

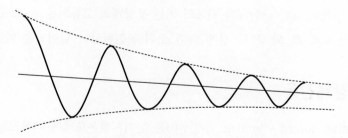

부록그림 1.5 풍향계의 진동모형

n번째의 진폭을 A_n, $n+1$번째의 진폭을 A_{n+1}로 하면 $\log(A_n/A_{n+1}) = \Lambda$를 대수감쇠율이 라고 한다. 부록그림 1.5에 표시한 포물선의 풍향계 진동의 주기를 P_w로 하면 $\exp(-2\Lambda/P_w \cdot t)$ 로 지수함수적으로 감소한다. 따라서 $t = P_w/2\Lambda$일 때 진폭의 비는 $1/e$이 된다. 이 $P_w/2\Lambda$를 이차 미분형응답일 때의 시상수라고 한다.

또 위의 사실로부터 주기가 짧을수록 응답이 빨라지고 Λ가 클수록 감쇠가 빨라지는 것을 알 수 있다. 전류계와 같은 것에서는 감쇠를 빠르게 하기 위해 적당한 제동을 붙이지만 단계적인 변화에 대해서 꼭 과행이 일어나지 않게 되는 제동을 **임계제동**(臨界制動)이라고 한다. 이것보다 제동이 크면 진동이 없어 응답이 상당히 늦어진다.

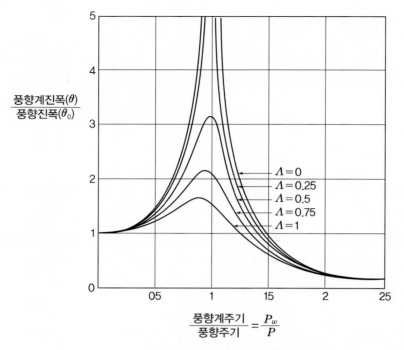

부록그림 1.6 진폭비와 주기비와의 관계

풍향의 변화가 사인(sine)일 때의 진폭비와 주기비와의 관계가 부록그림 1.6에 있다. 이 그림에서 풍향변동의 진폭에 대한 풍향계의 진폭의 비는 풍향계의 고유진동 P_w와 풍향변동주기 P와의 비에 의해 변하고 P_w와 P를 같게 하면 소위 **공명현상**이 일어남을 알 수 있다.

1A.2.2 강제진동

강제진동(强制振動, forced vibration, 우변≠0)은 전기저항온도계에 가동코일형 검류계를 이용해서 측정할 경우에는 온도계감부의 일차계로서의 늦어짐 외에도 검류계의 늦어짐이 있다. 검류계의 입력(전류)과 출력(지침의 흔들림)의 관계는 이차미분방정식으로 표현된다. 이와 같이 실제의 측정계는 일차계(늦어짐)와 이차계(진동)와의 조합의 삼차계의 것이 많다.

검류계단자의 전압을 E라 할 때 지침의 흔들림의 각 θ는

$$I\frac{d^2\theta}{dt^2} + \left(\frac{Mk}{r+r_g} + a\right)\frac{d\theta}{dt} + b\theta = \frac{M}{r+r_g}E \qquad (\text{부}1.14)$$

로 표현된다. 여기서 I는 검류계 가동 부분의 관성능률, M은 코일에 단위전류가 흘렀을 때에 작용하는 회전능률, k는 코일이 자장 속에서 단위각속도로 움직일 때 생기는 기전력, r은 외부저항, r_g는 내부저항, a는 가동부에 작용하는 공기저항계수, b는 용수철의 상수이다.

$$E = 0 \quad t \leq 0$$
$$E = E_1 \quad t > 0 \tag{부1.15}$$

로 해서, 식 (부1.14)의 해는 $\omega_n = \sqrt{b/I}$ (검류계의 고유주파수)로 해서

$$\beta = \frac{\dfrac{Mk}{r + r_g} + a}{2\sqrt{Ib}}$$

$$\phi = \arctan\left(\frac{\sqrt{1 - \beta^2}}{\beta}\right) \tag{부1.16}$$

으로 놓으면

(1) $\beta < 1$일 때 : 제동부족

$$y = b\frac{r + r_g}{M}\theta = E_1\left\{1 - \frac{e^{\beta w_n}}{\sqrt{1 - \beta^2}}\sin\left(\sqrt{1 - \beta^2}\,\omega_n t + \phi\right)\right\} \tag{부1.17}$$

(2) $\beta = 1$일 때 : 임계제동

$$y = E_1\left\{1 - (1 + \omega_n t)\right\}e^{-\omega_n t} \tag{부1.18}$$

(3) $\beta > 1$일 때 : 제동과도

$$y = E_1\left\{1 - e^{-\beta \omega_n}\left(\cosh\sqrt{\beta^2 - 1}\,\omega_n t + \frac{\beta}{\sqrt{\beta^2 - 1}}\sinh\sqrt{\beta^2 - 1}\,\omega_n t\right)\right\}$$

$$\tag{부1.19}$$

가 되어, $\beta \lessgtr 1$에 따른 이차진동계의 과도응답이 부록그림 1.7에 표시되어 있다. 이와 같은 특성을 갖는 이차진동계의 측정기에 일정한 입력을 접속해서 측정할 때는 임계제동의 상태가 가장 빨리 평형상태에 도달한다. 제동의 부족이 너무 크면 지침이 진동해서 어느 정도 평형점에서 멈추지 않지만 $\beta \approx 0.8$에서는 처음의 흔들림으로 평형점을 1 % 정도 넘어가서 평형점에 되돌아오므로, 속히 평형점에 되돌아오고 넘어 지나감이 있기 때문에 평형점이 확실해진다.

측정기에 따라서는 $\beta \approx 0.8$에 조정되어 있는 것도 많다. 제동이 지나치면 평형점에 도달될 때까지의 시간이 길고 평형에 도달했는지 어떤지가 명확하지 않아 좋지 않다.

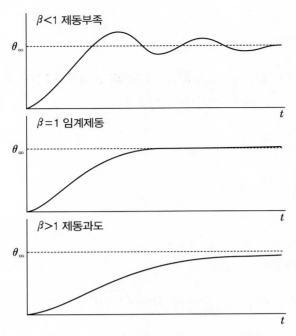

부록그림 1.7 이계형 선형소자의 과도응답의 제동비
$\beta < 1,\ \beta = 1,\ \beta > 1$에 의한 변화

부록 01B 주파수응답

일차계의 입력주파수 ω가 변화했을 때의 출력의 입력에 대한 진폭비와 위상차 ϕ의 변화, 즉 주파수응답은 식 (부1.1)을 일반화한 방정식

$$\tau \frac{d\theta}{dt} + \theta = \alpha\, T \quad (\alpha \text{는 상수}) \tag{부1.20}$$

에 의해 조사할 수 있다.

입력을

$$T(t) = T_0 \cos \omega t \tag{부1.21}$$

로 하면 출력은

$$\theta(t) = \theta_0 \cos(\omega t + \phi) \tag{부1.22}$$

단,

$$\text{진폭비} \quad \frac{\theta_0}{T_0} = \frac{\alpha}{\sqrt{1 + (\omega\, \tau)^2}} \tag{부1.23}$$

$$\text{위상차} \quad \phi = -\tan^{-1} \frac{\omega\, \tau}{\alpha} \tag{부1.24}$$

이고, 입력주파수가 커지면 출력진폭은 작아져서 위상의 늦어짐이 커진다. 기온의 변화속도가 빨라지면 온도계는 이것에 따라가지 못해서 진폭은 작아지고 위상도 늦어지게 된다.

$T(t)$, $\theta(t)$ 대신에 복소벡터 $X(j\omega)$, $Y(j\omega)$를 사용하면

$$X(i\omega) = T_0\, e^{i\omega t}, \quad Y(i\omega) = \theta_0\, e^{i(\omega t + \phi)} \tag{부1.25}$$

단, i는 허수단위 $\sqrt{-1}$를 나타낸다. $e^{i\theta} = \cos\theta + i\sin\theta$이기 때문에, $X(i\omega)$와 $Y(i\omega)$의 실수부는 각각 식 (부1.21), 식 (부1.22)이고, 식 (부1.24)의 ϕ는 X, Y 양 벡터가 이루는 각을

나타낸다(부록그림 1.8 참조).

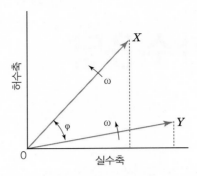

부록그림 1.8 **벡터표시**
X, Y는 서로 ϕ의 각을 이루고 ω의 각속도로 원점주위를 회전한다.

X, Y를 식 (부1.20)에 대입하면 X와 Y의 양 벡터의 비는

$$G(i\,\omega) = \frac{X}{Y} = \frac{\alpha}{1 + i\,\omega\,\tau} \tag{부1.26}$$

또 식 (부1.25)에서

$$\frac{X}{Y} = \frac{\theta_0}{T_0} \cos\,(\phi + i\sin\phi) \tag{부1.27}$$

이기 때문에, 식 (부1.25)와 식 (부1.26)의 실수부와 허수부를 각각 같다고 놓고 θ_0 / T_0 및 ϕ를 구할 수 있다. 따라서 $G(i\,\omega)$를 **주파수응답함수**라고 부른다. 주파수응답함수의 절대치 G는 **진폭비**(이득 또는 gain)을 나타내고, 위상각 $\angle\,G$는 입력에 대한 출력의 위상의 어긋남을 나타낸다.
이차계의 주파수응답함수는

$$G(i\omega) = \frac{1}{-\left(\dfrac{\omega}{\omega_n}\right)^2 + 2\,i\,\beta\left(\dfrac{\omega}{\omega_n}\right) + 1} \tag{부1.28}$$

이다. 단 ω_n, β는 각각 고유주파수 및 제동비이다.
일차계의 이득과 위상차를 식 (부1.23), 식 (부1.24)에서 구하면 부록그림 1.9와 같이 된다. 단, 이득은 데시벨(dB)[18] 단위로 표시되어 있다. 진폭비와 데시벨수 $N = 20\log_{10} n$의 관계는

---

18) 데시벨(dB) : 데시벨(decibel)이란, 세기와 측정하려는 소리의 세기의 비 값을 상용로그 취해 준 다음 10을 곱해서 얻어지는 값이다. 소리의 강도 I와 기준의 음의 강도 I_0와의 비의 상용대수를 10배한 것이다. 즉, $10\log_{10}\,(I/I_0)$, 여기서 $I_0 = 10^{-12}\ W \cdot m^{-2}$ 이다.

진폭비(n)	0.01	0.1	1	2	10	50	100
데시벨(N)	−40	−20	0	6	20	34	40

이다. 식 (부1.23)에서 $\omega\tau = 1$, $\alpha = 1$로 놓으면,

$$|G| = \frac{1}{\sqrt{2}} , \quad N = -3\,\text{dB} \tag{부1.29}$$

따라서 $1/\tau = \omega_b$로 놓으면, $\omega = \omega_b$일 때의 이득은 −3 dB 이다. $\omega \gg \omega_b(\omega\tau \gg 1)$일 때는 $|G| \simeq 1/\omega\tau$이기 때문에, $N \simeq -20\log\omega\tau$이다. 따라서 부록그림 1.9에 있어서 $\omega = \omega_b$에서 $N = 0$, $\omega\tau$가 10배가 될 때마다 20 dB 감소하는 직선으로 접근한다.

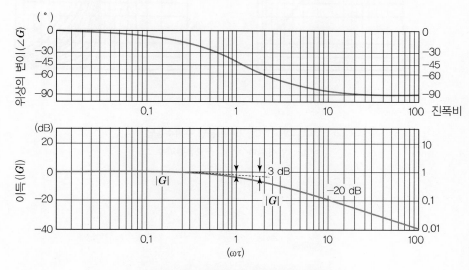

부록그림 1.9 일차미분선형 주파수응답
ω는 각주파수, τ는 시상수

이차계의 주파수응답함수는 식 (부1.28)으로 표현되지만, 그 이득과 위상차는

$$|G| = \frac{1}{\sqrt{(1 - \Omega^2) + (2\beta\Omega)^2}}$$

$$\angle G = -\tan^{-1}\frac{2\beta\Omega}{1 - \Omega^2} \tag{부1.30}$$

단 $\Omega = \omega/\omega_n$이다. 따라서, 입력주파수 ω가 고유주파수 ω_n에 비교해서 낮은 범위 ($\Omega \ll 1$)에서는 $|G| \gg 0\,dB$, $\angle G \simeq 0$이 되고, 입출력의 비는 1에 가깝고, 위상의 늦어짐은

작다(부록그림 1.10). 입력주파수가 고유주파수에 비교해서 큰 경우($\Omega \gg 1$)에는 $|G| \sim 1/\Omega^2$, $\angle G \simeq 180°$가 된다.

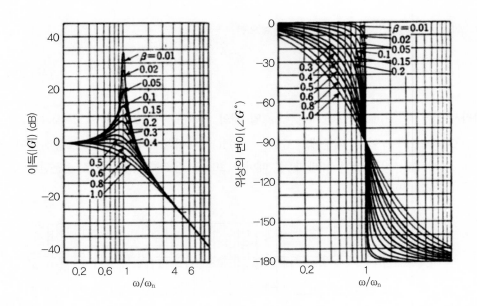

부록그림 1.10 **이차미분형 주파수응답**

ω : 입력주파수, ω_n : 고유주파수

2.1 | 기압환산표

이 표는 mm 단위로 관측한 기압을 hPa(mb) 단위로 환산하기 위한 것인데, 수은은 0 C에 있어서의 밀도를 13.5951 g/cm^3, 표준중력을 980.665 cm/s^{2}으로 하고,

$$1 \text{ mm} = 1.333224 \text{ hPa(mb)} \tag{부 2.1}$$

의 값을 사용해서 만들었다. 『부록표 2.1 기압환산표』를 보기 바란다.

■ 예

763.4 mm는 세로란(열) 760과 가로란(행)의 3에서 763 mm에 대응하는 값 1,017.2 hPa를 구하고, 다음에 소수 첫째 자리의 환산표에서 0.4 mm에 대한 값 0.5 hPa를 구해서, 이것을 더하면 1,017.7 hPa(mb)이 된다.

부록표 2.1 기압환산표(mm → hPa)

mm	0	1	2	3	4	5	6	7	8	9
820	1093.2	1094.6	1095.9	1097.2	1098.6	1099.9	1101.2	1102.6	1103.9	1105.2
810	1079.9	1081.2	1082.6	1083.9	1085.2	1086.6	1087.9	1089.2	1090.6	1091.9
800	1066.6	1067.9	1069.2	1070.6	1071.9	1073.2	1074.6	1075.9	1077.2	1078.6
790	1053.2	1054.6	1055.9	1057.2	1058.6	1059.9	1061.2	1062.6	1063.9	1065.2
780	1039.9	1041.2	1042.6	1043.9	1045.2	1046.6	1047.9	1049.2	1050.6	1051.9
770	1026.6	1027.9	1029.2	1030.6	1031.9	1033.2	1034.6	1035.9	1037.2	1038.6
760	1013.3	1014.6	1015.9	1017.2	1018.6	1019.9	1021.2	1022.6	1023.9	1025.2

(계속)

mm	0	1	2	3	4	5	6	7	8	9
750	999.9	1001.3	1002.6	1003.9	1005.3	1006.6	1007.9	1009.3	1010.6	1011.9
740	986.6	987.9	989.3	990.6	991.9	993.3	994.6	995.9	997.3	998.6
730	973.3	974.6	975.9	977.3	978.6	979.9	981.3	982.6	983.9	985.3
720	959.9	961.3	962.6	963.9	965.3	966.6	967.9	969.3	970.6	971.9
710	946.6	947.9	949.3	950.6	951.9	953.3	954.6	955.9	957.3	958.6
700	933.3	934.6	935.9	937.3	938.6	939.9	941.3	942.6	943.9	945.3
690	919.9	921.3	922.6	923.9	925.3	926.6	927.9	929.3	930.6	931.9
680	906.6	907.9	909.3	910.6	911.9	913.3	914.6	915.9	917.3	918.6
670	893.3	894.6	895.9	897.3	898.6	899.9	901.3	902.6	903.9	905.3
660	879.9	881.3	882.6	883.9	885.3	886.6	887.9	889.3	890.6	891.9
650	866.6	867.9	869.3	870.6	871.9	873.3	874.6	875.9	877.3	878.6
640	853.3	854.6	855.9	857.3	858.6	859.9	861.3	862.6	863.9	865.3
630	839.9	841.3	842.6	843.9	845.3	846.6	847.9	849.3	850.6	851.9
620	826.6	827.9	829.3	830.6	831.9	833.3	834.6	835.9	837.3	838.6
610	813.3	814.6	815.9	817.3	818.6	819.9	821.3	822.6	823.9	825.3
600	799.9	801.3	802.6	803.9	805.3	806.6	807.9	809.3	810.6	811.9
590	786.6	787.9	789.3	790.6	791.9	793.3	794.6	795.9	797.3	798.6
580	773.3	774.6	775.9	777.3	778.6	779.9	781.3	782.6	783.9	785.3
570	759.9	761.3	762.6	763.9	765.3	766.6	767.9	769.3	770.6	771.9
560	746.6	747.9	749.3	750.6	751.9	753.3	754.6	755.9	757.3	758.6
550	733.3	734.6	735.9	737.3	738.6	739.9	741.3	742.6	743.9	745.3
540	719.9	721.3	722.6	723.9	725.3	726.6	727.9	729.3	730.6	731.9
530	706.6	707.9	709.3	710.6	711.9	713.3	714.6	715.9	717.3	718.6
520	693.3	694.6	695.9	697.3	698.6	699.9	701.3	702.6	703.9	705.3
510	679.9	681.3	682.6	683.9	685.3	686.6	687.9	689.3	690.6	691.9
500	666.6	667.9	669.3	670.6	671.9	673.3	674.6	675.9	677.3	678.6
490	653.3	654.6	655.9	657.3	658.6	659.9	661.3	662.6	663.9	665.3
480	639.9	641.3	642.6	643.9	645.3	646.6	647.9	649.3	650.6	651.9
470	626.6	627.9	629.3	630.6	631.9	633.3	634.6	635.9	637.3	638.6
460	613.3	614.6	615.9	617.3	618.6	619.9	621.3	622.6	623.9	625.3

소수 첫째 자리의 환산표

mm	0.1	0.2	0.3	0.4	0.5	0.6	0.7	0.8	0.9
hPa	0.1	0.3	0.4	0.5	0.7	0.8	0.9	1.1	1.2

2.2 | 수은기압계의 온도보정

2.2.1 온도보정식의 유도

온도보정(溫度補正, temperature correction, C_t)도 수은기압계에 의해 기압을 측정할 때 하는 보정의 하나이다. 토리첼리의 진공을 만드는 수은주의 높이는 온도에 따라 변화한다. 또 그 높이를 측정하는 자의 규모도 온도에 따라 그 눈금간격도 신축한다. 그래서 수은기압계는 0 C의 값으로 보정해야 한다.

온도보정치를 C_t라 하면

$$C_t = -B_1 \frac{(\mu - \lambda)\,t}{1 + \mu\,t} \tag{부2.2}$$

이다. 여기서 B_1은 수은기압계로 관측해서 기차보정을 한 기압, μ는 수은의 부피팽창계수 (0.0001818 / C), λ는 규모를 표시한 자의 선팽창계수로 자는 황동을 사용하게 되어 있으므로 황동의 선팽창계수는 $\lambda = 0.0000184$ / C이다. 이것을 빙점보정(氷点補正)이라고도 한다.
식 (부2.2)의 분모 $= (1 + \mu\,t)^{-1}$을 이항급수(二項級數, binomial series)로 전개하면

$$(1+x)^p = 1 + Px + \frac{P(P-1)}{2\,!}x^2 + \frac{P(P-1)(P-2)}{3\,!}x^3 + \cdots \tag{부2.3}$$

이므로

$$(1 + \mu\,t)^{-1} = 1 - \mu\,t + \frac{2}{2\,!}(\mu\,t)^2 - \frac{6}{3\,!}\mu\,t^3 + \cdots \tag{부2.4}$$

이 된다. 식 (부2.4)를 1차항까지 취해서 식 (부2.2)에 대입하면,

$$C_t = -B_1(\mu - t)\,t \cdot (1 - \mu\,t) = -B_1(\mu\,t - \mu^2 t - \lambda\,t + \lambda\mu\,t) \tag{부2.5}$$

2차항을 버리면

$$C_t \fallingdotseq -B_1(\mu\,t - \lambda\,t) = -B_1(\mu - \lambda)t = -B_1 \times 0.0001634\,t \tag{부2.6}$$

$$C_t \fallingdotseq -B_1 \times 0.000163\,t \tag{부2.7}$$

2.2.2 온도보정치표

이 『부록표 2.2. 수은기압계의 온도보정치표』의 값은 위의 식 (부2.7)에서 설명한 C_t를 구하는 식에 의한 것인데, 기압계의 읽은 값과 부착온도계의 시도를 알고 있으면 0.1 hPa 이하의 오차로 보정치를 구할 수 있다.

■ 예

수은기압계의 시도(기차보정을 한 값)가 1,012. 4 hPa로 부착온도계의 시도가 14. 5 C일 때 기압계의 시도가 1,010 hPa의 가로로, 부착온도계의 시도가 14 C와 15 C의 세로를 보면 −2.3과 −2.5의 값이 있다. 따라서 비례배분에 의한 14.5 C에 대한 온도보정치는 −2.4 hPa 인 것을 알 수 있다. 따라서 구하고자 하는 값은 1,012. 4 − 2.4 = 1,010.0 hPa(mb)이 된다.

부록표 2.2 수은기압계의 온도보정치표(hPa)

부착온도계의 시도(C)	기압계의 시도(hPa)											
	840	850	860	870	880	890	900	910	920	930	940	950
40	−5.5	−5.5	−5.6	−5.7	−5.7	−5.8	−5.8	−5.9	−6.0	−6.0	−6.1	−6.2
39	−5.3	−5.4	−5.4	−5.5	−5.6	−5.6	−5.7	−5.8	−5.8	−5.9	−6.0	−6.0
38	−5.2	−5.2	−5.3	−5.4	−5.4	−5.5	−5.6	−5.6	−5.7	−5.7	−5.8	−5.9
37	−5.0	−5.1	−5.2	−5.2	−5.3	−5.3	−5.4	−5.5	−5.5	−5.6	−5.7	−5.7
36	−4.9	−5.0	−5.0	−5.1	−5.1	−5.2	−5.3	−5.3	−5.4	−5.4	−5.5	−5.6
35	−4.8	−4.8	−4.9	−4.9	−5.0	−5.1	−5.1	−5.2	−5.2	−5.3	−5.3	−5.4
34	−4.6	−4.7	−4.8	−4.8	−4.9	−4.9	−5.0	−5.0	−5.1	−5.1	−5.2	−5.3
33	−4.5	−4.6	−4.6	−4.7	−4.7	−4.8	−4.8	−4.9	−4.9	−5.0	−5.0	−5.1
32	−4.4	−4.4	−4.5	−4.5	−4.6	−4.6	−4.7	−4.7	−4.8	−4.8	−4.9	−4.9
31	−4.2	−4.3	−4.3	−4.4	−4.4	−4.5	−4.5	−4.6	−4.6	−4.7	−4.7	−4.8
30	−4.1	−4.1	−4.2	−4.2	−4.3	−4.3	−4.4	−4.4	−4.5	−4.5	−4.6	−4.6
29	−4.0	−4.0	−4.1	−4.1	−4.2	−4.2	−4.2	−4.3	−4.3	−4.4	−4.4	−4.5
28	−3.8	−3.9	−3.9	−3.9	−4.0	−4.1	−4.1	−4.1	−4.2	−4.2	−4.3	−4.3
27	−3.7	−3.7	−3.8	−3.8	−3.9	−3.9	−4.0	−4.0	−4.0	−4.1	−4.1	−4.2
26	−3.6	−3.6	−3.6	−3.7	−3.7	−3.8	−3.8	−3.9	−3.9	−3.9	−4.0	−4.0
25	−3.4	−3.5	−3.5	−3.5	−3.6	−3.6	−3.7	−3.7	−3.7	−3.8	−3.8	−3.9
24	−3.3	−3.3	−3.4	−3.4	−3.4	−3.5	−3.5	−3.6	−3.6	−3.6	−3.7	−3.7
23	−3.1	−3.2	−3.2	−3.3	−3.3	−3.3	−3.4	−3.4	−3.4	−3.5	−3.5	−3.6
22	−3.0	−3.0	−3.1	−3.1	−3.2	−3.2	−3.2	−3.3	−3.3	−3.3	−3.4	−3.4
21	−2.9	−2.9	−2.9	−3.0	−3.0	−3.0	−3.1	−3.1	−3.1	−3.2	−3.2	−3.3
20	−2.7	−2.8	−2.8	−2.8	−2.9	−2.9	−2.9	−3.0	−3.0	−3.0	−3.1	−3.1
19	−2.6	−2.6	−2.7	−2.7	−2.7	−2.8	−2.8	−2.8	−2.9	−2.9	−2.9	−2.9
18	−2.5	−2.5	−2.5	−2.6	−2.6	−2.6	−2.6	−2.7	−2.7	−2.7	−2.8	−2.8
17	−2.3	−2.4	−2.4	−2.4	−2.4	−2.5	−2.5	−2.5	−2.6	−2.6	−2.6	−2.6
16	−2.2	−2.2	−2.2	−2.3	−2.3	−2.3	−2.4	−2.4	−2.4	−2.4	−2.5	−2.5
15	−2.1	−2.1	−2.1	−2.1	−2.2	−2.2	−2.2	−2.2	−2.3	−2.3	−2.3	−2.3
14	−1.9	−1.9	−2.0	−2.0	−2.0	−2.0	−2.1	−2.1	−2.1	−2.1	−2.1	−2.2
13	−1.8	−1.8	−1.8	−1.8	−1.9	−1.9	−1.9	−1.9	−2.0	−2.0	−2.0	−2.0
12	−1.6	−1.7	−1.7	−1.7	−1.7	−1.7	−1.8	−1.8	−1.8	−1.8	−1.8	−1.9
11	−1.5	−1.5	−1.5	−1.6	−1.6	−1.6	−1.6	−1.6	−1.7	−1.7	−1.7	−1.7
10	−1.4	−1.4	−1.4	−1.4	−1.4	−1.5	−1.5	−1.5	−1.5	−1.5	−1.5	−1.6
9	−1.2	−1.3	−1.3	−1.3	−1.3	−1.3	−1.3	−1.3	−1.4	−1.4	−1.4	−1.4
8	−1.1	−1.1	−1.1	−1.1	−1.2	−1.2	−1.2	−1.2	−1.2	−1.2	−1.2	−1.2
7	−1.0	−1.0	−1.0	−1.0	−1.0	−1.0	−1.0	−1.0	−1.1	−1.1	−1.1	−1.1
6	−0.8	−0.8	−0.8	−0.9	−0.9	−0.9	−0.9	−0.9	−0.9	−0.9	−0.9	−0.9
5	−0.7	−0.7	−0.7	−0.7	−0.7	−0.7	−0.7	−0.7	−0.8	−0.8	−0.8	−0.8
4	−0.6	−0.6	−0.6	−0.6	−0.6	−0.6	−0.6	−0.6	−0.6	−0.6	−0.6	−0.6
3	−0.4	−0.4	−0.4	−0.4	−0.4	−0.4	−0.4	−0.5	−0.5	−0.5	−0.5	−0.5
2	−0.3	−0.3	−0.3	−0.3	−0.3	−0.3	−0.3	−0.3	−0.3	−0.3	−0.3	−0.3
1	−0.1	−0.1	−0.1	−0.1	−0.1	−0.2	−0.2	−0.2	−0.2	−0.2	−0.2	−0.2

(계속)

부착온도계의 시도(C)	기압계의 시도(hPa)											
	960	970	980	990	1,000	1,010	1,020	1,030	1,040	1,050	1,060	1,070
40	−6.2	−6.3	−6.4	−6.4	−6.5	−6.6	−6.6	−6.7	−6.8	−6.8	−6.9	−6.9
39	−6.1	−6.1	−6.2	−6.3	−6.3	−6.4	−6.5	−6.5	−6.6	−6.6	−6.7	−6.8
38	−5.9	−6.0	−6.0	−6.1	−6.2	−6.2	−6.3	−6.4	−6.4	−6.5	−6.5	−6.6
37	−5.8	−5.8	−5.9	−6.0	−6.0	−6.1	−6.1	−6.2	−6.3	−6.3	−6.4	−6.4
36	−5.6	−5.7	−5.7	−5.8	−5.8	−5.9	−6.0	−6.0	−6.1	−6.1	−6.2	−6.3
35	−5.5	−5.5	−5.6	−5.6	−5.7	−5.7	−5.8	−5.9	−5.9	−6.0	−6.0	−6.1
34	−5.3	−5.4	−5.4	−5.5	−5.5	−5.6	−5.6	−5.7	−5.7	−5.8	−5.9	−5.9
33	−5.2	−5.2	−5.3	−5.3	−5.4	−5.4	−5.5	−5.5	−5.6	−5.6	−5.7	−5.7
32	−5.0	−5.0	−5.1	−5.2	−5.2	−5.3	−5.3	−5.4	−5.4	−5.5	−5.5	−5.6
31	−4.8	−4.9	−4.9	−5.0	−5.0	−5.1	−5.1	−5.2	−5.2	−5.3	−5.3	−5.4
30	−4.7	−4.7	−4.8	−4.8	−4.9	−4.9	−5.0	−5.0	−5.1	−5.1	−5.2	−5.2
29	−4.5	−4.6	−4.6	−4.7	−4.7	−4.8	−4.8	−4.9	−4.9	−5.0	−5.0	−5.0
28	−4.4	−4.4	−4.5	−4.5	−4.6	−4.6	−4.6	−4.7	−4.7	−4.8	−4.8	−4.9
27	−4.2	−4.3	−4.3	−4.4	−4.4	−4.4	−4.5	−4.5	−4.6	−4.6	−4.7	−4.7
26	−4.1	−4.1	−4.1	−4.2	−4.2	−4.3	−4.3	−4.4	−4.4	−4.4	−4.5	−4.5
25	−3.9	−3.9	−4.0	−4.0	−4.1	−4.1	−4.2	−4.2	−4.2	−4.3	−4.3	−4.4
24	−3.8	−3.8	−3.8	−3.9	−3.9	−3.9	−4.0	−4.0	−4.1	−4.1	−4.1	−4.2
23	−3.6	−3.6	−3.7	−3.7	−3.7	−3.8	−3.8	−3.9	−3.9	−3.9	−4.0	−4.0
22	−3.4	−3.5	−3.5	−3.5	−3.6	−3.6	−3.7	−3.7	−3.7	−3.8	−3.8	−3.8
21	−3.3	−3.3	−3.4	−3.4	−3.4	−3.5	−3.5	−3.5	−3.6	−3.6	−3.6	−3.7
20	−3.1	−3.2	−3.2	−3.2	−3.3	−3.3	−3.3	−3.4	−3.4	−3.4	−3.5	−3.5
19	−3.0	−3.0	−3.0	−3.1	−3.1	−3.1	−3.2	−3.2	−3.2	−3.3	−3.3	−3.3
18	−2.8	−2.8	−2.9	−2.9	−2.9	−3.0	−3.0	−3.0	−3.1	−3.1	−3.1	−3.1
17	−2.7	−2.7	−2.7	−2.7	−2.8	−2.8	−2.8	−2.9	−2.9	−2.9	−2.9	−3.0
16	−2.5	−2.5	−2.6	−2.6	−2.6	−2.6	−2.7	−2.7	−2.7	−2.7	−2.8	−2.8
15	−2.4	−2.4	−2.4	−2.4	−2.4	−2.5	−2.5	−2.5	−2.5	−2.6	−2.6	−2.6
14	−2.2	−2.2	−2.2	−2.3	−2.3	−2.3	−2.3	−2.4	−2.4	−2.4	−2.4	−2.4
13	−2.0	−2.1	−2.1	−2.1	−2.1	−2.1	−2.2	−2.2	−2.2	−2.2	−2.3	−2.3
12	−1.9	−1.9	−1.9	−1.9	−2.0	−2.0	−2.0	−2.0	−2.0	−2.1	−2.1	−2.1
11	−1.7	−1.7	−1.8	−1.8	−1.8	−1.8	−1.8	−1.9	−1.9	−1.9	−1.9	−1.9
10	−1.6	−1.6	−1.6	−1.6	−1.6	−1.7	−1.7	−1.7	−1.7	−1.7	−1.7	−1.8
9	−1.4	−1.4	−1.4	−1.5	−1.5	−1.5	−1.5	−1.5	−1.5	−1.5	−1.6	−1.6
8	−1.3	−1.3	−1.3	−1.3	−1.3	−1.3	−1.3	−1.3	−1.4	−1.4	−1.4	−1.4
7	−1.1	−1.1	−1.1	−1.1	−1.1	−1.2	−1.2	−1.2	−1.2	−1.2	−1.2	−1.2
6	−0.9	−1.0	−1.0	−1.0	−1.0	−1.0	−1.0	−1.0	−1.0	−1.0	−1.0	−1.1
5	−0.8	−0.8	−0.8	−0.8	−0.8	−0.8	−0.8	−0.8	−0.9	−0.9	−0.9	−0.9
4	−0.6	−0.6	−0.6	−0.7	−0.7	−0.7	−0.7	−0.7	−0.7	−0.7	−0.7	−0.7
3	−0.5	−0.5	−0.5	−0.5	−0.5	−0.5	−0.5	−0.5	−0.5	−0.5	−0.5	−0.5
2	−0.3	−0.3	−0.3	−0.3	−0.3	−0.3	−0.3	−0.3	−0.3	−0.3	−0.4	−0.4
1	−0.2	−0.2	−0.2	−0.2	−0.2	−0.2	−0.2	−0.2	−0.2	−0.2	−0.2	−0.2

2.3 | 기상관서의 좌표와 중력표

관측장소가 이 『부록표 2.3』에 있는 지점의 가까이에 있을 때는 그 값을 이용해 중력의 값을 구해도 오차는 비교적 작다.

부록표 2.3 기상관서의 좌표와 중력표

기상관서	위도(북위)	경도(동경)	표고(m)	중력(cm/s^2)
속 초 기 상 대	38°14′53.308″	128°34′01.144″	17.79	980.03055
속초공항(AWS)	38°08′34.308″	128°36′17.274″	11.33	980.02752
철 원 기 상 대	38°08′42.516″	127°18′22.814″	154.22	979.94884
동 두 천 기 상 대	37°53′56.804″	127°03′46.096″	112.49	979.94731
대 관 령 기 상 대	37°41′02.865″	128°45′39.475″	842.52	979.78761
춘 천 기 상 대	37°53′59.545″	127°44′16.387″	76.82	979.95284
강릉지방기상청	37°44′55.118″	128°53′35.707″	25.91	979.98459
동 해 레 이 더	37°30′15.304″	129°07′35.810″	39.6	979.96902
서 울 기 상 청	37°29′27.258″	126°55′12.638″	33.51	979.95034
김포공항(14R)	37°33′48.224″	126°46′55.299″	9.58	979.96181
기포공항(32R)	37°32′52.080″	126°48′26.425″	10.37	979.95877
인 천 기 상 대	37°28′28.904″	126°37′35.940″	68.85	979.94836
원 주 기 상 대	37°20′04.956″	127°56′55.617″	149.81	979.88622
울릉도기상대	37°28′41.411″	130°54′04.868″	218.271	980.03398
수 원 기 상 대	37°16′10.056″	126°59′14.891″	33.58	979.86035
영 월 기 상 대	37°10′42.143″	128°27′34.940″	239.79	979.86028
청 주 기 상 대	36°38′10.794″	127°26′34.054″	57.36	979.88012
서 산 기 상 대	36°46′25.422″	126°29′45.423″	25.93	979.92042
울 진 기 상 대	36°59′20.130″	129°24′54.916″	49.42	979.86907
태안배경기상대	36°32′08.249″	126°19′56.020″	45.763	979.77272
태백기상관측소	37°10′03.081″	128°59′29.574″	713.447	979.83260
대전지방기상청	36°22′08.583″	127°22′27.269″	68.28	979.78146
추 풍 령 기 상 대	36°13′01.317″	127°59′47962″	242.53	979.84895
안 동 기 상 대	36°34′12.428″	128°42′34.244″	139.39	979.84968
포 항 기 상 대	36° 1′46.906″	129°22′55.059″	1.88	979.83269
군 산 기 상 대	35°59′23.938″	126°42′27.941″	25.57	979.78674
군 산 레 이 더	36° 0′34.770″	126°47′09.572″	209.83	979.81270
대 구 기 상 대	35°52′55.758″	128°37′16.454″	57.64	979.79581

(계속)

기상관서	위도(북위)	경도(동경)	표고(m)	중력(cm/s²)
관악산레이더	37°26′29.111″	126°57′57.677″	626.762	979.78421
전 주 기 상 대	35°49′06.510″	127°09′25.387″	53.48	979.82722
울 산 공 항	35°35′07.361″	129°21′20.905″	8.899	979.81717
울 산 기 상 대	35°33′25.558″	129°19′21.155″	34.69	979.77208
마 산 기 상 대	35°11′13.497″	128°34′02.416″	3.31	979.73682
광주지방기상청	35°10′11.193″	126°53′37.076″	70.53	979.75619
부산지방기상청	35°06′05.725″	129°02′03.404″	69.23	979.65497
부 산 레 이 더	35°06′56.575″	129°00′07.632″	517.79	979.73449
통 영 기 상 대	34°50′32.419″	128°26′16.052″	31.7	979.74060
무 안 기 상 대	35°05′26.772″	126°17′13.698″	24.49	979.71483
목 포 기 상 대	34°48′49.595″	126°22′59.638″	37.88	979.72884
여 수 공 항	34°50′27.336″	127°36′55.835″	19.32	979.71137
여 수 기 상 대	34°44′10.218″	127°44′33.984″	66.05	979.70731
흑산도기상대	34°41′02.612″	125°27′10.753″	79.434	979.68769
완 도 기 상 대	34°23′33.763″	126°42′13.990″	34.87	979.68769
제주공항(24R)	33°30′39.672″	126°29′46.591″	21.758	979.62378
제주공항(6R)	33°29′54.124″	126°28′33.856″	22.922	979.62284
제 주 기 상 대	33°30′39.391″	126°31′54.132″	19.97	979.62419
제주고층레이더	33°17′26.006″	126°09′53.357″	71.21	979.59856
목 포 공 항	34°45′19.180″	126°22′58.481″	2.897	979.71447
서귀포기상대	33°14′34.214″	126°34′02.501″	50.47	979.59865
진 주 기 상 대	35°12′19.345″	128°07′16.645″	21.32	979.76173
강화기상관측소	37°42′16.731″	126°26′55.053″	45.65	979.97067
양평기상관측소	37°29′08.907″	127°29′47.771″	47.006	979.94754
인제기상관측소	38°03′26.129″	128°10′09.181″	198.597	979.94585
이천기상관측소	37°15′40.124″	127°29′10.840″	77.786	979.90036
홍천기상관측소	37°40′50.889″	127°52′57.380″	140.593	979.92267
제천기상관측소	37°09′23.117″	128°11′47.471″	263.213	979.85357
충주기상관측소	36°57′33.484″	127°53′21.838″	69.093	979.88316
보은기상관측소	36°29′04.811″	127°44′10.564″	174.096	979.81759
천안기상관측소	36°46′36.215″	127°07′16.523″	24.892	979.88544
보령기상관측소	36°19′27.385″	126°33′33.982″	15.294	979.84929
부여기상관측소	36°16′09.870″	126°55′22.369″	11.345	979.84375
금산기상관측소	36°06′09.566″	127°29′01.944″	171.261	979.78851

(계속)

기상관서	위도(북위)	경도(동경)	표고(m)	중력(cm/s^2)
부안기상관측소	35°43′35.501″	126°43′07.010″	10.681	979.79534
임실기상관측소	35°36′33.226″	127°17′15.569″	246.852	979.82875
정읍기상관측소	35°33′36.401″	126°52′05.360″	44.111	979.76726
남원기상관측소	35°24′08.256″	127°20′06.473″	89.704	979.72913
장수기상관측소	35°39′14.202″	127°31′20.606″	407.009	979.68600
순천기상관측소	35°04′18.833″	127°14′28.374″	74.382	979.72574
장흥기상관측소	34°41′08.114″	126°55′17.682″	45.224	979.69817
해남기상관측소	34°33′01.363″	126°34′15.871″	13.744	979.69999
고흥기상관측소	34°36′54.279″	127°16′40.195″	53.272	979.70240
성산포기상대	33°23′00.784″	126°52′56.812″	18.62	979.61405
춘양기상관측소	36°56′26.608″	128°55′00.324″	321.521	979.82313
영주기상관측소	36°52′08.192″	128°31′08.797″	210.212	979.83592
문경기상관측소	36°37′27.658″	128°09′03.501″	170.361	979.84585
영덕기상관측소	36°31′49.318″	129°24′42.114″	41.232	979.89633
의성기상관측소	36°21′11.120″	128°41′26.981″	81.092	979.84419
구미기상관측소	36°07′39.341″	128°19′22.007″	47.863	979.81885
영천기상관측소	35°58′27.947″	128°57′13.179″	94.099	979.81296
거창기상관측소	35°40′05.486″	127°54′47.448″	220.883	979.71852
합천기상곤측소	35°33′43.197″	128°10′19.363″	32.661	979.78470
밀양기상관측소	35°29′18.449″	128°44′46.952″	12.596	979.79465
산청기상관측소	35°24′35.790″	127°52′52.535″	138.568	979.75508
거제기상관측소	34°53′06.223″	128°36′24.271″	45.266	979.73803
남해기상관측소	34°48′48.631″	127°55′42.809″	44.413	979.72819

※ 부산대학교 최광선 교수 제공 : 1999, 기상관서 관측상수 정밀측정연구. 기상청, p.39 – 40.

2.4 | 수은기압계의 중력보정치표

다음의 『부록표 2.4』의 값은 본문 6.3.1항의 보정에 설명한 C_g를 구하는 것을 기초로 해서 계산한 것인데, 온도보정을 나타낸 수은기압계의 시도와 관측지점의 중력치를 알면 0.1 hPa 이하의 오차로 중력보정치를 구할 수 있다.

■ 예

수은기압계의 관측치는 기차보정과 온도보정을 나타낸 값이 1,003.7 hPa로, 관측지점의 중력이 979.86 cm/s²일 때, 중력가속도가 979.90 cm/s²의 세로란과 기압이 1,000 hPa의 가로란을 보면, 중력보정치는 −0.8 hPa인 것을 알 수 있다. 따라서 보정기압은 1,003.7−0.8=1,002.9 hPa인 것을 알 수 있다.

부록표 2.4 수은기압계의 중력보정치표(hPa)

중력 cm/s²	온도보정을 한 기압계의 시도(hPa)			
	900	950	1,000	1,050
980.70	+0.0	+0.0	+0.0	+0.0
980.60	−0.1	−0.1	−0.1	−0.1
980.50	−0.2	−0.2	−0.2	−0.2
980.40	−0.2	−0.3	−0.3	−0.3
980.30	−0.3	−0.4	−0.4	−0.4
980.20	−0.4	−0.5	−0.5	−0.5
980.10	−0.5	−0.6	−0.6	−0.6
980.00	−0.6	−0.6	−0.7	−0.7
979.90	−0.7	−0.7	−0.8	−0.8
979.80	−0.8	−0.8	−0.9	−0.9
979.70	−0.9	−0.9	−1.0	−1.0
979.60	−1.0	−1.0	−1.1	−1.1
979.50	−1.1	−1.1	−1.2	−1.2
979.40	−1.2	−1.2	−1.3	−1.3

2.5 | 해면경정치를 구하는 도표

본문 6.9절에서 설명한 해면경정용의 간단한 공식을 공선도표(共線圖表, nomogram)로 한 것인데, 개략의 해면경정치를 구하는 것이다.

■ 예제

해발 60 m인 곳에서 보정기압은 1,010 hPa, 기온은 13 C였다. 기압척의 1,010 hPa과 온도척의 13 C를 연결하면(기온척은 위쪽이 저온인 것에 주의할 것), 그것의 중간에 있는 척의 위에 점 D를 정한다. 다음에 D 점과 해발척 상의 60을 연결해서 해면경정치척 상의 점을 읽어 7.3 hPa를 구한다. 따라서, 해면기압은 1,010+7.3=1,017.3 hPa(mb)이다. 『부록도표 2.1. 해면경정치를 구하는 도표』를 보자.

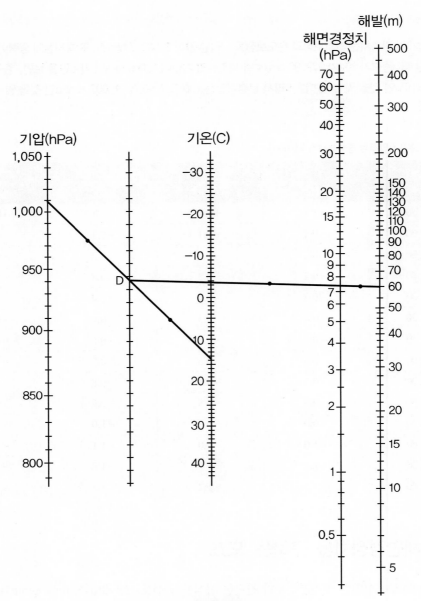

부록도표 2.1 해면경정치를 구하는 도표

표준대기의 기압과 고위

부록 03

기압과 고도와의 관계를 알기 위한 표이다. 1954년 5월에 캐나다의 몬트리올에서 간행된 ICAO의 표준대기편람(標準大氣便覽, manual of ICAO standard atmosphere)에서 발췌한 것으로, 그 값은 다음 가정에 의해 계산되었다.

① 기준면(해면)의 표준기압은 1,013.250 hPa인데, 이것은 밀도가 13.5951 g/cm³로서 높이가 760 mm의 수은주가 980.665 cm/s²의 중력인 곳에 놓여 있을 때의 기압에 상당한다.

② 공기에 있어서는 완전기체의 상태방정식이 성립되고, 그 기체상수는 2.8704×106 erg/g K로 한다.

③ 기압과 높이의 관계는 정역학방정식에 의한 것으로 한다. 그러나 동시에 중력의 값에 좌우되기 때문에 직접 높이를 사용하지 않고, 단위질량의 물체를 그 높이까지 들어올리는 데 필요한 일, 즉 그 높이의 지오퍼텐셜(geopotential)＝고위(高位)를 이용한다. 지오포텐셜의 단위를 지오퍼텐셜미터(gpm : geopotential meter)라고 한다. 1 gpm은 0.98×105 cm²/s²으로, 약 1.02 m의 고도차, 고위차에 대응한다. 따라서 보통은 1 gpm은 대개 1 m라고 간주해도 좋다.

④ 기준면(해면)의 기온은 15 C, 높이에 의한 기온의 감률은 0.0065 C/m로 하고 −56.50 C로 성층권에 들어가, 거기에서는 기온이 일정한 것으로 한다.

⑤ 0 C는 절대온도(K)로서 273.16으로 한다.

『부록표 3.1』은 0.1 hPa 간격의 기압에 대한 고위(지오퍼텐셜미터, gpm)의 값으로, 부호(−)가 추가되어 있는 것은 기준면(해면) 밑의 고도에 있는 것을 표시한다. 890 hPa 보다 낮은 기압에 대한 값은 생략한다.

부록표 3.1 표준대기의 기압과 고위(gpm)

정수 \ 소수	기압(hPa)									
	0	1	2	3	4	5	6	7	8	9
1,049	−293	−294	−295	−296	−297	−297	−298	−299	−300	−301
1,048	−285	−286	−287	−288	−289	−289	−290	−291	−292	−293
1,047	−277	−278	−279	−280	−280	−281	−282	−283	−284	−285
1,046	−269	−270	−271	−272	−272	−273	−274	−275	−276	−276
1,045	−261	−262	−263	−263	−264	−265	−266	−267	−267	−268
1,044	−253	−254	−255	−255	−256	−257	−258	−259	−259	−260
1,043	−245	−246	−246	−247	−248	−249	−250	−250	−251	−252
1,042	−237	−237	−238	−239	−240	−241	−241	−242	−243	−244
1,041	−228	−229	−230	−231	−232	−233	−233	−234	−235	−236
1,040	−220	−221	−222	−223	−224	−224	−225	−226	−227	−228
1,039	−212	−213	−214	−215	−215	−216	−217	−218	−219	−220
1,038	−204	−205	−206	−206	−207	−208	−209	−210	−211	−211
1,037	−196	−197	−197	−198	−199	−200	−201	−202	−202	−203
1,036	−188	−188	−189	−190	−191	−192	−193	−193	−194	−195
1,035	−179	−180	−181	−182	−183	−184	−184	−185	−186	−187
1,034	−171	−172	−173	−174	−175	−175	−176	−177	−178	−179
1,033	−163	−164	−165	−166	−166	−167	−168	−169	−170	−170
1,032	−155	−156	−157	−157	−158	−159	−160	−161	−161	−162
1,031	−147	−148	−148	−149	−150	−151	−152	−152	−153	−154
1,030	−139	−139	−140	−141	−142	−143	−143	−144	−145	−146
1,029	−130	−131	−132	−133	−134	−134	−135	−136	−137	−138
1,028	−122	−123	−124	−125	−125	−126	−127	−128	−129	−129
1,027	−114	−115	−115	−116	−117	−118	−119	−120	−120	−121
1,026	−106	−106	−107	−108	−109	−110	−111	−111	−112	−113
1,025	−97	−98	−99	−100	−101	−101	−102	−103	−104	−105
1,024	−89	−90	−91	−92	−92	−93	−94	−95	−96	−97
1,023	−81	−82	−82	−83	−84	−85	−86	−87	−87	−88
1,022	−73	−73	−74	−75	−76	−77	−78	−78	−79	−80
1,021	−64	−65	−66	−67	−68	−68	−69	−70	−71	−72
1,020	−56	−57	−58	−59	−59	−60	−61	−62	−63	−63
1,019	−48	−49	−49	−50	−51	−52	−53	−54	−54	−55
1,018	−39	−40	−41	−42	−43	−44	−44	−45	−46	−47
1,017	−31	−32	−33	−34	−34	−35	−36	−37	−38	−39
1,016	−23	−24	−25	−25	−26	−27	−28	−29	−30	−30
1,015	−15	−15	−16	−17	−18	−19	−20	−20	−21	−22
1,014	−6	−7	−8	−9	−10	−10	−11	−12	−13	−14
1,013	2	1	0	0	−1	−2	−3	−4	−5	−5
1,012	10	10	9	8	7	6	5	5	4	3
1,011	19	18	17	16	15	15	14	13	12	11
1,010	27	26	25	25	24	23	22	21	20	20

(계속)

정수\소수	기압(hPa)									
	0	1	2	3	4	5	6	7	8	9
1,009	35	35	34	33	32	31	30	30	29	28
1,008	44	43	42	41	40	40	39	38	37	36
1,007	52	51	50	50	49	48	47	46	45	45
1,006	61	60	59	58	57	56	56	55	54	53
1,005	69	68	67	66	66	65	64	63	62	61
1,004	77	76	76	75	74	73	72	71	71	70
1,003	86	85	84	83	82	81	82	81	79	78
1,002	94	93	92	92	91	90	89	88	87	87
1,001	102	102	101	100	99	98	97	97	96	95
1,000	111	110	109	108	108	107	106	105	104	103
999	119	118	118	117	116	115	114	113	113	112
998	128	127	126	125	124	124	123	122	121	120
997	136	135	134	134	133	132	131	130	129	129
996	145	144	143	142	141	140	140	139	138	137
995	153	152	151	151	150	149	148	147	146	145
994	161	161	160	159	158	157	156	156	155	154
993	170	169	168	167	167	166	165	164	163	162
992	178	178	177	176	175	174	173	172	172	171
991	187	186	185	184	183	183	182	181	180	179
990	195	195	194	193	192	191	190	189	189	188
989	204	203	202	201	200	200	199	198	197	196
988	212	211	211	210	209	208	207	206	206	205
987	221	220	219	218	217	217	216	215	214	213
986	229	228	228	227	226	225	224	223	223	222
985	238	237	236	235	234	234	233	232	231	230
984	246	246	245	244	243	242	241	240	240	239
983	255	254	253	252	251	251	250	249	248	247
982	263	263	262	261	260	259	258	257	257	256
981	272	271	270	269	269	268	267	266	265	264
980	281	280	279	278	277	276	275	275	274	273
979	289	288	287	287	286	285	284	283	282	281
978	298	297	296	295	294	293	293	292	291	290
977	306	305	305	304	303	302	301	300	299	299
976	315	314	313	312	311	311	310	309	308	307
975	323	323	322	321	320	319	318	317	317	316
974	332	331	330	329	329	328	327	326	325	324
973	341	340	339	338	337	336	335	335	334	333
972	349	348	347	347	346	345	344	343	342	341
971	358	357	356	355	354	353	353	352	351	350
970	366	366	365	364	363	362	361	360	360	359

(계속)

정수 \ 소수	기압(hPa)									
	0	1	2	3	4	5	6	7	8	9
969	375	374	373	372	372	371	370	369	368	367
968	384	383	382	381	380	379	378	378	377	376
967	392	391	391	390	389	388	387	386	385	385
966	401	400	399	398	397	397	396	395	394	393
965	410	409	408	407	406	405	404	404	403	402
964	418	417	417	416	415	414	413	412	411	410
963	427	426	425	424	423	423	422	421	420	419
962	436	435	434	433	432	431	430	430	429	428
961	444	443	443	442	441	440	439	438	437	436
960	453	452	451	450	450	449	448	447	446	445
959	462	461	460	459	458	457	456	456	455	454
958	470	470	469	468	467	466	465	464	463	463
957	479	478	477	477	476	475	474	473	472	471
956	488	487	486	485	484	483	483	482	481	480
955	497	496	495	494	493	492	491	490	490	489
954	505	504	504	503	502	501	500	499	498	497
953	514	513	512	511	511	510	509	508	507	506
952	523	522	521	520	519	518	518	517	516	515
951	532	531	530	529	528	527	526	525	525	524
950	540	539	539	538	537	536	535	534	533	532
949	549	548	547	546	546	545	544	543	542	541
948	558	557	556	555	554	553	553	552	551	550
947	567	566	565	564	563	562	561	561	560	559
946	575	575	574	573	572	571	570	569	568	568
945	584	583	583	582	581	580	579	578	577	576
944	593	592	591	590	590	589	588	587	586	585
943	602	601	600	599	598	597	597	596	595	594
942	611	610	609	608	607	606	605	605	604	603
941	620	619	618	617	616	615	614	613	613	612
940	628	628	627	626	625	624	623	622	621	620
939	637	636	635	635	634	633	632	631	630	629
938	646	645	644	643	643	642	641	640	639	638
937	655	654	653	652	651	651	650	649	648	647
936	664	663	662	661	660	659	659	658	657	656
935	673	672	671	670	669	668	667	667	666	665
934	682	681	680	679	678	677	676	675	675	674
933	691	690	689	688	687	686	685	684	683	683
932	699	699	698	697	696	695	694	693	692	691
931	708	707	707	706	705	704	703	702	701	700
930	717	716	715	715	714	713	712	711	710	709

(계속)

정수＼소수	기압(hPa)									
	0	1	2	3	4	5	6	7	8	9
929	726	725	724	723	723	722	721	720	719	718
928	735	734	733	732	732	731	730	729	728	727
927	744	743	742	741	740	740	739	738	737	736
926	753	752	751	750	749	749	748	747	746	745
925	762	761	760	759	758	757	757	756	755	754
924	771	770	769	768	767	766	766	765	764	763
923	780	779	778	777	776	775	775	774	773	772
922	789	788	787	786	785	784	783	783	782	781
921	798	797	796	795	794	793	792	792	791	790
920	807	806	805	804	803	802	801	801	800	799
919	816	815	814	813	812	811	810	810	809	808
918	825	824	823	822	821	820	819	819	818	817
917	834	833	832	831	830	829	828	828	827	826
916	843	842	841	840	839	838	838	837	836	835
915	852	851	850	849	848	847	847	846	845	844
914	861	860	859	858	857	856	856	855	854	853
913	870	869	868	867	866	866	865	864	863	862
912	879	878	877	876	876	875	874	873	872	871
911	888	887	886	885	885	884	883	882	881	880
910	897	896	895	895	894	893	892	891	890	889
909	906	905	905	904	903	902	901	900	899	898
908	915	915	914	913	912	911	910	909	908	907
907	925	924	923	922	921	920	919	918	917	916
906	934	933	932	931	930	929	928	927	926	925
905	943	942	941	940	939	938	937	936	935	935
904	952	951	950	949	948	947	946	946	945	944
903	961	960	959	958	957	956	956	955	954	953
902	970	969	968	967	967	966	965	964	963	962
901	979	978	978	977	976	975	974	973	972	971
900	988	988	987	986	985	984	983	982	981	980
899	998	997	996	995	994	993	999	991	990	989
898	1,007	1,006	1,005	1,004	1,003	1,002	1,001	1,000	999	999
897	1,016	1,015	1,014	1,013	1,012	1,011	1,011	1,010	1,009	1,008
896	1,025	1,024	1,023	1,022	1,022	1,021	1,020	1,019	1,018	1,017
895	1,034	1,033	1,033	1,032	1,031	1,030	1,029	1,028	1,027	1,026
894	1,044	1,043	1,042	1,041	1,040	1,039	1,038	1,037	1,036	1,035
893	1,053	1,052	1,051	1,050	1,049	1,048	1,047	1,046	1,045	1,045
892	1,062	1,061	1,060	1,059	1,058	1,057	1,057	1,056	1,055	1,054
891	1,071	1,070	1,069	1,069	1,068	1,067	1,066	1,065	1,064	1,063
890	1,081	1,080	1,079	1,078	1,077	1,076	1,075	1,074	1,073	1,072

부록 04 포화수증기압표

액수(液水, 물)의 포화수증기압표와 얼음의 포화수증기압표로 나누어져 있지만, 양쪽 다 다음에 나타낸 고프-그래치(Goff-Gratch, 1945)의 실험식을 기본으로 한 값인데, 국제적으로 채용되어 있다.

4.1 | 액수의 포화수증기압

$$
\begin{aligned}
\log E_{lw} = &-7.90298\left(\frac{373.16}{273.16+t}-1\right)+5.02808\log\frac{373.16}{273.16+t} \\
&-1.3816\times10^{-7}\left\{10^{11.344\left(1-\frac{273.16+t}{373.16}\right)}-1\right\} \\
&+8.1328\times10^{-3}\left\{10^{-3.49149\left(\frac{373.16}{273.16+t}-1\right)}-1\right\} \\
&+\log 1{,}013.246
\end{aligned}
$$

(부4.1)

여기서, E_{lw} : 액수(液水, liquid water)의 포화수증기압(hPa), 온도가 0 C 이하 일 때는 과냉각한 액수(물)에 대한 포화수증기압

　　　　t : 온도(C)

■ 예

기온 20.3 C일 때의 포화수증기압은 세로란의 온도(C) 20과 가로란인 C의 소수 첫째 자리에서 3의 행에 해당하는 값 23.81 hPa이다.

부록표 4.1 액수의 포화수증기압표(hPa)

온도 (C)	C의 소수 첫째 자리									
	0	1	2	3	4	5	6	7	8	9
50	123.40	124.01	124.63	125.25	125.87	126.49	127.12	127.75	128.38	129.01
49	117.40	117.99	118.58	119.17	119.77	120.37	120.97	121.57	122.18	122.79
48	111.66	112.22	112.79	113.36	113.93	114.50	115.07	115.65	116.23	116.82
47	106.16	106.70	107.24	107.78	108.33	108.88	109.43	109.98	110.54	111.10
46	100.89	101.41	101.93	102.45	102.97	103.50	104.03	104.56	105.09	105.62
45	95.86	96.35	96.85	97.34	97.84	98.34	98.85	99.36	99.87	100.38
44	91.03	91.51	91.98	92.46	92.94	93.42	93.90	94.39	94.87	95.36
43	86.42	86.88	87.33	87.79	88.24	88.70	89.17	89.63	90.10	90.56
42	82.02	82.45	82.88	83.32	83.75	84.19	84.64	85.08	85.53	85.97
41	77.80	78.22	78.63	79.05	79.46	79.88	80.31	80.73	81.63	81.59
40	73.78	74.17	74.57	74.97	75.37	75.77	76.17	76.58	76.98	77.39
39	69.93	70.31	70.69	71.07	71.45	71.83	72.22	72.61	73.00	73.39
38	66.26	66.62	66.98	67.35	67.71	68.08	68.45	68.82	69.19	69.56
37	62.76	63.11	63.45	63.80	64.14	64.49	64.84	65.20	65.55	65.91
36	59.42	59.75	60.08	60.41	60.74	61.07	61.41	61.74	62.08	62.42
35	56.24	56.55	56.86	57.18	57.49	57.81	58.13	58.45	58.77	59.10
34	53.20	53.50	53.80	54.10	54.40	54.70	55.00	55.31	55.62	55.93
33	50.31	50.59	50.87	51.16	51.45	51.74	52.03	52.32	52.61	52.90
32	47.55	47.82	48.09	48.36	48.64	48.91	49.19	49.47	49.75	50.03
31	44.93	45.18	45.44	45.70	45.96	46.22	46.49	46.75	47.02	47.28
30	42.43	42.67	42.92	48.17	43.41	43.66	43.91	44.17	44.42	44.67
29	40.45	40.29	40.52	40.76	40.99	41.23	41.47	41.71	41.95	42.19
28	37.80	38.02	38.24	38.46	38.69	38.91	39.14	39.36	39.59	39.82
27	35.65	35.86	36.07	36.28	36.49	36.71	36.92	37.14	37.36	37.58
26	33.61	33.81	34.01	34.21	34.41	34.62	34.82	35.03	35.23	35.44
25	31.67	31.86	32.05	32.24	32.43	32.63	32.82	33.02	33.21	33.41
24	29.83	30.01	30.19	30.37	30.56	30.74	30.92	31.11	31.30	31.48
23	28.09	28.26	28.43	28.60	28.77	28.95	29.12	29.30	29.48	29.65
22	26.43	26.59	26.75	26.92	27.08	27.25	27.41	27.58	27.75	27.92
21	24.86	25.01	25.17	25.32	25.48	25.64	25.79	25.95	26.11	26.27
20	23.37	23.52	23.66	23.81	23.96	24.11	24.26	24.41	24.56	24.71
19	21.96	22.10	22.24	22.38	22.52	22.66	22.80	22.94	23.08	23.23
18	20.63	20.76	20.89	21.02	21.15	21.29	21.42	21.56	21.69	21.83
17	19.37	19.49	19.61	19.74	19.86	19.99	20.12	20.24	20.37	20.50
16	18.17	18.29	18.41	18.52	18.64	18.76	18.88	19.00	19.12	19.24
15	17.04	17.15	17.26	17.38	17.49	17.60	17.71	17.83	17.94	18.06
14	15.98	16.08	16.19	16.29	16.40	16.50	16.61	16.72	16.83	16.93
13	14.97	15.07	15.17	15.27	15.37	15.47	15.57	15.67	15.77	15.87
12	14.02	14.11	14.20	14.30	14.39	14.49	14.58	14.68	14.77	14.87
11	13.12	13.21	13.29	13.38	13.47	13.56	13.65	13.74	13.83	13.93

(계속)

온도(C)	C의 소수 첫째 자리									
	0	1	2	3	4	5	6	7	8	9
10	12.27	12.35	12.44	12.52	12.60	12.69	12.77	12.86	12.95	13.03
9	11.47	11.55	11.63	11.71	11.79	00.87	11.95	12.03	12.11	12.19
8	10.72	10.80	10.87	10.94	11.02	11.09	11.17	11.24	11.32	11.40
7	10.01	10.08	10.15	10.22	10.29	10.36	10.43	10.50	10.58	10.65
6	9.35	9.41	9.48	9.54	9.61	9.67	9.74	9.81	9.88	9.94
5	8.72	8.78	8.84	8.90	8.97	9.03	9.09	9.15	9.22	9.28
4	8.13	8.19	8.24	8.30	8.36	8.42	8.48	8.54	8.60	8.66
3	7.58	7.63	7.68	7.74	7.79	7.85	7.90	7.96	8.02	8.07
2	7.05	7.11	7.16	7.21	7.26	7.31	7.36	7.42	7.47	7.52
1	6.57	6.61	6.66	6.71	6.76	6.81	6.86	6.90	6.95	7.00
0	6.11	6.15	6.20	6.24	6.29	6.33	6.38	6.43	6.47	6.52
−0	6.11	6.06	6.02	5.98	5.93	5.89	5.85	5.80	5.76	5.72
−1	5.68	5.64	5.60	5.55	5.51	5.47	5.43	5.39	5.35	5.31
−2	5.28	5.24	5.20	5.16	5.12	5.08	5.05	5.01	4.97	4.93
−3	4.90	4.86	4.82	4.97	4.75	4.72	4.68	4.65	4.61	4.58
−4	4.55	4.51	4.48	4.44	4.41	4.38	4.34	4.31	4.28	4.25
−5	4.21	4.18	4.15	4.12	4.09	4.06	4.03	4.00	3.97	3.94
−6	3.91	3.88	3.85	3.82	3.79	3.76	3.73	3.70	3.67	3.65
−7	3.62	3.59	3.56	3.53	3.51	3.48	3.45	3.43	3.40	3.37
−8	3.35	3.32	3.30	3.27	3.25	3.22	3.20	3.17	3.15	3.12
−9	3.10	3.07	3.05	3.03	3.00	2.98	2.95	2.93	2.91	2.89
−10	2.86	2.84	2.82	2.80	2.77	2.75	2.73	2.71	2.69	2.67
−11	2.64	2.62	2.60	2.58	2.56	2.54	2.52	2.50	2.48	2.46
−12	2.44	2.42	2.40	2.38	2.36	2.34	2.33	2.31	2.29	2.27
−13	2.25	2.23	2.22	2.20	2.18	2.16	2.15	2.13	2.11	2.09
−14	2.08	2.06	2.04	2.03	2.01	1.99	1.98	1.96	1.94	1.93
−15	1.91	1.90	1.88	1.86	1.85	1.83	1.82	1.80	1.79	1.77
−16	1.76	1.75	1.73	1.72	1.70	1.69	1.67	1.66	1.65	1.63
−17	1.62	1.61	1.59	1.58	1.57	1.55	1.54	1.53	1.51	1.50
−18	1.49	1.48	1.46	1.45	1.44	1.43	1.41	1.40	1.39	1.38
−19	1.37	1.36	1.34	1.33	1.32	1.31	1.30	1.29	1.28	1.27
−20	1.25	1.24	1.23	1.22	1.21	1.20	1.19	1.18	1.17	1.16
−21	1.15	1.14	1.13	1.12	1.11	1.10	1.09	1.08	1.07	1.06
−22	1.05	1.05	1.04	1.03	1.02	1.01	1.00	0.99	0.98	0.97
−23	0.96	0.96	0.95	0.94	0.93	0.92	0.91	0.91	0.90	0.89
−24	0.88	0.87	0.87	0.86	0.85	0.84	0.84	0.83	0.82	0.81
−25	0.81	0.80	0.79	0.79	0.78	0.77	0.77	0.76	0.75	0.74
−26	0.74	0.73	0.72	0.72	0.71	0.70	0.70	0.69	0.69	0.68
−27	0.67	0.67	0.66	0.65	0.65	0.64	0.64	0.63	0.62	0.62
−28	0.61	0.61	0.60	0.60	0.59	0.59	0.58	0.57	0.57	0.56
−29	0.56	0.55	0.55	0.54	0.54	0.53	0.53	0.52	0.52	0.51
−30	0.51	0.50	0.50	0.49	0.49	0.49	0.48	0.48	0.47	0.47

(계속)

온도 (C)	C의 소수 첫째 자리									
	0	1	2	3	4	5	6	7	8	9
−31	0.46	0.46	0.45	0.45	0.45	0.44	0.44	0.43	0.43	0.43
−32	0.42	0.42	0.41	0.41	0.41	0.40	0.40	0.39	0.39	0.39
−33	0.38	0.38	0.37	0.37	0.37	0.36	0.36	0.36	0.35	0.35
−34	0.35	0.34	0.34	0.34	0.33	0.33	0.33	0.32	0.32	0.32
−35	0.31	0.31	0.31	0.31	0.30	0.30	0.30	0.29	0.29	0.29
−36	0.28	0.28	0.28	0.28	0.27	0.27	0.27	0.26	0.26	0.26
−37	0.26	0.26	0.25	0.25	0.25	0.24	0.24	0.24	0.24	0.23
−38	0.23	0.23	0.23	0.23	0.22	0.22	0.22	0.22	0.21	0.21
−39	0.21	0.21	0.21	0.20	0.20	0.20	0.20	0.20	0.19	0.19
−40	0.19	0.19	0.19	0.18	0.18	0.18	0.18	0.18	0.17	0.17
−41	0.17	0.17	0.17	0.17	0.16	0.16	0.16	0.16	0.16	0.16
−42	0.15	0.15	0.15	0.15	0.15	0.15	0.14	0.14	0.14	0.14
−43	0.14	0.14	0.13	0.13	0.13	0.13	0.13	0.13	0.13	0.13
−44	0.12	0.12	0.12	0.12	0.12	0.12	0.12	0.11	0.11	0.11
−45	0.11	0.11	0.11	0.11	0.11	0.11	0.10	0.10	0.10	0.10
−46	0.10	0.10	0.10	0.10	0.10	0.09	0.09	0.09	0.09	0.09
−47	0.09	0.09	0.09	0.09	0.09	0.08	0.08	0.08	0.08	0.08
−48	0.08	0.08	0.08	0.08	0.08	0.08	0.07	0.07	0.07	0.07
−49	0.07	0.07	0.07	0.07	0.07	0.07	0.07	0.07	0.07	0.06
−50	0.06	0.06	0.06	0.06	0.06	0.06	0.06	0.06	0.06	0.06

4.2 | 얼음의 포화수증기압

$$\log E_i = -9.09718\left(\frac{273.16}{273.16+t} - 1\right) - 3.56654 \log \frac{273.16}{273.16+t}$$
$$+ 0.876793\left(1 - \frac{273.16+t}{273.16}\right) + \log 6.10714 \qquad \text{(부4.2)}$$

여기서, E_i : 얼음의 포화수증기압(hPa)

　　　 t : 온도(C)

■ 예

온도가 0 C보다 낮을 때는 얼음에 대한 포화수증기압과 과냉각한 물에 대한 포화수증기압이 있고, 후자 쪽이 큰 값을 나타낸다. 예를 들어, −10.7 C일 때 물에 대한 것은 부록표 4.1에 의해 2.7 hPa, 얼음에 의한 것은 2.44 hPa인 것을 알 수 있다.

온도 (C)	C의 소수 첫째 자리									
	0	1	2	3	4	5	6	7	8	9
−0	6.11	6.06	6.01	5.96	5.91	5.86	5.81	5.76	5.72	5.67
−1	5.62	5.58	5.53	5.48	5.44	5.39	5.35	5.30	5.26	5.22
−2	5.17	5.13	5.09	5.05	5.00	4.96	4.92	4.88	4.84	4.80
−3	4.76	4.72	4.68	4.64	4.60	4.56	4.52	4.48	4.45	4.41
−4	4.37	4.33	4.30	4.26	4.23	4.19	4.15	4.12	4.08	4.05
−5	4.02	3.98	3.95	3.91	3.88	3.85	3.81	3.78	3.75	3.72
−6	3.69	3.65	3.62	3.59	3.56	3.53	3.50	3.47	3.44	3.41
−7	3.38	3.35	3.32	3.29	3.26	3.24	3.21	3.18	3.15	3.12
−8	3.10	3.07	3.04	3.02	2.99	2.97	2.94	2.91	2.89	2.86
−9	2.84	2.81	2.79	2.76	2.74	2.72	2.69	2.67	2.64	2.62
−10	2.60	2.57	2.55	2.53	2.51	2.48	2.46	2.44	2.42	2.40
−11	2.38	2.35	2.33	2.31	2.29	2.27	2.25	2.23	2.21	2.19
−12	2.17	2.15	2.13	2.11	2.09	2.08	2.06	2.04	2.02	2.00
−13	1.98	1.97	1.95	1.93	1.91	1.90	1.88	1.86	1.84	1.83
−14	1.81	1.79	1.78	1.76	1.75	1.73	1.71	1.70	1.68	1.67
−15	1.65	1.64	1.62	1.61	1.59	1.58	1.56	1.55	1.53	1.52
−16	1.51	1.49	1.48	1.46	1.45	1.44	1.42	1.41	1.40	1.38
−17	1.37	1.36	1.35	1.33	1.32	1.31	1.30	1.28	1.27	1.26
−18	1.25	1.24	1.22	1.21	1.20	1.19	1.18	1.17	1.16	1.15
−19	1.14	1.12	1.11	1.10	1.09	1.08	1.07	1.06	1.05	1.04
−20	1.03	1.02	1.01	1.00	0.99	0.98	0.97	0.96	0.96	0.95
−21	0.94	0.93	0.92	0.91	0.90	0.89	0.88	0.88	0.87	0.86
−22	0.85	0.84	0.83	0.83	0.82	0.81	0.80	0.79	0.79	0.78
−23	0.77	0.76	0.76	0.75	0.74	0.73	0.73	0.72	0.71	0.71
−24	0.70	0.69	0.68	0.68	0.67	0.66	0.66	0.65	0.65	0.64
−25	0.63	0.63	0.62	0.61	0.61	0.60	0.60	0.59	0.58	0.58
−26	0.57	0.57	0.56	0.55	0.55	0.54	0.54	0.53	0.53	0.52
−27	0.52	0.51	0.51	0.50	0.50	0.49	0.49	0.48	0.48	0.47
−28	0.47	0.46	0.46	0.45	0.45	0.44	0.44	0.43	0.43	0.43
−29	0.42	0.42	0.41	0.41	0.40	0.40	0.40	0.39	0.39	0.38
−30	0.38	0.38	0.37	0.37	0.36	0.36	0.36	0.36	0.35	0.35
−31	0.34	0.34	0.34	0.33	0.33	0.32	0.32	0.32	0.31	0.31
−32	0.31	0.30	0.30	0.30	0.30	0.29	0.29	0.29	0.28	0.28
−33	0.28	0.27	0.27	0.27	0.27	0.26	0.26	0.26	0.25	0.25
−34	0.25	0.25	0.24	0.24	0.24	0.24	0.23	0.23	0.23	0.23
−35	0.22	0.22	0.22	0.22	0.21	0.21	0.21	0.21	0.20	0.20
−36	0.20	0.20	0.20	0.19	0.19	0.19	0.19	0.19	0.18	0.18
−37	0.18	0.18	0.18	0.17	0.17	0.17	0.17	0.17	0.16	0.16
−38	0.16	0.16	0.16	0.16	0.15	0.15	0.15	0.15	0.15	0.15
−39	0.14	0.14	0.14	0.14	0.14	0.14	0.13	0.13	0.13	0.13
−40	0.13	0.13	0.13	0.12	0.12	0.12	0.12	0.12	0.12	0.12

(계속)

온도 (C)	C의 소수 첫째 자리									
	0	1	2	3	4	5	6	7	8	9
−41	0.11	0.11	0.11	0.11	0.11	0.11	0.11	0.11	0.10	0.10
−42	0.10	0.10	0.10	0.10	0.10	0.10	0.10	0.09	0.09	0.09
−43	0.09	0.09	0.09	0.09	0.09	0.09	0.08	0.08	0.08	0.08
−44	0.08	0.08	0.08	0.08	0.08	0.08	0.08	0.07	0.07	0.07
−45	0.07	0.07	0.07	0.07	0.07	0.07	0.07	0.07	0.07	0.06
−46	0.06	0.06	0.06	0.06	0.06	0.06	0.06	0.06	0.06	0.06
−47	0.06	0.06	0.06	0.05	0.05	0.05	0.05	0.05	0.05	0.05
−48	0.05	0.05	0.05	0.05	0.05	0.05	0.05	0.05	0.05	0.05
−49	0.04	0.04	0.04	0.04	0.04	0.04	0.04	0.04	0.04	0.04
−50	0.04	0.04	0.04	0.04	0.04	0.04	0.04	0.04	0.04	0.03

부록 05 습도산출표

건습계의 시도에서 상대습도를 구하는 것은 다음 식을 사용한다(8장 참조).

$$R.H. = \frac{E' - \mathrm{K}p(t - t')}{E} \times 100 \;(\%)$$

(부 5.1)

여기서, $R.H.$: 상대습도(%) t : 건구의 시도(C) t' : 습구의 시도(C)

   E : 온도 t에 대한 물의 포화수증기압(hPa)

   E' : 온도 t'에 대한 포화수증기압(hPa), 습구가 얼었을 때는 얼음의 포화수증기압을 취한다.

   p : 보정기압(hPa) K : 건습계상수

   건습계상수 K는 통풍속도에 의해 변한다. 통풍하지 않은 건습계에 사용하는 것은 많은 실험결과를 근원으로 해서 젤리네크(C. Jelinek)가 정리했고, 풍속이 1~1.5 m/s에 대한 상수 $K = 0.000800$(습구가 얼었을 때는 $K = 0.000706$)으로 한 경우의 표를, 또 통풍건습계용은 스프룽의 공식을 기본으로 한 상수 $K = 0.000662$(습구가 얼었을 때는 $K = 0.000583$)로 해서 산출한 표를 게재했다. 기압 p는 전자에 대해서는 1,007 hPa(755 mm)로 하고, 후자는 1,013 hPa(760 mm)로 하고 있다. 그러나 관측 시의 기압이 980 hPa에서 1,040 hPa 정도의 범위에 있으면 이 표를 그대로 사용해도 오차는 근소하다. 통풍하지 않은 표는 1929년 라이프지히에서 간행된 '젤리네크의 검습표(Jelineks Psychrometer-Tafeln, Leipzig, 1929. 이 표의 값은 근사치로 1~2 % 정도의 오차는 종종 나온다)'를 기초로 해서 다소의 수정을 덧붙였다. 또 통풍용의 포화수증기압은 현재 국제적으로 채용되어 있는 값과 약간 차이가 있지만, 상대습도에는 거의 영향이 없으므로 실용상의 지장은 거의 없다.

5.1 │ 건습계용

   통풍하지 않은 건습계로 건구 −2.6 C, 습구 −3.4 C(모두 기차보정을 한 값)일 때, 건습구의 차는 (−2.6)−(−3.4)=1.2 C이므로 습구가 결빙한 때의 표로 $(t - t')$가 1.2 C, t'가 −3 C와 −4 C의 곳을 보면, 습도는 각각 73 %와 71 %이므로 비례배분에 의해 t'이 −3.4 C에 대한 습도는 72 %인 것을 알 수 있다.

습구 t′(C)	건구와 습구의 차 t−t′(C)																				습구 t′(C)
	0.0	0.1	0.2	0.3	0.4	0.5	0.6	0.7	0.8	0.9	1.0	1.1	1.2	1.3	1.4	1.5	1.6	1.7	1.8	1.9	
40	100	99	99	98	98	97	96	96	95	94	94	93	93	92	91	91	90	90	89	89	40
39	100	99	99	98	97	97	96	96	95	94	94	93	93	92	91	91	90	90	89	88	39
38	100	99	99	98	97	97	96	95	95	94	94	93	92	92	91	91	90	89	89	88	38
37	100	99	99	98	97	97	96	95	95	94	93	93	92	92	91	90	90	89	89	88	37
36	100	99	99	98	97	97	96	95	95	94	93	93	92	92	91	91	90	89	88	88	36
35	100	99	99	98	97	97	96	95	95	94	93	93	92	91	91	90	89	89	88	88	35
34	100	99	99	98	97	97	96	95	94	94	93	93	92	91	91	90	89	89	88	87	34
33	100	99	98	98	97	96	96	95	94	94	93	92	92	91	90	90	89	88	88	87	33
32	100	99	98	98	97	96	96	95	94	94	93	92	92	91	90	90	89	88	88	87	32
31	100	99	98	98	97	96	96	95	94	93	93	92	91	91	90	89	89	88	87	87	31
30	100	99	98	98	97	96	96	95	94	93	93	92	91	90	90	89	88	88	87	86	30
29	100	99	98	98	97	96	96	95	94	93	93	92	91	90	90	89	88	88	87	86	29
28	100	99	98	98	97	96	95	95	94	93	92	92	91	90	90	89	88	87	87	86	28
27	100	99	98	98	97	96	95	94	94	93	92	92	91	90	89	89	88	87	86	86	27
26	100	99	98	97	97	96	95	94	93	93	92	91	90	90	89	88	87	87	86	85	26
25	100	99	98	97	97	96	95	94	93	93	92	91	90	89	89	88	87	86	86	85	25
24	100	99	98	97	97	96	95	94	93	93	92	91	90	89	89	88	87	86	85	85	24
23	100	99	98	97	97	96	95	94	93	92	91	90	90	89	88	87	87	86	85	84	23
22	100	99	98	97	96	96	95	94	93	92	91	91	90	89	89	88	87	86	85	84	22
21	100	99	98	97	96	96	95	94	93	92	91	90	89	88	88	87	86	85	84	84	21
20	100	99	98	97	96	96	95	94	93	92	91	90	89	88	87	87	86	85	84	83	20
19	100	99	98	97	96	95	94	93	92	92	91	90	89	88	87	87	86	85	84	83	19
18	100	99	98	97	96	95	94	93	92	91	90	89	88	88	87	86	85	84	83	82	18
17	100	99	98	97	96	95	94	93	92	91	90	89	88	87	86	85	84	84	83	82	17
16	100	99	98	97	96	95	94	93	92	91	90	89	88	87	86	85	84	83	82	81	16
15	100	99	98	97	96	95	94	93	91	90	89	88	87	86	85	84	83	82	81	81	15
14	100	99	98	97	96	94	93	92	91	90	89	88	87	86	85	84	83	82	81	80	14
13	100	99	98	97	96	94	93	92	91	90	89	88	87	86	85	84	83	82	81	80	13
12	100	99	98	97	95	94	93	92	91	90	89	88	87	86	85	83	82	81	80	79	12
11	100	99	98	97	95	94	93	92	91	90	89	88	87	86	85	83	82	81	80	78	11
10	100	99	98	96	95	94	93	92	90	89	87	86	85	84	83	82	80	79	78	77	10
9	100	99	98	96	95	94	92	91	89	88	87	86	84	83	82	81	80	79	77	76	9
8	100	99	98	96	94	93	92	91	89	88	87	86	84	83	82	80	79	77	76	75	8
7	100	99	98	96	94	93	91	90	89	88	86	85	83	82	81	79	78	77	76	74	7
6	100	99	97	96	94	93	91	90	88	87	85	84	83	82	80	79	77	76	75	73	6
5	100	98	97	96	94	93	91	90	88	87	85	84	82	81	79	78	77	76	74	73	5
4	100	98	97	96	93	92	90	89	87	86	84	83	81	80	78	77	75	74	73	72	4
3	100	98	97	95	93	92	90	88	87	85	83	82	80	79	77	76	74	73	71	70	3
2	100	98	96	94	93	91	89	87	86	84	82	81	79	78	76	74	73	71	70	68	2
1	100	98	96	94	93	91	89	87	85	84	82	80	78	77	75	73	72	70	68	67	1
0	100	98	96	94	92	90	88	86	84	83	81	79	77	75	74	72	70	69	67	66	0
−1	100	98	96	94	92	90	88	86	84	82	80	78	76	74	72	71	69	67	65	64	−1
−2	100	98	95	93	91	89	87	85	83	81	79	77	75	73	71	69	67	65	63	62	−2
−3	100	98	95	93	91	89	86	84	82	80	78	76	74	71	69	67	65	63	62	60	−3
−4	100	97	95	93	90	88	85	83	81	79	76	74	72	70	67	65	63	61	59	57	−4
−5	100	97	95	92	90	87	85	82	80	78	75	73	71	68	66	64	61	59	57	55	−5
−6	100	97	95	92	89	87	84	81	79	76	74	71	69	66	64	62	59	57	55	53	−6
−7	100	97	94	91	88	86	83	80	77	75	72	70	67	64	62	59	57	54	52	50	−7
−8	100	97	94	91	88	85	82	79	76	73	70	68	65	62	59	57	54	52	49	47	−8
−9	100	97	93	90	87	84	81	78	75	72	69	66	63	60	57	54	51	49	46	44	−9

(계속)

습구 t'(℃)	건구와 습구의 차 $t-t'$ (℃)																				습구 t'(℃)
	2.0	2.1	2.2	2.3	2.4	2.5	2.6	2.7	2.8	2.9	3.0	3.1	3.2	3.3	3.4	3.5	3.6	3.7	3.8	3.9	
40	88	88	87	86	86	85	85	84	84	83	83	82	82	81	81	80	80	79	79	78	40
39	88	87	87	86	86	85	85	84	83	83	82	82	81	81	80	80	79	79	78	78	39
38	88	87	87	86	85	85	84	84	83	83	82	82	81	81	80	79	79	78	78	77	38
37	87	87	86	86	85	85	84	83	83	82	82	81	81	80	80	79	79	78	78	77	37
36	87	87	86	85	85	84	84	83	83	82	82	81	80	80	79	79	78	78	77	77	36
35	87	86	86	85	85	84	84	83	82	82	81	81	80	80	79	78	78	77	77	76	35
34	87	86	86	85	84	84	83	83	82	81	81	80	80	79	78	78	77	76	76	76	34
33	87	86	85	85	84	84	83	82	82	81	81	80	79	79	78	78	77	76	76	76	33
32	86	86	85	84	84	83	83	82	81	81	80	80	79	79	78	77	77	76	76	75	32
31	86	86	85	84	84	83	82	82	81	80	80	79	79	78	78	77	76	76	75	75	31
30	86	85	85	84	83	83	82	81	81	80	80	79	78	78	77	77	76	75	75	74	30
29	85	85	84	84	83	82	82	81	80	80	79	79	78	77	77	76	76	75	74	74	29
28	85	85	84	83	83	82	81	81	80	79	79	78	78	77	76	76	75	74	74	73	28
27	85	84	84	83	82	82	81	80	80	79	78	78	77	76	76	75	75	74	73	73	27
26	85	84	83	82	82	81	80	80	79	78	78	77	76	76	75	74	74	73	73	72	26
25	84	83	83	82	81	81	80	79	78	78	77	77	76	75	75	74	73	72	72	71	25
24	84	83	82	82	81	80	80	79	78	77	77	76	75	75	74	74	73	72	71	71	24
23	84	83	82	81	80	80	79	79	78	77	76	76	75	74	73	73	72	72	71	70	23
22	83	83	82	81	80	80	79	78	77	77	76	75	74	74	73	72	71	71	70	70	22
21	83	82	81	81	80	79	78	78	77	76	75	75	74	73	72	72	71	70	69	69	21
20	82	82	81	80	79	78	77	77	76	75	74	74	73	73	72	71	70	70	69	68	20
19	82	81	80	79	78	78	77	76	75	75	74	73	72	72	71	70	69	69	68	67	19
18	81	81	80	79	78	77	76	76	75	74	74	73	72	71	70	70	69	68	67	67	18
17	81	80	79	78	77	77	76	75	74	73	73	72	71	70	69	69	68	67	67	66	17
16	80	79	78	78	77	76	75	74	73	73	72	71	70	69	68	68	67	66	65	65	16
15	80	79	78	77	76	75	74	73	72	72	71	70	69	68	67	67	66	65	64	63	15
14	79	78	77	76	75	74	73	72	72	71	70	69	68	67	67	66	65	64	63	63	14
13	78	77	76	76	75	74	73	72	71	70	69	68	67	66	66	65	64	63	63	62	13
12	78	77	76	75	74	73	72	71	70	69	68	67	66	65	64	63	62	62	61	60	12
11	77	76	75	74	73	72	71	70	69	68	67	66	65	64	63	62	61	60	60	59	11
10	76	75	74	73	72	71	70	69	68	67	66	65	64	63	62	61	60	59	59	58	10
9	75	74	73	72	71	70	69	68	67	66	65	64	63	62	61	60	59	58	57	56	9
8	74	73	72	71	70	69	68	67	65	64	63	62	61	60	59	58	57	56	56	55	8
7	73	72	71	70	69	67	66	65	64	63	62	61	60	59	58	57	56	55	54	53	7
6	72	71	70	69	67	66	65	64	63	62	61	60	58	57	56	55	54	53	52	51	6
5	71	70	69	68	67	65	64	62	61	60	59	58	57	56	55	54	52	51	50	49	5
4	70	69	67	66	65	64	62	61	60	59	57	56	55	53	52	51	50	49	48	48	4
3	69	67	66	64	63	62	60	59	58	57	55	54	53	52	50	49	48	47	46	45	3
2	67	65	64	63	61	60	59	57	56	54	53	52	51	49	48	47	46	45	43	42	2
1	65	64	62	61	59	58	57	55	54	52	51	50	48	47	46	45	43	42	41	40	1
0	64	62	61	59	57	56	54	53	52	50	49	47	46	45	43	42	41	39	38	37	0
−1	62	60	59	57	55	54	52	51	49	48	46	45	43	42	41	39	38	36	35	34	−1
−2	60	58	56	55	53	51	50	48	47	45	43	42	40	39	38	36	35	33	32	30	−2
−3	58	56	54	52	51	49	47	46	44	42	41	39	38	36	34	33	31	30	28	27	−3
−4	55	54	52	50	48	46	44	43	41	39	37	36	34	32	31	29	28	26	24	23	−4
−5	53	51	49	47	45	43	41	40	38	36	34	32	31	29	27	26	24	22	21	19	−5
−6	51	48	46	44	42	40	38	36	34	32	31	29	27	25	23	22	20	18	16	15	−6
−7	47	45	43	41	39	37	35	32	30	28	26	24	23	21	19	17	15	13	11	10	−7
−8	44	42	40	37	35	33	31	28	26	24	22	20	18	16	14	12	10	8	6	4	−8
−9	41	38	36	33	31	29	26	24	22	20	17	15	13	11	9	7	5	3	1	0	−9

(계속)

습구 t'(C)	건구와 습구의 차 $t-t'$(C)																				습구 t'(C)
	4.0	4.1	4.2	4.3	4.4	4.5	4.6	4.7	4.8	4.9	5.0	5.1	5.2	5.3	5.4	5.5	5.6	5.7	5.8	5.9	
40	78	77	77	76	76	75	75	74	74	73	73	72	72	71	71	71	70	70	69	69	40
39	77	77	76	76	75	75	74	74	73	73	72	72	71	71	71	70	70	69	69	68	39
38	77	76	76	75	75	74	74	73	73	73	72	72	71	71	70	70	69	69	68	68	38
37	77	76	76	75	75	74	74	73	73	72	72	71	71	70	70	69	69	68	68	67	37
36	76	75	75	75	74	74	73	73	72	72	71	71	70	70	69	69	68	68	67	67	36
35	76	75	75	74	74	73	73	72	72	71	71	70	70	69	69	68	68	67	67	67	35
34	75	75	74	74	73	73	72	72	71	71	70	70	69	69	68	68	67	67	66	66	34
33	75	74	74	73	73	72	72	71	71	70	70	69	69	68	68	67	67	66	66	66	33
32	75	74	74	73	72	72	71	71	70	70	69	69	68	68	67	67	66	66	65	65	32
31	74	74	73	73	72	71	71	70	70	69	69	68	68	67	67	66	66	65	65	65	31
30	74	73	73	72	71	71	70	70	69	69	68	68	67	67	66	66	65	65	64	64	30
29	73	73	72	72	71	70	70	69	69	68	68	67	67	66	66	65	65	64	64	63	29
28	73	72	72	71	70	70	69	69	68	68	67	67	66	66	65	65	64	63	63	62	28
27	72	72	71	70	70	69	69	68	68	67	67	66	65	65	64	64	63	63	62	62	27
26	71	71	70	69	69	68	68	67	67	66	66	65	64	64	63	63	62	62	61	61	26
25	71	70	69	68	68	67	67	66	66	65	65	64	64	63	63	62	62	61	60	59	25
24	70	70	69	68	68	67	66	66	65	65	64	63	63	62	62	61	61	60	60	59	24
23	69	69	68	68	67	67	66	66	65	64	63	63	62	62	61	61	60	60	59	59	23
22	69	68	67	67	66	66	65	65	64	64	63	62	61	61	60	60	59	59	58	58	22
21	68	68	67	66	65	65	64	64	63	63	62	61	60	60	59	59	58	58	57	57	21
20	67	67	66	66	65	64	63	63	62	62	61	61	60	59	58	58	57	57	56	56	20
19	66	66	65	65	64	63	62	62	61	61	60	60	59	58	57	57	56	56	55	55	19
18	66	65	64	64	63	63	62	61	60	60	59	59	58	57	56	56	55	55	54	54	18
17	65	65	64	63	62	62	61	60	59	59	58	57	56	56	55	55	54	54	53	53	17
16	64	63	62	62	61	60	59	59	58	57	57	56	55	55	54	54	53	52	51	51	16
15	63	62	61	61	60	59	58	57	57	56	55	55	54	54	53	52	51	51	50	50	15
14	62	61	60	60	59	58	57	57	56	55	54	54	53	52	51	51	50	50	49	48	14
13	61	60	59	58	57	57	56	56	55	54	53	52	52	51	50	50	49	48	47	47	13
12	59	58	58	57	56	56	55	54	53	53	52	51	50	50	49	48	47	47	46	45	12
11	58	57	56	56	55	54	53	53	52	51	50	50	49	48	47	47	46	45	44	44	11
10	57	56	55	54	53	53	52	51	51	50	49	48	47	46	45	45	44	43	42	42	10
9	55	54	53	52	52	51	50	49	49	48	47	46	45	45	44	43	42	42	41	40	9
8	54	53	52	51	50	49	48	47	47	46	45	44	43	42	42	41	40	39	39	38	8
7	52	51	50	49	48	47	46	45	45	44	43	42	41	40	40	39	38	37	36	35	7
6	50	49	48	47	46	45	44	43	43	42	41	40	39	38	37	36	36	35	34	33	6
5	48	47	46	45	44	43	42	41	40	39	39	38	37	36	35	34	33	32	32	31	5
4	87	46	44	43	42	41	40	39	38	37	36	35	34	33	33	32	31	30	29	28	4
3	44	42	41	40	39	38	37	36	35	34	33	32	31	30	29	29	28	27	26	25	3
2	41	40	39	38	37	35	34	33	32	31	30	29	28	27	26	25	24	23	23	22	2
1	38	37	36	35	34	33	32	30	29	28	27	26	25	24	23	22	21	20	19	18	1
0	35	34	33	32	31	29	28	27	26	25	24	23	22	21	20	19	18	17	16	15	0
−1	32	31	30	29	27	26	25	24	23	21	20	19	18	17	15	15	14	13	12	11	−1
−2	29	28	26	25	24	22	21	20	19	18	16	15	14	13	12	11	10	9	7	6	−2
−3	25	24	21	21	20	18	17	16	15	14	12	11	10	9	8	6	5	4	3	2	−3
−4	21	20	18	17	16	14	13	12	10	9	8										−4
−5	17	16	14	13	11	10	9	7	6	4	3										−5
−6	13	11	10	8	7	5	4	2	1	0											−6
−7	8	6	5	3	1	0															−7
−8	3	1	0																		−8
−9																					−9

(계속)

습구 t' (C)	건구와 습구의 차 $t-t'$ (C)																				습구 t' (C)
	6.0	6.1	6.2	6.3	6.4	6.5	6.6	6.7	6.8	6.9	7.0	7.1	7.2	7.3	7.4	7.5	7.6	7.7	7.8	7.9	
40	68	68	68	67	67	66	66	65	65	65	64	64	63	63	63	62	62	61	61	61	40
39	68	68	67	67	66	66	65	65	65	64	64	63	63	62	62	61	61	61	61	60	39
38	67	67	67	66	66	65	65	64	64	64	63	63	62	62	62	61	61	60	60	60	38
37	67	67	66	66	65	65	64	64	64	63	63	62	62	61	61	61	60	60	60	59	37
36	67	66	66	65	65	64	64	64	63	63	62	62	61	61	61	60	60	59	59	59	36
35	66	66	65	65	64	64	63	63	63	62	62	61	61	60	60	60	59	59	59	58	35
34	66	65	65	64	64	63	63	63	62	62	61	61	60	60	59	59	59	58	58	57	34
33	65	65	64	64	63	63	62	62	61	61	61	60	60	59	59	58	58	58	57	57	33
32	65	64	64	63	63	62	62	61	61	60	60	59	59	59	58	58	57	57	57	56	32
31	64	63	63	62	62	62	61	61	60	60	59	59	58	58	58	57	57	56	56	55	31
30	63	63	62	62	61	61	60	60	59	59	59	58	58	57	57	56	56	56	55	55	30
29	63	62	62	61	61	60	60	59	59	58	58	57	57	57	56	56	55	55	54	54	29
28	62	62	61	60	60	60	59	59	58	58	57	57	56	56	55	55	54	54	53	53	28
27	61	61	60	60	59	59	58	58	57	57	56	56	55	55	54	54	53	53	52	52	27
26	60	60	59	59	58	58	57	57	56	56	55	55	54	54	53	53	52	52	51	51	26
25	59	59	58	58	57	57	56	56	55	55	54	54	53	53	52	52	52	51	51	51	25
24	59	58	58	57	56	55	55	54	54	54	53	53	52	52	52	51	51	51	50	50	24
23	58	57	57	56	56	55	55	54	54	53	53	52	52	51	51	50	50	49	49	48	23
22	57	57	56	56	55	55	54	54	53	53	52	51	51	50	50	49	49	48	48	47	22
21	56	56	55	55	54	54	53	53	52	52	51	51	50	50	49	49	48	48	47	47	21
20	55	55	54	54	53	53	52	51	50	50	49	49	48	48	47	47	46	46	45	45	20
19	54	54	53	52	51	51	50	50	49	49	48	48	47	47	46	46	45	45	44	44	19
18	53	52	51	51	50	50	49	49	48	48	47	47	46	46	45	45	44	44	43	43	18
17	52	51	50	50	49	49	48	48	47	47	46	46	45	45	44	43	43	42	42	41	17
16	50	50	50	49	48	48	47	46	46	45	44	44	43	43	42	42	41	40	40	39	16
15	49	49	48	47	46	46	45	45	44	44	43	43	42	42	41	41	40	39	39	38	15
14	47	47	46	46	45	45	44	44	43	42	41	41	40	40	39	39	38	38	37	37	14
13	46	46	45	44	43	43	42	42	41	41	40	40	39	38	37	37	36	36	35	35	13
12	44	44	43	43	42	42	41	40	39	39	38	38	37	37	36	35	34	34	33	33	12
11	43	42	41	41	40	40	39	38	37	37	36	36	35	35	34	33	32	32	31	31	11
10	41	41	40	39	38	38	37	36	35	35	34	34	33	33	32	31	30	30	29	29	10
9	39	39	38	37	36	36	35	34	33	33	32	32	31	31	30	29	28	28	27	27	9
8	37	36	35	35	34	34	33	32	31	30	30	30	29	28	27	27	26	26	25	25	8
7	35	34	33	32	32	31	30	29	29	28	28	27	26	26	25	25	24	23	22	22	7
6	33	32	31	30	29	28	28	27	26	26	25	24	24	23	23	22	21	20	20	19	6
5	30	29	28	27	27	26	25	24	24	23	22	22	21	20	19	18	18	17	17	16	5
4	28	27	26	25	24	23	23	22	21	20	19	18	18	17	16		15		15	14	4
3	24	24	23	22	21	20	19	18	18	17	16	15	15	14							3
2	21	21	20	19	18	17	16	15													2
1	17	17	16																		1
0	14																				0
−1	10																				−1
−2	5																				−2
−3	1																				−3
−4																					−4
−5																					−5
−6																					−6
−7																					−7
−8																					−8
−9																					−9

(계속)

습구 t'(C)	건구와 습구의 차 $t-t'$(C)																				습구 t'(C)
	8.0	8.1	8.2	8.3	8.4	8.5	8.6	8.7	8.8	8.9	9.0	9.1	9.2	9.3	9.4	9.5	9.6	9.7	9.8	9.9	
40	60	60	60	59	59	58	58	58	57	57	57	56	56	56	55	55	55	54	54	54	40
39	60	59	59	59	58	58	58	57	57	56	56	56	55	55	55	54	54	54	53	53	39
38	59	59	59	58	58	57	57	57	56	56	56	55	55	55	54	54	54	53	53	52	38
37	59	58	58	58	57	57	57	56	56	55	55	55	54	54	54	53	53	53	52	52	37
36	58	58	57	57	57	56	56	56	55	55	54	54	54	53	53	53	52	52	52	51	36
35	58	57	57	56	56	56	55	55	55	54	54	53	53	53	52	52	52	51	51	51	35
34	57	57	56	56	55	55	55	54	54	54	53	53	52	52	52	51	51	51	50	50	34
33	56	56	56	55	55	54	54	54	53	53	52	52	52	51	51	51	50	50	50	49	33
32	56	55	55	55	54	54	53	53	53	52	52	51	51	51	50	50	50	49	49	49	32
31	55	55	54	54	53	53	53	52	52	51	51	51	50	50	50	49	49	49	48	48	31
30	54	54	54	53	53	52	52	52	51	51	50	50	50	49	49	48	48	48	47	47	30
29	54	53	53	52	52	51	51	51	50	50	49	49	49	48	48	48	47	47	46	46	29
28	53	52	52	51	51	51	50	50	49	49	48	48	48	48	47	47	46	46	45	45	28
27	52	51	51	51	50	50	49	49	48	48	47	47	47	46	46	45	45	44	44	44	27
26	51	51	50	50	49	49	48	48	47	47	46	46	46	46	45	45	44	44	43	43	26
25	50	49	49	48	48	47	47	46	46	46	45	45	45	45	44	44	43	43	42	42	25
24	49	49	48	48	47	47	46	46	45	45	44	44	44	43	43	42	42	42	41	41	24
23	48	48	47	47	46	46	45	45	44	44	43	43	42	42	42	41	41	41	40	40	23
22	47	47	46	46	45	45	44	44	43	43	42	42	41	41	41	40	40	40	39	39	22
21	46	45	45	44	44	43	43	42	42	41	41	40	40	40	39	39	39	38	38	38	21
20	44	44	43	43	43	43	42	42	41	41	40	39	39	38	38	37	37	37	36	36	20
19	43	43	42	42	41	41	40	40	39	39	39	39	38	38	37	37	36	36	35	35	19
18	42	42	41	41	40	40	39	39	38	38	37	37	36	36	35	35	35	35	34	34	18
17	40	40	39	39	39	39	38	38	37	37	36	36	35	35	34	34	33	33	32	32	17
16	39	38	38	37	37	36	36	36	35	35	34	34	33	33	32	32	31	31	31	31	16
15	38	37	36	36	35	35	34	34	33	33	33	32	32	31	31	30	30	30	29	29	15
14	36	36	35	35	34	34	33	33	32	32	31	31	30	30	29	29	28	28	27	27	14
13	34	34	33	33	32	32	31	31	30	30	29	29	28	28	27	27	26	26	25	25	13
12	32	32	31	31	30	30	29	29	28	28	27	27	26	26	25	25	24	24	23	23	12
11	30	30	29	29	28	28	27	27	26	26	25	25	24	24	23	23	22	22	21	21	11
10	28	28	27	27	26	26	25	25	24	24	23	23	22	22	21	21	20	20	19	19	10
9	26	26	25	25	24	23	23	22	21	21	20	20	19	19	18	18	17	17	16	16	9
8	24	23	22	22	21	21	20	20	19	19	18	18	17	17	16	16	15	15	14	14	8
7	21	21	20	20	19	18	17	17	16	16	15	15	14	13	13	12	12	11	11	11	7
6	18	18	17	17	16	16	15	15	14	13	13	12	12	11	11	10	10	9	9	9	6
5	16	15	14	14	13	12	12	11	11	10	10	9	9	9	8	8					5
4	13																				4
3																					3
2																					2
1																					1
0																					0
−1																					−1
−2																					−2
−3																					−3
−4																					−4
−5																					−5
−6																					−6
−7																					−7
−8																					−8
−9																					−9

(계속)

습구 t'(C)	건구와 습구의 차 $t-t'$(C)																				습구 t'(C)
	10.0	10.1	10.2	10.3	10.4	10.5	10.6	10.7	10.8	10.9	11.0	11.1	11.2	11.3	11.4	11.5	11.6	11.7	11.8	11.9	
40																					40
39																					39
38																					38
37																					37
36																					36
35	50	50	50	49	49	49	48	48	48	47	47	47	46	46	46	45	45	45	45	44	35
34	50	49	49	49	48	48	48	47	47	47	46	46	46	45	45	45	44	44	44	43	34
33	49	49	48	48	48	47	47	47	46	46	46	45	45	45	44	44	44	43	43	43	33
32	48	48	48	47	47	46	46	46	45	45	45	44	44	44	43	43	43	43	43	42	32
31	47	47	47	46	46	46	45	45	45	44	44	44	43	43	43	42	42	42	41	41	31
30	46	46	46	46	45	45	44	44	44	44	43	43	42	42	42	42	41	41	41	40	30
29	45	45	45	45	44	44	43	43	43	43	42	42	42	41	41	41	40	40	40	39	29
28	44	44	44	44	43	43	42	42	42	42	41	41	41	40	40	40	39	39	39	38	28
27	43	43	43	43	42	42	41	41	41	41	40	40	40	39	39	39	38	38	38	37	27
26	42	42	42	42	41	41	40	40	40	40	39	39	38	38	37	37	37	37	36	36	26
25	42	42	41	41	40	40	39	39	39	39	38	38	37	37	36	36	36	36	35	35	25
24	40	40	40	39	39	39	38	38	38	37	37	37	36	36	35	35	35	35	34	34	24
23	39	39	39	39	38	38	37	37	36	36	36	36	35	35	34	34	34	34	33	33	23
22	38	38	37	37	37	36	36	36	35	35	34	34	34	33	33	33	32	32	32	31	22
21	37	37	36	36	35	35	35	34	34	34	33	33	32	32	32	31	31	31	30	30	21
20	36	36	35	35	34	34	33	33	33	32	32	32	31	31	30	30	30	30	29	29	20
19	34	34	33	33	33	32	32	32	31	31	30	30	30	30	29	29	28	28	28	28	19
18	33	33	32	32	31	31	30	30	29	29	29	29	28	28	27	27	27	27	26	26	18
17	31	31	31	30	30	30	29	29	28	28	27	27	27	27	26	26	26	25	24	24	17
16	30	30	29	29	28	28	27	27	27	27	26	26	25	25	24	24	23	23	22	22	16
15	28	28	27	27	27	26	26	26	25	25	24	24	23	23	22	22	22	22	21	21	15
14	26	26	25	25	25	24	24	24	23	22	22	22	22	21	21	21	20	20	19	19	14
13	25	24	24	24	23	23	22	22	21	21	20	20	19	19	19	18	18	17	17	17	13
12	22	22	22	21	21	20	20	20	19	19	18	18	17	17	16	16	15	15	15	15	12
11	20	20	19	19	18	18	18	17	17	16	16	15	15	14	14	14	14	13	13	12	11
10	18	18	17	17	16	16	15	15	14	14	14	13	13	13	12	12	11	11	11	10	10
9	16	16	15	15	14	14	13	13	12	12	11	11	10	10	10	9	9				9
8	13	13	12	12	11	11	10	10	9	9	9	8									8
7	10	10	9	9	8	8															7
6																					6
5																					5
4																					4
3																					3
2																					2
1																					1
0																					0
−1																					−1
−2																					−2
−3																					−3
−4																					−4
−5																					−5
−6																					−6
−7																					−7
−8																					−8
−9																					−9

(계속)

습구 t'(C)	건구와 습구의 차 $t-t'$(C)																				습구 t'(C)
t'(C)	12.0	12.1	12.2	12.3	12.4	12.5	12.6	12.7	12.8	12.9	13.0	13.1	13.2	13.3	13.4	13.5	13.6	13.7	13.8	13.9	t'(C)
40																					40
39																					39
38																					38
37																					37
36																					36
35	44	44	43	43	43	42	42	42	42	41	41	41	40	40	40	40	39	39	39	39	35
34	43	43	43	42	42	42	41	41	41	41	40	40	40	39	39	39	39	38	38	38	34
33	42	42	42	42	41	41	41	40	40	40	39	39	39	39	38	38	38	38	37	37	33
32	42	41	41	41	40	40	40	40	39	39	39	38	38	38	37	37	37	37	36	36	32
31	41	41	40	40	40	39	39	39	38	38	38	38	37	37	37	36	36	36	36	35	31
30	40	40	39	39	39	38	38	38	38	37	37	37	36	36	36	36	35	35	35	35	30
29	39	39	39	38	38	37	37	37	37	36	36	36	36	35	35	35	34	34	34	34	29
28	38	38	38	37	37	36	36	36	36	35	35	35	34	34	34	34	33	33	33	33	28
27	37	37	37	36	36	35	35	35	35	34	34	34	34	33	33	33	32	32	32	32	27
26	36	36	35	35	34	34	34	34	33	33	33	33	32	32	31	31	31	31	30	30	26
25	35	35	34	34	33	33	33	33	32	32	31	31	31	30	30	30	30	30	29	29	25
24	33	33	33	33	32	32	31	31	31	31	30	30	30	30	29	29	29	29	28	28	24
23	32	32	31	31	31	31	30	30	29	29	29	29	28	28	28	28	27	27	27	27	23
22	31	31	30	30	30	29	29	29	28	28	28	28	27	27	27	27	26	26	26	26	22
21	30	30	29	29	28	28	28	27	27	27	27	26	26	26	25	25	25	24	24	24	21
20	28	28	28	27	27	27	26	26	26	26	25	25	25	25	24	24	23	23	23	23	20
19	27	27	26	26	26	25	25	25	25	24	24	24	23	23	22	22	22	22	21	21	19
18	25	25	25	24	24	24	23	23	23	22	22	22	21	21	21	20	20	20	19	19	18
17	24	24	23	23	22	22	22	22	21	21	21	20	20	19	19	19	18	18	18	18	17
16	22	22	21	21	21	20	20	20	19	19	19	19	18	18	18	17	17	17	16	16	16
15	20	20	20	20	19	19	18	18	18	18	17	17	17	16	16	16	15	15	15	14	15
14	19	18	18	18	17	17	17	16	16	16	15	15	14	14	14	14	13	13	13	12	14
13	16	16	16	15	15	15	14	14	14	14	13	13	13	12	12	12	11	11	11	11	13
12	15	14	14	13	13	13	12	12	12	11	11	10	10								12
11	12	12	11	11	10	10	9														11
10	10																				10
9																					9
8																					8
7																					7
6																					6
5																					5
4																					4
3																					3
2																					2
1																					1
0																					0
−1																					−1
−2																					−2
−3																					−3
−4																					−4
−5																					−5
−6																					−6
−7																					−7
−8																					−8
−9																					−9

(계속)

습구 t' (C)	건구와 습구의 차 $t-t'$ (C)																				습구 t' (C)
	14.0	14.1	14.2	14.3	14.4	14.5	14.6	14.7	14.8	14.9	15.0	15.1	15.2	15.3	15.4	15.5	15.6	15.7	15.8	15.9	
40																					40
39																					39
38																					38
37																					37
36																					36
35	38	38	38	38	37	37	37	36	36	36	36	36	35	35	35	35	34	34	34	34	35
34	38	37	37	37	37	36	36	36	35	35	35	35	35	34	34	34	34	33	33	33	34
33	37	37	36	36	36	35	35	35	34	34	34	34	34	34	33	33	33	33	32	32	33
32	36	36	36	35	35	35	34	34	34	33	33	33	33	33	32	32	32	32	32	31	32
31	35	35	35	34	34	34	34	33	33	33	32	32	32	32	32	31	31	31	31	30	31
30	34	34	34	33	33	33	33	32	32	32	32	31	31	31	31	31	30	30	30	30	30
29	33	33	33	33	32	32	32	31	31	31	31	30	30	30	30	30	29	29	29	29	29
28	32	32	32	32	31	31	31	30	30	30	30	30	29	29	29	29	28	28	28	28	28
27	31	31	31	31	30	30	30	30	29	29	29	29	28	28	28	28	27	27	27	27	27
26	30	30	30	29	29	29	29	28	28	28	28	28	27	27	27	26	26	26	26	26	26
25	29	29	29	28	28	28	28	27	27	27	27	26	26	26	26	25	25	25	25	25	25
24	28	28	27	27	27	27	26	26	26	26	25	25	25	25	24	24	24	24	23	23	24
23	27	27	26	26	26	25	25	25	25	24	24	24	24	23	23	23	23	22	22	22	23
22	26	25	25	25	24	24	24	23	23	23	23	22	22	22	22	21	21	21	21	21	22
21	24	24	24	23	23	23	23	22	22	22	22	21	21	21	21	20	20	20	20	19	21
20	23	23	22	22	22	21	21	21	21	20	20	20	20	19	19	19	19	18	18	18	20
19	21	21	21	20	20	20	20	19	19	19	19	18	18	18	18	17	17	17	17	16	19
18	20	19	19	19	19	18	18	18	18	17	17	17	17	16	16	16	16	15	15	15	18
17	18	18	17	17	17	17	16	16	16	16	15	15	15	15	14	14	14	14	13	13	17
16	16	16	16	15	15	15	15	14	14	14	14	13	13	13	13	12	12	12	12	12	16
15	14	14	14	14	13	13	13	12	12	12	12	11	11	11	11	10	10	10	10	10	15
14	12	12	12	12	11	11	11	11	10	10	10	9	9	9	9	9	8	8	8	8	14
13	10	10	10	10	9	9	9	8	8	8	8	7	7	7	7	6	6	6	6	5	13
12	8	8	8	7	7	7	7	6	6	6	5	5	5	5	4	4					12
11	6	6	5	5	5	4	4	4	4	3	3	3	3	2	2	2					11
10	3	3	3	3	2	2	2	1													10
9																					9
8																					8
7																					7
6																					6
5																					5
4																					4
3																					3
2																					2
1																					1
0																					0
−1																					−1
−2																					−2
−3																					−3
−4																					−4
−5																					−5
−6																					−6
−7																					−7
−8																					−8
−9																					−9

(계속)

부록표 5.2 습도산출표(%) (습구가 빙결했을 때)

습구 t'(C)	건구와 습구의 차 $t-t'$(C)																				습구 t'(C)
	0.0	0.1	0.2	0.3	0.4	0.5	0.6	0.7	0.8	0.9	1.0	1.1	1.2	1.3	1.4	1.5	1.6	1.7	1.8	1.9	
0	100	98	96	94	93	91	89	87	85	84	82	80	79	77	76	74	73	71	69	68	0
−1	99	97	95	93	92	90	88	86	84	82	80	79	77	75	74	72	70	69	67	66	−1
−2	98	96	94	92	90	88	86	84	82	81	79	77	75	73	71	70	68	66	65	63	−2
−3	97	95	93	91	89	87	85	83	81	79	77	75	73	71	69	68	66	64	62	61	−3
−4	96	94	92	90	87	85	83	81	79	77	75	73	71	69	67	65	63	61	60	58	−4
−5	95	93	90	88	86	84	82	79	77	75	73	71	68	67	64	63	61	59	57	55	−5
−6	94	92	89	87	84	82	80	77	75	73	71	68	66	64	62	60	58	56	54	52	−6
−7	93	91	88	85	83	80	78	76	73	70	68	66	64	62	59	57	55	52	51	49	−7
−8	92	90	87	84	81	79	76	74	71	68	66	64	61	59	56	54	52	49	47	45	−8
−9	92	89	86	83	80	77	74	72	69	66	64	61	58	55	53	51	49	46	44	42	−9
−10	91	88	84	81	79	75	72	70	67	64	61	58	55	53	50	48	45	42	40	38	−10
−11	90	87	83	80	77	73	70	67	64	61	58	55	52	50	47	44	41	38	36	34	−11
−12	89	86	82	79	75	72	68	65	62	59	56	52	49	46	43	40	38	34	32	29	−12
−13	89	85	81	77	74	70	66	63	59	56	52	49	46	43	39	36	33	30	27	24	−13
−14	88	84	79	76	72	67	64	60	56	53	49	45	42	39	35	32	29	25	22	19	−14
−15	87	83	78	74	70	65	61	58	53	49	46	42	38	35	31	27	24	20	17	14	−15
−16	86	81	76	72	68	63	59	55	50	46	42	38	34	30	26	22	19	15	11	8	−16
−17	85	80	75	70	66	60	56	52	47	42	38	33	29	25	21	17	13	9	5	1	−17
−18	84	79	73	68	64	58	53	48	43	38	34	29	24	20	15	11	7	2			−18
−19	83	78	71	66	61	55	50	44	39	34	29	23	19	14	9	4					−19
−20	82	76	69	64	58	51	46	40	34	29	24	17	12	8	2						−20
−20	82	75	67	61	55	48	42	36	29	24	18	12	6	1							−21
−22	81	74	66	59	52	45	38	32	25	19	13	6									−22
−23	80	73	63	57	49	41	33	27	19	13	6										−23
−24	79	71	60	53	45	36	28	21	13	6											−24
−25	78	69	58	50	41	32	23	15	6												−25
−26	77	68	56	47	38	28	18	10													−26
−27	76	66	53	43	34	22	12	2													−27
−28	75	64	50	39	29	17	6														−28
−29	74	62	47	35	23	9															−29

(계속)

습구 t'(C)	건구와 습구의 차 $t-t'$(C)																				습구 t'(C)
	2.0	2.1	2.2	2.3	2.4	2.5	2.6	2.7	2.8	2.9	3.0	3.1	3.2	3.3	3.4	3.5	3.6	3.7	3.8	3.9	
0	66	65	64	62	61	59	58	56	55	54	52	51	50	49	47	46	45	44	42	41	0
−1	64	62	61	59	58	57	55	54	52	51	50	48	47	45	44	43	42	40	39	38	−1
−2	61	60	58	57	55	54	52	51	49	48	46	45	43	42	41	39	38	37	35	34	−2
−3	59	57	56	54	52	51	49	48	46	44	43	42	40	39	37	36	34	33	32	31	−3
−4	56	54	53	51	49	48	46	44	43	41	39	38	36	35	34	32	31	30	28	26	−4
−5	53	51	49	48	46	44	43	41	39	37	36	34	32	31	30	28	26	25	23	22	−5
−6	50	48	46	44	42	41	39	37	35	33	32	30	28	27	25	23	22	20	19	17	−6
−7	47	44	42	40	38	37	35	33	31	29	27	26	24	22	20	19	17	16	14	12	−7
−8	43	41	39	36	34	33	30	29	27	25	23	21	19	17	16	14	12	11	9	7	−8
−9	39	37	35	32	30	28	26	24	22	20	18	16	14	12	11	8	7	5	3	2	−9
−10	35	33	31	28	26	24	21	19	17	15	13	11	9	7	5	3	1				−10
−11	31	28	26	23	21	19	16	14	12	9	7	5	3	1							−11
−12	26	24	21	18	16	13	11	8	6	3	1										−12
−13	21	19	16	13	10	8	5	2													−13
−14	16	13	10	7	4	2															−14
−15	10		7	4	1																−15
−16	4		1																		−16
−17																					−17
−18																					−18
−19																					−19

습구 t'(C)	건구와 습구의 차 $t-t'$(C)																				습구 t'(C)
	4.0	4.1	4.2	4.3	4.4	4.5	4.6	4.7	4.8	4.9	5.0	5.1	5.2	5.3	5.4	5.5	5.6	5.7	5.8	5.9	
0	40	39	38	37	36	35	33	32	31	30	29	28	27	26	25	24	23	22	22	21	0
−1	37	35	34	33	32	31	30	29	28	27	25	24	23	22	21	20	19	18	18	17	−1
−2	33	32	31	29	28	27	26	25	24	22	21	20	19	18	17	16	15	14	13	12	−2
−3	29	28	27	25	24	23	22	20	19	18	17	15	15	14	13	12	11	10	9	8	−3
−4	25	24	22	21	20	19	17	16	15	14	12	11	10	9	8	7	6	5	4	3	−4
−5	21	19	18	17	15	14	13	11	10	9	7	6	5	4	3	2					−5
−6	16	14	13	12	10	9	8	6	5	4	2	1									−6
−7	11	9	7	6	5	3	2	1													−7
−8	6	4	2	1																	−8
−9																					−9
−10																					−10
−11																					−11
−12																					−12
−13																					−13
−14																					−14

5.2 | 통풍용

통풍건습계에 있어서도 건습계용과 같은 방법으로 습도를 구할 수 있다.

부록표 5.3 통풍용 습도산출표(%) (습구가 빙결하지 않았을 때)

습구 t'(C)	건구와 습구의 차 t−t'(C)																				습구 t'(C)
	0.0	0.1	0.2	0.3	0.4	0.5	0.6	0.7	0.8	0.9	1.0	1.1	1.2	1.3	1.4	1.5	1.6	1.7	1.8	1.9	
40	100	99	99	98	98	97	96	96	95	95	94	93	93	92	92	91	91	90	89	89	40
39	100	99	99	98	97	97	96	96	95	94	94	93	93	92	92	91	90	90	89	89	39
38	100	99	99	98	97	97	96	96	95	94	94	93	93	92	91	91	90	90	89	89	38
37	100	99	99	98	97	97	96	95	95	94	94	93	92	92	91	91	90	90	89	88	37
36	100	99	99	98	97	97	96	95	95	94	94	93	93	92	91	91	90	89	89	88	36
35	100	99	99	98	97	97	96	95	95	94	94	93	92	92	91	90	90	89	89	88	35
34	100	99	99	98	97	97	96	95	95	94	93	93	92	92	91	90	90	89	88	88	34
33	100	99	99	98	97	97	96	95	95	94	93	93	92	91	91	90	90	89	88	88	33
32	100	99	99	98	97	97	96	95	95	94	93	93	92	91	91	90	89	89	88	87	32
31	100	99	99	98	97	96	96	95	94	94	93	92	92	91	90	90	89	89	88	87	31
30	100	99	99	98	97	96	96	95	94	94	93	92	92	91	90	90	89	88	88	87	30
29	100	99	99	98	97	96	96	95	94	94	93	92	91	91	90	89	89	88	87	87	29
28	100	99	99	98	97	96	96	95	94	93	93	92	91	91	90	89	89	88	87	87	28
27	100	99	98	98	97	96	95	95	94	93	93	92	91	90	90	89	88	88	87	86	27
26	100	99	98	98	97	96	95	95	94	93	92	92	91	90	90	89	88	87	87	86	26
25	100	99	98	98	97	96	95	94	94	93	92	91	91	90	89	89	88	87	86	86	25
24	100	99	98	98	97	96	95	94	94	93	92	91	91	90	89	88	88	87	86	85	24
23	100	99	98	98	97	96	95	94	93	93	92	91	90	90	89	88	87	87	86	85	23
22	100	99	98	97	97	96	95	94	93	92	92	91	90	89	89	88	87	86	86	85	22
21	100	99	98	97	97	96	95	94	93	92	92	91	90	89	88	88	87	86	85	84	21
20	100	99	98	97	96	96	95	94	93	91	91	90	90	89	88	87	86	86	85	84	20
19	100	99	98	97	96	95	94	93	91	91	90	89	89	88	87	86	85	85	84	84	19
18	100	99	98	97	96	95	94	93	91	91	90	89	88	87	87	86	85	84	84	83	18
17	100	99	98	97	96	95	94	93	92	91	91	90	89	88	87	86	85	85	84	83	17
16	100	99	98	97	96	95	94	93	92	91	90	89	89	88	87	86	85	84	83	82	16
15	100	99	98	97	96	95	94	93	92	91	90	89	88	87	86	85	85	84	83	82	15
14	100	99	98	97	96	95	94	93	92	91	90	89	88	88	86	85	84	83	82	81	14
13	100	99	98	97	96	95	94	93	92	91	90	89	88	87	86	85	84	83	82	81	13
12	100	99	98	97	96	94	93	92	91	90	89	88	87	86	85	84	83	82	81	80	12
11	100	99	98	96	95	94	93	92	91	90	89	88	87	86	85	84	83	82	81	80	11
10	100	99	98	96	95	94	93	92	91	90	88	87	86	85	84	83	82	81	80	79	10
9	100	99	98	96	95	94	93	92	91	89	88	87	86	85	84	82	81	80	79	78	9
8	100	99	97	96	95	94	92	91	90	89	88	86	85	84	83	82	81	80	79	78	8
7	100	99	97	96	95	93	92	91	90	88	87	86	85	84	82	81	80	79	78	77	7
6	100	99	97	96	94	93	92	90	89	88	87	85	84	83	82	81	79	78	77	76	6
5	100	98	97	95	94	93	91	90	89	87	86	85	84	82	81	80	79	77	76	75	5
4	100	98	97	95	94	93	90	89	88	87	86	84	83	82	80	79	78	76	75	74	4
3	100	98	97	95	94	92	91	90	88	86	85	83	82	81	79	78	77	75	74	73	3
2	100	98	97	95	93	92	91	89	87	86	84	83	81	80	78	77	76	74	73	72	2
1	100	98	97	95	93	91	90	88	87	85	83	82	80	79	77	76	75	73	72	70	1
0	100	98	96	95	93	91	89	88	86	84	83	81	80	78	76	75	73	72	70	69	0
−1	100	98	96	94	93	91	89	87	85	84	82	80	79	77	75	74	72	71	69	67	−1
−2	100	98	96	94	92	90	88	86	85	83	81	79	78	76	74	72	71	69	68	66	−2
−3	100	98	96	93	92	90	88	86	84	82	80	78	77	75	73	71	69	67	66	64	−3
−4	100	98	95	93	91	89	87	85	83	81	79	77	75	73	71	70	68	66	64	62	−4
−5	100	98	95	93	91	89	87	84	82	80	78	76	74	72	70	68	66	64	62	60	−5
−6	100	98	95	93	90	88	86	83	81	79	77	75	72	70	68	66	64	62	60	58	−6
−7	100	97	95	92	90	87	85	83	80	78	76	73	71	69	67	64	62	60	58	56	−7
−8	100	97	95	92	89	87	84	81	79	76	74	71	69	67	64	62	60	58	56	53	−8
−9	100	97	94	91	89	86	83	80	78	75	73	70	68	65	62	60	57	55	53	51	−9

(계속)

습구 t' (C)	건구와 습구의 차 $t-t'$ (C)																			습구 t' (C)
	2.0	2.1	2.2	2.3	2.4	2.5	2.6	2.7	2.8	2.9	3.0	3.1	3.2	3.3	3.4	3.5	3.6	3.7	3.8	3.9	
40	88	88	87	87	86	86	85	85	84	84	83	83	82	82	81	81	80	80	79	79	40
39	88	88	87	87	86	85	85	84	84	83	83	82	82	81	81	80	80	79	79	78	39
38	88	87	87	86	86	85	85	84	84	83	83	82	82	81	81	80	80	79	79	78	38
37	88	87	87	86	86	85	84	84	83	83	82	82	81	81	80	80	79	79	78	78	37
36	88	87	87	86	85	85	84	84	83	83	82	82	81	81	80	79	79	78	78	77	36
35	87	87	86	86	85	85	84	83	83	82	82	81	81	80	80	79	79	78	78	77	35
34	87	87	86	86	85	84	84	83	83	82	82	81	80	80	79	79	78	78	77	77	34
33	87	86	86	85	85	84	84	83	82	82	81	81	80	80	79	79	78	78	77	76	33
32	87	86	86	85	85	84	83	83	82	82	81	80	80	79	79	78	78	77	77	76	32
31	87	86	85	85	84	84	83	82	82	81	81	80	80	79	78	78	77	77	76	76	31
30	86	86	85	85	84	83	83	82	82	81	80	80	79	79	78	77	77	76	76	75	30
29	86	86	85	84	84	83	82	82	81	81	80	79	79	78	78	77	77	76	75	75	29
28	86	85	85	84	83	83	82	81	81	80	80	79	78	78	77	77	76	76	75	74	28
27	86	85	84	84	83	82	82	81	80	80	79	79	78	77	77	76	76	75	75	74	27
26	85	85	84	83	83	82	81	81	80	80	79	78	78	77	76	76	75	75	74	73	26
25	85	84	84	83	82	82	81	80	80	79	78	78	77	77	76	75	75	74	74	73	25
24	85	84	83	83	82	81	81	80	79	79	78	77	77	76	76	75	74	74	73	72	24
23	84	84	83	82	82	81	80	80	79	78	78	77	76	76	75	74	74	73	72	72	23
22	84	83	83	82	81	81	80	79	78	78	77	76	76	75	74	74	73	73	72	71	22
21	84	83	82	82	81	80	79	79	78	77	77	76	75	75	74	73	73	72	71	71	21
20	83	83	82	81	80	80	79	78	77	77	76	75	75	74	73	73	72	71	71	70	20
19	83	82	81	81	80	79	78	78	77	76	76	75	74	73	73	72	71	71	70	69	19
18	83	82	81	80	79	79	78	77	76	76	75	74	73	73	72	71	71	70	69	69	18
17	82	81	80	80	79	78	77	77	76	75	74	74	73	72	71	71	70	69	69	68	17
16	82	81	80	79	78	78	77	76	75	74	74	73	72	71	71	70	69	68	68	67	16
15	81	80	79	79	78	77	76	75	74	74	73	72	71	71	70	69	68	68	67	66	15
14	81	80	79	78	77	76	75	75	74	73	72	71	71	70	69	68	67	67	66	65	14
13	80	79	78	77	76	76	75	74	73	72	71	70	70	69	68	67	66	66	65	64	13
12	79	78	77	77	76	75	74	73	72	71	70	70	69	68	67	66	66	65	64	63	12
11	79	78	77	76	75	74	73	72	71	70	69	69	68	67	66	65	64	64	63	62	11
10	78	77	76	75	74	73	72	71	70	69	69	68	67	66	65	64	63	63	62	61	10
9	77	76	75	74	73	72	71	70	69	68	68	67	66	65	64	63	62	61	60	60	9
8	76	75	74	73	72	71	70	69	68	67	66	65	64	64	63	62	61	60	59	58	8
7	76	75	73	72	71	70	69	68	67	66	65	64	63	62	61	60	59	59	58	57	7
6	75	74	72	71	70	69	68	67	66	65	64	63	62	61	60	59	58	57	56	55	6
5	74	73	71	70	69	68	67	66	65	64	63	61	60	59	58	57	56	55	55	54	5
4	73	71	70	69	68	67	66	64	63	62	61	60	59	58	57	56	55	54	53	52	4
3	72	70	69	68	67	65	64	63	62	61	60	58	57	56	55	54	53	52	51	50	3
2	70	69	68	66	65	64	63	61	60	59	58	57	55	54	53	52	51	50	49	48	2
1	69	68	66	65	64	62	61	60	59	57	56	55	54	52	51	50	49	48	47	46	1
0	67	66	65	63	62	61	59	58	57	55	54	53	52	50	49	48	47	46	44	43	0
−1	66	64	63	62	60	59	57	56	55	53	52	51	49	48	47	46	44	43	42	41	−1
−2	64	63	61	60	58	57	55	54	52	51	50	48	47	45	44	43	42	40	39	38	−2
−3	62	61	59	58	56	55	53	52	50	49	47	46	44	43	42	40	39	38	36	35	−3
−4	61	59	57	56	54	52	52	49	48	46	45	43	41	40	39	37	36	34	33	32	−4
−5	59	57	55	53	52	50	48	47	45	43	42	40	39	37	36	34	33	31	30	28	−5
−6	56	55	53	51	49	47	45	44	42	40	39	37	35	34	32	30	29	27	26	24	−6
−7	54	52	50	48	46	44	42	41	39	37	35	34	32	30	28	27	25	24	22	21	−7
−8	51	49	47	45	43	41	39	37	35	34	32	30	28	26	25	23	21	19	18	16	−8
−9	48	46	44	42	40	38	36	34	32	30	28	26	24	22	20	18	17	15	13	11	−9

(계속)

습구 t'(C)	건구와 습구의 차 $t-t'$(C)																				습구 t'(C)
	4.0	4.1	4.2	4.3	4.4	4.5	4.6	4.7	4.8	4.9	5.0	5.1	5.2	5.3	5.4	5.5	5.6	5.7	5.8	5.9	
40	78	78	77	77	76	76	75	75	74	74	73	73	72	72	71	71	70	70	70	69	40
39	78	77	77	76	76	75	75	75	74	73	73	72	72	71	71	71	70	70	69	69	39
38	78	77	77	76	76	75	75	74	74	73	72	72	72	71	71	70	70	69	69	68	38
37	77	77	76	76	75	75	74	74	73	73	72	72	71	71	70	70	69	69	68	68	37
36	77	76	76	75	75	74	74	74	73	73	72	71	71	70	70	69	69	68	68	68	36
35	77	76	76	75	75	74	74	73	73	72	71	71	70	70	69	69	68	68	68	67	35
34	76	76	75	75	74	74	73	73	72	72	71	70	70	69	69	68	68	68	67	67	34
33	76	75	75	74	74	73	73	72	72	71	70	70	69	69	69	68	68	67	67	66	33
32	76	75	74	74	73	73	72	72	71	71	70	69	69	68	68	67	67	67	66	66	32
31	75	75	74	74	73	73	72	71	71	70	69	69	68	68	68	67	67	66	66	65	31
30	75	74	74	73	73	72	72	71	71	70	69	68	68	67	67	66	66	66	65	65	30
29	74	74	73	73	72	72	71	71	70	70	68	68	67	67	66	66	65	65	64	64	29
28	74	73	73	72	72	71	71	70	70	69	68	67	67	66	66	65	65	64	64	63	28
27	73	73	72	72	71	71	70	70	69	68	67	67	66	66	65	65	64	64	63	63	27
26	73	72	72	71	71	70	70	69	69	68	67	66	66	65	65	64	64	63	63	62	26
25	72	72	71	71	70	69	69	68	68	67	66	66	65	64	64	63	63	62	62	61	25
24	72	71	71	70	69	69	68	68	67	67	65	65	64	64	63	63	62	62	61	61	24
23	71	71	70	69	69	68	68	67	67	66	65	64	64	63	63	62	61	61	60	60	23
22	71	70	69	69	68	68	67	66	66	65	64	63	63	62	62	61	61	60	59	59	22
21	70	69	69	68	68	67	66	66	65	65	63	63	62	61	61	60	60	59	59	58	21
20	69	69	68	67	67	66	66	65	64	64	62	62	61	61	60	59	59	58	58	57	20
19	69	68	67	67	66	65	65	64	64	63	62	61	60	60	59	59	58	57	57	56	19
18	68	67	67	66	65	65	64	63	63	62	61	60	59	59	58	58	57	56	56	55	18
17	67	66	66	65	64	64	63	62	62	61	60	59	58	58	57	57	56	55	55	54	17
16	66	66	65	64	64	63	62	62	61	60	59	58	57	57	56	55	55	54	54	53	16
15	65	65	64	63	63	62	61	61	60	59	57	57	56	56	55	54	54	53	52	52	15
14	64	64	63	62	62	61	60	59	59	58	56	56	55	54	54	53	52	52	51	50	14
13	63	63	62	61	61	60	59	58	58	57	55	54	54	53	52	52	51	50	50	49	13
12	62	62	61	60	59	59	58	57	56	56	54	53	52	52	51	50	50	49	48	48	12
11	61	60	60	59	58	57	57	56	55	54	52	52	51	50	49	49	48	47	47	46	11
10	60	59	58	58	57	56	55	55	54	53	51	50	49	49	48	47	46	46	45	44	10
9	59	58	57	56	55	55	54	53	52	52	49	48	48	47	46	46	45	44	43	43	9
8	57	56	56	55	54	53	52	52	51	50	48	47	46	45	44	44	43	42	41	41	8
7	56	55	54	53	52	52	51	50	49	48	46	45	44	43	42	42	41	40	39	39	7
6	54	53	53	52	51	50	49	48	47	47	44	43	42	41	40	40	39	38	37	37	6
5	53	52	51	50	49	48	47	46	45	45	42	41	40	39	38	37	37	36	35	34	5
4	51	50	49	48	47	46	45	44	43	42	39	39	38	37	36	35	34	33	33	32	4
3	49	48	47	46	45	44	43	42	41	40	37	36	35	34	33	33	32	31	30	29	3
2	47	46	45	44	43	42	41	40	39	38	34	33	32	32	31	30	29	28	27	26	2
1	44	43	42	41	40	39	38	37	36	35	31	31	30	29	28	27	26	25	24	23	1
0	42	41	40	39	38	37	36	34	33	32	29	28	27	26	25	24	23	22	21	20	0
−1	39	38	37	36	35	34	33	32	31	29	25	24	23	22	21	20	19	18	17	16	−1
−2	37	35	34	33	32	31	30	29	27	26	22	21	20	18	17	16	15	14	13	12	−2
−3	34	32	31	30	29	28	26	25	24	23	18	17	16	15	14	13	11	10	9	8	−3
−4	30	29	28	26	25	24	23	22	20	19											−4
−5	27	25	24	23	21	20	19	18	16	15	14	13	12	10	9	8	7	6	5	4	−5
−6	23	22	20	19	17	16	15	13	12	11	10	8	7	6	5	4					−6
−7	19	18	16	15	13	12	10	9	7	6	5	4	2	1							−7
−8	14	13	11	10	8	7	5	4	2	1											−8
−9	10	8	7	5	3	2															−9

(계속)

건구와 습구의 차 $t-t'$(C)

습구 t'(C)	6.0	6.1	6.2	6.3	6.4	6.5	6.6	6.7	6.8	6.9	7.0	7.1	7.2	7.3	7.4	7.5	7.6	7.7	7.8	7.9	습구 t'(C)
40																					40
39																					39
38	68	68	68	67	67	66	66	65	65	65											38
37	68	68	67	67	66	66	65	65	65	64	64	63	63	63	62	62	61	61	61	60	37
36	68	67	67	66	66	65	65	65	64	64	63	63	63	62	62	61	61	61	60	60	36
35	67	67	66	66	65	65	65	64	64	63	63	62	62	62	61	61	60	60	60	59	35
34	67	66	66	65	65	64	64	64	63	63	62	62	62	61	61	60	60	59	59	59	34
33	66	66	65	65	64	64	64	63	63	62	62	61	61	61	60	60	59	59	59	58	33
32	66	65	65	64	64	63	63	63	62	62	61	61	60	60	60	59	59	58	58	58	32
31	65	65	64	64	63	63	62	62	62	61	61	60	60	59	59	59	58	58	57	57	31
30	65	64	64	63	63	62	62	61	61	61	60	60	59	59	59	58	58	57	57	56	30
29	64	64	63	63	62	62	61	61	60	60	60	59	59	58	58	57	57	56	56	56	29
28	63	63	63	62	62	61	61	60	60	59	59	58	58	58	57	57	56	56	55	55	28
27	63	62	62	61	61	60	60	60	59	59	58	58	57	57	57	56	56	55	55	54	27
26	62	62	61	61	60	60	59	59	58	58	57	57	57	56	56	55	55	54	54	54	26
25	62	61	61	60	60	59	59	58	58	57	57	56	56	55	55	54	54	54	53	53	25
24	61	60	60	59	59	58	58	57	57	56	56	56	55	55	54	54	53	53	52	52	24
23	60	60	59	59	58	58	57	57	56	56	55	55	54	54	53	53	52	52	51	51	23
22	59	59	58	58	57	57	56	56	55	55	54	54	53	53	52	52	51	51	51	50	22
21	58	58	57	57	56	56	55	55	54	54	53	53	52	52	51	51	50	50	50	49	21
20	58	57	56	56	55	55	54	54	53	53	52	52	51	51	50	50	50	49	49	48	20
19	57	56	56	55	55	54	53	53	52	52	51	51	50	50	49	49	48	48	47	47	19
18	56	55	55	54	53	53	52	52	51	51	50	50	49	49	48	48	47	47	46	46	18
17	55	54	54	53	52	52	51	51	50	50	49	49	48	48	47	47	46	46	45	45	17
16	54	53	52	52	51	51	50	50	49	49	48	47	47	46	46	45	45	44	44	43	16
15	52	52	51	51	50	50	49	48	48	47	47	46	46	45	45	44	44	43	43	42	15
14	51	51	50	49	49	48	48	47	46	46	45	45	44	44	43	43	42	42	41	41	14
13	50	49	49	48	47	47	46	46	45	45	44	43	43	42	42	41	41	40	40	39	13
12	48	48	47	47	46	45	45	44	44	43	42	42	41	41	40	40	39	39	38	38	12
11	47	46	46	45	44	44	43	43	42	41	41	40	40	39	39	38	37	37	36	36	11
10	45	45	44	43	43	42	42	41	40	40	39	39	38	37	37	36	36	35	35	34	10
9	44	43	42	42	41	40	40	39	39	38	37	37	36	35	35	34	34	33	33	32	9
8	42	41	41	40	39	39	38	37	37	36	35	35	34	34	33	32	32	31	31	30	8
7	40	39	39	38	37	37	36	35	35	34	33	33	32	31	31	30	30	29	28	28	7
6	38	37	36	36	35	34	34	33	32	32	31	30	30	29	29	28	27	27	26	26	6
5	36	35	34	34	33	32	31	31	30	29	29	28	27	27	26	25	25	24	24	23	5
4	33	33	32	31	30	30	29	28	28	27	26	26	25	24	24	23	22	22	21	20	4
3	31	30	29	29	28	27	26	26	25	24	23	23	22	21	21	20	19	19	18	17	3
2	28	27	27	26	25	24	24	23	22	21	21	20	19	18	18	17	16	16	15	14	2
1	25	25	24	23	22	21	20	20	19	18	17	17	16	15	15	14	13	12	12	11	1
0	22	21	21	20	19	18	17	16	16	15	14	13	13	12	11	10	10	9	8	8	0
−1	19	18	17	16	16	15	14	13	12	11	10	10	9	8	7	7	6	5	4	4	−1
−2	15	14	14	13	13	12	11	10	9	8	7	7	6	5	4	3	3	1			−2
−3	11	11	10	9	8	8	6	5	4	3	2	1									−3
−4	7	6	5	4	3	2	1														−4
−5	3	2	1																		−5
−6																					−6
−7																					−7
−8																					−8
−9																					−9

(계속)

습구 t'(C)	건구와 습구의 차 $t-t'$(C)																				습구 t'(C)
	8.0	8.1	8.2	8.3	8.4	8.5	8.6	8.7	8.8	8.9	9.0	9.1	9.2	9.3	9.4	9.5	9.6	9.7	9.8	9.9	
40																					40
39																					39
38																					38
37																					37
36	59	59	59	58	58	58	57	57	56	56											36
35	59	58	58	58	57	57	57	56	56	56	55	55	54	54	54	53	53	53	52	52	35
34	58	58	58	57	57	56	56	56	55	55	55	54	54	54	53	53	52	52	52	51	34
33	58	57	57	57	56	56	55	55	55	54	54	54	53	53	53	52	52	52	51	51	33
32	57	57	56	56	56	55	55	54	54	54	53	53	53	52	52	52	51	51	51	50	32
31	57	56	56	55	55	55	54	54	53	53	53	52	52	52	51	51	51	50	50	49	31
30	56	56	55	55	54	54	54	53	53	52	52	52	51	51	51	50	50	49	49	49	30
29	55	55	54	54	54	53	53	52	52	52	51	51	51	50	50	49	49	49	48	48	29
28	55	54	54	53	53	53	52	52	51	51	50	50	49	49	49	48	48	48	47	47	28
27	54	53	53	53	52	52	51	51	51	50	50	49	49	49	48	48	48	47	47	46	27
26	53	53	52	52	51	51	51	50	50	49	49	49	48	48	47	47	47	46	46	46	26
25	52	52	51	51	51	50	50	49	49	49	48	48	47	47	47	46	46	45	45	45	25
24	51	51	51	50	50	49	49	49	48	48	47	47	47	46	46	45	45	45	44	44	24
23	51	50	50	49	49	48	48	48	47	47	46	46	46	45	45	44	44	44	43	43	23
22	50	49	49	48	48	47	47	47	46	46	45	45	45	44	44	43	43	43	42	42	22
21	49	48	48	47	47	46	46	46	45	45	44	44	44	43	43	42	42	42	41	41	21
20	48	47	47	46	46	45	45	45	44	44	43	43	42	42	42	41	41	40	40	40	20
19	47	46	46	45	45	44	44	43	43	43	42	42	41	41	40	40	40	39	39	38	19
18	45	45	44	44	44	43	43	42	42	41	41	41	40	40	39	39	38	38	38	37	18
17	44	44	43	43	42	42	41	41	41	40	40	39	39	38	38	38	37	37	36	36	17
16	43	42	42	42	41	41	40	40	39	39	38	38	37	37	37	36	36	35	35	35	16
15	42	41	41	40	40	39	39	38	38	37	37	36	36	36	35	35	34	34	33	33	15
14	40	40	39	39	38	38	37	37	36	36	35	35	35	34	34	33	33	32	32	31	14
13	39	38	38	37	37	36	36	35	35	34	34	33	33	32	32	32	31	31	30	30	13
12	37	36	36	35	35	35	34	34	33	33	32	32	31	31	30	30	29	29	29	28	12
11	35	35	34	34	33	33	32	32	31	31	30	30	29	29	28	28	28	27	27	26	11
10	33	33	32	32	31	31	30	30	29	29	28	28	27	27	27	26	26	25	25	24	10
9	32	31	30	30	29	29	28	28	27	27	26	26	25	25	24	24	24	23	23	22	9
8	29	29	28	28	27	27	26	26	25	25	24	24	23	23	22	22	21	21	20	20	8
7	27	27	26	26	25	24	24	23	23	22	22	21	21	20	20	19	19	18	18	18	7
6	25	24	24	23	23	22	22	21	20	20	19	19	18	18	17	17	16	16	15	15	6
5	22	22	21	21	20	19	19	18	18	17	17	16	16	15	15	14	14	13	13	12	5
4	20	19	18	18	17	17	16	16	15	15	14	13	13	12	12	11	11	10	10	9	4
3	17	16	16	15	14	14	13	13	12	12	11	10	10	9	9	8	8	7	7	6	3
2	14	13	13	12	12	11	10	10	9	8	8	7	7	6	6	5	5	4	4	3	2
1	10	10	9	9	8	7	7	6	6	5	5	4	4	3	3	2	2	1	1		1
0	7	6	6	5	4	4	3	2	2	1											0
−1	3	2	2	1																	−1
−2																					−2
−3																					−3
−4																					−4
−5																					−5
−6																					−6
−7																					−7
−8																					−8
−9																					−9

(계속)

습구 t'(C)	건구와 습구의 차 t-t'(C)																				습구 t'(C)
	10.0	10.1	10.2	10.3	10.4	10.5	10.6	10.7	10.8	10.9	11.0	11.1	11.2	11.3	11.4	11.5	11.6	11.7	11.8	11.9	
40																					40
39																					39
38																					38
37																					37
36																					36
35																					35
34	51	51	50	50	50	49	49	49	48	48											34
33	50	50	50	49	49	49	48	48	48	48	47	47	47	46	46	46	45	45	45	44	33
32	50	49	49	49	48	48	48	47	47	47	46	46	46	46	45	45	45	44	44	44	32
31	49	49	48	48	48	47	47	47	46	46	46	45	45	45	45	44	44	44	43	43	31
30	48	48	48	47	47	47	46	46	46	45	45	45	44	44	44	43	43	43	43	42	30
29	48	47	47	47	46	46	46	45	45	45	44	44	44	43	43	43	42	42	42	41	29
28	47	47	46	46	46	45	45	44	44	44	43	43	43	43	42	42	42	41	41	41	28
27	46	46	45	45	45	44	44	44	43	43	43	42	42	42	41	41	41	40	40	40	27
26	45	45	45	44	44	44	43	43	42	42	42	41	41	41	41	40	40	40	39	39	26
25	44	44	44	43	43	43	42	42	42	41	41	41	40	40	40	39	39	39	38	38	25
24	43	43	43	42	42	42	41	41	41	40	40	40	39	39	39	38	38	38	37	37	24
23	42	42	42	41	41	41	40	40	40	39	39	39	38	38	38	37	37	37	36	36	23
22	41	41	41	40	40	40	39	39	39	38	38	38	37	37	37	36	36	36	35	35	22
21	40	40	40	39	39	39	38	38	37	37	37	36	36	36	35	35	35	34	34	34	21
20	39	39	39	38	38	37	37	37	36	36	36	35	35	35	34	34	34	33	33	33	20
19	38	38	37	37	37	36	36	35	35	35	34	34	34	33	33	33	32	32	32	31	19
18	37	36	36	36	35	35	35	34	34	33	33	33	32	32	32	31	31	31	30	30	18
17	36	35	35	34	34	34	33	33	32	32	32	31	31	31	30	30	30	29	29	29	17
16	34	34	33	33	33	32	32	31	31	31	30	30	30	29	39	29	28	28	27	27	16
15	33	32	32	31	31	31	30	30	30	29	29	28	28	28	27	27	27	26	26	26	15
14	31	31	30	30	29	29	29	28	28	28	27	27	26	26	26	25	25	25	24	24	14
13	29	29	29	28	28	27	27	27	26	26	25	25	25	24	24	24	23	23	23	22	13
12	28	27	27	26	26	26	25	25	24	24	24	23	23	23	22	22	21	21	21	20	12
11	26	25	25	25	24	24	23	23	23	22	22	21	21	21	20	20	19	19	19	18	11
10	24	23	23	23	22	22	21	21	20	20	20	19	19	19	18	18	17	17	17	16	10
9	22	21	21	20	20	20	19	19	18	18	18	17	17	16	16	16	15	15	14	14	9
8	19	19	19	18	18	17	17	16	16	16	15	15	14	14	14	13	13	13	12	12	8
7	17	17	16	16	15	15	14	14	14	13	13	12	12	12	11	11	10	10	10	9	7
6	15	14	14	13	13	12	12	11	11	11	10	10	9	9	9	8	8	7	7	7	6
5	12	11	11	10	10	10	9	9	8	8	7	7	7	6	6	5	5	5	4	4	5
4	9	8	8	8	7	7	7	6	6	5	5	4	4	4	3	3	2	2	1	1	4
3	6	5	5	4	4	3	3	3	2	2	1	1									3
2	2	2	2	1	1																2
1																					1
0																					0
−1																					−1
−2																					−2
−3																					−3
−4																					−4
−5																					−5
−6																					−6
−7																					−7
−8																					−8
−9																					−9

(계속)

습구 t'(C)	건구와 습구의 차 t-t'(C)																				습구 t'(C)
	12.0	12.1	12.2	12.3	12.4	12.5	12.6	12.7	12.8	12.9	13.0	13.1	13.2	13.3	13.4	13.5	13.6	13.7	13.8	13.9	t'(C)
40																					40
39																					39
38																					38
37																					37
36																					36
35																					35
34																					34
33																					33
32	43	43	43	43	42	42	42	41	41	41											32
31	43	42	42	42	41	41	41	41	40	40	40	39	39	39	39	38	38	38	38	37	31
30	42	42	41	41	41	40	40	40	40	39	39	39	38	38	38	38	37	37	37	37	30
29	41	41	41	40	40	40	39	39	39	38	38	38	38	37	37	37	36	36	36	36	29
28	40	40	40	39	39	39	39	38	38	38	37	37	37	37	36	36	36	35	35	35	28
27	39	39	39	39	38	38	38	37	37	37	37	36	36	36	35	35	35	35	34	34	27
26	39	38	38	38	37	37	37	36	36	36	36	35	35	35	34	34	34	34	33	33	26
25	38	37	37	37	36	36	36	36	35	35	35	34	34	34	34	33	33	33	32	32	25
24	37	36	36	36	35	35	35	35	34	34	34	33	33	33	32	32	32	32	31	31	24
23	36	35	35	35	34	34	34	33	33	33	33	32	32	32	31	31	31	31	30	30	23
22	35	34	34	34	33	33	33	32	32	32	32	31	31	31	31	30	30	30	29	29	22
21	33	33	33	33	32	32	32	31	31	31	30	30	30	29	29	29	29	28	28	28	21
20	32	32	32	31	31	31	30	30	30	29	29	29	29	28	28	28	27	27	27	27	20
19	31	31	30	30	30	29	29	29	28	28	28	27	27	27	26	26	26	26	25	25	19
18	30	29	29	29	28	28	28	27	27	27	26	26	26	25	25	25	24	24	24	24	18
17	28	28	28	27	27	27	26	26	26	25	25	25	24	24	24	23	23	23	22	22	17
16	27	26	26	26	25	25	25	24	24	24	23	23	23	22	22	22	22	21	21	21	16
15	25	25	25	24	24	24	23	23	23	22	22	22	21	21	21	21	20	20	20	19	15
14	24	23	23	23	22	22	22	21	21	21	20	20	20	19	19	19	19	18	18	18	14
13	22	22	21	21	21	20	20	20	19	19	19	18	18	18	17	17	17	17	16	16	13
12	20	20	19	19	19	18	18	18	17	17	17	16	16	16	15	15	15	15	14	14	12
11	18	18	17	17	17	16	16	16	15	15	15	14	14	14	14	13	13	13	12	12	11
10	16	16	15	15	15	14	14	14	13	13	13	12	12	12	11	11	11	11	10	10	10
9	14	13	13	13	12	12	12	11	11	11	10	10	10	9	9	9	8	8	8		9
8	11	11	11	10	10	10	9	9	9	8	8	8	7	7	7	6	6	6	5		8
7	9	9	8	8	8	7	7	7	6	6	6	5	5	5	4	4	4	3	3	3	7
6	6	6	6	5	5	5	4	4	4	3	3	3	2	2	2	1	1	1			6
5	3	3	3	2	2	2	1	1	1												5
4																					4
3																					3
2																					2
1																					1
0																					0
−1																					−1
−2																					−2
−3																					−3
−4																					−4
−5																					−5
−6																					−6
−7																					−7
−8																					−8
−9																					−9

(계속)

습구 t′ (℃)	건구와 습구의 차 t−t′ (℃)																				습구 t′ (℃)
	14.0	14.1	14.2	14.3	14.4	14.5	14.6	14.7	14.8	14.9	15.0	15.1	15.2	15.3	15.4	15.5	15.6	15.7	15.8	15.9	
40																					40
39																					39
38																					38
37																					37
36																					36
35																					35
34																					34
33																					33
32																					32
31																					31
30	36	36	36	36	35	35	35	35	34	34											30
29	35	35	35	35	34	34	34	34	33	33	33	33	32	32	32	32	32	31	31	31	29
28	35	34	34	34	34	33	33	33	33	32	32	32	32	31	31	31	31	30	30	30	28
27	34	33	33	33	33	32	32	32	31	31	31	31	30	30	30	30	30	30	29	29	27
26	33	33	32	32	32	32	31	31	31	31	30	30	30	30	29	29	29	29	28	28	26
25	32	32	31	31	31	31	30	30	30	30	29	29	29	29	28	28	28	28	27	27	25
24	31	31	30	30	30	30	29	29	29	29	28	28	28	28	27	27	27	27	26	26	24
23	30	30	29	29	29	28	28	28	28	27	27	27	27	26	26	26	26	26	25	25	23
22	29	28	28	28	28	27	27	27	27	26	26	26	26	25	25	25	25	24	24	24	22
21	28	27	27	27	26	26	26	26	25	25	25	25	24	24	24	24	24	23	23	23	21
20	26	26	26	25	25	25	25	24	24	24	24	23	23	23	23	22	22	22	22	22	20
19	25	25	24	24	24	24	23	23	23	23	22	22	22	22	21	21	21	21	20	20	19
18	24	23	23	23	23	22	22	22	22	21	21	21	21	20	20	20	20	19	19	19	18
17	22	22	22	21	21	21	21	20	20	20	20	19	19	19	19	18	18	18	18	17	17
16	21	20	20	20	20	19	19	19	19	18	18	18	18	17	17	17	17	16	16	16	16
15	19	19	19	18	18	18	17	17	17	17	16	16	16	16	15	15	15	15	15	14	15
14	17	17	17	17	16	16	16	16	15	15	15	15	14	14	14	14	13	13	13	13	14
13	16	15	15	15	15	14	14	14	13	13	13	13	12	12	12	12	12	11	11	11	13
12	14	13	13	13	13	12	12	12	12	11	11	11	11	10	10	10	11	9	9	9	12
11	12	12	11	11	11	10	10	10	10	9	9	9	9	8	8	8	8	7	7	7	11
10	10	9	9	9	9	8	8	8	7	7	7	7	6	6	6	6	6	5	5	5	10
9	7	7	7	7	6	6	6	6	5	5	5	4	4	4	4	4	3	3	3		9
8	5	5	5	4	4	4	4	3	3	3	2	2	2	1	1	1	1				8
7	3	3	2	2	2	1	1	1													7
6																					6
5																					5
4																					4
3																					3
2																					2
1																					1
0																					0
−1																					−1
−2																					−2
−3																					−3
−4																					−4
−5																					−5
−6																					−6
−7																					−7
−8																					−8
−9																					−9

부록표 5.4 통풍용 습도산출표(%) (습구가 빙결했을 때)

습구 t'(C)	건구와 습구의 차 $t-t'$(C)																				습구 t'(C)
	0.0	0.1	0.2	0.3	0.4	0.5	0.6	0.7	0.8	0.9	1.0	1.1	1.2	1.3	1.4	1.5	1.6	1.7	1.8	1.9	
0	100	98	97	95	93	92	90	89	87	86	84	83	81	79	78	77	75	74	73	71	0
−1	99	97	95	94	92	90	89	87	86	84	82	81	79	78	76	75	73	72	71	69	−1
−2	98	96	94	93	91	89	87	86	84	82	81	79	77	76	74	73	71	70	68	67	−2
−3	97	95	93	91	89	88	86	84	82	81	79	77	76	74	72	71	69	68	66	65	−3
−4	96	94	92	90	88	86	85	83	81	79	77	75	74	72	70	68	67	65	64	62	−4
−5	95	93	91	89	87	85	83	81	79	77	75	74	72	70	68	66	65	63	61	60	−5
−6	94	92	90	87	86	83	82	80	78	76	73	72	70	68	65	64	62	61	59	57	−6
−7	93	91	89	86	84	82	80	78	76	74	71	69	67	65	63	61	59	58	56	54	−7
−8	93	90	88	85	83	80	78	76	74	72	69	67	65	63	61	59	57	55	53	51	−8
−9	92	89	86	84	81	79	77	74	72	70	67	65	63	60	58	56	54	52	50	48	−9
−10	91	88	85	83	80	77	75	72	70	68	65	63	60	58	55	53	51	49	47	45	−10
−11	90	87	84	81	78	76	73	70	68	65	63	60	57	55	52	50	48	46	43	41	−11
−12	89	86	83	80	77	74	71	68	65	63	60	57	54	52	49	47	44	42	39	37	−12
−13	88	85	81	78	75	72	69	66	63	60	57	54	51	49	46	43	40	38	35	33	−13
−14	87	84	80	77	73	70	67	64	60	57	54	51	48	45	42	39	36	34	31	29	−14
−15	86	82	79	75	71	68	65	61	58	54	51	48	45	41	38	35	32	30	27	24	−15
−16	86	81	78	74	70	66	63	59	55	52	48	45	41	37	34	31	28	25	22	19	−16
−17	85	80	76	72	68	63	60	56	52	48	44	41	37	33	30	26	23	20	16	13	−17
−18	84	79	75	70	66	61	57	53	49	45	41	37	33	29	25	21	18	15	11	7	−18
−19	83	78	73	68	64	59	55	50	46	41	37	33	28	24	20	16	12	9	4	1	−19
−20	82	77	71	66	61	56	52	47	42	37	32	28	23	19	14	10	6	2			−20
−21	82	76	70	64	59	53	49	43	38	33	28	23	18	13	8	4					−21
−22	81	75	68	62	56	50	45	39	34	28	23	17	12	7	2						−22
−23	80	73	66	60	53	47	41	35	29	23	17	11	6								−23
−24	79	72	64	57	50	43	38	31	24	18	11	5									−24
−25	78	70	62	54	46	39	33	26	18	12	5										−25
−26	77	69	60	51	43	35	28	20	13	5											−26
−27	77	68	58	49	40	31	24	15	7												−27
−28	76	66	56	46	36	27	18	9													−28
−29	75	64	53	42	31	20	12	2													−29

(계속)

습구 t'(C)	건구와 습구의 차 $t-t'$(C)																				습구 t'(C)
	2.0	2.1	2.2	2.3	2.4	2.5	2.6	2.7	2.8	2.9	3.0	3.1	3.2	3.3	3.4	3.5	3.6	3.7	3.8	3.9	
0	70	68	67	66	65	63	62	61	60	59	57	56	55	54	53	51	50	49	48	47	0
−1	68	66	65	64	62	61	59	58	57	56	55	53	52	51	50	49	47	46	45	44	−1
−2	65	64	62	61	60	58	57	56	54	53	52	51	49	48	47	46	44	43	42	41	−2
−3	63	62	60	59	57	56	54	53	52	50	49	48	46	45	44	42	41	40	39	38	−3
−4	60	59	57	56	54	53	51	50	49	47	46	44	43	42	40	39	38	36	35	34	−4
−5	58	56	55	53	51	50	48	47	46	44	43	41	40	38	37	36	34	33	32	31	−5
−6	55	53	52	50	48	47	45	44	42	41	39	38	36	35	33	32	31	29	28	27	−6
−7	52	50	48	47	45	43	42	40	39	37	35	34	32	31	29	28	26	25	23	22	−7
−8	49	47	45	43	42	40	38	36	35	33	32	30	28	27	25	24	22	20	19	18	−8
−9	46	44	42	40	38	36	34	32	31	29	27	26	24	22	21	19	17	16	14	13	−9
−10	42	40	38	36	34	32	30	28	27	25	23	21	19	18	16	14	12	11	9	8	−10
−11	39	37	34	32	30	28	27	24	22	20	18	16	14	13	11	9	7	5	4	2	−11
−12	35	32	30	28	25	23	21	19	17	15	13	11	9	7	5	3	1				−12
−13	30	28	25	23	21	18	16	14	12	10	7	5	3	1							−13
−14	26	23	21	18	15	13	11	8	6	4	2										−14
−15	21	18	15	13	10	7	5	2													−15
−16	16	13	10	7	4	1															−16
−17	10	7	4	1																	−17
−18	4	1																			−18
−19																					−19
−20																					−20
−21																					−21
−22																					−22
−23																					−23
−24																					−24

습구 t'(C)	건구와 습구의 차 $t-t'$(C)																				습구 t'(C)
	4.0	4.1	4.2	4.3	4.4	4.5	4.6	4.7	4.8	4.9	5.0	5.1	5.2	5.3	5.4	5.5	5.6	5.7	5.8	5.9	
0	46	45	44	43	42	41	40	39	38	37	36	35	34	33	33	32	31	30	29	28	0
−1	43	42	41	40	39	38	37	36	35	34	33	32	31	30	29	28	27	26	25	25	−1
−2	40	39	38	36	35	34	33	32	31	30	29	28	27	26	25	24	24	23	22	21	−2
−3	37	35	34	33	32	31	30	29	28	27	26	25	24	23	22	21	20	19	18	17	−3
−4	33	32	30	29	28	27	26	25	24	23	22	21	20	18	17	16	15	14	14	13	−4
−5	29	28	27	26	24	23	22	21	20	18	17	16	15	14	13	12	11	10	9	8	−5
−6	25	24	23	21	20	19	18	16	15	14	13	12	11	10	9	7	6	5	4	3	−6
−7	21	19	18	17	15	14	13	12	10	9	8	7	6	5	4	2	1				−7
−8	16	15	13	12	11	9	8	7	5	4	3	2	1								−8
−9	11	10	8	7	6	4	3	1													−9
−10	6	5	3	2																	−10
−11	1																				−11
−12																					−12
−13																					−13
−14																					−14

부록 06 평균풍속을 구하는 표

풍정(風程) 100 m마다 전접하는 풍속계를 사용해서 평균풍속을 구하기 위한 표이지만, 9장에서 설명한 것처럼 로빈슨형 4배풍속계에서는 이 표에서 구한 값에 풍속별의 계수를 곱해야 한다.

10분간 평균풍속용의 표와 일평균풍속용의 표가 있지만, 모두 풍정을 초수(s)로 나누어 만든 것이다.

6.1 | 10 분간 평균풍속용

■ 예

3배풍속계로 관측해서 10분간의 전접횟수(電接回數)가 48회(풍정 4,800 m)였을 때, 『부록표 6.1. 10분간 평균풍속을 구하는 표(m/s)』에서 세로란의 km의 4와 가로란의 ×100 m의 8에서 8.0 m/s인 것을 알 수 있다.

부록표 6.1 10분간 평균풍속을 구하는 표(m/s)

km	×100 m									
	0	1	2	3	4	5	6	7	8	9
0	0.0	0.2	0.3	0.5	0.7	0.8	1.0	1.2	1.3	1.5
1	1.7	1.8	2.0	2.2	2.3	2.5	2.7	2.8	3.0	3.2
2	3.3	3.5	3.7	3.8	4.0	4.2	4.3	4.5	4.7	4.8
3	5.0	5.2	5.3	5.5	5.7	5.8	6.0	6.2	6.3	6.5
4	6.7	6.8	7.0	7.2	7.3	7.5	7.7	7.8	8.0	8.2
5	8.3	8.5	8.7	8.8	9.0	9.2	9.3	9.5	9.7	9.8

(계속)

km	× 100 m									
	0	1	2	3	4	5	6	7	8	9
6	10.0	10.2	10.3	10.5	10.7	10.8	11.0	11.2	11.3	11.5
7	11.7	11.8	12.0	12.2	12.3	12.5	12.7	12.8	13.0	13.2
8	13.3	13.5	13.7	13.8	14.0	14.2	14.3	14.5	14.7	14.8
9	15.0	15.2	15.3	15.5	15.7	15.8	16.0	16.2	16.3	16.5
10	16.7	16.8	17.0	17.2	17.3	17.5	17.7	17.8	18.0	18.2
11	18.3	18.5	18.7	18.8	19.0	19.2	19.3	19.5	19.7	19.8
12	20.0	20.2	20.3	20.5	20.7	20.8	21.0	21.2	21.3	21.5
13	21.7	21.8	22.0	22.2	22.3	22.5	22.7	22.8	23.0	23.2
14	23.3	23.5	23.7	23.8	24.0	24.2	24.3	24.5	24.7	24.8
15	25.0	25.2	25.3	25.5	25.7	25.8	26.0	26.2	26.3	26.5
16	26.7	26.8	27.0	27.2	27.3	27.5	27.7	27.8	28.0	28.2
17	28.3	28.5	28.7	28.8	29.0	29.2	29.3	29.5	29.7	29.8
18	30.0	30.2	30.3	30.5	30.7	30.8	31.0	31.2	31.3	31.5
19	31.7	31.8	32.0	32.2	32.3	32.5	32.7	32.8	33.0	33.2
20	33.3	33.5	33.7	33.8	34.0	34.2	34.3	34.5	34.7	34.8
21	35.0	35.2	35.3	35.5	35.7	35.8	36.0	36.2	36.3	36.5
22	36.7	36.8	37.0	37.2	37.3	37.5	37.7	37.8	38.0	38.2
23	38.3	38.5	38.7	38.8	39.0	39.2	39.9	39.5	39.7	39.8
24	40.0	40.2	40.3	40.5	40.7	40.8	41.0	41.2	41.3	41.5
25	41.7	41.8	42.0	42.2	42.3	42.5	42.7	42.8	43.0	43.2
26	43.3	43.5	43.7	43.8	44.0	44.2	44.3	44.5	44.7	44.8
27	45.0	45.2	45.3	45.5	45.7	45.8	46.0	46.2	46.3	46.5
28	46.7	46.8	47.0	47.2	47.3	47.5	47.7	47.8	48.0	48.2
29	48.3	48.5	48.7	48.8	49.0	49.2	49.3	49.5	49.7	49.8
30	50.0	50.2	50.3	50.5	50.7	50.8	51.0	51.2	51.3	51.5
31	51.7	51.8	52.0	52.2	52.3	52.5	52.7	52.8	53.0	53.2
32	53.3	53.5	53.7	53.8	54.0	54.2	54.3	54.5	54.7	54.8
33	55.0	55.2	55.3	55.5	55.7	55.8	56.0	56.2	56.3	56.5
34	56.7	56.8	57.0	57.2	57.3	57.5	57.7	57.8	58.0	58.2
35	58.3	58.5	58.7	58.8	59.0	59.2	59.3	59.5	59.7	59.8

6.2 | 일평균풍속용

■ 예

3배풍속계로, 자기전접계수기를 이용해서 0시에서 24시까지 전접횟수(電接回數)를 읽어서 2,650회 (풍정 265 km)였다면, 일평균풍속을 구하는 『부록표 6.2. 일평균풍속을 구하는 표(m/s)』에서, 세로 란의 200과 가로란의 70에서 3.1 m/s를 얻는다.

부록표 6.2 일평균풍속을 구하는 표(m/s)

km	0	10	20	30	40	50	60	70	80	90
0	0.0	0.1	0.2	0.3	0.5	0.6	0.7	0.8	0.9	1.0
100	1.2	1.3	1.4	1.5	1.6	1.7	1.9	2.0	2.1	2.2
200	2.3	2.4	2.5	2.7	2.8	2.9	3.0	3.1	3.2	3.4
300	3.5	3.6	3.7	3.8	3.9	4.1	4.2	4.3	4.4	4.5
400	4.6	4.7	4.9	5.0	5.1	5.2	5.3	5.4	5.6	5.7
500	5.8	5.9	6.0	6.1	6.2	6.4	6.5	6.6	6.7	6.8
600	6.9	7.1	7.2	7.3	7.4	7.5	7.6	7.8	7.9	8.0
700	8.1	8.2	8.3	8.4	8.6	8.7	8.8	8.9	9.0	9.1
800	9.3	9.4	9.5	9.6	9.7	9.8	10.0	10.1	10.2	10.3
900	10.4	10.5	10.6	10.8	10.9	11.0	11.1	11.2	11.3	11.5
1,000	11.6	11.7	11.8	11.9	12.0	12.2	12.3	12.4	12.5	12.6
1,100	12.7	12.8	13.0	13.1	13.2	13.3	13.4	13.5	13.7	13.8
1,200	13.9	14.0	14.1	14.2	14.4	14.5	14.6	14.7	14.8	14.9
1,300	15.0	15.2	15.3	15.4	15.5	15.6	15.7	15.9	16.0	16.1
1,400	16.2	16.3	16.4	16.6	16.7	16.8	16.9	17.0	17.1	17.2
1,500	17.4	17.5	17.6	17.7	17.8	17.9	18.1	18.2	18.3	18.4
1,600	18.5	18.6	18.7	18.9	19.0	19.1	19.2	19.3	19.4	19.6
1,700	19.7	19.8	19.9	20.0	20.1	20.3	20.4	20.5	20.6	20.7
1,800	20.8	20.9	21.1	21.2	21.3	21.4	21.5	21.6	21.8	21.9
1,900	22.0	22.1	22.2	22.3	22.5	22.6	22.7	22.8	22.9	23.0
2,000	23.1	23.3	23.4	23.5	23.6	23.7	23.8	24.0	24.1	24.2

부록 07 뷰포트 풍력계급표

뷰포트(Beaufort) 풍력계급표라고 부르는 것은, 훨씬 옛날부터였지만, 계급의 나누기 방법이나 상당풍속의 범위는 몇 회 개량되었다. 여기서 나타낸 것은 1956년에 국제적으로 채택되고, 더욱 1964년에 개정된 것을 근원으로 만들었다.

대개의 파고는 먼바다에서 생기는 파도의 높이의 눈금을 나타낸 것으로, 파고에서 반대로 풍력을 추정하기 위해 사용해서는 안 된다.

부록표 7.1 뷰포트 풍력계급표

풍력 계급	상당속도 (높이 10 m에서) m/s	노트	육 상	해 상	대략의 파고 (m)
0	0~0.2	1 미만	정온, 연기가 똑바로 올라간다.	거울과 같은 해면	−
1	0.3 ~1.5	1 ~3	풍향은 연기가 휩쓸리는 것으로 알지만, 풍향계는 느끼지 못한다.	비늘과 같은 잔물결이 생긴다.	0.1
2	1.6 ~3.3	4 ~6	얼굴에 바람을 느끼고, 나뭇잎이 움직이고, 풍향계도 움직이기 시작한다.	소파의 작은 것, 파마루는 부서지지 않는다.	0.2
3	3.4 ~5.4	7 ~10	나뭇잎이나 작은 가지가 끊임없이 움직이고, 가벼운 깃발이 펴진다.	소파의 큰 것, 파마루가 부서지기 시작하고, 곳곳에 흰 파도가 나타나는 경우가 있다.	0.6
4	5.5 ~7.9	11 ~16	모래먼지가 일고, 종잇조각이 춤추듯 위로 올라가고, 작은 가지가 움직인다.	잔물결이 길게 되고, 흰 파도가 꽤 많아진다.	1
5	8.0 ~10.7	17 ~21	잎이 있는 관목이 흔들리기 시작하고, 못 등의 수면에 파마루가 생긴다.	중 정도의 물결, 흰 파도가 많이 나타난다.	2
6	10.8 ~3.8	22 ~27	큰 가지가 움직이고, 전선이 울리고, 우산을 받을 수가 없다.	물결이 높아지기 시작하고, 흰 물거품이었던 파마루가 크게 된다.	3
7	13.9 ~17.1	28 ~33	나무 전체가 흔들리고, 바람을 향해 걷기가 어렵다.	물결은 점점 크게 되고, 파마루의 부서진 것이 섬유처럼 되어 풍하로 불어 흘러가게 된다.	4
8	17.2 ~20.7	34 ~40	잔가지가 꺾이고, 바람을 향해서 걷지 못한다.	큰 파도가 되고, 파마루의 부서진 것이 물보라가 되기 시작한다.	5.5
9	20.8 ~24.4	41 ~47	굴뚝이 넘어지고, 기왓장이 벗겨지고, 다소의 피해가 일어난다.	큰 파도로 파마루가 부서지며 떨어져 반대로 돌기 시작한다.	7
10	24.5 ~28.4	48 ~55	수목이 전부 넘어지고, 인가에 대피해가 일어난다.	대단히 높은 큰 파도, 해면은 전체적으로 희게 보인다.	9
11	28.5 ~32.6	56 ~63	좀처럼 일어나지 않는 광범위한 피해가 일어난다.	산처럼 큰 파도로 작은 배는 파도에 감춰져 보이지 않는 것도 있고, 해면은 완전히 희게 보여 물보라에 뒤덮인다.	11.5
12	32.7~	64~		해면은 거품과 물보라가 가득 차고, 시정이 현저하게 나빠진다.	14~

부록 08 가조시간을 구하는 표

어떤 달의 가조시간(可照時間)은 다음 식에 의해 구할 수 있다.

$$\sin\frac{t}{2}\sqrt{\frac{\sin\left(45°+\dfrac{\phi-\delta+r}{2}\right)\sin\left(45°-\dfrac{\phi-\delta-r}{2}\right)}{\cos\phi\,\cos\delta}} \qquad\text{(부 8.1)}$$

여기서, t : 일출에서 일남중(日南中)시, 또는 일남중시에서 일몰까지의 시간을 각도로 나타낸 것이다. t 를 2배해서 15로 나눈 것이 그날의 가조시간이다.

ϕ : 관측지점의 위도(˚)

δ : 그날의 태양의 적위(˚)

r : 지평굴절도(˚)

표의 값은 δ 로서는 1946, 1947, 1948(윤년), 1949년의 4개년의 매일 정오의 값을 신구력에서 구하고 그 평균치를 이용했다. 또 r은 스미소니언표(Smithsonian Meteorological Tables)에 의한 값 50′을 취했다[국제기상상용표(國際氣象常用表, International Meteorological Tables, 1890)에 의하면 $r=34′$로 하고 있음]. 어느 날의 δ 의 값은 년에 의해 다르고, 위에 쓴 평균치와 매년의 값의 차는 큰 경우에는 10′ 가 된다. 그러나 이로 인한 가조시간의 오차는 약간이어서 0.1시간에 달하는 것은 거의 없다.

8.1 | 월별 가조시간표

부록표 8.1 월별 가조시간표(시간, h)

월	위도	24°	26°	28°	30°	32°	34°	36°	38°	40°	42°	44°	46°
1		335	331	327	323	318	314	309	304	298	293	287	280
2	평년	316	314	312	310	308	305	303	300	297	294	291	287
	윤년	328	326	324	321	319	317	314	311	308	305	302	298
3		371	371	370	370	370	369	369	369	368	368	368	367
4		380	382	383	385	387	389	391	394	396	399	401	404
5		411	414	418	422	426	430	434	439	444	449	455	461
6		407	411	415	420	425	430	435	441	447	454	461	469
7		416	420	424	429	433	438	443	449	454	460	467	474
8		401	403	406	409	412	415	418	421	425	428	432	437
9		368	369	369	370	370	371	372	372	373	374	375	376
10		359	357	356	354	352	351	349	347	345	343	341	338
11		329	326	322	319	315	311	307	303	299	294	289	283
12		330	326	321	316	312	306	301	295	289	283	276	268
년	평년	4,421	4,422	4,424	4,425	4,427	4,429	4,431	4,433	4,436	4,438	4,441	4,445
	윤년	4,432	4,434	4,435	4,437	4,438	4,440	4,442	4,444	4,447	4,449	4,453	4,456

8.2 | 일별 가조시간표

부록표 8.2 일별 가조시간표(시간, h)

월일	위도	24°	26°	28°	30°	32°	34°	36°	38°	40°	42°	44°	46°
1	1	10.6	10.5	10.4	10.2	10.0	9.9	9.7	9.5	9.3	9.1	8.9	8.6
	5	10.7	10.5	10.4	10.2	10.1	9.9	9.7	9.6	9.4	9.2	8.9	8.7
	10	10.7	10.6	10.4	10.3	10.1	10.0	9.8	9.6	9.5	9.3	9.0	8.8
	15	10.8	10.6	10.5	10.4	10.2	10.1	9.9	9.7	9.6	9.4	9.2	9.0
	20	10.8	10.7	10.6	10.5	10.3	10.2	10.0	9.9	9.7	9.5	9.3	9.1
	25	10.9	10.8	10.7	10.6	10.4	10.3	10.2	10.0	9.8	9.7	9.5	9.3
	30	11.0	10.9	10.8	10.7	10.5	10.4	10.3	10.2	10.0	9.9	9.7	9.5
2	1	11.0	10.9	10.8	10.7	10.6	10.5	10.3	10.2	10.1	9.9	9.8	9.6
	5	11.1	11.0	10.9	10.8	10.7	10.6	10.5	10.4	10.2	10.1	10.0	9.8
	10	11.2	11.1	11.0	10.9	10.9	10.8	10.6	10.5	10.4	10.3	10.2	10.0
	15	11.3	11.2	11.2	11.1	11.0	10.9	10.8	10.7	10.6	10.5	10.4	10.3
	20	11.4	11.4	11.3	11.2	11.1	11.1	11.0	10.9	10.8	10.7	10.6	10.5
	25	11.5	11.5	11.4	11.4	11.3	11.2	11.2	11.1	11.0	11.0	10.9	10.8
	30	11.6	11.5	11.5	11.5	11.4	11.3	11.3	11.2	11.2	11.1	11.0	11.0

(계속)

월일	위도	24°	26°	28°	30°	32°	34°	36°	38°	40°	42°	44°	46°
3	1	11.6	11.6	11.5	11.5	11.4	11.4	11.3	11.3	11.2	11.2	11.1	11.0
	5	11.7	11.7	11.6	11.6	11.6	11.5	11.5	11.4	11.4	11.4	11.3	11.2
	10	11.8	11.8	11.8	11.8	11.7	11.7	11.7	11.7	11.6	11.6	11.5	11.5
	15	11.9	11.9	11.9	11.9	11.9	11.9	11.9	11.9	11.8	11.8	11.8	11.8
	20	12.1	12.1	12.1	12.1	12.1	12.1	12.1	12.1	12.1	12.1	12.1	12.1
	25	12.2	12.2	12.2	12.2	12.2	12.2	12.3	12.3	12.3	12.3	12.3	12.3
	30	12.3	12.3	12.3	12.4	12.4	12.4	12.4	12.5	12.5	12.5	12.6	12.6
4	1	12.3	12.4	12.4	12.4	12.5	12.5	12.5	12.6	12.6	12.6	12.7	12.7
	5	12.4	12.5	12.5	12.5	12.6	12.6	12.7	12.7	12.8	12.8	12.9	12.9
	10	12.5	12.6	12.6	12.7	12.7	12.8	12.9	12.9	13.0	13.0	13.1	13.2
	15	12.7	12.7	12.8	12.8	12.9	13.0	13.0	13.1	13.2	13.3	13.4	13.5
	20	12.8	12.8	12.9	13.0	13.1	13.1	13.2	13.3	13.4	13.5	13.6	13.7
	25	12.9	13.0	13.0	13.1	13.2	13.3	13.4	13.5	13.6	13.7	13.8	14.0
	30	13.0	13.1	13.2	13.3	13.3	13.4	13.6	13.7	13.8	13.9	14.1	14.2
5	1	13.0	13.1	13.2	13.3	13.4	13.5	13.6	13.7	13.8	14.0	14.1	14.2
	5	13.1	13.2	13.3	13.3	13.5	13.6	13.7	13.8	14.0	14.1	14.3	14.4
	10	13.2	13.3	13.4	13.5	13.6	13.7	13.9	14.0	14.1	14.3	14.5	14.7
	15	13.2	13.4	13.5	13.6	13.7	13.9	14.0	14.2	14.3	14.5	14.7	14.9
	20	13.3	13.4	13.6	13.7	13.8	14.0	14.1	14.8	14.5	14.6	14.8	15.1
	25	13.4	13.5	13.7	13.8	13.9	14.1	14.2	14.4	14.6	14.8	15.0	15.2
	30	13.5	13.6	13.7	13.9	14.0	14.2	14.4	14.5	14.7	14.9	15.2	15.4
6	1	13.5	13.6	13.7	13.9	14.1	14.2	14.4	14.6	14.8	15.0	15.2	15.4
	5	13.5	13.6	13.8	13.9	14.1	14.3	14.4	14.6	14.8	15.0	15.3	15.5
	10	13.5	13.7	13.8	14.0	14.2	14.3	14.5	14.7	14.9	15.1	15.4	15.6
	15	13.6	13.7	13.9	14.0	14.2	14.4	14.5	14.7	14.9	15.2	15.4	15.7
	20	13.6	13.7	13.9	14.0	14.2	14.4	14.6	14.8	15.1	15.2	15.4	15.7
	25	13.6	13.7	13.9	14.0	14.2	14.4	14.6	14.8	15.1	15.2	15.4	15.7
	30	13.6	13.7	13.9	14.0	14.2	14.3	14.5	14.7	15.1	15.2	15.4	15.6
7	1	13.6	13.7	13.8	14.0	14.2	14.3	14.5	14.7	14.9	15.1	15.4	15.6
	5	13.5	13.7	13.8	14.0	14.1	14.3	14.5	14.7	14.9	15.1	15.3	15.6
	10	13.5	13.6	13.8	13.9	14.1	14.2	14.4	14.6	14.8	15.0	15.2	15.5
	15	13.4	13.6	13.7	13.9	14.0	14.1	14.3	14.5	14.7	14.9	15.1	15.4
	20	13.4	13.5	13.6	13.8	13.9	14.1	14.2	14.4	14.6	14.8	15.0	15.2
	25	13.3	13.4	13.6	13.7	13.8	14.0	14.1	14.3	14.5	14.6	14.8	15.0
	30	13.2	13.4	13.5	13.6	13.7	13.9	14.0	14.1	14.3	14.5	14.7	14.9
8	1	13.2	13.3	13.4	13.6	13.7	13.8	13.9	14.1	14.2	14.4	14.6	14.8
	5	13.1	13.2	13.3	13.5	13.6	13.7	13.8	14.0	14.1	14.3	14.4	14.6
	10	13.1	13.1	13.2	13.3	13.4	13.6	13.7	13.8	13.9	14.1	14.2	14.4
	15	13.0	13.0	13.1	13.2	13.3	13.4	13.5	13.6	13.7	13.9	14.0	14.1
	20	12.8	12.9	13.0	13.1	13.2	13.3	13.3	13.4	13.6	13.7	13.8	13.9
	25	12.7	12.8	12.9	12.9	13.0	13.1	13.2	13.3	13.4	13.4	13.5	13.7
	30	12.6	12.7	12.7	12.8	12.9	12.9	13.0	13.1	13.2	13.2	13.3	13.4

(계속)

월일	위도	24°	26°	28°	30°	32°	34°	36°	38°	40°	42°	44°	46°
9	1	12.6	12.6	12.7	12.8	12.8	12.9	12.9	13.0	13.1	13.1	13.2	13.3
	5	12.5	12.5	12.6	12.6	12.7	12.7	12.8	12.8	12.9	13.0	13.0	13.1
	10	12.4	12.4	12.5	12.5	12.5	12.6	12.6	12.6	12.7	12.7	12.8	12.8
	15	12.3	12.3	12.3	12.3	12.4	12.4	12.4	12.4	12.5	12.5	12.5	12.6
	20	12.2	12.2	12.2	12.2	12.2	12.2	12.2	12.2	12.2	12.3	12.3	12.3
	25	12.0	12.0	12.0	12.0	12.0	12.0	12.0	12.0	12.0	12.0	12.0	12.0
	30	11.9	11.9	11.9	11.9	11.9	11.9	11.8	11.8	11.8	11.8	11.8	11.8
10	1	11.9	11.9	11.9	11.9	11.8	11.8	11.8	11.8	11.8	11.7	11.7	11.7
	5	11.8	11.8	11.8	11.7	11.7	11.7	11.7	11.6	11.6	11.6	11.5	11.0
	10	11.7	11.7	11.6	11.6	11.6	11.5	11.5	11.4	11.4	11.3	11.3	11.5
	15	11.6	11.5	11.5	11.4	11.4	11.3	11.3	11.2	11.2	11.1	11.0	11.2
	20	11.5	11.4	11.3	11.3	11.2	11.2	11.1	11.0	11.0	10.9	10.8	10.7
	25	11.4	11.3	11.2	11.2	11.1	11.0	10.9	10.8	10.7	10.6	10.5	10.4
	30	11.3	11.2	11.1	11.0	10.9	10.8	10.7	10.6	10.5	10.4	10.3	10.2
11	1	11.2	11.1	11.1	11.0	10.9	10.8	10.7	10.6	10.5	10.3	10.2	10.1
	5	11.1	11.0	11.0	10.9	10.8	10.7	10.5	10.4	10.3	10.2	10.0	9.9
	10	11.0	10.9	10.8	10.7	10.6	10.5	10.4	10.3	10.1	10.0	9.8	9.7
	15	11.0	10.8	10.7	10.6	10.5	10.4	10.2	10.1	10.0	9.8	9.6	9.4
	20	10.9	10.8	10.6	10.5	10.4	10.2	10.1	10.0	9.8	9.6	9.4	9.2
	25	10.8	10.7	10.6	10.4	10.3	10.1	10.0	9.8	9.7	9.5	9.3	9.1
	30	10.7	10.6	10.5	10.3	10.2	10.0	9.9	9.7	9.5	9.3	9.1	8.9
12	1	10.7	10.6	10.5	10.3	10.2	10.0	9.9	9.7	9.5	9.3	9.1	8.9
	5	10.7	10.6	10.4	10.3	10.1	10.0	9.8	9.6	9.4	9.2	9.0	8.8
	10	10.6	10.5	10.4	10.2	10.1	9.9	9.7	9.5	9.4	9.1	8.9	8.7
	15	10.6	10.5	10.3	10.2	10.0	9.9	9.7	9.5	9.3	9.1	8.9	8.6
	20	10.6	10.5	10.3	10.2	10.0	9.8	9.7	9.5	9.3	9.0	8.8	8.6
	25	10.6	10.5	10.3	10.2	10.0	9.8	9.7	9.5	9.3	9.1	8.8	8.6
	30	10.6	10.5	10.3	10.2	10.0	9.9	9.7	9.5	9.3	9.1	8.9	8.6

부록 09 지상과 항공기상 관측지점 일람표

(2014.06.01. 현재)

부록표 9.1 지상기상 관측지점 일람표(surface synoptic stations)

지점번호 Station No.	지점명 (한글)	지점명 (영문)	위도 Lat. (N)	경도 Lon. (E)	H (m)	Hb (m)	ht (m)	ha (m)	hr (m)
90	속초	Sokcho	38.25	128.56	18.1	24.3	1.9	10.0	0.7
95	철원	Cheorwon	38.15	127.30	153.7	156.4	1.8	12.6	0.6
98	동두천	Dongducheon	37.90	127.06	109.1	113.6	1.7	10.0	0.6
99	문산	Munsan	37.89	126.77	29.4	31.4	1.7	10.0	0.5
99	파주	Paju	37.89	126.77	29.4	31.4	1.7	10.0	0.5
100	대관령	Daegwallyeong	37.68	128.72	772.6	773.7	1.8	10.0	0.6
101	춘천	Chuncheon	37.90	127.74	77.7	77.8	1.5	10.0	0.6
102	백령도	Baengnyeongdo	37.97	124.63	144.9	146.6	1.8	9.4	0.6
104	북강릉	Bukgangneung	37.80	128.86	78.9	80.3	1.6	10.0	0.5
105	강릉	Gangneung	37.75	128.89	26.0	27.5	1.7	17.9	0.6
106	동해	Donghae	37.51	129.12	39.9	40.6	1.7	10.0	0.6
108	서울	Seoul	37.57	126.97	85.8	86.5	1.5	10.0	0.6
112	인천	Incheon	37.48	126.62	68.2	70.2	1.5	10.0	0.6
112	인천	Incheon	37.48	126.62	71.4	72.9	1.5	10.0	0.6
114	원주	Wonju	37.34	127.95	148.6	152.2	1.6	10.0	0.6
115	울릉도	Ulleungdo	37.48	130.90	222.8	224.1	1.8	10.0	0.6
116	관악산	Kwanaksan	37.44	126.96	626.8	628.0	1.4	3.9	1.1
119	수원	Suwon	37.27	126.99	34.1	35.5	1.5	18.7	0.5
121	영월	Yeongwol	37.18	128.46	240.6	240.7	1.5	10.0	0.6
127	충주	Chungju	36.97	127.95	115.1	117.7	1.8	10.0	0.5
129	서산	Seosan	36.78	126.49	28.9	29.9	1.3	20.2	0.6

(계속)

지점번호 Station No.	지점명 (한글)	지점명 (영문)	위도 Lat. (N)	경도 Lon. (E)	H (m)	Hb (m)	ht (m)	ha (m)	hr (m)
130	울진	Uljin	36.99	129.41	50.0	50.6	1.8	13.0	0.6
131	청주	Cheongju	36.64	127.44	57.2	57.9	1.5	10.0	0.5
133	대전	Daejeon	36.37	127.37	68.9	70.1	1.6	19.8	0.6
135	추풍령	Chupungnyeong	36.22	127.99	244.7	246.0	1.5	10.0	0.6
136	안동	Andong	36.57	128.71	139.4	141.4	1.5	10.0	0.6
136	안동	Andong	36.57	128.71	140.1	142.1	1.7	10.0	0.6
137	상주	Sangju	36.41	128.16	96.2	99.4	1.6	10.0	0.5
138	포항	Pohang	36.03	129.38	2.3	2.7	1.6	15.4	0.6
140	군산	Gunsan	36.01	126.76	23.2	28.3	1.7	15.3	0.6
143	대구	Daegu	35.89	128.62	64.1	65.2	1.8	10.0	0.6
146	전주	Jeonju	35.82	127.15	53.4	62.4	1.8	18.4	0.6
152	울산	Ulsan	35.56	129.32	34.6	35.8	1.5	12.0	0.5
155	마산	Masan	35.17	128.58	36.8	37.9	1.7	10.0	0.5
155	창원	Changwon	35.17	128.57	37.2	37.9	1.7	10.0	0.5
156	광주	Gwangju	35.17	126.89	72.4	75.3	1.5	17.5	0.6
159	부산	Busan	35.10	129.03	69.6	70.2	1.6	17.8	0.6
162	통영	Tongyeong	34.85	128.44	32.7	33.7	1.5	15.2	0.6
164	무안	Muan	35.09	126.29	24.5	25.0	1.5	12.6	0.6
165	목포	Mokpo	34.82	126.38	38.0	38.6	1.5	15.5	0.6
168	여수	Yeosu	34.74	127.74	64.6	74.6	1.5	20.8	0.6
169	흑산도	Heuksando	34.69	125.45	76.5	77.9	1.7	9.0	0.6
170	완도	Wando	34.40	126.70	35.2	28.4	1.6	15.4	0.5
172	고창	Gochang	35.35	126.60	52.0	53.2	1.5	10.0	1.7
174	순천	Suncheon	35.02	127.37	165.0	180.4	1.8	10.3	0.6
175	진도	Jindo	34.47	126.32	476.5	477.8	1.6	10.0	0.5
176	대구	Daegu	35.88	128.65	49.0	50.2	1.8	10.0	0.6
184	제주	Jeju	33.51	126.53	20.5	21.1	1.8	12.3	0.6
185	고산	Gosan	33.29	126.16	74.3	75.6	1.8	10.0	0.6
188	성산	Seongsan	33.39	126.88	17.8	20.1	1.5	10.0	0.6
189	서귀포	Seogwipo	33.25	126.57	49.0	50.2	1.9	10.0	0.6
192	진주	Jinju	35.16	128.04	30.2	31.5	1.5	10.0	0.7
201	강화	Ganghwa	37.71	126.45	47.0	47.3	1.6	12.0	0.6
202	양평	Yangpyeong	37.49	127.49	48.0	48.6	1.7	10.0	0.6
203	이천	Icheon	37.26	127.48	78.0	91.0	1.9	10.0	0.5

(계속)

지점번호 Station No.	지점명 (한글)	지점명 (영문)	위도 Lat. (N)	경도 Lon. (E)	H (m)	Hb (m)	ht (m)	ha (m)	hr (m)
211	인제	Inje	38.06	128.17	200.2	201.5	1.5	10.0	0.5
212	홍천	Hongcheon	37.68	127.88	140.9	147.2	1.6	13.0	0.5
214	삼척		37.37	129.22	3.9	5.4	1.5	10.0	0.6
216	태백	Taebaek	37.17	128.99	712.8	715.3	1.7	16.0	0.6
217	정선군	Jeongseon Gun	37.38	128.65	307.4				
221	제천	Jecheon	37.16	128.19	263.6	263.9	1.5	13.3	0.5
226	보은	Boeun	36.49	127.73	175.0	176.4	1.5	10.0	0.5
232	천안	Cheonan	36.78	127.12	21.3	22.6	1.8	9.5	0.6
235	보령	Boryeong	36.33	126.56	15.5	18.9	1.6	9.8	0.5
236	부여	Buyeo	36.27	126.92	11.3	12.3	1.7	9.5	0.5
238	금산	Geumsan	36.11	127.48	170.4	171.6	1.5	10.1	0.5
243	부안	Buan	35.73	126.72	12.0	13.3	1.8	10.0	0.6
244	임실	Imsil	35.61	127.29	247.9	248.7	1.7	10.0	0.6
245	정읍	Jeongeup	35.56	126.87	44.6	46.0	1.7	10.0	0.6
247	남원	Namwon	35.40	127.40	127.5	129.0	1.8	10.0	0.6
248	장수	Jangsu	35.66	127.52	406.5	408.3	1.6	10.0	0.6
251	고창	Gochang	35.43	126.70	54.0	55.3	1.8	10.0	0.7
251	고창군	Gochanggun	35.43	126.70	54.0	55.3	1.8	10.0	0.7
252	영광군		35.28	126.48	37.2	38.7	1.5	10.0	0.5
253	김해시		35.23	128.89	59.3	60.8	1.5	10.0	0.5
254	순창군		35.37	127.13	127.0	128.5	1.8	10.5	0.7
255	창원시		35.23	128.67	46.8	48.1	1.8	10.0	0.6
255	북창원	Bukchangwon	35.23	128.67	46.8	48.1	1.8	10.0	0.6
257	양산시		35.31	129.02	14.9	16.2	1.9	10.0	0.7

H : 노장의 해발높이(Height of observation field mean sea level)
Hb : 수은기압계의 해발높이(Height of mercurial barometer above mean sea level)
ht : 온도계의 지상높이(Height of the thermeter above the ground)
ha : 풍속계의 지상높이(Height of anemometer above the ground)
hr : 우량계의 지상높이(Height of raingauge above the ground)

부록표 9.2 항공기상 관측지점 일람표 (Aeronautical meteorological stations)

지점번호 StationNo.	지점명 (한글)	지점명 (영문)	위도 Lat. (N)	경도 Lon. (E)	H (m)	Hb (m)	ht (m)	ha (m)	hr (m)
92	양양공항	Yangyang	38.06667	128.6667	75.4	72	1.5	10	0.5
110	김포공항	Gimpo	37.55694	126.7975	11.38	10.1	1.5	10	0.2
113	인천공항	Incheon	37.4625	126.4392	7.1	6	1.5	10	1.1
128	청주공항	Cheongju	36.71667	127.5	58	58.2	1.5	7	0.1
151	울산공항	Ulsan	35.59333	129.3522	12.6	10.3	2	10	0.6
163	무안공항	Muan	34.99139	126.3831	10.9	9.3	1.5	7	0.2
167	여수공항	Yeosu	34.84667	127.6125	16	10.9	1.5	10	0.2
139	포항공항	Pohang	35.9833	129.4167	21	21.3	1.5	7	0.5
142	대구공항	Daegu	35.89083	128.6611	35.4	36.1	1.5	7	0.5
153	김해공항	Gimhae	35.16917	128.9344	4	4.5	1.5	7	0.5
158	광주공항	Gwangju	35.125	126.8117	12.8	12.5	1.5	7	1
161	사천공항	Sacheon	35.08333	128.0667	8	2.7	1.5	7	1
182	제주공항	Jeju	33.51667	126.5	26.5	24.44	2	10	0.5

부록 10 대기과학의 분류표

_____는 신종학문 분야

1. 대기요소의 원리, 측기(測器, instrument) 및 관측(觀測, observation), 관측기술(觀測技術, observational technology), 연구기술

   1.1. 기압(氣壓, pressure)

   1.2. 온도(溫度, air temperature)

   1.3. 습도(濕度, humidity)

   1.4. 바람(wind, breeze): 풍향·풍속(風向·風速, wind direction, wind speed)

   　　1.4.1. 풍력발전(風力發電, generation of wind power)

   1.5. 구름[운(雲), cloud]

   1.6. 강수(降水, precipitation)

   1.7. 적설(積雪, snow cover, deposited snow)

   1.8. 증발(蒸發, evaporation)

   1.9. 시정(視程, visibility)

   　　1.9.1. 안개[무(霧), fog]

   　　1.9.2. 대기오염(大氣汚染, air pollution)

   1.10. 방사[放射, 복사(輻射), radiation]

   1.11. 일사(日射, 太陽放射, solar radiation)

   1.12. 일조(日照, sunshine)

   1.13. 지중온도(地中溫度, soil temperature)

   1.14. 대기현상(大氣現象, atmospheric phenomenon)

   1.15. 날씨[천기(天氣), 일기(日氣), weather]

2. 기초대기과학(基礎大氣科學, basic atmospheric science = atmoscience)

   2.1. 유체역학(流體力學, fluid dynamics)

3.3. 대기전기학[大氣電氣學, atmospheric electricity, 천둥번개, 벼락, 뇌전(雷電), 벽력(霹靂)]

3.4. 에어로솔(aerosol)

3.5. 설빙학[雪氷學, snow and ice, 빙하학(氷河學)]

3.6. 대기광학(大氣光學, atmospheric optics)

3.7. 대기음향학(大氣音響學, atmospheric acoustics)

3.8. 운학[雲學. 구름학, nephology, 구름의 형태학(形態學)]

4. 기후(氣候, climate)

4.1. 대기후(大氣候, macroclimate)

4.2. 중기후(中氣候, mesoclimate)

4.3. 소기후(小氣候, microclimate)

4.4. 도시기후(都市氣候, city climate, urban climate)

4.4.1. 열도(熱島, 열섬, heat island)

4.5. 고기후(古氣候, paleoclimate); 古氣候學(paleoclimatology)

4.6. 기후변화(氣候變化, climatic change)

4.7. 기후모델링(climate modeling)

5. 응용대기(應用大氣, applied atmosphere)

5.1. 천기예보[天氣豫報, 날씨예보, 일기예보(日氣豫報)], weather forecast(ing), weather prediction]

5.1.1. 수치예보(數値豫報, numerical weather prediction)

5.2. 대기오염(大氣汚染, air pollution)

5.3. 산업대기(産業大氣, industrial atmosphere); 산업기상(産業氣象, industrial meteorology)

5.4. 항공대기(航空大氣, aeronautical atmosphere); 항공기상(航空氣象, aeronautical meteorology)

5.5. 해양대기(海洋大氣, marine atmosphere); 해양기상(海洋氣象, marine meteorology)

5.6. 수문대기(水文大氣, hydroatmosphere)＝수리대기(水理大氣); 수문기상(水文氣象, hydro-meteorology)＝수리기상(水理氣象)

5.7. 대기재해(大氣災害, atmospheric disaster); 기상재해(氣象災害, meteorological disaster)

5.8. 생대기(生大氣, bioatmosphere); 생기상(生氣象, biometeorology)

5.9. 농업대기(農業大氣, agricultural atmosphere, agroatmosphere); 농업기상(農業氣象, agricultural meteorology, agrometeorology)

5.10. 산악대기(山岳大氣, mountain atmosphere); 산악기상(山岳氣象, mountain meteorology)

5.11. 식물과 대기(植物과 大氣, biology and atmosphere)

5.12. 위성대기과학(衛星大氣科學, satellite atmospheric science)

5.13. 레이더대기과학(레이더大氣科學, radar atmospheric science)

5.14. 대기제어(大氣制御, atmospheric control)

5.15. 대기통계(大氣統計, atmospheric statistics)

6. 전산대기과학(電算大氣科學, computation atmospheric science)

6.1. 그래픽처리(그래픽處理, graphic processing) S/W

6.2. DB 구축(DB 構築, data base development)

6.3. 병렬화[竝(並)列化, paralyza(sa)tion]

7. 연구기술(研究技術)

7.1. 기상자료(氣象資料, meteorological data)＝대기자료(大氣資料, atmospheric data)

7.2. 통계수법(統計手法, statistical method)

7.3. 계산기술(計算技術, computational skill)

7.4. 실험기술(實驗技術, experimental skill)

7.5. 사진기술(寫眞技術, photographic technique)

7.6. 어학(語學), 용어(用語), 논문(論文)의 쓰는 방법(language study, terminology and method of writing a paper)

8. 대기사업(大氣事業, atmospheric business), 기상회사(氣象會社, meteorological company)

8.1. 연구(研究) 및 대기사업체제(大氣事業体制)(study and system of atmospheric business)

8.2. 회의(會議, conference)

8.3. 문헌(文獻, reference), 간행물(刊行物, publication)

8.4. 대기과학사(大氣科學史, history of atmospheric science)

8.5. 대기교육(大氣教育, atmospheric education, 기상교육)

8.6. 인물(人物, person)

8.7. 대기과학 관련 잡지[大氣科學 關聯 雜誌, 기상학관련 잡기(雜記), journal with atmospheric science]

8.8. 기상캐스터(氣象캐스터, meteorological caster), 대기캐스터(大氣캐스터, atmospheric caster)

9. 기타(the others)

9.1. 지구 관련 분야(地球 關聯 分野, field with earth)

9.2. 천문(天文, astronomy)

9.3. 초고층대기(超高層大氣, ultra upper atmosphere)

9.4. 해양(海洋, ocean)

9.5. 측지(測地, geodesy, 測地學)

9.6. 지리(地理, geography)

9.7. 고체지구(固体地球, solid earth)

　　본서에서 참고로 한 참고서와 인용을 한 인용문헌을 위주로 실었다. 또한 덧붙여서, 배움의 길에 있는 학도(學徒)들이 공부해 주었으면 하는 참고문헌도 함께 포함 시켰다. 배열순서는 한서(韓書), 화서(和書), 양서(洋書), 영어로 표현된 한서나 화서도 포함)의 순으로 게재했고, 형식은 기상학회의 양식을 기본으로 했다. 페이지의 표시는 앞에 붙이면 인용한 쪽(구간)만을, 뒤에 붙이면 전체의 쪽을 의미한다.

■ **국내**

김광식 외 14인, 1973: 韓國의 氣候. 一志社. 쪽 157.

김승옥, 2002: 우리나라 지중온도의 관측현황 및 기후학적 특성. 공주대학교 대기과학과 석사논문, 57.

소선섭(蘇鮮燮, 1996), 氣象力學序說註解. 공주대학교 출판부, p. 312.

소선섭, 1996: 大氣·地球統計學. 公州大學 出版部, p. 547.

소선섭(蘇鮮燮)·박인석(朴寅錫), 1995: 寫眞観測에 따른 구름의 分類. 공주대학교 사범대학 과학교육연구소, 과학교육연구 제26집, 83-98.

소선섭·서명석·이천우·소은미, 2007: 고층대기관측(우수학술도서). 교문사, 쪽 492.

소선섭·소은미, 2009: 역학대기과학(力學大氣科學, 우수학술도서), 교문사, 쪽 787.

소선섭·소은미·소재원·박종숙, 2011: 대기측기 및 관측실험. 교문사, 309쪽.

소선섭·손미연, 1991: 大川地方의 안개 發生特性, 韓國地球科學會誌, 12(3), 217-229.

소선섭·이천우(1986), 氣象観測法, 교문사, p. 377.

소선섭·전삼진, 1997: 우리나라에서 관측된 구름의 분류. 한국지구과학회지(韓國地球科學會誌) 제18권 6호, 565-578.

소선섭·정창희, 1992: 氣象力學序說, 교학연구사, p. 455.

예보업무편람, 1977: 氣象聽, 제8장 예보용어. 8-1~8-8.

최광선, 1999: 기상관서 관측상수 정밀측정연구. 기상청, 39-40.

■ **국외**

岡田式松, 1931: 氣象測機學. 岩波書店.

高尾俊則·下道正則·伊藤眞人·宮川幸治, 1995: 昭和基地で觀測された紫外 域日射-雲面反射による増幅とオゾンホールの影響-. 高層氣象台彙報, 第55号, 23-29.

關口 武, 1974: 風の塔. 時事通信士, 290.

久保亮王等, 1994: 岩波 理化學辭典. 岩波店, 제4版, p. 1629.

國立天文臺 編, 1997: 理科年表. 丸善株式會社, 496頁.

宮澤清治, 1978: 天氣圖と氣象の本. 國際地學協會, 127 pp.

氣象ハンドブック編集委員會, 1981: 氣象ハンドブク. 朝倉書店, p. 773.

氣象聽, 1993: 紫外域日射觀測指針.

氣象聽, 1994: 平成 5 年觀測成果. オゾン層觀測年報, 第5号.

氣象聽觀測部測候課, 1962: 放射觀測指針(草案). 39-56.

氣象測器-地上氣象觀測篇, 1996: 鈴木宣直等, 氣象研究ノート. 第 185 号, 日本氣象學會, p. 155.

大田正次·篠原式次, 1973: 氣象觀測技術. 地人書館, p. 270.

渡邊清光·筑紫丈夫·新井重男, 1985: 放射收支計ガイド. (財)日本氣象協會, 技術情報 No. 56.

鹽原匡貴·淺野正二, 1992: シリコン製ドーム付キ赤外放射計のドーム效果の正量和と測定 誤差について. 氣象研究所研究報告, 第 43 卷, 第 1 号, 17-31.

王炳忠, 1993: 太陽輻射能的測量與標準. 科學出版社, 北京.

伊藤朋之·上野丈夫·梶原良一·下道正則·上窪哲郎·伊藤眞人·小林正人, 1991: 地上到達赤外線量の監視技術の開發. 研究時報(氣象聽), 43卷 5号, 213-273.

伊藤眞人·下道正則·梶原良一, 1994: 波長別紫外域日射觀測の基準化について. 高層氣象台彙報, 第 54 号, 43-55.

一木明紀, 1978: 風放型放射計による全波放射計の書夜連續測定についての 諸問題. 高層氣象台彙報, 39, 41-48.

朝倉正·關口理郎·新田尙, 1995: 新版 氣象ハンドブック. 朝倉書店, p. 773.

佐々木 隆, 1982: 健康と氣象. 現代 氣象テクノロジー 5, 朝倉書店, 208 pp.

日本 氣象廳, 1971: 地上氣上觀測法. 大東印刷工藝株式會社, 195-198.

池田弘·一木明紀, 1978: 風防型放射計の鳥害防止について. 高層氣象台彙報, 39, 49-51.

下道正則·伊藤眞人(1995), 波長別紫外域日射計のボールダー國際相互比較, 高層氣象台彙報, 第55号, 11-18

和達 清夫等, 1980: 新版 氣象の事典. 東京堂出版, p. 704.

和達 清夫等, 1993: 最新 氣象の事典. 東京堂出版, p. 607.

Albrecht, B and S. K. Cox, 1997: Procedures for improving pyrgeometer performance, J. Appl. Meteror., 16, 188-197.

Aldrich, L. B., 1949: The Abbot Silverdisk Pyrheliometer, Smithsonian Miscellaneous Collections, vol. 111, No. 14.

Berliand, T. G. and Danilchenko, V. Y., 1961; The continental distribution of solar radiation. Gidrometeoizdat.

Boas, Mary L., 1983: Mathematical method in the physical sciences, 2nd edition, p. 352-381.

Brewer, A. W., 1973: A replacement for the Dobson spectrophotometer? Pageoph, 106-108, 919-927.

Brusa, R. W., 1983: Solar Radiometry. WRC Davos, Publication No. 598.

Coulson, K. L., 1975: Solar and Terrestrial Radiation, Methods and Measurements. Academic press, 279-304.

Courvoisier, P., 1950: Über einen neuen Strahlungsbillanzmesser. Verhanl. Schweiz. Naturforsch. Gesellsch. 130 : 152.

Enz, J. W. and J. C. Link and D. G. Baker, 1975: Solar radiation effects on pyrgeometer performance, J. Appl. Meteor., 14, 1297-1302.

Fröhlich, C., 1991: History of Solar Radiometry and the World Radiometric Reference. Metrologia, 28.

Funk, J. P., 1959: Improved polyethylene-shielded net radiometer. J. Sci. Instrum. 36, 267-270.

Gier, J. T. and R. V. Dunkle, 1951: Total hemispherical radiometers. Trans. Am. Inst. Elec. Eng. 70, 339.

Glazebrook, R., 1923: A Dictionary of Applied Physics vol. III, 699-719, Machllan and Co., Limited. London.

Hirose, Y., 1994: Determination of Genuine Direction Characteristics of Pyranometer. Instruments and Observing Methods. Report No. 588.

ISO 9060, 1990(E): Solar energy-specification and classificational of instruments for measuring hemispherical solar and direct solar radiation.

Kano, M. and M. Suzuki, 1976: On the Calibration of the Radiometer for Longwave Radiation (II). − The Case of Pyrgeometer − Meteorology and Geophysics, Vol. 27, No. 1, 33-39.

Kano, M·M. Suzuki and A. Yata, 1973: On the Calibration of the Radiometer for Longwave Radiation (I). − The Case of Net Radi-ometer − Meteorology and Geophysics, Vol. 24, No. 2, 249-261.

Kano, M·M. Suzuki and M. Miyauchi, 1975: On the Measurement of Hemispherical Longwave Radiation Flux in the Daytime. Meteorology and Geophysics, Vol. 25, No. 3, 111-119.

Luther, F. M., 1985: Climate and Biological Effects. Whitten R. C. and S. S. Prasad eds., Ozone in the Free Atmosphere, Van Nostrand Reinhold Company Inc., 243-282.

Major, G, 1994: Cirtribution Correction for Pyrheliometers and Diffusometers. WMO/TD-No. 635.

Middleton, W. E. K. and Spilhaus, A. F., 1953: Meteorological Instruments. University of Toronto Press.

Nationa Research Council, 1979: Protection against depletion of stratospheric ozone by chlorofluorocarbons. National Academy of Science, Washington, D, C..

Pastiels, R., 1959: Contribution a L'ëtude Problëme des Mëthodes Actionmëtriqes. Publication Serie A. No. 11. Institut Royal Mëtë-orologique debelgique.

Platridge, G. W., 1969: A net long-wave radiometer. Quart. J. Roy. Meteorol. Soc. 95, 635-638.

Ralph E. Hushchke et, al., 1986: Glossary of Meteorology. American Meteorological Society, 4th printing, p. 638.

Robinson. N., 1996: Solar Radiation. Elsevier Publishing Company.

Rodhe, B., 1973: The Representation of the IPS 1956 by Stockholm Reference Pyrheliometer No. A 158. Third International Pyrheliometer Comparisons, Final Report, WMO-No. 362.

Sato, T., 1983: A method to measure the day time long wave radiation. J. Meteor. Soc. Japan. 61, 301-305.

Schulze, R., 1953: Über ein Strahlungsmessgerät mit ultrarodurch-lässiger Wind-schutzhaube am Meteorologichen Observatorium Hamburg. Geofis. Para. Appl. 24, 107.

SCI-TEC., 1990: Brewer ozone spectrometer. operator's manual, OM-BA-C 05 Rev. C.

Scotto, J.·Cotton, G.·Urbrach, F.·Berger, D. and T. Fears, 1988: Biologically effective ultraviolet radiation; Surface measurements in the United States, 1974 to 1985. Science, 239, 762-763.

Smithsonian Institution, 1954: Annals the Astrophysical Observatory of the Smithsonian Institution. vol. 7.

UNEP/WMO, 1989: Scientific assessment of stratospheric ozone: 1989.

Wardle, D. I.·Walshaw, C. D. and T. W. Wormell, 1963: A New Instrument for Atmospheric Ozone. Nature, 199, 1177-1178.

Wierzejewski, H, 1973: A Discusson of the Measuring and Evaluation Techniques used with the Angstrom Dompensation Pyrheliometer. Third Internaional Phrheliometer Comparisons 1970. WMO-No. 362.

WMO, 1965: Guide to Meteorological Instrument and Observing Practices. Second Edition. WMO-No. 8. TP. 3.

WMO, 1981: Technical Note. 172, 51-.

WMO, 1983: Guide to Meteorological Instruments and Methods of Observation. Fifth edition, WMO-No. 8.

WMO, 1983: Guide to Meteorological Instruments and Methods of Observation. Fifth edition, Chap. 9. Measurement of Radiation.

WMO, 1986: Revised Instruction Manual on Radiation Instrument and Measurements. eds. by Claus Fröhlich & Julius London, WCRP Publication series No. 7, WMO/TD-No. 149.

WMO, 1986: Revised Instruction Manual on Radiation Instruments Measurements. WCRP Publications No. 7, WMO/TD-No. 149.

World Radiometic Reference(WRR), 1977: Cimo VII, Annex VI TO Recommendation 3. WMO-No. 490.

Yasuda, N., 1975: Measurement of thermal radiation flux during daytime. J. Meteor. Soc. Japan, 53, 263-266.

한글

영문

A

A. Sprung 133
absolute humidity 135
absolute pyrheliometer 363
absolute radiometer 363
absolute temperature 107, 136
Ac 199
account book 417
accuracy 37, 112
actinometer 347, 354
active type 364
actual pressure 88
aerovane 47, 161, 170
agricultural meteorology 390
agro-meteorology 390
air hoar 53
air temperature 106
air thermometer 106
air(atmospheric) pressure 82
all-weather wind-vane and anemometer 162
altimeter 91
Altocumulus 199, 201
Altostratus 199, 202
amount of evaporation 281
amount of harmful ultraviolet 387
amount of net radiation 283
amount of precipitation 235
amount of rainfall 235
amount of snow 250
amount of snow cover 258
anemometer 160, 174, 188
anemometer(pilot) tower 47
anemoscope 167
aneroid 83
Angot 138
Angstrom compensation pyrheliometer 357
Angstrom Scale 1905 345
annual meteorological report 426
anvil cloud 205
apparatus 24, 81
areal rainfall(depth) 445
Arnold 93
artificial satellite 231
As 199
ash fall 55

Assmann('s) aspiration(aspirated, ventilated) psychrometer 143
atmometer 284
atmospheric electricity 57
atmospheric phenomenon 50
August 107, 137
aurora 452
Automated Meteorological Data Acquisition System, AMeDAS 23
automatic radio rain gauge 253
Automatic Weather System, AWS 23
average precipitation over area 445
AVHRR(Advanced Very High Resolution Fadiometer) 233
A영역 자외 319
A영역 자외선 375

B

ballast-lamp 154
balloon 157
barometer 85
Beaufort 73, 528
Beckman형 방사계 329
Bedford 441
bellows 92, 100
bent stem earth thermometer 405
BGL meter 316
bi-static method 192
bijang 135
bimetal 109, 127
bimetal sunshine recorder 400
bimetal thermograph 127
bimetal(lic) actinograph 349
bimetal(lic) pyrheliometer 349
binomial series 485
biram 161
Bishop's ring 61
black bulb thermometer 113
blackbody 324
blackbody radiation 324
blowing dust 55
blowing sand 55
blowing snow 52
Bourdon tube 109, 130, 408, 409
Bourdon-tube gauge 409
breeze 157, 158

brightness 299
(bright) sunshine 389
Broken spectre 62
bucket model 294
bulk method 291
B영역 자외 319
B영역 자외선 375
B-영역 자외선 374

C

C. Jelinek 138
C. W. Thornthwaite 291
C영역 자외 319
C영역 자외선 375
Callendar 107
calm 168, 457
Campbell·Stokes sunshine recorder 392
Cb 199
Cc 199
ceiling balloon 228
ceiling light 229
ceilometer 228, 230
Celsius 106, 107
celsius 439
Centigrade 106, 439
change 110, 112
Chappius 흡수대 375
chart 426
Ci 199
Cirrocumulus 199, 201
Cirrostratus 199, 201
Cirrus 199, 200
clear ice 53
climagram 434
climatic map(chart) 432
climograph 434
clinical thermometer 123
clinometer 230
cloud-base recorder 230
cloud amount 221
cloud atmosphere 197
cloud direction 223
cloud forms 198
cloud height 226, 228
cloud mirror 225
cloud speed 223

저자소개

Atmospheric
Instrument
and Observation

소선섭(蘇鮮燮) --

학 력
공주사범대학 지구과학교육과 졸(1972년)
서울대학교 대학원 지구과학과 졸(1974년)
일본 동경대학(東京大學) 대학원 연구생, 석사, 박사(1977~1983년)
대기과학 전공, 이학박사(東京大學)
현재 : 공주대학교(1983년부터) 대기과학과(1994년~) 교수

연락처
대학 : 우 314-710, 한국 충남 공주시 신관동 182, 공주대학교 자연과학대학 대기과학과
　　　Tel (041) 850-8528, 전송 850-8843, E-mail: soseuseu@kongju.ac.kr
천마승마목장(天馬乘馬牧場): 우 314-843, 한국 충남 공주시 이인면 주봉리 323
　　　韓國 忠南 公州市 利仁面 乫高地吉(돌고지길, Dolgoji-gil) 5-8
　　　Tel (041) 858-1616, homepage: cafe.naver.com/pegasusranch

저 서
기상역학서설(교학연구사, 1985)	일반기상학(교문사, 1985)
기상관측법(교문사, 1986)	지구과학개론(교문사, 1987)
지구물리개론(범문사, 1992)	지구과학실험(교문사, 1992)
기상역학서설 주해(공주대학교 출판부, 1996)	대기관측법(교문사, 2000)
지구유체역학입문(공주대학교 출판부, 1996)	승마입문(공주대 대기과학과, 2000)
대기·지구통계학(공주대학교 출판부, 1996)	천둥번개(대기전기학, 대기과학과, 2000)
대기과학의 레이더(대기과학과, 2000)	승마와 마필(공주대학교 출판부, 2003)
기상역학주해(공주대학교 출판부, 2003)	날씨와 인간생활(도서출판 보성, 2005)
고층대기관측(교문사, 2007)	역학대기과학(교문사, 2009)
대기측기 및 관측실험(교문사, 2011)	입문대기과학(청문각, 2014)

소은미(蘇恩美) --

학 력
공주대학교 자연과학대학 대기과학과 졸업
공주대학교 자연과학대학 대기과학과 석사 졸업
공주대학교 자연과학대학 대기과학과 박사 수료

연락처
E-mail : soeunmi80@kongju.ac.kr

저 서
고층대기관측(교문사, 2007)	대기관측법 개정판(교문사, 2009)
역학대기과학(교문사, 2009)	대기측기 및 관측실험(교문사, 2011)
역학대기과학주해(공주대 대기과, 2012)	입문대기과학(청문각, 2014)

소재원(蘇在元) --

학 력
공주대학교 자연과학대학 대기과학과 졸업
공주대학교 자연과학대학 대기과학과 석사 졸업
공주대학교 자연과학대학 대기과학과 박사 과정
현재 : (주)진양공업 기상환경연구소 재직

연락처
E-mail : sojaewon84@nate.com

저 서
대기측기 및 관측실험(교문사, 2011)	역학대기과학주해(공주대 대기과, 2012)
입문대기과학(청문각, 2014)	

노유리(盧瑜俐) --

학 력
공주대학교 자연과학대학 대기과학과 졸업
공주대학교 자연과학대학 대기과학과 석사 졸업

연락처
E-mail : llcloverylll@nate.com

저 서
역학대기과학주해(공주대 대기과, 2012)	입문대기과학(청문각, 2014)

대기측기 및 관측

2015년 2월 5일   제1판 1쇄 인쇄
2015년 2월 10일   제1판 1쇄 펴냄

지은이 소선섭
펴낸이 류원식
펴낸곳 **청문각**

편집국장 안기용 | 본문디자인 디자인이투이 | 표지디자인 트인글터
제작 김선형 | 영업 함승형 | 출력 블루엔 | 인쇄 영프린팅 | 제본 한진제본

주소 413-120 경기도 파주시 교하읍 문발로 116
전화 1644-0965(대표) | 팩스 070-8650-0965
홈페이지 www.cmgpg.co.kr | E-mail cmg@cmgpg.co.kr
등록 2015. 01. 08. 제406-2015-000005호

ISBN 978-89-6364-216-1 (93450)
값 28,000원